U0129063

21 世纪师范院校计算机实用技术规划教材

计算机技术教学方法概论

郑世珏　马长林　杨三平　编著

清华大学出版社
北　京

内 容 简 介

本书重点介绍计算机技术教学方法论的相关理论和实践应用技术。全书共分为上下两篇共 18 章,上篇为基本教学理论,主要内容包括计算机技术教学法课程概述、计算机技术课程的教学过程设计、计算机技术课程教学的基本类型、计算机技术课程的教学环境、计算机技术课程的教学评价、计算机技术课程的教学研究、计算机技术信息素质的培养;下篇为教学技能实训,主要内容包括计算机辅助教学、计算机技术课程教学设计技能、计算机技术课程课堂教学技能、计算机技术课程实验教学技能、计算机技术课程作业批改和课后辅导技能、计算机技术课程教学评价技能、计算机技术课程教学研究技能、计算机技术课程网络环境管理和使用技能、微机基本维护技能、软件安装基本技能和计算机病毒的防治基本技能。

本书内容全面,层次清晰,叙述简洁而严谨,深入浅出,通俗易懂,书中计算机技术教学方法理论和实际技能训练紧密结合,使读者能很快上手,学以致用,书中还配有一定数量的研讨思考题。本书既可作为计算机和信息网络技术教育方向研究者的参考书,也可作为计算机与信息技术教学方法论和技能实训的教材。

图书在版编目(CIP)数据

计算机技术教学方法概论/郑世珏,马长林,杨三平编著. —北京:清华大学出版社,2011.3
(21 世纪师范院校计算机实用技术规划教材)
ISBN 978-7-302-24752-4

Ⅰ. ①计… Ⅱ. ①郑… ②马… ③杨… Ⅲ. ①电子计算机—教学法 Ⅳ. ①TP3-42

中国版本图书馆 CIP 数据核字(2011)第 026156 号

责任编辑:魏江江　李玮琪
责任校对:梁　毅
责任印制:何　芊

出版发行:清华大学出版社　　　　　　　　　　地　　址:北京清华大学学研大厦 A 座
　　　　　http://www.tup.com.cn　　　　　　　邮　　编:100084
　　　　　社　总　机:010-62770175　　　　　邮　　购:010-62786544
　　　　　投稿与读者服务:010-62795954,jsjjc@tup.tsinghua.edu.cn
　　　　　质　量　反　馈:010-62772015,zhiliang@tup.tsinghua.edu.cn
印 刷 者:北京市世界知识印刷厂
装 订 者:三河市李旗庄少明装订厂
经　　销:全国新华书店
开　　本:185×260　印　张:28.75　字　数:715 千字
版　　次:2011 年 3 月第 1 版　　印　次:2011 年 3 月第1次印刷
印　　数:1~3000
定　　价:39.50 元

产品编号:039331-01

编委：（按姓氏笔画排序）

序

人类已经迈入以"信息化"为主要特征的"知识经济"时代。信息媒体多样化以及现实生活和工作中计算机化的革命性变化,引发了人类社会全方位的深刻变化,也带来了前所未有的机遇和挑战。《国家中长期教育改革和发展规划纲要(2010—2020)》指出:"我国教育还不完全适应国家经济社会发展和人民群众接受良好教育的要求。教育观念相对落后,内容方法比较陈旧,中小学生课业负担过重,素质教育推进困难;学生适应社会和就业创业能力不强,创新型、实用型、复合型人才紧缺。"要培养出具有信息时代社会适应力的高素质人才,首先需要培养高素质专业化的优秀教师。温家宝总理在十届全国人大五次会议《政府工作报告》中提出,在教育部直属师范大学实行师范生免费教育,建立相应的制度。优秀师资是提高教育质量的决定性因素,师范生是中国基础教育未来的希望和中坚,实施师范生免费教育是党中央国务院作出的一项重大战略决策,旨在鼓励优秀人才从教,培养出大批献身教育事业、具有高尚品德、教育艺术精湛、能够不断创新的优秀教师,从根本上提高教师队伍的整体水平,促进教育事业长足发展。

信息时代的教育特征及人才需求的实际,要求我们的教师尽快完成现代教师的角色转型:即变"知识传播型教师"为"知识助产型教师",变"知识复制型教师"为"能力创造型教师",变"知识单科型教师"为"知识通识型教师",变"教学专制型教师"为"教学交流型教师"。随着计算机信息技术教育在我国中小学课程体系中所占比例的不断扩大,不少中小学校长认为很难聘到既懂教育基本理念,具备优秀教学素质,同时又精通当代计算机技术和应用的教师。这已成为一个亟待解决的重要问题。为改变这种局面,从2007年开始,我们华中师范大学和教育部其他五所直属师范大学先后在计算机科学与技术专业招收免费师范生。结合师范生免费教育政策,如何应对计算机与信息技术基础教育的需要、培养高质量的专业教师;如何开设与计算机技术专业方向相一致的师范生教学课程;如何合理地设置计算机专业方向的师范生课程体系;如何培养出优秀的计算机和信息技术方面的教育人才,对高等师范院校和计算机与信息技术教育工作者而言,这些都是全新的课题也是巨大的挑战。

目前有关中小学信息技术教育类的教材和参考书众多,而缺乏一种将计算机基本教学理论与信息专业技能训练紧密结合的教材。这种教材应该能够指导计算机和信息技术方向的高等师范教育工作者和学生在短时间内掌握相关计算机与信息技术的方法论,接受计算机与信息技能的全面实训,使他们快速掌握现代教育技术,成为教育战线上优秀的计算机和信息技术专业人才。华中师范大学郑世珏等主编的《计算机技术教学方法论》就是为满足这种教学需求而编写的实用性较强的计算机与信息技能方法论和技能实训的新教材。

本书分为上下篇,上篇是计算机技术基本教学理论;下篇是计算机技术教学技能实训。全书理论方法学习和技能实践操作相结合的编辑理念贯穿始终,先从计算机与信息技能训练的基础教学理论入手,在阐明计算机与信息技术基本教学方法论的基础上,导入计算机与信息技术相关教学技能的实训内容,选择具有典型教学和实用价值的教学与技能训练实例,借以激发学生兴趣,使其感受到计算机与信息技术技能训练不仅是严谨的教学法理论,还是一门实用技术,更是一种能提高学生思维能力、动手能力和创新能力的工具,以达到最好的教学效果。本书在以下几个方面做了有益的探索。

（1）突出师范教育特色。从教育改革大计出发，紧紧围绕师范生免费教育的宗旨和培养需求编写教材，教学内容力求深入浅出，激发读者兴趣，避免让读者感到沉闷、枯燥。

（2）理论与实验并重。注重计算机与信息技术方法论与实训的紧密结合，围绕实际需要合理组织教学内容，使读者能尽快掌握计算机技术的相关教学技能。

（3）理论研究与教学经验相结合。兼顾到学生、教学工作者和教育研究人员的不同需求，努力方便教学的安排，指导学生循序渐进、学以致用。

明年，也就是 2011 年的秋天，我们培养的第一批师范生将结束本科阶段的学习，走上基础教育第一线；这本针对培养计算机与信息技术的新型教师而设计的新教材也将问世。这是一本新教材，故而理念新、体例新、内容新，也正因为如此，它还需要在更广泛和更长期的应用中加以改进，日臻完善。

华中师范大学副校长

二〇一〇年十二月

前　言

21 世纪,世界正在进入一个以知识经济、信息技术为标志的高科技时代,使人类的工作和生活计算机信息化,巨大的技术革命性变化带来了前所未有的机遇和挑战。如何把握机遇迎接挑战、培养适应时代发展的高素质计算机和信息技术方面的教育人才,是 21 世纪中国教育特别是高等教育面临的中心任务。因此,我们从信息时代教育人才的新需求出发,编写了这部计算机基本教学理论与信息专业技能训练紧密结合的教材。

本书的编写重点放在两个方面,一方面是计算机技术的基本教学理论;万丈高楼从地起,再高的房子也得从一砖一瓦逐渐堆砌,任何学科的学习都需要从基础开始,所以本书首先从计算机与信息技能训练的基础教学理论入手,在教学过程、教学基本类型、教学环境、教学评价教学研究以及信息素质的培养等方面都进行了详细的论述。另一方面,本书还阐述了计算机与信息技术相关教学技能的实训内容;系统理论学习的目的是为了更好地指导实践,本书在结合计算机技术教学方法论的基础上,通过若干教学实例,全面系统地训练和提高学生的实际动手操作能力,使他们具备基本的现代教育技术素养,成为教育战线上优秀的计算机和信息技术专业人才。

本书的编写融合了许多教学经验丰富、计算机专业基础扎实的高校教育工作者和中学教师的心血,凝练了他们多年的计算机与信息技术教学理论和实际操作训练的经验。本书的第 1 章由杨青编写,第 2 章由陈丽华(武汉市铁机路学校高级教师)编写,第 3 章由张伟编写,第 4 章由苏莹(华中科技大学武昌分校)编写,第 5 章由杨艳编写,第 6 章由王明安编写,第 7 章由郑世珏与杨三平编写,第 8 章由刘明、杨三平编写,第 9 章由喻莹编写,第 10 章由刘华咏和姚娟编写,第 11 章由高丽编写,第 12 章由马长林编写,第 13 章由叶文杰(湖北省广水市实验高中高级教师)编写,第 14 章由陈利编写,第 15 章由彭熙编写,第 16 章由崔建群编写,第 17 章由张维编写,第 18 章由周伟编写,全书由郑世珏、马长林和杨三平统稿(未注明单位的作者属华中师范大学)。

在本书的编写过程中,得到了华中师范大学副校长李向农教授的精心指导;得到了华中师范大学计算机科学系主任何婷婷教授、副主任王敬华教授的鼎力相助;得到了华中师范大学教务处副处长李克武教授的大力支持,研究生覃晓萍、黄颖、邹明、贺同智参与了本书的校对和编排,在此表示衷心感谢! 由于编者水平有限,书中疏漏和不当之处在所难免,恳请广大读者批评指正。

编者

2010-11-17 于武昌桂子山

目　　录

上篇　基本教学理论

下篇 教学技能实训

基本教学理论

第一章 绪 论

　　本章主要介绍教育技术的基本概念及其发展过程,描述了信息技术常用的教学方法,介绍了国内外信息技术的发展现状。教育技术是通过创造、使用、管理适当的技术过程和资源,促进学习和改善绩效的研究与符合道德规范的实践。教育技术始终坚持一个目标:追求和实现教育的最优化。教育技术的根本目的是发现并实践能够达到最大教育效果的具体操作。教学法是指在教学过程中应用的教学方法。不同的教学对象、不同的教学内容需要有不同的教学法。教学法的理论基础是建构主义理论。本章主要掌握的内容如下:

- 教育技术的基本概念;
- 现代教育技术的产生与发展;
- 信息技术常用的教学方法;
- 国内外信息技术的发展现状及发展趋势。

1.1　现代教育技术的产生与发展

　　随着社会的不断发展、进步,掌握教育技术已经成为每一位教师必备的能力。教育技术是运用教育理论及各种技术,通过对教与学过程和资源的设计、开发、利用、管理和评价,实现教学优化的理论和实践,在教育和教学实践中有着重要的意义和作用。

1.1.1　现代教育技术的基本概念

　　美国是教育技术开发应用最早、研究也最为深入的国家,他们对教育技术的定义经过三十余年的讨论和修改,终于在 1994 年由美国教育传播与技术协会(Association for Educational Communications and Technology,AECT)给出了教育技术的定义,即"教育技术是对学习过程和学习资源进行设计、开发、使用、管理和评价的理论与实践",通常称其为"94 定义"。2004 年 AECT 新定义的原文表述是:Educational technology is the study and ethical practice of facilitating learning and improving performance by creating,using,and managing appropriate technological processes and resources。通常翻译为:教育技术是通过创造、使用、管理适当的技术过程和资源,促进学习和改善绩效的研究与符合道德规范的实践。[1]

AECT2004 的定义表明：将教育技术的研究范围由教学领域扩展到企业绩效领域；明确提出教育技术的实践应符合道德规范的要求；将"创造"作为教育技术领域的三大范畴之一，强调教育技术创新；从对一般的教学过程和教学资源的研究限定为对"适当的技术过程和资源"的研究，突出了专业特色和工作重点。

　　AECT2004 的定义突出"现代"体现在[2]：重视教育技术与现代科学技术的结合；充分利用众多的现代科技成果作为传播教育信息的媒体，为教育提供丰富的物质基础；吸收科学和系统思维方法，使教育技术更有时代特色，更科学化、系统化。

　　教育技术不是一般的某种教学方法的应用，它包含了三种概念（学习者为中心、依靠资源、运用系统方法）综合应用于教育、教学的理论与实践。因为学习者的情况对于选择学习目标、确定学习步调、确定评价性质等许多教育决策都产生了直接影响。因此，教育技术重视分析、研究学习者的特点（诸如行为水平、能力、知识基础、年龄特征等）。

　　教育技术应用于解决教学问题的基本指导思想可概括为：以学习者为中心，依靠资源，运用系统方法。其基本的实践原则是首先要鉴定问题，弄清所要解决问题的本质，然后根据问题的实质来研究、设计解决问题的方案。其操作程序是按照系统方法的程序和步骤来操作实施。

　　教育技术早已普遍存在于各种教育教学活动中，无论是采用学校的班级授课、个别化教学，还是小组合作学习的教学形式，都或多或少，或部分或全部涉及一些使用媒体的教学技术内容和不包含实在媒体的相关方法、策略等教学技术内容。例如，在日常教学活动中涉及的称为传统的教育媒体有教科书印刷品、黑板、粉笔、实验室、教具、挂图等；条件较好的学校配备的现代的教育媒体有幻灯机、投影仪、电视录像教学、计算机辅助教学、卫星教育系统等。同时，教师常常进行的课前备课，根据不同的教学内容和学生特点选择使用相应的教学程序和方法，了解教学效果、学生学习情况的测验等，都是属于不包含实在媒体的相关方法、策略等教学技术内容。因此，一切教育活动中都涉及教育技术的内容。虽然教育技术本身不是陌生的事物，存在于日常的教学活动中，但是，作为专门的学科内容，一个研究卓有成效的领域，一套对改善教育效果、对教育发展和改革存在巨大潜力的有效方法和专业知识技能，还未被所有教育工作者认识、熟悉、掌握，需要更多的学习、使用和进一步推广。

1.1.2　教育技术的发展

　　美国教育技术产生最早，发展脉络清晰完整，在世界上影响最大，其他国家教育技术相关书籍如日本、英国、加拿大等国均借鉴美国的教育技术理论模式，美国可作为研究教育技术发展历史的典型代表。美国教育技术的形成与发展可从三个方面追溯：一是视听教学运动推动了各类学习资源在教学中的运用，二是个别化教学促进了以学习者为中心的个性化教学的形成，三是教学系统方法的发展促进了教育技术理论核心——教学设计学科的诞生。

1. 视觉教育

　　最早使用视觉教育术语的是美国宾夕法尼亚州的一家出版公司，1906 年，它出版了一本介绍如何拍摄照片，如何制作和利用幻灯片的书，书名就是《视觉教育》。1923 年，美国教育协会建立了视觉教育分会。

2．视听教育

19 世纪 30 年代后半叶,无线电广播、有声电影、录音机先后在教育中得到运用,人们感到视觉教育名称已经概括不了已有的实践,并开始在文章中使用视听教育的术语。1947年,美国教育协会的视觉教育分会改名为视听教学分会。视听教育研究的代表戴尔(E. Dale)于 1946 年所著的《教学中的视听方法》一书中提出的"经验之塔"理论成了当时以及后来的视听教育的主要理论根据。

3．视听传播

1960 年,美国的视听教育协会组成特别委员会,研讨什么是视听教育。许多研讨视听教育的文章和著作趋向于采用传播学作为视听教育的理论基础。1963 年 2 月,该委员会提出报告建议将视听教育的名称改为视听传播,并对此作了详细的说明。

传播的概念和原理引入视听教学领域后,使广大专业工作者把眼光从表态的、单维的物质手段的方面转向了动态的、多维的教学过程的方面。这就从根本上改变了视听领域的实践范畴和理论框架,即由仅仅重视教具教材的使用,转为充分关注教学信息怎样从发送者(教师等),经由各种渠道(媒体等),传递到接受者(学生)的整个传播过程。又由于教学信息的传播是一个复杂的多要素相互作用的过程,传播理论必然会与跟它差不多同时形成的系统观念汇合,共同影响"视听教育"向"视听传播"发展的过程。

我国的教育技术最早主要是音频和视频技术,及其他技术手段在教育中的发展和应用,也就是通常所说的电化教育手段。以广播电视和卫星为主体的远程教育形式,促使了教学的组织、学习方式和教学方法的一些变革。20 世纪 80 年代中后期,计算机网络技术和通信技术的不断成熟和进步,带来了信息传播技术的迅猛发展,同时也使教育技术乃至教育方式产生了革命性的变化。

我国继国家教育部颁发了《关于加强高等学校教育技术工作的意见》之后,1999 年 6 月13 日发布的《中共中央国务院关于深化教育改革全面推进素质教育的决定》中则为教育信息化和教学手段现代化的发展提出了更为明确的任务:大力提高教育技术手段的现代化水平和教育信息化程度。"要深刻认识现代教育技术在教育教学中的重要地位及其应用的必要性和紧迫性;充分认识应用现代教育技术是现代科学技术和社会发展对教育的要求;是教育改革和发展的要求。"教育技术正从教育改革边缘移向中心,教育技术在教育系统中的地位和作用呈现出前所未有的重要。

1.1.3 教育技术研究对象与任务

1．对象

教育技术真正的研究对象就是新教学模式的教育教学应用活动,教育技术有以下几种研究对象[3]。

(1) 教育教学实践活动是教育技术研究对象。教育技术作为一种研究活动和教育科学活动一样都是教育领域的研究活动,其实践基础一定是教育教学实践,而其产生的知识也必定是关于教育教学实践活动的。

（2）教育领域中的教育意义和教育价值的问题是教育技术研究对象。它应符合促进人的发展需要，符合教育目的的所有手段的总和。

（3）与技术密切相关的教育问题是教育技术研究对象。这里的教育问题是指那些与技术密切相关的、容易受技术影响的教育问题，是技术进入教育所引发的新教育现象和新教育问题。

（4）技术与教育关系的问题是教育技术研究对象。这里指的是教育为什么需要技术，技术能为教育带来什么等。

2. 领域

教育技术学科的研究领域包括教育技术的基本理论、教育媒体技术、教学设计技术和教学管理技术四部分。

（1）教育技术的基本理论

教育技术的基本理论主要包括教育技术的概念、发展、对教育改革的影响和教育媒体的一般特性等内容。

（2）教育媒体技术

教育媒体技术主要涉及教育教学中的硬件和软件技术，它包括四个方面的内容。

① 教育信息的传播与传输技术。传播与传输技术包括电声电视广播技术、卫星电视技术、数字化通信技术、高速度和高可靠性的激光传输和神经传输技术。

② 教育信息的存储与检索技术。教育信息的存储与检索技术是建立和利用教学资源库的基础。

③ 教育信息的加工与处理技术。信息加工与处理技术是教育技术的核心内容。其主要技术有以下几种。

- 常规电教媒体软件制作技术。如幻灯片、投影片、电影片、录音带、录像带的设计与制作。
- 多媒体技术。利用计算机综合处理文字、图形图像、声音、视频的技术。
- 专家系统。是一个智能化系统，具有高水平解决问题的功能，是知识信息处理系统。
- 网络技术。计算机实行联网，能使教学资源共享，信息交换与处理能力加大。

④ 教育信息的显示与拷贝技术。显示技术直接影响教学效果的好坏，它不但要符合学生的认知特点，而且要符合教学规律。拷贝技术为人们交流信息提供了方便。

（3）教学设计技术

教学设计是指在解决教育教学问题中起作用的方法、技巧和理论。它涉及如何选用教材、教具和策略，如何安排教学活动的计划和评价等问题。

（4）教学管理技术

教学管理主要包括教学资源管理、教学过程管理和教学项目管理。教学资源管理是指通过对教学资源的计划、组织、协调和评价，以实现既定教学目标的活动过程。教学过程管理就是对教学活动展开的过程所涉及的各种要素及活动的管理。教学项目管理，是指对学校特定教育教学项目的计划、组织、监督与调控，它主要应用于教学系统设计、教学资源开发、教育技术应用和教育改革实验等开发项目与研究课题中。

1.2 计算机技术教学法课程概述

教学法是指在教学过程中应用的教学方法,针对不同的教学对象、不同的教学内容需要有不同的教学法。计算机技术教学法要结合信息技术和网络技术的相关特点,有的放矢地开展相关教学工作。

教学工作是一种由教师和学生两方面共同合作,完成对规定教材的体会理解以有益于学生行为和经验的活动。教师通过这些课程与相应的课外作业促进学生的认知性学习(智力发展)、情感性学习(价值观的发展)与心理运动性学习(操作技能的发展),从而把他们培养成能够服务于社会的全面发展的人。教学活动不应仅仅是向学生讲解课程内容,还应是包括授课前了解学生情况、讲解课程和授课后考查学生学习效果这三个部分的综合活动[5]。

计算机技术、信息和网络技术的发展十分迅猛,软硬件更新的周期越来越短,通过网络可以提供大量的信息资料供学生在解决问题过程中使用和查阅,让他们基于网络协作学习,计算机技术相关课程是实践性很强、极富创造性、具有明显的时代发展性特点的新兴课程,学生现在学到的一些具体的知识可能会很快过时,而中小学信息技术课程的主要任务是:培养学生对信息技术的兴趣和意识,让学生了解和掌握信息技术基本知识和技能,了解信息技术的发展及其应用对人类日常生活和科学技术的深刻影响。通过信息技术课程使学生具有获取信息、传输信息、处理信息和应用信息的能力,教育学生正确认识和理解与信息技术相关的文化、伦理和社会等问题,负责任地使用信息技术;培养学生良好的信息素养,把信息技术作为支持终身学习和合作学习的手段,为适应信息社会的学习、工作和生活打下必要的基础。

综合以上特点,计算机技术教学法课程的教学工作应具有如下特点:

(1) 针对计算机技术更新快的特点,教学工作中采用任务驱动教学法,设计一项项"任务",通过讲解或让学生自学、讨论或操作实践等方法去完成"任务",从而达到培养学生自学能力和独立分析问题能力的目的[9]。

运用任务驱动教学法时,教师应首先向学生明确布置本阶段、本单元或本课时的学习任务,并给予学生学习方法的指导。

① 要求学生带着要完成的"任务",或者说带着要解决的问题认真读书,掌握基本概念和原理。要让学生知道,虽然计算机科学技术的发展令人目不暇接,但是它的基本概念和原理是相对稳定的,只有掌握了某个学科的基本结构、基本概念和原理,才能以不变应万变,才具备进一步深入学习或自学该学科的能力。

② 要求学生敢于动手,勤于实践。计算机技术应用性很强,技能的掌握只能靠实践。许多知识和经验可以通过自己上机实践获取,这样做不仅知识掌握得牢固,而且可以培养探索精神和自学能力。

③ 掌握计算机的知识和技能需要一个过程,不可能一次完成,需要有锲而不舍的精神。教师要鼓励学生以顽强的意志去钻研教材和上机实践,同时应该向他们指出,学习不是直线式的前进过程,而是"螺旋式"上升的过程,真正全面深刻地理解知识和掌握技能需要反复学习。

任务驱动教学法在计算机技术教学法课程的教学工作中发挥着重要作用,具体表现

如下:

① 有助于发挥学生主体性,教师的主导性。"任务驱动"使每个学生都有"任务"需要完成,学生成了课堂的"主人",变被动接受为主动吸收。在课堂上,教师着重创设问题、提供氛围,让学生在实践活动中发现问题,着手解决问题,使学生成为学习的主人,老师则成为学生的"协作者",培养学生相互学习,协作完成任务的团队精神。

② 有助于激发学习动机,培养学习兴趣。有明确的目的和任务就会产生解决问题的动机,对学习的效果起着决定性的作用,学生的全部心理活动就会集中到所要完成的对象上,并且会有意识或无意识地采取各种方式与方法去努力实现它。

③ 有助于提高课堂效率,实现个性化教育。由于学生基础参差不齐,基础好的学生"吃不饱",很容易失去上课的兴趣;而没基础的学生"吃不了",容易失去学习的信心。采用"任务驱动"方法,可以比较容易地进行个体化教学,可以根据学生的情况确定学习任务的难度,有基础的学生可以根据需要学习得更深入,而没有基础的学生则可以循序渐进地从基本内容开始学,每个学生的学习积极性都会得到提高,使每个学生都有收获,得到发展,使教学能真正做到"一切为了学生,为了学生的一切,为了一切学生"。

④ 有助于提高学生自学能力,培养创新精神。课堂教学是学生获取知识和技能的主要阵地,应当成为培养自学能力和创新精神的摇篮。

⑤ 有助于发挥计算机的工具作用,加强与其他课程的整合。计算机作为信息处理的工具,为以学生为主体的跨学科教育提供了极大的便利条件,信息技术课程越来越向综合课程方向发展。在这里强调的不是计算机知识本身,而是对知识的使用方法、知识的整合创造能力。

(2)结合网络技术带来海量信息的特点,教学工作中采用探究式教学法,从学科领域或现实社会中选择和确定要研究的课题,在教学中创设一种类似于学术(或科学)研究的情境,通过网络提供大量的、与问题相关的信息资料供学生在解决问题过程中使用和查阅,给予学生适当的启发和提示,使学生处于积极主动的地位,有效激发学生的学习兴趣和创造性。

计算机技术的探究式教学法主要由以下几个步骤组成:

① 选择课题。教师选择一个令人困惑的情境或问题(科学问题或现实问题)。

② 解释研究的程序。教师向学生说明开展探究研究应遵循的原则,然后教师将问题明确地呈现给每个学生。

③ 学生根据问题搜集相关的资料。教师在这过程中只帮助学生澄清问题,不直接给出答案。

④ 形成理论假设,并解释其理论。教师指导学生对形成的理论假设的原则和效果以及应用于其他情境的预测性价值进行讨论。

⑤ 分析探讨过程。教师和学生讨论所经历的探究过程,考查如何形成理论来解释问题,从而提高学生的探究能力。

(3)结合计算机技术创造性特点,教学工作中采用范例教学法,使学生通过与范例的接触,训练独立思考和判断能力。

"范例"一词来自拉丁语,其意是"好的、特别清楚的例子"、"典型的例子"。范例教学理论代表人物瓦根舍认为范例是隐含本质因素、根本因素、基础因素的典型事例。范例教学理论的另一位代表人物克拉夫基对范例教学法的基本思想描述为:

① 所有范例方法的概念都是以下列目标为前提的,即学校和校外机构应帮助学习者获得独立能力、批判能力和认识能力以及自我继续学习能力。因此,教学不再被视为现有知识和固定技巧的传递,而是对学生主动学习的教育辅助。

② 组织教养性学习,促进学生的独立性,即引导学生向继续起作用的知识、能力和态度方面发展。这种有教养性的学习让学习者从选择出来的、有限的例子中主动地获取本质的、结构性的、原则性的、典型的东西以及规律性、跨学科的关系等。

因此,范例教学有以下几点基本要求:

① 要精选教材,使教材变为本质的、典型的、原则性和结构化的知识和规律,在教学中起到举一反三的作用。

② 教学不是再现和传授知识、技巧,而是启发、引导和辅助学生主动积极地通过思考进行学习。

③ 教与学的目的不是攻取知识和技巧,更重要的是获得良好的学习态度和认识批判、解决问题的能力以及继续学习的能力。

(4) 结合计算机技术程序化的特点,教学工作中采用项目式教学法,通过进行一个完整的"项目"工作,使学生按照一定的程序完成任务,培养学生有计划自主解决问题的能力。

采用项目式教学法时需要做大量的准备工作,教师的主要任务有确定项目内容、任务要求、工作计划,设想在教学过程可能发生的情况以及学员对项目的承受能力,把学员引入项目工作中后,退居到次要的位置,时刻准备帮助学员解决困难问题。

在职业技术培训中,项目是指以生产一件具体的、具有实际应用价值的产品为目的的任务,它应该满足下面的条件:

① 该劳动过程可用于学习一定的教学内容,具有一定的应用价值,具有一个轮廓清晰的任务说明。

② 能将某一个教学课题的理论和实践结合在一起。

③ 与企业生产过程或实际的商业活动有直接的关系。

④ 学员有机会独立进行项目计划工作,在一定的时间范围内自行组织、安排自己的学习或劳动行为。

⑤ 有明确而具体的成果展示。

⑥ 具有一定的难度,不仅是已有知识、技能的应用,而且还要求学员运用已有知识在一定范围内解决遇到过的实际问题。

项目式教学法按以下教学步骤进行:

① 确定项目任务。通常由教师提出一个或几个项目任务同学员一起讨论,最终确定项目的目标和任务。

② 计划。由学员制订项目工作计划,确定工作步骤和程序。

③ 实施。学员确定各自的分工以及合作的形式并按照已确立的工作步骤和程序工作。

④ 检查评估。先由学员自己,再由教师对项目工作成绩进行检查评分,师生共同讨论、评判工作中问题的解决方法、学习行为特征等。

⑤ 归档或结果应用。

(5) 结合计算机技术实践性和操作性强的特点,教学工作中采用个别化教学法,根据学生自己的知识、能力和个人实际需要,有针对性地对学生进行辅导,体现差异,能提高学生实际动手操作的能力。

个别化教学是指教师在学生遇到疑难问题时，可以通过网络的方式，也可以通过个别方式和集体方式直接解答。在个别化教学中，主要是借助网络在资源和交互上提供的支持，使学生获得及时、充分的个别辅导。个别化教学不是个别教学（一对一的方式教学），其实质是寻求各种不同的变体和途径，借以按照各种不同的个人特点去达到一般的教学目标。个别化教学可以运用个别教学、小组教学和班级教学等教学组织形式。

信息技术课的实际教学中，个别指导教学法的实施主要发生在学生上机实践中，这时教师一般在学生中巡回观察，及时给有需要帮助的学生指导。这种教学法对教师提出了更高的要求，它要求教师更大范围地把握每个学生的认知心理和认知需求，并根据教学内容准备好各种指导方案。同时还要求教师要有充分的时间和精力，因为个别指导还经常发生在课堂教学之外的学生自学的过程中，也可以通过网络实现。

（6）结合计算机网络技术资源共享和协作性特点，教学工作中采用协作式教学法，通过学生的合作学习来培养学生的团结协作意识和团队精神。

我国合作学习研究学者王坦认为合作学习是一种旨在促进学生在异质小组中互助合作，达成共同的学习目标，并以小组的总体成绩为奖励依据的教学策略体系。合作学习主要是以学生互动合作为教学活动取向的，它是以学习小组为基本组织形式，系统利用教学动态因素之间的互动来促进学习，以团体成绩为评价标准，共同达成教学目标的活动。

合作学习的特征：异质分组，建立学习的"多元世界"，小组成员在性别、学业能力、步调和其他品质上必须是不同的、异质的，这样才能够共同发展、接纳他人，使学业困难者获得更好的发展的目标；积极互助，小组成员必须人人参与；分工合作，建立小组成员的行为规则要求，强调个人责任感，各自的义务，对其他成员的鼓励和支持；资源共享，互相帮助和交流；奖励体系，集体的荣誉就是每个人的荣誉。

协作式教学法能充分发挥学生的主体作用，提高学生的主动性和创造性，从而为学生创新能力和信息能力的培养营造理想的教学环境。

基于网络的协作学习是指利用计算机网络以及多媒体等相关技术，由多个学习者针对同一学习内容彼此交互和合作，以达到对教学内容比较深刻的理解与掌握的过程。随着认知学习理论研究的发展，人们发现个别化教学是不够的，在某些要求较高层次认知能力的学习场合，采用协作的方式往往更有效，学生小组通过网络围绕相关课题，搜集大量的资料，并利用资料协商解决问题，学生可在协商解决问题的过程中各抒己见、取长补短、共同讨论、共同提高。教师利用网络把具有相同学习兴趣的学习者组织在一起形成一个个兴趣相同的小环境，有助于协作学习者之间相互引导、启发和帮助，学习者相互感染，相互激励，相互模仿，教师的工作则体现在学生讨论交流时，对一些难点和有争议的观点进行讲解、启发和答疑，指导学生得出正确结论。正是由于网络的作用，才能使教师与学习者改变松散的关系而成为紧密的相助关系，使学习者在学习、人格上得到全面发展。

（7）综合中小学信息技术课程的主要任务，教学工作中采用问题情境教学法，通过问题情境的设置，唤起学习者对知识的渴望和追求，进一步提高学生的信息素养和信息技术操作能力。

布鲁纳认为："学习者在一定的问题情境中，经历对学习材料的亲身体验和发展过程，才是学习者最有价值的东西。"一切学习都是在一定的环境条件下进行的[11]，从这种意义上讲,"问题情境"可理解为一种具有特殊意义的教学环境。从物理意义上讲,它是一种客观存在,是一个看得见、摸得着的教学背景,它可以是现实的生产、生活材料,也可以是通过多媒体技术得到的一些仿真场景。从心理意义上讲,它是一种心理状态,是在教学过程中个体觉察到的一种有目的但又不知如何达到这一目的的心理困境。这种心理困境能使学习者内心产生冲突,它能唤起学习者对知识的渴望和追求,让学习者在学习中伴随着一种积极的情感体验,主动地投入到学习中。

问题情境的两个本质特征:

① 真实性。一个真实的或相对真实的问题情境能让学习者感受到学习不是孤立的,它与现实生活息息相关。学习的目的不是记住一些条条框框和操作步骤,而是可以用来解决生活中的实际问题的。

② 悬疑性。所设计的问题必须是学习者想知道但利用现有的知识又无法解决的问题。只有这样才能够激起学习者强烈的问题意识,才能让学习者主动发现问题,积极思考,从而独立地解决问题,发展其思维能力和创造能力。这也是在教学中应用问题情境教学法的目的所在。

信息技术课程属于综合实践课程,以培养学生的信息素养和信息技术操作能力为主要目标,本质上应是一门工具性课程,不宜理论化太强[12]。另外,它也是一门以应用为主要目的的课程,它要求学生通过学习掌握信息技术的基本操作技能和获取信息的能力,具备一些基本的信息素养,使学生学会运用信息技术增进交流与合作,能利用所学知识对其他课程进行学习和探讨等,因此在教学过程中应注重与现实生活的联系,不宜太抽象和程序化。

因此,在设计问题情境应优先考虑以下几点原则:

① 真实性原则。这里的真实性主要是指问题情境所体现的内容的真实性。问题情境的表现形式或呈现手段可以是虚拟的,但其内容必须是真实的。问题情境学习强调学习应解决现实生活中遇到的实际问题,信息技术课程的教学目标同样也要求学生将所掌握信息技术的基本技能和获取信息的能力,应用于交流与合作,以及对其他课程进行学习和探讨。若问题情境不真实,将不利于学生对所学知识进行引申、推广和灵活运用。

② 适度性原则。情境是问题提出的基础,也是整个教学过程的基石。教师在设计情境时应充分考虑到学生的"最近发展区"。创设的情境过于复杂可能引发学生的发散性思维,使教学缺乏中心线索,不能在较短的时间内获得合乎需要的结果。如果情境过于简单,情境中包含的知识点都是学习者的已有知识,则不能引发学生的思维,同样也不能达到预期的目的。

③ 简洁性原则。随着在信息技术课堂上多媒体辅助教学技术的普及应用,大家更倾向于使用高新技术手段来创设问题情境。但是,真正意义上的问题情境,不在于情境呈现方式的现代还是传统,而在于这种方式所承载的问题能否刺激学习者的积极反应,引发共鸣或争议。

1.3　中小学信息技术教育的现状

世界各国都把科教兴国作为重要举措,对教育技术的发展给予了前所未有的关注,把发展教育技术作为教育的发展和民族发展的推动力。

1.3.1 国外中小学信息技术教育现状

美国教育技术产生最早,在世界上影响最大。美国非常重视学生的信息素质的培养,重视发展学生利用计算机解决问题的能力,所以计算机作为学习者模式在美国很流行,计算机语言的学习是美国小学、初中甚至高中的比较重要的方面,这方面的成绩是学生升入大学的一个重要参考。

美国 1998 年投入 510 亿美元,使每一位公民都能利用信息技术终身学习。克林顿担任总统时曾提出,2000 年美国必须实施 100% 的学校与国际互联网连通,使美国从小学到大学都实行"人、机、路、网"成片的先进国家。德国教育部长阿莱格尔 1998 年宣布,制定教育技术发展方案,重点倾向于应用多媒体教学和微机操作水平的提高。马来西亚建立了"多媒体超级走廊",使教育信息化达到了国际水平[4]。

在日本,计算机更多的是作为众多媒体资源中的一种,在初中和小学主要是执行教师布置的任务;在学校教育中的最有特色的应用是用于教学过程管理以及教育管理方面;教师把计算机用于教学分析,教师能知道每个学生正在做什么并且可保存学生反应时间的记录,把计算机更好地用作工具评价教学过程并了解学生是如何学习的,所以,计算机作为工具的模式对于日本来讲更注重的是把它作为管理的工具。

对于新西兰、澳大利亚这些地理环境辽阔、人口密度小的国家,计算机除了作为一种学习资源,用于指导教师模式、学习者模式之外,计算机还是远距离通信的重要设备、重要的节点和终端,是构造交互式、实时性的开放式学习模式的重要枢纽。计算机联网并用于构造新的开放教育、教学模式是这些国家在中小学教育以及其他教育形式中利用计算机的独有的特点。这一特色使得在澳大利亚、新西兰等国的新信息技术真正成为学生学习的重要不可缺少的学习资源,这种学习资源不仅作为一种可选择的共享资源形式存在,而且它极大地丰富和完善了教学的模式,对教育产生了革命性的影响。

韩国、马来西亚等计算机教育不是很先进的国家,在发展计算机教育的开始,为了少走弯路,借鉴了发达国家的经验,一般是按照计算机作为学习者模式,即主要教学生计算机语言,到目前发展成计算机作为工具的模式,即逐渐把计算机作为各课程的辅助工具,并把它与各门课程的学习整合起来。

计算机在每个国家具体的应用形式并不完全相同,这和各个国家的教育哲学、教育体制等各方面的具体情况直接相关。但是,共同的趋势是计算机越来越成为人们获取信息、处理信息、储存信息的工具,同时,计算机的知识从"原来技术只是劳技、家政等中的一部分",逐渐"独立成一门课程",目前又逐渐被整合到中小学生学习的各门学科中。

1.3.2 我国中小学信息技术教育现状

2000 年,教育部颁布了《关于中小学普及信息技术教育的通知》和《中小学信息技术课程指导纲要》,标志着我国信息技术教育改革正式开始。自此,中小学信息技术课程受到了重视,信息技术课程已成为当前阶段我国基础课程改革中不可或缺的部分。2001 年 9 月,在全国普通高级中学和部分有条件城市的初级中学开设了信息技术必修课。随后,教育部又颁布了《普通高中信息技术课程标准》，标志着信息技术课程的系统建设和实施进入了新阶段。2004 年，教育部在《2003—2007 年教育振兴行动计划》中把"实施教育信息化工程"确定为六大重点工程之一，对教育信息化给予了足够重视[10]。新一轮基础课程改革又为信息技术课程提供了宝贵的发展契机。

新一轮基础教育课程改革把高中课程分为 8 大领域：语言与文学、数学、科学、技术、人文与历史、体育与健康、艺术、综合实践活动。技术领域包括信息技术和通用技术两个科目。

高中信息技术从此成为技术领域中的一门课程。紧接着，《普通高中技术课程标准（实验）》（信息技术）也正式颁布。该标准作为信息技术课程的一个国家颁布的标准，从任何层面来说，都超越了以往的"计算机"课程的教学大纲和教育目标。因此，该课程标准的制定也标志着我国的信息技术教育完成了从计算机教育向信息技术教育的转变。

在高中课程安排的 116 个必修学分中，信息技术占 4 个学分，学生在信息技术学习考核中必须取得 4 个学分才能取得高中毕业证书。这在某种程度上肯定了我国高中信息技术教育开设的重要性和必要性。

在新一轮基础教育课程改革中，信息技术课程成为高中阶段的必修课，这说明了本次基础教育课程改革中信息技术教育的重要性，信息技术课程在基础教育中的地位也得到了准确承认：信息技术作为技术领域中的一个科目，标志着信息技术既归类于技术领域，又不同于一般的技术[6]。

信息技术课程已成为高中一门独立的知识性与技能性相结合的基础性学科。它既同数学、物理等其他学科有共性，又有它本身的个性。根据我国现代的中学信息技术教学体系和教学内容来分析，高中学信息技术学科具有以下两个主要特点。

（1）现代性特点

信息技术更新速度很快，新技术与新理论的不断产生、发展和应用必然推动高中信息技术学学科教学的不断前进。可以说，我国信息技术教育与信息技术是在同步发展前进的。其次，信息技术的不断发展更新，促进了教学方法、教学设备和教学理念的不断更新。再者，我国信息技术教学用机与计算机技术的发展在同步前进。因此，这些都体现了中学信息技术课程显著的现代性特征。

当前，我国中学信息技术教育正处在一个关键转折时期，其特征是：在发展数量的同时，全面提高教学质量，全面提高应用水平和教育效益。这样能更好地体现出信息技术教育的现代性特点。

（2）实践性特点

高中信息技术学科离不开实践的学科，它的创立和发展都离不开计算机的操作。同样，高中信息技术教学必须突出实践性的特点。上机实践操作直接关系到中学信息技术教学的发展水平和教学质量。我国"指导纲要"中明确规定，高中上机操作应不少于 98 课时。上机操作是实现高中信息技术教学智力目标的基本手段，是培养学生操作技能的主要途径，也是发展学生非智力因素的一个重要环节。

1.3.3 教育技术的发展趋势

随着微型计算机技术的迅速发展和计算机的日益普及，计算机对教育技术的研究内容和发展方向有着深刻的影响,近年来,许多发达国家包括一部分发展中国家,都对此进行了广泛的研究。现代教育技术具有以下几个发展趋势。

1. 网络化

计算机网络是现代通信技术与计算机技术相结合的产物。特别是遍及全球的国际互联网络 Internet,可扩展至全社会的每一个角落,甚至全世界,这是真正意义上的开放学校。网络的资源共享,快捷通信,交互性和丰富的信息量带来了巨大的社会效益。网络化对教育将产生深远的影响,这种影响不仅表现在教学手段、教学方法的改变上,而且将引起教学模式和教学体制的根本变革。在网络环境下,教育体制将不受时间、空间和地域的限制,师生可以做到真正意义上的平等,工作和学习完全可以融为一体,每个人都可以在任意时间、任意地点通过网络自由地学习。在这种教育体制下,每个人都可以得到一流教师的指导,都可以提取最著名图书馆的资料,都可以从世界上任何角落获得最新的信息。在上述教育环境下,既可以进行个别化学习,也可以进行协作型学习。网络化教育将使学生在更广的范围内进行信息交流,大大增强他们获取信息、分析信息和处理信息的能力,从而培养出有高度创造性、能适应目前激烈竞争的全新人才[7]。在上述教育网络环境下,既可以进行个别化教学,又可以进行协作型教学;既可以开展集体讨论或辩论,还可以将"个别化"与"协作型"二者结合起来,所以是一种全新的网络教学模式。这种教学模式是完全按照个人的需要进行的,不论是教学内容、教学时间、教学方式甚至指导教师都可以按照学习者自己的意愿或需要进行选择,学习者可以通过工作站在家里或在办公室学习,也可以通过便携式多功能微机在旅途中学习。

2. 多媒体化

"多媒体"不是多种媒体的简单集合,而是以计算机为中心把处理多种媒体信息的技术集成在一起,它是用来扩展人与计算机交互方式的多种技术的综合。多媒体技术为人机之间的信息交流提供了全新的手段,这包括声音、图像、二维和三维动画,甚至是活动图像、视频。近年来,多媒体在教育中的应用正在迅速成为教育技术中的主流技术,即目前国际上的教育技术正在迅速走向多媒体化。在我国,高等院校及东部发达地区的部分中小学、职业和成人教育学校,已经比较成熟地使用多媒体及其技术,在教学中发挥了积极的作用。

与应用其他媒体的教学系统相比,多媒体教学系统具有明显的优点:

(1)实现多重感官刺激。心理学研究表明:多重感官同时感知的学习效果要优于单一感官感知的效果。

(2)传输信息量大,速度快。利用多媒体系统的声音与图像压缩技术可以在极短的时间内传输、存储、提取或呈现大量的语音、图形、图像乃至活动画面信息,这是普通微机系统难以达到的。

(3)信息传输质量高,应用范围广。由于多媒体系统各种媒体信息的存储与处理过程都是数字化的,这就可以高质量地实现原始图像与声音的再现、编辑和特技处理,从而使多媒体技术和产品广泛应用于社会的各个领域。

(4)使用方便,易于操作。多媒体教学系统以鼠标、触摸屏、声音选择等为主要输入方式,并有直观的操作提示,使人们可以轻松自如地进行操作。

（5）交互性强。多媒体教学系统提供丰富的图形界面反馈信息，用户拥有更大的操作自由度，从而能实现更为理想的人机交互作用。目前，利用多媒体所具有的全新交互方式，人们已开发出大量的较为完美的教学系统，生产出多种多样的电子出版物供教学使用。今后，多媒体教育软件的研究与开发将是一项重要的任务。

3. 智能化

智能化辅助教学系统已具有与人类优秀教师相仿的功能，是高级教育技术领域引入的技术。目前出现的有智能导师、智能界面、智能代理等。智能导师系统由于具有"教学决策"、"学生模型"等模块，具有能了解每个学生能力、认知特点和当前知识水平的功能，能采取有针对性的教学内容和方法进行个别指导。智能界面采用了更加自然的人机对话"接口"技术，实现了诸如手写输入、草书输入甚至语言输入功能。智能代理具有学习辅导功能，当在网上学习时，可根据学习需要出现"教师"或"同学"，以供指导学习或研究讨论问题[8]。

4. 多样化

现代教育技术在教学中的应用，根据使用的媒体不同，受教育的对象不同，投资不同等，采用不同应用模式。大体上可有以下几种：基于传统教学的"常规模式"，如幻灯、投影、视听设备、语言实验室等；基于多媒体计算机的"多媒体模式"，基于网络的"网络模式"；基于计算机的仿真技术的"虚拟现实模式"。

在这四种模式当中，常规模式应用最早，目前也仍然是主要的应用模式。多媒体模式发展异常迅速，目前已有相当数量的学校配置了多媒体计算机，发达地区尤其超前。网络模式同样发展迅速，目前已有一批学校和地区已实现了"校校通"，特别是从注重学校教育技术向服务终身学习的开放式教育技术方向发展，现代远程教育将作为重要办学形式得到迅速发展。"虚拟现实"模式由于设备昂贵，且技术难度较高，目前主要有一些高难度的军事和医疗模拟训练及一些研究领域应用，这是一种最新的教育技术模式，尽管现在还很不普遍，但它有令人鼓舞的美好前景。

总之，随着新信息技术的出现，及其在教育中的广泛应用，人们将不断发现新概念、新方法、新教学模式，人们也将会感到，新信息技术绝不仅仅是为学习者提供了多种可选择的学习资源，它将导致教育方法、教育模式，乃至教育体制的革命。而在这诸多变化中，教育观念的变化和更新是重中之重。

本章小结

本章主要介绍了教育技术的基本概念及其发展过程，描述了信息技术常用的教学方法，介绍了国内外信息技术的发展现状。

教育技术是通过创造、使用、管理适当的技术过程和资源，促进学习和改善绩效的研究与符合道德规范的实践。教育技术不是一般的某种教学方法的应用，它包含三种概念：以学习者为中心、依靠资源、运用系统方法。这三种概念综合应用于教育、教学的理论与实践。

教育技术应用于解决教学问题的基本指导思想是：以学习者为中心、依靠资源和运用系统方法三个概念的整合应用。其基本的实践原则是首先要鉴定问题，弄清所要解决问题的本质,然后根据问题的实质来研究、设计解决问题的方案。

教育技术研究对象有:

① 教育教学实践活动。

② 教育领域中的教育意义和教育价值的问题。

③ 与技术密切相关的教育问题。

④ 技术与教育关系的问题是教育技术研究对象。

教育技术学科的研究领域包括教育技术的基本理论、教育媒体技术、教学设计技术和教学管理技术四部分。

信息技术常用教学法有任务驱动教学法、探究式教学法、范例教学法、项目式教学法、个别化教学法、协作式教学法、问题情境教学法等。

现代教育技术的发展趋势为网络化、多媒体化、智能化、多样化。

思考题

(1) AECT2004 对教育技术的定义其"现代性"体现在几个方面?

(2) 教育技术应用于解决教学问题的基本指导思想是什么?

(3) 教育技术研究对象有哪些?

(4) 计算机技术教学法课程的教学工作应具有哪些特点?

(5) 学生在学习过程中应从哪几个方面发挥主体作用?教师在教学过程中应从哪几个方面发挥指导作用?

参考资料

[1] 张春玲,黄秋生. 对美国 AECT05 定义的理解和思考. http://www. studa. net/2005/12-14/2005121466. html.

[2] 技术支持下的有效学习. http://www. 360doc. com/content/10/0301/16/400601_17212675. shtml.

[3] 焦建利. 论教育技术学的研究对象. http://www. 360doc. com/content/08/0302/12/52167_1086211. shtml.

[4] 刘美凤,乌美娜. 信息技术在国外中小学教育中的应用现状与研究的思考. http://www. studa. net/Education/080924/1125437-2. html.

[5] 教学法. http://baike. baidu. com/view/1500949. htm.

[6] 张世波. 中小学信息技术学科的教学方法探究. 硕士论文,2010(4).

[7] 曾录华. 论现代教育技术的发展趋势. 教改前沿,2007(10).

[8] 涂涛. 从《电化教育研究》载文分析透视近年教育技术发展趋势,电化教育研究,2009(2).

[9] 霍永强. 浅谈信息技术课中"任务驱动"教学法. 科技信息——教学研究,2007(20).

[10] 白云. 高中信息技术课程教学模式探讨. 教育技术导刊,2007(1).

[11] 李慧迎. 问题情境教学法应用于信息技术课程教学的几点思考. 中国教育信息化,2010(6).

[12] 王祥. 浅谈中学信息技术教学法. 探索(信息与教学),2010(2).

[13] 建构主义理论. http://baike. baidu. com/view/1662295. htm.

第2章 计算机技术课程的教学过程设计

本章主要介绍完成一个教学过程应掌握的基本方法和基本技能。教学过程是指教学活动的展开过程。在教学过程中,教师有目的有计划地引导学生能动地进行认识活动,自觉调节自己的志趣和情感,循序渐进地掌握科学文化知识和基本技能,以促进学生智力、体力和社会主义品德、审美情趣的发展,并为学生奠定科学世界观的基础。本章学习主要掌握的内容:

- 计算机技术课程的教学过程设计方法;
- 计算机技术课程教学的基本类型;
- 计算机技术课程教学环境;
- 计算机技术课程教学评价技术和方法;
- 计算机技术课程教学的研究方法和基本教学实用技能。

2.1 计算机技术课程的基本要求

计算机作为一种现代通用的智能工具,拥有一定的计算机知识和应用能力已成为现代人所必须具备和赖以生存的基础。计算机的应用能力已成为现代各类各级学校学生知识结构中的重要组成部分,因此,计算机技术课程教学对于提高 21 世纪学生的素质具有十分重要的功能。以能力素质为核心、以知识素质为主体,应该是各类各级学校学生综合素质结构的主体,能力本位教育是教育的体现,主要培养学生的实际动手操作能力。目前中学计算机课程的教学没有一个统一的教学方法和理论,因此很难培养出高素质的学生。计算机技术课程教学主要是建立既能发挥教师的主导作用,又能充分体现学生是认知主体的新型教学,并在此基础上逐步实现教学内容、教学手段和教学方法的最优化。

随着时代的发展,计算机技术课程作为计算机基本课程和计算机基础技能越来越受到各校的高度重视。如何适应市场的需要,加快计算机技术课程教育改革步伐,有针对性地培养人才已成为各校教育者不得不认真思考的问题。

2.1.1 教学目的和目标

课程教学目标是指某一课程经教学后使学生达到的应知、应会的具体要求和标准。计算机技术课程教育是基础文化教育和人才素质教育,是知识性和技能性相结合的基础性学科教育。计算机技术课程教育的教学目标是使学生掌握计算机的基本知识和操作技能,把计算机作为获取及交流信息的工具,为学生进一步学习计算机相关知识打好基础。因此,本课程教育具有非常鲜明的特点。

(1)实践性。课程具有很强的实践性。在学习过程中必须理论联系实际,用理论来指导实践。

(2)动态性。课程内容随计算机理论和技术的飞速发展而不断更新。

(3)知识的广泛性与综合性。课程内容涉及的范围非常广泛,包括理论、技术、方法和工具等许多方面。

(4)教育理论与计算机的关联性。计算机课程与其他课程存在很大的差异,教育教学理论在计算机教学过程中的应用对计算机教学具有很重要的指导意义。

通过计算机技术教育课程的学习,应使学生掌握计算机教学方法的基本概念、基本原理、实用的方法和技术,提高学生的计算机知识的教学水平,提高学生的综合素质和科技意识,适应中学计算机教育的需要。由此可见,通过比较全面、概括性地介绍计算机教学基本教学理论和教学技能实训,学生应该能够达到以下目标。

(1)掌握计算机技术课程的教学过程设计方法,根据教学实际情况可以采用不同的教学方法和教学模式。

(2)掌握计算机技术课程教学的基本类型,如课堂教学、知识点教学、实验教学和课外活动的基本方法和技能。

(3)掌握计算机技术课程教学环境。计算机课程的教学环境与其他学科的教学环境不同,主要包括多媒体教学环境、网络教学环境、微格教学环境和远程教育环境。

(4)掌握计算机技术课程教学评价技术和方法。

(5)掌握计算机技术课程教学的研究方法。主要包括教学研究课题的选择、研究课题的实施和课题的总结。

(6)掌握计算机技术课程教学的基本教学实用技能。如计算机辅助教学、教学设计技能、课堂教学技能、实验教学技能、作业和辅导技能、教学评价技能、教学研究技能、教学环境使用和维修技能、软件安装和计算机病毒防治基本技能。

2.1.2　教学模块设置

所谓的模块,即一种微观的教学形态,它自成一个独立的知能体系,由一个乃至多个教学单元构成具体的目标与内容划分的小专题。教学模块是指将学科的理论、案例、视像资料、讨论专题、辩论专题、自我教育专题、科研实践专题等以最小的单位建立起来的,彼此既可以相对独立又可以进行自由组合的基本构件。然后在对每一专项能力所需要的知识、技能和态度以及工具与设备等详细分析的基础上进行教学分析、形成教学单元,或称为一个教学模块。

模块教学是围绕一个能力和素质的教育,在教法上强调知能一体,在教学上强调实践经验、操作技能,以及活动方式、方法、方案的同步一体化的教与学,以实现具体的能力和实践及对教育理念、教学内容、教学方法、教学手段的全面改革与创新所产生的教学模式。

教学模块设置一般采取如下的基本思路。

(1)根据基本技能训练项目,划分成多个独立的教学模块(或者教学单元)。

（2）根据模块的需要,安排不同的学习单元和不同的学习难度。每个单元有不同的侧重点,不同的技能训练要求。

（3）各阶段学习、单元训练最终要落到训练课题上,各环紧紧围绕模块主题。

模块教学中模块的设计和选择是基础,模块的选择和设计应体现代表性。模块教学中课题应少而精,不要让课题泛滥,没有重点。模块的安排应按由浅入深、由易到难的顺序,呈现出阶梯型和阶段性。模块的安排应具有一定的灵活性,以便按学生的不同程度、要求改变不同的组合。

一个教学模块设置格式应该是开放的、多元的,应该呈现个性化的特点。但一般具有下面的几个部分。

（1）模块名称。也可以包括作者姓名和单位。

（2）模块设计的说明。主要为了让大家理解为什么要选择这些内容,为什么要这样设计。主要包括设计的基本思路、教材分析、学生状况分析等。

（3）教学目的。是指通过本模块教学所要达到的目的。

（4）模块教学主题内容。包括教学内容和教学计划。

（5）模块教学效果总结。

2.2　计算机技术课程教学过程

教学过程是一种特殊的认识过程,也是一个促进学生身心发展的过程。在教学过程中,教师有目的有计划地引导学生能动地进行认识活动,自觉调节自己的志趣和情感,循序渐进地掌握科学文化知识和基本技能,以促进学生智力、体力和社会主义品德、审美情趣的发展,并为学生奠定科学世界观的基础。

2.2.1　教学过程的概念

教学过程,即教学活动的展开过程,是教师根据一定的社会要求和学生身心发展的特点,借助一定的教学条件,指导学生主要通过认识教学内容从而认识客观世界,并在此基础之上发展自身的过程。

古今中外,许多教育家、理学家都对教学过程提出了许多看法和主张,比较全面的应属辩证唯物主义的认识论提出的主张。

辩证唯物主义的认识论全面总结了人类认识的发展历史,揭示了认识过程的普遍规律:认为人类社会实践是认识的源泉和目的,人类认识是主体对客观世界能动的反映,是由感性认识能动地向理性认识逐步上升和转化的过程;认识反过来又能动地指导和推动实践发展,实践和认识是相互作用,循环上升的过程。这一规律的阐述,为教学过程提供了科学的方法论基础。学生的学习过程是人类认识过程的一种特殊形式。学习是以掌握人类已知的文化科学和技术基础知识为主,经教师的传授和引导,以求在较短时间使年轻一代能达到当代科学文化水平。教学过程乃是一种有目的有计划的特殊的认识过程,它遵循的是感性认识和理性认识统一、认识和实践统一的规律,这既可避免唯理论的片面性,又可防止狭隘实用主义经验论的片面性。

遵循辩证唯物主义的认识论,教学过程一般经过以下 4 个阶段。

1. 引导学生获得感性知识

包括通过观察、实际操作(如数小棍计算、剪纸认识几何图形)以及实验等活动丰富学生的表象,并要求这些表象有明确的目的性和典型性,以便迅速有效地达到理性认识,同时发展学生的观察能力、想象能力。

2. 引导学生理解知识

即引导学生由感性认识向理性认识转化达到理解阶段。所谓理解,就是揭示事物之间的内在联系,把新概念在头脑中纳入已知概念的系统,由已知概念向新概念转化,即形成新概念。随着现代科学技术的发展,科学概念或规律性知识在教学过程中愈来愈具有重要作用和主导地位。引导学生学会独立地利用已知概念探索新知识,是发展创造性思维和独立学习能力的中心环节,是不断形成和发展认识结构的基本条件。

3. 引导和组织学生进行实践作业

教学过程的实践形式和一般社会实践形式相比较,既有共同性又有特殊性。口头作业、书面作业、实验、实习、实际操作以及美术、音乐和体育活动等等,是教学过程中的特殊实践形式,其目的在于印证知识或运用知识形成各种基本技能和技巧,培养独立学习能力并促进学生全面发展。教学还包括组织学生参加一定的社会生产劳动或必要的社会政治文化活动,以便扩展知识、技能和技巧的运用领域,但这些社会实践形式必须服从教育和教学目的,并且不能作为教学过程的中心。此外,在教学过程中还要求充分利用学生在生活中获得的直接经验,同时要求防止某些错误的直接经验对学习新知识和技能的干扰作用。学生的技能、技巧的形成,一般是由掌握知识开始,逐步转向半独立作业,并通过合理的练习,达到较完全的独立作业。

4. 检查和巩固知识

无论在形成感性认识或形成新概念,以及从事实际作业阶段,都包括有合理的检查和巩固工作,而检查和巩固又可构成教学过程相对独立的特殊环节,系统的检查和巩固工作是教学过程继续前进的基本条件之一。检查和巩固是教和学的双方的活动,其最终目的是要教学生学会自我检查和纠正学习中的错误,并善于充分利用意义识记和逻辑记忆来巩固知识、技能和技巧。教学过程的 4 个阶段是相互渗透、相互促进的环节,并具有相对的独立性。并不是每一堂课的教学都必经这些步骤,不能作为呆板的公式看待。教学过程既可以由具体到抽象,又可以由抽象到具体;既可以由认识到实践,又可以由实践到认识。

2.2.2 教学过程的结构

简单地说,教学过程的结构包括以下几个方面:

1. 引起学习动机

学习动机是推动学生学习的一种内部驱动力。学习动机往往与兴趣、求知欲和责任感联系在一起。引起学习动机是为了使学生明确学习目的,激发学生学习的积极性。所以这个阶段不宜费时过多。当学生学习的动机被激发起来以后,应立即引导他们积极投入学习。

2. 引导学生领会知识

这是教学过程的中心环节。包括使学生感知和理解教材两个方面。首先,教师要引导学生通过感知形成清晰的表象和鲜明的观点,为理解抽象概念提供感性知识的基础并发展学生相应的能力。其次,理解教材,形成科学概念。引导学生在感知基础上,通过分析、比较、抽象概括以及归纳演绎等思维方法的加工,形成概念、原理。

理解教材通常有两个途径:一是由具体形象思维向抽象逻辑思维过渡,二是由已知到未知,不必都从具体事物开始。

3. 巩固知识

通过各种各样的复习,对学习过的材料进行再记忆并在头脑中形成巩固的联系。只有巩固已学的内容,才能不断吸收新知识、运用知识形成技能。巩固知识往往渗透在教学的全过程,不一定是一个独立的环节。

4. 引导和组织学生运用知识

学生掌握知识的目的在于运用,教师要组织一系列的教学实践活动引导学生动脑、动口和动手,以形成技能技巧,并把知识转化为能力。

5. 检查知识

检查学习效果的目的在于使教师及时获得关于教学效果的反馈信息,以调整教学进程,帮助学生了解自己掌握知识技能的情况,发现学习上的问题,及时调整自己的学习方式,改进学习方法,以便提高学习效率。

2.2.3 教学过程的实施

教学过程的实施包括教学准备、开展教学活动、评价反思三个基本环节。教学准备和评价反思是成功教学的基础,教学活动开展的过程是师生交互的过程。

(1)教学准备。这是教学过程的基础,发生在实际开展教学活动之前,包括明确教学目标、教学内容的加工、教学方法策略的选择以及教学设计方案的编写等。教学准备既包括教师,也包括学习者。教师要了解、明确教学任务和学习者的特征;学习者的任务是明确学习目的,为学习活动做好物质和心理的准备。

(2)开展教学活动。这是教学过程实施的主要阶段。师生围绕着要达到的教学目标开展有意义的交互活动,这是教学过程中最复杂、关键的环节。

(3)评价反思。这既是教学过程中一个相对独立的环节,同时又贯穿在整个教学过程的各环节之中,目的是发现教学过程存在的问题,从而优化教学和学习效果。教师通过评价学习者对新知识、新技能的掌握情况,来判断教学目标、教学方法、教学内容、教学媒体、教学活动的恰当性。学习者需要对自己的学习状况进行自我监控,调整自己的学习策略。

具体说来,开展教学活动由一系列教学事件组成。美国著名教育心理学家加涅提出,教学由一组支持学生内部学习加工过程的九个教学事件组成,包括引起注意、告知学习目标、激发回忆、呈现材料、提供学习指导、引发学习行为、提供反馈、评估学习行为以及促进保持和迁移。这九个教学事件组成了教学活动的基本序列,具体的顺序和作用见表2-1。

表 2-1 教学事件及它们与学习过程的关系

教 学 事 件	作 用	与学习过程的关系
引起注意	学习准备	接受一定的神经冲动形式
告知学习目标		激活执行控制过程
激发回忆		将先前的学习提取至工作记忆
呈现材料	学习发生过程	突出有关的特征以利于知觉
提供学习指导		进行语义编码,提供提取的线索
引发学习行为		激起反应的组织
提供反馈		建立强化
评估学习行为		激活提取,使强化有可能实现
促进保持和迁移		提供提取的线索和有关的策略

(1) 引起注意。用于唤起和控制学生参与学习活动。最常用的方法是唤起学生的兴趣,另外,利用有意注意和无意注意的特点,教师可采用不同的方法。一般来说,引起注意的方式分为四种:

① 改变呈现的刺激,如教师突然提高音量等;

② 引起学习者兴趣,如提出学生感兴趣的问题、呈现某些物理事件意想不到的变化;

③ 用体态语(手势、表情等)引起学生注意;

④ 用指令性语言,如"请看……"、"请注意……"等。

(2) 告知学习目标。对于学生不了解的学习目标,教师有责任明确地告诉学生,如课堂的学习目标是什么,以及达到目标后,他们将学会做什么,从而使学生形成对学习的期望,控制自己的学习活动。教师应以学生容易理解的语言来陈述目标,对于年龄小的学生最好以范例的方式向学生陈述目标。如"给定两个名词,(学生)能够将这两个名词组成句子"的学习目标,教师可以明晰地告知学生:"假设有两个词:'男孩'和'足球',你们的任务就是造一个句子,并包含这两个词。"另外,当一堂课的教学目标较多时,教师应使学生明确目标之间的关系。

(3) 激发回忆。通过提出再认或回忆类型的问题,激活学生先前获得的能力,刺激学生回忆已学过的相关知识与技能,使学生充分利用已有认知结构来同化新知识,有助于避免机械学习。如"平行四边形的面积计算公式"这一教学内容,教师可先复习长方形的面积计算公式以及平行四边形的特点等知识。

(4) 呈现材料。教师呈现新知识材料时应注意几个方面要求:呈现的材料必须与学习目标相适应,如学习目标是培养口语能力,就不应当只给学生呈现书面材料;呈现的材料应当具有鲜明的特征,帮助学生形成选择性知觉,如字体的属性(黑体、斜体)、声音或动画等;

呈现新材料时的顺序安排；每次呈现知识内容的多少应符合学生的认知水平等。

（5）提供学习指导。目的在于促进学习的内部过程，启发学生在原有认知结构与新知识之间进行组合和关联，包括提供有意义的组织结构、提问等。教师提供学习指导的数量、内容和方法随不同学习任务、学生的个体差异而不同。例如，概念的名称或定义，可直接告知答案；但在复杂规则的学习中，仅需提供指导，让学生通过发现答案而获得智慧技能。过多的指导会使理解快的学生厌烦，而指导过少则又可能使领会慢的学生失去信心，比较好的解决办法是一次只提供一点指导，在学生有需要时再适当增加。

（6）引发学习行为。这是学生学习行为发生的阶段，学生会对所呈现的信息以各种方式作出积极的反应。通过参与，学生能更好地理解并保持所呈现的信息，这时，教师的任务是让学生说出他们将如何做，或让学生自己动手做，同时引导他们在新的情境中运用有关的知识。

（7）提供反馈。在学生作出反应、表现出正确的学习行为之后，教师应及时向学生提供学习结果的反馈。反馈可通过各种形式来传递，如教师观察行为时的点头、微笑或言语，提供答案等。反馈的作用在于：一方面，学生能肯定自己的理解与行为是否正确，知道以后遇到同类的任务该怎样做；另一方面，可促进学生的学习参与度与积极性，建立信心。

（8）评估学习行为。其目的是促进学生进一步回忆并巩固学习结果，也是教师获得教学效果的手段。测试是评估行为的主要方式。与评定行为有关的测试一般可分为三种：

① 在教学过程中，进行练习式的小测验，能及时了解学习状况，并提高学习积极性；

② 在教学过程中，学生回答问题，得到教师或教材的反馈，可帮助学生了解自己知识的掌握情况；

③ 单元测试。测试形式与内容比较全面、系统，常常成为决定下一阶段学习的依据。

（9）促进保持和迁移。其目的是使学生牢固掌握所学内容，培养应用所学知识与技能来解决新问题的迁移能力。就陈述性知识的学习而言，教师可提供有意义的知识结构，供学生回忆知识时使用；就程序性知识的学习而言，教师应安排各种练习机会，进行定期的系统复习。提供给学生的练习内容最好与学习时的情境不同，以保证迁移的发生。

2.3　计算机技术课程教学方法

在计算机技术相关课程的教学中，采用正确的教学方法是教学效果得以保证的必要前提，因此，教师需要对常用教学方法有一定的认识，便于在教学中使用适当的教学方法，提高学生对计算机技术的掌握程度。

2.3.1　教学方法的概念

教学方法是为实现教学目标、完成教学任务所采取的措施。现代的教学方法应具有六个特征：

① 高起点与高目标相结合；

② 大信息量与高效果相结合；

③ 重点讲授与系统探讨相结合；

④ 讲授思路、方法与培养创新能力相结合；

⑤ 教师指导与学生自主学习相结合；

⑥ 掌握已有知识与探索未知相结合。

正确的教学方法是以下几个研究的结果：

① 对所要传授的计算机基础知识和信息进行教学内容组合的研究；

② 根据学生认识规律和心理发展水平进行教学程序的研究；

③ 按照培养目标、课程目标和基本教学原则（即教书育人、理论联系实际、因材施教的原则）进行教学方式的研究；

④ 依据教学资源和设备条件进行教学手段利用的研究。

2.3.2 常用教学方法

1. 发现法

发现法作为一种严格意义的教学法是美国认知主义心理学家布鲁纳在《教育过程》一书中提出的。这种方法要求学生在教师的认真指导下，能像科学家发现真理那样，通过自己的探索和学习，"发现"事物变化的因果关系及其内在联系，形成概念，获得原理。在这个认知学习过程中，学生能够同时体验到"发现"知识的兴奋感和完成任务的自信心。这种兴奋感和自信心可激发学生学习的内在动机。布鲁纳说："发现包括用自己的头脑亲自获得知识的一切形式。"发现法能较正确、较充分地体现出教和学这对矛盾在发展中的关系。发现法又称探索法，研究法，现代启发式或问题教学法，指教师在学生学习概念和原理时，只是给他一些事实（例）和问题，让学生积极思考，独立探究，自行发现并掌握相应的原理和结论的一种方法。它的指导思想是以学生为主体，独立实现认识过程，即在教师的启发下，使学生自觉、主动地探索；科学认识和掌握解决问题的方法及步骤；研究客观事物的属性；发现事物发展的起因和事物的内部联系，从中找出规律，形成自己的概念。

发现法是很古老的一种方法，很多教育学者对该方法提出了自己的看法，但并未确立起明确的定义。有人指其为教法，有人指其为学法，而有人则主张，应把"靠发现而学习"与"以发现为目标的学习"区分开。教法是通过发现过程进行学习的方法，而学法则是把学习发现的方法本身作为学习的目的。不过，有的人往往把两者结合起来。美国当代认知心理学家，哈佛大学教授布鲁纳认为要培养具有发明创造才能的科技人才，不但要使学生掌握学科的基本概念、基本原理，而且要发展学生对待学习的探索性态度，从而大力提倡广泛使用发现法。他指出："发现不限于寻求人类尚未知晓的事物，确切地说，它包括用自己的头脑亲自获得知识的一切方法。"他的倡导，引起了人们对发现法的重新关注和研究。

发现法的典型学习过程是：

① 掌握学习课题（创造问题情境）；

② 制定假设（提出解决问题的各种可能的假设和答案）；

③ 发现补充，修改和总结。

布鲁纳认为发现法有如下优越性：

① 能提高学生的智慧,发挥学生的潜力;

② 能使学生产生学习的内在动机,增强自信心;

③ 能使学生学会发现的试探方法,培养学生提出问题、解决问题的能力和创造发明的态度;

④ 由于学生自己把知识系统化、结构化,所以能更好地理解和巩固学习的内容,并能更好地运用它。

发现法虽有一定的优点,但不是唯一的教法或学法,必须同其他方法结合一起使用,才能取得良好效果。有人研究指出,不能把学生的学习方法和科学家的发现方法完全等同起来;由于发现法需要向学生揭示他们必须学习的有关内容,耗时太多,是不经济的;发现法,是适合那些能引出多种假设、原理,能明确展开的数理学科,并不是对所有学科都是有效的;由于发现法需要学生具有相当的知识经验和一定的思维发展水平,并不是对儿童发展的任何阶段都是适用的。同时,发现法的使用,还需要逻辑较严密的教材和具有较高水平的通晓本学科科学体系的教师。

2. 启发式教学法

启发式教学法,是指用任务、案例、实例和问题来调动学生的积极主动性,激发学生的兴趣和创作欲望,从而提高学生的实际应用能力的教学方法。通过调查和实践验证,发现学生非常欢迎有挑战性的任务,喜欢有趣和应用性强的案例、实例和问题。启发式教学法对教师提出了更高的要求,教师要结合任务、案例、实例进行教学,就要实际去做,善于通过科研和项目去提取适合教学的内容;要提出能引发学生思考的问题,就必须深入理解教学的内容,了解难点与重点,通过与学生的交流,掌握学生需求的脉搏,用任务、案例、实例和问题调动学生学习的积极性,通过完成任务和解决实际问题来提高学生分析问题和解决问题的能力。如可拿一篇毕业论文来讲解 Word 排版在毕业论文中的应用,让学生对排版的应用有个整体认识,也为毕业论文的写作做一些准备工作。为了激发学生的创作欲望,在讲授演示文稿创作软件 PowerPoint 时,可以让学生自己创作作品,尽可能多地用上所学过的知识,将一些好的作品在课堂上或课间播放,激发学生的创作欲望。

3. 程序教学法

程序教学法来源于美国鲁莱西设计的一种进行自动教学的机器,试图利用这种机器,把教师从教学的具体事务中解脱出来,节省时间和精力。这种设想,当时没有引起重视和推广,到 1945 年,美国心理学家斯金纳重新提出,才引起广大心理学和教育界人士的重视。

程序教学法是根据程序编制者对学习过程的设想,把教材分解为许多小项目,并按一定顺序排列起来,每一项目都提出问题,通过教学机器和程序教材及时呈现,要求学生做出构答反应(填空或写答案)或选择反应,然后给予正确答案,进行核对。这一系列过程,都是通过特制的教学机器与学生之间的活动进行的。

这种教学法法的理论核心是:人类行为是一个有序的过程,它可以借助自然科学的方法来进行研究,通过有序地选择教学信息,改善学生的学习活动,有效地控制学生学习的过程。

程序教学法的分类主要有两类:直线式的程序和分支式的程序。

（1）直线式程序是美国斯金纳首创的。其特点是把学习材料由浅入深地直线地编排，并把这些学习材料分成许多连续的步子，然后呈现给学生。在呈现每一个步子时，要求学生进行回答反应。如果答对了，机器就呈现出正确的答案，然后再进到下一步。每个学生都要按照机器规定的顺序学习，不能随意跳越任何步子。

（2）分支式程序是美国克洛德创立的。它采取多重选择反应，以适应个别差异的需要。学生在阅读一个单元教材之后，立即对他进行测验。测验题下有几个正、误的选择答案，让学生选择。如果选对了，就引进新的内容继续学习下去；如果选错了，便引向一个适宜的单元，再继续学下去，或者回到先前的单元，再学习一遍，然后再引进新内容的学习。

分支式程序通过学生的选择，走向不同的支线，以适应个别差异的需要。选择完全正确的学生，一直沿主支前进，学习进度就快；选择不正确的学生，走向错误的分支，或进入亚分支，待复习这部分基本知识之后，才能回到主支继续学习下去，他们的学习速度比较慢。

4. 案例教学法

所谓案例教学法是为了培养和提高学习者知识能力的一种教学方法，即将已经发生或将来可能发生的问题作为个案形式让学习者去分析和研究，并提出各种解决问题的方案，从而提高学习者解决实际问题能力的一种教学方法。

计算机传统教学方式是以教师和教材为中心，以灌输的方式从书本到书本，从概念到概念，关注的是向学生灌输了哪些知识，忽视了对学生动手能力的培养，导致学生理论与实践的脱节，而计算机教学中应用案例教学则能突出学生的主体性，发挥他们的主动性、自主性，通过案例的分析推导，运用概念较好地解决实际问题，案例教学有利于开放学生思维，提高解决问题的能力，是一种动态的开放的教学方式，在案例教学中，学生被置身于特定的环境中，在信息不充分的条件下对复杂多变的形势独立做出判断和决策，在学习过程中有利于开放学生思维，有利于锻炼他们综合运用各种理论知识分析问题和解决问题的能力。

总之，在计算机教学中，要注意教学方法的改进。学习兴趣和求知欲是学生能够积极思维的动力，这就要求教师在教学过程中要给学生思考的时间，并且要不断向学生提出新的教学问题，为深入的思维活动提供动力和方向，通过课堂教学，既要使学生获得相关知识，又要培养学生的观察能力、思维能力、分析问题和解决问题的能力，把他们培养成具有创造性的人才。在计算机的教学手段上，充分利用学校的各种资源进行教学。教学环境的变化利用多媒体教学已经比较普及，如何充分利用校园网络 Internet 优势使计算机基础课程的学习从课堂拓展到网络环境，不仅仅是一个教学方式方法的改革，更重要的是通过现代的网络交互性，可以培养学生的自主和研究学习能力。

2.4　计算机技术课程的教学设计

教学设计，又称为教学系统设计，主要是指依据教学理论、学习理论和传播理论，运用系统科学的方法，对教学目标、教学内容、教学媒体、教学策略、教学评价等教学要素和教学环节进行分析、计划并做出具体安排的过程。包括分析、设计、开发、实施和评价五个要素，它们之间相互关联，构成动态循环的过程。

2.4.1 教学设计的基本要求

教学设计是为了促进学习者有效地进行学习而创造的一门科学。教学设计要根据学习者的学习需要,为学习者确定不同的教学目标,制定不同的教学策略,选择不同的教学媒体,设计不同的实施方案,以实现促进学习者学习,提高教学质量的目的。一般地说,"学习是指学习者因经验而引起的行为、能力和心理倾向的比较持久的变化。这些变化不是因为成熟、疾病或药物引起的,而且也不一定表现出外显的行为。"可以从以下几方面来理解这个定义:第一,这种变化持续的时间不是短期的而是长期的;第二,这个变化是指大脑中知识内容结构的变化或者学习者行为的变化;第三,变化的原因是环境中学习者的经验变化,而不是由于成熟、疾病、药物等引起的。从定义中可以看出,教学设计就是要优选恰当的技术、工具、方法等,以帮助学习者获得知识和能力的持久变化。

科学系统的教学设计,离不开现代教学理论、学习理论的指导。认知策略理论是当代学习理论中的研究学生学习行为的重要理论,是信息加工理论和现代建构主义学习论的重要内容。

1. 认知策略理论简介

现代学习理论认为,在学习过程中有一种重要的智慧技能——认知策略,这种技能对学习和思维具有重要的影响。它是一种"控制过程",是学生赖以选择和调整他们的注意、学习、记忆和思维的内部过程。由于这种内部控制过程,人们的学习会变得更有效。认知策略是种特殊的、非常重要的技能,是学生用来指导自己注意、学习、记忆和思维的能力。认知策略与指向外部环境的理智技能不同,它是指向学习者内部的行为。加涅在教学设计原理一书中归纳各种认知策略对各个学习过程的支持功能,如集中注意、画线、先行组织者、附加问题、列提纲等认知策略对选择性知觉有支持功能,解释意义、做笔记、表象、列提纲、组块有利于信息进入长时记忆,分类学习方法、类比法、图式对语意编码有支持功能,元认知策略对执行控制过程有支持功能。

2. 计算机技术课程教学设计中重视学生认知策略的必要性

(1)以理论指导计算机技术课程教学设计,克服盲目性。随着信息数字技术的发展,多媒体计算机进入了教学实践,由于其能提供多种感官刺激、缩短时空距离等优势,很快成为现代教育的重要教学资源,但是在其生动、信息量大等优势的背后,也存在着诸如学生来不及思考,跟不上教学进度等问题。在一些粗劣的课件中多媒体计算机甚至仅仅是教师板书的替代品,变传统教学中的"人灌"为"电灌"而已。这些问题的产生并不是多媒体教学本身的问题,在很多情况下是由于教师在多媒体教学设计中,缺乏现代学习理论、教学理论的指导之故。教学设计是一个运用系统方法解决教学问题的过程,理论性、系统性及可操作性是它根本的特征。多媒体教学设计只有建立在科学的系统的方法上,使个人的教学经验与科学的学习理论、教学理论相结合,才能使个人的教学艺术成为具有可操作性的共同的教学智慧,并在多媒体的帮助下,使这种教学智慧发扬光大,发挥更大的作用。

(2)多媒体教学设计中重视学生的认知策略有助于发展学生智力、培养学生学习能力。

20 世纪 50 年代,布鲁纳的结构主义教学理论与赞可夫的发展性教学理论都不约而同地把发展学生的智力作为教学的重要目标。教学不仅仅是教学生掌握学科知识,更重要的是发展学生智力、培养学生进一步学习的能力。重视学生的认知策略正是从学生原有的学习能力出发,进一步发展其自学和学习能力,为其长远的学习服务。支持和培养学生的认知策略能力是发展学生学习能力的重要因素。

(3) 发展计算机技术课程教学设计的理论。现代认知心理学的核心是信息加工论。信息加工理论认为,所有正常人生来就具有同样的一般信息加工系统,其基本性质对一般人而言是大体相同的。加涅的信息加工学习理论认为,学习的过程是感受器从环境接受信息,再经感觉登记、短时记忆到长时记忆,在需要时提取、处理的过程。在这个过程中一种重要的内部心理监控过程——认知策略起着监控作用。认知策略是一种特殊的技能,学生是通过认知策略技能控制自己的学习、思维过程的。加涅认为这种策略是可以通过学习而得的,他认为认知策略是五种学习结果中的一种。在加涅的教学设计理论中,教学仅仅是一组支持内部学习过程的外部事情,其目的是引导迅速而无障碍的内部学习过程。教学设计必须以学生原有的认知策略技能为起点,并且在教学中去发展学生的这种技能。

2.4.2　教学设计方案实例

抛锚式教学(Anchored Instruction)是建立在有感染力的真实事件或真实问题的基础上。确定这类真实事件或问题被形象地比喻为"抛锚",因为一旦这类事件或问题被确定了,整个教学内容和教学进程也就被确定了(就像轮船被锚固定一样)。因此它对于建构教学设计应用层次的教学方法具有直接的指导意义。它通常由这样几个环节组成。

(1) 创设情境。使学习能在和现实情况基本一致或相类似的情境中发生。

(2) 确定问题。在上述情境下,选择出与当前学习主题密切相关的真实性事件或问题作为学习的中心内容(让学生面临一个需要立即去解决的现实问题)。选出的事件或问题就是"锚",这一环节的作用就是"抛锚"。

(3) 自主学习。不是由教师直接告诉学生应当如何去解决面临的问题,而是由教师向学生提供解决该问题的有关线索(例如需要搜集哪一类资料,从何处获取有关的信息资料以及现实中专家解决类似问题的探索过程等),并要特别注意发展学生的"自主学习"能力。自主学习能力包括:①确定学习内容表的能力(学习内容表是指为完成与给定问题有关的学习任务所需要的知识点清单);②获取有关信息与资料的能力(知道从何处获取以及如何去获取所需要的信息与资料);③利用、评价有关信息与资料的能力。

(4) 协作学习。讨论、交流,通过不同观点的交锋,补充、修正、加深每个学生对当前问题的理解。

(5) 效果评价。对学习效果的评价主要包括两部分内容,一部分是对学生自主学习及协作学习能力的评价,另一部分是对学生是否完成对所学知识的意义建构的评价。

案例:计算机网络知识介绍。

(1) 创设情景。计算机网络环境,邮件收发软件。

(2) 确定问题。通过互联网搜寻武汉风景组图,学生之间互发邮件;给老师发一张在以太网上搜寻到的图片为基础的自己加工的贺卡。

（3）自主学习策略。

① 网上搜寻武汉风景组图；

② 申请自己的免费邮箱，将这些图片放邮箱里；学生互发 E-mail 传图片交换所收集的风景组图；

③ 不使用邮箱使用邮件收发（Outexpress）软件重复以上步骤。

（4）协作学习。

① 教师的指导。利用多媒体教学软件演示一遍，针对学生在操作过程中出现的错误，要求学生比较分析，并布置给教师发贺卡的任务学生的活动。

② 学生观察教师的演示过程并比较、总结，根据老师提出的问题设想自己该如何去完成任务，并根据自己的喜好搜寻下载图片，加工贺卡，根据同学间相互传发图片的经验，使用邮件传送软件给老师发一张自己制作的贺卡。（使用 Windows 自带的画图软件将网上下载的图片修饰，配上文字传给教师。教师作为平时的一次作业记成绩）

③ 学生讨论。学到了使用互联网查所需资料；懂得了邮箱的申请和使用；掌握两种收发邮件的方法；增强大家的团结协作能力。

（5）效果评价。学生自主学习及协作学习能力明显得到提高，学生能顺利完成对所学知识的意义建构。学生通过观察、实验、归纳，作出猜想，发现模式，得出结论并证明推广。学生只有通过自己的思考构建起自己的理解力时，才能真正地学好知识。

2.5　计算机技术课程的教学模式

模式通常是指可以使人模仿的标准样式。在现代科技中，一般是指研究对象所具有的某种规范的结构或者框架。把这一概念引入到教学设计中，是为了说明在一定的教学设计理论指导下，经过长期教学设计实践活动所建立起来的教学设计的基本结构。教学设计的模式用简约的方式，提炼和概括了教学设计实践活动经验，解释和说明了教学设计理论。教学设计的模式既是教学设计理论的具体化，也是教学设计实践活动的升华。

教学模式是指在一定的教育思想、教学理论、学习理论指导下的教学活动进程的稳定结构形式。其内涵包括三个方面：

① 教学模式体现一定的教学理论和教育思想。传统的教学模式是以课堂传授为主、以教师为中心的教学模式，反映了传统的教学理论和教学思想；新型教学模式是以实施素质教育、培养创新人才为指导教学的重要教育思想，是现代教学理论的反映。

② 教学模式离不开特定的教学环境和教学资源。传统的教学模式离不开传统的教学环境和教学资源（黑板、粉笔、课本等）；新型教学模式离不开多媒体教室、多媒体网络、多媒体教学软件一系列信息化的教学环境和媒体。

③ 教学模式体现教学四要素（教师、学生、教材、教学媒体）之间的关系，是教学中四要素相互联系、相互作用而形成的教学活动进程的稳定结构形式的具体体现。因此，新型教学模式应以现代教育思想、教学理论为指导，采用先进的教学环境和教学资源，正确调整教学四要素之间的相互关系。教学四要素关系的核心可概括为"以教师为主导，以学生为主体"，因而也称为"双主教学模式"。

以计算机为核心的现代媒体为构建新型教学模式提供了理论基础和新的教学环境。建立在现代教育技术平台之上的教学模式具有以下特点：

① 发挥以计算机为基础的现代多种媒体的作用,使教学信息组织超文本化。多媒体的超文本特性可实现教学信息最有效的组织与管理。

② 在培养高级认知能力的场合中,采用协作式教学策略会取得更佳的效果,因而因特网和校园网是协作学习的主要形式,实现了教学过程的交互性。

③ 教学过程的生动性是多媒体计算机的强大魅力之所在。在教学中可以同样重视教与学这两个部分,强调学生的参与意识,使教与学成为两个相辅相成的部分;调动学生学习的主动性,培养学生的"发现式"学习能力,使学生不仅学会,而且会学。

④ 在短时间里要获得大量的信息与知识,这在传统的教学模式中是可望不可及的,而以多媒体网络作为传播信息的渠道,使教师与学生、学生与学生之间,可以同时传播大量的信息,大大提高了教学效率,从而实现了大信息量的个性化教学。

2.5.1　以课题讲授为主的教学模式

课堂讲授法是一种历史悠久的传统教学方法,是教师向学生传授知识的重要手段。在课堂讲授法教学中,教师的职能是详细规定学习的内容,向学生提供学习材料,并力图使这些材料在速度和内容上适合每一个学生。同时,教师还要负责诊断学习者的困难,为他们提供适当的补救。课堂讲授法的优点:一是教师直接向学生呈现学科内容,根据学生的接受能力控制教学进度;二是课堂讲授法有助于展示教师的人格魅力,教师以他渊博的知识、清晰的思路、流畅的语言、感染学生,鼓励学生的学习热情;三是课堂讲授法能够给予学生更多的学习指导,比较适合刚入校的学生。关于课堂讲授法的缺点,是在教学过程中学生的注意力会逐渐下降。对课堂讲授法最多的指责,是说它导致了学生机械、被动地学习,是"填鸭式"教学。其实,无论是学生注意力下降,还是学生机械、被动地学习,都不是课堂讲授法本身的过错,是教师没能正确运用这一教学方法。

2.5.2　发现式教学模式

发现式教学模式,即在某一教学情境下,为学习者提供自主发现和提出一些问题的机会,并对某一问题或多个问题的多种不同观点进行观察比较和分析综合,通过竞争、讨论和角色表演等多种不同方式,集思广益。这种学习有利于合作精神的培养,而且有利于学生创新精神和实践能力的培养。该模式中每一个微循环结构如下。

(1) 创设发现问题的情境,引导学生学习。

(2) 监控学生的学习过程,收集教学信息。

(3) 判断学生的学习障碍,提供个性帮助。

(4) 典型评议学生的学习,合作完成意义。

发现式教学模式具有以下三个特点。

(1) 在教学任务上,要求学生通过对问题的研究获得经验和学习知识,并在获取经验和学习知识的同时,掌握研究问题的方法,以指导今后的学习,进而发展自己的创造才能。培养不断进取的精神和意志力。

(2)在教学活动上,学生在教师的引导下研究和解决问题,获取知识。这充分发挥了学生学习的主体作用和教师教学的主导作用,使引导与发现两个矛盾不断相互作用,从而达到教学相长的理想境界。

(3)在教学过程上,总是从问题开始,通过调查研究,找出事物形成的原因和发展的规律性以解决问题。因此,引导学生搞好研究是教学的中心环节,而教学的准备、教师的引导都要为学生的研究服务。以解决问题为中心的教学要求,在教学中为学生创设一个在认识上的困境,使学生产生想解决这一认识上的困难的要求,从而去认真思考要研究的问题。

2.5.3 游戏教学模式

游戏教学模式是指在教学设计过程中就培养目标、评价手段、学习者特征与教学策略等方面借助游戏来选择设计的一种教学方法。也就是教师将学生要掌握的知识体现在游戏中或者以游戏的方式进行教学,引导学生对学习产生兴趣,进而不知不觉地掌握教材中的知识,这一教学模式真正实现了学生成为教学的主体,有利于激发学生的学习兴趣,维持持久的学习动机,这无疑对教学提供了很大的帮助。通过具体实践和不断地总结,发现游戏教学模式主要具备以下几个主要特征。

(1)教学目标隐性化。教师在教学中通过适当的媒介迂回地传递教育意图,教师的主体地位化为隐性,引导学生向教师希望的方向发展,是学生学习活动中的观察者和环境的创设者。学生是学习的主体,要尽可能考虑到学生的认知特点及知识水平,将教师的要求转化为学生的需要,内容的安排应是学生感兴趣并是力所能及的,其根本目的是让学生在有趣的游戏中掌握知识。

(2)教学内容趣味化。有趣的教学环境,富有趣味的故事,生动新颖的画面,都会强有力地吸引学生。为学生创造一个活泼宽松的获取知识的环境,通过参与游戏让学生在有趣的游戏中获得知识。

(3)教学过程交互性强。在计算机游戏教学过程中,由于游戏具有较强的情境性和交互性,有利于加强学生与老师、学生与学生之间的互动。大家相互配合、相互帮助,在学习中培养竞争、协作交流能力,通过协同合作解决问题,让学生真正参与到教学中,学生自主学习性强,创造性学习,有选择性地能动学习。通过交互不仅教学效果好,而且培养了学生的协作交流能力。

2.5.4 WebQuest 教学模式

Web 是"网络"的意思,Quest 是"寻求"、"调查"的意思。WebQuest 是由美国圣地亚哥州立大学的伯尼·道奇和汤姆·马奇等人于 1995 年开发的一种课程计划。从本质上来说,它是一种"专题调查"活动,其主要方法是在网络环境下,由教师引导,以一定任务驱动学生进行自主探究学习。该课程计划展现给学生特定的假想情景或者一项或几项任务。通过教师的帮助和指导借助庞大的网络信息资源,要求学生积极主动参与并对所得信息进行分析、加工、推理、综合等,来解决一个或一组具体问题的创造性的解决方案。

WebQuest教学模式的理论基础是建构主义学习模式,建构主义理论的内容很丰富,"情境"、"协作"、"交流"和"意义建构"是学习环境中的四大要素。

(1) WebQuest教学模式体现了建构主义的"教学以学生为中心"的观点。强调学生是认知的主体,是知识意义的主动建构者;教师只对学生的意义建构起帮助和促进作用,并不要求教师直接向学生传授和灌输知识。

(2) WebQuest教学模式体现了建构主义的"情景"对意义建构的重要作用的观点。强调学习与一定的社会文化背景即情景相联系,在实际情况下进行学习。

(3) WebQuest教学模式体现了建构主义的"协作学习"对意义建构的重要作用的观点。强调学习者与周围环境的交互作用,学生在教师的组织和引导下一起讨论和交流,通过这样的协作学习环境,学习者整体的思维与智慧就可以被整个群体所共享。

(4) WebQuest教学模式符合建构主义对学习环境的设计要求。强调学习环境是学习者可以在其中进行自由探索和自主学习的场所。在此环境中学生利用各种工具和信息资源来达到自己的学习目标。

WebQuest教学模式包括6大模块。

(1) 序言。介绍背景信息,创设一定的情境,激发学生的兴趣,促使学生朝着解决问题的方向继续努力。

(2) 任务。对学生将要完成的事项进行描述,最终成果是一份 PowerPoint 演示文稿、一份调查报告、一篇论文等,任务应该是真实、可行和有吸引力的。

(3) 资源。提供完成任务可能需要的信息。WebQuest本身提供了一些资源,作为上网查找资源的定位点。教师也可以按照实际教学的需要指定一些网络信息资源。

(4) 过程。在过程模块中,教师将需要完成的任务分解为若干步骤,并给学生一定的建议和指导。

(5) 评价。每一项WebQuest任务都需要一套评价标准,对学生的学习成果进行的评价。教师要制定配套的评价标准,而且这个评价标准必须是公正、清晰和一致的。

(6) 总结。教师和学生都要对探究过程有一个总结,让学生明确在本次WebQuest中的收获,并鼓励他们将所学到的方法运用于其他的学习和生活。

WebQuest教学模式对教师有较高的综合素质要求,除了要求教师对它的核心思想有较高层次的领悟和对课程体系有很好的理解外,还要求老师对网页的制作和发布的相关计算机软件的使用有一定的水平。教师还要注意活动主题和任务的选择,课题的选择不能太难,否则学生无法完成而达不到预定的效果;过于简单又不能有效地对学生进行控制,同时也不能激发学生的兴趣。另外,教师对过程设计中提出的问题要切中要害,让学生的任务完成有一个明确的方向。要允许成果形式的多样化,允许问题形式的多样化,注重学习过程。

WebQuest教学模式作为网络教学的一种方式,它能够充分发挥网络教学的特点和优势,和其他的网络教学模式一样,有着广阔的应用前景,教师在尝试应用新的技术过程中,不仅提升了学生能力,而且教师自身业务能力也得到了提高。WebQuest教学模式作为网络教学的一种方式,它还在不断地完善发展着,其教学设计思路会更加完善。

2.5.5　研究性学习教学模式

研究性学习也称为探究性学习,是 20 世纪 50 年代美国芝加哥大学施瓦布教授在教育现代运动中提出来的。他认为学生的学习过程与科学家的研究过程在本质上是一致的,因此,学生应像科学家一样,以主人的身份去发现问题和解决问题,并且在研究的过程中获取知识、发展技能、培养能力。研究性学习教学模式主要是指学生在开放的现实生活情境中,通过亲身体验而解决问题的自觉学习,是在教师指导下,从学习生活或社会生活中选定和确定研究专题,以个人或小组合作的方式进行研究,主动地获取知识,应用知识,解决问题。

研究性学习教学模式的内容包括以下几个方面:

1. 创设问题情境

研究性学习教学模式要以学生为教学的主体,创设一个问题情境。学生研究性学习的积极性和主动性往往来自于充满疑问和问题的情境。创设问题情境就是在教材内容和学生求知心理之间制造一种不协调,把学生引入一种与问题有关的情境的过程,通过问题情境的创设,使学生明确研究目标,并产生强烈的研究欲望,给思维以动力。设计问题情境时,问题应体现出一定的挑战性、趣味性、开放性和实践性。

2. 独立研究和合作交流相互补充

独立研究是指每个学生根据自己的体验,用自己的思维方式自由开放地去研究问题和发现问题。因为学生学习知识的过程是主动建构知识的过程,而不是被动接受外界的刺激,学生是以原有的知识经验为基础,对新的知识信息进行加工理解,由此建构起新知识的网络层面。教师无法代替学生自己的思考,只有通过学生独立思考和独立研究,在研究的过程中学习到知识,才能使他们亲身体验到获得知识的快乐,从而增强学生的自主意识,培养学生的研究精神和创造能力。合作交流是指在学生个体独立研究的基础上,让学生在小组内或班级集体范围内充分展示自己的思维方法及过程,相互讨论分析,揭示知识规律和解决问题的方法途径。在合作交流中学会相互帮助,实现学习互补,增强合作意识,提高交往能力。

3. 教师的作用

研究性学习是一种全新的学习方式,它打破了以往以课堂为中心、以教材为中心和以教师为中心的传统教学模式。然而,研究性学习教学模式作为一种全新的学习和教学方式,学生往往不能很快适应,他们不能明确研究性学习的目的和意义,也不知如何来计划安排这种形式的学习。因此,教师在这种学习模式中依然起着重要的作用,在指导学生进行研究性学习的过程中,既不可以按已有的教学模式代替学生的自主学习,也不能放任自流,不闻不问。教师可以利用多媒体展示一些研究性学习成果,以激发学生学习的兴趣,同时还要告诉学生基本的研究方法,如观察法、实验法、调查法、因果分析法等,全面引导学生开展探究性学习。在学习结束后,教师还要帮助学生分析学习的目的和意义、学习的过程以及对学习结果的总结和提升,只有这样,才能达到研究性学习的最终目的。

2.5.6 网络自主学习模式

网络教学是应用多媒体和网络技术,通过多种媒体教学信息的收集、传输、处理和共享来实现教育教学目标的新型教学模式。网络教学具有资源共享、交互性强、多任务的特点。网络教学的优势是:丰富生动的教学资源,友好的人机界面,能充分调动学生学习的主动性和积极性,提高学生课堂的学习效率,提高教学质量和教学效率。在教师指导下学生自己动手,查找资料,分析归纳,得出结论,有利于实现因材施教的个别化教育。能充分体现以教师为主导,学生为主体的教学思想,促进计算机教学模式的改革。网络教学能提高师生计算机技术素质和能力,适应 21 世纪网络信息时代的要求。实施网络教学还将推动教学资源和教学环境的建设。应用网络教学必将引起计算机教学过程的根本改变,也必将导致计算机教学思想、观念、理论的深刻变革。网络教学有利于激发教与学的兴趣,有利于发挥优秀师资的带动作用,有利于激发教师的教学责任感,促进计算机教学方法和手段的改进,也有利于学生自主学习和协同学习,为学生实现自由选课和自主择师创造了条件。网络教学可以根据教学目的和要求,把抽象的概念和内容具体形象化,具有很强的表现力和感染力,且不受时间、空间的限制。它有利于学生对教材内容的理解和掌握,使学生看得清楚,听得真切,感受深刻,从而引起学生的情绪反应,激发学生的积极思维,调动学生学习的积极性,使学生获得较为鲜明的感性认识。

实施网络教学,是顺应当前计算机教学模式改革趋势的有效形式,有利于教学资源的优化配置,提高办学效益,也有利于推动计算机教学方法手段的改革和教学质量的提高。网络教学与远程教学的相互促进,一定会加快计算机教学模式改革的进程。推进网络教学要从实际出发,做到有的放矢。一要积极探索,规范管理,边实践,边总结,成熟一门,推广一门,不搞一哄而上。二要加强授听合一的“一对一”的多媒体教室建设,尽力克服师生交流不足的局限。三要鼓励授课教师参与制作电子教案,促进脚本写作、教案制作和上网授课的紧密结合,不断提高教案水平。四要推进教学平台和其他各类辅助教学软件的研制和开发。五要推进网络教学资源和教材建设。网络教学与传统计算机教学方式并行不悖,相得益彰,这是由它们各自的特点所决定的。实践表明,网络教学虽然是对传统计算机教学的某种挑战,但更是对传统计算机教学的有力促进,两者日益显露出相互补充、相互借鉴、相互渗透、共同发展的关系。

本章小结

本章主要介绍了计算机技术课程的教学设计过程。主要包括计算机技术课程的基本要求和目标;计算机技术课程教学过程的结构和实施;计算机技术课程常用的教学方法以及它们的特点;计算机技术课程的教学设计方法和案例;计算机技术课程的主要教学模式以及这些教学模式的特点和应用方法。

思考题

（1）什么是教学过程？它主要分几个阶段？

（2）根据一个基本训练项目，设计教学模块，根据教学模块设置格式完成一份模块设置报告。

（3）说明教学过程的 4 个阶段之间的关系。

（4）在教学过程中告知学习目标的重要性是什么？

（5）程序教学法的基本思想是什么？

（6）根据抛锚式教学的几个环节，设计一个教学案例。

（7）什么是 WebQuest 教学模式？它与任务驱动式教学模式有什么区别？

（8）用研究性学习教学模式设计一个教学案例。

参考资料

[1]　张冬玉.认知风格视野中的计算机教学设计.教学与管理,2010(3).

[2]　徐英俊.教学设计.北京：教育科学出版社,2001.

[3]　韩菁,邓小珍.浅谈目前的计算机教学的模式改革.科技风,2009(10).

[4]　许慧雅.传统教育体制下计算机教学模式的思考.赤峰学院学报(自然科学版),2009,25(7).

[5]　于清萍.计算机课程教学方式探讨.中国冶金教育,2010(2).

[6]　牟连佳,梁皎,李丕显,孙文安.高校非计算机专业计算机基础教学改革的研究与实践.高教论坛,2005(1).

[7]　杨琨.WebQuest 教学模式探究.科技创新导报,2010(1).

<table>
<tr><td>第
3
章</td><td># 计算机技术课程教学的基本类型</td></tr>
</table>

中小学计算机技术课程教学，主要包括课堂教学、实验教学、重难点教学、课外活动这几种基本类型。本章主要介绍这几种类型课程教学的基本含义和基本要求，明确开展这几种类型课程教学的实际意义，分析其具体内容、活动形式、类型与结构。本章还讨论如何针对各自的特点来更好地组织和实施这几种类型的课程教学工作，以便培养读者处理中小学计算机技术课程的日常教学工作的能力。本章学习掌握的主要内容有：

- 课堂教学和实验教学的基本要求；
- 课堂教学的类型与结构；
- 如何组织实施实验教学；
- 如何开展重难点教学；
- 如何有针对性地开展课外活动。

3.1 计算机技术课程的课堂教学

课堂教学是教师遵照教学大纲和教材的要求，有目的、有计划地组织和主持的教学活动。课堂教学是教学过程的中心环节，是教学工作的基本组织形式。课堂教学具有既定的具体教学任务，由教师具体实施教学计划，并由师生共同参与。

在计算机技术课程的课堂上，教师的教学活动主要包括向学生讲授教学内容，接收学生对于教学内容的反馈信息，合理地组织学生的认知和意向活动，并进行必要的、有效的调控。教师需要根据学生原有的计算机知识和操作技能水平，以及思想动态和学习情绪的变化，积极创设合理的教学情境和良好的课堂氛围，最大限度地激发学生对于知识的好奇心和求知欲，激励学生积极主动地进行创造性的智力活动，使知识、技能逐步转换成学生的认知结构和能力。[1]

本节主要介绍课堂教学的基本要求，课堂教学的类型与结构。

3.1.1 课堂教学的基本要求

计算机技术是一门发展日新月异，应用广泛深入社会的新兴技术，是一门工具性、应用性很强的学科，其课堂教学目的是让学生了解计算机文化，在学生初步掌握一些计算机基本知识和基本技能之后，进一步激发学生的学习兴趣，有效地培养学生使用计算机来收集、处理、应用和传递信息的能力,增强学生的信息意识和创新意识,培养学生的自学能力和创造能力,以期实现教学过程与素质教育的结合,做到开发智力、授人以渔。

课堂教学是计算机技术课程的一种最主要的基本教学类型。在课堂教学的过程中要时刻注意计算机技术课程教学不仅仅是传授计算机的基础知识,更不是片面追求实用性的职业培训,而是通过计算机技术的学习与应用,来提高中小学生的素质,培养他们用计算机技术解决问题的各种能力[1]。

根据课堂教学的类型的不同,其具体的基本要求也略有区别。不过,在各种类型课堂教学的整个过程中,通常都要求教师努力做到以下几个方面。

1. 认真做好课前准备工作

开课之前,教师都应认真学习所教学科的课程标准,全面理解教学大纲、课程性质、教学设计思路,系统研究和总体把握课程目标与内容标准,仔细学习教材,合理确定本学期教学目标,并认真分析学生的知识基础、能力基础和学习情感状态,合理安排各周教学进度,与同课程、同教研室教师相互交流,共同商榷,制订出切实可行的教学计划,并准备好课堂教学所需要的各项素材,完成教案的设计。

(1) 系统把握课程标准

① 明确教学目标。教学目标是课堂教学的灵魂。科学的教学目标是落实教学内容的全面性、教育对象的全体性,以及提高课堂教学效率的前提。教师应熟悉教学大纲,认真研读课程标准,熟悉每节课教学的认知内容及其发生过程,充分了解和熟悉教材编写思路,把握每节课教学内容在该课程教学中的地位和作用。总之,教师应具体明确课程的教学目标、教学要求、教学内容范围等,重视过程和方法目标的达成,做到认知目标明确具体,技能目标具有可操作性,情感目标有实效性。

② 钻研熟悉教材。课堂教学的实施关键在于教师领会教材,把握教材,对教学内容能够理解正确,并具有一定的深度和广度,充分发掘教材的教育价值,对教材处理得当。教学内容的选择,除了应该遵循教学大纲和课程标准的具体要求之外,还应该符合学生的身心特点与实际发展需要,做到继承性与发展性相结合,知识性与实效性相结合,使学习成为学生有趣的活动,从而实现教学内容的最优化。因此,教师要仔细地钻研教材,研究教材的编写意图和编写思路,并阅读必要的参考资料,弄清每节课的目的要求、重点和难点,最终安排好详细的、切实可行的教学进度计划。

(2) 全面了解学生基础

教师在备课时还要认真分析学生的学习基础和总体情况,根据预先掌握的反馈情况,合理配置教学材料,要弄清楚本节课之前,学生已经学过的内容、对其理解和掌握的水平,学生的实际生活经验达到的程度,并充分考虑可能成为学生继续学习的障碍的各种因素。对学生需补则补,精心选择相关材料并与新知识糅为一体,自然过渡,为学生学习新知识修桥铺路。

(3) 准备相关教学素材

教师应该针对课堂内容,根据需采用的教学媒体,准备好课堂教学所需要的各种素材。

随着计算机与多媒体技术的发展,课堂教学媒体的选择变得越来越多样化。然而,教学媒体的选择始终需要具备目标性、针对性、功能性。教学媒体形式广泛、种类繁多,不同的教学媒体各有所长,各有所短,适用范围、特点和要求也不尽相同,没有能够适用于所有教学内容的教学媒体。因此,教学媒体的选择应该服从教学内容的需要和教学策略的安排,应该针对教学对象的特点和教学目标的要求,应该考虑媒体的技术特性。恰当地选用教学媒体,可以使其经济、实用、有效,符合课堂教学的实际需要,突出教学媒体的目标性、针对性、功能性。

另外,教师还应根据所选用的教学媒体和相应的课堂内容,处理好课堂教学中硬件与软件中的需求,对所需要的图片、声音、视频等多媒体素材及其他资料要事先整理好;采用多媒体教学的要事先制作好电子课件,并熟练操作;还应准备文字讲稿,以备急需之用。

(4) 编写好可行的教案

在明确教学目标、确定教学内容之后,教师要根据学生实际情况,选准教学的切入点作为教学的起点,根据拟采用的教学方法对教材及相关资料进行必要的整合,设计制作教案,从而在目标要求与学生实际之间架起一座桥梁,引领学生顺利进入新的知识领域。

首先,教案是课堂教学的所有准备工作的集中体现。一份完整的教案应该包括每一节课的教学课题、教学目标、教材分析、授课对象、课程类型、课时分配、教学过程(设计)、教学方法、教学用具、参考资料等。如果选用了多媒体教学方式,还应准备好电子教案。

其次,教案应充分体现教学策略,阐明对教学方法的选择和对教学过程的设计。

① 教学策略设计包括课程类型、教学顺序的安排、教学方法的选用等。教学策略是沟通教学观念与教学行为的桥梁,它既要符合教学内容、教学目标的要求,又要适合教学对象的特点和教师本人的具体教学条件。

② 教法的选择要有利于学法的形成。教法要努力达到教为主导、学为主体、练为主线、会为核心,做到灵活多样,具有主导性,体现主体性,实现有效性;学法既要具体,又要明确,既要恰当,又体现主体性。教法与学法的选择要符合教学原理,遵循教学规律,要充分考虑学生的求知起点、技能状态、思维方式和考虑可接受性,使得指导练习与纠正错误有效、得法;能贯彻"因材施教"的教学原则,正确地处理好统一要求与区别对待的关系、集体教学与个别化教学的矛盾;既能解决好教学中的共性问题,又能关注学生的个体差异。

③ 教学程序的安排应本着先易后难,逐步推进的原则,借鉴"先学后教,当堂训练"的模式,让学生由感悟、了解逐步过渡到理解、掌握、灵活运用的程度。[1~5]

2. 把握好课堂教学过程的全局

教师应该按照既定的教学计划实施课堂教学,在教学过程中逐步实施之前的各项准备工作。教师在教学过程中要端正教学态度,努力创造和谐融洽的师生关系,注重课堂教学的每一个环节,积极努力地寻找学生的闪光点,帮助他们树立良好的自信心,为学生的主动参与创造心理条件,并从细微之处培养学生主动参与的意识和行为,促使他们的行为形成习惯。

(1) 教学过程合理,灵活运用教学方法和手段。坚持"以学生为主体,以教师为主导,以活动为主线,以发展为宗旨"的原则;课堂具有活力,课堂氛围民主,气氛活跃;重视多维互动,学生活动形式多样,能充分调动学生的主观能动性;重视创设问题情境,激活学生思维;善于引导学生主动学习、合作学习和探究学习。

(2) 教师应具备课堂讲授的基本素养。要能熟练地讲授教学内容,尽量做到脱稿讲授;概念原理表达准确,分析、论证充分;语言表达准确、生动形象、清晰流畅,充满激情,富有启发性和感染力；教学内容丰富，重点突出，难点讲解透彻，且有一定的深度；教学中要坚持理论联系实际，善于运用启发式教学方法，注重双向交流；板书设计合理，撰写清晰工整规范，现代教育技术手段运用熟练、合理；仪态自然大方；能有效地利用课堂教学时间，良好地把握课堂教学节奏；课堂教学的执行系统处于最佳工作状态，教学程序流畅。[1~5]

3. 促使学生主动参与课堂教学活动

课堂教学是一种双向互动行为，学生主体地位的体现是现代课堂教学的重要标志。让学生主动参与到课堂教学活动中，这也是计算机技术课程的课堂教学任务。为此，教师应该在课堂教学中努力培养学生主动参与的意识，帮助学生掌握主动参与的方法，促进学生养成主动参与的习惯，发挥他们的积极性、主动性和创造性，从而更好地学习和掌握计算机知识。

（1）培养主动参与的意识

在课堂教学的过程中，学生是学习的主人。因此，实施素质教育，应该强调学生主动参与意识的培养，促使学生在课堂上积极动脑，主动思考，以达到最佳的教学效果。培养学生的主动参与意识要注意下面两个方面。

① 从培养兴趣开始。兴趣是一种带有情感色彩的认识倾向，它以认识和探索某种事物需要为基础，是推动一个人去认识事物、探求事物的一种重要动机，是一个人学习中最活跃的因素。学生如果对所学内容感兴趣，他就会兴致勃勃地、深入地学习这方面的知识，并且广泛地涉猎与之有关的知识，遇到困难时也会表现出顽强的钻研精神。计算机技术富有极其广泛的乐趣，比如采用合适的图片、声音、动画、视频等多媒体素材表现出丰富多彩的效果，就很容易吸引学生的注意力，引起学生的学习兴趣。

② 创造和谐融洽的师生关系。教学实践表明，如果学生热爱一位教师，那么学生连带着也会热爱这位教师所教的课程。这属于情感的迁移，也即学生对教师的情感可以迁移到学习上，从而产生强烈的学习动机。

（2）掌握主动参与的方法

学生仅仅有了主动参与的意识是不够的，还应该掌握主动参与的方法，使意识转化为实践活动。在课堂教学活动中，教师应该让学生多参与思考、参与实践、参与讨论、参与展示、参与评价，在教学的每个环节让学生主动参与，给学生创造主动参与的机会。

（3）养成主动参与的习惯

习惯是在长时期里逐渐养成的、一时不容易改变的行为倾向、方式。我国著名教育家叶圣陶先生说过，教育就是培养习惯。在计算机技术课程的学习当中，好的习惯将直接影响到学生的身心健康。在课堂上，教师有必要帮助学生避免一些坏的习惯。在学校时使学生养成良好的学习习惯对他们以后的成长极有益处。

教学活动的核心环节是课程实施，基本途径是课堂教学。因此，建立和执行科学合理的课堂教学基本要求是非常必要的。[1]

3.1.2　课堂教学的类型和结构

在课堂教学中，通常根据课堂教学的类型来决定课堂教学的结构。下面将依次介绍课堂教学的类型和结构。

1. 课堂教学的类型

（1）根据上课的方式分类

根据上课的方式，可以把课堂教学划分为以下 3 种不同类型。

① 理论课。采用传统的课堂授课形式，在计算机技术教学中适合完成比如基本概念、定理性质、语言算法等基础理论内容的教学。

② 上机课。计算机技术课是一门实践性极强的课，有关操作技能的教学内容应安排在机房进行。教师在配有多媒体教学或大屏幕投影的现代化机房里讲授计算机操作知识，学生则边学边练，这样更容易营造有利于学生主动学习的空间。计算机的工具性，为以学生为主体的跨学科教育提供了极大的便利条件，教师应让学生在巩固性操作练习中，多进行各科知识的整合创造。例如，用 Photoshop 进行美术设计等创作，用 Word 进行图文混排，用 Excel 分析成绩，用 PowerPoint 或 Authorware 制作课件等。

③ 实践课。培养学生的创新精神和实践能力是素质教育的需要。实践课是从贴近生活、服务生活出发，引导学生从课堂走向社会，不仅仅要求学生学会教材中的知识，更重要的是要培养和训练学生的观察、分析、合作、交流、创新、实践等综合素质。实践课不仅仅是课程教学的重要组成部分，还可以增加学生对客观事物的感性认识，加深对书本知识的理解，学到一些书本上没有的知识和技能。积极组织学生开展实践活动，上好实践课，可以加强教学的实践性。另外，实际教学过程中，也有不少学生不满足课堂所学，对计算机的更多专业知识和应用技术表现出浓厚兴趣。如何正确地引导这部分学生，将关系到今后计算机专业拔尖人才的培养和造就。因此，开设课外实践课将作为课堂教学的拓展和延伸，为这类学生提供辅导和方便。

（2）根据知识掌握的阶段分类

根据知识掌握的阶段，可以把课堂教学划分为以下几种类型。

① 新授课。即以新知识的理解为首要目标，以新知识的传授为主要任务，以技能的形成和培养为核心，着重渗透思维训练、情感价值取向，促进学生智力开发的基本教学课型。它是学生获取新知识、完善知识结构的过程，也是学生认知能力和思维能力发展的过程。在新授课中，教师要合理地把握知识的切入点，注重创设教学情景，在形象思维的基础上发展且升华到抽象的逻辑思维，加强学科能力的培养，顺应时代学科知识的认知规律，培养学生探究问题的方法，这样可以达到既掌握知识，又提高学生运用所学知识解决实际问题的实践能力。

在这一课型里，教师的主导地位比较突出，由教师整理引导知识点，学生进行新知识、新内容的学习，尝试新方法、新操作。这一课型，学生的学习欲望比较强，兴趣比较浓，学习过程中的困难也比较多。它是课堂教学的主体课型，是教学活动的主体内容，也是学生知识获得和智力发展的主要战场。

② 复习课。这是课堂教学中一种常见的课型，是以陈述性知识的巩固为主要目标，以知识系统化和拓展能力为宗旨，让学生展开想象，发散思维，从而在快乐愉悦的氛围中展现自己，完成学科知识的再现和能力的升华。教师要更新教学理念，创新复习方法，充分调动学生的积极性，以达到预期的复习效果。切忌像传统的复习课那样机械重复学过的知识点，学生听着索然无味，达不到复习的效果。

复习课以学生的活动为主。复习中要鼓励学生勤动脑、勤动手,要注意开放性问题的创设,要善于把不同的客观事物联系起来,加强横向比较,注意学科知识中的共性问题,寻找知识规律,探索解题方法。

　　③ 练习课。即以促进陈述性知识向程序性知识转化为主要目标的课。这一课型主要指集中练习、单元练习、统一考试后利用整堂课时间进行评析的课,其特点是:题型丰富,信息量大,知识面广,带有总结性、复习性,又具有解题指导性、学习启发性。也是以学生的活动为主的。

　　④ 检测课。即以知识的应用或检测为主要目标的课。这一课型一般在一个大的教学单元之后或期中、期末进行。不同类型的知识要求学生做出反应的性质不同。同一类型的知识处于学习的不同阶段也要求学生做出不同反应。根据学习类型和阶段,教师设计适当的测试形式和内容,以便检测教学目标是否达到。[1,6,7]

2. 课堂教学的结构

　　课堂教学的一般过程也称为课堂教学结构。课堂教学结构的设计必须根据教材特点,结合学生实际,对不同的知识内容类型和学生班级状况采取不同的课堂教学结构;同时还要注意并准确把握课堂教学结构是这样一种集合:它包含知识传授结构、信息传递结构、时间安排结构、空间安排结构、认知结构、角色结构、师生活动结构、讲练编排结构等子结构。只有将这些关系有机衔接,和谐有序,才能使课堂教学结构得到优化。

　　课堂教学结构与课堂教学效果密切相关。传统的课堂教学由教师组织教学→复习旧课→讲授新课→巩固新课→布置作业五个环节构成。它曾在一定时期一定范围内起过的积极作用,但局限性很大,主要体现在以教师为中心、以讲授知识为中心,在教学实践中形成了"满堂灌"、"注入式"的教学格局。它只强调了教师的主动教,而忽略了学生的主动学,把教学看做教师单边教学活动的过程。[8]

　　因此,优化课堂教学结构必须要克服传统教学结构的弊端,并掌握现代教学理论关于课堂教学结构的新理论、新技术。第一,要把握学生学习的主体性,即课堂教学结构的优化要有利于发挥学生的学习主体作用,有利于以学生的自主学习为中心,要给学生较多的思考、想象、探索、发现和创新的时间和空间,使其能在教师启发下,独立完成学习任务,培养良好的学习习惯和掌握科学的学习方法。这就要求教师不仅要教给学生学习的方法,更重要的是让学生懂得如何掌握和发现学习的方法。第二,要把握学生认识发展的规律性。确定课堂教学结构要符合学生认识发展的规律和心理活动的规律,要按照认识论和学习论的规律安排教学程序。根据这些规律,计算机技术课堂的教学结构可以分为以下 5 个阶段。[1,9]

　　(1) 创设情景、导入新课

　　课堂教学效果的好坏,主要取决于学生学习兴趣的高低。学生兴趣高,求知欲就强,也就愿学,就能学好记牢,教学效果就会很好。反之,学生对课题不感兴趣,就会产生厌学心理,课堂教学的效果也就可想而知了。可见,学习新课或新的章节,一些别开生面和富有新意的导入是十分重要的。因此,教师在导入新课时,必须根据课程的特点,结合学生的实际,合理运用传统的或现代化的教学手段,创造性地设计一些能够引人入胜且喜闻乐见的情境,极大限度地诱发和调动学生学习新知识的主动性和积极性,努力营造一种学生兴致勃勃、跃跃欲试的浓厚的课堂教学氛围,为新知识的学习和探究做好铺垫。

（2）依据课标，设置问题

如今课堂教学已经确立了学生的主体地位和作用，明确了教师的主导作用和地位。教师和学生的地位或者说是角色发生了很大的变化。因此，教师要组织好课堂教学，就需要课前认真研究课程标准、教材和学生，力求做到深刻理解和把握课程标准、教材，全面了解学生。进而围绕"知识和能力、过程和方法、情感态度和价值观"，针对本节课的重点、难点问题，把需要学生掌握的所有知识点，设置成若干个浅显易懂、简捷明了的小问题展示给学生，以便学生学习和探究。这里需要强调的是，问题设置要科学，语言表达要准确，切忌模棱两可、含糊不清，致使学生不解其意、无所适从。

另外，还需要注意的是，展示问题的手段和方法要根据教学内容及教学条件来确定。既可以利用多媒体等现代教育技术，也可以使用幻灯机等电教手段，还可以发挥传统教学手段的作用来完成任务，重要的是实际实用、简捷高效，切忌追求时尚、华而不实。

（3）自主学习，探究结论

实践表明，探索和研究是学习过程诸多要素中最本质、最基本的两大要素。学生的自主过程，就是学生探索和体验、思维和研究的过程，是课堂教学最主要、最重要的过程。要使这一过程得到强化，就必须改变教学方式，使学生的主体作用得到充分发挥。也就是把传统的教师整堂教转变为现代的学生满堂学，教师只讲授学生不会的内容。如此，学生就由被动的接收转化成为主动的探索。要实现这一目标，就必须彻底放手，让学生自主学习，诱导学生积极探究。也就是让学生围绕教师设置的一个或多个问题，自己去书本上找答案。教师要设法诱导全体学生真正"动"起来：让学生动眼看、动耳听、动脑想、动手做、动情读、动笔写，全身心地投入到学习过程中。

期间，教师要在课堂巡回，一方面为学生释疑，另一方面督促不动或行动不够迅速的学生尽快动起来，努力形成一种全员参与、争先恐后的课堂自学氛围，让学生自发、自主地寻找答案，探究结论。

（4）合作交流，完善结论

由于在学习基础和对课外知识涉猎等方面存在差异，不同的学生对每个问题探究的深度也不可能完全相同。对于那些有一定难度的问题，一些学习较差的学生，甚至多数学生，单凭自学是很难得出结论的，也可能是答案不够完善，甚至得出的结论有可能是错误的。这就需要同学之间乃至师生之间进行合作和交流。这里所说的合作交流包含两个层面的意思，一是生生之间，二是师生之间。学生与学生之间的合作交流可以采取分组的方式进行。只要便于讨论交流，形式可以不拘一格，但要注意考虑学生的学习程度和个性等因素，尽量做到男女搭配、程度交叉、内外结合（内向型和外向型性格结合）、合作默契，以便相互促进、共同提高。师生之间的合作交流，就是指在学生分组讨论结束后，教师组织学生汇报探究结果。如果学生已经找到答案或得出结论，教师只需加以归纳、肯定即可。只有当学生自己得出的结论不完整时，教师才加以点拨，诱导学生再行探究，直到完善结论。当然，学生自学和分组讨论时，教师巡回辅导也属于师生合作。两个层面的合作交流是相互渗透、相互联系的，不能截然分离。

应该注意的是，提问学生要坚持"统筹兼顾、面向全体"的原则。一些比较容易的问题，尽可能让学习较差的学生来回答。回答完毕，给予鼓励，使他们拥有成就感，对学习产生兴趣，逐步实现由"学困生"向优等生的转变。切忌图省事，只顾优生，舍弃差生，人为地导致学生两极分化。

(5) 运用结论,解决问题

通过自主学习、合作交流探究出的结论,需要加以巩固;课堂教学效果的好坏、学生掌握新知识的实际情况,也需要当堂进行检验。如此,学生在课堂上做练习和作业,就成为这一环节的主要任务。

为了提高学习效率,收到实战练兵的最佳效果,教师必须针对学生基础和掌握新知识的实际情况,选择具有代表性的习题,对学生进行强化训练。对于练习中发现的新问题,尤其是一些共性的问题,教师还应该引领学生进一步探究,直到问题真正解决。

3.2 计算机技术课程的实验教学

实验教学是计算机技术课程教学的重要组成部分之一。由于计算机学科是应用性、实践性和工具性很强的学科,所以在进行理论教学的同时必须进行实践教学。计算机技术课程的实验教学为课堂教学提供了很好的实践机会,与课堂教学相辅相成,它有助于加深学生对计算机理论知识的理解,有助于培养和提高学生计算机操作和应用的能力。[1]

3.2.1 实验教学的基本要求

计算机技术课程的实验教学主要包括以下几点基本要求。[1,10,11]

1. 明确实验教学的地位、意义和任务

计算机实验课覆盖面广,具有丰富的实验思想、方法、手段,同时能提供综合性很强的基本实验技能训练,是培养学生科学实验能力、提高科学素质的重要基础。它在培养学生严谨的治学态度、活跃的创新意识、理论联系实际和适应科技发展的综合应用能力等方面具有课堂教学不可替代的作用。

计算机实验教学的重要意义体现在如下几个方面。

(1) 计算机实验教学是从理论知识到应用技能的桥梁。

(2) 计算机实验教学是培养学生计算机基本技能和操作能力的重要手段。

(3) 计算机实验教学能够引起中小学生学习计算机知识和技能的浓厚兴趣。

(4) 计算机实验教学可以加深学生对计算机理论知识的理解。

(5) 计算机实验教学有利于培养学生良好的道德素质和科学素质。

计算机实验教学的具体任务有以下几个方面。

(1) 培养学生的基本科学实验技能,提高学生的科学实验基本素质,使学生初步掌握实验科学的思想和方法。培养学生的科学思维和创新意识,使学生掌握实验研究的基本方法,提高学生的分析能力和创新能力。

(2) 提高学生的科学素养,培养学生理论联系实际和实事求是的科学作风,认真严谨的科学态度,积极主动的探索精神,遵守纪律,团结协作,爱护公共财产的优良品德。

2. 教学内容的基本要求

依据《中小学信息技术课程指导纲要(试行)》和相关的信息技术课程标准确定中小学各阶段、计算机各领域的实验教学目标与教学内容,尽力满足以下几点要求。

(1) 有教育价值,能有效地促进计算机知识、技能的学习和应用,有利于启迪学生智慧,引发思维活动,促进科学的计算机知识的形成;有利于激发学习兴趣、调动学习积极性。

(2) 提供生动、具体的感性材料,与课堂教学等形式互相配合,给学生提供应用、验证和巩固计算机知识、技能的实际情境,促进学生学好计算机技术课程。

3. 能力培养的基本要求

教师通过计算机实验教学,应该努力培养和提高学生以下方面的能力。

(1) 独立实验的能力——能够通过阅读实验教材、查询有关资料和思考问题,理解并熟悉计算机实验的内容、要求、规则,掌握实验原理及方法、步骤,做好实验前的准备;正确使用计算机硬件设备和各种软件;独立完成实验内容、提交合格的实验报告和实验结果;培养学生独立实验的能力,逐步形成自主实验的基本能力,培养学生的实验意识,提高学生的科技素养。

(2) 分析与研究的能力——能够融合实验原理、设计思想、实验方法及相关的理论知识对实验结果进行分析、判断、归纳与综合。掌握计算机实验的基础知识、基本技能和基本方法,具有初步的分析与研究的能力。

(3) 理论联系实际的能力——能够在实验中发现问题、分析问题并学习解决问题的科学方法,逐步提高学生综合运用所学的计算机知识和操作技能解决实际问题的能力,养成理论联系实际、实事求是的科学态度和锲而不舍、追求真理的精神。

(4) 创新能力——能够完成符合规范要求的设计性、综合性内容的实验,进行初步的具有研究性或创意性内容的实验,激发学生的学习主动性,逐步培养学生的创新能力。

4. 分层次教学的基本要求

分层次教学应通过开设一定数量的基础性实验、综合性实验、设计性实验等来实现。这几类实验教学层次的比例可根据实验教学的具体实际和需要,做适当调整,具体要求有以下几个方面。

(1) 基础性实验。主要学习计算机的基础操作及初步应用,比如:办公自动化软件的应用,多媒体播放软件的使用,信息初步处理,操作系统、计算机网络和数据库的基础操作和应用。此类实验为普及性实验。

(2) 综合性实验。指在同一个实验中运用多种计算机基础操作和基本技能,涉及多个知识领域,综合应用多种方法和技术的实验。此类实验的目的是巩固学生在基础性实验阶段的学习成果,开阔学生的眼界和思路,提高学生对实验方法和实验技术的综合运用能力。

(3) 设计性实验。根据给定的实验题目、要求和实验条件,由学生自己设计方案并基本独立完成全过程的实验,比如海报的平面设计,小型的程序设计等。各校也应根据本校的实际情况设置该部分实验内容(实验选题、教学要求、实验条件、独立的程度等)。

综合性实验或设计性实验的目的是使学生了解科学实验的全过程、逐步掌握科学思想和科学方法,培养学生独立实验的能力和运用所学知识解决给定问题的能力。教师和学校应根据实际情况(选题的难、易,涉及的领域等)设置该类型的实验内容。

5. 教学模式、教学方法和实验学时的基本要求

计算机技术课程的实验教学,在教学模式的采用、教学方法的选择和实验学时的安排上,有如下基本要求。

(1)教师和学校应积极创造条件,在教学时间、空间和内容上给学生较大的选择自由。为一些实验基础较为薄弱的学生开设预备性实验以保证实验课教学质量;为学有余力的学生开设提高性实验,提供延伸课内实验内容的条件,以尽可能满足各层次学生求知的需要,适应学生的个性发展。

(2)创造条件,充分利用包括网络技术、多媒体教学软件等在内的现代教育技术,丰富教学资源,拓宽教学的时间和空间。提供学生自主学习的平台和师生交流的平台,加强现代化教学信息管理,以满足学生个性化教育和全面提高学生科学实验素质的需要。

(3)考核是实验教学中的重要环节,应该强化学生实验能力和实践技能的考核,鼓励建立能够反映学生科学实验能力的多样化的考核方式。

(4)根据实际需要确定实验课程的学时,以及分组实验时小组的人员数量与构成。

6. 注重实验教学与创新能力的培养之间的联系

计算机技术课程的实验教学,还需要遵循创新能力的培养方面的基本要求。
(1)转变教师的实验教学观念。
(2)优化具体实验教学的目标。
(3)改革陈旧的实验教学模式。
(4)遵循"问题实验"的教学原则。
(5)合理利用设计性实验培养学生的创新能力。

3.2.2 计算机技术实验的组织实施

计算机技术实验的组织实施主要包括以下几个方面。[1]

1. 实验方案的制定

为了提高计算机技术课程实验教学的质量,要求必须制定出优良的实验方案并能够把它付诸实现。要有良好的实验方案,就需要了解、掌握有关的计算机理论基础和实验技术方法、原理。要使优良的实验方案付诸实施并达到预期的效果,实验者除了要有良好的实验技能外,还必须透彻理解并熟练掌握实验的原理和方法。为了充分发挥实验在教学中的积极作用,必须恰当地规定实验的逻辑功能,选择合适的教学方法与组织形式,按照正确的程序、步骤和规则开展实验,使实验教学内容合理、先进。为了搞好计算机实验教学,还必须对计算机实验系统的要素作整体和系统的了解,如计算机的数量、型号、硬件配置、软件环境、外部设备情况、实验室的其他功能性设备和布局等等。要使计算机实验教学能够适应社会及其发展的需要,还必须研究它的发展趋势,并不断地改进和更新它的内容、方式和效果等。

计算机实验方法应满足如下几方面要求。

（1）按照方案进行的实验符合科学性、教育价值、可接受性、鲜明性等要求，实验效果良好，能有效地实现预定的实验目的。

（2）方案周全、具体，便于操作，能保证学生按照方案做好实验，实验结果准确。

（3）形式规范，描述清晰，文字简练，便于阅读，能适应学生理解的需求。

一个完整的实验方案应该包括如下基本项目：实验名称、实验目的和要求（明确提出实验的教学目标，说明实验在教学中的具体作用）、实验准备（包括设备要求和预习内容）、实验步骤（通常按照时间顺序）、备注（说明实验的关键和注意事项等），以及思考题和讨论内容等。

2. 计算机实验的组织实施要求

（1）选择好各个实验项目，并有序地进行安排。

（2）布置交代清楚实验项目和实验要求。

（3）设计实验步骤和实验过程。

（4）根据实验内容和实验需要进行项目的分级。

（5）做好计算机硬件设备及相关软件的准备。

（6）实验过程中，要加强指导与启发，要求学生记录实验经过和实验结果，整理好实验报告。

（7）处理实验结束后的收尾工作。

实验结束以后，应关闭计算机及电源，检查设备材料是否有损坏或丢失，然后清理实验室设备、台面、桌椅，一切复原，关闭电灯、空调、门窗。

3.3 计算机技术课程的重难点教学

教师对教学内容处理时，一项重要的工作就是要确定教学重点和难点，并且有针对性地进行处理，开展重难点教学。这是因为计算机技术具有众多研究领域，其应用广泛深入社会。尽管作为中小学计算机技术课程的内容已经经过筛选，但仍然很庞杂，因此要求教师在教学过程中，分清主次，区别轻重，突出重点，解决难点。

正确确定重点和难点，尤其是合理选择和灵活应用各种行之有效的方式方法去突出重点和突破难点，不仅是确保教学效果和质量的关键，而且是衡量一个教师的教学态度是否端正、教学责任心和教学能力强弱以及教学水平高低的重要标志，是教师必须具备的基本技能和基本功。如果每一堂课的教学重点和难点确定不当，而且重点不突出，难点未突破，不但谈不上本堂课的教学效果和质量，而且还会影响整个章节甚至整个课程或一门学科的教学效果和质量。这样一来，学生未掌握的重点、难点知识和技能会不断积累，越来越多。这就必然会导致整个课程或一门学科教学效果和质量的降低。因此，必须从每一堂课着手，尽全力解决好教学重点和难点问题。[12,13]

3.3.1 教学重难点的确立

1. 什么是教学重点、难点

作为一个教师首先要明确自己教学中的重点和难点,要讲清重点,突破难点。教学的重点是指学科或教材内容中最基本、最重要的知识和技能,即基础知识和基本技能。基础知识是指学科或教材内容中由一些基本事实及其相应的基本概念、基本原理、基本定律和公式等组成的、相对稳定的知识。例如,Microsoft Word 中可以插入的文本框、图形图片、图表、表格、公式等对象,都是使用 Word 进行排版的基础知识。技能是指应用基础知识去完成某些实际任务的能力,它是通过练习获得的能够在实践中应用知识的一种能力;而基本技能则是学科或教材内容中最重要、最常用的技能。通过反复训练达到自动化的技能称为技巧。例如,在 Microsoft Word 文档中插入不同类型的对象并设置其属性,进行综合排版就是一种基本能力。

那些对进一步学习其他知识和技能起决定作用的基础知识和基本技能,称为教学的关键。它是教学活动中解决主要问题的着手点。例如,在使用 Microsoft Word 进行图文混排时,教学的重点应是在 Word 文档中插入图片、调整图片的位置、设置图片的环绕方式。调整图片的位置和设置图片的环绕方式都是在插入图片的基础上进行的,插入图片的方法就是教学的关键。可见,教学的关键也可以说成是教学重点中的重点。

需要指出的是,学科或教材的知识和技能体系,具有相对稳定的内在逻辑联系。这就决定了学科或教材的教学重点具有相对的稳定性。深入领会和掌握教学重点的这一基本特性,有助于避免和克服确定教学重点中的盲目性和随意性,从而有助于正确确定教学重点。

教学的难点一般是指教师较难讲请楚、学生较难理解或容易产生错误的那部分教材内容。需要指出的是,教学难点在一定程度上也决定于作为认识客体的教材内容;然而它主要决定于作为认识主体的学生,以及指导主体认识客体而在教学中起主导作用的教师,即主要决定于教师和学生的素质和能力。例如,对同一项教材内容,有的教师较易讲请楚,不成为难点;而有的教师较难讲请楚,成为难点。同样,对同一项教材内容,有时绝大多数学生较难理解,成为难点;有时绝大多数学生较易理解,不成为难点。因此,学科或教材的教学难点具有相对的不稳定性。深入领会和掌握教学难点的这一基本特性,有助于克服确定教学难点中的盲目性和固定性,从而有助于正确确定教学难点。[13,14]

2. 确定教学重点、难点的依据

(1) 教学目标(课程标准)

课堂教学过程是为了实现目标而展开的,确定教学重点、难点是为了进一步明确教学目标,以便在教学过程中突出重点,突破难点,更好地为实现教学目标服务。因此,确定教学重难点首先要吃透课程标准。

(2) 学生实际

学生是课程学习的主体,教学重点尤其是教学难点是针对学生的学习而言的。因此,教师要了解学生,研究学生。要了解学生原有的知识和技能的状况,了解他们的兴趣、需要和思想状况，了解他们的学习方法和学习习惯。

要判断是否为教学难点，就要分析学生学习难点形成的原因，一般形成学习难点主要有以下几种原因。

① 概念、定义太过抽象、过程复杂、综合性强。对于学习的内容，学生缺乏相应的感性认识，因此难以开展抽象思维活动，不能较快或较好地理解。

② 原有知识经验基础缺乏或很薄弱，不够坚实。在学习新的概念、原理时，缺少相应的已知概念、原理作基础，或学生对已知概念、原理掌握不准确、不清晰，使学生陷入了认知的困境。

③ 已知内容对新知识的负迁移作用压倒了正迁移作用。即已学过的知识在对学习新知识时，起了干扰作用，因而在已知内容向新知识的转化中，注意力常常集中到对过去概念、原理的回忆上，而未能把这些概念、原理运用于新的学习之中，反而成为难点。

④ 教材中一些综合性较强、时空跨越较大、变化较为复杂的内容，使学生一时难以接受和理解，而这些内容往往非一节课所能完成，这是教学中的"大难点"。例如，利用 Microsoft Word 中的文本框、图形图片、图表、表格、公式、艺术字等各种对象，进行海报、论文、报告等文档的综合版面设计。这些问题讲好了，可以循序渐进地完成教学任务，讲不好则成为生硬的说教。因此这类内容在教材处理和教学方法选择上都是难点。

备课时，教师要根据教材特点及学生情况，对可能出现的教学难点做出判断，并采取有效措施。教师要在了解学生的基础上，预见学生在接受新知识时可能遇到的困难、产生的问题，以便对症下药；避免教学中的主观主义和盲目性，切实做好理论联系实际，从而确定好自己的课堂教学科学切合实际的静态和动态重点难点。

以此为依据，从教育学的活动要求来看，培养学生能力，掌握学习方法是教学重点难点；从情感教育和品德养成来看，激发学生积极的情感，形成正确的价值观，是教学重点难点。总之，老师在教学中，要结合实际，根据教学目标，恰当地将知识与能力、过程与方法、情感态度价值观确立为教学重点难点。

（3）知识内容

教学重点指教材中最主要的内容，在知识结构中起纽带作用的知识，它包括基本概念、基本理论、基本技能等，是学生应知应会的主要问题，每一章节的重点就是这一章节的纲领。抓住了这个纲领，其他的问题也就迎刃而解了。难点是学生们在学习中感到接受起来有困难的问题。计算机教学的重点是指计算机相关的概念、计算机的基础操作和基本技能的运用，难点是掌握体现计算机用途的各种综合应用。[12,14]

3. 正确确定教学重点、难点

正确确定教学重点和难点，合理选择和灵活应用各种突出重点和突破难点的方式方法，是教师备课的重要任务之一。教师必须重视和认真备课。这是解决好教学重点和难点问题的前提条件。为了正确确定教学的重点和难点，教师应根据上述依据，认真做好以下几项重要工作。

（1）由教学目标确定

教学大纲是教学的指导性文件。只有熟悉和贯彻执行教学大纲，才能明确本学科或课程的教学目标、教学任务、基本内容、体系结构、教学方法和进度要求，才能根据教学大纲的要求正确确定教学重点。特别是教学大纲规定的教学目标和教学任务,是正确确定教学重点的主要依据。显然,为实现教学大纲规定的教学目标和教学任务服务的基础知识和基本技能应该列为教学重点。因此,熟悉和贯彻执行教学大纲,明确教学目标,是正确确定教学重点和难点的一项重要工作。

(2) 由教材内在联系和主从关系确定

教材是教学的主要依据,每一门课的教材都有它内在的逻辑关系。教学的重点主要取决于具体内容在整体课时(单元)内容中的地位,决定于教材内容的内在逻辑联系。例如,如果教材中某一内容是诸内容中最基本、最主要的,是基础知识或基本技能或者进一步学习其他内容的关键,那么这一内容就是教学的重点。教师在讲授中要把主要的观点作为重点详讲,把从属的略讲。因此,深入钻研教材,弄清教材内容的内在逻辑联系,也是正确确定教学重点和难点的一项重要工作。

(3) 由学生的情况来确定

学生既是教学的对象,又是教学的主体。教学的难点主要决定于教师和学生的素质和能力。除了教师自身的素质和专业素养以外,还必须全面了解学生的情况,特别是全面了解学生知识和技能的实际情况。只有这样,才能正确地确定教学的难点。显然,绝大多数学生已经掌握或容易掌握的教学内容不必列为教学难点。

(4) 由学生作业的信息反馈来确定

学生完成教师布置的作业是教师检查教与学的窗口,是教师和学生沟通的桥梁。教师要有针对性地教好学生,就要及时地了解学生掌握知识的情况,也是对自己教学效果的一个检查评价。教师在确立了教学重点和难点以后,讲授的效果如何,学生是否掌握了教师讲授的知识,通过作业信息反馈是很重要的方面。如果通过作业检查大部分同学掌握得较好,说明教师的方法是正确的,完成了教学任务,如果大部分同学没有掌握教师传授的知识,说明教师的教学方法存在问题,这就要及时地调整自己的思路,考虑是否重新确立教学的重点和难点,以便更好地完成教学任务。

(5) 由技术发展和社会形势来确定

世界万物是发展变化的,计算机技术更是日新月异,计算机教学要与时俱进,紧密结合社会变化、就业形势和市场需求确立教学的重点、难点。

(6) 要善于总结自己的经验和虚心学习他人的经验

要善于总结自己在解决教学重点和难点问题方面的经验。同时,虚心学习他人在这方面的经验,不断地用它们去修改和完善自己的教案。

总之,要根据教学目标、教材内在逻辑关系、学生的实际情况、教学反馈、当前形势等情况,有针对性、恰到好处地确立重点和难点,并及时总结经验。[13,14]

3.3.2 教学重难点的处理

在教学重点和难点问题的处理中,合理选择和灵活应用各种行之有效的方式方法去突出重点和突破难点尤为重要。因为在一般情况下,确定教学重点和难点是比较容易的。事实表明,在教案中写出重点和难点的项目和内容相对是很容易的,然而在教案中清楚交代出突出重点和突破难点的方式方法却比较困难。因此,重难点教学要求教师找准重点,突破难点,举一反三,培养学生的综合能力。

1. 突出教学重点

突出教学重点就是在教学中要分清主次,讲清主要问题,讲清基础知识和基本技能。突出重点的常用方式有以下几种。

（1）保证时间

保证时间,就是在突出重点上要舍得花时间、花精力。为此,在备课时要合理安排重点和非重点内容的教学时间,做到主次分明;上课时要充分利用时间,提高教学效率。

（2）着重讲解

着重讲解就是要采用适当的教学方法,对重点内容进行深入浅出的讲解,力求讲深讲透,使教学重点在学生头脑中留下深刻的印象。这是突出重点的基本方法。为此,在备课时要备好教学方法,特别是要重视启发式教学方法的应用,引导学生在教学重点上进行思考、讨论和探索;要围绕重点作必要的补充,以求课堂讲授内容具体、深入、明确,使重点更加突出、丰满。对于非重点的教学内容,则予以适当精简,概而述之,在上课时做到有详有略。

（3）举例说明

举例要说明重点,要多举与教学重点对应的例子。教师在讲课的过程中为了说明重点,要精选实例说明重点,对例子要精雕细琢,举例要恰当、简练,举例之后要进行总结,例子是为重点服务的。

（4）口头强调

口头强调就是要用准确的语言和加重的语气向学生明确指出教学的重点。可以在每堂课的复习旧课环节,再次口头强调旧课的重点;在每堂课的引入新课环节,在指出本次课的内容和目的要求的同时,口头强调新课的重点。从而使学生在听课时心中有数,能够主动地去领会和掌握基础知识和基本技能。

（5）课件提示

课件提示就是在传统板书或多媒体课件中采用图文这种直观的方式方法去突出重点。可以对重点内容辅以必要的插图;可以用彩色标记重点内容的讲授提纲和要点,或者在其下画下划线。总之,通过课件中的提示使学生对教学重点留下深刻的视觉印象。若学生能熟悉课件内容,就能将教学重点记录下来,反复复习和领会,从而不断加深对教学重点的印象。

（6）实践应用

在这里,实践应用是指利用实践应用这类方式方法去突出重点。例如,针对教学重点布置复习思考题、练习题和作业,上习题课、实验课和实习课等。这类方式方法既有利于复习巩固基础知识,也有利于训练和掌握基本技能。

（7）考查考试

在这里,考查考试是指通过考查考试环节去进一步突出教学重点。它主要是指针对教学重点进行考查考试的命题和考题的分值分配。应用这种方式方法来突出重点,不但能够引起学生对教学重点的高度重视,并且能够检验突出重点是否成功和有效,以利于总结这方面的经验教训。[12~14]

2. 突破教学难点

突破教学难点，就是要想方设法让学生理解并能运用教学难点内容。突破教学难点的方法很多，一般针对其产生的原因，对症下药地采取不同的方式方法去加以突破，或化抽象为具体，或化复杂为简单，或变生疏为熟悉，其目的都是为了化难为易。突破教学难点的常用方式有以下几种。

(1) 保证时间

与突出教学重点一样，突破教学难点也需要花费足够的时间和精力。在讲解难点内容时，可以放慢讲解速度和教学进度。让学生有充分思考的余地，边听、边思考、边记忆、边消化吸收。

(2) 直观教学

对于因为学生感到知识抽象和实验操作复杂而产生的教学难点，可以采用加强直观教学、补充感性知识和经验这种方法去加以突破。直观性教学手段，除生动形象的语言直观以外，主要是具体的实物、教具、模型、图片、图表、音像教材以及模拟和现场的实验、实习等。也可以采用多媒体辅助法，这主要是充分利用学生的感性认识，以便更有利于教学难点的突破。当然，在给学生补充感性知识和经验的同时，要引导学生进行必要的抽象思维。

(3) 分解难点

对于因为教学内容复杂使教师难以讲清或学生难以理解的教学难点，可以采用分解难点、各个击破这种方式方法去加以突破。它要求将一个大型难点分解为若干个小型难点(其中也可能分解出非难点)，以大大减小突破大型难点的难度；然后采用适当的方式方法逐个突破这些小型难点，从而达到突破整个大型难点的目的。对于综合性强的大型基础知识和基本技能教学课题，采用这种方式方法突破难点，一般都能获得良好的效果。例如，采用分层设问的方法：对于难度较大的问题，不妨把问题按难易程度分解成若干个与之相关的小问题，小坡度式地层层递进，化难为易，由易到难。学生沿着这些台阶步步深入，最后水到渠成。

(4) 温故知新

对于因为旧知识和技能掌握不牢固，使学生难于接受新知识和技能而产生的教学难点，可以采用温故知新这种方式方法去加以突破。它要求教师根据新旧知识的内在联系，有针对性地引导学生进一步复习巩固旧的知识和技能，以达到温故知新的目的。这里所说的温故知新，既是针对本门学科，又是针对相关学科而言的。

比较法是人们通常运用的一种认识事物的方法，有比较才能有鉴别，才能认识事物的本质特征。对于新旧知识中一些类似的内容，还可以通过比较(如表格比较)找出其异同点，加深学生的理解。

(5) 实践应用

在这里，实践应用是指采用实践应用这种方式方法去突破难点。它主要包括上习题课、实验、实习等方式方法。通过学生对基础知识的实际应用和对基本技能的实际训练，再加上教师及时、具体的现场指导，是易于突破难点的。这种方式方法有利于调动教师和学生两个方面的主动性和积极性，去突破难点。[12,13]

为了解决好教学的重点和难点问题，还应对以下几点给予足够的重视。

（1）教学的重点和难点，是具有特定内涵的两个不同的概念。教学的重点不一定是难点，教学的难点不一定是重点。然而，二者在一定条件下往往具有"同一性"。它们有时是一致的，有时又是有区别的，有的章节重点问题也是难点，有的是重点却不是难点，难点不突破，就影响学生对重点的把握。例如，有的基础知识和基本技能，教师难以讲清或学生难以理解，它既是教学的重点又是难点。

另外，就每一堂课或每一课时而言，是否有教学的重点或难点，或者是否同时有教学的重点和难点，都应当具体情况具体分析。否则，都会影响教学的效果和质量。例如，讲使用Microsoft Word进行图文混排这一个综合应用，插入图片、调整图片的位置是教学的重点，而设置图片的环绕方式既是重点也是难点，环绕方式的设置不解决，就不能按预期的目标进行图文混排。因此，难点不突破就影响学生对重点的把握。这就要求教师弄清楚重点与难点的关系，在教学中有针对性地处理好重点与难点。在以上介绍的一些方式方法中，有的既适用于突出重点，也适用于突破难点。因此，应根据具体情况合理选择和灵活应用。另外，在实际教学中也要有灵活性。总之，要具体情况具体分析，灵活处置。

（2）对于因为教师素质和能力有限而产生的教学难点，需要教师通过不断提高自身素质和能力的途径加以解决。为此，教师应从以下三个方面加强学习和进修：

① 加强本学科或本专业科学技术知识的学习和进修；

② 加强相关学科科学技术知识的学习和进修；

③ 加强教育教学基础理论知识的学习和基本技能的训练。

只有这样，才能解决好教学重点和难点问题，才能取得好的教学效果，才能不断提高教学质量。

综上所述，教师要实现教学目的，就要在教学中不断探索教学方法，要很好地实现教学目标，就要考虑教学方法的问题。教学的方法是多种多样的，实际的教学工作应该做到教学有法，但无定法，贵在得法，而教学重点难点的正确把握和处理，不失为一种切实可行的方法。教学过程中，有的重点也是难点，有的重点和难点还有区别，这就要求教师在教学中具体问题具体分析。对于重点问题要让学生清楚明白，对于难点问题，要求教师用通俗的语言，深入浅出地讲解清楚，使学生易于理解，感到难点不难理解。要做到这一点，就要求教师花大气力，寻找行之有效的方法来突破难点。教师要使教学效果更好，就要采取案例法、讲解法、示范法、反证法等各种方法，来帮助学生突破难点，简化难点，让学生感到难点不难，难点突破了，有利于学生对重点的把握，有利于教师更好地实现教学目标。[13,14]

3.4　计算机技术课程的课外活动

课外活动是课堂教学的有益补充，也是教学工作的必要组成部分，对课堂教学质量的提高与完善可以起到促进作用。

3.4.1　加强课外辅导工作

由于课堂教学并不能做到面面俱到，达到十全十美，因此加强课外辅导显得十分必要。[1]

1．课外辅导的意义

课外辅导配合课堂教学，弥补课堂教学的不足，对保证和提高课堂教学质量起促进作用，是教学工作的必要组成部分。课堂教学采用集体教学，有一定局限性，由于学生个体存在差异，如学习态度、学习基础、学习条件、学习兴趣等，学生在学习上便有差距。要克服课堂教学的不足，因人而异地进行补习，充分发挥每一个学生的聪明才智，使好的学得更好，差的迎头赶上，教师必须在抓好课堂教学的同时认真抓好课外辅导工作。

2．课外辅导的分类

（1）根据辅导方式来分。根据辅导方式可将课外辅导分为集体辅导和个别辅导两种。

① 集体辅导是针对大多数学生，在课余时间开展辅导，主要是针对课堂教学中普遍存在的问题进行辅导，或课外活动辅导。

② 个别辅导是针对个别学生进行的辅导，主要是针对学生在课堂教学中，难以理解或者不易消化的教学内容进行辅导。个别辅导又分为优生辅导和差生辅导。

（2）根据辅导内容来分。根据辅导内容可将课外辅导分为单纯课外辅导和课外活动辅导两种。

① 单纯课外辅导的内容主要是课堂中学生不理解或者理解不透彻的教学内容，可以采用个别辅导或集体辅导的方式。

② 课外活动辅导的内容主要是课堂教学内容以外的内容，是课堂教学内容的补充、延伸和拓展。一般采用集体辅导方式。

3．课外辅导的基本要求

（1）集体辅导主要用于给学生解答普遍性的疑难问题、帮助学生掌握学习和读书的方法，以及对学生进行学习目的、学习态度的教育。

（2）个体辅导则必须全面深入地了解每个学生的具体情况，因人而异，对症下药，有的放矢，对不同学生采用不同的辅导方法。例如，对于优生采用启发式方法，对于差生采用详细讲解的方法。

4．课外辅导中应注意的问题

（1）正确处理课堂教学和课外辅导的关系。课堂教学是教学工作的主要形式，课外辅导是课堂教学的辅助和补充。教师应把主要精力放在课堂教学上。

（2）注意培养学生的非智力因素。学生的学习效果好与坏，与智力因素有关，也与动机、兴趣、情感、意志、品格等非智力因素有关。在课外辅导中要注意培养学生的非智力因素，促进智力水平的充分发挥。

（3）正确处理预防和补救的关系。课外辅导虽然可以对差生进行补救，但是作为教师应尽量把好课堂教学质量关，预防或减少差生的产生。

3.4.2　计算机技术课外活动类型

计算机技术课外活动是对课堂教学的补充和延伸，是教学的另一种形式，是计算机技术课程教学的一个重要环节。

1. 开展计算机技术课外活动的意义

为了适应社会发展的需要，培养高质量的人才，许多学校都十分重视课外活动的开展。大量实践证明，加强开展计算机技术课外活动对促进学生的计算机技术知识向更深更广的方面发展，对培养学生全面发展都具有十分重要的作用。[1]

（1）调动学生学习计算机技术知识和技能的积极性

在课外活动中，教师有意识地组织引导学生参加各种与教学相关的课外计算机技术实践活动，可使学生获得大量知识信息，调动其学习计算机知识和技能的积极性。在课外活动中，学生有更多时间培养自己独立工作的能力，并提高分析与解决问题的能力，可使学生增强求知欲，提高学习兴趣，明确学习方向。

（2）弥补课堂教学的不足

由于计算机技术课程的实践性、应用性和工具性，学生对计算机技术课程的知识和技能要学得深，学得活，不能仅仅依靠课堂教学。课外活动可以弥补这些不足，对培养学生能力特别是动手能力大有益处。在计算机技术课外活动中所解决的实际问题比课堂教学复杂、全面，需要学生独立思考，亲自动手。因此，计算机技术课外活动可以加深学生对书本知识的理解，提高实际操作能力，克服"高分低能"的现象。

（3）丰富学习内容，促进学生全面发展

课外活动不断引入新知识、新信息、新方法，丰富了学生在校生活的内容，促进了学生全面发展。有利于培养学生对社会的适应能力，促进学生的身心健康，保持活跃的思想、旺盛的探索与进取精神。

2. 计算机技术课外活动的形式

计算机技术课外活动是在学生自愿的基础上组织起来的，活动广泛，形式多种多样。但各种形式的活动中都应突出培养学生独立工作能力这一目的，要把学生的主观能动性充分调动起来，在教师的指导下有计划地开展活动。计算机技术课外活动的主要形式有课外兴趣小组、组织专题讲座、组织读书活动、计算机技术沙龙、计算机技术竞赛、参观调查、撰写论文等。[1]

（1）课外兴趣小组

参加课外兴趣小组的成员一般是对计算机技术有着浓厚的兴趣，计算机技术学习较好的学生，通过小组活动扩大他们的知识面，培养他们的各种能力。也可吸收成绩较差，纪律性不大好的学生，通过小组活动对他们进行教育促使他们转变。小组不宜太大，可按年级分组，每组选定一个负责人，由计算技术专业人员担任指导教师。小组可按学生志愿成立相应的主题小组，如程序设计小组，文字处理小组，计算机维修小组，图形处理小组，动画设计小组，数据处理小组等。

（2）组织专题讲座

组织专题讲座的目的是加深和拓宽课堂教学内容，让学生更多地了解计算机技术领域中的新思想、新方法和新进展等。讲座可邀请在计算机技术领域有造诣的校内教师或校外信息技术专家进行。讲座的内容主要有计算机技术的最新进展、新技术、新方法、新产品、新算法、程序设计方法与技巧、计算机技术在某些领域的应用及前景、计算机技术发展史、计算机技术的学习方法等。

（3）开展读书活动

开展读书系列活动的目的是拓宽学生的知识面。计算机技术的内容很广,分支很多,许多软件实用性很强,在课堂上没有时间展开讲解,教师可指导学生阅读相关的课外书籍,再相互介绍各自掌握的一些非常实用的知识。这样可提高学生的能力和学习热情。

（4）计算机技术沙龙

开展计算机技术沙龙不仅可以巩固和加强课堂所学的知识,还可以训练和发展学生的操作技能技巧,激发学习计算机技术的兴趣。沙龙的组织者、讲演者和表演者主要是计算机技术课外兴趣小组的成员。其活动主要是将计算机技术知识内容与表演方式结合起来,表演节目的内容要求生动有趣,密切配合教学大纲,符合科学性。计算机技术沙龙也可以以专题报告的形式进行,邀请工程师、高校教师、学生家长来作报告。

（5）举办计算机技术知识展览会

举办计算机技术知识展览会可以起到丰富校园文化生活,鼓舞学生,促进计算机技术的学习等作用。可在学期结束、节日或毕业前,利用课外活动时间,教师组织学生举办一个计算机技术知识展览会,展出学生开发的小软件,设计的动画,有关计算机技术的小论文等。展出时由开发者讲解、演示。

（6）参观调查

这种方式主要是组织学生参观有关企业、工厂、机关、科研机构等。请被参观单位的工程技术人员讲解计算机技术的应用情况,达到理论联系实际、开拓学生视野和激发学习兴趣的目的。

3. 计算机技术课外活动辅导的基本要求

教师在组织计算机技术课外活动时,应注意以下几点。[1]

（1）精心选择和准备课外活动内容。

（2）对挑选和吸收参加课外活动的学生要遵守自愿和择优原则。

（3）开展课外活动过程中,教师要起引导和组织协调的作用。

（4）开展课外活动过程中,要注意培养学生的分析问题和解决问题的能力,提高科学创新的意识。

（5）开展课外活动过程中,要注意培养学生共同攻关,团结协作的精神。

3.4.3　信息学（计算机）奥林匹克竞赛的组织

组织计算机竞赛可以激发学生学习计算机知识和技能的兴趣,引起学校和家长的重视,提高教学质量;可以培养计算机人才和选拔优秀的计算机后备人才;还可以培养和提高学生的非智力因素,如坚强的意志、严谨的作风、力争上游的精神、胜不骄败不馁的信念;培养学生优良的品质,如团结互助、热爱集体等。[1]

1. 信息学(计算机)奥林匹克竞赛简介

(1) 国际信息学(计算机)奥林匹克竞赛

国际信息学(计算机)奥林匹克竞赛(International Olympiad in Informatics,IOI)是计算机知识在世界范围青少年中普及的产物。著名的计算机科学家、图灵奖获得者、美国斯坦福大学教授 G. 伏赛斯曾预言：计算机科学将继自然语言、数学之后,成为第三位对人的一生都有重大用途的"通用智力工具"。

随着科技的发展,人们意识到有关信息科学的知识和应用能力应该尽快纳入学生的知识结构中,成为跨世纪人才迈向信息社会的"入场券"。1987 年,保加利亚 Sendov 教授在联合国教科文组织(UNESCO)第 24 届全体会议上提出了举办国际信息学奥林匹克竞赛(IOI)的倡议。首届竞赛于 1989 年在保加利亚的布拉维茨举行,有 13 个国家的 46 名选手参赛。此后 IOI 每年举办一届。值得一提的是,中国在首届竞赛就获得参赛资格,而且首届竞赛的试题原型是由中国提供的。中国队在历届竞赛上都取得了喜人的成绩。[15]

(2) 我国青少年信息学(计算机)奥林匹克竞赛

全国青少年信息学(计算机)奥林匹克竞赛(National Olympiad in Informatics,NOI),是由中华人民共和国教育部和中国科学技术协会批准的,中国计算机学会主办的主要面向中华人民共和国全国中学生的每年一度的信息学(计算机)学科奥林匹克竞赛。1984 年在北京举行了第一届竞赛,全称为全国中学生计算机程序设计竞赛,从 1989 年起,改名为全国青少年信息学奥林匹克竞赛(NOI)。NOI 系列活动包括全国青少年信息学奥林匹克竞赛、全国青少年信息学奥林匹克竞赛网上同步赛、夏令营、全国青少年信息学奥林匹克团体对抗赛、全国青少年信息学奥林匹克联赛(NOIP)、冬令营、全国信息学奥林匹克精英赛、亚洲和太平洋地区信息学奥林匹克竞赛(APIO)、IOI 选拔赛和出国参加 IOI 等。NOI 对于提高我国青少年计算机和应用技能的水平和选拔我国的国际信息学奥林匹克竞赛的参赛选手具有十分重大的意义。

NOI 每年举行一次,以省为单位派队参加。这一竞赛记个人成绩,同时记团体总分。团体对抗赛是 NOI 的组成部分,各队均需参加,其成绩计入团体总分。NOI 安排在每年暑期进行。竞赛日期经主办单位确认后,竞赛前半年公布。NOI 各参赛队领队和选手报名表寄送的截止日期为竞赛前 40 天。每队由 1 名领队和不超过 5 名规定选手组成,其中,男选手不超过 4 名。

2007 年 6 月开始执行的 NOI 竞赛规则规定：NOI 的竞赛分为两场,每场竞赛的时间为 5 小时。两场竞赛之间应间隔一天。选手在第一场正式竞赛的前一天应有不少于 2 个小时的练习时间。在赛前练习结束后,应安排不少于 30 分钟的时间进行标准化笔试题的测试。标准化笔试题包含单选题、多选题和填空题,题目涉及的内容包括计算机和编程的基本知识、NOI 竞赛所使用的操作系统、编程工具等的使用方法,以及基本竞赛规则。标准化笔试题的成绩计入选手竞赛的总成绩。

NOI 竞赛的题目以考查选手对算法和编程能力的掌握为主。题目类型有以下三种：非交互式程序题、交互式程序题、答案提交题。NOI 采用 NOI Linux 为参赛环境,桌面系统为 GNOME/KDE,使用不低于如下版本的编译器进行评测编译：C 语言(gcc 3.2.2),C++ (g++ 3.2.2),Pascal(Free Pascal 2.0.1)。[16~18]

2. 信息学(计算机)奥林匹克竞赛的辅导

教师应鼓励部分基础较好、能力较强的学生报名参加我国青少年信息学(计算机)奥林匹克竞赛,再从中挑选出较好的争取进入国家队,参加国际信息学(计算机)奥林匹克竞赛。参赛人选应采用自愿原则,人数不宜太多。为了提高参赛选手的水平,应对参赛选手进行辅导和强化训练。参赛的辅导工作难度高、工作量大,需要教师投入大量的精力。

教师在进行辅导时应该做到以下几点。[1]

(1) 深入研究竞赛的条例条规和大纲,加强业务,提高能力。

(2) 选择合适的训练教材和参考读物。有选择性地对 NOI 历届试题和在线题库进行培训和讲解。

(3) 辅导的形式应该把讲解和做练习题相结合,笔头练习与上机练习相结合,集中训练与个别辅导相结合。讲解的内容应紧密围绕竞赛大纲,高于课程教学内容要求,但又不能超出学生的接受范围。着重训练思维方法和提高技能技巧。

(4) 可以补充以下相关内容。

① 程序设计方面。介绍结构化程序的基本概念和较复杂的数据类型,训练和培养学生程序设计的综合能力,将实际问题用数学模型和相应的数据结构及算法描述的能力,分析算法时间和空间复杂度的能力,编写文档资料的能力等。

② 数据结构方面。介绍常见的数据结构,使学生了解有关概念的含义、有关算法及应用。

③ 基本算法方面。介绍简单的搜索、排序、查找、字串处理、统计、分类、归并、递归、排列组合、简单的回溯算法等。

本章小结

本章主要介绍了中小学计算机技术课程教学的基本类型,及课堂教学、实验教学、重难点教学和课外活动这几类教学工作的基本要求、类型与结构,可以为如何组织和实施中小学计算机技术课程的教学工作提供参考。

思考题

(1) 课堂教学有哪些基本要求?

(2) 课堂教学的类型有哪些? 具体结构是怎样的?

(3) 实验教学的基本要求有哪些?

(4) 如何组织和实施实验教学?

(5) 如何正确确定教学重难点?

(6) 计算机技术课程有哪些课外活动形式? 组织这些课外活动时要注意什么问题?

(7) 请简单介绍国际信息学(计算机)奥赛和我国信息学(计算机)奥赛。

参考资料

［1］ 周敦,张瑛美,戴祯杰,陈兵.中小学信息技术教材教法.北京：人民邮电出版社,2007.

［2］ 课堂教学基本要求及操作规范（一）.http：//www.bokesun.com/blogger/guangzengjy/archives/2008/69603.shtml.

［3］ 李烈明.新课程理念下课堂教学的基本要求.http：//www.hzjys.net/xkweb/tiyu/Article/ShowArticle.asp? ArticleID=527.

［4］ 课堂教学的基本要求（如何上好一堂课）.http：//hi.baidu.com/xuchengen/blog/item/6b1a16e976401b35b80e2d32.html.

［5］ 教师课堂教学的基本要求.http：//www.bkpj.tzc.edu.cn/back/eWebEditor/UploadFile/2008229142954603.doc.

［6］ 崔波.课堂教学类型浅析.http：//www.ahde.cn/ht/news_view.asp? newsid=1329.

［7］ 各类课型课堂教学基本要求.http：//www.wxlgz.com/UpFiles/Article/UpFiles/200904/07/82.doc.

［8］ 朱兆华.优化课堂教学结构提高课堂教学效益.http：//www.dfhs.net/Article/ShowArticle.asp? ArticleID=612.

［9］ 郭东海.新课程课堂教学结构探究.http：//www.shaheedu.net/wsf/Article_Show.asp? ArticleID=1851.

［10］ 教育部高等学校非物理类专业物理基础课程教学指导分委员会.非物理类理工学科大学物理实验课程教学基本要求,2004.

［11］ 实验教学与创新能力的培养.http：//www.gzs.cn/html/2009/3/17/133301-0.html.

［12］ 教学重点难点的确定与解决.http：//www.dlteacher.com/file/200810219733.doc.

［13］ 教学重点和难点问题.http：//xz.zzedu.net.cn/CMS/Article/299/20061110093600/index.htm.

［14］ 关于如何处理教学重点、难点的几点思考.http：//jwc.jjgxy.com.cn/col/1220327441921/1225703339109.html.

［15］ 国际信息学奥林匹克竞赛.http：//baike.baidu.com/view/1652123.htm.

［16］ 全国青少年信息学奥林匹克竞赛条例,2008.http：//www.noi.cn/about/rules/53-2008-12-25-09-17-25.

［17］ NOI竞赛规则,2007.http：//www.noi.cn/about/rules/73-noi.

［18］ NOI评测环境及对编程语言使用限制的规定,2008.http：//www.noi.cn/about/rules/74-noi.

第 4 章

计算机技术课程的教学环境

现代计算机技术课程的教学环境是涉及多门学科的综合性应用系统。随着信息技术的发展,特别是网络技术的迅速普及,现代教育技术系统环境以多媒体、计算机网络、微格和电视广播网为基础,具有教学媒体组合化、集成化,操作、使用方便化,信息传输网络化等特点,是学校教学环境建设的重要组成部分,对计算机技术相关课程的教学起到至关重要的作用。本章学习主要掌握的内容:

- 现代教育技术的主要理论;
- 熟悉计算机技术课程的微格教学环境;
- 多媒体教学环境的结构和使用方法;
- 校园网络的结构、主要功能和应用;
- 远程教育的发展和技术特点。

4.1 现代教育技术的理论基础

现代教育技术的目的是要促进学习者的学习,而学习者的学习涉及教师如何有效地教,学生如何有效地学习。因此,教育技术工作要取得成效,就需要对教和学两方面的情况有比较深入的了解,学习理论和教学理论就成为教育技术的主要理论基础。而学习理论和教学理论的发展还会对教育技术的理论和实践产生深远的影响。教育技术的很多重要理论,特别是各种形式的教学设计理论,都要反映出一定的学习理论和教学理论的基础。

4.1.1 学习理论

学习理论要提供学习领域的知识,以及分析、探讨和从事学习研究的途径和方法,从而为教育工作者提供一个研究学习的框架,把注意力集中在最值得研究的问题上;学习理论是对有关学习法则的大量知识加以概括,使其系统化和条理化,以便人们容易掌握;学习理论要说明学习是怎样发生的,以及为什么有的学习有效,有的学习无效,即解释"为什么"要这样学习,从而为人们提供对学习的基本理解力。在学习理论的发展过程中,由于各人的观点、视野和研究方法各不相同,因而形成了各种学习理论的流派。到目前为止还没有凝聚成一种统一的、综合的、大家普遍认同的学习理论。但是,如果大家对学习理论的各种流派进行系统透析,就会发现,这些理论流派实际上都是在探讨学习的一些基本问题。事实上,它们提供了探讨这些基本问题的不同的视角,使大家比较全面地理解学习的性质、学习的条件和学习的规律,从而为教学理论和实践提供科学的基础。

学习理论是揭示人类学习活动的本质和规律,解释和说明学习过程的心理机制,指导人类学习,特别是指导学生的学习和教师的课堂教学的心理学原理或学说。

学习理论是探究人类学习的本质及其形成机制的心理学理论。教育技术学的研究目的是为了优化学习过程,提高学习的效果和效率,因而教育技术学必须要广泛了解学习及人类行为,以学习理论作为其理论基础。影响教育技术的学习理论主要有四种,即行为主义学习理论、认知主义学习理论、人本主义学习理论和建构主义学习理论。[1]

1. 行为主义理论

行为主义学习理论可以用"刺激-反应-强化"来概括,认为学习的起因在于对外部刺激的反应,不去关心刺激引起的内部心理过程,认为学习与内部心理过程无关。行为主义学习理论把学习者当作一个"黑箱",认为学习是一种可以观察到的行为变化。他们把观察分析重点放在行为变化上,关心的是如何获得令人满意的输出,而输出是输入刺激的一种反应。行为主义理论的主要代表有巴甫洛夫的经典条件反射学说、华生的行为主义、桑代克的联结主义、斯金纳的操作性条件反射学说等。

根据这种观点,人类的学习过程归结为被动地接受外界刺激的过程,教师的任务只是向学生传授知识,安排刺激,观察学生的反应,对令人满意的反应予以加强,对令人不满意的反应予以补救或否定来纠正其反应;学生的任务则是做出反应,接受和消化知识。

在实际的教育中,很容易找到行为主义学习理论的应用。比如,教师为了让其他的学生能够认真听讲,而表扬一些认真听讲的学生,从而激励认真听讲的学生继续保持,而使那些不能够认真听讲的学生为了能够得到教师的认可而表现好起来。

教学软件在当前的教育教学中应用非常普遍。在教学软件的开发中,行为主义学习理论指导下,计算机不仅可以提供重复的适当刺激和及时的反馈刺激,而且可以提供因人而异的个别化刺激,改善学生的行为,达到教学目标。

2. 认知主义理论

认知学习理论的基本观点是:人的认识不是由外界刺激直接给予的,而是外界刺激和认知主体内部心理过程相互作用的结果。根据这种观点,学习过程被解释为每个人根据自己的态度、需要和兴趣并利用过去的知识与经验对当前工作的外界刺激(例如教学内容)作出主动的、有选择的信息加工过程。教师的任务不是简单地向学生灌输知识,而是首先激发学生的学习兴趣和学习动机,然后将当前的教学内容与学生原有的认知结构有机地联系起来,学生不再是外界刺激的被动接收器,而是主动地对外界刺激提供的信息进行选择性加工的主体。

认知学习理论强调认知结构和内部心理表象,即学习的内部因素,这与行为主义学习理论只关注学习者的外显行为,无视其内部心理过程有很大的不同。认知主义学习理论突破了行为主义仅从外部环境考察人的学习的思维模式,它从人的内部过程即中间变量入手,从人的理性的角度对感觉、知觉、表象和思维等认知环节进行研究,把思维归结为问题解决,从而找到了一条研究人的高级学习活动的途径,而且抓住了人思维活动的本质特征。但同时也正面临着一些困境,它脱离社会实践来研究人的认识活动,把它归结为单纯的内部过程和意识系统,把人的认识活动归结为纯粹的认知行为,甚至类比或等同计算机对信息的机械加工,这是其片面的一面。

认知学习理论的主要代表有格式塔学习理论、托尔曼符号学习论、布鲁纳的认知结构学习理论、奥苏贝尔的认知结构同化学习理论、加涅的认知学习理论、信息加工理论等。

认知学习理论也广泛应用于教学软件的开发。比如,人们在设计和开发计算机辅助教学(Computer Assisted Instruction,CAI)软件时,可以在 CAI 课件的开始,利用能体现教学内容且具有感染力的图形序列(或图像)、动画、视频、音频等形式,唤起学生的注意;可以在学习开始时,告诉学生目标,从而激起学生对学习的期望;可以通过测试,刺激学生回忆以前的学习,以便把已有的与将要学习的新的知识结合起来,然后,向学生呈现教学信息并不断地提供学习指导,以促进学习者的学习等等。许多 CAI 软件,还利用多媒体技术和多种手段,提供有利于学习迁移的实例和情境,让学生去求解、去探索,这不仅有利于学习的迁移,对于发展学生的认知策略也是不可缺少的。

3. 建构主义理论

建构主义(Constructivism)也译作结构主义,是认知心理学派中的一个分支。建构主义理论一个重要概念是图式,图式是指个体对世界的知觉理解和思考的方式,也可以把它看做心理活动的框架或组织结构。图式是认知结构的起点和核心,或者说是人类认识事物的基础。因此,图式的形成和变化是认知发展的实质,认知发展受三个过程的影响,即同化、顺化和平衡。

同化(Assimilation)是指学习个体对刺激输入的过滤或改变过程。也就是说个体在感受刺激时,把它们纳入头脑中原有的图式之内,使其成为自身的一部分。

顺应(Accommodation)是指学习者调节自己的内部结构以适应特定刺激情境的过程。当学习者遇到不能用原有图式来同化的新刺激时,便要对原有图式加以修改或重建,以适应环境。

平衡(Equilibration)是指学习者个体通过自我调节机制使认知发展从一个平衡状态向另一个平衡状态过渡的过程。

建构主义学习理论是学习理论中行为主义发展到认知主义以后的进一步发展。皮亚杰和维果斯基等人的思想都对当今的建构主义者产生了很大影响。皮亚杰提出的"认识发生论"认为,人类的认识过程或智力活动,是一种主观图式连续不断的建构过程。维果斯基提出的"社会文化理论"认为,个体的学习是在一定的历史、社会文化背景下进行的,社会可以为个体的学习发展起到重要的支持和促进作用。维果斯基区分了个体发展的两种水平:现实的发展水平和潜在的发展水平,现实的发展水平即个体独立活动所能达到的水平,而潜在的发展水平则是指个体在成人或比他成熟的个体的帮助下所能达到的活动水平,这两种水平之间的区域即"最近发展区"。在教学中,学生通过与教师的交往,观察体现在教师活动中的社会经验,在教师指导下从事某种活动,逐步地把体现在教师身上的经验内化为自己的经验,从而可以独立地从事这种活动,将潜在的发展变成现实的发展,并不断创造新的最近发展区。

由此可以看出,建构主义学习理论认为,学习不是知识由教师向学生的传递,而是学生建构自己的知识的过程,学习者不是被动的信息吸收者,而是主动地建构信息的意义。学习不是知识经验从外到内的输入过程,而是学生在一定的情境即社会文化背景下,借助其他人(包括教师和学习伙伴)的帮助,利用必要的学习资料,通过新旧知识经验之间充分的相互作用而"生成"自己的知识的过程,即通过意义建构的方式而获得。因此建构主义学习理论认为"情境"、"协作"、"会话"和"意义建构"是学习环境中的四大要素或四大属性。

(1)情境。学习环境中的情境必须有利于学生对所学内容的意义建构。这就对教学设计提出了新的要求,也就是说,在建构主义学习环境下,教学设计不仅要考虑教学目标分析,还要考虑有利于学生建构意义的情境的创设问题,并把情境创设看做教学设计的最重要内容之一。

(2)协作。协作发生在学习过程的始终。协作对学习资料的搜集与分析、假设的提出与验证、学习成果的评价直至意义的最终建构均有重要作用。

(3)会话。会话是协作过程中的不可缺少环节。学习小组成员之间必须通过会话商讨如何完成规定的学习任务的计划;此外,协作学习过程也是会话过程,在此过程中,每个学习者的思维成果(智慧)为整个学习群体所共享,因此会话是达到意义建构的重要手段之一。

(4)意义建构。这是整个学习过程的最终目标。所要建构的意义是指事物的性质、规律以及事物之间的内在联系。在学习过程中帮助学生建构意义就是要帮助学生对当前学习内容所反映的事物的性质、规律以及该事物与其他事物之间的内在联系达到较深刻的理解。这种理解在大脑中的长期存储形式就是前面提到的"图式",也就是关于当前所学内容的认知结构。由以上所述的"学习"的含义可知,学习的质量是学习者建构意义的能力,而不是学习者重现教师思维过程的能力。换句话说,获得知识的多少取决于学习者根据自身经验去建构有关知识的意义的能力,而不取决于学习者记忆和背诵教师讲授内容的能力。

当今的建构主义者主张,世界是客观存在的,但是对于世界的理解和赋予意义却是由每个人自己决定的。人们是以自己的经验为基础来建构现实,或者说是在解释现实,每个人的经验是用自己的头脑创建的,由于人们的经验以及对经验的信念不同,于是对外部世界的理解也各异。所以他们更关注如何以原有的经验、心理结构和信念为基础来建构知识。

建构主义学习理论强调以学生为中心,要求学生由被动的接受者变成信息加工的主体,知识意义的主动建构者。相应教学设计应围绕"自主学习策略、协作学习策略、学习环境"设计,以促进学生主动建构知识意义。建构主义强调学习过程中学习者的主动性、建构性、探究性、创造性。

建构主义的主要优点是,学生是学习意义的主动建构者,有利于学生的主动探索、主动发现,有利于创造型人才的培养。这一理论的不足之处是应用时容易忽视教师的主导或指导作用,忽视师生间情感交流及情感因素在学习过程的重要作用,容易偏离教学目标的要求,应用这一理论时要注意这一点。

4. 人本主义理论

人本主义心理学是 20 世纪五六十年代在美国兴起的一种心理学思潮,人本主义的学习与教学观深刻地影响了世界范围内的教育改革。人本主义学习理论的主要代表有马斯洛(A. Maslow)和罗杰斯(C. R. Rogers)。

人本主义心理学家认为,理解人的行为,要从行为者的角度来看待事物。在了解人的行为时,重要的不是外部事实,而是事实对行为者的意义。如果要改变一个人的行为,首先必须改变他的信念和知觉。当他看问题的方式不同时,他的行为也就不同了。也就是说,人本主义心理学家试图从行为者,而不是从观察者的角度来解释和理解行为。

人本主义学习理论提倡真正的学习应以"人的整体性"为核心,强调"以学生为中心"的教育原则,学习的本质是促进学生成为全面发展的人。它关心学生的自尊和提高,学生是教学活动中的焦点,自主地选择学习课程、方式和教学时间。教师被看做促进者角色,应具有高度的责任感。教师要创建合适氛围,帮助学生成为全面发展的人。学校在社会中扮演着重要的角色。它把学生的创造和自我实现放在了很高的位置上,教育的目标就是帮助学生满足"自我实现"的需要。所谓自我实现的需要,马斯洛认为就是"人对于自我发挥和完成的欲望,也就是一种使它的潜力得以实现的倾向"。通俗地说,自我实现的需要就是"一个人能够成为什么,他就必须成为什么,他必须忠于自己的本性"。

为了使学生在自由发展中自我实现,罗杰斯从自己治疗精神病患者的经验出发,对教师提出了三条基本要求:

① 以真诚的态度对待学生,要坦诚相待,表露自己的真情实感,取掉一切伪装的"假面具"。

② 给学生以充分的信任,对学生作为具有自身价值独立体的任何思想与感情,都应予以认可,相信他们能够充分发展自己的潜能。

③ 尊重和理解学生的内心世界。教师要移情性地设身处地去理解学生,尊重学生,不对他们的思想情感与道德品性作出评价和批评。只有这样,才能使学生具有安全感和自信心,获得真实的自我意识,去充分地实现"自我"。

可以看到,人本主义学习理论中的许多观点都是值得借鉴的。比如:教师要尊重学生、真诚地对待学生;让学生感到学习的乐趣,自动自发地积极参与到教学中;教师要了解学习者的内在反应,了解学生的学习过程;教师作为学习的促进者、协作者或者说是学生的伙伴、朋友等等。但是,也要看到,罗杰斯过分否定教师的作用,这是不太正确的。在教学中,既要强调学生的主体地位,也不能忽视教师的主导作用。

美国心理学家、人本主义心理学的代表之一的罗杰斯认为,可以把学习分成两类,一类学习类似于心理学上的无意义音节的学习。罗杰斯认为这类学习只涉及心智,是一种"在颈部以上"发生的学习。它不涉及感情或个人意义,与完整的人无关。另一类是意义学习。所谓意义学习,不是指那种仅仅涉及事实累积的学习,而是指一种使个体的行为、态度,以及个性在未来选择行动方针时发生重大变化的学习。这不仅仅是一种增长知识的学习,而且是一种与每个人各部分经验都融合在一起的学习。

罗杰斯认为,意义学习主要包括四个要素:第一,学习具有个人参与(Personal Involvement)的性质,即整个人(包括情感和认知两方面)都投入学习活动;第二,学习是自我发起的

(Self-initiated)，即便在推动力或刺激来自外界时，要求发现、获得、掌握和领会的感觉是来自内部的；第三，学习是渗透性的(Pervasive)，也就是说，它会使学生的行为、态度，乃至个性都会发生变化；第四，学习是由学生自我评价的(Evaluated by the learner)，因为学生最清楚这种学习是否满足自己的需要，是否有助于导致他想要知道的东西，是否明了自己原来不甚清楚的某些方面。

除了以上提到的几种学习理论外，还有很多学习理论对当前教育技术的理论和实践有重要的影响。比如认知灵活性理论、分布式认知理论、情境学习理论等。尽管各种学习理论的观点不一样，有的学习理论之间甚至存在较大分歧，但在教育技术领域内走向了融合，以促进人的发展为目标而各尽其力。

4.1.2　教学理论

教育技术将教学理论作为自己的理论基础，是因为教学理论是研究教学客观规律的科学。教学理论的研究范围主要包括教学过程、教师与学生、课程与教材、教学方法和策略、教学环境以及教学评价和管理等。教学理论是从教学实践中总结并上升为理论的科学体系，它来自教学实践又指导教学实践。

教学理论的研究和发展为教育技术提供了丰富的科学依据，教育技术从其指导思想到教学目标、教学内容的确定和学习者的分析，从教学方法、教学活动程序、教学组织形式等一系列具体教学策略的选择和制定，到教学评价，都从各种教学理论中吸取精华，综合运用，寻求科学依据。尤其是近半个世纪发展起来的现代教学理论，对教育技术的影响的更为显著。如斯金纳的程序教学理论，布鲁姆的目标分类理论、掌握学习理论和评价理论，布鲁纳的以认知结构为中心的课程理论，奥苏伯尔的有意义学习观点和先行组织者的教学程序，加涅"九大教学活动(事件)"的教学活动程序，赞可夫的发展教学理论，巴班斯基的教学过程最优化理论，以及我国的教育工作者融合国外教学理论和我国教学实践而建立的新的教学理论体系等，对教育技术的实践具有很强的指导意义，而实践的发展又推动教育技术理论不断向前发展。[2]

1. 斯金纳的程序教学理论

斯金纳(B. F. Skinner)在 1954 年发表的《学习的科学和教学的艺术》一文中，强调"强化"在教学中的重要作用，并建议把教学机器作为一种手段，给学生提供必要的强化，推动了程序教学运动的发展。斯金纳的程序教学的基本思想是在教学过程中贯穿强化理论的应用。程序教学的要素是小的步子、积极反应、即时反馈、自定步调以及低错率。

2. 布卢姆的目标分类理论

布卢姆等人把教学目标分为认知、动作技能和情感三个领域，然后再把每个领域按照从低级到高级的顺序分成不同的层次，从而形成了一个完整的目标分类体系。认知学习领域包括有关信息、知识的回忆和再认，以及智力技能和认知策略的形成。按智力特性的复杂程度可以将学习目标分为知道、领会、运用、分析、综合、评价六个等级。动作技能涉及骨骼和肌肉的使用、协调与发展。动作技能学习领域的目标被分成七个等级，即知觉、准备、有指导的反应、机械动作、复杂的外显反应、适应、创新。情感学习与培养兴趣、形成或改变态度、提高鉴赏能力、更新价值观念、建立感情等有关,是教育的一个重要方面。情感学习领域的目标依照价值标准内化的程度可以分为五个等级,即接受(注意)、反应、价值判断、组织、价值与价值体系的性格化。

3. 布鲁纳的以认知结构为中心的课程理论

布鲁纳认为,人的认知活动是按照一定阶段的顺序形成和发展的心理结构来进行的,这种心理结构就是认知结构。学习者通过把新的信息和以前构成的心理结构联系起来,建构自己的知识。他赞同行为主义关于强化作用的观点,但他认为启发学生自我强化更为重要。同时,他还认为要让学习者学习学科知识的基本结构,并按照学习者的不同发展阶段的特点进行学习。

4. 奥苏伯尔的有意义学习和先行组织者教学策略

奥苏贝尔认为,学生的学习主要是接受前人积累的科学文化知识,这些知识主要是以符号和言语表述的,并且经过加工组织成一个系统的体系。学生的任务是持久、高效地掌握这些知识。首先,奥苏贝尔将学习行为分为接受学习和发现学习。在接受学习中,学习的主要内容基本上是以定论的形式传授给学生的。对学生来讲,学习不包括任何发现,只要求他们把教学内容加以内化(即把它结合进自己的认知结构之内),以便将来能够再现或派作他用。发现学习的基本特征是,学习的主要内容不是现成地给予学生的,而是在学生内化之前,必须由他们自己去发现这些内容。换言之,学习的首要任务是发现,然后便同接受学习一样,把发现的内容加以内化,以便以后在一定的场合下予以运用。

其次,奥苏贝尔还将学习区分为意义学习和机械学习。意义学习是以符号代表的新观念与学生认知结构中原有的适当的观念建立实质性和非人为性的联系。与意义学习相反,机械学习只能建立非实质、人为的联系。

奥苏贝尔认为,意义学习有两个先决条件:①学生表现出一种意义学习的倾向,即表现出一种在新学的内容与自己已有的知识之间建立联系的倾向。②学习内容对学生具有潜在意义,即能够与学生已有的知识结构联系起来。这种联系应是实质性的,非人为性的联系。无论是接受学习还是发现学习,只要符合上述两个条件,都是意义学习。

要促进意义学习的发生,首先,在安排学习内容是要注意两个方面:①要尽可能现传授学科中具有最大包摄性、概括性和最有说服力的概念和原理,以便学生能对学习内容加以组织和综合。②要注意渐进性,也就是说,要使用安排学习内容顺序最有效的方法;构成学习内容的内在逻辑;组织和安排练习活动。其次学生的认知结构具备能与新知识建立联系的有关概念,且这些概念作为学习和记忆新知识的必要的固定点是比较稳定、清晰的。

5. 加涅"九大教学活动"的教学活动程序

加涅根据学习者在学习过程中所发生的心理活动为依据,加涅将学生学习的内部过程划分为九个步骤,分别是接受、期望、工作记忆检索、选择性知觉、语义编码、反应、强化、检索与强化、检索与归纳。相对于学生学习的内部过程的每一步骤,可以设计出促进学习的教学活动过程的九个环节,即教学活动程序。划分九类教学活动的目的是为了使教师的教学活动符合学生的学习规律,更好地指导学生,从而促使学习活动更加有效。它将学生的学习过程视为信息处理的过程,规定了教师在此过程中的各个阶段里的主要工作。教师可以通过研究和掌握九类教学活动,确定教学活动的一般过程,明确自己的教学任务。

6. 赞可夫的发展教学理论

赞可夫认为,首先,要把一般发展作为教学的出发点和归宿,"以最好的教学效果,来促进学生的一般发展"。其次,要把教学目标确定在学生的"最近发展区"之内,也就是教学要有一定的难度,让学生"跳一跳"才能摘到"桃子",认为"只有当教学走在发展前面时,这才是最好的教学"。基于此,赞可夫提出了发展教学理论的教学原则:以高难度进行教学,以高速度进行教学,理论知识起主导作用,使学生理解学习过程,使全班学生包括后进生都得到发展。

7. 巴班斯基的教学过程最优化理论

前苏联巴班斯基引进系统论方法,提出"教学过程最优化"理论。他认为应该把教学看成一个系统,从系统的整体与部分、部分与部分以及系统与环境之间的相互关系、相互作用中考察教学,以便能最优地处理问题,设计优化的教学程序,求得最大的教学效果,并着力于研究在特定的教学时间、教学任务、教学条件下,教学过程各种成分——教学内容、教学方法等的最佳组合,追求教学的整体功能和效益。

4.1.3 传播理论

第二次世界大战以后,传播理论和早期系统观同时影响视听教学领域,传播理论引入教育技术领域,并成为教育技术的一个重要的理论基础。

按不同的标准,可以将人类的社会传播划分为不同的类型,一般依据传播者与接收者所属的范畴分为人的内在传播(也叫自我传播)和人对人的传播,人对人的传播又进一步分为人际传播、组织传播、大众传播和教育传播。

当媒体应用于传递以教育教学为目的的信息时,称为教育传播媒体,它成为连接传者与受者之间的中介物。人们把它当成传递和取得信息的工具。

在一般的教学理论研究中,将教育者、学习者、学习材料三者作为教学系统的构成要素,它们在教学环境中,带着一定的目标,经过适当的相互作用过程而产生一定的教学效果。在现代教育传播活动中,媒体起着相当大的作用,因此必须将媒体作为教学传播系统的要素之一,于是得到如图 4-1 所示的教育传播系统四元模型。这四个组元在适当的教学环境中相互作用而产生一定的教学效果。[3]

现代教学中随着传播学逐渐和教育学不断地结合,常把教学看成信息的传播过程,形成了综合运用传播学和教育学的理论和方法来研究和揭示教育信息传播活动的过程与规律,这些规律主要有:

① 共识律。所谓共识,一方面指尊重学生已有的知识、技能的水平和特点,建立传统关系;另一方面指教师根据教学目标、内容特点、通过各种方法和媒体来为学生创设相关的知识技能,传授知识,以便使学生已经具有的知识技能与即将学习的材料产生有意义的联结,从而达到传播的要求。

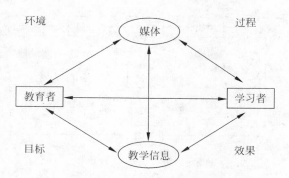

图 4-1　教育传播系统构成图

② 谐振律。所谓谐振,是指教师传递信息的"信息源频率"同学生接受信息的"固有频率"相互接近,两者在信息的交流和传统方面产生共鸣。它是教学传播活动得以维持和发展,获得较优传播效果的必备条件。传播的速度过快或过慢、容量过大或过小都会破坏师生双方谐振的条件,从而造成传播过程中的滞阻现象。

③ 选择律。任何教学传播活动都需要对教学的内容、方法和媒体等进行选择,这种选择是适应学生身心特点、较好地达到教学目标的前提,并旨在以最佳的"代价与效果比"成功地实现目标,即最小代价原则。

④ 匹配律。所谓匹配,是指在一定的教学传播活动环境中,通过剖析学生、内容、目标、方法、媒体、环境等因素,使各种因素按照各自的特性,有机和谐地对应起来,使教学传播系统处于良好的循环运转状态之中。实现匹配的目的在于围绕既定的教学目标,使相关的各种要素特性组合起来,发挥教学系统的整体功能特性。

传播理论是现代教育技术的理论基础之一,主要有以下几种当代比较有影响的传播理论。[2]

1. 拉斯威尔模型

美国政治学家 H. 拉斯韦尔把传播过程分解为传者、受者、信息、媒介、效果,即 5W 模式。有人在此基础上发展成 7W 模式。其中每个"W"都类同于教学过程中的一个相应要素,这些要素自然也成为研究教学过程、解决教学问题的教学设计所关心和分析、考虑的重要因素。拉斯威尔的模式在现代教育技术中的运用,主要是发挥传者(教师)、受者(学生)的主动性和积极性,通过对现代教育媒体的选择和组合,将教学信息直接或间接地传递给受者,并通过实践检验证明其产生的效果,因此,该模式对现代媒体教学有一定的指导作用。

2. 香农-韦弗(Shannon-Weaver)的传播模式

该模式把传播过程分为七个基本要素:信源、编码、信道、解码、信息接收者、噪声和反馈,如图 4-2 所示。他们认为,传播的过程是"信息源"即传者,把要提供的信息经过"编码",即转变为某种符号,如声音、文字、图片、图像等,通过一种或多种媒体传出。"信息接收者"即受者,对经过"编码"的信息进行"解码",即解释符号的意义。

现代教育技术采用香农-韦弗的传播模式,主要在于选择、制作适合表达和传播教育信息的现代教育媒体,及时分析来自各种渠道的反馈信息,以取得教育的最优化。

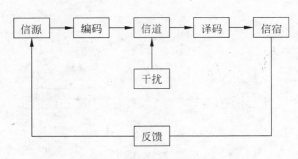

图 4-2　香农-韦弗传播模式

3. 贝罗的传播模式

贝罗（David K. Belo）的传播模式，综合了哲学、心理学、语言学、人类学、大众传播学、行为科学等新理论，来解释在传播过程中的各个不同要素。这一模式把传播过程分解为四个基本要素：信源、信息、通道和接收者。贝罗模型现在常用来解释教育传播过程，它说明了在教育传播过程中，影响和决定教学信息传递效率和效果的因素是多方面的、复杂的，各因素之间是既相互联系又相互制约的。为了提高教育传播的效果，必须研究和考察各方面的因素。贝罗模型给教育传播研究提供了一些结构性因素的考虑，对研究变量的设计和决定具有一定的指导意义。

4.1.4　系统科学理论

系统科学是研究一切系统的模式、原理及规律的科学，是在系统论、信息论和控制论的基础上形成的。系统是指处于相互依存和相互作用中，并与环境发生关系的各个部分（或要素）构成的一个完整的具有一定功能的有机整体。系统论是由美国生物学家贝塔朗菲创立的。系统有三层含义：具有一定的结构，具有特定的功能，系统形态各异；教育技术在发展过程中受到了来自科学方法、方法论发展的影响，突出地体现在系统科学的思想、观念对教育技术学研究与实践的影响；系统科学理论是教育技术的重要理论基础。

1. 教育系统的基本含义

把系统论与教育理论相结合，用于指导教育实践，就产生了教育系统论。把教育作为一个整体加以分析研究，对教育的优化提供了重要的思维方式和手段。从系统科学角度来认识现代教育，教育系统是一个多因素、多层次和多功能的复杂系统。教育系统论把教育视为一个由教师、学生、媒体等要素组成的系统。教育要优化，不仅仅是从教师或学生一方来考虑，而是从整个系统来考虑，协调好各教学要素之间的关系，使之相互支持、相互理解、相互协调和齐心协力。因此，教育系统的功能，不仅决定于构成教育系统诸要素所具有的功能，而且决定于诸要素相互之间的关系，即系统的结构。

教学系统是指向既定目标的社会活动系统，要素是构成系统的既相对独立又相互联系的基本成分。按其功能的不同可分为构成性要素和过程性要素。

构成性要素主要指构成系统的主要成分，包括教师、学生、课程及教学资源四个方面，它们构成了教学系统的空间结构,是教学系统得以运行的前提;过程性要素指构成性要素发挥作用应依赖的因素,包括教学目标、教学内容、教学方法、教学组织形式和教学成果等,它们构成了教学系统的时间结构,是教学系统运行的逻辑程序。

教育系统论是现代教育技术的基础,教育系统论把教育视为一个系统,组成这个系统的要素包括教师、学生、内容、媒体等。教育系统论就是采用系统分析方法,即从系统的观点出发,坚持在系统与部分、整体与外部环境之间的相互联系、相互作用、相互制约等关系中考察研究系统,以求得到最优化的系统效能。教育是一个复杂的系统,教育要优化,不仅仅是从教师或学生一方来考虑,而应当从整个系统来考虑,要协调好教学系统中各要素之间的关系,使之能够相互支持、相互理解、相互合作,提高系统功能。

2. 教育技术的系统方法

可以把教育技术的系统方法定义为:一种在系统科学和教育实践基础之上产生的,指导具体教育、教学实践活动的思想和方法。系统方法可以广泛地用在教育研究的三个层次——教育哲学、教育科学和教育技术学的研究中。

在具体使用系统方法的过程中,系统方法包括了五个基本步骤,加上"修订"环节而构成六个部分,对每一步骤的说明如下。

第一步,从需求分析中确定问题。

第二步,确定解决问题的方案和可替换的解决方案。

第三步,从多种可能的解决方案中选择问题解决的策略。

第四步,实施问题求解的策略。

第五步,确定实施的效率。

第六步,如果有必要,对系统加以修正。

总之,在研究和研究计划的制定过程中,"系统方法"是分析和解决需求中存在的问题的总体性的思想方法。系统分析是系统方法的一个技术性流程。作为研究和研究计划开发的系统方法,除系统分析之外,还包括需求评定的技术、策略的选择技术和研究成果的评价、研究过程的管理技术、实施调控技术等等。

3. 系统科学理论对现代教育技术的指导意义

系统科学理论对人类认识世界、改造世界有着深远的影响。用"三论"的理论和方法指导教育科学,特别是从中提炼和抽象出来的系统科学的基本原理(反馈原理、有序原理和整体原理),对研究现代教育技术和指导其实践具有重要的意义。

系统科学理论的三个原理建立了一个比较完整的理论体系,对研究现代教育技术和指导其实践有着重要的意义。

4.1.5 电化教育的沿革

1936 年,我国教育界人士在讨论为当时推行的电影、播音教育的定名问题时,提出并确立了"电化教育"这个名词。同年,南京教育部委托金陵大学举办"电化教育人员训练班",第一次正式使用了这个名词。相对于国外的"视听教育","电化教育"这个名词在我国逐渐地被引用开来,一直到现在。

电化教育是指在教育教学过程中,运用投影、幻灯、录音、录像、广播、电影、电视、计算机等现代教育技术,传递教育信息,并对这一过程进行设计、研究和管理的一种教育形式,是促进学校教育教学改革、提高教育教学质量的有效途径和方法,是实现教育现代化的重要内容。[6]

我国的电化教育的发展,主要经历了以下几个阶段。[5]

1. 萌芽阶段

幻灯、电影、无线电广播等教育媒体在我国教育中的应用,大约始于本世纪 20 年代,它揭开了我国电化教育的序幕。

1920 年,上海商务印书馆创办了一个电影公司,拍过一些无声影片,其中也有教育片,如《盲童教育》、《养真幼儿园》、《养蚕》等影片,这些影片配合讲演、报告放映,受到学校师生的欢迎。

1922 年,南京金陵大学(1952 年并入南京大学)农学院举办农业专修科,设立推广部,从美国农业部购买了幻灯片、电影片,用唱片配音或播映员口头讲解,到各地宣传科学种棉知识。

1923 年,中国教育家陶行知在长沙、烟台、嘉兴举办大规模的千字课教学实验,在嘉兴实验时用了幻灯。这些活动可以说是我国利用幻灯片进行教育的开始。

2. 起步阶段

从 1930 年起,南京金陵大学理学院经常用无声教学影片,结合有关学科的课程放映,并与上海科达公司合作,翻译了 60 本教学影片。电影等教学媒体进入课堂、进入学校教育领域,也标志着电化教育的起步。

1932 年,"中国教育电影协会"在南京成立,协会的成立对电影教育的开展起了积极的推动作用。中国教育电影协会成立后,举行了国产影片的比赛。协会还参加了第一次国际教育电影会议,与美、德、意三国的教育电影机构交换教育影片和刊物。

20 世纪 30 年代中期,广播教学也开展起来。1935 年 6 月,教育部要求中等学校和民众教育馆分期装设收音机,并订购下发一千多台收音机,聘请专家通过广播电台播放教育节目。1937 年 7 月,建立了播音教育委员会。全国建立了电台播音教育指导区 11 个。

同时,一些民众教育馆也开始运用幻灯、电影、播音等开展宣传教育活动。随着电影和播音教学的开展,一些学校开设电影播音课程,开办电影播音专业,培养电教专业人才。

1936 年,教育界人士在讨论为当时推行的电影、播音教育的定名问题时,提出并确认了"电化教育"这个名词,此后,这个名词被普遍采用。

1936 年,上海教育界人士办了一个"中国电影教育用品公司",并出版《电化教育》周刊,共出了六期,这是我国最早的电教刊物。之后,电教出版物不断涌现,电教专著也开始发表。20 世纪 40 年代左右主要的电化教育出版物有《有声教育电影》、《电影与播音》、《电教通信》、《电化教育》和《电化教育讲话》等。

1940 年,教育部将电影教育委员会和播音教育委员会合并,成立了电化教育委员会。

3．初期发展阶段

解放后，从 20 世纪 50 年代到 60 年代前期，我国的电化教育得到了初步发展。

在社会电化教育方面，开展了一系列的播音教育和电视教育，主要有：

1949 年北京人民广播电台和上海电台开始举办俄语讲座，后又改为上海俄语广播学校。

1953 年上海人民广播电台举办"文化补习"节目。

1956 年秋，"讲座"改为"工农业余初中文化广播学校"。

1957 年，将其改名为"上海市自学函授大学"。

1958 年 7 月天津市广播函授大学创办。

1960 年起，上海、北京、沈阳、哈尔滨等相继举办电视大学，1961 年 9 月，广州市也办起了电视大学。

在学校电化教育方面，也恢复和开展了一系列的电教课程和活动，主要有：

北京师范大学在 1947 年就有初具规模的电化教育馆（后改为直观教育馆）。

辅仁大学教育系 1951 年就开设了电教课。

1952 年院系调整，燕京大学教育系并入北京师范大学教育系。燕京大学教育系在 1948 年就开设了"视听教育"课程。院系调整后，原燕京大学教育系主任廖泰初教授担任北京师范大学教育系电化教育馆馆长。馆属系处级，下设四个组：无线电、广播、扩音、录音组，电影、幻灯片、图片制作放映组，教学教具模型组，图表图画组。电教馆以生物系、地理系、数学系、英语教研室为点开展工作。

1953 年，西北师范学院也建立了电教室，购置了钢丝收录机，幻灯机，电影机，进行外语电化教学的实验。

1953 年北京外国语学院拨出两层楼安装电化教室，建立了中央控制室和连接教室的控制线路。

上海外国语学院也积极开展电化教育，从 1954 年起，建立了语音实验室，开展外语播音活动，安装了电化教室播放电影、录音、幻灯。1959 年，该院建成了我国第一座建筑面积达 4000 多平方米的电教大楼，楼内有个人听音室、电影放映厅、电影教室、语言实验室等。

1957 年上海第一医学院开始自拍无声影片。到 1962 年摄制有声动画片教学影片，共 20 多部。西安交通大学在外文和工程化教学中，利用电影、幻灯、录音、唱片、扩音等辅助教学。南京大学多数系开展电教。北京大学也在语言系开展电教。

1958 年前后，我国掀起了教育改革运动，学校的电化教育也随着发展起来。不仅在高校，而且在中小学也逐步开展起电化教育活动。普教的电化教育主要是由各地的电化教育馆来组织和推广的。北京、上海、南京、沈阳、哈尔滨、齐齐哈尔相继成立电化教育馆，负责推动电化教育的开展。

4．停滞阶段

1966 年以后，我国的电化教育受"文化大革命"的影响，进入了停止阶段。省、市电教馆被撤销，电教工作人员被"下放"或改行，电教设备器材被瓜分或抢劫一空，电教资料散失殆尽，广播电视教学相继停办。整个电化教育事业处于瘫痪、停止状态。

5. 迅速发展阶段

1978 年党的十一届三中全会以后,党中央召开了全国教育工作会议,确定了新时期发展教育事业的方针大计。其后,电化教育得到了迅速的发展,建立了一系列的电教机构,扩大了电教工作队伍,增添了大批的电教设备,编制出版了相关的电教教材和电教书刊,建立电教学术团体,积极开展电教研究和实验。

1978 年 7 月,经国务院批准,教育部(现国家教育委员会)建立了中央电化教育馆。

1979 年 6 月 25 日至 28 日教育部电化教育局在兰州召开座谈会,讨论了各种电教专业人员的培训、师范院校电化教育课的开设和电化教育专业的设置问题。为了培训师范院校电化教育课的教师,西北师范学院在教育部师范司和电化教育局的支持下,于 1979 年举办了为期两个月的电化教育教学讨论班,全国 39 所师范院校共 44 名教师参加了学习。

1983 年起,华南师范大学教育中心、华东师范大学现代教育技术研究所首先办起四年制本科电化教育专业和教育信息技术专业。截至 1986 年底,全国已有 25 所高等院校设置了教育专业。

4.2   计算机技术课程的多媒体教学环境

科技的发展使得单一的教学方式逐步改善为以音视频等多种媒体呈现教学内容,多媒体技术在教学中的应用也越来越广泛。

4.2.1   多媒体教学系统的结构

完整的多媒体教学系统一般以多媒体计算机为核心,由前端信号源系统(多媒体计算机、视频展示台、VCD 或 DVD)、终端图像显示系统(大屏幕、投影仪、显示器、交互式电子白板)、音响系统(功放、音箱、麦克风)、传输控制系统或集中控制系统(中央控制器)四大部分组成,组成一套由视频、音频、动画和文字等多种媒体为表现手段的教学系统。

如果把多媒体教学系统与计算机网络相连接,则可实现多媒体教学系统之间的互联,也可以将网络教学资源集成到课堂教学中,还可以与学生的计算机系统互连,实现多媒体网络教学和远程教学。功能更强大的系统甚至还可以与有线电视网等连接,实现多网互联的教学信息整合。

目前较常见的多媒体系统的组成结构如图 4-3 所示。[8]

1. 中央控制系统

整个多媒体系统中的全部设备都由中央控制系统集中管理控制。该系统一般采用单片机来实现多机通信技术和系统集成技术,将被控设备的各种操作功能按照用户实际操作要求进行组合处理。中央控制器系统通常集成了多路电源管理、视频/音频切换、红外遥控、VGA 信号切换、声音控制等功能。例如,有的多媒体教学系统直接提供了"上课"和"下课"两个按钮,教师不需要专业培训即可方便地使用该系统。

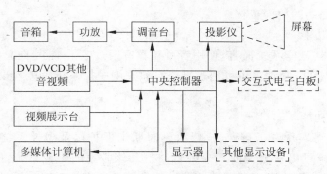

图 4-3　多媒体系统的组成结构

2．多媒体计算机

多媒体计算机是多媒体系统的核心，在系统中既是计算机教学工具，又是网络连接设备，还是各种多媒体教学软件的运行平台。由于同一套多媒体教学系统需要适应不同课程不同教师的教学，因此计算机的软硬件的配置需要兼顾不同的需求，需要进行及时的维护，以防止各种原因导致的故障。

3．投影仪

投影仪是多媒体教学系统中的终端显示设备，目的是以大尺寸的规格来展示各种视频信息，以便较大范围的人都能看清显示内容。目前，也有部分系统使用交互式电子白板作为终端显示设备来替代投影仪。

4．音响系统

多媒体教学系统中的音响系统一般选择频响宽、保真度高的系统，以适合多媒体教学的需要，并具有话筒混响功能，以便教师能在播放多媒体内容的同时进行讲解和评论。同时，部分音响系统还提供了无线便携式麦克风，以便教师能够走动讲解。

5．视频展示台

视频展示台也叫实物展示台，目前已取代了传统的胶片投影和幻灯机的大部分功能。视频展示台不但能将胶片上的内容投影到屏幕，而且可以将各种实物，甚至可活动的图像投影到屏幕。

4.2.2　多媒体教学系统的主要功能

多媒体教学系统在教学中有众多的应用，其主要功能主要表现在以下方面。

1．控制与管理功能

（1）基本功能

使用者可以通过控制台和控制面板很方便地操作教室的设备和设施，实现各种媒体的演播、切换及设备之间的协同工作。

（2）远程控制功能

对联网的多媒体教学系统而言，使用者可在教室通过电子举手，向总控室管理员发出帮助请求，进行双向对讲；管理员也可通过网络对教室内中控系统及接入设备进行远程监测、控制、管理与维护。

（3）智能管理功能

通过管理软件可实现电子排课、投影机延时断电保护以及中控系统自动关闭等操作。如某教室有课，系统可以在上课前几分钟自动打开该教室的中控系统，使教室处于备用状态；若下一节没有课，则在下一节上课几分钟后自动切断中控系统和投影机电源。

（4）安全防盗功能

教室端可通过 IC 卡实现"插卡即用、拔卡即走"功能；可实现布点防盗、红外式防盗和声光报警等功能。

2. 教学功能

（1）连接校园网、Cernet、Internet，使教师能方便地调用丰富的网络资源，实现网络联机教学。

（2）连接闭路电视系统，充分发挥电视媒体在教学中的作用。

（3）演示各类多媒体教学课件，开展计算机辅助教学。

（4）播放录像、VCD、DVD 等视频教学节目。

（5）展示实物、模型、图片、文字等资料。

（6）能以高清晰、大屏幕投影仪显示计算机信息和各种视频信号。

（7）用高保真音响系统播放各种声音信号。

4.2.3　多媒体教学系统的应用

1. 多种媒体形式丰富教学

多媒体课件是现在教学中经常使用的教学资源。其丰富的媒体形式不仅可以激发学生的学习兴趣，提升学习的效果，而且可以将原本抽象枯燥的文字信息通过图形、图像、动画、影像及视频等媒体组合的形式呈现出来，帮助学生理解和掌握知识信息。

2. 软件及操作的讲解教学

计算机软件是现在教学中经常涉及的内容。例如，一些常规应用软件的教学，通过多媒体教学系统的使用，教师可以一边进行软件操作，一边呈现教学步骤和过程，学生也可以直观而具体地观察教师的操作流程。

3. 视频展示台呈现教学

视频展示台可以将书本、实物、实验过程等详尽地展现在学生的面前。视频展示台的使用可以极大地方便教学，将教学过程中所需呈现的物品和对象直观而清晰地呈现在学生的面前。

4. 播放视频文件辅助教学

多媒体教学系统的核心是多媒体计算机,它可以存储和播放大容量的影音和视频文件。这些教学信息可以丰富学生的学习经验,激发学生对知识的探究热情。

5. 整合网络资源进行教学

现在的多媒体教学系统一般在设计时,都与计算机网络相连接,接入到 Internet。网络上丰富的教学资源可以为教学活动提供更新、更全面的知识和信息。同时,通过这种形式的教学还能培养学生的信息意识,在一定程度上提高学生利用信息的能力。

4.3 计算机技术课程的网络教学环境

网络技术的发展和网络的普及使信息的传递和人与人之间的共同也越来越便捷。现代教学环境,特别是计算机技术课程的教学环境也越来越离不开网络。

4.3.1 校园网络系统的结构

校园网络(Campus Network)系统是指利用计算机网络设备、通信介质和相应的协议(例如 TCP/IP 协议等)以及各类系统管理软件,将校园内计算机和各种终端设备有机地集成在一起,同时又与外部的计算机网络(如 Cernet 或 Internet)连接,以用于教学、科研、学校管理、信息资源共享和远程教育等方面工作的局域网络。校园网在教学过程中的合理利用,不仅可以改变传统的教学模式、教学方法和教学手段,还将促进教学观点、教学思想的转变,扩展教师和学生的视野,有利于培养学生的创造性思维,提高学生获取信息、分析信息、处理信息和适应现代社会的能力。[9]

1. 校园网络系统的硬件组成

校园网络系统主要包括硬件系统和软件系统,硬件系统由服务器、个人计算机、网络设备(如交换机、路由器、防火墙)和传输介质(如光纤、双绞线)等设备组成。

(1) 服务器

服务器(Server)是网络上一种为其他计算机提供各种服务的高性能的计算机。由于服务器是针对具体的网络应用而特定制定的,所以在处理能力、稳定性、可靠性、安全性、可扩展性、可管理性等方面都要比个人计算机的性能要高。根据其在校园网络中执行的任务不同,校园网中的服务器一般可分为 Web 服务器、数据库服务器、视频服务器、FTP 服务器、MAIL 服务器、打印服务器、网关服务器、域名服务器以及其他应用服务器。由于服务器一般需要提供 7×24 小时不间断的服务功能,所以服务器一般由设立在网络中心的专门机房进行维护和管理。

(2) 个人计算机

校园中各个单位的个人计算机通过单位局域网,接入到整个校园网络中,用来获取校园网的各种服务、资源和信息，也可以为校园网提供各种服务、资源和信息。

（3）交换机

交换机（Switch）是计算机网络中用来连接多个计算机或其他设备的连接设备，交换机有很多端口，每个端口通过传输介质与一台计算机或其他设备相连接。交换机的主要功能是将从某一个端口接收到的信息转发到其他端口，实现与之相连的计算机或设备之间的信息交换。根据交换机的实现方式和处理能力，校园网中的交换机一般可以分为接入交换机和核心交换机。接入交换机的数据处理能力一般，其主要功能是在各单位内部组建单位局域网；核心交换机则具有较强的数据处理能力和网络管理能力，能提供高负载的数据交换和较高性能的网络管理功能。

（4）路由器

路由器（Router）是用来连接多个网络或网络的网络设备。一般来说，它具有比核心交换机更丰富的数据交换、数据控制功能和网络管理功能，属于比较昂贵的网络设备。目前市面上也能见到很多简化的微小型的路由器设备，如家庭用的小型的无线路由器，这样的设备与主干网络上的路由器有较大的差别。

（5）防火墙

防火墙（Firewall）是一种网络安全设备，是监控校园网与外部网络之间访问的硬件或软件。防火墙对流经它的数据进行扫描，试图发现某些非法的网络访问、网络攻击和计算机病毒，并能够控制校园内部网络和外部网络之间的访问行为，以保证校园内部网络的安全性。

（6）双绞线

双绞线（Twisted Pair）是由两根互相相互绝缘的导线按照一定的规格相互缠绕在一起的网络传输介质，其缠绕的目的是为了让两根导线上产生的干扰电磁波相互抵消。常用的双绞线由 4 对共 8 根导线组成，传输距离一般限定在 100 米内。双绞线是目前在建筑物内部组建局域网的主要传输介质。

（7）光纤

光纤（Filber）是以光脉冲的形式来传输信号，材质以玻璃或有机玻璃为主的传输介质。由于光纤的衰减极低，抗电磁干扰能力很强，且具有极高的传输带宽，所以一般用于长距离的主干网之间的连接。但其价格高，安装复杂和精细。

2. 校园网络系统的组建结构

校园网络系统一般由网络中心、校园主干网和各教学单位的局域网三个主要部分组成。校园网络按网络设备连接的拓扑结构可以分为星型拓扑结构、环型拓扑结构、总线型拓扑结构、树型拓扑结构和蜂窝拓扑结构等。按访问控制方法可分为以太网、标记环网、FDDI 网、ATM 网和无线网等。

目前校园网常见的主干技术有三种：快速以太网/千兆以太网、FDDI 光纤分布式数据接口技术、ATM 异步传输模式技术。由于千兆以太网具有容易掌握和管理、升级费用低等优势，逐渐成为主流网络技术。随着千兆以太网技术的不断完善，尤其是对多媒体信息传输的改善，使千兆以太网成为目前大多数大中小学的校园网络的首选方案，如图 4-4 所示。

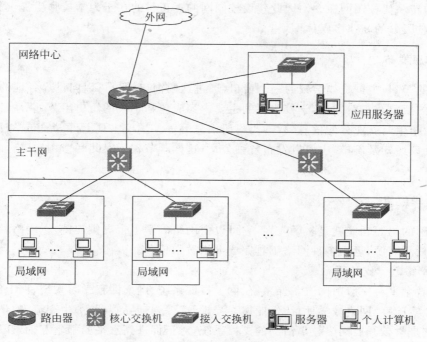

图 4-4　校园千兆以太网拓扑结构

（1）网络中心

网络中心是校园网络的核心管理部分，主要提供专业的校园网的组建、维护、安全控制、管理、外网接入和计费等功能。一般为校园提供重要服务（如 Web 服务、邮件服务、教学资源服务）的服务器和防火墙等专业设备，也由网络中心设置专门的机房进行管理和维护。

（2）校园主干网

校园主干网主要提供校园内各个单位的局域网之间的相互连接，一般采用核心交换机或路由器等专业网络设备，采用光纤作为传输介质，为各个单位子网之间提供高速大容量的信息交换能力。

（3）局域网

局域网（Local Area Network，LAN）是在一个局部的地理范围（如教学楼内的某一层），将各种计算机、外部设备和数据等相互连接起来组成的计算机通信网。局域网的组建技术也有很多种，目前较多使用双绞线作为传输介质，接入交换机作为网络设备，来组建星型结构的以太网。也有很多高校在部分场合组建无线局域网。

4.3.2　校园网络的主要功能

校园网络最初的概念是以硬件集成为主，即只是一个硬件平台，到第二阶段又提出以教学应用软件集成为主的软件建网的校园网概念，这也是当今大多数校园网所采用的模式。现在，越来越多的人发现，硬件加软件的模式还远不能发挥出校园网的优势，校园网应该建构在全新的教育模式上，而不应依附于传统的教学模式，所以诞生了"硬件＋软件＋现代教育"模式的新一代校园网概念。因此建设校园网的真正目的在于为学校师生提供教学、科研和综合信息服务的高速多媒体网络。

1. 信息发布

学校的 Web 主页犹如学校的一个窗口,通过这扇窗口学校可以向世界各地的人们充分展示学校的形象。一般来说,学校主页的主要内容应包括学校的历史沿革、院系、部门简介、专业设置、招生与就业分配信息、教学与科研信息等等。学校主页上可以发布学校的各种重大事件,会议通知及安排,也可以发布各种公文,这样既节省了时间和费用,又增强了公示的效果。

2. 教学应用

校园网的主要功能就是教学应用,它可以由网络教学平台提供支持,以网络教学信息资源库作为信息来源,运用多种网络工具完成网络教学任务。

（1）网络教学支持平台

网络教学平台一般由网上备课系统、网上授课系统、网上课程学习系统、网上练习、在线考试、虚拟实验室、网络教学评价、作业递交与批改、课程辅导答疑、师生交流、教学管理等模块组成,它是学校开展网络教学活动的支撑系统,对于促进高水平的师生互动,开展主动式、协作式、研究型学习,促进学校的教育改革发挥积极作用。一个完整的网络教学平台应具备以下功能。

① 具备支持教师备课、授课、提问答疑与讨论、作业布置与批改、题库维护、组织考试与活动、试卷分析等功能。

② 具备支持学生选课、学习、递交作业、提问、讨论、实验、资料查阅、考试等功能。

③ 具备支持基于流媒体的网络实时与非实时授课系统。

④ 具备支持教务人员进行学生管理、课程管理、资料管理、教学质量分析等功能。

⑤ 具备支持教师通过各种网络工具,相互之间或与外校的教师之间进行教学方法、教学艺术的交流与探讨的平台。

⑥ 具备支持连接 Internet,实现远程教育的功能。

（2）教学信息资源库

教学信息资源库是学校进行网络教学的重要组成部分,它包括多媒体素材库、教案库、课件库、试题库、学科资料库等等。同时资源库还为师生提供全文检索、属性检索,提供资源的增减与归类,还可以提供压缩打包下载等功能。

3. 管理应用

建立在校园网络基础上的学校管理信息系统可以为学校的人事、教务、财务、日程安排、后勤管理等方面提供一个先进的分布式管理系统,将会使原有的管理模式从纵向、单通道的、主要依靠个人经验判断和决策的简单模式,发展为多向的、多通道的、网络状的复杂模式,从而提高管理效率,达到事半功倍的效果。

基于校园网络的信息管理系统将大大提高原有人工管理或单机管理系统的效率,扩大管理系统的应用领域;能够及时地收集、统计、分析学校的各种信息,以利于学校的行政管理和教学管理,充分发挥学校的整体功能,更好地为教育工作服务。

基于校园网络的脚手架管理信息系统在功能上具有以下一些特点。

（1）共享数据库资源

共享数据库资源可以避免数据的冗余,保证数据的一致性,如全校学生、教职工的基本信息就可以为校内各个管理部门所共享。

（2）共享软硬件资源

通过共享,可以实现全校软硬件资源的统一自动调配和管理,如各个单位会议室的使用、打印机的使用等等。

（3）提高办公效率

校园网络给学校办公自动化提供了技术基础,可以通过校园网络迅速地传递、复制或保存各类信息,将大大节约人力、时间、纸张印刷等费用。利用校园网络提供的通信功能,可以为教职工和管理人员提供较完善的多媒体电子邮件功能,能向各部门和管理人员发送各类通知、布告等消息。学校还可以利用校园网络召开电子会议。

4. 科研应用

一方面,校园网络可以使用户共享各类计算机软、硬件资源及学术信息资源,从而提高科研的效率。另一方面,校园网络还可以降低科研成本。科研人员可以通过校园网络形成一个工作小组,在不同办公室里的科研人员可以很方便地通过网络与其他成员交流设计思想和设计方案。同时,人们还可利用校园网络的对外联网,检索世界各地的信息资料,也可以使用电子公告栏(BBS)与世界各地的专家探讨最新的思想,发表、交流学术观点,交换论文等。

5. 数字化图书馆

校园网络的建设对数字化图书馆的建设与应用有着巨大影响。数字图书馆是以数字化形式存储海量的多媒体信息并能对这些信息资源进行高效的操作,它的资源数字化、联网化、获取自主化等优点是传统图书馆无法比拟的。数字图书馆对于教育的支持服务是全方位和个性化的,可以及时响应远程用户的需求,不仅可以联机查询、借阅,还可以为管理人员提供业务数据,及时分析研究,加强宏观管理。

4.3.3 校园网络实例

1. 某校园网结构图

某学校校园网核心交换层采用千兆以太网为主干技术组建,主要采用 Cisco 和 Alcatel 的设备,主要结构如图 4-5 所示。

某校园网主要有以下特点。

（1）整个校园网设一个核心节点,并采用 Alcatel OS8800 和 OS9700 实现双机备份,以防止网络故障;

（2）设置有十几个楼栋的汇集节点,采用千兆网与核心节点相连,其中主要教学科研单

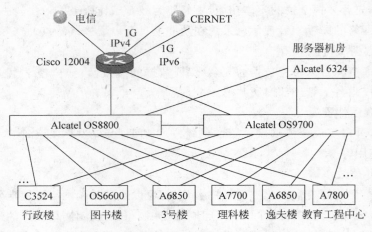

图 4-5 某大学校园网核心层互连结构图

位,如行政楼、理科楼等,同时连接核心节点的两台交换机;而非主要校内单位,如家属区、学生宿舍等,只连接到核心节点中的一台交换机。

2. 某校园网应用

目前,某校园网应用系统在数字化校园基础平台上集中整合,改变了过去各个单位的应用系统孤立的状况,实现了教育数据中心集中使用的网络应用模式。整个数字化校园平台的主要功能包括以下五个方面。

(1) 基础服务系统。包括各种网络服务、网络管理、DNS、防火墙、计算网格等等。

(2) 系统管理。功能主要包括上网计费、校内外用户数据和权限管理、系统平台的维护管理、优化升级、数据备份、故障监测等。

(3) 数据存储服务。主要包括数据库平台、邮件与协作平台、文档管理等。

(4) 通用应用服务。主要包括校园邮件系统、视频点播系统、校园 FTP、校园短信平台等。

(5) 业务应用服务。主要包括校园信息发布平台、协同办公系统、教务管理系统、数字化图书馆系统、教学资源库、人事管理系统等等。

4.4 计算机技术课程的微格教学环境

20 世纪 60 年代初,美国斯坦福大学为适应当时教育改革发展,对学校课程进行改造完善,形成了"微格教学"。微格教学(Microteaching)又称微型教学、微观教学、小型教学,是以现代教育理论为基础,运用现代教育媒体信息技术,依据反馈原理和教学评价理论,分阶段系统培训教师教学技能的活动,是训练师范生和在职教师掌握和提高教学技能的有控制的实践系统。[10]

微格教学的一般方法是:由受训者(人数以 10 人为宜)用 10 至 15 分钟的时间,对某个教学环节,如"组织教学"或"授新课"进行试讲,试讲情况由录像机记录,指导教师和受训者一起观看，共同分析优缺点，然后再作训练，直至掌握正确的教学技能。由于这一训练活动只有很少人参与，时间短，内容单一，而且只训练某一教学技能，故称为微格教学。微格教学具有以下几个主要特点。

（1）训练目的明确。微格教学以培养受训者的技能技巧为教学目标，要求将所学的理论在人为设置的环境下转化为含有技能技巧的行为。一般一次只训练一两项教学技能，训练目的明确具体。

（2）重点突出。受训者要在较短的时间内集中精力学习一两项教学技能，突出了重点，提高了训练效率，容易收到预期的效果。

（3）反馈及时。在微格教学结束后，受训者仍可以通过观看录像来回顾自己的技能训练过程，通过指导教师和同学的共同分析评价，找出教学训练中的问题，有利于改进完善自己的不足之处。

4.4.1　微格教学的结构

微格教学系统是一个集微格教学、多媒体编辑、影视音像制作、多媒体存储、视频点播、数字化现场直播为一体的数字化网络系统。教学训练过程采用现代信息技术进行采集、压缩、存储、编辑，并通过网络系统进行共享。[11]

微格教学设施一般由主控室和微格教室两个主要部分组成，一个主控室可以连接多个微格教室。比较典型的微格教学系统的组成结构如图 4-6 所示。

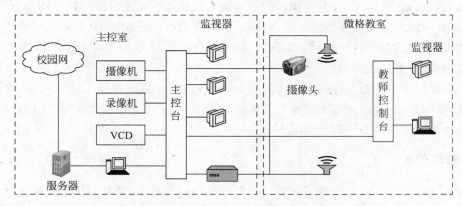

图 4-6　微格教学系统的组成结构图

1. 主控室

主控室就是用来控制微格教室的，可以控制微格教室的摄像机、麦克风和教师控制台等，可以监视和监听微格教室的一切活动，也可以在微格教室中播放录像和电视节目，还可以把某个微格教室的情况转播给其他的微格教室进行示范，可以录制某个微格教室的教学实况，供课后点评或教学示范。

主控室的主要设备包括主控台、计算机、服务器、录像机、摄像机、VCD/DVD、监视器、监控台和视频编辑器等。

2. 微格教室

微格教室中的设备主要包括教师控制台、控制云台、摄像头和其他教学设备。在微格教室中可以呼叫主控室，并与主控制对讲。微格教室中的教师控制台可以控制教室的摄像系统，录制本教室的声音和图像，以便对讲课情况进行分析和评估。

4.4.2 微格教学的实施

微格教学经过多年的发展，已经形成了一定的教学模式。一般来说微格教学的实施一般包括以下几个步骤。

1. 理论的学习和研究

在进行微格教学前，要先学习研究教学的相关理论知识，因为微格教学是在现代教育理论和思想指导下的实践活动，进行理论的学习和研究是非常重要的。学习的内容主要有教学设计、教学目标分类、教材分析、教学技能分类、课堂教学观察方法、教学评价和学习者的特点等。

2. 确定培训技能和教案

我国教育界微格教学研究专家们把传统教学技能分成导入、教学语言、提问、讲解、变化、强化、演示、板书、结束、课堂组织技能等。随着现代教育技术对课堂教学的渗透，信息化教学技能也可以分为现代教学媒体操作技能、信息化教材的编制能力、教学应用系统的使用技能、多媒体组合教学设计技能等多方面。微格教学目标就是培养师范生和教师的现代信息化教学技能。微格教学训练每次只针对受训者的某一方面进行训练，因此每次微格教学训练前，需要根据训练的目标和受训者的实际情况，选择合适的培训技能。同时，为配合相关教学技能的训练，事前还需要选择恰当的教学内容，并根据教学内容的教学目标，设计教学方案，并编写详细的微格教学训练方案。

3. 教学示范

在正式训练之前，为了使被培训者明确培训的目的和要求，通常利用录像或实际角色扮演的方法对所要训练的技能进行示范，如观摩优秀教师教学范例录像。示范的内容可以是一节课的全部过程，也可以是课堂教学片段，一般都应标注字幕进行指导说明，以便于课堂教学中学生能对各种教学技能进行感知、理解和分析。教学示范可以是正面典型，也可以是反面典型，两种示范也可以对照使用，但应以正面示范为主。

4. 微格教学实习

微格教学实习主要分为以下三个部分。

（1）组建微格课堂。微格课堂由教师、学生、教学评价人员、摄录像机设备操作人员等组成。

（2）角色扮演。在微格课堂上被培训者上一节课的一部分，训练一到两种技能，所使用的时间一般为 10~15 分钟。正式训练前受训者要对上课的内容和目标等作简短的说明,以便明确训练的技能、教学内容和教学设计的思想。

(3) 准确记录。摄录像设备操作人员尽可能地将受训者课堂教学的实况全面如实地拍摄录制,以便及时重现,准确反馈。

5. 反馈评价

反馈评价主要可以分为以下四个步骤。

(1) 重放录像。为了使受训者及时获得反馈信息,角色扮演结束后要重放录像。受训者、学生、评价人员一起观看,进一步观察受训者的教学过程,以及达到训练目标的程度。

(2) 自我分析。重放录像后,受训者要进行自我分析,检查是否达到了实现设定的训练目标,是否掌握了所训练教学技能的要领。

(3) 讨论评价。教学评价是微格教学过程中的一个重要环节。作为指导教师和评价人员,要客观地评价受训者的教学实践过程,讨论所存在的问题,指出需要进行加强的环节和方向。

(4) 修改教案。受训者根据微格教学技能的掌握程度,针对自我分析和讨论评价中所指出的问题,对教案进行适当修改,重新进行微格教学实习阶段,以进一步训练相关教学技能。

6. 教学技能训练

教学技能是教师在教学过程中,运用教学有关的知识和经验,促进学生学习的教学行为方式。教学技能可通过学习来掌握,在练习中得到巩固和发展。对教学技能进行分类,便于在微格教学培训中明确目的、提供示范,也便于对受训者进行评价。传统的教学技能主要分为十类,分别为导入、教学语言、提问、讲解、变化、强化、演示、板书、结束、课堂组织技能。这些技能都可以通过微格教学来训练。现代信息化教学技能,如幻灯投影教学、影视教学、计算机辅助教学、多媒体组合教学设计等这些教学技能都需要微格教学的方法才能得到提高。

微格教学是一种模拟教学,而不是真实的课堂教学,只是目前最佳的教学技能训练方法,不能替代教育见习和实习等教学实践方法。在实际的教学培训中,应综合使用多种训练、实践方法,以达到最优的教学培训的目的。

4.5　计算机技术课程的远程教育环境

19 世纪中叶函授教育在英国诞生,这便是最早的远程教育形式。从此,每一次新技术在教育媒体和教育传播领域中的应用就产生出一种新型的远程教育形式,从基于印刷、录音录像媒体和无线电广播技术的广播电视教育,到基于模拟视音频及数字化媒体和计算机网络、卫星传输和通信技术的网络教育,再到基于新型移动数字化教育媒体和移动通信网络技术的移动教育,都体现了远程教育在教育领域的活力。20 世纪 80 年代初,远程教育开始引入我国,并迅速发展。[12,13]

4.5.1 远程教育系统的特征

远程教育模式因为教育传播技术的升级而不断发展,因此,远程教育尚无一个统一的定义。关于远程教育的定义,许多著名的远程教育专家都曾以自己的方式表述过,其中最有影响并被广泛认可的是远程教育学家德斯蒙德·基更的远程教育五项特征描述的定义。这一定义概括了远程教育的下列特征。

1. 准永久性分离

教师与学生、学生与其他学生在时间、空间和社会文化心理上的分离是远程教育最突出的特征。在教与学过程中,师生处于物理空间相对分离同时通过信息传递又相互联系的状态。教与学过程是以特定的技术环境、教育资源和教育媒体为基础的。分离并不是完全永久性的,也就是说远程教育中并不完全排斥面对面交流。

2. 媒体与技术的作用

媒体与技术是远程教育中又一个重要特征。远程教育的本质是实现跨越时间、空间和社会文化心理的教学活动,在这一过程中,媒体与技术是关键因素,是远程教育赖以存在的基础。

3. 双向通信

教学活动的本质是教育信息在教师与学生、学生与学生之间的传递,远程教育也是如此。因此,通信是远程教育教学活动的基础。传统课堂教学中的双向通信机制和多向通信机制是面对面的,而远程教学中的双向通信机制主要是非面对面的,是基于一定的通信技术和网络技术基础之上的。

另外,远程教育在实践中呈现如下一些基本趋势:教师的角色将逐渐淡化,教师更多地以教育资源的形式或学习帮促者的身份出现;出于教学或社会交往需要而组织的基于传统面对面方式,或现代电子方式的集体会议交流活动将增多;从强调媒体与技术的作用转向注重以技术为基础的教育环境建构和教育资源的建设与利用,这种术语的转变体现了学习者中心理论、建构主义、系统科学和后现代主义等现代教育理念、复杂性科学和哲学思想在远程教育中的渗透;远程教育中不可或缺的重要角色是实施远程教育的组织机构,远程教育中的远程学习具有系统性、严肃性与社会确认性的特点,而一般远程学习则不具有这些特点;教育信息传递的通信机制多样化,单向通信、双向通信、多向通信并存,同步传输与异步传输共现。

4.5.2 远程教育系统的技术支持

现代远程教学系统集现代数据通信与网络技术、信息处理技术、微电子技术与计算机软硬件技术于一体。其中的关键技术主要有宽带网技术、数据压缩与编码技术、多媒体同步通信技术、多点通信技术与 CSCW 技术。[14]

1. 宽带网技术

各种通信介质都有一个固有的物理特征，那就是带宽。通常人们把骨干网传输速率在 2.5G 以上，接入网能够达到 1M 的网络定义为宽带网。在数据通信量庞大的交互式实地远程教学系统中，宽带接入是必须的。通常宽带网有 3 种接入方式：ADSL、Cable Modem 和以太网技术。

2. 数据压缩与编码技术

交互式实时远程教学模式需要在网络上传输大量的音频与视频信息，增强远程教学系统的合作与交互能力。为了提高网络的利用率，使网络能够传输更多的信息，实现更好的交互与交流，必须对在网络中传输的媒体信息进行压缩，从而降低网络负载。因而人们不断地研究在保证信息传输质量的前提下的数据压缩与编码技术。国际标准化组织 ISO 和国际电信联盟 IIU 制定出一系列的编码标准，如 H. 261、H. 262、H. 263 等，为交互式实时远程教学系统的实施提供了切实可行的编码技术与标准。对于静态图像压缩，ISO 制定了 JPEG 标准；对于动态图像压缩，ISO 制定了 MPEG 标准。

3. 多媒体同步技术

多媒体是多种各异的信息媒体的集成。按时间特性分类，多媒体可分为时间无关媒体和时间相关媒体。时间无关媒体是指那些信息值不随时间变化的媒体，如文本、图形和静态图像等传统的信息媒体。时间相关媒体通常是一系列信息单元的高度结构化、时间化的集合体，表现为一个时间化的媒体流，由于和时间有关，因而在网络中传输时就会涉及同步问题。远程教学管理系统要动态地保持教学软件的多媒体同步。

4. 多点通信技术

多点通信技术是远程教学系统中传输教学信息的技术前提。采用点对点方式和广播方式都可以实现多点通信，但是两者各有特点，在具体实施中可以结合使用。在点对点方式中，如果要实现一点对多点的通信，发送端必须为每一个接收端都发送一个数据包，其好处是安全性与可靠性高，但是占用网络带宽多，影响传输质量，特别是在多媒体信息传输中。在广播方式中，发送端只需发送一个数据包，网络内的各个节点都可以收到，节约了网络带宽，但同时降低了可靠性，且不便于管理。目前基于 P2P 的多点传输技术，具有节约带宽、传输可靠性高等优点，开始在远程教育系统中应用。

5. Web 网络技术

在基于 B/S 模式的远程教育环境中，需要应用大量的 Web 技术，如网页设计、ActiveX 技术、J2EE 平台、ASP. NET 平台以及相关的基于 Web 的安全控制等。

6. 虚拟现实（VR）

虚拟现实技术是一种崭新的人机交互界面，是物理现实的仿真。它彻底改变了人机交互方式,创造出一种完全的、令人信服的虚拟环境,让人沉浸其中,实现设计者的设计目的。由于虚拟现实系统中装有视、听、触、动觉的传感及反应装置,因此,使用者在虚拟环境中可获得视觉、听觉、触觉、动觉等多种感知,从而达到身临其境的感受。

4.5.3　远程教育系统的教学模式

1. 教学模式的概念和分类

教学模式是在一定的教学思想指导下,围绕着教学活动中的某一主题,形成相对稳定的、系统化和理论化的教学范型。教学过程中多个因素相互联系、相互制约,完整地构成了一定的教学模式。至于模式中各因素的具体内容,则因教学模式的不同而有所差异。

教学模式的分类方法很多,如按学生学习的目的和内容分类,可分为信息加工模式、个性模式、社会交换模式和行为模式等;按与不同学科的联系分类,可分为哲学模式、心理学模式、社会学模式、管理学模式、教育学模式等。同样,教学模式的种类也很多,它们当中的许多教学模式对当代教育教学产生了深刻影响。其中比较有特点的教学模式,如布卢姆的掌握学习教学模式、皮亚杰的认知发展教学模式、斯金纳的程序教学模式、瓦根舍因等人的范例教学模式、马塞拉斯和考克斯等人的社会调查教学模式、罗杰斯的非指导性教学模式、加涅的信息加工教学模式、塔巴的归纳教学模式、奥苏贝尔的先行组织者教学模式、布鲁纳等人的探索发现式教学模式、巴班斯基的最优化教学模式、约翰逊兄弟的合作教学模式等。典型教学模式可以归结为七种:讲解接受模式、自学辅导模式、问题教学模式、"探究—发现"模式、掌握学习模式、开放课堂教学模式、合作教学模式。

2. 远程教育系统的教学模式

远程教育系统的教学模式根据远程教学组成的不同而不同。有许多学者对远程教育系统及其模式进行了分类研究,如彼得斯主要是从教学和管理上将远程教育分为东方模式和西方模式;基更也是根据教育管理体制和教学结构两重标准进行了两度分解;我国丁兴富教授综合前人的研究成果,提出基于媒体教学模式和远程学习模式二维角度的远程教育系统的分类。

按远程教学媒体来分,主要可以分为三类。

(1) 第一代的函授教学。第一代远程教育以印刷技术和通信指导为主进行函授教学,主要由独立的函授院校或传统院校的函授部来执行。这个时期主要有两种教学模式。

① 函授模式。函授模式主要应用在欧美,利用通信和电话等技术进行教学辅导。

② 咨询模式。咨询模式则主要应用在前苏联、东欧和我国,较多采用定期面授等人际交流的方式进行。

(2) 第二代的多媒体教学。第二代远程教学以大众媒介和个人媒体为主,其教学模式主要分为两种。

① 视听媒体辅助模式。主要由欧美和世界各地的开放学院采用。

② 视听媒体主导模式。主要由中国广播电视大学和日本的放送大学等采用。

（3）第三代的电子远程教学。第三代远程教学以多媒体计算机、互联网和双向通信技术为主，以计算机多媒体（Multi-media）和信息高速公路为主要代表，主要采用的教学模式有以下几种。

① 双向交互视频会议模式。主要应用在美国国家技术大学、日本大学空间合作系统等。

② 计算机网络教学模式。主要应用在网络大学、在线教学、英国网上工业大学等。

③ 网页课件发送模式。主要应用基于 Web 的网络课程、网络视频点播等技术进行教学。

④ 网络课程异步通信模式。主要应用电子邮件、BBS、计算机会议等进行教学。

⑤ 网络课程同步通信模式。主要应用网络可视电话、网络实时讲课、网络实时会议等进行教学。

而按照远程学习环境、组织形式和方式方法，远程教育模式又可以分为以下 5 种。

① 个体化学习模式。主要是学生以家庭为基地进行自主学习，远程教学进行辅助的一种教学方式。

② 开放灵活学习模式。该模式广泛应用在网络大学、虚拟大学等。

③ 半开放灵活学习模式。该模式主要应用在英国的开放大学以及加拿大的阿萨巴斯卡大学等。

④ 集体学习模式。该模式是以工作单位或社区学习中心为基地，进行集中学习的一种教学模式。

⑤ 相对封闭固定学习模式。该模式较多应用在中国广播电视大学、中国的函授学习和美国国家技术大学等。

本章小结

本章主要介绍了现代教育技术的理论基础、电化教育的发展历程以及计算机技术课程的各种教学环境，包括多媒体教学环境、计算机网络教学环境、微格教学环境和远程教育教学环境。

思考题

（1）学习理论主要有哪几种？请分别简要描述。

（2）我国电化教育主要经历了哪几个阶段？请分别简单描述。

（3）现代教育技术环境主要包括哪几种技术？

（4）微格教学的基本环节有几个？分别是什么？

（5）校园网主要有哪些网络设备组成？

（6）什么叫微格教学？其主要特点有哪些？

（7）简述远程教学系统的主要特征。

参考资料

［1］ 顾洁. 现代教育技术——理论与实践. 北京：科学出版社，2009.

［2］ 湖南工业大学现代教育技术精品课程. http://61.234.243.251/ec/c5/kc/index.htm.

［3］ 安徽师范大学现代教育技术学精品课程. http://210.45.192.18/jyjs/index.asp.

［4］ 中央电大远程教育平台. http://202.121.80.25/.

［5］ 我国电化教育发展历程. http://www.lnjjedu.com/jj_ziyuanku/chapter1/t29_gg.htm.

［6］ 电化教育. http://www.hudong.com/wiki/%E7%94%B5%E5%8C%96%E6%95%99%E8%82%B2.

［7］ 李福鹏. 我国电化教育组织机构管理体制的沿革. 西部教育参考，2007(2).

［8］ 多媒体教学系统. http://www.sim.whu.edu.cn/syjx/smcai/index.php,Lanstar.

［9］ 杨利军. 数字化校园的功能与体系结构研究. 中国科技信息，2005.

［10］ 微格教学. http://www.chledu.com/show.aspx? id＝22447&cid＝77.

［11］ 侯新华. 微格教学原理. http://www.jyu.edu.cn/shuxue/math/kecheng/course/shuxuejiaoxuelun/jiaoan/1%20(16).doc.

［12］ 丁兴富. 远程教育形态的分类学研究及其主要成果(上). 开放教育研究，2001(1).

［13］ 丁兴富. 远程教育形态的分类学研究及其主要成果(下). 开放教育研究，2001(2).

［14］ 张晓莉，郑颖立. 现代远程教育系统中的教学模式和关键技术的研究，2003(3).

［15］ 瞿堃，樊碚. 论免费师范生教育技术能力的培养. 电化教育研究，2008.

第5章 计算机技术课程的教学评价

学习提要

本章在介绍教学评价基本概念的基础上,探讨应用于计算机技术课程的几种典型的教学评价技术和教学评价方法,并讨论计算机技术课程的学生成绩评价方法。教学评价是教学活动不可缺少的一个基本环节,它在教学过程中发挥着多方面作用,从整体上调节、控制着教学活动的进行,保证着教学活动向预定目标前进。教学评价的理论和方法对于提高教学质量,促进师生发展,推动教学改革正起着日益显著的作用。本章学习主要掌握的内容:

- 教学评价的意义和原则;
- 教学评价的内容及分类;
- 教学评价工作的组织和实施过程;
- 计算机技术课程几种典型的教学评价技术和方法;
- 计算机技术课程的学生成绩评价方法。

5.1 计算机技术课程的教学评价概述

教学评价是教育活动的一个重要组成部分,是以教学目标为依据,制定科学的标准,运用有效的评价技术和手段,对教学活动的过程和结果进行测定、分析、比较,并给以价值判断的过程[1]。

5.1.1 教学评价的意义

教学评价是教学活动不可缺少的一个基本环节,它在教学过程中发挥着多方面作用,从整体上调节、控制着教学活动的进行,保证着教学活动向预定目标前进并最终达到该目标。具体看来,教学评价的意义主要体现在以下几个方面:

1. 检验教学效果

测量并判定教学效果,是教学评价最重要的一项职能。教师的教学水平如何? 学生是否掌握了预定的知识、技能? 教学目标、教学任务是否得以实现? 都必须通过教学评价加以验证。而检验和判定教学效果是了解教学状况,提高教学质量的必由之路。

2. 诊断教学问题

诊断是教学评价的又一重要功能。通过教学评价,教师可以了解自己的教学目标确定得是否合理,教学方法、手段运用是否得当,教学的重点、难点是否讲清,也可以了解学生学习的状况和存在的问题,发现造成学生学习困难的原因,从而调整教学策略,改进教学措施,有针对性地解决教学中存在的各种问题。

3. 提供反馈信息

实践表明,教学评价的结果不仅为教师判定教学状况提供了大量反馈信息,而且也为学生了解自己的学习情况提供了直接的反馈信息。通过教学评价的结果,学生可以清楚地了解自己学习的好坏优劣。一般来说,肯定的评价可以进一步激发学生的学习积极性,提高学习兴趣。否定的评价往往会使学生看到自己的差距,找到错误及其"症结"之所在,以便在教师帮助下"对症下药",及时矫正。另外,有关研究发现,否定的评价常会引起学生的焦虑,而适度的焦虑和紧张可以成为推进学生学习的动因。当然,教学评价提供给学生的否定反馈信息要适度,以免引起过度紧张和焦虑,给学生的身心发展和学习造成不良后果。

4. 引导教学方向

教学评价的导向作用,在实践中是显而易见的。学生学习的方向、学习的重点及学习时间的分配,常常要受评价内容和评价标准的影响。教师教学目标、教学重点的确定也要受到评价的制约。如果教学评价的标准和内容能全面反映教学计划和大纲的要求,能体现学生全面发展的方向,那么,教学评价所发挥的导向作用就是积极的、有益的,否则,就有可能使教学偏离正确方向。这一点,需要引起教学评价工作者的高度重视。

5. 调控教学进程

对教学活动基本进程的调控,是教学评价多种功能和作用的综合表现,它建立在对教学效果的验证、教学问题的诊断和多种反馈信息的获得等基础上,具体表现为对教学方向、目标的调整,教学速度、节奏的改变,教学方法、策略的更换,以及教学内容、教学环境的调整等等。实际上,客观地判定教学的效果,合理地调节、控制教学过程,使之向着预定的教学目标前进,也正是教学评价追求的基本目的。

5.1.2 教学评价的原则

计算机技术课堂教学评价的原则是依据计算机技术课程的教育目的、教学规律和特点,而提出的具有指导作用的基本要求。具体来说,为了合理而准确地进行教学评价,一般应遵循以下几个原则:

1. 客观性原则

这条原则是指在进行教学评价时,从测量的标准和方法,到评价者所持的态度,特别是最终的评价结果,都应符合客观实际,不能主观臆断或掺入个人情感。因为教学评价的目的,在于给学生的学和教师的教以客观的价值判断,如果缺乏客观性就会完全失去意义,还会提供虚假信息,导致错误的教学决策。贯彻客观性原则,首先应做到评价标准客观,不带随意性;其次应做到评价方法客观,不带偶然性;最后应做到评价态度客观,不带主观性。这就要求以科学可靠的评价技术为工具取得真实可靠的数据资料,以客观存在的事实为基础,实事求是,公正严肃地进行评定。

2. 整体性原则

这条原则是指在进行教学评价时,要对组成教学活动的各个方面做多角度、全方位的评价,而不能以点代面,以偏概全。由于教学系统的复杂性和教学任务的多样化,使教学质量往往从不同的侧面反映出来,表现为一个由多因素组成的综合体。因此,要真实反映教学效果,必须对教学活动从整体上进行评价。贯彻整体性原则,首先要评价标准全面,尽可能包括教学目标的各项内容,防止突出一点,不及其余;其次要把握主次,区分轻重,抓住主要矛盾,在决定教学质量的主导因素和环节上花大力气;最后要把定性评价和定量评价结合起来,使其相互参照,以求全面准确地判断评价客体的实际效果。

3. 指导性原则

这条原则是指在进行教学评价时,不能就事论事,而应把评价和指导结合起来,不仅使被评价者了解自己的优缺点,而且为其以后的发展指明方向。也就是说,要对评价的结果进行认真分析,从不同角度查找因果关系,确认产生的原因,并通过信息反馈,使被评价者明确今后的努力方向。贯彻指导性原则,首先必须在评价资料的基础上进行指导,不能缺乏根据地随意评论;其次要反馈及时,指导明确,切忌耽误时机和含糊其辞,使人无所适从;最后要具有启发性,留给被评价者思考和发挥的余地,不能搞行政命令。

4. 科学性原则

这条原则是指在进行教学评价时,不能光靠经验和直觉,而要根据科学。只有科学合理地评价才能对教学发挥指导作用。科学性不仅要求评价目标标准的科学化,而且要求评价程序和方法的科学化。贯彻科学性原则,首先要从教与学统一的角度出发,以教学目标体系为依据,确定合理统一的评价标准;其次要推广使用先进的测量手段和统计方法,对获得的各种数据和资料进行严谨的处理;最后要对评价工具进行认真的编制、预试、修订和筛选,达到一定的指标后再付诸使用。

5. 可行性原则

教学评价的可行性原则是指评价的指导思想和评价目标要切合实际、具体可行;评价的指标中各项反映的现象和事实要可测的、具体而明确的;评价指标具有明显的可操作性;评价指标体系不要过于烦琐;评价计算体系要简便易算;评价的标准和评价的结论要求不宜定得过高。

5.1.3　教学评价的内容及分类

教学评价主要包括教学过程的评价、学习活动的评价以及教学效果的评价[2]。

1. 教学过程的评价

教学过程的各项基本内容就是教学过程评价的基本内容,具体内容如下:

(1) 教学目的是否明确具体,是否符合教学内容,是否符合学生实际。

(2) 教学内容是否符合大纲的要求,是否符合学生的接受能力,是否能对教材中的能力和思想教育因素进行挖掘。

(3) 教学方法是否具有启发性,是否注意激发学生的学习兴趣。教学中是否发挥了教师的主导作用和学生的主体作用。课堂的组织教学是否具有完整性和和谐性。

(4) 教师的语言表达是否形象、生动、准确、精练。

(5) 教师的板书是否设计合理、字迹工整、具有条理性。

(6) 教材的处理是否注意突出重点、化解难点、因材施教、符合学生的认知规律。

(7) 教师演示实验的操作是否规范,对所作的实验操作是否熟练,演示的内容是否恰当。

2. 学习活动的评价

在教学过程中,对学生学习活动评价的主要内容如下:

(1) 学生的学习积极性和主动性是否被充分调动起来,兴趣是否浓厚,是否积极参与。

(2) 学生是否理解学习内容,对哪些问题尚未弄清,对哪些内容能做适当的加工或发挥。

(3) 学生计算机的操作技能是否熟练掌握,能否应用计算机解决问题。

(4) 教材中所隐含的思想教育因素是否对学生的思想品质、情操、意志等产生积极的影响。

3. 教学效果的评价

评价教学效果就是对教学效益的评价,具体内容如下:

(1) 对照教学目的对学生的进步发展趋势和实际达到水平作出判断。

(2) 学生是否学到教师所教的内容,认知领域的达到程度和水平如何。

(3) 学习内容的巩固性与持续性如何,是否补充了其他内容。

(4) 丰富学习经验,提高能力的教学设计能否实现。

(5) 已获经验与能力是否起了迁移作用。

(6) 思想是否得到提高。

教学评价的种类很多,从不同的角度就可以划分出不同的类型,以下列举其中一部分。了解各类教学评价的关键,是要掌握这些评价方式的特点、作用和适用范围,以使它们在实际评价过程中相互配合、优势互补,发挥出应有的作用。

1. 总结性评价、形成性评价与诊断性评价

根据教学评价在教学过程中发挥的作用的不同,一般将教学评价分为总结性评价、形成性评价和诊断性评价[3]。

（1）总结性评价

总结性评价一般指在课程或一个教学阶段结束后对学生学习结果的评定。这类评价的主要目的是评定学生的学业成绩，确定学生达到教育目标的程度，证明学生掌握知识、技能的程度和能力水平，以确定学生在后继教程中的学习起点，预言学生在后继教程中成功的可能性，以及制订新的教育目标提供依据。

总结性评价着眼于某门课程或某个教学阶段结束后学生学业成绩的全面评定，因而评价的概括水平一般比较高，考试或测验所包括的内容范围也比较广，评价的次数不多，一般是一学期或一学年两三次。学校期中、期末以及毕业考试均属此类。在计算机技术课程中，考试应包括笔试与上机两个方面，这是与其他学科的不同之处。

（2）形成性评价

形成性评价主要指在教学进行过程中为改进和完善教学活动而进行的对学生学习过程及结果的测定。

形成性评价有点类似于教师按传统习惯使用的非正式考试和单元测验，但它更注重对学习过程的测试，注重利用测量的结果来改进教学，使教学在不断的测评、反馈、修正或改进过程中趋于完善，而不是强调评定学生的成绩等级。正因为形成性评价以获取反馈、改进教学为主要目的，所以这类测试的次数比较频繁，一般在单元教学或新概念、新技能的初步教学完成后进行，测试的概括水平不如总结性评价那样高，每次测试的内容范围较小，主要是单元掌握或学习进步测试。相比较而言，总结性评价侧重于对已完成的教学效果进行确定，属于"回顾式"评价；而形成性评价侧重于教学的改进和不断完善，属于"前瞻式"评价。

要使形成性评价在改进教学方面真正发挥作用，教师应注意做到：①把评价引向提供信息，而不要把它简单地作为鼓励学生学习或评定成绩等级的手段。②把形成性评价与日常观察结合起来，根据测试的反馈信息和观察的反馈信息对教学作出判断和改进。③仔细分析测试结果，逐项鉴别学生对每个试题的回答情况，如果大部分或相当数量的学生对某个试题的回答都有误，那就表明自己在这方面的教学有问题，应及时加以改进。

（3）诊断性评价

诊断性评价指为查明学生的学习准备状况及影响学习的因素而实施的测定。

在教学过程中，教师要想形成一套适合每个学生特点和需要的教学方案，就必须深入了解学生已有的知识、技能的掌握程度，了解他们的学习动机状态，发现他们学习中存在的问题及原因，等等。教师获取这些情况的方法和途径是多样的，其中最常用、最有效的手段之一就是诊断性评价。诊断性评价的主要用途有三个方面：①检查学生的学习准备程度。常在教学前如某课程或某单元开始前进行测验，可以帮助教师了解学生在教学开始时已具备的知识、技能程度和发展水平。②确定对学生的适当安置。通过安置性诊断测验，教师可以对学生学习上的个别差异有较深入的了解，在此基础上经过合理调整使教学更好地适应学生的多样化学习需要。③辨别造成学生学习困难的原因。在教学过程中进行的诊断性评价，主要是用来确定学生学习中的困难及其成因的。

2. 绝对评价与相对评价

根据评价所参照的不同标准与解释方法，可以将教学评价分为绝对评价与相对评价。

（1）绝对评价

绝对评价是根据确定的评价标准（如教学大纲或教学目标等），把评价对象与评价标准进行比较，衡量评价对象是否达到标准的一种评价。这个标准不随客观环境的变化而变化，不因被评价对象水平的高低而改变。绝对评价用来衡量学生的实际水平，它关心的是学生掌握了什么或没掌握什么，以及能做什么或不能做什么，而不是比较学生之间的相对位置。为准确体现教学大纲或教学目标的要求，客观测得学生的实际水平，必要时过难或过易的试题也应保留，评分时要按照既定的标准进行评分。通过绝对评价可以具体了解学生对某单元知识、技能的掌握情况，因此，绝对评价主要用于基础知识、基本技能的测量，适用于形成性测验和诊断性测验，利用测验提供的反馈信息，可及时调整、改进教学。

（2）相对评价

相对评价是以个体的成绩与同一团体（班级、学校、地区或国家）的平均成绩相互比较，从而确定其成绩的适当等级的评价方法。这种评价方法重视个体在团体内的相对位置和名次，它所衡量的是个体的相对水平。相对评价具有甄选性强的优点，因而可作为分类排队、编班和选材的依据，适用于竞争性的选拔性考试。它所表示的是学生之间的比较，而与教学目标无很大直接的关系。一般大型的标准化考试、升学考试以及各种竞赛性考试等属于此类评价。

3. 定性评价与定量评价

根据评价分析方法的不同，教学评价可以分为定性评价与定量评价。

（1）定性评价

定性评价是指不采用数学的方法，而是根据评价者对评价对象平时的表现、现实的状态或文献资料的观察和分析，直接对评价对象做出定性结论的价值判断。比如评出等级、写出评语等。其特点是全面、准确，但是主观性比较强。教育活动是非常复杂的，具有模糊性，存在着许多难以量化的因素。因此，定性评价是不可缺少的。

（2）定量评价

定量评价是指采用数学的方法，收集和处理数据资料，对评价对象做出定量结论的价值判断。比如运用教育测量与统计的方法、模糊数学的方法、量规等，对评价对象的特性用数值进行描述和判断。其特点是客观、评价结果一目了然，容易比较。如今，随着测量与评价理论的发展，量化评价的形式越来越多地在教育领域广泛应用。但由于教学涉及人的因素，变量及其关系是比较复杂的，因此为了揭示数据的特征和规律性，定量评价的方向、范围必须由定性评价来规定。

定性评价和定量评价各有其优缺点，各有其适用范围。现代评价理论和实践发展的趋势就是将定性评价和定量评价结合起来，求得更客观和更全面的评价结果。

4. 面向学习过程的评价与面向学习资源的评价

根据 AECT94 教育技术领域定义，教学评价的范畴主要是针对学习过程和学习资源的评价。

（1）面向学习过程的评价

面向学习过程的评价着重于测量与评价学生的学习情况，也就是针对不同的学习形式与方法,依据一定的标准,采用适当测量工具和方法对学生的学习过程或学习结果进行描述,并根据教学目标对所描述的学习过程或结果进行价值判断。

（2）面向学习资源的评价

面向学习资源的评价主要是根据教学目标,测量和检验学习资源所具有的教育价值[4]。学习资源是指那些学生能够与之发生有意义联系的人、材料、工具、设施、活动等。这些资源来自两个方面:一方面是现实世界中原有的可利用的资源;另一方面是专门为了学习目的而设计出来的资源,比如各种教学产品（在信息化教育中,尤其是指教学软件和网上资源）等。面向学习资源的评价一般是要根据一定的评价方案,设计评价指标体系,由相关专家和用户进行评议,其核心是评价方案的设计和评价指标体系的设计。

5.1.4　教学评价工作的组织和实施

1. 准备阶段

准备阶段主要就为什么要评价、谁来评价和评价什么等问题作充分准备。这一阶段的主要工作包括组织准备、人员准备、方案准备以及评价者和被评价者的心理准备。

（1）组织准备

组织准备包括成立专门的评价领导小组或组建评价工作小组。

（2）人员准备

人员准备主要是指组织与评价有关的人员学习评价理论和有关文件,做好评价工作的知识与技能储备。

（3）方案准备

方案准备主要是指评价的组织者根据课堂教学评价的目的,在教学评价实施前拟定有关教学评价的目的、内容、范围、方法、手段、程序和预期结果的纲领性文件。

通常方案具有以下几方面的特性:第一,以评价标准为核心。这个评价标准一般包含评价的指标体系及其评定标准。评价标准编制的科学性和有效性决定了评价结果的信度和效度。通常在编制评价标准时,要以相应的调查为基础,通过严格论证、专家评判、实验修正,以最大限度地提高评价标准的质量。第二,以评价程序的科学性、规范性和可操作性为根本。评价工作的科学性、规范性和可操作性是指评价活动的指导理论以及评价过程中所采用的方法一定要科学,评价运行程序要规范,要按照预先设计好的程序进行,不得随意改变,而且整个评价程序具有可操作性,要能得出明确的结论。

方案通常包括以下内容:评价目的、评价对象、评价标准、评价方法、实施期限、评价报告完成的时间、评价报告接受的单位、部门或个人、预算等等。

（4）评价者和被评价者在准备阶段的心理现象与调控

在评价的准备阶段,评价者和被评价者会出现诸如晕轮效应、成见效应、应付心理、焦虑心理等一系列的心理现象,这些心理现象不仅会影响到评价者与被评价者之间的关系,而且还会影响评价的信度和效度,因此需要进行有效的调控。

2. 实施阶段

实施阶段是教学评价活动的中心环节,这个阶段的主要任务是,运用各种评价方法和技术收集各种评价信息,并在整理评价信息的基础上作出价值判断,同时对评价者和被评价者的心理进行调控,以保证评价工作的顺利进行。

(1) 收集评价信息

根据先前制订的评价方案,利用相应的评价方法、手段、工具、仪器等收集所需要的评价信息。这里的评价工具非常重要,如评价表、量表、问卷等,它的科学性直接影响到信息收集的有效性。

(2) 整理评价信息

对收集到的评价信息,通常需要进行审核和归类。前者是指需要对评价信息的有效性进行判断,如回答问题是不是敷衍了事或随心所欲,判断评价信息是不是被评价对象的真实反应;后者是指根据评价信息的共同点进行归纳,以减少信息的杂乱和无序。

(3) 分析处理评价信息

在这个过程中,要注意以下问题:①要掌握评价标准及其具体要求;②评价者应该使用事先规定的计量或其他方法来处理评价信息,在评价结果中要给出明确的相应分数、等级或定性描述等评价意见;③在条件许可的情况下,应该对评价者的测量或观察结果进行认定、复核。

(4) 作出综合评价

综合评价是将分项评定的结果汇总成综合评价的结果。它要求评价者根据汇总的评价结果,对评价对象作出准确、客观的定量或定性的评价结论,形成评价意见。必要时,可对评价对象作出优良程度的区分,或作出是否达到应有标准的结论。

3. 评价结果的处理与反馈阶段

评价结果的处理和反馈通常包括以下几方面的内容:

(1) 评价结果的检验

评价结果的检验一方面要检查评价程序的每个步骤,看其是否全面、准确地实施了评价方案;另一方面要运用统计检验方法,对评价结果进行统计检验。

(2) 分析诊断问题

评价的目的不是简单地对被评价者进行等级分类,而是为了有效地促进课堂中的教与学,因此需要对所收集的资料进行细致分析,并对被评价者的优劣状况进行系统评论,帮助被评价对象找出存在的问题以及问题的症结所在。

(3) 撰写评价报告

评价报告一般包括三大部分,即封面、正文和附件。

封面应提供下列信息:评价方案的题目、评价者的姓名、评价报告接受者的姓名、评价方案实施和完成的时间、完成报告的日期。

正文则包括五部分:①概要。它对评价报告进行简要综述,解释为什么要进行评价,并且列举出主要结论和建议。②评价方案的背景信息。它介绍评价方案是如何产生的,重点叙述评价标准的编制过程及其理论依据。③评价方案实施过程的描述。它主要叙述评价过程,即收集信息和处理信息的过程。④结果及结果分析。它介绍各种收集到的与评价有关的信息,包括数据和记录的事件、证据等,以及处理这些信息所得到的结果。⑤结论与建议。它包括对评价结果进行推断,得出结论,提出建议。

（4）反馈评价结果

反馈评价结果是指把评价结果返回给被评价对象或上级主管部门,以引导、激励评价对象不断改进、完善自己,同时为教师或教育管理机构提供决策依据。反馈评价结果的方式有多种,如个别交谈、汇报会、座谈会、书面报告等。

5.2　计算机技术课程的教学评价技术

教学评价技术是指评价者为了完成教学评价任务,收集学习过程和学习资源中的相关数据,并对其进行处理和评判所采用的方法和手段。一般来说,应用于计算机技术课程的教学评价技术主要包括课堂观察、调查和测验。

5.2.1　课堂观察

课堂观察是研究者带着明确的目的,凭借自身感官及有关辅助工具(观察表、录音录像设备),直接(或间接)从课堂上收集资料,并依据资料做相应研究。课堂观察是搜集资料、分析教学实施的有效性、了解教学与学习行为的基本途径。

1. 课堂观察的内容

通过课堂观察,主要是收集课堂中与有效教学相关的师生行为反应信息。因此,课堂观察的内容可以包括[5]:

（1）师生交往的方式;

（2）学生的态度和行为表现(如投入学习和非投入学习);

（3）学生行为的改变或习惯的建立(如学生学习策略的形成或改变);

（4）学生学习过程的某一或某些特定方面(比如学生的课堂语言活动);

（5）教师教学中讲课的清晰程度;

（6）教师提问的次数和问题类型以及学生对问题的反应;

（7）教师教学中教学手段方法的变化;

（8）教师教学过程的某一或某些特定方面(比如提问或表扬);

（9）教学过程的开放性和探索性;

（10）学习氛围;

（11）课堂管理;

（12）教室的空间布局、班级规模等因素对学生认知、情感、态度和行为的影响等等。

2. 课堂观察的原则

课堂观察的原则表现在以下两个方面:

（1）计划性原则

可靠的观察来自周密的计划,有经验的教师常在教学的关键处设立观察点,有目的地捕捉学生的反馈信息,针对不同的反应按事先设计的方案作出调节。正如巴斯德所言:"在观察的领域里,机遇只偏爱那种有准备的头脑。"盲目、无计划的观察,只会造成视觉盲点,或对有价值的反馈信息视而不见,或将观察到的课堂现象束之高阁,或不知所措,失去了课堂观察的意义。

（2）准确性原则

准确的课堂观察有助于教师作出符合实际的判断,这里的准确有三层含义:①全面观察,不要以偏概全。教师的视野应开阔,善于捕捉带有共性的反应,环视全场,兼顾前后。②及时发现,防止问题堆积。知识结构是环环相扣的,教师的忽略,可给学生留下疑点,并浮现在脸上。教师应及时发现,早作调整。③细致分析,不被假象迷惑。表面现象并非都真实可靠,教师的观察切不可停留于表面,而应仔细思考,深入底里,真正把握住学生的脉搏,方可有的放矢。

3. 课堂观察的技术方法和手段

课堂观察的技术方法和手段主要包括:课堂教学录像、录音;以时间标识进行选择性课堂实录;座位表法;提问技巧水平检核表;弗兰德斯语言互动分类表;学习动机问卷调查和访谈;学习效果的后测分析等。

4. 课堂观察的基本步骤

课堂观察的基本步骤如下:

（1）确定观察的目的和规划,明确观察的时间、地点、次数和需要记录的实践和行为,设计或选择观察记录的方式和工具。

（2）进入课堂,依照预定的记录方式对观察对象进行观察和记录。

（3）观察后,及时对所收集的资料加以整理和分析,从系统的资料中归纳推论出评价结论。

5. 课堂观察的记录

课堂观察是评价学生学习过程的重要方法,教师随时运用观察的方法了解学生学习的过程。观察有正式的,也有非正式的。

（1）非正式的观察是在课堂教学中随时进行的,教师有意识地了解学生在学习过程中表现出来的突出特点,并进行记录,在一定的时间加以整理和分析。

（2）正式的课堂观察是运用观察记录表来进行。观察记录表不仅关注学生知识、技能掌握的情况,而且关注学生的课堂参与等方面的情况。当学生在回答提问或进行练习时,通过课堂观察,教师便能及时地了解学生学习的情况,从而作出积极反馈,对正确的给予鼓励和强化,对错误的给予指导与矫正。记录中教师也根据实际的需要,关注学生突出的一两个方面。比如,观察某个学生,对表现突出的行为,在相应的观察项目前打上"√"、"○"或"△"等符号;若无,则不作任何记号。也可以采用量化的方法,即在观察记录表上对某段时间内发生的目标行为评以相应的等级(比如最高 5 分,最低 1 分)。表 5-1 给出了一个观察记录表的示例。

表 5-1 观察记录表示例

教师表现	1. 态度是否沉稳、愉快	评分:（ ）
	2. 用词是否浅显易懂	评分:（ ）
	3. 进行各活动前是否先向学生讲解学习目标	评分:（ ）
	4. 对教室秩序的管理	评分:（ ）
	5. 对学习气氛的调动	评分:（ ）
	6. 对学习兴趣的激发	评分:（ ）
	7. 对学生反应的注意	评分:（ ）
	8. 对学生问题及状况的处理	评分:（ ）
	9. 对主题的阐释和引导	评分:（ ）
	10. 被学生接受与否的情况	评分:（ ）
学生表现	1. 学习兴趣是否浓厚	评分:（ ）
	2. 学习情绪是否饱满	评分:（ ）
	3. 对各活动参与及配合的情况	评分:（ ）
	4. 对老师的态度	评分:（ ）
课程情况	1. 师生互动状况	评分:（ ）
	2. 全程活动进行得是否顺利	评分:（ ）
	3. 主题活动进行的情况	评分:（ ）
	4. 整体效果如何	评分:（ ）

与调查和测验不同的是,课堂观察是在教育自然的场景下了解观察对象,被观察者像往常一样学习和活动,不会产生或感到任何的压迫感。所有收集的资料自始至终都是被观察者的常态表现,都是自然的、真实的。观察一般要在事前确定观察目的、观察范围,并明确对将观察的某现象需设置哪些变化的情况或场景,使被观察者在这种特定条件下进行活动,以获得合乎实际目的的材料。

5.2.2 调查

调查是通过预先设计的问题请有关人员进行口述和笔答,从中了解情况,获得所需要的资料。作为教学评价的重要手段,它可以了解学生的学习兴趣和态度、学习习惯和意向,了解各方面对教学过程和教学效果的意见,也可以通过调查了解学习资源对学生产生的效果等,从而判断教学或学习资源的有效程度,为改进教学或学习资源提供依据。

调查的主要形式有问卷调查和面谈两种。

1. 问卷调查

调查者需要了解什么问题,应当事先打印好问卷或表格由被调查者来填写。被调查者往往是被评价的对象,或者与被评价对象关系密切、对其有深切了解的人。使用此法收集信息,是想通过被调查者回答的一组问题,把握欲调查情况的某一方面,逐步明确全局性的结构或类别,了解总体的倾向性。

（1）问卷调查的基本步骤

通过问卷调查进行教学评价的基本步骤包括：①明确调查目标,制定调查计划；②选择抽样方法，确定调查范围；③设置调查指标，编制调查量表；④实施调查，回收量表；⑤统计分析，形成报告。

（2）问卷调查表的设计

问卷调查表是进行调查的工具之一，它的设计将直接影响到调查的结果。在设计问卷调查表时，应该注意：首先，要明确调查目标，并根据调查目标设计表述简单明了、没有歧义的问题，同时也要考虑调查结束后，这些问题在进行整理评价时的意义。其次，为被调查者的方便起见（也是为了避免草率的问卷填写），应使问卷填写工作尽可能地简单。为此最好将每个问题的答案都设计成选择题的形式，并提供尽可能多的答案，同时在必要的地方也不要忘了设置"其他"项收集意料之外的答案。最后，还要考虑问卷调查表的表现形式。最基本的要求是简洁大方，便于理解，方便填写。

在计算机技术教学评价中，可以通过问卷调查表发现学习资源对学生的作用，引导学生有目的地进行反思，还可以让学生自行制作问卷调查表，以培养他们收集信息、处理信息的能力等。

2. 面谈

面谈法，又称访问调查，是以谈话为主要方式来了解某人、某事、某种行为或态度的一种调查方法。通过直接与调查对象面对面地交谈，以观察和了解有关调查对象的特质，并提出各方面的问题要求其回答，从而获取有关调查对象的性格或行为方面信息的方法。通过面谈可以补充使用观察法所获信息的不足，扩大了解面，并加深了解程度。

在进行面谈时，应当注意以下几点：

（1）调查者是面谈的主动一方，在面谈过程中应当保持亲切善意的态度。

（2）要注意把握主题，善于引导。

（3）提问明确，避免误解。

（4）准确记录谈话内容。

在调查过程中，将有很多相关因素相互作用。比如谈话时的气氛、谈话人的态度、谈话人的身份、谈话的时间、问题的表述及敏感性等，都会影响调查的结果。为此，为保证评价的合理真实，必须事先对即将付诸实施的调查进行精心的设计。

5.2.3 测验

如果评价的目的是为了了解学生认知目标的达标程度，测验是最常用的工具。这种有计划、有组织的收集信息的工具一直被人们所重视。教师通过测验可以从各种评价目的出发获取各种必要的资料。

1. 教学过程中的测验类型

在教学过程中的测验一般包括入门技能测验、前测、练习测验和后测等类型[6]。

（1）入门技能测验

这是在开始教学前为了评定学习者对预备技能的掌握情况而进行的测验。主要是看学生是否具备学习本阶段、本学期所学内容的条件，诊断出知识漏洞和能力缺陷。根据情况决定其治疗方案或分班原则,以保障今后教学的有效进行。

（2）前测

前测在教学开始之前实施,目的是要确定学习者是否已部分或全部掌握了教学中要教的技能。如果所有技能都已经掌握,那么教学就没有必要了,如果只掌握了部分技能,那么前测数据就可以使教师更有效地设计教学。对于这部分已经掌握的技能,只要做一些复习或简单的提醒即可,而将时间的大部分花在对其他技能的教学上。

因为入门技能测验和前测都是在教学之前进行的,所以它们经常合二为一。尽管出现在同一张试卷上,但并不表示它们是同一类型或同样的测试。

（3）练习测试

练习测试的目的是在教学中提供学习者主动参与的机会。练习测试使学生能够练习所学的新知识和技能,自我判断自己的理解程度和技能水平。教师可以根据学生的练习作业提供指导反馈,并控制教学的进度。

（4）后测

后测通常在单元或学期结束后进行,以阶段目标或学期总目标为依据。后测可以用来评定学生的表现,给出学生完成课程应得到的学业成绩。

在上述的这些测验中,也可以对每个学生的测验速度进行记录,或要求学生把答每个题目的自信程度写出来。通过这些信息可以得到更准确和深刻的判断,因为这里涉及了学生的智力因素和非智力因素两个方面。

2. 测验功能定位

教育测量学指出,学科测验可以分为目标参照和常模参照两种。目标参照测验以检查学生达到预定目标的程度为主,因此,试题要紧扣教学目标,最好做到一一对应,这样可以通过测验反映学生达到预定教学目标的详细情况,以便下一步的改进与调整,其结果应该以学生之间的自我对照为主,反映进步或退步的情况,而不该多做学生之间的相互比较。常模参照测验以检查学生在一个团体中的相对位置为主,因此,试题要以能够拉开学生之间的差距为主,不一定强调与教学目标的一一对应,这样通过测验可以分出学生的好、中、差。学科教学中单元小测验,期中、期末考试应该属于目标参照测验,因此试题要多注意与课程标准、教学目标的对应,并且结果以学生的个体差异评价为主;学科知识竞赛、某些单项比赛属于常模参照测验,它们的主要目的是分出学生的好、中、差,其试题也应该以能够区分学生为主的考虑因素。

过去的学科测验与考试一般不考虑定位问题,反正试题按教学大纲和教学要求出,成绩按分数高低排,在一个测验中同时出现目标参照与常模参照两种要求,结果是什么要求都实现不好。

3. 测验试题的设计

一次考试怎么出好试题是很有讲究的,可以通过设计测验蓝图的方法,先确定测验的知识与能力要求,并按这些要求排出相应的比例,再按照各部分的比例要求编制或者选取试题。试题可以从难度和区分度两方面体现质量。对目标参照测验来说,试题的难度主要受制于其所对应的目标的难度,而常模参照测验则希望试题的难度适中,区分度好。

试卷是实现测验这种评价技术的主要工具之一。试卷中的题目通常可分为两大类，即构答题和选答题。所谓构答题，指的是要求学生用文字、算式等对给定的题目提供正确答案的试题，具体包括作文题、算术和填充题等。所谓选答题，指的是要求学生在题目所附带的两个以上的答案中选择正确答案的试题，具体包括是非选择、多项选择、配对、组合等类型。这两大类试题各有利弊并恰为互补，是不能相互取代的。如在评价较高层次的理解能力、归纳推理能力、组织和表达能力方面，构答题比选答题效果好；在评价较低层次的知识记忆、一般理解和判断能力方面，选答题比构答题效率高；在编制题目的技巧方面，构答题比选答题容易掌握；在判断和反馈答案的正误方面，选答题比构答题容易处理。所以，较好的做法是将这两类试题相互结合，融为一体，即将若干选答题与构答题放于一张试卷同时使用。

值得注意的是，信息化教育对试卷的形式和内容提出了新的挑战，什么样的题目才能测试出学生的信息处理能力和高级思维能力，这正是广大教育工作者正在思考和实践的一大问题。

4. 纸笔测验与上机测验相结合

在组织测验时，要根据课程标准的要求和具体考试内容选择合适的题型和考试方式，综合运用纸笔测验、上机测验等多种评价技术。要创造条件全面考查学生信息素养的协调发展，避免只重视知识和计算机操作，忽视学生利用信息技术解决实际问题能力的倾向。要注意结合学生平时学习表现和过程性评价结果，改变单纯以一次测验或考试为依据，评定学生一学期或整个学段学习情况的局面，适度加大过程性评价在期末成绩评定中的比重。

纸笔测验和上机测验各有所长，适合不同的评价内容和目标，应相互补充，综合运用。纸笔测验的效率较高，适于短时间内对大量学生进行集中考查，适于考查学生对计算机技术基础知识的掌握和理解，但不适于评价学生的实际操作技能。计算机技术的纸笔测验，要控制选择题、填空题等客观题型的比例，适度设置和增加要求学生通过理解和探究来解决的开放性题目，如问题解决分析、作品设计、短文写作等，以拓展纸笔测验在评价内容和评价目标等方面的广度。

上机考核是计算机技术课程总结性评价中不可或缺的重要组成部分。与其他学科相比，计算机技术课程在学习内容、学习过程和学习结果等方面都具有鲜明的特点。上机考核可采取考查学生实际操作或评价学生作品的方式。

可供选择的上机测验主要有两类，一类是通过实际操作完成的独立任务，如软件操作水平测试、作品设计与制作等；另一类是综合任务中的上机环节，如利用计算机技术进行项目研究过程中的上机活动。期末考试等总结性评价一定要安排上机测验，设计一定比例的联系实际的设计、制作或其他类型的信息处理任务，以评价学生使用计算机技术工具或软件的熟练程度，测查学生利用计算机技术解决问题的过程、方法和能力。教师和有关机构要针对具体评价目的，灵活选用上机测验的题型和考试方式，不能单纯依赖题型单一、只考查基本知识与操作能力的机考系统，否则容易对计算机技术教学产生误导。

不可能在一个测验或评价中提出所有相关的问题，以实现对与课程标准有关的全部知识与技能、过程与方法以及情感态度与价值观的全面考查。即便是采用最好的评价工具，其结果也容易受多种因素的影响。没有一种评价技术能够单独挑起"提升学生的信息素养"这个重任，要完成计算机技术课程目标，既要发挥各种评价技术的优势，又要认识各种评价技术的局限，把多种评价技术综合运用。

5.3　计算机技术课程的教学评价方法

　　计算机技术课程的教学评价方法有多种,本节主要介绍学习反应信息分析法、电子档案袋法,以及采用评价研究工具的方法。

5.3.1　学习反应信息分析

1. 学习反应信息分析法的含义

　　学习反应信息分析法,就是利用像应答分析器一类的专门装置、客观试题卷或结构化问卷收集学生对问题的实时反应信息,并经过处理形成直观图形描述的一种专门研究方法,又被称为 S-P(Student-Problem,学生-问题)表分析法[7]。

　　学习反应信息分析法是日本藤田广一等人于 1969 年提出的,它是利用 S-P 表来处理分析课堂信息的一种方法。日本最早研制出的一种学习反应信息分析器,可用来收集和积累一个班级的学生对指定问题的反应数据,并根据这些数据形成一个反应曲线,为教师提供有关教学的参考信息。我国开发的智囊学习反应信息分析系统也是一种进行学习信息收集、分析的专用软件,能够提供学生团体和个体实时、动态、直观、模型化的反应信息和资料。运用信息技术设备装配了学习反应信息分析系统之后,全班每个同学都可以在自己座位的应答器上对老师的提问作出选择性应答。教师通过此系统能够及时准确地了解学生的应答情况,比如答对了多少,答错了多少,以及相应的百分比,错误答案的类型和数量,还包括问题回答得快慢。将应答曲线与标准应答曲线进行比较能够帮助教师准确掌握学生的学习情况。

2. 学习反应信息分析系统的构成

　　学习反应信息分析系统通常由三大部分组成,即信息的采集部分、控制器部分、显示部分,如图 5-1 所示。

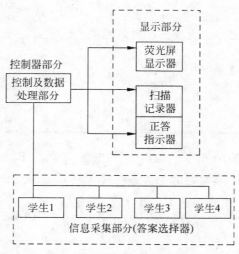

图 5-1　学习反应信息分析系统的构成

3. 学习反应信息的类型

在学习反应信息分析中,需收集和处理的学习反应信息主要包括得分信息和反应时间信息。

(1) 得分信息

学生的得分信息可用以下矩阵来表示:

$$X_{ij} = \begin{bmatrix} x_{11} & x_{12} & x_{13} & \cdots & x_{1n} \\ x_{21} & x_{22} & x_{23} & \cdots & x_{2n} \\ \vdots & \vdots & \vdots & \vdots & \vdots \\ x_{m1} & x_{m2} & x_{m3} & \cdots & x_{mn} \end{bmatrix}$$

这里,X_{ij} 为第 i 个学生回答第 j 个问题的实际得分。

(2) 反应时间信息

学生的反应时间信息也可用一个矩阵来表示:

$$T_{ij} = \begin{bmatrix} t_{11} & t_{12} & t_{13} & \cdots & t_{1n} \\ t_{21} & t_{22} & t_{23} & \cdots & t_{2n} \\ \vdots & \vdots & \vdots & \vdots & \vdots \\ t_{m1} & t_{m2} & t_{m3} & \cdots & t_{mn} \end{bmatrix}$$

这里,T_{ij} 为第 i 个学生对第 j 个问题做出反应的时间。

4. 得分信息的处理与分析

(1) 原始得分矩阵

① 原始得分矩阵。原始得分矩阵如表 5-2 所示。其中 X_{ij} 表示第 i 个学生回答第 j 个问题的实际得分或对应的答案。

表 5-2　原始得分矩阵

问题 P_j 学生 S_i　　X_{ij}	P_1	P_2	P_3	$\cdots$	P_n
S_1					
S_2					
S_3					
$\vdots$					
S_m					

举例来说,假设现在有 10 个学生,对 5 个问题做出反应,其中每个问题有 5 个可供选择的答案,用 A、B、C、D、E 表示,每题的正确答案只有一个(如表 5-3 所示)。

表 5-3　标准答案

问题	P_1	P_2	P_3	P_4	P_5
标准答案	A	D	C	B	E

可以把每个学生对每个问题选择的答案列成表(如表 5-4 所示)。其中,斜体字表示正确答案。

表 5-4 示例原始得分表

学生 \ 问题	P_1	P_2	P_3	P_4	P_5
S_1	A	B	C	B	E
S_2	B	C	B	B	E
S_3	A	E	A	B	A
S_4	A	D	B	B	E
S_5	C	D	C	E	E
S_6	D	C	D	B	E
S_7	E	D	E	B	C
S_8	A	B	D	B	A
S_9	B	D	A	B	E
S_{10}	C	D	B	C	D

② 规格化。需要根据规格化原则,将原始得分矩阵转化为原始得分布尔矩阵。

对于选择回答式问题得分的规格化原则是:对第 i 个学生回答第 j 个问题的得分,规定答对的得分为"1",答错的得分为"0",即矩阵元素 X_{ij} 只有两种状态:

$$X_{ij} = \begin{cases} 1, & \text{答对} \\ 0, & \text{答错} \end{cases}$$

对于记分回答式问题得分的规格化原则是:首先计算每一问题的平均得分 $\overline{X_j}$,然后将每个学生对应该问题的各个得分值与之相比较,如果大于或等于 $\overline{X_j}$,则定义为"1";如果小于 $\overline{X_j}$,则定义为"0",即矩阵元素 X_{ij} 只有两种状态:

$$X_{ij} = \begin{cases} 1, & X_{ij} \geqslant \overline{X_{ij}} \\ 0, & X_{ij} < \overline{X_{ij}} \end{cases}$$

原始得分布尔矩阵如表 5-5 所示。

表 5-5 经过规格化的原始得分布尔矩阵

学生 S_i \ 问题 P_j / X_{ij}	P_1	P_2	P_3	...	P_n
S_1					
S_2					
S_3					
⋮					
S_m					

因此,上述例子中的原始得分表经过规格化后得到的布尔矩阵如表 5-6 所示。其中,X_{ij} 表示第 i 个学生回答第 j 个问题的原始得分经过规格化后的取值,即 1 或 0。

表 5-6　示例原始得分布尔矩阵

问题 学生	P_1	P_2	P_3	P_4	P_5
S_1	1	0	1	1	1
S_2	0	0	0	1	1
S_3	1	0	0	1	0
S_4	1	1	0	1	1
S_5	0	1	1	0	1
S_6	0	0	0	1	1
S_7	0	1	0	1	0
S_8	1	0	0	1	0
S_9	0	1	0	1	1
S_{10}	0	1	0	0	0

（2）S-P 表的形成

S-P 表是在原始得分矩阵的基础上，经数据处理而形成的，它是一种反映和研究得分信息的工具。其处理方式就是把原始得分矩阵作重新排列，其原则是：

① 学生排列顺序按照得分的多少，从上到下排列；

② 问题排列顺序按被学生正答人数多少，从左到右排列。

按上述原则，将表 5-5 所示的经过规格化的原始得分布尔矩阵作重新排列，得到 S-P 表（如表 5-7 所示）。

表 5-7　S-P 表

问题 P_j 学生 S_i	P_1	P_2	P_3	…	P_n	Y_i	Y_{i0}	CS_i
S_1								
S_2								
S_3								
⋮								
S_m								
Y_j								
Y_{j0}							G	
CP_j								

这里，Y_i 表示第 i 个学生所得总分；Y_j 表示第 j 个学生所得总分；Y_{i0} 是第 i 个学生的得分率；Y_{j0} 是第 j 个学生的得分率；CS_i 为学生警告系数；CP_j 为问题警告系数；G 表示全体学生的得分总和。

上述示例的 S-P 表如表 5-8 所示。

表 5-8　示例 S-P 表

问题 P_j / 学生 S_j	P_4	P_5	P_2	P_1	P_3	Y_i	Y_{i0}	CS_i
S_4	1	1	1	1	0	4	0.8	0
S_1	1	1	0	1	1	4	0.8	0.71
S_5	0	1	1	0	1	3	0.6	1.67
S_9	1	1	1	0	0	3	0.6	0
S_8	1	0	0	1	0	2	0.4	0.45
S_2	1	1	0	0	0	2	0.4	0
S_5	1	1	0	0	0	2	0.4	0
S_3	1	0	0	1	0	2	0.4	0.45
S_{10}	0	0	1	0	0	1	0.2	1.25
S_7	1	0	0	0	0	1	0.2	0
Y_j	8	6	4	4	2			
Y_{j0}	0.8	0.6	0.4	0.4	0.2	$G=24$		
CP_j	0.71	0	0.68	0.45	0.31			

（3）得分累积分布处理

① 求第 i 个学生所得总分 Y_i，即 S-P 表中第 i 行各元素的累加，计算公式如下（其中 n 为问题总数）：

$$Y_i = \sum_{j=1}^{n} X_{ij}$$

② 求第 i 个学生的得分率 Y_{i0}，计算公式如下：

$$Y_{i0} = \frac{Y_i}{n}$$

③ 求第 j 个问题被正答总数 Y_j，即 S-P 表中第 j 列各元素值的累加，计算公式如下（其中 m 为学生总数）：

$$Y_j = \sum_{i=1}^{m} X_{ij}$$

④ 求第 j 个问题的正答率 Y_{j0}，计算公式如下：

$$Y_{j0} = \frac{Y_j}{m}$$

（4）绘制 S 线和 P 线

① S 线即学生得分分布曲线，它是在 S-P 表上的阶梯状实线，对于第 i 个学生，实线左面的格数等于该学生的得分总数 Y_i。

如果在 S 线的中间部位出现有较长的水平部分，则这一水平距离称为 S 线的断层。断层的存在，表明学生团体中出现了成绩优劣悬殊的两部分；如果断层很长，则意味着学生团体中可能出现两极分化现象，必须引起教师的注意。

② P 线即问题正答分布曲线，它是在 S-P 表上的阶梯状虚线，对于第 j 个问题，虚线上面的格数等于该问题的被正答总数 Y_j。

如果在 P 线的中间部位出现有较长的垂直部分，则这一垂直部分的距离称为 P 线的断层。断层的存在，表明问题的难易程度出现悬殊的差别，反映了测验设计的问题不合理，影响测量的效度。

（5）计算警告系数

警告系数是为了确定某个研究对象与整体倾向性之间的偏离程度而规定的一个判断指数。警告系数可分为学生警告系数和问题警告系数。

① 学生警告系数

$$CS_i = \frac{\text{对应于 S 线左边为"0"的问题的答对人数之和}-\text{对应于 S 线右边为"1"的问题的答对人数之和}}{\text{S 线左边各题目正答数之和}-S_i\text{ 学生的正答率}\times\text{全体学生得分总和}}$$

某个学生的警告系数 CS_i 数值的大小，反映了该学生与学生团体的整体倾向之间的偏差程度。当 $CS_i \leqslant 0.50$ 时，可以不予理会；当 $0.75 > CS_i > 0.50$ 时，就要提醒注意；当 $CS_i \geqslant 0.75$ 时，就要对这个学生进行详尽分析，应该给予特别的注意。

② 问题警告系数

$$CP_j = \frac{\text{对应于 P 线上方为"0"的学生的得分总数之和}-\text{对应于 P 线下方为"1"的学生的得分总数之和}}{\text{P 线上方各学生的得分总数之和}-P_j\text{ 问题的正答率}\times\text{全体学生得分总和}}$$

问题警告系数 CP_j 的大小反映了问题的合理性。当 $CP_j \leqslant 0.50$ 时，可以不予理会；当 $0.75 > CP_j > 0.50$ 时，就要提醒注意；当 $CP_j \geqslant 0.75$ 时，就要对这个学生进行详尽分析，应该给予特别的注意。

5.3.2　电子档案袋

1. 什么是电子档案袋

档案袋（Portfolio）是 20 世纪 90 年代以来，伴随着西方"教育评价改革运动"而出现的一种新型质性教育教学评价工具。它是为了展示学生的学习和进步状况，把学生的具有某种特定说服力的作品或与之相关的文献汇集到一起，提供给评价者的工具。美国西北评价联合会把档案袋定义为：档案袋是对学生作品（作业）的一种有目的的搜集，这些作品要能够展示学生在一个或多个领域中付出的努力、取得的进步或成就[8]。电子档案袋应用电子技术，允许档案袋开发者以多种媒体形式收集、组织档案袋内容（音频、视频、图片和文本等）。

档案袋评价是一种较新的评价方法，它是指通过对档案袋的制作过程和最终结果的分析而进行的对学生发展状况的评价。利用计算机技术和网络技术来构造学生的电子档案袋，既能够反映学生的整个学习进程、各个学习阶段的发展过程以及学习效果，又能够提高对学生学习状况管理的效率，同时通过学生的反思和改进，能最终激励学生取得更高的成就。

2. 电子档案袋评价的设计

在进行电子档案袋评价设计时，要根据计算机技术课课程标准，注意考虑以下五个方面的问题：

（1）明确评价目的

在计算机技术课程中应用电子档案袋评价，应关注过程，发挥档案袋评价的激励功能、学习功能和教育功能，发掘学生的潜能，使每个学生都能够找到适合自己发展的途径，凸显个性,展示自我。因此,使用前要使学生明确电子档案袋建立的意义和目的,明确电子档案袋中应该存放的内容。

　　档案袋评价的目的主要有:学生将其最好的或最喜欢的作品以定稿方式放进展示性档案袋,反映过程的作品则存放在学生的私有空间内不发布。这种档案袋的内容是非标准化的,允许每个人按自己的意愿选装自己的作品。这种档案袋是一个形成性评价的过程,其中的材料不仅包括学生的作品,还包括观察、测试、家长信息、学生的自我反省和自我评估,以及一切描述学生发展过程的东西。

　　(2) 确定评价内容

　　开学初,在介绍本学期的教学内容、学习方式和评价方法时,要将评价的内容(包括确定电子档案袋中收集材料的类型等)一并发布给学生。内容和类型的设定要注意几点:

　　① 收集材料的类型要与评价目的和评价方式联系起来考虑;

　　② 收集材料的类型要与评价内容结合起来;

　　③ 内容的设计既要面向全体,又要照顾个别;

　　④ 制作的技术难度既要使全体学生达到必需的基本要求,也要让能力强、基础好的学生有施展才华的空间;

　　⑤ 在设计评价参与的主体方面,要使电子档案袋的评价多元化。

　　在计算机技术课的教学中,可以让学生建立自己的电子档案袋,里面存放以课时进程及日期命名的文件夹,每个文件夹中存放教师下发给学生的学习素材、课堂日志、课堂评价记录卡、课堂反馈练习以及完成的作品等。

　　对于计算机技术课来说,电子档案袋评价内容可以包括两部分:一是过程性档案袋,主要收集学生不同时间段个人表现的材料,不仅要有得意的作品,还有反映学生成长轨迹的不太成熟的作品;二是展示性档案袋,主要收集学生完成的作品、自评互评、交流反思等内容。过程性档案袋收集每节课学生完成的作品、反映学生每堂课学习状况的课堂日志、自我评价记录卡等内容,最终完成的作品放在展示性档案袋中,供全班同学交流、互评时使用。教师和同班同学能够通过网络看到发布的作品,通过电子档案袋的管理系统进行评价。一些好的作品也可以通过校园网对外发布,以发挥社会、家庭参与评价的作用。

　　(3) 选择评价方式

　　选择调动学生积极参与的有效方法。为了调动学生的积极性,教师应该设计一些学生愿意参加的活动,或通过其他方法来调动学生的参与愿望。通常学生乐意参加的活动有:选择将什么作品放入档案袋;撰写成长日记;对自己成长档案袋中的内容进行评价和反省;对他人的表现和作品进行评价;与他人交流自己的作品和进步等等。教材中对一些评价过程有一些指导性建议,教师在教学过程中,还应视本校的具体情况设计一些交流的环节,使学生愿意参与。

　　(4) 制定评价标准

　　对每一个定稿发布的交流作品制定评价量规。为了保证评价的客观与合理,电子档案袋评价需要设计相应的评分方法,即评价量规。评价量规的设计要注意评分项目的选定应与教学目标相互切合;评价的内容要包括对主题活动的内容、信息素养和学习态度、参与程度的评价,避免片面地只注重某一个方面的评价;在评分方式上档案袋评价宜用等级法,同时要为每个等级制定详细的评分标准;对于评分者的选择要根据具体情况进行分析,不能固定化、习惯化；要为不同的时期和内容确定不同的权重。评价量规要在布置学习内容时一并宣布，使学生从学习的一开始就知道如何评价，了解怎样做是对的，怎样做会更好，从而调动其学习的积极性。

（5）强化交流机制

电子档案袋的评价，还要建立一定交流机制，使学生关注他人的学习成果，从交流中获得灵感，扩大知识面，发现操作技巧。在不断的交流与分享过程中，学生可以体验到成长发展的快乐、被人接纳的幸福、受到赞赏的自豪和奋发向上的冲动。因此，教师要经常组织学生开展各种方式的交流，还要通过一定的技术手段，强化交流过程。例如，通过量化打分的办法，要求学生对其同学作品从不同的角度打分，使学生能够学会从多个侧面审视作品，全面的理解作品的内涵。

3. 电子档案袋评价的实施

（1）电子档案袋评价平台的选择

目前，电子档案袋评价仍处在探索阶段。在上海、天津等城市已有统一的电子档案袋管理平台，而且这些平台都在不断地完善中；网络上也不难发现一些免费的电子学习档案袋系统；有的学校还以 MOODLE 为平台，自主开发了自己的电子档案袋管理平台；此外，还可以在 Internet 中借助 Blog 平台构建电子档案袋。作为计算机技术课教师，必须从学校的实际出发，不断探索实践，寻找适合自己的电子档案袋管理平台。

（2）电子档案袋评价的实施过程

这里，以天津市教委统一配发的电子档案袋管理平台为例，简要介绍电子档案袋评价实施的一般过程，以及相关的一些管理方式。

① 设置教师管理。系统管理员可以对教师信息进行管理，设置教师使用的账号和密码，以及该教师对应的班级，以达到使教师可以管理、查阅、评价自己所教班级学生的电子档案袋的目的。同时，使用"系统管理"栏目中的"系统设置"命令，可以设置允许上传的附件的最大容量、禁止使用的附件的扩展名等。

② 学生注册与应用。学生注册。学生利用浏览器打开电子档案袋后，可以利用首页提供的"注册"按钮注册。

教师审核。学生提交注册信息后，需要教师审核通过方可使用，以保证电子档案的有序性。教师登录电子档案袋后，执行"系统管理"栏目中的"学生管理"命令，选择班级，在打开的页面中通过"状态"项目设置是否允许学生登录，"状态"项目的默认值是"禁用"，教师可以设置为"开启"，并利用"保存"按钮保存设置，在教师管理界面还有初始化口令能等功能。

学生登录使用。教师审核通过后，学生就可以利用注册的用户名和口令使用电子档案袋记录自己的学习过程。

- 建立类别：利用"电子学习档案袋"栏目的"管理类别"创建"我的资料"、"我的感受"和"我的作品"三个共同的栏目，以将今后所有的学习过程分类存储，视今后学习内容的不同和各自的学习喜好，学生还可以创建自己的特色栏目。
- 编辑并发表文章：创建好管理类别，就可以利用"电子学习档案袋"栏目中的"发表文章"命令发表文章。进入"发表文章"页面后可以确定文章的标题、发布方式、是否允许他人回复以及发表在哪一个类别上。其中，如果将发布方式设置为"定稿"时，文章将被公开发表,所有的同班同学都可以浏览;如果设置为"草稿"发布方式,则文章仅被保存而不公开发表,如图 5-2 所示。发表文章以后,学生可以执行"电子学习档案袋"的"个人电子学习档案袋"命令,登录自己的电子学习档案袋。在"个人电子学习档案袋"页面,学生可以浏览自己作业内容、教师的评价、其他同学的恢复等,并可以利用"编辑文章"按钮,继续编辑已经发表的文章或添加附件等。

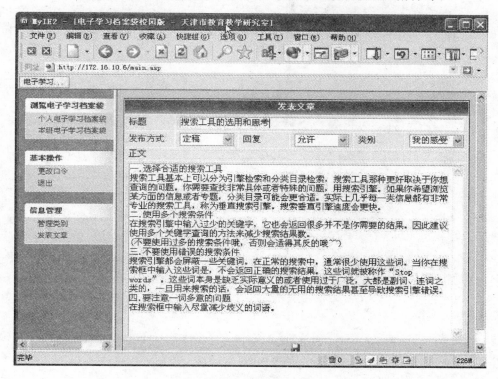

图 5-2　发表文章

- 浏览和评价同学作品:学生可以利用"电子学习档案袋"的"班级电子学习档案袋"命令浏览同班的其他同学作品,学生也可以评价同学的作品,对同学的作品打分,发表评价的意见,以达到相互交流的目的,如图 5-3 所示。

③ 评价与交流。教师登录后,可以利用"电子学习档案袋"栏目的"班级电子学习档案袋"浏览学生作品,可以用成绩评价学生的作品,还可以通过评语指出学生作品的不足、表扬学生作品的闪光点,以达到激励学生学习的目的,如图 5-4 所示。

5.3.3　评价研究工具

1. 评价研究工具简介

教学评价的指标体系是评价目标的具体化,是对评价目标的分解。要设计一个科学、合理的评价指标体系,首先需要明确目标,然后提出指标项系统,最后再规定相应的权重与量化方法,这是一项比较复杂而又系统的工作。

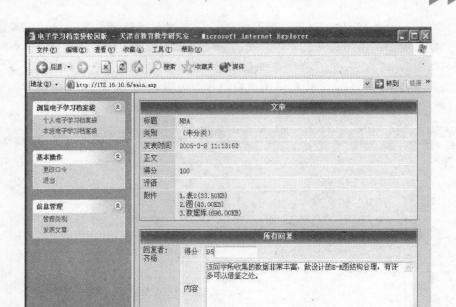

图 5-3　学生相互评价

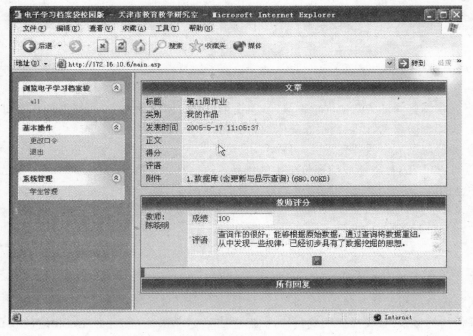

图 5-4　教师评价

利用评价研究工具不仅可以简化上述的指标体系设计过程,还能使得评价数据的统计处理变得简单、准确和快捷。一般说来,评价研究工具集成了评价研究从设计评价指标体系、进行指标描述、收集评价意见、计算评价数据、得出评价结果的一系列功能和步骤,是一个集设计、应用与评价数据处理于一体的工具软件[9]。

2. 评价研究工具的使用

评价研究工具软件的使用步骤如下:

(1) 设计评价指标体系。

① 利用软件主界面上的设置菜单,设置一级指标的数目、评分等级数。确定设置后,单击"生成一级指标"按钮进行确认。

② 在确认设置后,输入对一级指标的详细陈述、一级指标的权重和对应一级指标的二级指标的数目。

③ 确认设置后则可以单击"下一步"按钮进行确认,并对各二级指标的权重进行设定。

(2) 评价数据的收集及计算。评价者点选表达自己评价意见的单元框进行评价。

(3) 结果的生成。使用评价工具的"计分"功能,计算总分并输出评价结果。

3. 评价实例

例如,现在要以评价研究方法对计算机技术教师的基本素质进行研究,那么利用评价研究工具的方法如下:

第一步,生成一级指标。研究者设定一级指标数并确定评价描述等级数,如图 5-5 所示。

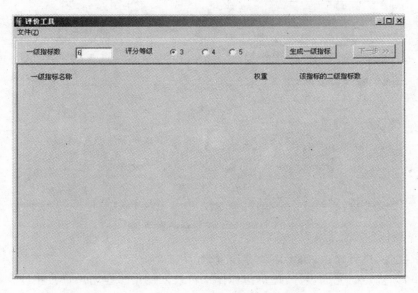

图 5-5　生成一级指标

第二步,设计一级指标的详细信息,确定一级指标的权重及一级指标对应的二级指标数,如图 5-6 所示。

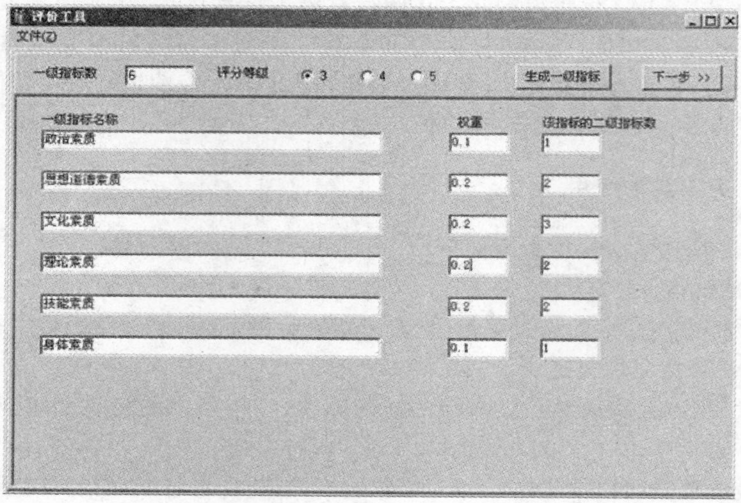

图 5-6　设计一级指标的详细信息

第三步,确定生成二级指标。

第四步,设计二级指标,并填入二级指标的权重,完成评价指标体系的设计,如图 5-7 所示。

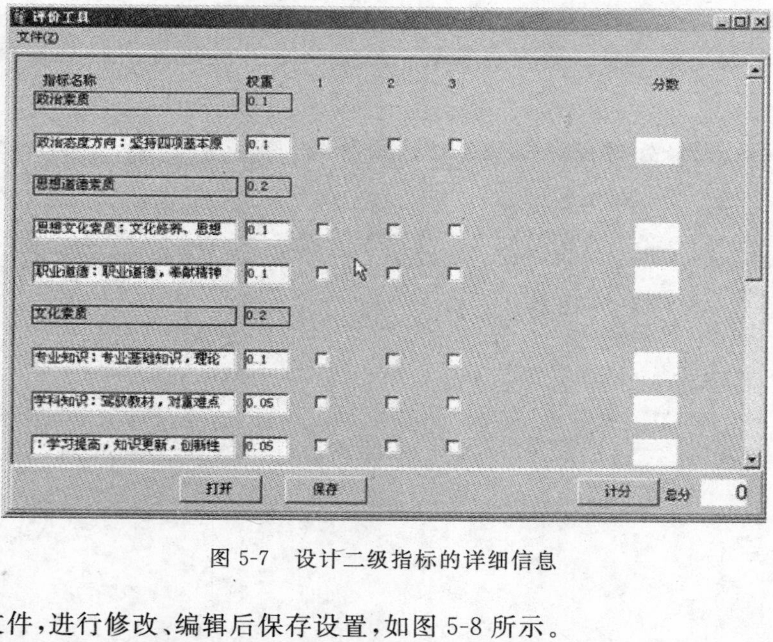

图 5-7　设计二级指标的详细信息

可读取文件,进行修改、编辑后保存设置,如图 5-8 所示。

第五步,如确定已完成设计,评价指标体系可投入使用。让用户直接在计算机上填写或用纸笔填写,再录入评价意见。图 5-9 所示是一位评价者对于某位计算机技术教师的评价情况。

第六步,确认数据正确后,总计出评价量化值,完成评价,如图 5-10 所示。

根据评价指标体系及量化的结果,就可以对评价对象作出明确的评价。

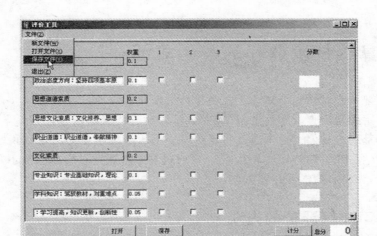

图 5-8　保存设置

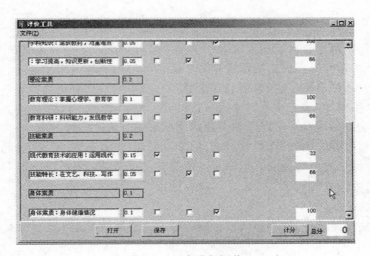

图 5-9　用户进行评价

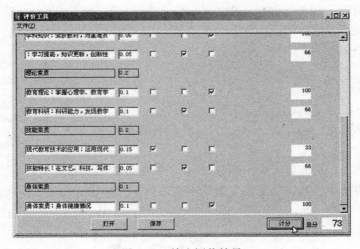

图 5-10　输出评价结果

5.4　计算机技术课程的学生成绩评价

学生成绩评价是对学生个体学业进展和行为变化的评价。在计算机技术教学过程中，需要定期或不定期地检查教学质量，对学生学习计算机的成绩给予评定。学生成绩评价对于教师和学生都相当重要。老师通过一定的评价手段掌握学生对既定知识掌握的情况，以便在今后的教学中加以调整；对学生而言，可通过它来检查自己学习上的不足，与老师的期望有多大差距，为以后的学习指明方向。

5.4.1　学习成绩评价的方法

对学习成绩进行评价的基本方式是定性评价与定量评价[2]。

1. 定性评价

定性评价是指用切合实际的语言表达学生的学习情况。它一般建立在评价者的经验或印象基础上，不免带有一定的主观随意性。

定性评价包括评语鉴定法、等级判定法等。

（1）评语鉴定法

评语鉴定法就是用简明的评语来表述评价结果的方法。这种方法能对教学中许多模糊现象进行描述和鉴定。比如可以通过学生的学习兴趣、学习态度、上课表现、作业质量、考试成绩、实际上机操作能力等说明学生的学习情况。优点是简便易行，结论一目了然。缺点是不够精确，容易掺杂主观因素。

（2）等级判定法

等级判定法简便易行，但不够精确。同一等级者之间的差距不好区别，主要有以下几种形式。

① 五级评定法：优秀、良好、中等、及格、不及格。

② 四级评定法：很好、较好、一般、差。

③ 三级评定法：上、中、下。

④ 二级评定法：合格、不合格。

2. 定量评价

定量评价是把评价目标数量化，进行定量分析、处理，用数字表示评价目标的评价结果。进行定量评价常用的是统计分析方法，比如计算平均数、标准差、标准分数、T 分数等。

（1）平均数

平均数反映了一组分数的集中趋势，反映了该组分数的一般水平。不同的条件，不同的目的可采用不同的平均数。这里仅介绍算术平均数。计算公式有：

简单算术平均数

$$\bar{x} = \frac{1}{n} \sum_{i=1}^{n} x_i$$

加权算术平均数

$$\bar{x} = \frac{1}{n}\sum_{i=1}^{n} x_i f_i$$

其中，$\bar{x}$ 为算术平均数；x_i 为学生的分数；n 表示学生人数；f_i 表示某一分数出现的次数（权数）。

例如，某班的"计算机基础"上机操作考试的平均分是 80 分，说明该班学生考试成绩大部分集中在 80 分周围，反映了考试成绩的一般水平。

（2）标准差

标准差反映了分数分散的程度及平均分的代表性。其计算公式为：

$$\sigma = \sqrt{\frac{1}{n}\sum_{i=1}^{n}(x_i - \bar{x})^2}$$

其中，σ 为标准差；x_i 为第 i 个学生的原始分数；$\bar{x}$ 表示同次考试全体学生的平均分；n 表示学生人数。

标准差大，说明学生的分数比较分散，个别差异大，平均分的代表性小；标准差小，说明学生的分数比较集中，个别差异小，平均分的代表性大。

（3）标准分数

标准分数又称 Z 分数，是以标准差为单位表示一个分数在团体中所处的相对位置。计算公式为：

$$Z = \frac{x - \bar{x}}{\sigma}$$

其中，Z 表示某学生的标准分；x 为学生的原始分数；$\bar{x}$ 表示同次考试全体学生的平均分；σ 为标准差。

当 $Z=0$ 时，说明该生的学习成绩与团体的平均成绩相同，表明学生成绩一般；当 $Z>0$ 时，说明该生成绩高于团体平均成绩；当 $Z<0$ 时，说明该生成绩低于团体平均成绩。由此可以估算学生在该集体中的大致名次。

在不同层次的考试中，由于考试内容的不同，题目难度的不同，使学生获得的分数无法比较，这种现象称为不可比。要评价学生在不同时期的学习情况，使每次考试由不可比转为可以比，这就需要将百分制分数化归为标准分数，简称标准分。

（4）T 分数

因为标准分数法中 Z 的值有正有负，使用不便，经常变换，因此常采用 T 分数法。计算公式为：

$$T = 10Z + 50$$

T 分数以 50 为一般，50 以上越大越优秀，50 以下越小越差。

与标准分数的意义相同，采用 T 分数，不仅可以说明某学生的成绩在团体中所处的位置，可以反映学生在不同层次考试、不同学科上的学习情况，还可以在各学生之间进行比较。

3. 定性评价与定量评价的结合

定量评价是定性评价的基础，定性评价是定量评价的出发点和结果。如果评价仅停留在纯数字上，仅用单纯的数字表示学习情况，不回到定性就失去了一定的意义。因为在教学过程中，学生的操作过程、解决问题的思路、思维品质、个性等无法用分数来反映。如果仅停留在定性上,没有确定合理的数量关系,就难以作出准确的科学评价。只有将定性与定量有机地结合起来,才能对学生的学习成绩作出公正的评价。

例如,以学生考试的答对率为标准,按五级评定:

答对率为 95%～100%——优秀(学生熟练掌握或灵活运用教学内容的所有要求);

答对率为 85%～95%——良好(学生掌握或较能灵活运用教学内容的要求);

答对率为 75%～85%——中等(学生基本掌握教学内容的要求);

答对率为 60%～75%——及格(学生基本掌握教学内容的主要要求);

答对率为 0%～60%——不及格(学生不能掌握教学内容的要求)。

这里特别要指出的是,以上主要是指教师对学生的评价,为了调动学生学习的积极性,变被动为主动,还可以鼓励学生进行自我批评和他人评价,吸引学生主动参与评价,认识自己、认识他人,使得评价更为公正。

5.4.2　卷面成绩评价

1. 试题质量分析与评价

采取试卷形式的测验之后,教师需要对考试试题的性质、来源、内容范围、难度等进行概述总结。比如:测验内容的覆盖面如何;各知识点所占的比例是否恰当;试题内容的选择是否合理,是否有错题、超纲等题目;各层次行为目标所占的分数比例是否恰当。如果是自命题,需要列出试题的双向细目表。如果是非自命题,要对试题进行分析,列出考查知识的细目表或者直条图(各部分知识所占比例)。

衡量卷面测验的质量通常有四个重要的指标,即信度、效度、试题的难度和区分度,因此可以从这四个角度进行分析[10]。

(1) 信度

信度是指测试结果的一致性或稳定性程度。如一个测验对同一个人施测多次,多次测试的结果基本相同,则可认为这个试题是稳定可靠的,即信度较高。反之,如某个测试对学生多次施测,同一个人每次测量的得分变化不定,则这个测试的信度就较低。信度通常以两次测评结果的相关系数来表示。相关系数为 1,表明测评工具如试卷完全可靠;相关系数为 0,则表明该试卷完全不可靠。一般来说,标准化测验要求信度在 0.9 以上,非标准化测验(教师自制测验)的信度一般不能低于 0.6。

(2) 效度

效度是一个测验能够测试出它所要测试的东西的程度,这里具体指测验的内容、范围、题目分配以及难度分布适合测验目的的程度,它是测验结果是否能真正反映测验目标和意图的指标。

(3) 难度

难度是指试题的难易程度,它是衡量试题质量的一个重要指标参数,它和区分度共同影响并决定试卷的鉴别性。难度的计算一般采用某题目的通过率或平均得分率。例如,一个班 50 人,在某个二分变量(如答对得 1 分,答错得 0 分)题目上答对人数为 37 人,则这道题目的难度为:

$$P = \frac{R}{N} = \frac{37}{50} = 0.74$$

当题目为多分值时则用平均数来计算,如一个满分为 10 分的题目,全班平均得分为 4.3,那么该题目的难度为:

$$P = \frac{\overline{X}}{X_{\max}} = \frac{4.3}{10} = 0.43$$

从上述例子可见,难度实际上是以容易程度来表示的,P 值越高说明难度越小。测试的难度水平多高才合适,取决于测试的目的、项目的形式和测试的性质。一般认为,试题的难度以适中为宜,一般选在 0.3～0.7 之间比较合适,整份试卷的平均难度最好在 0.5 左右,高于 0.7 和低于 0.3 的试题不能太多。

（4）区分度

区分度是测试题目对鉴别能力的一种测度,即在一定难度参数的情况下,试题对不同被测试者鉴别其能力的程度。区分度是衡量题目质量的主要指标之一,是筛选题目的依据。如果试题区分度高,则该测试的信度必然理想,可以拉开不同水平应试者分数的距离,使高水平者得高分,低水平者得低分,而区分度低则反映不出不同应试者的水平差异。试题的区分度与试题的难度直接相关。太难、太容易的题目区分度都不是很好,通常来说,中等难度的试题区分度较大。另外,试题的区分度也与应试者的水平密切相关,试题难度只有等于或略低于应试者的实际能力,其区分性能才能充分显现出来。

区分度的计算可采用如下基本公式:

$$D = \frac{H - L}{N}$$

其中:D 代表区分度指数;H 代表高分组答对题的人数;L 代表低分组答对题的人数;N 代表一个组的人数,即高分组与低分组人数之和。区分度的取值在 -1 与 1 之间,即 $-1.00 \leqslant D \leqslant +1.00$,区分度指数越高,说明试题的区分度越强。一般认为,区分度指数高于 0.3,试题便可以被接受。

2. 试卷分析与评价

对试卷的分析和评价可分为定量与定性两部分。

（1）定量分析与评价

① 逐题统计分析(可用列表法或统计图法)。对于填空题,统计答对率,比如可参考表 5-9。

表 5-9　填空题统计分析表示例

题号	1	2	3	4	…	总计
全对人数						
半对人数						
答错人数						
平均分						
难度						

对于选择题,按选项统计,比如可参考表 5-10。

表 5-10　选择题统计分析表示例

选项＼题号	1	2	3	4	...
A					
B					
C					
D					
平均分					
难度					

对于计算题,按等级统计,如得零分人数,得满分人数,得部分分的人数,计算出难度和平均分。

② 统计学生成绩频率分布情况。

③ 统计三率一分,即优秀率、及格率、低分段率及平均分。要注明试卷的总分是多少,最高和最低分是多少。

(2) 定性分析与评价

① 诊断。找出并指明存在的问题,分析其原因。问题应分为共性问题和个性问题两大类,重点找出共性问题及原因,教与学两方面都需要进行分析。

② 制定措施。制定措施,以对存在的问题进行改进和矫正。

5.4.3　实验成绩评价

计算机技术课程是一门实践性极强的学科,不上机操作学不会,不实践操作学了也没有用。重视计算机上机操作的评价,是计算机技术课程的一大特点。

1. 计算机上机操作评价的内容

上机操作评价的内容包括上机目的是否明确,上机操作的态度如何,是否熟悉操作规程,是否熟练掌握操作步骤,对处理执行过程中出现问题的能力如何,是否能灵活运用所学的知识更简便地得到结果,实验结果是否顺利得到,与他人合作情况如何,能否用多种软件创作自己的作品等。

2. 计算机上机操作考核方式

计算机上机操作评价可以通过上机操作技能的考核来完成。平时可用单元测验,即进行形成性考核。期末集中进行终结性考核。考核方式可以多样,有技能型内容方面的上机操作考试,有"任务驱动模式"完成作品的考试等。

3. 编制考核试题的原则

(1) 必须依赖操作和操作技能。

(2) 必须有利于考核思维能力和上机操作实际能力。

(3) 能比较全面地覆盖各项考核内容。

（4）难度适宜，便于对不同水平的学生进行区分。

（5）操作步骤繁简适当，便于评定。

本章小结

本章主要介绍了教学评价的意义和原则，教学评价的内容及分类，描述了教学评价工作的组织和实施过程，重点探讨了应用于计算机技术课程的几种典型的教学评价技术和教学评价方法，并讨论了计算机技术课程的学生成绩评价方法。

思考题

（1）什么是教学评价？实施教学评价的意义何在？

（2）教学评价有哪些主要的类型？

（3）试述课堂观察的基本内容和步骤。

（4）教学过程中的测验有哪几类？如何科学地设计测验试题？

（5）什么是电子档案袋？在教学实践中如何有效地建立和使用电子档案袋？

参考资料

[1] 李玫,倪玉华,郑义.形成性评价在大学计算机基础教学中的应用.《全国高等院校计算机基础教育研究会 2006 年会学术论文集》.北京：清华大学出版社,2006.

[2] 周敦.中小学信息技术教材教法.2 版.北京：人民邮电出版社,2007.

[3] 李秉德.教学论.北京：人民教育出版社,1991.

[4] 祝智庭.现代教育技术——走进信息化教育.北京：高等教育出版社,2002.

[5] 陈瑶.课堂观察指导.北京：教育科学出版社,2002.

[6] Walter Dick 等著,汪琼译.教学系统化设计(第 5 版).北京：高等教育出版社,2004.

[7] 李克东.教育技术学研究方法.北京：北京师范大学出版社,2003.

[8] 陈晓明.电子档案袋在信息技术新课改教学中的应用.《中国电化教育》,2005(7).

[9] 利用专用软件进行评价研究.全国教师教育网络联盟. http://www.jswl.cn/course/kczh/IT/IIS/sjgj/tool/pjyjgj/index.htm.

[10] 张剑平.现代教育技术——理论与应用.2 版.北京：高等教育出版社,2006.

第 6 章

计算机技术课程的教学研究

　　本章主要围绕计算机技术教育介绍教学研究的特点,初步给出了计算机技术教育的学科定位与性质;在此基础上对计算机技术教育的教学研究的内容进行分类描述;简单介绍几种教学研究的常用方法。还详细介绍了论文选题的方法和原则,为论文开题铺平道路。在论文的结构和格式上,给出了比较详细的实例,以便参考。最后指出了论文中常见的几种问题,希望读者撰写论文时能够避免出现类似情况。本章学习主要掌握的内容:

- 计算机技术课程教学研究的特点和内容;
- 教学研究的普遍方法;
- 教学研究课题选择的方法和原则;
- 教学研究论文的结构与格式;
- 撰写论文时避免出现常见的错误。

6.1　计算机技术课程教学研究概述

　　2003 年,南国农先生将我国 20 世纪 70 年代后期起步的电化教育分为两个阶段:视听教育阶段和信息化教育阶段。视听教育阶段从 20 世纪 70 年代后期到 90 年代初期,电教领域应用的主流技术是投影、录音、电视技术。信息化教育阶段从 20 世纪 90 年代中期到现在,这一阶段的重要标志是信息高速公路——以计算机为核心的多媒体网络教育系统的建设并投入使用,主流技术是多媒体技术和计算机网络。[1]

　　近年来,在教育技术学领域,已有学者开始对教育技术学学科发展本身进行研究,这说明教育技术的自我意识正在形成,也标志着教育技术学科正在走向成熟。计算机技术课程教学研究作为现代教育技术的一部分,正在以一个新的科目逐渐浮出水面。

6.1.1　教学研究的特点

　　相对于研究“教育是什么”,即探索教育规律的教育科学,以及“为什么教育”,即探索教育根源于本质的教育哲学而言,教育技术学研究与实践的核心和关注点是“如何教育”,它把教育、教学实践活动作为自己的研究对象,试图利用一切相关的教和学的科学知识和经验,通过研究、探索与实验,改进教育实践,更好更快地实现教育目标,这就是教育技术及其学科要达到的目的。所以,教育技术学就是对解决教育、教学实践问题的策略方案、途径的追求和相应的理论的研究。它又以研究"教育是什么"和"为什么教育"的知识为理论基础。而教育技术学知识体系的构建是当前教育技术学研究中最为薄弱的环节,这应当是教育技术学学科发展的首要任务。这方面的研究包括对教育技术自身的研究,以及对教育技术学的有关分支理论的研究,它们共同构成教育技术学学科的核心知识和外围知识。

计算机技术课程教育作为一门综合性学科,综合应用了教育学、计算机技术、心理学、文学、美学以及系统论、信息论等各种相关理论和知识。它既具有传统教学的一般特点,又是传统教学的延伸。它要利用计算机和网络技术为学习者提供更好的信息平台,能引导创造性的自主学习,既克服传统教学的弊端,又汲取传统教学模式的优点。

计算机技术课程教学研究主要围绕计算机技术在现在教育中的地位与作用,讨论计算机技术课程在系统化过程中需要的理论支持,建立软、硬件标准,解决教学教育过程中碰到的问题,为构建现代教育教学方法提供帮助。

6.1.2　教学研究的内容

计算机技术教育研究按内容分为如下六类[2],读者可以根据需要,选择适当的内容开展研究。

1. 自身知识的研究

(1) 计算机技术教育研究的概念和性质

以教育学理论为基础,结合计算机技术、心理学、文学、美学以及系统论、信息论等各种相关理论和知识,讨论计算机技术教育学科的定位与学科性质。

(2) 计算机技术教育的基础理论

① 计算机技术教育与计算机科学、教育学、心理学、生理学、传播学、哲学、美学、系统论、信息论、控制论等学科的关系;

② 计算机技术教育学的学科体系;

③ 计算机技术教育学的研究方法,实验研究的设计、组织、评价;

④ 计算机技术教育的发展及其规律:

· 计算机技术教育史。

· 各国、各地区计算机技术教育比较研究。

⑤ 计算机技术教育教学系统设计的理论与技术。

(3) 计算机技术教育教学法的研究

① 计算机技术教育教学法原则;

② 计算机技术教育教学过程及其规律;

③ 教师在教学过程中的地位与作用;

④ 学生在教学过程中的地位与作用;

⑤ 教学过程中各种因素的组织协调;

⑥ 学科的教学法(包括各类学科的不同教学法;课堂结构,教学环节;第二课堂教学法;教学组织形式;微格教学在培训中的作用;远程教学法)。

2. 有关教育理论的分支理论研究

（1）计算机技术教育的社会学研究

技术活动是一项社会活动，相对于科学，特别是对于自然科学来说，技术有明显的社会相关性。技术所具有的社会属性，要求在研究技术时关注社会学的视角，计算机技术教育的研究也同样离不开社会学的视角。

例如：研究计算机技术教育在发展与改革教育中的地位与作用。

① 计算机技术课程在物质文明和精神文明建设中的地位和作用；

② 计算机技术教育对推进教育改革的作用。

（2）计算机技术教育的批判理论研究

技术批判理论的目标是把人从技术的奴役中解放出来。建立批判理论研究，就是利用技术批判理论的一些观点，更主要的是借鉴批判的思维方式，全面、辩证地认识计算机技术教育的发展及造成的社会影响。

例如，从事计算机技术教育的领域的某些人，很容易成为计算机技术教育的"无原则"的宣传者。而且在一种新的概念出现时，人们往往会形成相关于这个新概念的研究"热"，似乎无所不能，严重地影响了理性的思维，对学科或技术的发展及为不利。

（3）计算机技术教育的心理学问题研究

计算机技术教育的心理学研究就是对教育中计算机对人们生活和心理的影响进行研究。比如，基于计算机的媒体，它不像书刊、杂志、电影和广播，而更像研讨会、实验室，交互性更强。这种新的工作、娱乐和教与学的途径需要更多的探究式的行为以及不断变化的感觉和知觉，而这方面和原有的教育方法中的认知模式并不完全一致。

（4）计算机技术教育的经济学问题研究

技术以追求效果、效率和效益为目标。经济学问题研究的一个重要目标就是成本效益的追求。计算机技术教育要解决教育、教学实践问题，而解决方案很多，一般来说，在达到所要求的目标的前提下，花费最少的方案最好。

对技术教育进行经济学分析，从而使技术的决策更明智，更合理，是目前教学设计研究中的一个重要趋势，也是当前教育技术领域比较薄弱的环节。

3. 学科教育技术知识研究

计算机技术力图解决教育、教学实践当中的问题。这些问题中，有的是超学科的一般性问题，有的是与具体学科情境密切相关的问题，所以，即存在一般性的教育技术知识，也有针对学科的不同特点、不同情境的学科教育技术知识。

例如：

（1）计算机技术教育在发展各级各类教育中的地位与作用（包括高等、中等、初等、幼儿、特殊、职业技术、干部、民族、扫盲、师资培训、个别、终身教育等）；

（2）计算机技术教育在各学科教育中的地位与作用（包括自然学科、社会学科、政治思想和外语等学科教育）。

4. 影响计算机技术及其学科发展因素的研究

新技术及其学科的发展受到很多因素的影响，比如受到文化传统，价值观与人文、物理环境的影响；受到理论基础学科的发展的影响；受到社会经济、政治与技术发展的影响等。

例如：发达地区与贫困地区计算机技术教学比较研究。

5. 专门为计算机技术教育而生产的产品或产生的技术及其应用的研究

（1）计算机技术教育硬件的研究。

① 新（硬件）技术在计算机技术教育中的运用；

② 计算机技术教育设备的标准化、系列化；

③ 各级各类学校计算机技术教育设备的配备标准；

④ 计算机技术教育设备的操作技术研究；

⑤ 计算机技术教育设备的技术标准及测试方法。

（2）计算机技术教育教学软件的研究。

① 新（软件）技术在计算机技术教育中的运用；

② 计算机技术教育教学软件的特点及其编制原则（包括选题原则；软件与教材的关系；软件与学生接受能力、启发智力的关系）；

③ 计算机技术教育教学软件的设计、制作与评价。

（3）计算机技术教育标准研究。包括各类软、硬件标准，管理员、教师、学生的标准；评价标准。

（4）教科书、工具书、参考资料的编著。

6. 绩效技术的研究与发展

影响绩效的三个问题是人员的知识技能，人员的主观能动性，人员的组织环境。计算机技术能否真正解决教育的问题，而不仅仅局限在教学的范畴，其前提条件是计算机技术发挥作用的层次要超越课堂等微观层次，计算机技术教育的思想和方法应当被教育部门的领导阶层所接纳和掌握。领导阶层用战略的眼光，从宏观的角度来考虑绩效问题，新技术才能在更高层次上发挥它的作用。

计算机技术教育管理研究包括：①在不同时期的教育方针和政策；②计算机技术教育机构的类型、结构及其科学管理；③教材、资料的管理；④技术人员的管理，专业设置；⑤设备的管理；⑥经济效果的评估。

6.1.3　教学研究的方法

教学研究的方法有以下 7 种。

1. 历史研究法

历史研究法是运用历史资料，按照历史发展的顺序对过去事件进行研究的方法。亦称纵向研究法，是比较研究法的一种形式。计算机技术教育与传统教育方法的比较研究需要使用这种方法。

2. 观察研究法

观察法是指研究者根据一定的研究目的、研究提纲或观察表，用自己的感官和辅助工具去直接观察被研究对象，从而获得资料的一种方法。科学的观察具有目的性、计划性、系统性和可重复性。在科学实验和调查研究中，观察法具有如下几个方面的作用：①扩大人们的感性认识；②启发人们的思维；③导致新的发现。

3. 调查研究法

调查法是科学研究中最常用的方法之一。它是有目的、有计划、有系统地搜集有关研究对象现实状况或历史状况的材料的方法。调查方法是科学研究中常用的基本研究方法，它综合运用历史法、观察法等方法以及谈话、问卷、个案研究、测验等科学方式，对教育现象进行有计划的、周密的和系统的了解，并对调查搜集到的大量资料进行分析、综合、比较、归纳，从而为人们提供规律性的知识。

4. 实验研究法

实验法是通过主动变革、控制研究对象来发现与确认事物间的因果联系的一种科研方法。其主要特点是：①主动变革性。观察与调查都是在不干预研究对象的前提下认识研究对象，发现其中的问题。而实验却要求主动操作实验条件，人为地改变对象的存在方式、变化过程，使它服从于科学认识的需要。②控制性。科学实验要求根据研究的需要，借助各种方法技术，减少或消除各种可能影响科学的无关因素的干扰，在简化、纯化的状态下认识研究对象。③因果性。实验是发现、确认事物之间的因果联系的有效工具和必要途径。

5. 个案研究法

个案研究法是认定研究对象中的某一特定对象，加以调查分析，弄清其特点及其形成过程的一种研究方法。个案研究有三种基本类型：①个人调查，即对组织中的某一个人进行调查研究；②团体调查，即对某个组织或团体进行调查研究；③问题调查，即对某个现象或问题进行调查研究。

6. 实证研究法

实证研究法是科学实践研究的一种特殊形式。其依据现有的科学理论和实践的需要，提出设计，利用科学仪器和设备，在自然条件下，通过有目的有步骤地操作，根据观察、记录、测定与此相伴随的现象的变化来确定条件与现象之间的因果关系的活动。主要目的在于说明各种自变量与某一个因变量的关系。

7. 统计法

统计法是把所收集的有关数据运用信息技术加以整理、简缩，使之系统化、简明化，并用图表显示，以便于比较。

以上的主要研究方法各有长处，也存在不同的缺点，在实际研究工作中，可以同时采用几种方法，互相补充，使研究结果更真实、全面。

6.2 计算机技术课程教学研究课题的选择

选题是一项重要的研究工作。选题并不是一个简单随意的问题，而是有价值有意义的科学问题。从这个意义上说，提出一个科研选题比解决一个现实问题更困难。因为选到一个有价值有创造性的课题,既要懂得课题的来源,又要有相当的科学素养,要理解选题的价值意义,要富有想象力,对选题要有浓厚兴趣,有相当的知识储备等等。

6.2.1　课题选择的角度

1. 从教学实践中选题

现实的需要,是科研课题的首选目标。这是大多数中、职教一线教师的选题视角,理论研究不是他们的长处,也不太了解别的学术观点和其他学科的教学方法,也没有机会从管理的角度进行规划设计。而长期的教学使他们对施教过程中碰到的问题有切身体会,也有机会实施面向学生的调查研究。

作为科研选题并不是考虑那些表面的肤浅的问题,而应该是那些在一定深层上的价值的问题,这需要一定的深度思考甚至广泛调查研究才会发现。

2. 从理论研究中选题

人类认识是无限发展的,理论的真理性只是相对的,理论与事实之间的矛盾总是存在的,理论体系的完备性也不是永恒的。即便是曾经有"结论"了的理论观点,随着实践和认识的发展,也需要不断扩展和深化。因此,用探索批判的眼光去看待已有的、传统的理论观点,常会从中发现新问题。

计算机技术课程教学研究尚属于一个新的领域,需要从基础的或者其他的教学研究中借鉴和发展理论依据。

值得注意的是,对那些自相矛盾的理论问题,是应该引起注意的课题,通过研究,分析为什么会产生矛盾,矛盾的焦点在哪里,后一个结论对前一个结论是发展还是修正。

3. 从不同学派、观点的学术争论中选题

科学研究是一种探索性的创造性思维,对同一观点、理论常会发生分歧和争论,甚至形成不同的学派。如人猿之间界河、界限之争,中国封建社会起点之争,经济决定论与文化决定论之争,市场调节与计划调节之争,唯"硬件"论与唯"软件"论,以学生为核心的观点与以教学内容为核心的观点等等。在争论中,会有正确与错误之分,即便是基本正确,也会有不完备之处,争论的双方都会有许多问题值得探讨和研究。因此,关注学术之争,深入了解争论的历史、现状和争论焦点,是发现问题、选择研究课题的一条重要途径。

4. 从学科渗透、交叉中选题

学科渗透、交叉是科学在广度、深度上发展的一种必然趋势,事物都在普遍联系之中,各门学科也在普遍联系中,以往人们注意从学科相对独立性上进行研究,现代科学注意了学科相互渗透、交叉的研究,在学科渗透、交叉"地带"存在着大量的新课题供选择。这样的地带主要有:①比较学科。对不同系统,通过比较分析,探索其共同规律和特殊规律,比如比较哲学、比较史学、比较法学、比较管理学中的课题;②边缘学科。在二三门学科的边缘地带,相互结合而形成的新的研究对象,如社会心理学、管理心理学中的课题;③软科学。以管理

和决策为中心问题的高度综合性,智能性的学科,它的研究对象大多是与国民经济、社会和科技发展相关的复杂系统,比如管理科学、领导科学、决策科学、预测学、政策学、战略学、咨询学中的课题;④综合学科。运用多学科的理论、方法和手段,从各不同方面进行立体研究的课题;⑤横断学科。在跨学科研究的基础上,研究各事物中的某种共同属性;⑥超科学。从更高层次上研究一般规律,如科学、哲学中的课题。

对于计算机技术课程的教学研究这个新的领域来说,从学科渗透、交叉中选题是一个比较理想的出发点,可以借鉴其他领域里已经较为成熟的研究对象来进行比较研究。

5. 从科研管理和规划中选题

国家、省市及各种学术团体也经常提出许多科研课题,如国家、部省市的"九五"规划重点课题、年度课题,这些课题一般都是理论意义、现实意义上比较重要的课题,应当是科研工作者选题的重要来源。这类课题属指南性选题,其中许多课题的难度、规模很大,选题时,科研人员应从自己的优势出发,把课题加以具体化,以保证其可行性。此外,在各级政府、科研部门制订的各种科研规划中,也提出许多研究课题,也都是选题的重要来源。

6. 从直觉思维、意外发现中选题

科研人员对研究对象富有浓厚的探索兴趣,也是科研选题的一个重要来源。大量值得研究的选题,首先表现在各种社会现象中,科研的任务就是从现象认识本质。现象问题是人们最容易感觉到的。这时,选题常常得益于科研人员的想象、灵感、直觉,以及对这些直觉思维、意外发现带来的机遇的捕捉。当然,这类选题开始时可能是幼稚的、肤浅的,尚需深入思考和论证。

6.2.2　课题选择的原则

科研工作面临的问题,可以说无穷无尽,对于一个科研人员来说,只能选择其中适当课题。如何选择,并无固定模式,总结科研选题的历史经验教训,可以概括出若干条原则。

1. 目的性原则

科研选题首先要解决的问题应当是"为什么",目的性是选题工作的首要原则。

选题最根本的目的是为了满足教育和教学实践的需要。当前,我国教育改革正在进一步深化,需要解决和研究的课题越来越新,更多,更复杂和更困难。教学科研一定要满足教学实践需求。

与选题的目的性、需要性相联系的是课题的价值性。只有科研课题所要解决的问题是有价值的,比如经济价值、社会价值、理论价值、学术价值等,才会达到满足社会需要的目的。所以课题的价值性就成了衡量选题目的性、需要性的标准,在选题中,目的性原则、需要性原则、价值性原则是一致的。

在选题中,贯彻目的性原则,应当注意到以下几方面的问题。

(1) 一般选择实用较大课题。

(2) 既要注重当务之急的课题,也要重视科学预测的课题,现实需要与长远需要相结合。

（3）理论研究和应用研究都重要。

（4）充分利用本地区本部门的条件，同时注意利用外来条件。

（5）积极开展和承担协作课题。

怎样才能使选题达到目的？在选题中充分贯彻创新性原则至关重要。

2. 创新性原则

科研的本质就应当具有创新性，评审科研成果质量的最重要原则就是看成果有无创新，因此，科研选题从一开始就应当充分注意到这一点。科研选题切忌重复别人解决了的课题。

所谓具有创新性的选题，指的是那些尚未解决或未完全解决的、预料经过研究可获得一定价值的新成果的课题。如新见解、新观点、新思想、新设计、新概念，新理论、新手段、新质量、新效益等。创新性具有新颖性、探索性、先进性、风险性等特点。它进一步体现了课题的需要性、价值性。

选题中，贯彻创新性原则，关键在一个“新”字上。这种创新的课题在哪里？一般而言，在各种各样的矛盾点上，尤其是新旧之间的矛盾点。比如新事实与旧理论的矛盾，新理论与旧理论的矛盾，不同学科之间的矛盾。这些矛盾突出表现在科学发展的前沿地带、学科之间空白地带、不同理论观点、学派相争论的地带，研究工作遇到挫折失败的地带等等。这需要科研人员目光敏锐，抓住线索，跟踪追击，以求突破。

这些要求，对研究工作者来说，一般也是比较困难的。许多有经验的导师在指导学生科研时，常从这样三个方面来指导：第一，在局部性的课题上具有创新性。即解决一个多因素的大课题中的尚未解决的某一个因素，或者能做出深入透彻合理的分析见解；第二，在别人研究成果的基础上加以扩大，有自己的补充，新的见解或改进；第三，纠正别人的错误。总之，创新性可大可小，可难可易，如何选题，根据各人具体条件而定。

选题需要有价值性、创新性，选择并完成这样的课题，不能想入非非，脱离实际，要有一定的科学根据，因此，选题需要遵循求实性的原则。

3. 求实性原则

选题的求实性是指选题要有真实的可靠的依据，或者事实根据，或者科学理论根据，选题要事出有因。

任何新课题以至新成果，都是在已有成果基础上提出的，在继承基础上的创新。从事理论研究，要有一定的事实根据，从事应用研究，要有一定理论根据，正如生理学家巴甫洛夫说的那样，实事就是科学家的空气，没有实事，永远飞腾不起来。

坚持求实性原则就是坚持辩证的唯物主义实事求是的原则。在选题中，不能违背一定范围内由实践检验过的事实和规律，以科学理论为依据，实质上也是以客观事实为依据，以客观规律性为依据。然而，对事实和理论的理解也应当是辩证的。在选题时依据的事实和理论并不是全面的、彻底的，也有一定的局限，况且都是变化、发展的。随着实践的不断深化发展，新的认识、新的发现、新的发明还会对已有事实和理论进行新的审查，所以，求实中的“实”字并不是僵化的、呆板的。因此，求实性原则要求在选题时，既要尊重事实，又不拘泥于事实，既要接受已有理论的指导，又要敢于突破传统观念束缚，采取辩证的有分析的态度。

符合上述三原则的选题，是否就可以着手开题工作呢？还需要分析完成选题的主客观条件,还有一个现实可行性原则。

4. 可行性原则

科研工作是认识世界改造世界的一种探索性、创造性活动,总要受到一定条件限制。正如恩格斯说的,"我们只能在我们时代条件下进行认识,而这些条件达到什么程度,我们便认识到什么程度。可行性原则体现了条件性原则。"如果选题不具备可以完成的主客观条件,再好的选题也只能是一种愿望,因此,可行性原则是决定选题能否成功的关键。

选题,必须考虑将要遇到的困难。如理论方面的、技术方面的、资料方面的、各种人际关系方面的等等困难。应当均有解决这些困难的可能性。选题有难易不同,有工作量多少不同,一般常犯的错误是选题过大,试图在较短时间内完成一项过大的课题。

选题中,应当充分分析估计以下条件。

(1) 现实的主观条件。主要是指科研人员的知识结构、研究能力、对课题兴趣、理解程度、责任心等。

(2) 现实的客观条件。主要是指资料、经费、时间、协作条件、导师条件等,对应用性课题,还应考虑到成果的开发、推广条件,用户采用接受条件。

(3) 积极创造条件。除已具备的条件外,对那些暂不具备的条件,可以通过努力创造条件。如知识不足可以补充,设备经费不足,有的也可以艰苦奋斗克服一些困难,情况不明,可以先进行调查研究等。

选题时应根据已具备的,或通过努力可以获得的条件,扬长避短,利用有利条件,克服不利条件,选择基本符合自己情况的研究课题。

6.3　研究步骤

在决定开展研究工作之前,课题组的人员必须有明确的思路和步骤。

(1) 确定研究课题。按照前面提出的选题原则进行选题。

(2) 确定研究方法。根据选题的内容寻找合适的研究方法。定性与定量相结合,最好采用两种以上的方法,互相印证,或弥补单独采用某种方法可能会出现的缺点。

(3) 制定详细的研究计划和步骤。预先拟定研究计划草案,课题组讨论,集思广益。研究计划包括以下几方面。

① 题目。要明确,单一,不能太大或模糊。

② 目标背景论述。根据国内外对此领域的发展情况,论述开题的理由、研究的目的,以及对学科理论的发展有何重要意义。

③ 主要需解决的问题或研究对象。可分为若干个子题目,细化研究,然后汇总完成总课题。

④ 研究方法与步骤。根据课题内容,详细叙述采用的研究方法,确定步骤。

⑤ 时间安排。包括阶段性和终结性完成的时间及验收和评审时间。

⑥ 人员分工。每个成员必须明确各自的任务及完成时间。

(4) 实验工作。

① 查阅参考大量相关的国内外资料,记录相关内容的出处。

② 拟定调查提纲或问卷。

③ 回收调查数据。

（5）分析实验资料。采用统计分析法。

（6）研究报告。

① 研究工作的详细过程。

② 比较前人和自己做的工作。

③ 研究结果。

④ 对结果进行分析，包括成果与不足。

⑤ 列出参考资料。

6.4 计算机技术课程教学研究论文的写作

写论文从不同的角度分析有不同的作用。从功能角度，写论文是获取系统知识的有力手段，是新思想、新理念、新技术、新方法的来源；从工具角度，写论文是训练综合能力的主要方法，包括信息检索能力、观察能力、创新能力、思维能力、文字能力、科研能力；从功利角度，它是实现人生价值的有效途径。它有益于人才的脱颖而出，有益于个体的公平竞争。论文在人们学习、工作、生活、思维方式中发挥着重要的影响。

6.4.1 论文的基本结构与格式

教学研究报告或论文按照研究目的可分为三种基本类型：①理论探讨性、论证性论文。②综合论述性论文。③预测性论文。无论哪一种教学研究报告或论文的写作都有比较固定的模式。研究报告的基本结构分为三大部分：一是题目部分，指正文之前有关资料；二是正文部分，指研究报告的主体；三是结尾部分，指正文后所附的资料。

1. 题目部分

题目部分包括标题、署名、摘要、关键词。

（1）标题。标题是文章的眼睛。好的标题能给人以深刻的第一印象，使人一眼就能判断研究的是什么、研究的价值、意义。标题当然要简洁，但意义明确是第一位的。为了含义确切，有时宁可多用几个字。一般来说，一个好的标题在表述上最好能涉及两个变量的关系，涉及研究对象、内容、方法。总之，标题要与研究主题吻合，文字简洁，一目了然，要有吸引力和感染力。

（2）署名。署名一般用真实姓名，并在姓名前或姓名下标出作者的工作单位。署真名和单位，一方面是为了表示负责，另一方面是为了便于同行联系和交流。有时研究报告是集体成果，可署集体名称或课题组名称。通常要在标题或所署名称后打个"＊"号，在该页末尾画一横线，作题注，说明课题名称，课题组成员，注明是谁执笔，以及对课题研究作出贡献（包括提供资料、设备、研究经费、赞助等）的人或单位致谢。署名的排序按对课题研究的贡献大小顺序排列。

（3）摘要。摘要也称提要，是用简洁的形式提取研究论文的主要内容，是论文的浓缩、梗概。一般读者总是先读标题、摘要，然后再决定是否需要阅读全文。研究报告摘要的字数应按刊物的要求。一般 5000 字左右的研究报告，摘要在 200 字左右，学位论文的摘要可达 500 字。摘要的表述一般涉及问题、方法、结果和结论。

（4）关键词。有些刊物要求作者写出课题研究的关键词。一般一篇研究报告的关键词不超过 8 个。关键词是将研究论文中能反映研究方向和研究领域的最重要的词提取出来，放在摘要之下，以便读者一看之下就能了解研究论文的主要内容和主攻方向，也便于文献检索系统进行主题分类和做索引。通常关键词取之于标题中的变量，研究假设中的变量以及研究主题中的变量。重要的词应尽可能往前放。

例如发表于《中国现代教育装备》2010 年第 2 期的这篇文章。

中学体育教学与信息技术整合的实践与体会

孙　军

某省某市某中学

摘　要：笔者从传统的体育课教学中存在的问题入手，就信息技术在体育教学中的运用谈了自己的体会和看法。在体育课教学中，要恰当地运用多媒体辅助教学；加强计算机技术的学习和实践，提高计算机多媒体教学水平；充分发挥多媒体辅助教学的优势，不断探索新的教学方法，丰富教学手段，并谈了信息技术在体育教学中运用应注意的问题。

关键词：中学体育教学 信息技术教育 整合应用

2. 正文部分

研究报告的正文部分涉及 5 个方面：一、引言，二、方法，三、结果，四、讨论，五、结论。

（1）引言

研究报告正文的开头部分是引言部分。引言部分主要介绍研究什么问题，向读者提供有关课题研究的背景信息，使读者能理解和评价研究的意义和价值。引言部分包括问题的陈述、文献综述、研究假设、变量的定义、研究的目的意义等。

① 问题的陈述。主要说明所研究问题的由来，介绍问题的理论背景，经验背景，要使读者一进入正文就能了解该论文的主旨和要义。问题的陈述应尽可能放在前言部分的开端，直截了当地提出，以便读者迅速了解研究方向。问题的陈述最好涉及研究的主要变量，可用一两句话开门见山地把问题提出来，如"本研究的目的是检验……之间的关系"，或"目前要探讨的问题是……"

② 文献综述。文献综述主要是给研究问题提供背景和基础，让人知道现在的研究起点在哪里，是在怎样的基础上进行的。同时也表明作者对该问题有关知识的把握情况。文献综述可以是有关研究工作近期的进展状况的描述，也可以是国内外刊物发表的研究成果的简介。综述不是文献的堆砌，要简练，要有概括。对有争议的观点应同时列出。如"在对幼儿道德发展阶段的研究中，有人认为……也有人认为……"或"综合儿童游戏理论的研究，大致可分为两种类型，一是……代表人物有……二是……代表人物有……"。文献综述均要作

注,说明文献的来源出处。

③ 假设的陈述。提出研究假设有助于集中研究问题,给研究定向,并使研究易于理解。有了研究假设,研究中的变量关系,研究的主题就会变得清晰、明朗。提出假设还需要说明假设的依据和理由,使读者明白假设的合理性。例如,"本研究要检验的假设是 5～7 岁儿童学习阅读的经历与认知言语技能之间存在互补关系,即言语技能发展越成熟的儿童,在阅读中学得越多,反过来说,阅读教学也能促进儿童认知言语技能的发展"。

④ 给变量下定义。对重要的名词术语,对研究的主要变量要加以界定,提供操作定义。下操作定义可以使读者准确理解变量的意义,避免产生歧义。尤其是当名词术语抽象、笼统、比较复杂时,更应明确地加以界定,做出必要的解释。

⑤ 研究的目的意义。这是对研究重要性的描述,要说明为什么要进行这项研究,这项研究的价值有多大。研究的意义来自两个方面,一是能解决实际的教育问题,二是能构建或检验理论。对研究的目的、范围,要解决的问题,以及问题在理论和实践上的价值和潜在意义做出描述,这对作者和读者都是有益的。

当然,引言部分的这几项内容并非每份研究报告都要有,但对于严格的研究报告、学位论文来说,必须具备这些项目。以上几项内容的顺序只是提供如何写引言的大致思路,并非是绝对要求。引言部分文字不宜多,篇幅控制在全文的五分之一以内。

(2) 方法

这一部分主要是介绍研究所采用的方法,材料以及过程,目的是提供足够的研究细节,以便同行能够重复你的研究,评估课题研究的价值和意义。方法部分的内容必须认真、详尽地描述,为他人提供重复研究的基础。方法部分的基本内容包括被试的数量、年龄,选取被试的方式和理由,材料、工具的选择,具体的研究方法和研究设计模式,研究的具体安排和步骤,如何收集资料和数据处理的方法等。

① 被试。被试指被研究的对象。确定被试目的在于指出哪些人参与了研究,数量有多少,他们是如何确定的,是怎样选取的,他们的生理、心理特征是什么。一般要求描述性别、年龄(有时精确到几岁几个月),有时还要描述被试的特征。

② 材料。材料指研究过程中使用的各类物品或资源。材料本身不是研究变量,而是工具。描述材料包括规格、数量、来源、制作方法、测定指标等,必要时还要下操作定义。

③ 研究程序。研究程序通常包括实施步骤、具体次序、如何操作自变量、如何测定因变量、如何控制无关变量,有时还需规定时限、指导语等。

④ 数据处理方法。实证性研究通常涉及数据分析的方法。一般只需简单地提及统计检验的方法即可。

研究方法部分的文字描述要客观准确、具体、直截了当。不要用抽象笼统的、模棱两可的词语。方法部分在长度、内容和写作方式上会有所不同,但重要的是方法部分应向人提供充分的操作信息,使人能理解或能重复该项研究。

(3) 结果

结果部分是描述研究有何发现,并将研究结果客观地呈现给读者。通常可看做研究报告的核心,是最重要的一部分,因为这部分是研究对人类知识宝库的贡献,是为知识的大厦添砖加瓦。研究结果的表达形式主要是叙述性的文字,但为了叙述更清楚,更易于读者理解,常需要辅以图表形式,以便直观地、形象地显现结果。好的研究结果的表述是图表和文

字叙述融为一体的。叙述部分所占篇幅应大于图表所占的篇幅。一般来说,好的叙述是光
阅读文字叙述部分,便能明了结果;好的图表则是只看图表,就能理解结果。

① 概括性描述。结果部分可以简要重述假设开头,然后排列出代表性的数据。如研究
数据较多,结果的项目较多,可分别用一句概括性的句子描述,如"本研究的结果之一
是……"再按具体内容列出数据。

② 列出表格和图解。结果部分除了文字叙述外,通常要有图表给出数据。用图表来表
述信息量大,便于理解,正所谓"一图顶千字"。结果中的文字叙述可以点出图表中的主要数
据,并对数据作一定的解释,但不必用文字完整地将数据重新描述一番。当然也不能只给出
图表,文字叙述只写研究结果见某表某图。表格对结果的表述非常有效,尤其是研究包括大
量统计资料时更是如此。但表格内容的排列要清晰、简明,符合逻辑。现在比较流行的是三
线表(见表 6-1):

表 6-1　三线表示意图

| | 实验组 1 | | 实验组 2 | |
	平均数	标准差	平均数	标准差
言语	—	—	—	—
计算	—	—	—	—
常识	—	—	—	—

③ 描述假设检验的结果。统计检验是指出数据是否证明接受或拒绝假设,并说明统计
检验结果的含义。

结果部分不宜掺入研究者的主观议论、体会,以及其他人的研究成果,不宜评述研究成
果的内在含义。结果部分需要的只是客观地描述事实与数据,评论应放在讨论部分展开。

（4）讨论

讨论是从各个方面对研究结果的含义进行评述。通常作者根据客观事实和研究目的,
通过自己的经验和认识,对与研究结果有关的问题进行分析和讨论,阐明自己的观点,构建
新的理论框架。讨论部分是最难撰写的部分,因为它不像前几部分那样有结构,但是这也为
作者发挥自己的洞察力和创造性提供了机会。

由于研究的目的、内容不同,因而讨论也可从不同层次、不同角度展开。凡与课题有关
的内容都可提出讨论。大致可以从以下几个方面考虑。

① 与结果联系。讨论内容主要与结果部分的内容联系,说明研究结果是否支持研究假
设,并分析原因,阐述结果的理论意义和实践价值,将结果纳入某种理论体系之中或构建一
种新的理论。

② 与引言联系。讨论内容可与引言部分的问题背景、研究假设、文献综述的内容相联
系,也可与研究的潜在意义联系起来进行分析、解释。

③ 指出研究的局限性。讨论应指出他人研究的局限性和本课题研究的局限性,指出研究
中的例外和不完善之处,指出研究中尚未解决的问题,并为以后进一步的研究指出方向和线索。

④ 总结结果。将分散的结果综合起来构建理论。揭示结果所给予的启示,提出实际应
用的价值,有无推广的必要和可能。

讨论毕竟是作者主观的认识和分析,不是客观事实。对研究结果的认识,可以是仁者见
仁,智者见智,因此讨论在表述上用词要有所选择,不要过分地夸大或贬低事实。讨论部分

的篇幅通常要占整个研究报告的二分之一以上。

（5）结论

结论是作者对研究结果做出的推论。结果与结论的区别在于：研究结果传递的是研究最终获得了什么信息，是具体的事实；而结论涉及的是为什么，说明了什么的信息，是对获得事实的推断和解释。如某项研究，实验班的幼儿睡眠时间平均增加半小时，这是事实，是研究的结果；那么增加的这半个小时意味着什么呢？这就是结论要回答的问题。下结论有以下几点需要注意。

① 结论必须建立在事实证据的基础之上；

② 结论应客观真实地反映研究结果，符合实际；

③ 结论的适用范围要与取样范围一致；

④ 结论的文字描述要简洁明了，推论要有逻辑性。

结论的所占篇幅较小。结论内容较多时，可分序号按条项写出。

3. 结尾部分

结尾部分主要涉及参考文献和附录。

（1）参考文献。科学研究总是在前人已有成果基础上进行的，撰写研究论文过程中，涉及与课题有关的资料或摘录引用已发表的文献资料，均应逐一注明出处，编排成目录列于正文之后。列参考文献一方面有助于读者了解资料的来源，有助于查证有关线索，另一方面也反映作者的治学态度，表示对原作者研究成果的尊重。参考文献的多少和质量间接地反映了作者对课题的了解和把握情况。如果引用的是书中内容，参考文献的写作格式是作者姓名（三位作者以上，在第一作者后加"等"表示），书名，出版社名称，出版时间，页数。如果引用的是期刊的论文，参考文献的写作格式是作者姓名，论文题目，期刊名称，出版年份和期号，页数。

参考文献如引用未经翻译的外文资料，最好用原文注释，以便查证。未公开发表的资料最好不要直接引用，如必须引用，事前应征得原作者的同意。研究论文中的参考文献一般按注的先后顺序排列。

例：

ISTE 由于编辑出版《美国国家教育技术标准》而成为美国最具影响力的教育组织之一。上海师范大学的黎加厚教授指出，他在美国向许多教育专家和中小学教师请教，他们都知道 ISTE 和《美国国家教育技术标准》，却不知道 AECT（美国教育传播与技术协会）和 AECT94 定义。由此可见 ISTE 以及 NETS 的影响。[1]

……

发的标准性文件，被美国国家教师教育认证委员会（National Council for Accreditation ofTeacher Education，NCATE）采用并广泛应用于美国教师教育的项目，这些标准性文件包括[2]

……

参考文献

［1］ 东行记 jiahou's blog. 学习、借鉴、研究美国国家教育技术标准. http://www.jeast.net/jiahou/.

［2］ 祝智庭，刘雍潜，黎加厚译. 面向学生的国家教育技术标准——课程与技术整合. 中央广播电视大学出版社，2002.9.

（2）附录。有时研究论文最后含有附录。附录并非是研究论文的必备部分。被收入附录的资料通常有：作者自己设计的测量工具（问卷、量表），研究过程中收集到的重要的原始分数表，与论文密切相关但难以插入正文的资料，以及具有旁证性的文献等。附录的作用是使正文简洁集中，易于阅读，并能为读者提供分析查证的背景资料和原始文献。附录位于参考文献之后，如有几个附录则要编号。在正文行文过程中应标注"见附录"等字样，以说明附录与正文的联系。

撰写研究报告，除了以上几个部分外，行文中还需要用到各种不同类型的注释，常用的有以下几种。

① 题注。是对题目或课题的注释，通常在题目右上角用"﹡"号表示。在该页用脚注形式注释。

② 页注。也称脚注，是在行文作注的那一页的最下面画一横线，进行注释。

③ 尾注。将整篇论文的注释按先后顺序排列起来，放在论文正文后面一起注释。

④ 夹注。在行文过程中，夹在文句中用括号括起来的注释。

⑤ 原作者注。引用原作者所作的注释时，要写明此注为原作者注。

⑥ 作者注。指作者为帮助读者理解而对术语、人物的介绍，或作者在行文中产生的联想和评论性文字。这样的注释后要写明是作者注。

6.4.2　撰写论文的常见问题

1. 前置部分常见问题

（1）题目太大

例如：《计算机技术课程教学可持续发展战略述论》

写文章要大处着眼，小处着手，即要能从战略角度考虑选题的意义，但是选择一个小的切入点来论述。小题目，便于操作，便于把握，说深说透就行。大题目，容易空，难以把握，难以驾驭；资料有限，资源有限，精力有限，时间有限；很多情况是你所不了解、不熟悉、不能掌握和所不懂的，十有八九是失败的。所以选题不要太大，但起点要高。

（2）没有新意

例如：《浅谈计算机课程技术教学与小学教育》、《刍议课堂教学中计算机技术的运用》。

查新是文献检索和情报调研相结合的情报研究工作，它以文献为基础，以文献检索和情报调研为手段，以检出结果为依据，通过综合分析，对查新项目的新颖性进行情报学审查，写出有依据、有分析、有对比、有结论的查新报告。也就是说，查新是以通过检出文献的客观事实来对项目的新颖性做出结论。因此，查新有较严格的年限，范围和程度规定，有查全、查准的严格要求，要求给出明确的结论，查新结论具有客观性和鉴证性，但不是全面的成果评审结论。这些都是单纯的文献检索所不具备的，也有别于专家评审。

没有新意的原因一是阅读少，二是不会查新或不知道查新，不知道学术论文还要查新，尚不懂得查新的真谛。别人都讨论的很多的题目，重复地，没有新的见解地再次论述一番是没有意义的。

（3）题名不作为

例如：《现代教育技术必须发展》、《计算机技术课程课教学相关问题讨论》、《计算机技术将成为现代教育模式的主要方法》或祈使句，或病句，或概念并列，或冗长。

标题是"以简明的词语恰当、准确地反映论文最重要的特定内容"。论文题目是判断一篇论文水平的重要信息。一定要简练、准确，要与内容对称。论文题目是文章的眼睛，是文章的，也是作者的门面。要准确，要新颖，要有灵气，要生动，要能看一眼就引起读者的注意。

标题出现病句，说明了作者在驾驭文字方面的缺陷。不简练反映了作者的思维不是很清晰，如果不是概括能力不强，那就说明作者对文章所论述的本质关联的认识还不到位。

（4）不会作摘要

例如："文章概述了我国数字参考咨询服务的现状，指出了存在的主要问题，并提出相应的对策"，用定性描述代替观点描述；"……提出了改进的有效措施"，"……是解决这一难题的最佳方案"，"……在实际应用中具有一定的指导意义"，"……为学校人事主管部门对人力资源的管理和决策提供了科学手段"，出现自我评价。

对"摘要应拥有与文献同等量的主要信息"的要求不甚清楚，没有掌握学术规范意义上的摘要方法，不清楚读者在利用数据库检索文献时摘要对文献取舍的影响程度。

摘要应具备四要素：目的、材料与方法、结果、结论。其他论文的摘要也应确切反映论文的主要观点，概括其结果和结论。摘要的撰写应精心构思，往往是评稿、审稿的第一筛。

（5）关键词失范

① 出现短语和词组，如"计算机技术教学方法"、"问题与对策研究"等等。检索入口是以关键词的逻辑组合，而不是用词组和短语。

② 通用词泛用，如研究、调查、分析等。

③ 切分题名，如关键词直接取自文献题名。

国家标准对于学术论文中关键词的描述为：关键词是为了文献标引工作从报告、论文中选取出来的用于表示全文主题内容信息款目的单词或术语。从描述中可见，作为学术论文的关键词必须是单词或术语。

2. 主体部分常见问题

结构残缺问题主要表现如下。

（1）前言缺失

（2）前言不点题

前言的作用是点题，介绍研究背景，阐述已有的论述，说明选题的创新点，以便使读者了解文章的立意。前言有助于作者思考文章的立意，有助于明确文章的目的，有助于匡正文章思路和架构，保证文章的逻辑性，也有利于审稿和提高文章的命中率。前言体现着文章的定位、写作意图和思路。如果没有前言，或者在前言中漫无边际地东拉西扯，往往反映出作者对文章的思考不深入，反映出作者在逻辑方面的准备不足。

（3）结语缺失

文章没有结语，使得文章残缺不全，影响文章的美感，会给人一种戛然而止的突然和言犹未尽的遗憾。这种情况，不利于读者体会作者的思想，不利于读者对文章的理解。

（4）结语不作为

结语是文章全文的最后部分，是对全文所讨论问题的结论，是对文章思想观点的强调，是对正文言犹未尽的补充。

　　（5）参考文献失准

　　① 参考文献标注不完整。

　　② 参考文献虚引。例："采用计算机技术的课堂教学只占 20％。"（缺出处）

　　许多人都明白，申报科研项目时，需要进行立项查新，但很多人并不明白，论文写作也需要查新。学术本身是一种继承关系，你在他人的起点上提高，他人又在你的起点上发展。科研和学术的履带就是在这种循环往复中前进的。既然科研和学术是一种继承关系，那么，学术论文，就一定要有学术继承方面的交代，通过交代，让人们知道某选题所涉及的研究领域的研究现况和研究水平，让人们了解该选题的价值（创新点）在哪里。而所有这些，必须是要建立在足够的参考文献基础上的。

　　参考文献反映了文章的学术视野，从参考文献的占有量，可以看出作者对某一问题的深入程度；从参考文献发表时间，可以看出引用数据是不是陈旧。新思想、新方法、新技术是发展的，如果使用过时的材料或数据，是不严谨的，学术水平也将大打大折扣。作者选用参考文献的水平和质量，大体可以体现作者文章本身的水平和质量，也是判断一篇文章理论性和思想性的重要依据。闭门造车，自话自说，很难有高远的眼界和理论上的创新，引用了专家的研究成果，就等于有一批专家给文章做学术后盾，文章的厚重感不在言中。综上所述，参考文献既是学术内容，又是科研方法，同时也是治学态度。所以，一定要做到"凡引必注"。

　　参考文献虚引，表明了这些作者只是把参考文献视为文章的装饰，并不懂其真谛。毫不夸张地说，参考文献成了相当一部分作者文章水平提升的瓶颈，如果对参考文献的认识问题得不到彻底解决，就无法逾越这道门槛。

3. 方法常见问题

　　科学的发展史也是研究方法的历史。认识事物，往往需要通过一定的方法，揭示该事物表象后边隐藏的东西。研究方法是科研所必需的，是充分说理所必需的；没有方法，自话自说，只能停留在表面。当一个人写文章在考虑用什么方法时，标志着他是一个成熟的作者。各种研究方法各有长处，也存在不同的缺点，在实际研究工作中，可以同时采用几种方法，互相补充，使研究结果更真实，更全面。

4. 逻辑常见问题

　　（1）标题和内容不对称

　　例如《数字时代教学用计算机技术的冷思考》、《网络环境下的继续教育现状的思考》，从文字表面看，文章似乎是切题的。但是，题目的中心词是"冷思考"，"冷思考"是逆向思维，是对问题的一种反思，要表达的是"众人皆醉我独醒"的理性，立意往往与众不同。可是，该文章所有的二级标题，并没有呼应主标题，没有列举"热"的表现，为"冷思考"铺垫，也没有"冷思考"的具体内容。这是内容与标题完全不对称的例子。

　　例如《国外图书馆职业道德践行概况》一文中，介绍了日本、美国、英国和法国图书馆职业道德有关情况。日本、美国、英国、法国只是主要发达国家，其外延显然比"国外"要小，这是叙述内容外延太小的例子。

文章的基本要求是标题与内容相符。论述的内容要紧扣题目,使其外延和内涵对等,不能大也不能小。标题要确切地表达出论文论述的对象和范围,论述的内容一定不能超出和小于标题的规定。题目与内容的外延是反比关系。内容的外延大了,则说明题目的内涵小了。内容的外延小了,则说明题目的内涵大了。在文章主旨的统领下,或者修改内容,或者修改题目,使其外延与内涵完全对等。

（2）二级标题之间不契合

标题之间是一种铺垫和呼应的关系。前者要为后者做铺垫,后者要呼应前者。这是叙述所必需的,这是说理所必需的。只有这样,文章才能吸引人,才谈得上有说服力,才可以承载和容纳学术思想的精妙和细微。

例如《图书馆倡导大众阅读的新思考》一文包括以下几部分:①阅读的内涵和意义。②国外阅读状况。③我国的阅读现状。④图书馆在大众阅读中的地位和作用。⑤图书馆倡导大众阅读的建议和思考。从主标题可知,文章的研究主体是"图书馆",客体是"大众阅读"。但是,文章第一、第二、第三部分的论述,遗漏了主体"图书馆",也遗漏了客体"大众阅读",没有为文章的第四、第五部分铺垫。明显可以看出二级标题之间概念的不对等。

（3）二、三级标题之间不对称

上位标题与下位标题之间的不对称,说明作者的概念不清楚,对要叙述的问题,还没有弄明白,还没有想清楚。这种叙述,是典型的"以其昏昏,使人昭昭",这种文章的"价值"是可想而知的。文章所有的下位标题都要为上位标题服务。同级标题之间是一种铺垫和呼应的关系,要做到环环相扣,否则,就会影响对问题的叙述和表达。[3]

5. 处理好抄袭与借鉴的关系

抄袭是指直接使用他人文章的观点、材料作为自己的文章全部或一部分,而不加辨析、没有自己的提炼和创见。这也叫剽窃,是论文写作一定避讳的,是不道德的学术行为。

不抄袭不等于写论文不借鉴。正确的做法是:仔细阅读相关的著作、文章,把别人的观点列举出来(并加以标注,在参考文献中注明出处),对孰优孰劣加以辨析和鉴别,再把自己的想法用自己的语言表述出来。

6. 虎头蛇尾

论文的结构是提出问题,分析问题和解决问题。有的论文前面的提出问题和分析问题的部分过于冗长,而在解决问题时,又没有说透说全,就会显得虎头蛇尾,使论文的重心偏移,或者不知道论文的重点在什么地方。

在写作论文时,也要注意详略得当。整篇论文中要以自己的观点或解决问题的方法、过程为核心。在引题部分只要在论点或问题引出的地方说清楚即可,不需要面面俱到过于繁冗,要考虑和后面解决问题部分的分量比例。

要想写出好论文,首先,必须进行广泛的阅读,如果不看相关刊物,不看相关博客,不看相关论坛,就不可能是一个有前途的论文写作者。必要时,要跟踪一些著名的专家,注意精读;分析文章的选题、结构、逻辑、方法。其次,还要勤练笔,要经常写,而且和别人的进行对比,这样就可以发现自己的不足。再次,做学习的有心人,研究一流学者的研究方法,关注相关专业的研究方法,养成一种思考的习惯,探本溯源的习惯,打破砂锅问到底的习惯。做到了多读、多写、多思考,有了正确的选题,再加上适当的研究方法,高质量的论文就自然而然地水到渠成了。

本章小结

本章主要对计算机技术课程教育的特点进行分析,充分理解教学研究的内容和研究方法。以此作为教学研究的理论基础,进行进一步深入或者广泛的研究。本章列举了部分的教学研究选题,并详细地指出了相应的论述角度和研究方法,读者可以此为例进行选题来撰写论文,并选择相应的研究方法。本章还阐明了教学研究课题选择的方法和原则,为读者正确选题找到更好的切入点,进一步明确思想,才能做到既有理论高度,又能言之有物。另外,本章还就教学论文的写作格式要求进行了较详细的说明,并指出了论文中的常见问题。希望读者撰写论文时能有所借鉴。

思考题

(1) 列举 5 个计算机基础课程教学研究的内容。

(2) 计算机基础课程教学研究的主要方法有哪些?

(3) 计算机技术教育教学研究可以从哪些角度选题?

(4) 教学研究论文的结构是怎样的,各部分的要点分别是什么?

(5) 论文为什么需要摘要和关键词?

参考资料

[1] 南国农. 从视听教育到信息化教育——我国电化教育 25 年. 中国电化教育,2003(9).

[2] 万明高. 现代教育技术理论与方法. 北京: 北京大学出版社,2007.

[3] 王景发. 图书馆学论文常见问题举要及其成因辨析. 大学图书馆学报,2009(4).

[4] 汪基德. 中国教育技术学科的发展与反思. 北京: 中国社会科学出版社,2008.

[5] 刘美凤. 教育技术学学科定位问题研究. 北京: 教育科学出版社,2006.

[6] 邬焜等. 自然辩证法新编. 西安: 西安交通大学出版社,2000.

[7] 汪湘,袁武振. 学术论文摘要编写规范化问题探析. 西安邮电学院学报,2007,12(6).

[8] 潘巧明. 现代教育技术. 北京: 科学出版社,2009.

[9] 吴疆. 现代教育技术教程. 北京: 人民邮电出版社,2009.

[10] 王坤庆. 现代教育哲学. 武汉: 华中师范大学出版社,1996.

第7章 计算机技术信息素质的培养

本章主要介绍信息素养的基本概念和它的基本含义,以及信息素养培养的多种方法和模式。由于计算机网络的普及和丰富多彩的网络信息资源,诸多原因会引起青少年对网络产生依恋,因此本章较为详细地分析了"网瘾"产生的原因、特征和现象,探讨了克服"网瘾"的各种方法。同时本章还描述了绿色校园网的建设基本要求和运行条件。本章学习主要掌握的内容:

- 信息素养的基本含义和信息素养能力的培养;
- 培养学生信息素养的途径;
- 信息素养的培养的多种方法;
- "网瘾"的病征特点以及"网瘾"的基本防治;
- 绿色校园网的基本要求和管理方式。

7.1 信息素养能力的培养

21世纪以计算机和网络为核心的信息技术正在广泛应用于社会各个领域,改变了人们传统的生活、学习和工作方式,具备必要的信息素养已成为每一个人的生存需要。信息是一种力量,是一种教人如何解决问题的方法。全球信息化要求教师必须能够及时、准确地掌握信息,科学、有效地利用信息改造自然,这就是信息社会中高素质的人才都必须具有的信息素养。信息素养的核心是信息能力,它包括信息的获取、信息的分析、信息的加工。信息素养包含诸多方面的内容:传统文化素养的延续与拓展;对信息源和信息工具的了解和运用;使受教育者达到独立学习及终身学习的水平;必须拥有多种信息加工技能,如对所需信息的确定、检索,对所检索到的信息进行评估及处理等。

信息素养的概念从提出之日起,由于信息技术的飞速发展和广泛应用,其概念和内涵也不断得到充实和发展。信息素养还包括信息智慧、信息道德、信息意识、信息觉悟、信息观念、信息潜能、信息心理等多个方面,它是一种了解、搜集、评价和利用信息的知识结构,需要借助信息技术、依靠完善的调查方法、通过鉴别和推理来完成。

信息素养(Information literacy)的概念最早是由美国信息产业协会主席保罗·车可斯基(Paul Zurkowski)在1974年提出,是从图书馆检索技能发展和演变过来的,当时将信息素养定义为"利用大量的信息工具及主要信息源使问题得到解答时利用信息的技术与技能",后来又将其解释为"人们在解答问题时利用信息的技术和技能"。美国图书馆协会和美国教育传播与技术协会1989年提交了一份《关于信息素养的总结报告》,在报告中明确提出了信息素养的概念："个体能够认识到何时需要信息,能够检索、评估和有效地利用信息的综合能力"。

1998 年全美图书馆协会和教育传播与技术协会在《信息能力：创建学习的伙伴》一书中从信息素养、独立学习和社区责任三个方面制定了学生学习的九大信息素养标准,丰富了信息素养的内涵。

标准一：具有信息素养的学生能够有效地、高效地获取信息。

标准二：具有信息素养的学生能够熟练地、批判性地评价信息。

标准三：具有信息素养的学生能够精确地、创造性地使用信息。

标准四：作为一个独立学习者的学生具有信息素养,并能探求与个人兴趣有关的信息。

标准五：作为一个独立学习者的学生具有信息素养,并能欣赏作品和其他对信息进行创造性表达的内容。

标准六：作为一个独立学习者的学生具有信息素养,并能力争在信息查询和知识创新中做得最好。

标准七：对学习社区和社会有积极贡献的学生具有信息素养,并能认识信息对民主化社会的重要性。

标准八：对学习社区和社会有积极贡献的学生具有信息素养,并能实行与信息和信息技术相关的符合伦理道德的行为。

标准九：对学习社区和社会有积极贡献的学生有信息素养,并能积极参与小组的活动来探求和创建信息。

2003 年 9 月,联合国信息素养专家会议发表了"布拉格宣言：走向信息素养社会"(THE PRAGUE DECLARATION "TOWARDS AN INFORMATION LITERATE SOCIETY")。会议由美国图书情报学委员会(NCLIS)和国家信息论组织,来自世界 23 个国家代表了 7 大洲的 40 位代表讨了信息素养。会议指出,信息素养正在成为一个全社会的重要的因素,是促进人类发展的全球性政策。信息素养是人们投身息社会的一个先决条件,如果没有信息素养,信息社会永远不能发挥其全部潜能。[1]

从上述关于信息素养定义和内涵的演化上不难发现,信息素养已不是单一的技能问题,而是一个内涵丰富的综合性概念,它包括技术层面上的信息工具,会使用各种信息传媒工具获取信息；包括智力层面上的信息处理能力,具备信息的浏览、检索、收集、理解、统计、分类、分析、重组、编辑加工及信息的生成、表达等能力；还包括非智力层面上的信息道德修养和信息意识态度。

作为教育者应该清醒地认识到,信息素养已成为现代公民整体素质的一个重要部分。信息素养的培育已成为当代课程与教学改革中渗透素质教育的核心要素,应该从中小学开始,努力培养青少年的信息素养。培养学生的信息能力、提高学生的信息素养是学校开展计算机信息技术教育的根本目标。

7.1.1 信息素养的基本含义

信息素养指的是个体能够"认识到何时需要信息,能够检索、评估和有效地利用信息"的综合能力。这种综合能力已和读、写、算一样成为人们终生有用的基本能力。信息素养是一个内容丰富的概念。它不仅包括利用信息工具和信息资源的能力,还包括选择获取识别信息、加工、处理、传递信息并创造信息的能力,主要包括以下四个方面:[2]

(1) 信息意识。即人的信息敏感程度,是人们对自然界和社会的各种现象、行为、理论观点等,从信息角度的理解、感受和评价。通俗地讲,面对不懂的东西,能积极主动地寻找答案,并知道到哪里、用什么方法去寻求答案,这就是信息意识。信息时代处处蕴藏着各种信息,能否很好地利用现有信息资料,是人们信息意识强不强的重要体现。使用信息技术解决工作和生活问题的意识,这是信息技术教育中最重要的一点。

(2) 信息知识。既是信息科学技术的理论基础,又是学习信息技术的基本要求。通过掌握信息技术的知识,才能更好地理解与应用它。它不仅体现着师范生所具有的信息知识的丰富程度,而且还制约着他们对信息知识的进一步掌握。

(3) 信息道德。培养学生具有正确的信息伦理道德修养,要让学生学会对媒体信息进行判断和选择,自觉地选择对学习、生活有用的内容,自觉抵制不健康的内容,不组织和参与非法活动,不利用计算机网络从事危害他人信息系统和网络安全、侵犯他人合法权益的活动。这也是师范生信息素质的一个重要体现。

(4) 信息能力。包括信息系统的基本操作能力,信息的采集、传输、加工处理和应用的能力,以及对信息系统与信息进行评价的能力等。这也是信息时代重要的生存能力。身处信息时代,如果只是具有强烈的信息意识和丰富的信息常识,而不具备较高的信息能力,还是无法有效地利用各种信息工具去搜集、获取、传递、加工、处理有价值的信息不能提高学习效率和质量,无法适应信息时代对未来教师的要求。

显然信息意识是先导,信息知识是基础,信息能力是核心,信息道德是保证。

7.1.2　培养学生信息素养的途径

社会已进入信息社会,信息技术在生活中得到广泛应用,学校也已将培养学生的信息素养作为培养目标的一个重要内容。[3]

1. 信息技术是培养信息素养的重要工具

设置信息技术课程,通过课堂教学在相对集中的时间内传授信息技术知识,是目前各个国家与地区进行信息素养培育的最主要的手段。在我国的国家课程计划中,信息技术课程也和语文、数学、英语一样作为基础工具课程。学校应根据国家的课程计划,开设信息技术课程,普及信息技术教育。在讲搜索引擎的使用时可以结合学生的研究性课题、活动课程,以综合性、实践性的问题解决为教学和学习线索,让他们学会把信息技术作为支持终身学习和合作学习的手段,具备一定的信息素养。

2. 信息技术和学科整合来提高学生信息素养

目前,在实际教学中,真正将信息技术整合于教学的模式主要有两种:一是“研究性”学习模式或称“探究性”学习模式,二是“协作式”学习模式或称“合作式”学习模式。无论是“研究性”还是“协作式”学习模式,总是依赖于良好的学习环境与信息资源环境的创设。

教师可以利用信息技术来进行辅助教学,学生利用信息技术来获取、分析、交流信息和解决问题。比如在语文课中用多媒体计算机学习写字与组词、用计算机写作文与修改作文、用文字处理软件编辑作文、用网络收集作文素材、用CAI课件进行情景教学等;在数学课中用计算机算术、用多媒体技术绘几何图形、用计算机解题等。信息技术与课程整合就是要根据一定的课程学习内容,利用多媒体集成工具或网页开发工具将需要呈现的课程学习内容以多媒体、超文本、友好交互等方式进行集成、加工处理,根据教学的需要,以创设一定的情境的形式出现。

3. 信息素养的培养应紧密联系生活

新的教育理念提出:人人都学有用的数学,数学不应是演算纸上的智力游戏,它是有用的,有趣的,它就在大家身边,就在人们的生活中。信息素养的培养也不例外。因为信息来源于生活,生活中到处都蕴藏着信息。

在生活中培养信息素养,更侧重于培养学生的意识情感、思想道德及合理利用等方面的信息素养。如布置生活作业,促使学生留意观察生活,养成收集信息的意识。因为学生每天生活在社会中,可接触到很多信息,而他们已具备了一定的观察生活的能力。学生是从属于时代和社会的,他们具有鲜明的时代性和社会性,将学生的信息素养培养仅仅局限于课程、课本和学校的做法,割裂了学生与社会的必然联系,是不完整的。

4. 信息素养的培养应以生为本,以师为导

"以生为本"教育思想认为,学生是天生的学习者,学生具有无限的学习潜能,培养、发掘学生的学习潜力,使学生把学习作为一种快乐的行为,并时时在学习过程中获得成功的体验是至关重要的。

强调"以生为本"思想,但并不是否定或削弱"以师为导"作用,没有教师合理的引导、精心的筹备、科学的设计、适时的激励,学生不可能得到较为全面的发展。

(1)教师是信息源的筹划者和筛选者。这体现在:课前学生的预习和生活感知,都需要教师的引导,才能达到"有的放矢";学生上网获取资料,也需要教师先对这些网络资源进行筛选,提供健康的、符合青少年认知规律的网站和网络信息传授给学生。

(2)教师是学生信息源的施放者、实施者和设计者。学生的自我信息教育活动,少了教师对教学目标或称信息成果和信息学习者特征,如学生的认知特点和已具备能力的周密分析,是不可能实现的。

(3)教师的主导地位还体现在其无可替代的情感影响上。近年来,对学生的培养除了智商的培养,更提出了情商培养,学生由于受自我认知水平的影响,在自觉性和辨别能力等方面还比较弱,因此,单纯靠他们的自己学习,难免会脱离预期的教育轨道。教师的情感激励,教师对事物的情感体验对学生世界观的形成也不容忽视,由此,教师的情感教育是任何高科技产品,任何超前性模式无可取代的。

(4)教师的引导性问题对培养青少年的创新能力至关重要。学生对收集来的信息在认识上往往缺乏系统性、规范性、深入性,这时如果离开了教师启发性的引导,这些信息将流于表面,起不到培养学生素养的最终目的。因此,教师提出启发性、引导性问题,引导他们有意识地从不同角度、不同方面去深入思考整合信息,对发散思维,创新能力的培养至关重要。

5. 开设科技活动课程进一步提升学生的信息素养

信息技术教育中,要特别重视信息活用能力的培养,即以信息技术的方法解决问题能力的培养。在开展信息技术应用的活动课程,通过挑选对信息技术方面有特长或擅长绘画、写作的学生进行集中培训与辅导,借助电子报刊、电子绘画、计算机动画和网页制作等信息技术技能的培养,让学生学会用信息工具去采集、加工和发布信息的能力。学生们在动手、动脑的实践过程中,提高了应用信息技术解决实际问题的能力,进一步提升了他们的信息技术专项技能,也使信息素养不断得到提高。

7.2　信息素养的培养方法

信息技术的迅猛发展和广泛应用,正逐步改变着人们的工作、学习和生活方式,信息素养已成为生活在现代社会中的公民所必须具备的基本素质之一。担负着培养社会一代新人重任的教师,理所当然必须具备良好的信息素养。对信息素养的认识,包括三个层面:

(1) 技术层面。较好地掌握信息技术知识,使用各种信息传媒工具获取信息。

① 工具运用能力。了解信息技术基本工具的作用和基本原理,理解信息技术的术语,能操作信息技术常用设备及排除简单故障。

② 阅读能力。在传统书本阅读能力的基础上,掌握现代阅读能力,包括网络阅读、多媒体阅读、超文本阅读、超媒体阅读和快速阅读、外语阅读等能力。

③ 写作能力。在传统用笔写作能力的基础上,掌握运用计算机写作的能力,包括具备操作系统基本知识,会使用字处理软件进行写作,初步的多媒体写作能力和网页制作能力。

④ 运算能力。在传统数学运算能力的基础上,掌握运用计算机运算的能力,包括能利用电子表格软件简单处理日常事务,初步理解程序设计概念和基本思想等。

(2) 智力层面。掌握信息处理能力和把信息技术融合到教学中的应用能力。

① 快速获取信息。明确自己需要什么信息,知道怎样去寻找信息,能正确识别信息并从中提取自己所需要的有用信息,如会使用浏览器及其搜索工具,会进行各种信息下载等。

② 加工处理信息。能根据自己解决实际问题的需要,对所获得的信息进行收集、理解、分析、筛选、整理等。

③ 生成表达信息。能根据自己的目的对信息进行组织、编辑,并加入自己的思考处理结果,把解决问题的过程或结果用多媒体方式表达出来,利用信息技术进行展示、发布、教学、通信、交流和讨论等。

(3) 非智力层面。具备良好的信息道德修养和积极的信息意识态度。

① 信息伦理道德修养。具体表现在:能认识信息和信息技术的意义及其在社会生活中所起的作用和负面影响;了解并遵守各种与信息技术相关的文化、法律法规和伦理道德;具有较强的自控能力,能抵抗网络不良信息的诱惑和污染;能做到文明聊天,有责任地使用信息;具有强烈的社会责任感及参与意识,主动参与理想的信息社会的创建,在获取信息的同时,能积极主动提供真实可靠有用的信息等。

② 信息意识。具体表现在：具有强烈的使用信息技术解决实际问题的意识，遇到问题能想到是否可以用信息技术来解决；善于从大量信息中发现有用信息，善于将信息与实际工作、生活、学习进行联系，善于从信息中找出解决问题的关键，善于应用信息技术去迅速解决问题；在使用信息技术解决问题时能创造性地完成任务；懂得如何学习，能主动积极地去吸取新信息和研究学习新的信息技术等。

7.2.1　智力与非智力的培养

现代和未来社会，不仅要求人们具有良好的智力因素，即具有由感觉、知觉、记忆、想象、思维等认识过程组成的认识客观事物并运用知识解决实际问题的能力；还要求人们具有良好的非智力因素，即由动机、兴趣、情感、意志、性格、理想、信念、世界观等组成的以动机作用为核心的始动、定向、维持、调动人的活动的能动因素。[4]

1. 智力因素与非智力因素的辩证统一关系

智力因素和非智力因素的关系是辩证统一的关系，不仅在个体成长过程中有着同等重要的作用，可以在个体身上进行同步培养，而且正是二者综合影响、共同制约着个体的成长速度和质量。人的素质是指人的各方面的素养和品质的总和，包含着人的自然的和社会的、精神的和物质的、心理的和生理的、政治的和道德的、智力的和非智力的等多方面的品质特点，是多因素的综合体。

（1）智力因素与非智力的同步培养

从智力因素与非智力因素在个体身心发展中的地位与作用来看，二者不仅处于同等地位、发挥同等作用，而且可以进行同步培养。应该看到，制约、影响个体发展的因素是多方面的、复杂的。从影响个体身心发展的因素来看，有生理因素（遗传、变异等）、心理因素（智力、情感、意志、个性等）、社会因素（环境和教育等）和自然因素等等。在这些因素中，个体的智力因素和非智力因素都居于重要地位。只有智力因素和非智力因素及其他因素综合影响、共同作用于个体，才能促使个体心理更好地、迅速地发展。

（2）二者相辅相成、互为条件

从智力因素与非智力因素对个体成长的直接作用来看，二者相辅相成、互为条件、共同促进，综合影响个体的成长速度和质量。无论是科学家的发明创造，还是学生对知识技能的掌握运用，都是智力因素与非智力因素综合作用的结晶。只有良好的智力因素不行，只有良好的非智力因素同样不行，必须是二者综合影响、共同作用，才能达到尽可能理想的目的。

2. 智力因素与非智力因素的协同培养策略

根据智力因素和非智力因素的辩证统一关系，在培养人才的过程中，既要有目的有计划地提高学生的智力水平，又要不失时机地培养学生的非智力因素，特别是良好的个性心理品质，做到不偏不倚、同等对待、同步培养、协调发展。

（1）注重二者的培养

教育工作者应该充分认识智力因素和非智力因素培养的普遍意义。这就是说，不能误认为只有一些杰出人物才既有较高的智力水平，又具有良好的非智力因素，而忽视智力因素和非智力因素的培养在一般学生身上的意义。无论培养哪些智力因素,都不可忽视情感、意志、个性心理品质、世界观等非智力因素的培养。非智力因素是由动机、兴趣、情感、意志、个性心理品质、理想、信念、世界观等构成的。

(2) 非智力因素培养

在培养某种智力因素时,要注意培养相应的非智力因素。无论是对于智力水平较差还是智力水平较高的学生都应该是这样。比如,在培养学生的记忆能力时,就要注重培养良好的记忆品质,使学生既乐于记忆自己感兴趣的知识,也能花工夫记忆暂时不感兴趣而非记不可的知识;在培养学生思维能力时,就要注意训练学生良好的思维品质。

教学是有目的有计划地传授系统的科学知识、开发学生智力、培养学生能力的过程,同时也是培养学生非智力因素的过程。因为教师讲授的内容有一定的深度和难度,学生要完成学习任务,必须付出一定的努力,克服一定的困难;教师在课堂上对学生要提出严格的要求,要求学生对有兴趣的课题注意学习,对不感兴趣但必须掌握的知识也要认真学习;要求学生开动脑筋积极思考问题,有意去记忆应该记的内容等等。这样在教师的引导下,学生通过一定的努力,既掌握了系统的科学文化知识,提高了智力水平,也锻炼了意志,提高了非智力素质。

(3) 因材施教

在开发学生智力、培养学生非智力因素的过程中,应该注重因材施教。当发现学生智力发展好而非智力因素有欠缺时,应弥补其不足;当发现学生非智力因素发展好而智力发展有欠缺时,应着力进行智力开发,并且随着学生的实际发展状况而调整培养的侧重点,使之始终保持平衡发展和全面成长。只有这样,才能为改革开放的新时代培养更多的,既有较高的智力水平又有良好的非智力素质的,能够开拓创新的新型人才。

7.2.2 注意力的培养

在正常情况下,注意力使人们的心理活动朝向某一事物,有选择地接受某些信息,而抑制其他活动和其他信息,并集中全部的心理能量用于所指向的事物。保持良好的注意力,是大脑进行感知、记忆、思维等认识活动的基本条件。在学习过程中,注意力是打开人们心灵的门户,而且是唯一的门户。门开得越大,学到的东西就越多。而一旦注意力涣散了或无法集中,心灵的门户就关闭了,一切有用的知识信息都无法进入。正因为如此,法国生物学家乔治·居维叶说:"天才,首先是注意力。"

良好的注意力会提高人们工作与学习的效率。注意力障碍,主要表现为无法将心理活动指向某一具体事物,或无法将全部精力集中到这一事物上,同时无法抑制对无关事物的注意。保持良好的注意力,可以采用以下方法来实现:

1. 养成良好的睡眠习惯

一些同学因学习负担重,因此,一到晚上便贪黑熬夜,结果早晨不能按时起床,即便勉强起来,头脑也是昏沉沉的,一整天都打不起精神,有的甚至在课堂上伏桌睡觉。有的同学甚至在宿舍打电筒读书,学到深夜。有的同学不能按时睡眠,在宿舍和同学闲聊等等。作为学生,主要的学习任务要在白天完成,白天无精打采,必然效率低下。所以,如果是"夜猫子"型的,应养成良好的睡眠习惯,按时睡觉按时起床,养足精神,才能提高上课时的注意力,提高学习效率。

2. 学会自我减压

中学生的学习任务本来就很重,老师、家长的期望,又给同学们心理加上一道砝码。一些同学自己对成绩、考试等也看得很重,无疑是自己给自己加压。因此学生必然不堪重负,变得疲惫、紧张和烦躁,心理上难得片刻宁静。教师要教会同学自我减压,别把成绩的好坏看得太重。一分耕耘,一分收获,只要平日努力了,付出了,必然会有好的回报,又何必让忧虑占据心头,去自寻烦恼呢?

3. 做些放松训练

舒适地坐在椅子上或躺在床上,然后向身体的各部位传递休息的信息。先从左脚开始,使脚部肌肉绷紧,然后松弛,同时暗示它休息;随后命令脚脖子、小腿、膝盖、大腿,一直到躯干休息;之后,再从脚到躯干,然后从左右手放松到躯干;最后,再从躯干开始到颈部,到头部、脸部全部放松。这种放松训练的技术,需要反复练习才能较好地掌握,而一旦你掌握了这种技术,会使你在短短的几分钟内,达到轻松、平静的状态。

4. 善于排除内心的干扰

在课堂上,周围的同学都坐得很好,但是,自己内心可能有一种骚动,有一种干扰自己的情绪活动,有一种与这个学习不相关的兴奋,这就是内心的干扰。对各种各样的情绪活动,要善于将它们放下来,予以排除。这时,要学会将自己的身体坐端正,将身体放松下来,将整个面部表情放松下来,也就是将内心各种情绪的干扰随同这个身体的放松都放到一边。

5. 善于排除外界干扰

毛泽东在年轻时为了训练自己注意力集中的能力,曾经给自己立下这样一个训练科目,到城门洞里、车水马龙之处读书。为了什么?就是为了训练自己的抗干扰能力。一些优秀的军事家在炮火连天的情况下,生死的危险就悬在头上,依然能够非常沉静地、注意力高度集中地在指挥中心判断战略战术的选择和取向,来判断军事上如何部署,不是一天练成的。抗拒环境干扰对学习影响的能力,需要不断的训练。

6. 节奏分明的处理学习与休息的关系

一定要善于在短时间内一下把注意力集中,高效率地学习。要这样训练自己:安静时,像一棵树;行动时,像闪电雷霆;休息时,像流水一样散漫;学习时,却像军事上实施进攻一样集中优势兵力。这样的训练才能使自己越来越具备注意力集中的能力。这叫学习和休息、劳和逸的节奏分明。

7. 时时清理大脑

大脑是一个仓库,里面堆放着很多东西,学习时应将在自己心头此时此刻浮光掠影活动的各种无关的情绪、思绪和信息收掉。清理大脑的方法非常简单,在家中复习功课或学习时,要将书桌上与此时学习内容无关的其他书籍、物品全部清走。在学习者的视野中,只有现在要学习的科目。收拾书桌是为了用视野中的清理集中自己的注意力,经常收拾书桌,慢慢就会有一个形象的类比,觉得自己的大脑也像一个书桌一样需要时常清理。

7.2.3　观察力的培养

观察,指事先已有明确的目的,制订了计划,人们按照计划进行的主动知觉。观察的能力是指人们对客观事物的知觉过程所取得的效果的评定,简称观察力。学生进入中学后,几乎每门学科都要求他们有良好的观察力,作为教师,应该根据这一情况,指导学生学会观察,提高他们的观察水平。[5]

1. 提出明确的观察任务

向学生提出明确的观察任务是发展学生观察力的首要条件。因为观察区别于一般的知觉活动,主要在于观察是一种有目的的知觉形成。只有具有明确的目的性,才能提高学生观察的主动精神,增强知觉的选择性,从所要观察的事物和现象中,主动地选择自己所要认识的对象,把注意力集中在他们的主要特征上,而不是去感知一些无关紧要的细枝末节。

向学生提出明确的观察任务有两种方法:一种是指导观察,即在观察前,明确地告诉学生观察的对象是什么,需要观察什么变化和哪些特征,要搜集哪些资料;另一种是自我观察,是指在培养学生观察主动性的基础上,有计划地培养学生主动地给自己提出观察的目的和任务。

2. 激发学生观察的兴趣

兴趣是最好的老师。对观察有了兴趣,学生就会主动而持久地观察周围事物,产生了解事物的愿望,在轻松愉快中获得感性知识。心理学研究表明,当人对某一事物感兴趣时,认识就快;如果毫无兴趣,认识就慢,或者不予接受。比如,教《认识计算机》这门课时,教师导入新课时先提出这样的问题:你见过计算机吗? 计算机有什么作用? 学生会表述在商场、银行、车站、医院、街上见过计算机,并简单地说出计算机的作用。接着让学生观看《漫游电脑世界》录像片,向学生展示一个色彩缤纷的电脑世界。通过观看录像片,学生产生了人们可以利用计算机进行绘图、美术广告设计、动画制作等工作,它是人类社会生活中必不可少的信息工具的想法。学生被计算机的强大魅力吸引了,学习兴趣浓厚,学习气氛活跃,从而顺利地进入新课的学习观察兴趣的培养。

3. 指导学生掌握观察的方法

培养学生的观察能力,要从细心地指导学生观察的方法,培养学生良好的观察品质着手。

(1) 边观察,边思考;边思考,边记录

鲁迅先生在一封谈写文章的信里说:"留心各样事情,多看看,多想想,不看到一点就写。"这句话道出了思考在观察中的作用。一般说来,单纯的观察,学生往往只能看到一些具体的个别事物或现象,要通过思维才能发现事物的主要主面和揭示事物的内在联系。因此,只有指导学生边观察,边思考;边思考,边比较,才能去伪存真,去粗取精。

(2) 观察要有计划、有步骤地进行

观察的计划性和条理性,主要是说对事物或现象要做到有计划、有步骤、有重点、按顺序进行,能够抓住事物和现象的重要方面及各部分的关系。

教师要指导学生及时总结观察的结果,先对收集的材料进行分类,区别主次,进行抽象概括,找出带有一般规律性的特点来,然后把材料加以安排,明确观点,整理成文。如观察日记、观察片段或小型文章。形式力争多样灵活,让学生在写作方面得到充分锻炼。

(3) 基本的观察方法

① 比较观察法。指导学生在观察时进行时间、空间上的比较。了解事物的过去和现在,知道事情的来龙去脉,区别事物的上下左右的变化。对事物有比较全面的理解。

② 远近观察法。观察某一事物,可采用由远而近,由近而远的观察方法,让学生掌握点和面的关系。此种方法适用于对建筑物的观察,也适用于对场景的记叙。

③ 移步观察法。观察事物往往采用移步观察的方法,正面,侧面,前面,后面,在有众多观察对象要了解时,以一点为主,其余亦可采用移步的方法进行观察。此种方法适用于场景观察和参观。

7.2.4 记忆力的培养

记忆是发展的,可以提高的,因此,应当采取某些有效措施去培养记忆。

1. 理解与复习结合

理解是加强记忆的可靠基础,复习是巩固记忆的基本条件。在学习中,必须把二者结合起来,一方面,在理解的基础上去进行复习;另一方面,在复习的过程中加深理解。这样就能提高记忆效果,并使记忆得到很好的培养。我国宋代著名教育家朱熹提出的"熟读精思"这一学习原则,便含有复习与理解相结合的意思。

2. 形象与语词联系

众所周知,人脑所接受的大量的多种多样的信息,归结起来,不外乎形象的和语词的两个方面,而这两大类信息在本质上就是密切联系,很难分割的。因此,理解和记忆语词的抽象的东西,必须有直观的形象的东西来支持;同样,理解和记忆直观的形象的东西,也必须有语词的抽象的东西来支持。再者,从大脑的机能来看,对形象和语词的管理是相对分工的,既有管理语词的中枢,也有管理形象的中枢。如果把形象和语词结合起来,就是让大脑的这两个中枢建立起多种联系,从而促进记忆的巩固与提高。

3. 适当加强背诵

背诵是我国传统的巩固知识、锻炼记忆的一个好方法。我国古代很多著名学者就很重视背诵,在背诵中提高了自己的记忆力,例如明末的顾炎武"十三经尽皆背诵",其所用的方法则是"每年用三个月温理,余月用于知新"。背诵为什么有助于记忆力的锻炼和提高呢?这是由于它具有明确的目的,要求按顺序去进行记忆,要求极其精确地去记忆,要求长期地去记忆等等,而这四个方面都是符合记忆的规律的。正因为如此,所以通过背诵能够提高人们的记忆力。

4. 利用多种"联系通道"

《礼记·学记篇》说:"学无当于五官,五官不得不治。"意思是说,学习没有不经过五官活动的,五官不参加学习活动就是学习不好。这是我国两千多年前第一部教育专著总结的关于学习的宝贵经验。现代科学研究证明,如果大家把眼、耳、口、鼻、手等多种感觉通道利用起来,使大脑皮层留下很多"同一意义"的痕迹,在大脑皮层的视觉区、听觉区、嗅觉区,运动区、语言区建立多通道联系,就一定能够提高记忆效果,使记忆力得到锻炼。

5. 注意用脑卫生

俗话说:"刀不磨要生锈,脑不用要笨拙。"一般说来,脑子越用越灵,记忆越练越强。虽然如此,但是人们却不能让大脑无休止地长时间活动,换句话说,必须注意用脑的保健卫生。根据卫生学的研究,所谓用脑卫生的最根本的一条,就是有劳有逸,劳逸结合。如在一段学习活动之后,应当适当地休息一下,如散步、做广播操等。其次,活动多样,交替进行,也是用脑卫生的很重要的一条措施。

6. 采用单侧体操方法

为了增进记忆力,国外的学者根据左右脑的不同功能,创造了一种单侧体操方法。即为了加强大脑右半球的作用,可以做左半身的体操,以担负部分左半球的功能。英国教育家认为,手的发展与记忆紧密相连。脑发展研究者认为,两手使用可以使记忆改善,并永久性地加强;而大部分人利用右手,因此,进行单侧体操(左手体操)减轻左半球的负担,强化右半球的功能,把两个半球脑都利用起来,会收到惊人的效果。

7. 学习中的科学记忆方法

科学记忆方法有八种:①特殊记忆法。对于那些在形式或内容上极为相似的知识,可以通过细致的观察和全面的比较,找出他们共有的容易记住的特征,然后由这一特征向全文扩展,从而在头脑中留下深刻的印象。②回忆记忆法。心理学实验表明,回忆比单纯的反复识记效果好。将学过的内容,经常地、及时地尝试回忆,在回忆的过程中来加强记忆。③形象记忆法。对于那些比较抽象的内容,可用图、表等形式形象地描写出来,这样有助于加深识记痕迹,提高记忆效率。④讨论记忆法。在学习过程中,如果有不理解的地方,不妨先按照自己的想法和意见与同学们进行讨论,在讨论的过程中正确的东西就比较容易记住。⑤口诀记忆法。将所要记忆的内容编成口诀或歌谣,也不失为一种枯燥为有趣的记忆方法。⑥练习记忆法。一些可以通过动手来记忆的内容,可以亲自练功、检测、实验,通过实际操作来检查正误,增强记忆。⑦骨架记忆法。先记住大体轮廓,然后由粗到细逐渐对每一细节进行记忆。⑧重点记忆法。记住公式、定理、结论、基本概念等重点内容,然后以此为记忆的"链条"来联系其他内容。学习中的记忆方法是多种多样的,在具体运用时需根据自己记忆的方法,提高记忆效率。[6]

7.2.5　想象力的培养

怎么培养想象力确实是个问题,途径很多,甚至从幼儿时期就得开始训练。想象力的培养就是对已有表象加工改造,形成新形象的能力。

1. 从事物之间的相似点激发学生的想象力

在寻求事物外在或内在的相关、相连的基础上去联想一些新鲜的事物,最好是在描绘事物时,注重发挥想象,使描写对象人格化。朱自清先生的想象得于事物外在相似,其实想象亦可以从内在相关连的基础上去想。比如看山看水,人们往往产生向情感方面的想象。太湖三千顷,看那个水天相连。在自豪的同时,可以引导学生注意到太湖的美正在减退,污染问题已十分严重,荡漾的不都是碧波,而是蓝藻。

2. 在联想的基础上激发学生创造性想象力

知觉想象,也就是联想,即在感知世上真实事物的基础上做一些关联式的想象,这些想象还停留在表层。还有一种想象更为深入,那就是创造性想象。它是在脱离开眼前的知觉对象的情况下展开的。它的基础是无数次的感知,大量的观察和丰富的经验,然后创造出新的意象。

3. 鼓励学生有意识地储备"内在图式"

有时,人在梦中,在回忆中,或在知觉和观察时接受某种特殊刺激时某种过去的经历或自己曾热恋的对象便跃然浮现。这些图式,从美学的观点来看被称为"内在图式",它是指以信息的形式储藏在人大脑中的各种意识。写作文时过去的种种意向储存将会使你在利用它时随意提取。假如能把同类的意象提出来,组合、改造将会创造出一个新的意象。

创新是想象力得以提高的一个重要标志。可是在此之前还得先储备,所以平时要鼓励学生多看书,多参加社会实践,并且把自己的感想以文字的形式表述出来,大脑中先有图式储备,用时才能随手取来,再联系实际进行创造性想象,把想象提高到一定的高度。

4. 运用一些精短的词语或句式去锻炼和丰富想象

学生正处于富于幻想、憧憬的年华,质朴的童话,神奇的科幻,梦中的未来都是他们最亲近,最向往的内容。教师在作文教学中要抓住学生这一特点,鼓励学生大胆想象,让他们在思想的遨游和情感的游历中,用自己的心更自由地去体验和感悟身边的世界和未来的生活,同时也能锻炼他们的想象力。[7]

7.2.6　思维力的培养

思维力是个体在支持的环境下结合敏锐、流畅、变通、独创、精进的特性,通过思维的过程,对于事物产生分歧性观点,赋予事物独特新颖的意义,其结果不但使自己也使别人获得满足。支持环境,是指能接纳及容忍不同意见的环境。如何培养创造力应注意以下几点:[8]

1. 激发学生积极思维的学习动机

以往的教学一般从学科知识开始,认为知识之间有一定的逻辑顺序,这样遵循了循序渐进的原则,使学生平稳地由已知向未知、由旧知向新知过渡。这有它的合理性,但是这仅仅是教师单方面按教材和成人的思路设计的教学开端,不利于激发学生的学习积极性。而以计算机基础知识和基本概念或原理在生活中的表现形式"问题"作为活动的开始,不仅学生具有浓厚的探索兴趣,而且使之与系统掌握计算机检索能力相联系,从而会使由兴趣而来的学习动机变成为稳定的、持久的探索动机。

2. 扩展延伸,培养思维的敏锐力

思维的敏锐力,指敏于觉察事物,具有发现缺漏、需求,不寻常及未完成部分的能力,也就是对问题的敏感度。教材是为学生学习提供的例子,教学中既要依靠它又不要受它的限制,这样才能发展思维,培养创新能力。

3. 精心设计训练,培养思维的流畅力

思维的流畅力,是指产生概念的多少,即是思索许多可能的构想和回答,是属于记忆的过程。计算机技术教学时要有意加大这方面的训练力度。如为了激发学生兴趣,可以让学生查找计算机某种特殊病毒的特征、消除方法和防毒的多种方式,以及如何跟踪杀毒,长此培养学生就会思路通畅,行动敏捷。

4. 选点激辩,培养思维的变通力

思维的变通力,是指不同分类或不同方式的思维,从某思想转换到另一思想的能力,或以一种不同的新方法看一个问题,是指要能适应各种状况,同时意味着不要以僵化的方式去看问题。其实计算机技术教学中的许多问题是不能用一种思维方式来解决或只有一种答案的。加深了对计算机操作技能的理解,激发学生爱科学、学科学的兴趣和探索未来的好奇心是教师的主要责任。如在教授电子表格 Excel 时,可以要求学生用多种方式制作表格,并请学生举一反三学习将制作的表格复制到 Word 中。

5. 串联焊接,培养思维的精进力

精进力,是一种补充概念,在原来的构想或基本观念上再加上新观念,增加有趣的细节和组成相关概念群的能力。这实际上是一种"精益求精"、"锦上添花"、"百尺竿头更进一步"的能力。为了培养学生思维的精进力,平时教师除了经常训练学生练习网络查找资源的方式外,还适当增加一些专有的与中学学科内容相关的词语、联系组句、组段等练习资源搜索能力。

7.2.7　教师信息素养的培养

随着教育信息化的不断深化,各级教育部门领导认识到提高教师信息技术能力的重要性,对教师提出了相应的要求和进行了相应的培训。目前教师信息技术能力培训存在着只注重信息技术培训、不注重应用素养培养的状况。教师虽有一定的信息技术能力,但在实际教学中却很少应用,也缺乏在教学中实际应用的能力。其原因在于,在信息技术能力培训中,培训教师只注重讲授操作技术,就技术而论技术,一切为了考核,甚至以通过社会等级考试的方法来对待教师的培训;即使对教师进行一些现代教育理论的学习,也仅仅采用灌输的方式,教师很难把现代教育观念融合到自己的教学思维中,因此教学依然如旧,甚至认为应用信息技术进行教学太麻烦,花时太多,成本太大而有抵触或害怕情绪[9]。

根据上述分析,要改变上述培训与应用脱节的状况,提高应用现代教育手段的效果和效益,教师信息素养的培养应在原有信息技术能力的培训基础上,抓实信息技术能力的应用环节——构建信息技术与教学应用整合的教师信息素养培养方式。

计算机信息技术与教学应用整合指的是将各种信息技术有机地应用于教学实践中,包括教师教学的各个环节如备课、上课、辅导学生、教学管理等中,达到促进教学质量的提高。这种整合可分层次逐步深入。

(1)基本能力训练。通过计算机进行阅读,提高获取信息的能力;通过计算机制作教案、总结、写论文等,提高信息技术处理能力;通过计算机对日常事务的管理,提高数据处理能力。

(2)教学应用能力训练。以任务驱动的方式进行训练。由教师通过调查研究,搜集资料,进行研究分析,从而选取学科教学中某一适于整合的课题,作为教学任务。从制订整合方案,到应用信息技术作出整合的成品(课件或学件),并付诸实施。通过这一过程的训练,教师会感受应用信息技术的酸甜苦辣,提高应用信息技术的意识,增长应用信息技术的本领。

(3)教学科研能力训练。教师经过一定的基本能力训练和教学应用能力训练后,应注意对训练过程的评价和反思,从而真正把现代教育观念融入到自己的思想观念中,使信息技术能力自然地应用到日常的工作中。在这一基础上,教师可以根据自己对教学的思考,选择某一教改课题进行系统的实验和研究,通过有机渗透信息技术进行研究,高效地获取问题的答案,同时信息素养也会更加提高。

7.3 正确使用网络资源

网络信息资源作为当今最重要的一类信息资源,代表着人类信息交流的最新水平和发展方向,在知识经济时代越来越凸显其重要的地位和作用。特别是在网络信息良莠不齐,青少年辨别能力有限的条件下,容易沉迷于其中,因此教育学生在合理利用网络和挖掘网络信息资源,提高自己信息素养的同时,避免所谓的"网瘾",是摆在人们面前的重大课题,应该引起教育工作者的高度重视。

7.3.1 "网瘾"一般界定

"网瘾"也称互联网成瘾综合症,网络成瘾症(Internet Addiction Disorder,IDA),学名叫做病理性网络使用(Pathological Internet Use,PIU)。现代医学证明,一个人如果不能控制对网络的依恋,很容易患上"网络成瘾综合症",医学上又称之为"病态性使用互联网"。这种心理上的疾病因其特殊的危害性,已成为国际临床心理学界公认的一种新的心理障碍。这种新型的心理疾病主要是由于过度使用互联网,使自身的社会功能、工作、学习和生活等方面受到严重的影响和损害。"网络成瘾综合征",目前还没有把它作为一种正式界定的疾病纳入到诊断体系中,最早是由葛尔·柏格(Ivan Goldberg,M. D)在 1997 年所定立的理论化病态并且正式承认其研究价值。

从心理上来讲,"网瘾"主要表现在对网络有依赖性和耐受性,也就是所谓的上网成瘾,患者只有通过长时间的上网才能激起兴奋来满足某种欲望。

从生理角度来看,这类疾病,对人的健康危害甚大,尤其会使人体的植物神经功能严重紊乱,导致失眠、紧张性头痛等;同时还可使人情绪急躁、抑郁和食欲不振,长时间如此会造成人体免疫机能下降。长时间的上网还使人不愿与外界交往,行为孤僻怪诞,丧失了正常的人际关系。

"网瘾"也像毒瘾。人体内有一个"奖励系统",这个系统的物质基础叫"多巴胺",是一种类似肾上腺素的物质,在短时间内令人高度兴奋。毒品就是通过这个系统提高人体"多巴胺"的分泌,破坏人体平衡系统。网络也是通过消耗"多巴胺",扰乱平衡系统,造成网迷不断寻找提高体内"多巴胺"的成分,以致成瘾,形成迷恋网络的现象。网络成瘾属于一种精神障碍疾病。根据弗洛伊德精神分析学理论,网络性心理障碍的起因应追溯到口唇期,婴儿通过哺乳得到精神上的满足,并保留了对代表母爱的温暖、关怀、安全等美好感觉的回忆和思念,而患者通过上网,重新获得这种从口唇期结束后就似乎消失而又隐藏在潜意识中的满足感。成年后,受到挫折如工作上的失落、社会交往恐惧、失恋等,为了寻求解脱,而沉溺于网络之中。一旦出现网络性心理障碍,医生和病人都要对此病引起重视。目前对于此病的治疗尚处于探索阶段。

7.3.2 "网瘾"的病征特点

随着计算机的普及,痴迷计算机者比比皆是,伴随计算机而生的网络性心理障碍已受到了心理学家、医学家的广泛关注。专家认为,网络成瘾是一种心理依赖,如同电视、锻炼、性或赌博,而非生理依赖。而现在针对此症状在国内医学界尚无系统化和规范化的诊疗手段。

网络性心理障碍是指患者往往没有一定的理由,无节制地花费大量时间和精力在国际互联网上持续聊天、浏览,以致损害身体健康,并在生活中出现各种行为异常、心理障碍、人格障碍、交感神经功能部分失调。该病的典型表现包括情绪低落、无愉快或兴趣丧失、睡眠障碍、生物钟紊乱、饮食下降和体重减轻、精力不足、精神运动性迟缓和激动、自我评价降低和能力下降、思维迟缓、有自杀意念和行为、社会活动减少、大量吸烟、饮酒和滥用药物等。

在网络性心理障碍的早期,患者先逐渐感受到上网的乐趣,然后上网时间不断延长,由此出现记忆力下降。有些患者晚上起床上厕所时都会情不自禁地打开计算机到网络上"溜达溜达"。开始是精神上的依赖、渴望上网,后来发展为躯体依赖,表现为每天起床后情绪低落、思维迟缓、头昏眼花、双手颤抖、疲乏无力和食饮不振,上网以后精神状态才能恢复至正常水平。该病晚期,患者出现与生理因素无关的体重减轻、外表憔悴,每天连续长时间上网;一旦停止上网,就会出现急性戒断综合症,甚至有可能采取自残或自杀手段、危害个人和社会安全。

网络性心理障碍的发病年龄介于 15～45 岁,男性占发病人数的 98.5%,女性占 1.5%。20～30 岁的单身男性为易患人群。这种心理障碍产生的原因涉及生物学因素和心理因素两方面。许多网迷坐在家里玩 Internet,往往是心驰神往而欲罢不能,连续玩五六个小时,一动不动,甚至通宵达旦。白天工作无精打采,然而一摸键盘立刻神采奕奕。久而久之,就容易患上 IAD。

网瘾可以简单分为网络游戏成瘾、网络色情成瘾、网络关系成瘾、网络信息成瘾、网络交易成瘾等类型。

如何判断自己是否患了网瘾综合症呢? 可以参照以下标准,自我诊断。

(1) 每天起床后情绪低落,头昏眼花,疲乏无力,食欲不振,或神不守舍,而一旦上网便精神抖擞,百“病”全消。

(2) 经常在网上与陌生人聊天、通电话、约会等。上网时表现得神思敏捷,口若悬河,并感到格外开心,一旦离开网络便语言迟钝,情绪低落,怅然若失。

(3) 每天上网超过 8 小时以上。且越来越长,无法自控,特别是晚上,常至深夜只有不断增加上网时间才能感到满足,从而使得上网时间失控,经常比预定时间长。

(4) 每看到一个新网址就会心跳加快或心律不齐。

(5) 只要长时间不上网操作就手痒难耐。有时刚刚离网就有又想上网的冲动,有时早晨一起床就有想上网这种欲望,甚至夜间趁小便的空也想打开计算机。

(6) 宁肯借钱上网或甘愿冒一定危险,如去偷钱或者偷用别人账号上网等,平常有不由自主地敲击键盘的动作,或身体有颤抖的现象。

(7) 有说谎隐瞒上网的情况及程度等行为,对家人或亲友隐瞒迷恋因特网的程度。

(8) 因迷恋因特网而面临失学、失业或失去朋友的危险。

如果有以上标准中 4 项或 4 项以上表现,且持续时间已经达 1 年以上,那么就表明可能患上了 IAD。

7.3.3　易染上“网瘾”的群体

青少年过度迷恋网络已经成为一个让全世界父母关注的社会问题,如何让自己的孩子戒除“网瘾”成为不少家长的心头大患。一个孩子要健康成长,身心两方面都需要很多的“营养素”,从心理上来说,这些“营养素”包括安全感、成就感、自信、与他人建立关系的能力等等。如果家庭、学校不能提供这些营养素,青少年就会寻找其他的替代品[10]。经过研究发现,当代中国青少年成长中在不同程度上存在三个缺失。

第一是“父亲功能”的缺失。父亲对于青春期的男孩来说是很重要的,父亲往往代表着规则和秩序,孩子自控能力的形成与父亲的作用有很大关系。但是现在很多家庭中,父亲的功能是缺失的,比如一些孩子父母离异了,孩子跟着妈妈生活;有的家庭虽然表面完整,但父亲很少在家,他们总是在外面忙自己的事;还有的父亲为了生存与发展,不得不离开家庭,想尽责也尽不了。

第二是游戏缺失。很多人以为,在中学阶段孩子已经不需要游戏了。实际上青春期的孩子仍然需要游戏,只不过他们需要社会角色更丰富的游戏,需要有象征意义的游戏帮助他们长大。现在中学体育活动不仅少,而且男生的活动在时间上和内容上都和女生差不多,其实男生是需要在游戏中有一定的肢体接触,甚至肢体冲突的。网络游戏很多都是战斗游戏,所以很容易被男生迷恋上。这也是为什么我国青少年网络成瘾以游戏为主的重要原因。

第三是同伴的缺失。对于青春期孩子来说,同伴特别重要,没有伙伴就不能从家庭走向社会。但是中国城市中大都是独生子女,家庭内同伴为零,而短短的课间时间,很难发展出高质量的同伴关系。新的城市社区,居民的异质性也不利于青少年发展同伴关系。当现实生活中同伴缺失时,网络却给青少年提供了机会。

来自中科院心理研究所的高文斌博士[11]表示,我国青少年网络使用的特点包括:第一,开始使用互联网时的年龄偏低,由此出现的问题人群的年龄结构也偏低;第二,我国青少年由于使用互联网不当所引起的极端性个案较多;第三,同其他国家相比,我国青少年对互联网的使用主要集中在娱乐和网络游戏方面。在网络中,有游戏,有同伴交往,又能获得成就感,正好弥补了三个方面的缺失。据专家分析有五类孩子最易染上“网瘾”。

(1) 学习失败的学生。由于家长、老师对孩子的期望过于单一,学习成绩的好坏成为孩子成就感的唯一来源,此时,一旦学习失败,孩子们会产生很强的挫败感。但是在网上,他们很容易体验成功,闯过任何一关,都可以得到“回报”,这种成就感是他们在现实生活中很难体验到的。

(2) 学习特别好的学生。不少本来学习好的学生在升入更好的学校后,无法再保持原有的名次和位置,这时,他们对“努力学习”的目的产生了怀疑。按照老师和父母的逻辑,学习是为了“上大学—找到好工作—挣钱”,当他们失去了“名次”、“位置”等学习的内在动力后,无法认同老师和父母的逻辑,因为即使不用学习也可以从父母那里得到钱。于是,一些人开始迷恋网络。其实,造成这些孩子依赖网络的根本原因是没有形成正确的学习观。

(3) 人际关系不好的学生。他们希望上网逃避现实。许多学生虽然成绩不错,可是性格内向,猜忌心强,而且小心眼,碰到问题时没能得到及时解决就沉迷于网络,学习和生活受到严重影响。

(4) 家庭关系不和谐的学生。随着离婚率、犯罪率升高等社会问题的增多,社会上的“问题家庭”也在增多,这些孩子通常在家里得不到温暖。在网络上,他们提出的任何一点儿小小的请求都会得到不少人的帮助。现实生活和虚拟社会在人文关怀方面的反差,很容易让“问题家庭”的孩子“躲”进网络。

(5) 自制力弱的学生。不少上网成瘾者都有这个问题,他自己也知道这样不好,也不想这样下去,但是一接触计算机就情不自禁。这是典型的自我控制力不强。

7.3.4　“网瘾”的危害

随着社会的进步与科技的发展,网络作为一种全新的媒体已经在 21 世纪人们的日常生活、学习和工作中占据了越来越重要的位置。据最新统计,我国网民超过一亿,其中青少年网民占 80%,青少年上网大多以玩游戏和聊天为主。我国网络成瘾的青少年高达 250 万人,14 岁～24 岁是网瘾最高发的时期,占整个网瘾青少年的 90%。根据 2005 年中国青少年网络协会发布的《中国青少年网瘾数据报告》,目前我国网瘾青少年约占青少年网民总数的 13.2%,而 13 岁～17 岁的中学生群体成为“网瘾重灾区”。近年来,这一比率似乎还在增长,势头令人担忧。[12]

1."网瘾"对青少年生理的影响

青少年患上网瘾后对上网有一种难以控制的需要和冲动,从而使他们在从事别的活动时,其注意力不能集中和持久,记忆力减退,对其他活动缺乏兴趣,为人冷漠,情绪低落,消极悲观,孤独退缩,丧失自尊和自信等。开始只是精神依赖,以后便发展为躯体依赖,长时间的沉迷于网络可导致情绪低落、视力下降、肩背肌肉劳损、睡眠节奏紊乱、食欲不振、消化不良、免疫功能下降。停止上网则出现失眠、头痛、注意力不集中、消化不良、恶心厌食、体重下降。青少年正处在身体发育的关键时期,这些问题的出现都会对他们的身体健康和成长发育产生极大的影响。

2."网瘾"对青少年心理的影响

长时间上网会使青少年迷恋于虚拟世界,导致自我封闭,与现实产生隔阂,不愿与人进行面对面交往,久而久之,必然会影响青少年正常的认知、情感和心理定位,甚至可能导致人格异化,不利于青少年健康人格和正确人生观的塑造。

3."网瘾"对青少年道德的影响

网络是一个"身份丧失"的地方,在网上不仅可以匿名,而且还可以隐藏性别、年龄、种族和社会地位。网络里往往充斥有关色情、暴力、赌博、迷信等不健康的东西,容易刺激青少年的感观,产生诱惑。网络里虚拟的东西和不健康的内容一旦让青少年产生了依赖,沉溺于其中,必然会阻碍其建立正确的认知和健全人格的形成。

4."网瘾"对青少年行为的影响

网络成瘾的青少年最为直接的危害是影响了正常的学习,使他们不能集中精力听课,不能按时完成作业,成绩下滑,丧失学习的信心和兴趣,甚至会发展到逃课、辍学。网络中各种不健康的内容,也可造成青少年自我过分放纵,使法律及道德观念淡薄,人生观、价值观扭曲。这些群体可能从在家欺骗父母,在外借钱,慢慢会发展到偷窃、抢劫,最后走上违法犯罪的道路。

7.3.5 "网瘾"的基本防治

"网瘾"虽然可怕,但可防患于未然。学校、家庭都有责任为我国青少年提供绿色网络环境和积极引导,避免个别学生慢慢患上所谓的"网瘾"。

1. 加强对青少年的人文关怀,提高青少年网络素养

网络素养是指一个人是否真正能从计算机获益的能力,是培养学生信息素养的重要组成部分。学校、家庭、社会应该帮助青少年理解有关技术的社会、伦理和文化的问题;帮助和指导青少年以一种负责任的态度使用技术、信息和软件;帮助青少年并让其善于利用技术系统来形成一种建设性的网络利用态度,以支持自己的终身学习、合作、个人追求以及生产能力等。

学校、家庭、社会应该帮助青少年理解计算机和互联网是一种研究工具,鼓励学生通过研究获得新知识。作为家长、教师,要教会青少年如何正确地从计算机上获得对自己发展有利的信息和技术,以及敢于尝试利用各种正确手段解决问题的计算机操作能力。提倡以人为本的教育理念,转变人们对计算机及互联网的消极应对态度,而因让其为培养青少年的探索精神、研究能力和创造能力提供基本的精神支持和教育途径。

2. 改进学校的教育方式

据《第六届中国网络游戏市场调查报告 2006 年》数据显示,上网的地点 66% 在家里,15% 在学校,9% 在单位,只有 6% 在网吧。因此,改变学校教育方式和教育水平,对帮助青少年戒除网瘾至关重要。要改变应试教育的模式,就要大力提倡素质教育,就要努力发现孩子的不同长处,就要积极宣传成才的多种方式。针对孩子在青春期容易发生的学业挫折、情感挫折、人际关系挫折等,要及时发现,及时沟通和及时解决。许多上网频繁的学生回忆说,校外活动场地的缺乏、学校很少组织课外活动,是他们沉浸在网络里面寻求快乐的主要原因之一。因此,建议有关部门多组织丰富多彩的课外活动,使孩子有多种展现自己能力、发挥自己特长的途径,这是解决网瘾问题的重要方法。在现实生活中,青少年的参与是非常有限的,但互联网扩大了青少年参与的空间,他们可以进入任何感兴趣的交流组提出自己的意见或见解,在所喜欢的网站发表自己的作品,制作自己的网页以定期发布自己的信息等,这种交互性是其他媒介所不能比拟的。

3. 建立良好的家庭环境,提高家长的教育水平

良好的家庭环境会给青少年带来一种安全感,家庭中良好的互动也会避免青少年过度依赖互联网等来躲避现实生活中的难题和发泄自己的不满。研究表明,如果青少年生活在一个相对和睦和稳定的家庭,这类青少年就比较喜欢青少年文学内容、知识类内容等;家庭环境不好的青少年则比较喜欢武打、战争和暴力内容,也喜欢使用电子游戏机等媒介。在对待互联网资源时,父母可以和青少年一起寻找有意义的信息,并积极和青少年讨论,帮助青少年学会控制和制止有害信息对他们的影响等,培养他们辨别和正确处理信息的能力。家长应积极配合学校组织青少年参加有意义、积极向上的丰富多彩的活动,培养青少年广泛的兴趣,提倡让孩子到户外、到实践中去体验和感受自然、社会这个大千世界,并让他们在和谐欢畅的自然环境中,在多姿多彩的社会交往中真正形成热爱生活的良好品质。

4. 对上网场所的社会环境进行综合治理

要继续加强未成年人进网吧的管理工作。没有辅以有效的管理措施而允许未成年人进入网吧是导致青少年成瘾的原因之一。想让精神世界里的价值观和规范尽量的纯洁,想使青少年真正接受健康的价值观和规范,就必须努力改变当今社会各种不健康的价值观和规范。政府相关部门应加强对优秀价值观和规范的宣传工作,加强对违反国家法律法规行为的打击力度,净化社会风气。要彻底解决某些互联网对青少年的负面影响更需要全社会的力量行动起来,各司其职,互相配合,共同把好“制度关”和“检查关”。此外,必要时,要启动法律程序,用法律手段来维护青少年的合法权益。

5. 要努力推动服务于青少年的绿色网络空间

防止青少年网瘾,不仅要堵,更要疏导,要积极评选和推荐包括绿色游戏在内的绿色网络产品,要主动让青少年知道,哪些是可以使用的健康网络产品,并尽可能地把青少年喜爱的各方面绿色网络产品评选出来。建议有关部门牵头,评选出各方面适合未成年人的绿色网络产品,并加以推荐推广。要积极建设绿色网络载体。有了绿色网络产品,还要有好的载体来统一推广。陕西省电信公司开通的"青少专网"已经做出了初步尝试。

6. 配合适当的药物治疗

网络成瘾与烟瘾、酒瘾、毒瘾以及病理性赌博一样,一旦形成,很难戒掉。为戒除网瘾,药物治疗目前还存在很大的争议。各家都有自己不同的观点和认识,如有自我治疗、外力治疗、厌恶治疗、代替治疗、药物治疗等等。据了解,未来的戒除网瘾药物主要包括抗抑郁剂和抗焦虑剂两大类,所有这些药物全都是处方药。"网瘾"药物治疗必须非常慎重,必须由专门医生来严格会诊,要得到家长、学校、本人的同意。药物的使用主要针对网瘾较重的个体治疗,对于大多数轻度迷恋网络、沉溺网游的学生,更适合接受班主任、心理医生和社会工作者多方面的心理治疗和疏导,这些同样也是戒除网瘾治疗的重要组成部分。

7.4 绿色校园网的建立

因特网给校园文化的发展提供了新的机遇,也提出了严峻的挑战。在网络时代,发展网络文化更应该清醒地认识校园文化的优势和劣势。利用网络的巨大作用,使网络文化和校园文化共同传播、创新和发展是网络时代提出的新课题。

目前,世界各国政府十分关注青少年的网络文化安全问题。在美国一些孩子像着魔似的大玩计算机,耗去大量的时间,以至于到了难以自拔的地步。他们被 Internet 所俘虏,整天陶醉其间,成为专家们所说的"Internet 动物"。解救"Internet 动物"已引起政府部门的高度重视。哈佛大学著名的教育心理学家达克·格里菲斯博士说,玩电子游戏时发出的闪烁不定的光亮会危及青少年的健康,必须引起学校、老师、家长的高度重视。他呼吁成立专门的研究小组,调查和研究电子游戏机和青少年之间的相互关系以及计算机对他们健康的影响。

芬兰不久前进行的一项调查表明,九成以上的青少年认为,父母有监督他们使用"互联网"的权利和责任。教育专家鼓励学生家长同孩子们讨论上网的有关问题,制订明确的规划,引导和帮助他们正确使用"互联网",以减少黄色、暴力以及含有不健康内容的网站对青少年产生的不良影响。芬兰全国信息安全事务委员会还开设了专门的网站。老师可以将这个网站发布的有关"信息安全指南"的内容,作为学校信息安全教育的补充教材。芬兰教育部门已把有关教材提供给每所学校,以便更好地配合这一活动。

法国内政部和司法部于 2001 年 11 月建起了"互联网与未成年人网站",欢迎公众举报非法色情网站,尤其是那些恋童性质的网站和论坛。迄今为止,被举报的网站多达 12000 余个,其中司法介入的有 1500 多个。另外,还和欧洲各国在该领域进行了广泛的信息交流和司法合作,已经初见成效。[13]

　　我国政府非常注重青少年在网络时代的健康成长。为了克服校园网建设中存在的问题,发布了一系列的相关文件。根据《中共中央国务院关于进一步加强和改进大学生思想政治教育的意见》(中发[2004]16 号)、《中共中央办公厅国务院办公厅关于进一步加强互联网管理工作的意见》(中办发[2004]32 号)、《教育部共青团中央关于进一步加强高等学校校园网络管理工作的意见》(教社[2004]17 号)等文件的精神和要求,各级教育部门已经将绿色网络建设纳入校园文化建设的总体规划中,积极开展绿色校园网络建设。绿色校园网络的建设目标,就是把高校校园网建设成一个系统安全、制度完备、管理规范、内容丰富、信息健康的“绿色校园网”。利用校园网营造出一个健康的文化氛围,使学生在校园网络中吸取营养、陶冶情操,增强自觉抵制各种不健康思想的能力,使校园网与校园主流文化相和谐、与社会进步文化相和谐。

7.4.1　绿色校园网的基本要求

　　目前,校园网正以它独特的传播方式改变着师生的思维方式、学习方式、生活方式和价值观念,成为校园文化生活中不可或缺的重要方面。校园网深入到高校的教学、科研、管理等各个领域,成为广大师生获取信息、丰富知识、学习交流的重要渠道,成为校园文化中不可分割的一部分,逐渐成为一种影响整个校园生活的“网络环境”。校园网在推动学校对外宣传,丰富师生精神生活等方面也起到了积极作用。打造绿色校园网,应达到以下基本要求:

1. “绿色”芯片

　　“绿色”芯片保证网络高效运行,在提供低辐射低噪声环境的同时,有力保证高性能的数据处理能力。采用“绿色”芯片的核心、接入层交换机均具有超高的数据交换容量和二三层包转发率,可对密集数据流、音频、视频等进行高速无阻塞的数据交换,提高了整体学校网络的数据处理效率,以实现丰富的网络应用功能,从简单的上网备课到复杂的远程互动教学,全面支持电子备课室、虚拟图书馆、计算机教室、多功能教室、教学网络化办公等需要,顺利实现网络与老师和学生的“亲密接触”。

2. “绿色”兼容设计

　　“绿色”兼容设计经济实用,绿色方案中采用的交换机遵循所有的国际标准,其核心交换机采用模块化设计,完全满足与其他厂商硬件、软件的兼容性要求,用户只需简单地添加相应的端口模块即可实现网络的扩容,既保证了网络合理应用,又能够满足校园网不断增长的应用需求,使用户投资得到充分利用,进一步节省了资金,满足校园网络经济、高效的需求。

3. “绿色”性能

　　“绿色”性能确保安全可靠,在考虑技术先进性和开放性的同时,还从系统结构、技术措施、设备性能、系统管理、厂商技术支持及维修能力等方面着手,确保系统运行的可靠性和稳定性,达到最大的平均无故障时间。此外,在网络出口上采用 NAT(地址转换),能够合理地安排网络中的公有 Internet 地址和私有 IP 地址的使用，使校园网内部 IP 地址和网络拓扑隐藏起来，不被外界发现而无法直接访问，达成多层次的网络安全运行的可靠保障。

4."绿色"网络管理设计

"绿色"网络管理设计实现轻松维护。为了有效地提升校园网络应用效率，绿色方案还同步降低了网络建设本身的应用、管理难度，在建成的所有校园网中采用智能型网络管理软件，可实现集简约、集中、全中文、图形化管理于一身，实现从网络级到设备级的全方位网络管理，对整个网络上的网络设备进行集中式的配置、监视和控制，自动检测网络拓扑结构，监视和控制网段和端口，以及进行网络流量的统计和错误统计，网络设备事件的自动收集和管理等一系列综合而详尽的管理和监测，使网络达到最佳效果，并把网络的故障率减低到最小。

7.4.2 北京校校通绿色校园网的建设

以目前北京市校校通的绿色校园网的建设为例，其目标是建设一个为教学活动和教育管理服务的网络环境。北京校校通其辖内有 977 所中学和 1652 所小学，基础水平参差不齐，地域差异发展速度也不相同，有位于城区相对发展速度较快、基础设施较好的普教单位，也有地处偏远山区县城、基础条件相对滞后的中小学校。由于学校基础建设水平参差不齐，分布范围广和需求的复杂化、多样化，北京市教育部门希望在校园网建成后可以实现以下目标。

（1）高性能数据处理能力。由于参与网络应用的师生数量众多，而且信息中包含大量多媒体信息，故大容量、高速率的数据处理能力是网络的一项重要要求，并保证实现多媒体应用和远程教学功能。

（2）规模扩展能力好。在校园网扩建中可以不用重新采购核心设备，只需要采购接入设备，有效地保护学校投资。

（3）安全可靠。校园网中同样有大量关于教学和档案管理的重要数据，不论是被损坏、丢失还是被窃取，都将带来极大的损失。

（4）操作方便，易于管理。校园网面向不同知识层次的教师、学生和办化人员，应用和管理应简便易行，界面友好，不宜太过专业化。

北京市政府和教委综合考虑了北京市中小学校对网络应用的多层次需求，采用了某网络公司提出的"绿色校园网"解决方案，成功建成了连接不同层次中小学校的信息高速网络——"校校通"。各个地区的校校通工程都须满足三大层面的需求：

（1）建设可拓展、可升级的校校通网络平台。各地区校校通网络的建设不但要能满足当前各地区普教网络应用的需求，同时，还要充分考虑到网络未来的应用需求。通过对校校通网络建设进行合理的规划，实现地区校校通的可持续发展；在确保网络平台顺利建设的同时，有效保护工程投资。

（2）建设稳定、可靠的校校通网络平台。伴随校校通网络应用的丰富，网络平台需要承载的语音、图像、数据传输量急剧增加，在此前提下，建成稳定、可靠的网络成为校校通工程确保应用的关键。

（3）校校通工程的建设不仅仅是硬件设备的搭建，根本的目的在于实现网络应用的全面提升，所以，如何有效提升校园网络的应用效率、效果，是校校通工程建设中的另一个关键问题。

目前，北京市政府与教委与某网络公司已经成功共建了包括西城、东城、丰台、顺义、房山、平谷、延庆、大兴、密云、怀柔、朝阳、宣武、门头沟、崇文、通州 15 个区在内的各区校校通工程。全市绝大部分中小学校的网络建设已顺利完成，通过试运行，在网络的智能化、安全稳定、易用性等方面都达到了预期目标，实现了教学和管理信息在学校内的快速流通、共享和合理利用，大大提高了学校信息化教学的水平。更重要的是可以建立教师电子备课、课件制作、多媒体网络教学等应用系统，实现了双向互动式教学，为北京的中小学校营造了健康、洁净、绿色的网络学习环境，也为北京市各区县中小学校的教师、学生和教学管理人员，提供具有开放性、灵活性、面向学校应用服务的多媒体教学平台、信息化管理平台和信息交流平台。

7.4.3　绿色网络环境的管理

为未成年人提供上网服务的绿色网络场所应该是免费的或者公益的。由于网络的特点，使得网络必然成为青少年最大的信息来源和交友场所。

要建设绿色网络场所。绿色网络场所既可以是在有条件的中小学，也可以由社会单独建设绿色网吧，也可以在现有营业性网吧里。根据我国相关法律法规和参考其他国家的管理政策，将网吧进行区域划分，以不同内容和不同的管理方式，可以有效保护未成年人和成年人的合法权益。网上娱乐是绿色网络场所应有的形式，关键在于内容的把握和上网时间的有效管理。

要积极培训绿色网络人才。培养大批绿色网络人才是指导和保障青少年健康上网的重要手段。教育部门特别是中小学应设置专人或兼职的"青少年网络心理导师"等职业设定工作，以职业的形式，为社会提供大量绿色网络人才和积极指导家长和青少年健康上网。

要积极推动绿色网络组织在产业中的影响。中国互联网协会、中国通信企业协会、中国软件行业协会、中国出版工作者协会、中国青少年网络协会等绿色网络组织在不良网络内容举报和处理、不良网络行为举报和处理、优秀互联网产品评选、优秀游戏产品评选等工作中作了大量工作，起到了很好的社会效果，应该继续鼓励相关行业组织承担社会工作和责任，帮助净化互联网行业。

要积极推动绿色网络产业的发展。全社会都应该关心年轻的下一代，为了让网络成为我国培养和训练青少年信息素养的主战场；切实在中小学生中打下个人信息智慧优良、信息道德高尚、信息意识增强、信息观念开放、信息心理健康的基础；避免家长和学校教师"谈网色变"，相关主管部门可以组织和管理网络文化的安全，充分整合绿色网络内容、绿色网络载体、绿色网络场所、绿色网络人才和绿色网络组织，最终构成一整套绿色网络产业，从而推动网络行业的健康发展，为青少年创建一片绿色的网络空间。

要强化校园网络安全系统建设。校园网络应实施校园网的整体安全架构，配备完整系统的网络安全设备，对于出口进行规范统一的管理。校园网络的安全应通过配置安全产品实现对校园网系统的防护、预警和监控，包括防火墙、入侵检测系统、漏洞扫描系统、网络版的防病毒系统等。而校园网络对大量的非法访问和不健康信息应能进行有效的阻断,应为校园网的安全提供最基础的保障。根据国家互联网管理的有关法规,校园网络安全管理还应切实抓好校园网页的登记、备案工作,落实用户实名登记等各项网络安全管理制度,进一步提高校园网络信息和应急处置能力。同时,还要加强对校园及周边网络环境的综合治理。

要加强校园网络管理工作的队伍建设。按照"提高素质,优化结构,主动建设,相对稳定"的要求,有条件的学校应建设一支思想水平高、网络业务强、熟悉学生上网特点的网络管理工作队伍。这支队伍应充分发挥学生思想政治工作队伍和有关专家、教师的作用,建立和完善网络管理工作考评与激励机制,不断提高网络管理队伍的整体水平。校园网络管理应坚持教育与自我教育相结合,在充分发挥党团组织、教师教育引导作用的同时,充分调动学生的积极性和主动性,引导他们在网上自我教育、自我管理和自我服务。[14]

本章小结

本章描述了信息素养的基本概念和它的基本含义,对如何培养学生的信息素培养提出了多种方法和模式,特别提出对教师的信息素养的培养也应该同时进行。网络信息资源作为当今最重要的一类信息资源,在网络信息良莠不齐,青少年辨别能力有限的条件下,提高学生信息素养的同时,避免所谓的"网瘾",值得教育工作者的深入研究。为了营造良好的网络学习环境,还应该掌握绿色校园网的建设基本要求和运行条件。

思考题

(1) 什么是信息素养的基本内涵和基本含义?

(2) 为什么说信息素养是现代社会中的公民所必须具备的基本素质之一,担负着培养社会一代新人的教师,应当具备怎样的信息素养?

(3) 网瘾的病征特点和最容易诱发的人群有哪些?

(4) 简述学校、家庭如何为青少年提供绿色网络环境和积极引导,避免个别学生所谓的"网瘾"的基本方式。

(5) 为什么要打造绿色校园网,绿色网络环境的管理应达到的基本要求是什么?

参考资料

[1] 孙平,曾晓牧.面向信息素养论纲.图书馆论坛,2005,25(4).
[2] 什么是信息素养. http://zhidao.baidu.com/question/.
[3] 董祥俊.培养学生信息素养的几点认识. http://blog.dtjy.org/u/8027/archives/2009/2498.html/.
[4] 徐光华.学生智力与非智力的辩证统一关系及培养策略研究. http://www.mzjky.cn/jcjy/.
[5] 邹峰.谈中学生观察力的培养. http://www.jledu.com.cn/jyjxyj/.
[6] 记忆力的培养.百度文库. http://wenku.baidu.com/view/020db46baf1ffc4ffe47ac33.html/.

［7］　陈鸣.想象力的培养.http：//www.tzhjzx.net/Article/jslw/200902/2013.html/.

［8］　议学生思维创造力的培养.http：//www.cbe21.com/.

［9］　冷国华.教师信息素养及其培养方法研究.现代教育技术组.http://jyx.zjc.edu.cn/jyx/jyky/index.html.

［10］　戒除网瘾专栏.http://www.8400555.com/index.asp.

［11］　"网瘾"概念不能以偏概全.http://www.e7wan.com/html/news/industry/2009/1013/29519.html.

［12］　认识网络,远离网瘾.http://www.docin.com/p-6881106.html.

［13］　李忠东.海外中小学的网络管理,2008(8).

［14］　王倩.构建绿色校园网络营造健康网络环境.陕西师范大学学报,2008,37.

下篇

教学技能实训

第8章　计算机辅助教学

学习提要

本章主要介绍 CAI 课件的发展及课件类型、常用的开发工具、课件制作中的素材准备和课件结构，CAI 课件的脚本编写及开发。计算机辅助教学 CAI(Computer-Aided Instruction) 是在计算机辅助下进行的各种教学活动，以对话方式与学生讨论教学内容、安排教学进程、进行教学训练的方法与技术。利用 CAI 课件进行教学可以有效地缩短学习时间、提高教学质量和教学效率，实现最优化的教学目标，因此本章还简要讨论了利用 CAI 课件进行的教学活动。本章学习主要掌握的内容：

- CAI 课件的发展及课件类型；
- CAI 课件的素材准备和课件结构；
- CAI 课件的教学活动；
- CAI 课件的脚本编写及开发过程。

8.1　CAI 课件的构成

通过运行教学软件来实现教学的过程，称为计算机辅助教学，CAI 是教学过程中重要的教学手段。其中，所运行的教学软件称为 CAI 课件(Courseware)，CAI 课件在 CAI 系统中占有重要地位[1]。

8.1.1　CAI 课件的发展

1959 年美国 IBM 公司研制成功第一个 CAI 系统，人类由此进入计算机教育应用时代。虽然计算机教育应用的理论基础经历了行为主义、认知主义和建构主义学习理论三次大的演变，但是由于早期的 CAI 是由"程序教学"发展而来，基于框面的、小步骤的分支式程序设计 CAI 课件，多年来一直是 CAI 课件开发的主要模式，并且沿用至今。

CAI 课件是利用计算机多媒体手段对课堂教学中的某个片段、某个重点或某个训练内容进行辅助教学的软件。作为一种教学系统，CAI 课件的基本功能是用于教学，课件的内容及其呈现、教学过程及其控制由教学目的来决定。因此，CAI 课件内容的深浅，时间的长短，在课件制作时应根据授课对象有针对性地进行设计。CAI 课件具有个别性、交互性、灵活性和多样性等优点，它改变了在固定时间和地点，以班为单位集体授课的传统教学模式和单一的教学环境。相对于传统的教学手段，CAI 受到极大的关注并得到了广泛的应用，成为一种不可缺少的教学手段。

CAI 课件是一种计算机应用软件,它的开发、应用与维护应按照软件工程的方法来组织和管理。多媒体、网络技术的发展给 CAI 课件带来了新的活力,传统的 CAI 课件制作技术和观念都发生了变革。随着多媒体 CAI 课件和网络课件普遍应用在教学中,CAI 课件的功能已大大增强。

　　在 20 世纪 80 年代中期,我国计算机教育应用经历了从程序设计教学转向计算机辅助教学的过程。程序设计思想和行为主义学习理论构成计算机在教育应用上的理论支柱。虽然教育理论不断发展变化,但以程序教学原理为基础的 CAI 课件设计思想仍占有统治地位,这就造成了 CAI 课件自身无法克服的缺陷,例如交互能力有限,缺乏适应能力、创造能力和纠错能力等。

　　当前计算机教育应用正在进行从课件思想向积件思想的转变。积件(Integrable ware)是由教师和学生根据教学需要自己组合运用多媒体教学信息资源的教学软件系统,积件系统由积件库和积件组合平台构成。其中,积件库是教学资料和表达方式的集合,包括多媒体资料库、微教学单元库、资料呈现方式库、教与学策略库、网上环境积件资源库,教师和学生在课堂教学中可自由使用这些知识信息素材。积件组合平台是供教师和学生用来组合积件库并最终用于教学使用的软件环境。由于它无须程序设计,易学易用,方便组合积件库中各种多媒体资源,特别适合课堂教学使用。

　　积件思想是对多媒体教学信息资源和教学过程进行准备、检索、设计、组合、使用、管理、评价的理论与实践,是新一代教学软件系统和教学媒体理论。积件包含了课件的特殊性,是针对课件的局限性而发展起来的。课件是积件的特例,适用于某一具体的教学情境,如个别化教学、学生自学、教师讲解某一特定问题、家庭教育、网络学习等。积件更适于教师学生相互交流为主的课堂教学情景。

　　随着各学科技术的发展,教师和学习者两方面都对 CAI 提出了更高的要求。智能计算机辅助教学(Intelligent Computer Assisted Instruction,ICAI)系统是将人工智能(Artificial Intelligence,AI)技术引入 CAI 系统中,赋予机器以人类高级智能的计算机辅助教学系统。ICAI 系统有别于传统的 CAI 系统,具有学生模块、教师模块、知识库和智能接口等主要部分,具备适应能力、交互能力、创造能力、纠错能力等特点。

　　目前,ICAI 系统比一般意义上的专家系统更为复杂,已经成为国际上计算机辅助教学的主要研究方向。它涉及了计算机、教育两大学科的许多分支领域,包括程序设计、数据结构、算法分析、软件工程、人工智能等计算机学科以及认知心理学、教学设计等教育学科,因而是一个综合交叉学科。网络技术使 ICAI 系统由个别化的教学系统向智能远程教学系统发展,而虚拟现实(Virtual Reality,VR)技术则使 ICAI 系统更加完善。

8.1.2　CAI 课件的类型

　　目前,CAI 课件的分类方法很多,人们可以从不同的角度对 CAI 课件进行分类。这里根据 CAI 课件的不同属性特征分类[2]。

1. 按课件出版形式

按 CAI 课件的出版形式可以分为单机版和网络版。

（1）单机版课件以光盘、磁盘和集成电路卡等为载体，在计算机或其他电子设备上播放。

（2）网络版课件则以数据库和通信网络为基础，以硬盘或光盘为存储介质，可提供联机检索和传输，阅读报纸和杂志以及收发邮件等多种服务。

2. 按课件教学策略模式

按 CAI 课件的教学策略模式可以分为个别指导、操练与练习、模拟与游戏、咨询和问题求解等。

（1）个别指导型课件通过计算机模拟"家教"的教学行为，让计算机扮演"教师"角色，对学习者个体进行个别指导式教学活动。教学内容因采用多媒体表达而十分丰富，具备交互式功能。

（2）操练练习型课件可以运用多媒体技术提供作为提问背景的动态情景，计算机将存储的练习题随机逐个呈现出来，学习者在计算机上回答并能得到适当的即时反馈，达到巩固所学知识和掌握基本技能的目的。

（3）模拟游戏型课件是一种增加了竞争性因素的模拟程序，加入操练与练习的内容，利用计算机模仿真实现象或理论模型并加以试验，做到"寓教于乐"。将多媒体技术用于创作游戏型课件，可使模拟的现象更加逼真，吸引学习者集中注意力投入到学习中。

（4）查询型课件本质上是一种教学情报检索系统，它以学科数据库为基础，能按照学生的提问提供有关各种百科全书、电子词典、图片集、技术资料、使用说明、电话黄页等参考信息。学习者掌握学习的主动权，通过检索能尽可能多地查找学习资源和教学信息，也能利用导航确定用户浏览所在的位置。

（5）问题求解型课件将解决问题的思考过程装入教学程序中，学习者随教学程序的运行及引导下反复求解，在解决问题的过程中，学会某些知识技能。

（6）课堂讲解型课件是运用计算机向学习者展示教师的主要讲授内容及其对应的图形、图像、动画、视频文件和音频文件等。教师控制课件的运行，边讲解边播放，有利于教师的口语叙述和文字描述相结合，使学生听和看相结合。这类课件可提供与讲授紧密结合的形象材料，帮助学习者理解知识和形成联想。还可以与传统教学手段相结合，如教学过程中适当板书或板画等，因而适合专题讲座和课堂教学。

3. 按课件内容呈现形式

按 CAI 课件的内容呈现形式大致可分为演示型、交互型、智能型、综合型。

（1）演示型课件是将包含教学信息、相应的应答信息、评价信息和控制信息的教学内容制作成一个固定的框面，由多个事先按一定顺序排列的框面构成节目片段，直观简洁地演示给学习者观看。这类课件要求视觉效果突出，不具备交互式功能，适合教师课堂上讲课。

（2）交互型课件利用预先安排的程序来产生不同的教学内容，要求交互功能强大，可按需跳转，有简单分支判断功能。学习者可以主动控制自己的兴趣点及浏览的进程，比较适合学生自习时使用。

（3）智能型课件利用编程技术实现计算机辅助教学的功能，最大的特点是具有模拟的人工智能。例如,可以根据学习者的答题情况判定当前水平,可决定教学内容次序、呈现方式与教学速度,对学习者进行"因材施教",集娱乐、学习、检测于一体。

(4) 综合型课件综合演示、交互及智能型三类课件的主要特征。

8.1.3 CAI 课件的开发工具

CAI 课件的开发工具很多,包括框架设计、图形图像处理、动画制作软件及其他工具。

1. 框架设计软件

网络版 CAI 课件的框架一般使用 FrontPage、Dreamweaver 等网页设计软件编制,FrontPage 重视网页的开发效率、易学易用;Dreamweaver 强调更精细更强大的网页控制、设计能力及创意的完全发挥。

Authorware 具有高效的多媒体集成环境、标准的应用程序接口和丰富的交互方式,是功能强大的多媒体创作工具,尤其适合制作多媒体 CAI 课件。利用 PowerPoint、Word 等软件制作网页时,输出文件保存为 html 格式。

(1) FrontPage

FrontPage 是美国微软公司推出的一款网页设计、制作、发布和管理软件。FrontPage 简单易学,它的界面类似 Word 字处理软件的界面,容易使用,适合初学者学习使用。

FrontPage 具有"所见即所得"的特点,集设计、代码、预览三种模式于一体,有良好的制表功能,也继承了 Microsoft Office 产品系列中各种易用的链接、按钮、菜单,能与 Microsoft Office 各软件无缝连接。

FrontPage 2003 相比 FrontPage 2000 增强了许多功能,如自定义浏览器分辨率预览检查、描摹图像、层功能以及插入交互式按钮等,但其功能仍无法满足更高要求。2006 年,微软公司宣布 Microsoft FrontPage 将被 Microsoft SharePoint Designer 新产品替代,Microsoft Office System 2007 已经包含 Microsoft SharePoint Designer。

(2) Dreamweaver

Dreamweaver 是美国 Macromedia 公司开发的集网页制作和管理网站于一身的"所见即所得"网页编辑器,是针对专业开发人员的视觉化网页开发工具,可以简便地制作出跨平台限制和跨浏览器限制的充满动感的网页。

在众多网页编辑器中,"所见即所得"网页编辑器如 FrontPage 具有直观、使用方便、容易上手的优点,但同时也存在难以精确达到与浏览器完全一致的显示效果以及页面原始代码难以控制的致命弱点。而"非所见即所得"的网页编辑器由于程序员直接编写 HTML 代码,不存在页面原始代码难以控制的问题,但是"非所见即所得"编辑器的工作效率低。

Dreamweaver 制作效率高,使用网站地图可以快速制作网站雏形,设计、更新和重组网页,而且提供 Roundtrip HTML、视觉化编辑与原始码编辑同步的设计工具,页面定位精准,其"所见即所得"功能使其不需要通过浏览器就能预览网页。

Dreamweaver 还集成了程序开发语言,对 ASP、.NET、PHP、JS 的基本语言和连接操作数据库都完全支持。2010 年 4 月包括新的 Dreamweaver CS5 的 Creative Suite 5(CS5) 正式发布。

（3）Authorware

Authorware 是美国 Macromedia 公司开发的一种多媒体制作软件。作为一种图标导向式的多媒体制作工具，用户在程序开始时新建一个"流程图"，通过直观的流程图来表示用户程序的结构。用户无须掌握高深的编辑语言、不用编写传统的计算机语言程序，只通过对图标的调用来编辑一些控制程序走向的活动流程图，将文字、图形、动画、声音以及视频等多媒体项目数据汇在一起，可以开发出具有各种交互，以及起导航作用的各种链接、按钮和菜单的多媒体软件。

Authorware 也提供了一个良好的编程接口，包括许多系统函数和系统变量，使用者通过这个编程接口定义自己的变量和函数，可以更好地控制多媒体程序，编制出更好的产品。

Authorware 的编辑环境简单直观，软件的制作基于流程线和一些工具图标，一目了然，具有"所见即所得"的特点。这些特点降低了对开发人员的技术要求，极大地缩短了多媒体产品的开发周期，使非专业人员快速开发多媒体软件成为现实。

Authorware 现在的版本达到 7.0。

（4）PowerPoint

PowerPoint 是美国微软公司 Office 集成软件中的一个组件。Office 集成软件主要包括用于文字处理的 Word，用于数据统计和处理电子表格的 Excel 以及用于简报制作和演示的 PowerPoint。这三个软件在输出界面和操作方法上相似，而且由于支持 Windows 的对象嵌入与链接技术（OLE），各软件功能可根据需要相互随意引用。

PowerPoint 可用于多媒体展示或在教学中的 CAI 课件制作。当然利用 OLE 技术可以根据需要使用 Office 中的其他软件，如使用 Word、Excel 软件工具。这些软件在安装 Office 时可根据需要选择安装。

PowerPoint 主要用于演示文稿的创建，即幻灯片的制作，用于设计制作专家报告、教师授课、产品演示、广告宣传的电子版幻灯片，制作的演示文稿可以通过计算机屏幕或投影机播放。

2. 图形图像处理软件

Fireworks、Photoshop 等图像处理软件可进行界面及艺术字的美观设计。ACDSee 也是一款图形浏览及图形处理软件。

（1）Fireworks

Fireworks 是 Macromedia 公司推出的图形编辑软件，可用于创建与优化 Web 图像和快速构建网站与 Web 界面原型。它大大简化了网络图形设计的工作难度，可设计出动感的 GIF 动画，方便切割图形、制作按钮动态、动态翻转图片以及背景透明等。

Fireworks 不仅具备编辑矢量图形与位图图像的灵活性，还提供了一个预先构建资源的公用库，可与 Photoshop、Illustrator、Dreamweaver 和 Flash 软件省时集成。在 Fireworks 中可将设计迅速转变为模型，或利用来自 Illustrator、Photoshop 和 Flash 的其他资源，然后直接置入 Dreamweaver 中进行开发与部署。例如，只需将 Dreamweaver 的默认图像编辑器设为 Fireworks，则在 Fireworks 里修改的文件将立即在 Dreamweaver 里得到更新。

Fireworks 可使用所有的 Photoshop 的滤镜，直接将 PSD 格式图片导入修改画图，而且 Fireworks 支持网页十六进制的色彩模式，提供安全色盘的使用和转换，不需要再同时打开 Photoshop（点阵图处理）和 CorelDRAW（绘制向量图）等各类软件，免去软件切换的操作过程。

（2）Photoshop

Photoshop 是 Adobe 公司开发的图像处理软件，集图像扫描、编辑修改、图像制作、广告创意，图像输入与输出于一体。Photoshop 功能完善，性能稳定，使用方便，已成为行业标准。Photoshop 在平面设计和网页设计中发挥着重要作用，也可用于视频编辑、多媒体开发和三维动画制作。

图像处理软件是对现有的位图图像进行编辑加工处理以及增设一些特殊效果，重点在于对图像的处理加工；图形创作软件是按照自己的构思创意，使用矢量图形来设计图形。Photoshop 不同于图形创作软件 Illustrator，其专长在于图像处理，而不是图形创作。但实际上，Photoshop 的应用领域很广，涉及图像、图形、文字、视频、出版各方面，除平面设计是其最为广泛的应用领域外，还可用于修复照片、广告摄影、影像创意、艺术文字、建筑效果图后期修饰等等。

Photoshop 的主要功能可分为图像编辑、图像合成、校色调色及特效制作部分。图像编辑是对图像进行放大、缩小、旋转、倾斜、镜像、透视等各种变换，也可进行复制、去除斑点、修补、修饰图像的残损等工作。图像合成是将几幅图像通过图层操作、工具应用合成完整的、传达明确意义的图像。校色调色是对图像的颜色进行明暗、色偏的调整和校正，可切换图像的不同颜色满足在网页设计、印刷、多媒体等方面的不同应用。Photoshop 的特效制作主要由滤镜、通道及工具综合应用完成，包括图像的特效创意和特效字的制作，常用的传统美术技巧如油画、浮雕、石膏画、素描等都可由 photoshop 特效完成。

（3）ACDSee

ACDSee 是 ACDSystems 公司的看图工具软件，提供了良好的操作界面，操作简单人性化，快速图形解码，支持丰富的图形格式，图形文件管理功能强大等。

ACDSee 的主要特点是支持性强和打开文件快速，能打开包括 ICO、PNG、XBM 在内的二十余种图像格式，并且能够高品质地快速显示。

ACDSee 提供了音频文件播放和许多影像编辑的功能，包括多种影像格式的转换，并且可以从影像设备输入影像。

3. 动画制作软件

动画制作软件主要有 Flash 和几何画板等。Cool3D 是 Ulead 公司专门制作文字 3D 效果的软件，可生成各种特殊效果的 3D 动画文字，生成的动画文件可保存为 GIF 和 AVI 格式。

（1）Flash

Flash 是 Macromedia 公司推出的二维动画软件，包括用于设计和编辑 Flash 文档的 Macromedia Flash，以及用于播放 Flash 文档的 Adobe Flash Player。

Flash 基于矢量描述（Vector Graphics），生成的动画占用存储空间较小，有利于在互联网上传输，因而具有播放流畅、数据量小、色彩鲜明等特点，而且制作出来的动画即使任意缩放也不会产生任何变形。

作为一款网页交互动画制作工具，Flash 采用"流"技术，可以一边下载动画一边播放，不需要预先下载动画且经过处理后才能用于课堂教学，因而适合制作远程网络 CAI 课件，能使整个教学过程流畅自然。

（2）几何画板

几何画板是由美国 Key Curriculum Press 公司制作并出版的几何软件"The Geomeber's Sketchpad"，1996 年授权人民教育出版社发行汉化版。几何画板软件非常小，软件运行对系统的要求很低，只需 PC 486 以上兼容机、4M 以上内存、Windows 3.X/95/98 简体中文版。

几何画板是一个通用的数学、物理教学环境，提供丰富而方便的创造功能，能够动态地展现出几何对象的位置关系、运行变化规律，是适用于数学、平面几何、物理的矢量分析、作图，函数作图的动态几何工具。

几何画板是出色的教学软件之一。用户只需要熟悉软件简单的使用技巧即可自行设计和编写出自己的教学课件。软件提供充分的手段帮助用户实现其教学思想，应用范例主要体现用户的教学思想和教学水平，而不是其计算机软件水平。

4. 其他工具

常用的音效处理软件很多，如 GoldWave 及 SoundForge 等，能编辑声音的播放效果及对声音的格式进行转换。CorelDRAW Graphics Suite 是由加拿大 Corel 公司开发的图形图像软件，广泛应用于商标设计、标志制作、模型绘制、插图描画、排版及分色输出等诸多领域，用于商业设计和美术设计的 PC 计算机上几乎都安装了 CorelDRAW。

（1）方正奥思

方正奥思多媒体创作工具（Founder Author Tool）是北大方正技术研究院面向教育领域研究开发的一个可视化、交互式多媒体集成创作工具，可运行于中文 Windows 环境，具有直观、简便、友好的用户界面。

方正奥思多媒体创作工具具有很强的文字、图形编辑功能，支持多种媒体文件格式，提供多种声音、动画和影像播放方式，并提供丰富的动态特技效果，以及具有强大的交互能力。方正奥思直接面向各种非计算机专业的多媒体创作人员，易学易用，无须编程；功能强大，支持光盘出版、多媒体数据库，提供网页输出。用户可根据自己的创意，将文本、图片、声音、动画、影像等多媒体素材进行集成，创作出多种类型的交互式多媒体产品及超媒体产品，如制作 CAI 课件、电子出版物、用户产品演示、信息查询系统等。

北大方正奥思多媒体创作系统是属于我国自主版权，完全由国内专业技术人员开发，因而在创作中文为主的多媒体应用软件方面有着明显的优势。方正奥思多媒体创作工具 5.0 版于 2000 年 11 月正式推出，2001 年 7 月推出 5.1 版，2002 年 8 月 26 日正式发布了方正奥思多媒体创作工具 6.0 版。

（2）Mathcad

Mathcad 是美国 Mathsoft 公司推出的一种交互式数值系统，独特的可视化格式和便笺式界面将直观、标准的数学符号、文本和图形均集成到一个工作表中。Mathcad 在很多科技领域中承担着复杂的数学计算，图形显示和文档处理，是工程技术人员的得力帮手，也是一个适合制作理科 CAI 课件的工具软件。

Mathcad 的主要运算功能有代数运算、线性代数、微积分、符号计算、2D 和 3D 图表、动画、函数、程序编写、逻辑运算、变量与单位的定义和计算等，因而在表现数学、物理等理科类教学中的大量函数、图形运算内容时，Mathcad 比一般的通用多媒体创作工具更方便，更科学。

Mathcad 使用真实的数学语言,有丰富的存档管理体系,方便数据的读取、交换与整合。Mathcad 遵循 XML 国际标准,利用 MathML 文件格式对文件进行存取,容易在本地网络或者 Internet 中访问 Mathcad 的内容。

从早期的 DOS 下的 1.0 版本和 Windows 下的 4.0 版本,Mathcad 发展到目前的最新版本 Mathcad 15.0,已经能支持 9 种语言版本:英语、德语、法语、意大利语、西班牙语、日语、简体中文和繁体中文、朝鲜语。

8.2 CAI 课件的素材及结构

8.2.1 CAI 课件的素材

CAI 课件的素材指在 CAI 课件中使用的所有材料。作为传播教学信息的基本素材单元,课件素材一般分为文字、声音、图形图像、视频及动画五大类。多媒体 CAI 课件因集文字、图形图像、声音、视频、动画于一身,形象生动,能活跃教学气氛,提高学生的学习兴趣。

所有 CAI 课件使用的素材必须是计算机能够识别并能够在存储器中保存的数字资源。日常生活中的照片、电影、音乐等模拟信号形式的资源,需要通过专业设备转换为计算机能识别的数字信号形式,并且保存在存储器中以备将来使用。

素材的采集与制作是开发 CAI 课件的基础,素材的质量好坏直接影响到课件的质量。要创作一个好的 CAI 课件,必须首先做好课件素材的准备。课件素材是组成课件的基本元素,是课件制作的开始。互联网是一个信息交流最大的平台,含有大量文字、图片、声音、视频、动画,而且很多是免费资源,可以通过网络搜索引擎如 Google、百度等搜索到一部分所需要的课件素材。除上网外,可以到学校、图书馆、音像制品商店等查阅一些教学录像、录音带、VCD、DVD、CD-ROM、图片等资料,通过相互交换、信息共享、租借、购买等方式,拷贝或扫描获得一些必需的课件素材。但是,自己动手或通过有关单位、专业人员制作课件素材仍然是必要的。

1. 文字素材

各种媒体素材中文字素材是最基本的素材,主要类型包括教师教案、教材文本、学位论文、专利介绍、政策法规、人物说明、历史资料等。文字在 CAI 课件中常用于标题、中心、重点的表述。文字一般在课件开发软件中直接输入和编辑,因而最容易处理。如果想用更多的文字效果或对文字作物效处理,可用 Photoshop、CorelDRAW 等图形处理软件,PowerPoint 97 也提供了文字特效处理功能,可方便地对文字进行浮雕、阴影、立体化等艺术加工。

文字在计算机中的输入方法很多,除了最常用的手工键盘输入外,还可用扫描识别输入、手写识别输入及语音识别输入等方法。

(1) 手工键盘输入

手工键盘输入是最早也是最常用的文字输入方法之一。对于首次创作的文字一般选用手工键盘输入，方便快捷，不需要其他设备。

（2）扫描识别输入

对于数量很大的印刷品类的原始文字资料，可以利用扫描仪进行扫描后识别获取文字数据。目前利用扫描仪识别字符采用光学字符识别（Optical Character Recognition，OCR）技术，是由电子设备检查打印字符，通过检测亮暗的模式确定其形状，然后用字符识别方法将形状翻译成计算机文字的过程，即对文字资料进行扫描，然后分析处理图像，获取文字及版面信息的过程。

扫描识别输入对于文字量大的印刷品获字迹工整的手写稿有较高的输入速度和识别正确率。如"尚书系统"的识别正确率达 98％以上。

（3）手写识别输入

手写识别输入是利用一块连接计算机的手写板及一只手写笔输入文字的过程。这种方法易学易用，但输入速度较慢，特别适合计算机操作不太熟悉的用户进行少量的文字输入。

（4）语音识别输入

语音识别输入是通过识别和理解过程将语音信号转变为相应的文字或命令，主要利用特征提取、模式匹配准则及模型训练三个方面的技术。目前的语音识别对用户的普通话是否标准不再有过高的要求，但需要计算机多花一点时间适应用户的口音。

语音识别输入方便快速，使用简单，但对用户的要求较高，除普通话的要求外，还要求语气尽量平稳，音量保持基本一致等。

目前，CAI 课件多以 Windows 为系统平台，文字素材应尽可能采用 Windows 平台上的文字处理软件，如 Word、写字板等。

Windows 系统保存文字的文件种类较多，如纯文本文件格式 TXT，写字板文件格式WRI，Word 文件格式 DOC，Rich Text Format 文件格式 RTF 等。

2. 声音素材

声音是传递信息的重要媒体，作为一种信息载体，其更主要的作用是直接、清晰地表达语意。声音素材包括解说与配乐。解说词可用话筒现场录制成数字声音文件，配乐可采用MIDI 乐曲或 WAV 音乐等声音文件。

（1）声音文件格式

声音文件格式很多，常见的格式有 WAV、MID、CDA 等格式。

WAV 是最早的声音文件格式，是通过音频捕捉卡及声卡对一定范围内的声波进行捕捉所得到的数字声音信息。WAV 格式是由微软公司开发的一种波形声音文件格式，被Windows 平台及其应用程序广泛支持。WAV 格式支持许多压缩算法，声音品质主要与音频位数、采样频率和声道数三个因素有关，一般采用 44.1kHz 的采样频率、16 位量化位数、双声道。WAV 文件对存储空间需求太大，不便于交流和传播。

Mid 是 MIDI 音源的文件后缀。MIDI 是乐器数字化接口（Musical Instrument DigitalInterface）的缩写，是数字音乐/电子合成乐器的统一国际标准，定义了电子设备之间进行连接和通信的规范，规定了不同厂家的电子乐器与计算机连接的电缆和硬件及设备间数据传输的协议。把在 MIDI 文件中存储的一些指令发送给声卡，由声卡按照指令将声音合成出来。可以模拟多种乐器的声音。目前，MIDI 音源的产生方式主要有 FM 合成和 Wavetable

波表技术。

CD 音乐格式的文件扩展名为 CDA,其采样频率为 44.1kHz,16 位量化位数。CD 存储采用了音轨的形式,记录的是波形流。由于记录过于详尽,其数据量极大,但它是一种近似无损的格式,可达到标准 CD 音质。

(2) 声音素材的获取与制作

制作 CAI 课件需要大量的声音素材,可以通过引用与自制相结合的方式进行声音素材的准备,以提高制作效率。

平时注意积累现有的音频素材、做好分类保存工作。一方面,从现有的教学素材库中直接选取,供自己制作课件使用。也可以从现有的音像制品中截取音频素材。如在 VCD 影视片中有大量相当不错的音频素材可用到教学中,或将录音磁带或录像带上的音频通过录音机或放像机等外接音源用连线与声卡的 Line in 插口相连,启动 Windows 中的录音软件进行获取。

用话筒录制声音前,必须确认计算机应配置声卡、话筒之类的装备,话筒连接线与计算机的话筒插口相连。录音时话筒应尽可能地远离计算机,以减少机器噪音对录音质量的干扰。话筒不宜离离口太近,防止录出气流声。

(3) 声音文件的格式转换

多媒体软件平台都有自己支持的声音文件格式,如 Authorware 支持导入的声音文件主要包括 AIFF、PCM、MP3、SWA、VOX 和 WAV 等格式。虽然 WAV 格式的文件被大多数多媒体软件平台支持,但其数据量太大。如果声音文件不是软件平台所支持的格式,则不能直接导入到程序中,必须通过声音格式转换后使用。因此,声音格式的转换与压缩是声音素材制作的重要过程。

声音文件的格式转换软件很多,可以在网上下载使用,Windows 系统自带的录音机程序也有此功能。声音文件的压缩可以通过直接在录音软件中更改声音的采样频率、采样位数、声道数来达到减小声音文件容量的目的。

3. 图形图像素材

图像分为位图和矢量图。位图以点或像素的方式记录图像,图像由许许多多小点组成。位图图像的色彩显示自然、柔和、逼真,但位图文件数据量大,图像在放大或缩小的转换过程中会失真。矢量图以数学方式记录图像。矢量图的信息存储量小,分辨率完全独立,在图像在放大或缩小过程中无失真,而且因为面向对象,每一个对象都可以任意移动、调整大小或重叠。但矢量图用数学方程式描述图像,运算比较复杂,图像色彩显示比较单调,生硬不够柔和逼真。

图形图像素材应采用目前通用的格式处理和存储。在图像制作中常见的基本文件格式有 BMP、PCX、GIF、JPEG、TIFF、PSD 等格式。BMP 格式又称为位图格式,是最普遍的点阵格式之一,也是 Windows 系统的标准格式。PCX 格式是 MS-DOS 的常用格式,但没有在 Windows 系统中普及。GIF 格式是图像互换格式(Graphics Interchange Format)的简写,由 CompuServe 公司在 1987 年开发,是一种基于 LZW 算法的连续色调的无损压缩图像格式。JPEG 格式是由联合照片专家组(Joint Photographic Experts Group)开发图像格式,文件扩展名为 JPG 或 JPEG,采用有损压缩方式去除冗余的图像和彩色数据,在获得极高压缩率的同时展现丰富生动的图像,但其品质相应受到影响。TIFF 格式的文件采用无损压缩方式,画质高于 JPEG 格式,但因压缩率低而使得文件量很大。PSD 是 Adobe Photoshop 的专用图形文件格式,可以存储所有的图层,以及通道、参考线、注解和颜色模式等信息。PSD 格式在保存时会将文件压缩,但因包含的图像数据信息较多,而且不同的对象以层分离存储,便于修改和制作各种特效。

图形图像素材的获取途径主要有用绘图软件创作、扫描仪扫描、数码相机拍摄,以及从屏幕、动画和视频资料中捕捉。Photoshop、CorelDRAW 都是著名的图形图像创作和处理软件。对已有的图片,扫描是获取图像最简单的方法。Photoshop 等图形图像软件在其文件菜单中提供了直接输入扫描作品的功能。数码相机将实物、挂图等物拍摄下来,以数字文件形式输入并存储。现在市场上也有各种各样的素材库,其中不乏图像素材库。在计算机上显示这些资料时可以通过屏幕截取或软件捕捉筛选所需要的图形图像素材。

4. 视频素材

视频是将一系列连续播放的静态影像以电信号方式加以捕捉、记录、处理、压缩、传输、储存、编辑、显示与回放的技术。连续的图像变化每秒超过 24 帧(Frame)画面以上时,根据视觉暂留原理,人眼无法辨别单幅的静态画面,看上去呈现平滑连续的视觉效果。

数字电影的主要技术参数有帧速、数据量和图像质量。帧速指每秒顺序播放多少幅图像。不同电视制式的帧速:NTSC 制为 30 帧/秒、PAL 制和 SECAM 制为 25 帧/秒。数据量的大小是帧速乘以每幅图像的数据量。假设图像的平均数据为 1MB(即 8Mb),帧速为 30 帧/秒,则每秒数据量将达到 240Mb,这对网络传输和计算机播放都提出了很高的要求。但经过压缩后可减小几十倍甚至更多,可采取降低帧速、缩小画面尺寸等来降低数据量。图像质量除了原始数据质量外,还与对视频数据压缩的倍数有关。一般来说,压缩倍数较小时对图像质量不会有太大影响,但超过一定倍数后会明显看出图像质量下降。

视频处理一般指借助于相关硬件和软件,在计算机或其他处理设备上对视频素材进行接收、采集、压缩、传输、储存、编辑、显示与回放等多种处理的过程。对视频素材进行数字化采样后,可以进行编辑加工,即用户对视频素材进行删除、复制、改变帧速或视频格式等操作。

视频文件的内容包括视频数据和音频数据。利用视频素材声音与画面同步、表现力强的特点,能大大提高多媒体 CAI 课件的直观性和形象性。视频文件的标准和类型很多,常用格式有 AVI、MPEG,还有流媒体视频 ASF、RM 等格式。

(1) AVI

AVI 格式是音频视频交错(Audio Video Interleaved)的缩写,是一种将音频和视频信号同步组合在一起的文件格式。它对视频文件采用有损压缩方式,尽管画面质量不太好,但压缩比较高,通用性好,因此获得非常广泛的支持。

(2) MPEG

MPEG 是动态图像专家组(Moving Pictures Experts Group/Motin Pictures Experts Group)的缩写,MPEG 格式的文件是采用视频压缩编码技术进行压缩的视频文件格式,主要标准有 MPEG-1、MPEG-2、MPEG-4、MPEG-7 及 MPEG-21 五个,如 VCD 采用 MPEGT-1格式压缩,DVD 采用 MPEG-2 格式压缩。

（3）ASF

ASF 是高级串流格式（Advanced Streaming Format）的缩写，是 Microsoft 为 Windows 98 开发的串流多媒体文件格式。这种流媒体格式是一种经过压缩，包含音频、视频、图像以及控制命令脚本的视频格式，特别适合网络播放。ASF 是微软公司 Windows Media 的核心。一般需要专门软件解压缩后进行回放。

（4）RM

RM 是目前主流网络视频格式，符合 RealNetworks 公司制定的音频视频压缩规范 RealMedia。RealMedia 可以根据不同的网络传输速率制定不同的压缩比率，从而实现在低速网络上进行影像数据实时传送和播放。RM 也是一种流媒体格式，通常 RM 视频更柔和，而 ASF 视频则相对清晰一些。

视频素材的来源途径有录像采集、光盘影视剪辑、电视输入、三维动画软件制作、利用数字摄像机摄制等。录像采集是将现有的录像资料的模拟信号转换为数字信号后存储在计算机中，这样的转换需要专门的视频捕捉卡才能完成。编辑数字化影像的软件主要有 Premiere、Mediastudio 等。光盘 VCD 影视剪辑是利用超级解霸等软件将 VCD 中片段截取后存储，再应用于 CAI 课件制作。电视输入则在电视节目收看过程中随时截取电视片段。

5. 动画素材

动画是通过一定速度播放连续画面来显示运动和变化的过程。计算机动画是借助于计算机生成一系列连续图像并可动态播放的计算机技术。计算机动画技术综合利用了计算机科学、数学、物理学、绘画艺术等知识来生成绚丽多彩的连续的逼真画面。

动画按制作原理可分为二维动画和三维动画。二维动画主要用于实现中间帧生成，即根据两个关键帧生成所需要的中间帧（插补技术）。三维动画采用计算机技术来模拟真实的三维空间（虚拟真实性）。

对于过程事实的描述只依赖于文字信息或图形图像信息往往不够，有时利用动画素材可以达到更好的描述效果。使用二维动画或三维动画，都可能更直观、更详实地表现事物变化的过程。

动画素材指由一系列静态画面组成的队列，常用动画文件的类型有 FLC 文件、GIF 文件等。常用的动画制作软件有 3dmax、Flash、Director 等。

3dmax 即 3D Studio Max，是 Autodesk 公司开发的基于 PC 系统的三维动画渲染和制作软件，由基于 DOS 操作系统的 3D Studio 系列软件演化而来，最新版本为 2011。3dmax 广泛应用于广告、影视、工业设计、建筑设计、多媒体制作、游戏、辅助教学以及工程可视化等领域。

8.2.2　CAI 课件的结构

传统的 CAI 课件采用预置式、线形结构的信息表达方式。具体地，课件基于框面的线形结构，教学过程按照框面的排列顺序进行，每个框面只跟其前或后框面有联系。框面的教学信息、位置以及与其他框面的联系都事先安排好，每个框面的教学信息一般采用单一的视觉或听觉媒体形式表现，交互方式单一，操作控制复杂。

在多媒体 CAI 课件中，教学流程不再事先安排好，每个教学框面所呈现的教学信息也不固定,教学信息是由各种媒体信息按超文本思想组织成非线形网络结构。超文本技术利用文、声、图综合表达信息。在这种非线形网络结构中,除了常见的线形和分支结构外,还可实现跳转、循环等操作。CAI 课件内容的超链接与导航就是对各种媒体信息的线形、分支、跳转和循环操作的具体体现。

在多媒体 CAI 课件中,教学内容被划分为若干个学习单元,每个单元内容可以是一段课文、一个概念、一组测验、一幅图表、一段动画、一段声音、一段程序等,这些是超文本结构中的一个个"节点"。节点的大小根据实际需要而定,没有严格的限制。节点之间特定的上下文顺序和某些节点之间基于某一关键字建立起来的跳转关系就是"链"。链的功能的强弱直接影响节点的表现力,也影响到信息网络的结构和导航的能力。

"节点"和"链"组成了学习内容的"网络",形成了超文本的结构形式。这种超文本的信息网络是一个有向图结构,采用一种非线性的网状结构来组织块状信息。根据节点和链的连接关系,多媒体 CAI 课件的教学内容结构组织方式有线形、树状、网状和混合结构。

线形结构的课件框面有一个事先设置好的序列,学习者从一帧到下一帧顺序地接受信息。树状结构的课件框面根据教学内容的自然逻辑形成结构,学习者沿一个树状分支展开学习活动。网状结构即超文本结构没有预置路径,学习者在内容单元间自由航行展开学习。混合结构受主流信息的线形引导和分层逻辑组织的影响,学生可在一定范围内自由航行。

在进行 CAI 课件的超文本结构设计时,应首先确定节点的关系,然后确定如何激活节点以显示出节点间链的关系,通过实现跳转使教学活动进行下去。目前,教学进程的控制主要有计算机主动控制、学生主动控制、计算机—学生混合主动控制三种。

CAI 课件的结构设计主要包括节点设计、链的设计以及由此产生的网络和学习路径设计。

1. 节点设计

节点是学习的基本单元,可能包含一个或几个学习内容单元、教学策略如"呈现—例子—交互"、实例和评价练习。设计节点时必须考虑节点的大小、数量和内容,解决内容深度、冗余度和范围等问题。

根节点是学习者进入系统学习遇到的第一个节点,同时也是任何其他节点都能返回的中心节点,因此,根节点的设计十分重要。设计根节点可以采用总述、自顶向下、菜单、辅导等方法,采用何种方法取决于知识库的用途和内容性质。如果用于讲授,总述和辅导方法较适合;对于知识库内容和目录类别,自顶向下和菜单方法更恰当。

2. 链的设计

链的设计主要涉及节点间如何联结及其怎样表示。对于线性链、树形链和网状链在一个系统中所占的比例,取决于领域知识、系统目的和学习特征。链的建立必须基于学习者的需求,在上下文情境中出现才有意义,才能有利于学习者建立认知结构。总之,在设计链时,一定要考虑"链怎样联结才对学习者最有意义?"这个问题,此外,还需要考虑"屏幕上是否指定区域图示链关系?是否需要建立动态链?……"等问题。

3. 网络和学习路径设计

节点和链的组织方式不同,从而产生不同的超媒体系统网络结构,如阶层型、细化型和对话型。基于上面的系统结构,系统提供了学习者多种不同的学习路径。常见的学习路径模式有顺序式、循环式、分支式、索引式和网状式。一个系统中可能包含上述一种或多种学习路径模式,但无论采取何种模式,学习者均应该能选择自己的路径,到达任意节点,并可随时离开。

综上分析,在设计超文本结构时,应根据教学设计中所形成的知识点和所选择的媒体,确定"节点"及其类型,根据个知识点见的逻辑关系确定"链",根据教学流程确定网络结构和学习路径,绘制超文本结构网络图。超文本结构网络图可以用有向线将课件设计中的链表示出来,然后用有向线将节点间及节点内部媒体间的关系表示出来,如图 8-1 所示。

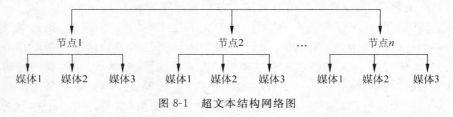

图 8-1　超文本结构网络图

8.3　CAI 课件的教学

利用 CAI 课件进行教学实践有多种模式。教学模式是在一定教学思想或教学理论指导下建立起来的较为稳定的教学活动结构框架和活动程序。在教学实践中可采用多种教学模式结合,但应考虑开展 CAI 教学的设备条件、所要完成的教学任务、教学内容以及学生水平。

将不同种类(几种或多种)的教学媒体有机组合,以达到促进和优化教学的目的,这样构建而成的教学环境即媒体化教学环境,包括多媒体教室、语言实验室和多媒体网络教室等。教学环境中的媒体设备有录音-幻灯组合、录像-电视-投影组合灯,计算机网络学习环境包括教室网教学环境、校园网教学环境、因特网教学环境和外联网教学环境。这些教学环境中的教学媒体的基本使用是一名合格教师必备的基本素质。

8.3.1　课堂教学

课堂教学是教育教学中普遍使用的一种手段,它是教师给学生传授知识和技能的全过程,主要包括教师讲解、学生问答、教学活动以及教学过程中使用的所有教具。

在传统的课堂教学中,教师讲,学生听,教学过程以教师为主,这是一种经典的单向沟通的教学模式,没有交互。在教学过程中,教师按照事先准备的教案,在黑板上板书文字提纲、简单的图表和公式推导过程,一边板书一边讲解。但是,一些较复杂的图片、图表、公式推导过程等难以演示或板书。

教师利用 CAI 课件进行多媒体 CAI 课堂教学,可以将事先准备好的材料以多媒体信息方式呈现,包括文字、声音、图形图像,甚至还有一些视频及动画内容。目前,教师在课堂教学中经常采用 PowerPoint 制作的 CAI 课件,一些以前难以演示或板书的图片、图表、公式推导过程等都可以通过大屏幕投影演示。在课堂教学中,有效地运用 CAI 课件,可大幅加大课堂教学中的信息量,充分调动学生学习的积极主动性,提高学习效率,使课堂教学充满生机和活力并富有艺术性。

例如,在英语课堂教学中,CAI 课件使口语、文字、声像结合起来,声像并茂地展示认识对象。利用 CAI 课件的特殊功能突出教学重点、突破难点。CAI 课件通过一些表现手法,如单词和字母闪烁变色,声光同步的动画画面,扩大或缩小某一点,拉长或缩写某个句子等,调动学生的观察能力和记忆能力,帮助学生更生动地感知具体的现象并理解教材,产生强烈的探究欲望,提高学生的英语文字认识、听力、口语的能力。

多媒体 CAI 课堂教学与传统的课堂教学的主要区别在于教学材料的展示方式不同。对使用 CAI 课件的教师来说,免去了在黑板上从头到尾板书教学内容的工作量,使他们能够集中精力引导学生讲解教学内容。但是,如果教师过分依赖教学课件,不能合理地应用 CAI 课件教学,甚至照本宣科地读课件内容,势必失去了应用多媒体教学的初衷。一个有经验的教师应该是以 CAI 课件给出的内容为纲,利用多媒体展示教学信息,同时要根据学生的学习情况,灵活、适当地通过口头讲解和黑板板书补充、扩展或强调教学内容。

8.3.2　学生自学

学生课外自学,利用 CAI 课件进行自主学习,能够实现学习的自主性和个体化。在自学中,学生可根据需求对多种媒体教材进行选择,在自学中综合利用。有些 CAI 课件给出了课程学习内容的大纲,学生自学时,可以按照课件呈现教学内容的顺序展开学习活动。

此外,对于教学内容中出现的重点和难点,CAI 课件一般采用多媒体手段来表现。例如,物理教学中讲解平抛物体的运动时,对平抛运动的分解是重点和难点。学生在使用 CAI 课件自学时,可以比较平抛物体与自由落体运动、比较平抛运动与匀速直线运动、观察竖直与水平方向的运动。通过观察课件,容易自己总结出平抛物体的运动是由水平方向上的匀速直线运动和竖直方向上的自由落体运动合成的。

因此,学生自学时,应注意 CAI 课件中突出教材重点、分解教材难点的内容,学习效果会更好。不过,利用 CAI 课件的学习仍然需要建立在基本理解和掌握文字教材内容的基础上。

8.3.3　网络教学

在职成人学生一般经过了学校教育和社会实践,生理心理发展成熟,学习自制力较强,能主动自觉地学习。但是成人学生以在职学习为主,其学习时间和学习场地很难服从班级授课的安排,学习需求也会随实际情况的变化而变化。要处理好工作和学习的矛盾,应尽可能使用现代化的教学手段,如利用网络、课件、VCD 光盘等,提高学习的兴趣。

无论是在校学生的课外自学还是成人学生的在职学习,要取得比较好的教学效果,应该有一套能充分体现学习者特点,将网络、多媒体以及虚拟现实结合的 CAI 课件,能提供适合网上信息表达与传输的图、文、声并茂的电子教材,同时要为学生提供与课程紧密配合的大量信息资料。

虽然必要时教师也能够通过适当方式引导或辅导,但由于不是在同一个地点(如教室)的教学活动,教师和学生之间缺乏实时的交互。因此,对于网络远程教学模式,应通过计算机网络、电话、通信等方式和教师保持经常性联系,及时解决学习中出现的各种难题。利用能够实现音频和视频传输的网络,教师和学生之间通过互联网实时交互,因而需要一些硬件设备(如摄像头、话筒等),有较高的网络传输率。

此外,应建立一个学习交流平台和一个专门负责解答学生疑难问题,并能对学生学习情况进行评价的应答与评价反馈系统。学习者通过学习交流平台与学习小组的其他成员经常在一起讨论学习上遇到的问题,交流学习心得体会、学习方法和技巧,共享学习信息和资料。

8.3.4 操作与练习

为了巩固课堂上的基本理论知识,通常要求学生完成课外实验操作和大量的课后思考题及各类练习题。特别对理工科学生,CAI课件应能提供模拟实验,指导学生课外实验。CAI课件一般通过Flash动画或视频方式讲解实验过程。例如,可以将发动机的组装过程分解为多个阶段,每个阶段都配有Flash动画展示,然后是真实的组装,用摄像机拍摄后分阶段进行视频回放,学生可以按照CAI课件提供的实验讲解自己动手操作。

在过去的教学中,往往通过统一布置指定题目,待学生解答后由教师进行批改,批改后再发给学生检查订正。这一方式方法既在一定程度上限制了学生学习的主动性,又不能及时地得到老师的批改意见。由于CAI的交互性很好,尤其适合强化练习和技能技巧的学习。训练和练习题部分的设计环节是CAI课件的重要组成部分。操练练习型课件将存储的练习题随机逐个呈现出来,学生在计算机上回答并能得到即时反馈。

目前单机版的CAI课件有自测练习、模拟实验和重难点解析等。在局域网或因特网上使用的网络版课件能提供更多的教学资源。学生可以利用CAI课件来检查、复习和巩固学习效果,达到掌握基本技能的目的。

8.4 CAI课件的设计与开发

CAI课件的开发一般需要经过课件的分析、设计、制作、测试与运行几个过程。其中,课件的分析主要包括课件的需求分析、内容分析和资源分析。

对CAI课件进行需求分析的实质就是分析课件开发的必要性。内容分析包含两个方面的含义:一是对教学目标规定的期望水平。教学目标可多可少直接影响教学内容及其深度,因而应根据学生的特点确定教学目标,明确课件解决的问题和达到的目的;二是课件的教学模式。这决定了课件的类型和结构。例如,课件辅助教学模式一般采用模拟演示型课件,主要结构是由教师控制场景的变化。资源分析是为了确定开发CAI课件的客观可能性,要考虑是否具备经费、设备、人员、时间、组织机构等方面的资源条件。这些资源条件可以分为人力、物力和财力三个方面。

课件的设计是CAI课件开发过程中的核心阶段,应综合应用教学理论,使用控制与交互等方法呈现信息。设计阶段的主要工作是确定用于指导课件开发的一套具体规划,制定课件开发的具体工作,包括教学设计、课件结构设计、界面设计以及形成课件脚本等环节。

8.4.1 CAI 课件脚本的编写

编写脚本是多媒体 CAI 课件开发中的一项重要内容。规范的 CAI 课件脚本对保证软件质量,提高软件开发效率将起到积极的作用。在具体编写脚本和开发之前,应当明确教学内容的重点和难点,教师利用计算机辅助教学软件达到的目的,教学中需要解决的问题,应采用的教学模式。编制 CAI 课件时,要分析教学任务、学习内容、教师和学习者特征,根据课堂教学的特点,在教学性原则、控制性原则、简约性原则、科学性原则、艺术性原则和传统教学方式相结合原则的约束下进行。

1. 脚本的作用

CAI 课件设计不仅是对各种信息,包括教学信息、学习流程控制信息等的设计,还应考虑各种信息的排列、显示和控制,以及信息处理中的各种编程方法和技巧。在课件制作前统一规划和安排,将大大提高课件的开发效率和开发质量。通常一些较大的课件,必须通过脚本编写充分考虑这些方面。脚本是基于课件设计的结果编写的,不仅要反映课件设计的各项要求,还必须对课件设计、课件制作以及课件使用进行全盘的计划和设计,所以规范而有效的脚本,既能充分体现软件的设计思想和要求,又能对软件的制作给予有力的支持。

脚本不仅反映了教学设计的各项要求,还给出了课件将要显示的各种内容及其位置的排列。课件制作应在脚本的基础上完成,基于学生学习情况进行各种处理和评价,包括学习所显示的特点和方法等,为 CAI 课件的制作提供直接的依据。

脚本是教师与软件开发人员的桥梁。在 CAI 课件的开发中,除了具有丰富教学经验的教师和软件开发人员之外,还需要教学设计人员参与。教学设计人员将由教师编写的文字稿本,按照教学设计的思想和方法编写成软件制作脚本,并作为制作 CAI 课件的蓝本。

2. 生成脚本

生成脚本的好坏直接影响到产品的品质。撰写脚本前,首先要进行对象分析,根据需求和发展方向制订产品的发展计划,决定产品的内容。根据内容决定它的表现形式,组织人力进行脚本的撰写,进入脚本生成阶段。脚本撰写完后,由负责人对脚本进行审核,提交的资料有内容分析、流程大纲、脚本纸简介文章、评估表及脚本说明文件。

脚本分析是沟通脚本撰写、审核和产品设计之间的桥梁。分析员要研读脚本、了解脚本作者的意图,如有疑问或咨询之处,可通过特定表格回馈到作者手中,进行征询解答,直到双方达成共识,方可进行产品工程可行性分析。工程可行性分析是逐页地审查脚本,再依据多媒体开发工具的现有功能,判断该脚本中所表现的图文内容、效果、呈现方式、转向以及按键互动的所有设计是否切实可行。在工程可行性分析完成后,分析人员再依据以前的分析结果及脚本进行产品需求分析,分别统计出图、图像、效果、文字、动网和音乐等各类媒体的数目。估算出上述类型的媒体所占内、外存空间的多少。最后,还要对产品运行的软、硬件需求作分析,并且还要进行成本及进度预估。

各种媒体信息的结构需要仔细安排,是组织成网状形式,还是组织成金字塔式的层次结构,这取决于应用。很多情况下这一类应用都采用按钮结构,由按钮确定下一级信息的内容,或者决定系统的控制及走向(如上页、返回等)。另外一种方式是试题驱动方式,常用在教育、训练等系统中,通过使用者对试题的回答,了解其对信息主题的理解程度,从而决定控制走向。复杂一些的是超媒体信息组织,应尽可能地建立起联想超链接关系,使得系统的信息丰富多彩。

脚本的编写需要对屏幕进行设计,包括确定各种媒体的排放位置、相互关系,各种按钮的名称、排放方法,以及各类能引起系统动作的元素的位置、激活方式等。在时间安排上音乐和伴音的出现时机也要安排好。要充分发挥计算机交互的特点,注意设计好交互过程。这些创意过程的好坏取决于对教学内容的深刻理解以及创意人员的素质和技术水平,也取决于软件系统的性能,最终决定了脚本应用的质量。

脚本每一页都绘有屏幕上将要显示的教学画面,并标有说明。教学画面直接面向学生,每一幅画面都可促进人机交流,传送教学信息,激发学生的反应,引起他们的行为变化,因此,一个教学周期的积累效果取决于组成系列画面的脚本质量。

撰写脚本要以教学经验和理论为依据,要考虑许多心理因素和美学效果,因此,需要有丰富教学经验的教师和教学法专家的合作并需编程人员的配合,最好还要有美术工作者提供咨询意见。

CAI课件的脚本编写包括两部分内容:文字脚本的编写和制作脚本的编写。

3. 文字脚本的编写

文字脚本是学科专业教师按照教学过程的先后顺序,用于描述每一环节的教学内容及其呈现方式的一种形式。文字脚本的编写一般由专业教师完成。完整的文字脚本应包含学生的特征分析、教学目标的描述、知识结构流程图、问题的编写和一系列文字脚本卡片等。

(1) 学习者的特征分析

学习者的特征主要指学习者的原有认知结构和原有认知能力。运用适当的方法分析学习者的特征,确定并描述学习者对当前所学概念的原有认识结构和原有认知能力,以便进行有针对性的教学。

(2) 教学目标的描述

多媒体教学软件的作用是用来进行教学的,因此教学目标的确定是十分重要的问题。一方面要根据教学目标的要求具体规定一系列的教学内容,另一方面要依据教学目标的要求采用一些方法来检查学生通过软件的学习是否达到了预期效果。

一个完整的CAI课件由若干个单元组成,每个单元应达到一个或几个独立的教学目标,整个CAI课件的总体教学目标是由这些独立的教学目标组合完成。划分课件单元除考虑教学目标的先后顺序和连续性外,一般还要在时间上加以限制。

(3) 知识结构分析

知识结构指各知识内容之间的相互关系及其联系形式。由于CAI课件是由若干个相对独立的单元构成,因此知识结构的分析重点是分析各单元内容知识点与知识点的相互关系及其联系。

(4) 问题的编写

为突出人机交互的特点,对问题的编写应包括提问、回答和反馈三个部分。

在教学过程中,除呈现知识内容、演示过程现象、进行举例说明之外,还应提出一些问题,供学生思考和回答。利用问题进行教学活动的过程是先向学习者提出问题,等待学习者回答,再向学习者提供反馈信息。提问和等待学习者回答,一方面能检查学生对讲授内容掌握情况,另一方面通过各个方面的提问,能促进学生进行深入的思考,使学生对问题的理解逐步深化。

(5)文字脚本卡片

可以用文字脚本卡片的形式描述上述各项工作,并按照教学过程的先后顺序综合起来进行排序,形成一定的系统。文字脚本一般包含序号、内容、媒体类型和呈现方式等,其基本格式如表 8-1 所示。

表 8-1   CAI 课件文字脚本

课程名称:＿＿＿＿＿＿＿　　　　页　数:＿＿＿＿＿＿＿

脚本设计:＿＿＿＿＿＿＿　　　　完成日期:＿＿＿＿＿＿＿

序　号	内　容	媒 体 类 型	呈 现 方 式

说明:

① 序号:按教学过程的先后顺序编号。

② 内容:呈现具体知识内容、练习题或答案。

③ 媒体类型:按文本、图形、图像、动画、视频和声音分类。

④ 呈现方式:指各种媒体信息出现的前后次序。

文字脚本编写的方法有多种,无论是采用哪一种编写格式,都必须从多媒体技术的角度对教学对象、教学内容、教学目标,以及为达到教学目标应采取的教学模式、表现媒体和相关的教学策略进行描述。以起到沟通多媒体课件制作过程中教学设计和课件系统结构设计两个阶段的桥梁作用。

4. 制作脚本的编写

文字脚本虽然将知识内容的呈现方式描述出来,但不能作为 CAI 课件制作的直接依据,还应考虑所呈现的各种媒体信息内容的位置、大小、显示特点,所以需要将文字脚本改写成制作脚本。在文字脚本的基础上编写制作脚本,是将文字、图像、动画、声音等媒体具体化,指导制作人员在界面(如屏幕)上设置这些媒体的位置、切入、切出及呈现的效果。

CAI 课件的制作脚本作为软件制作的直接依据,应体现文字脚本的内容,又易于计算机的表达。因此,制作脚本体现了多媒体 CAI 教学软件的系统结构和教学功能,是 CAI 课件制作的关键。

通常 CAI 课件的制作脚本应包含软件系统结构说明、知识单元的分析、屏幕的设计、链接关系的描述和制作脚本卡片等。

(1)软件系统结构说明

根据教学内容的知识结构流程图,并考虑教学软件在实际应用中的具体情况,可以建立软件的系统结构。它反映了整个教学软件的主要框架及其教学功能。

（2）知识单元的分析

知识单元是构成多媒体教学软件的主要部分。通常知识单元即某个知识点或构成知识点的知识要素，但也可以是教学补充材料或相关的问题或练习。不同的知识单元，在屏幕设计和链接关系上有很大的区别。知识单元的划分有两条准则：一是考虑知识内容的属性，即按照学习内容分类，可分为事实、技能、原理、概念、问题解决五类，不同类型的知识内容应划分为不同的知识单元；二是考虑知识内容之间的逻辑关系。

知识单元的呈现是由若干屏幕来完成的，屏数的确定可以参考文字脚本中与该知识单元中相对应的卡片数，并确定各屏之间的关系。

（3）屏幕的设计

屏幕设计一般包括屏幕版面设计、显示方式设计、颜色搭配设计、字体形象设计和修饰美化设计等。CAI课件的屏幕设计要求比一般的多媒体应用系统要求更高，除要求屏幕美观、形象和生动之外，还要求屏幕所呈现的内容具有较强的教学性。因此CAI课件的屏幕设计应该做到布局合理、简洁美观、形象生动、符合教学要求。

（4）链接关系的描述

CAI课件的超媒体结构是通过链接关系来实现的。在制作脚本中，可以由"本页流程图"和"流程图说明"两方面来描述节点与节点之间的联系。

（5）制作脚本卡片

制作脚本通常采用框面卡的形式。卡片式编写麻烦，不容易掌握，但适合复杂的个别化学习课件的编写；图表式容易掌握，适合简单的课堂讲解演示型课件的编写。

CAI课件以一屏一屏的内容呈现给学生并让学生进行学习。每一屏幕如何设计与制作，应该有相应的说明。综合上述各个方面的内容，设计制作脚本卡片，它可以用来描述每一屏幕的内容和要求，作为软件制作的直接依据。脚本制作卡片应包括课程名称、页数、脚本设计、完成日期、本页画面、画面文字、符号及图形出现方式及出现顺序说明、本页流程图（由_____页进入，由_____文件，通过_____按钮）、流程图说明（在_____时至_____页画面，通过_____按钮，可进入_____文件）等项内容，如表8-2所示。

表 8-2 CAI 课件制作脚本

课程名称：_____   页　　数：_____

脚本设计：_____   完成日期：_____

本页画面

画面文字符号与图形出现方式及出现顺序说明	本页流程图 由_____页进入 由_____文件，通过_____按钮 流程图说明 在_____时至_____页画面 通过_____按钮，可进入_____文件

5. 制作

CAI 课件制作包括三个过程。

（1）合理选择与设计媒体信息

由于多媒体技术可以将文本、图形、图像、动画、视频和音频等多媒体信息进行综合处理，因此在设计 CAI 课件时，根据对教学内容与教学目标分析的结果和各种媒体信息的特性，选择合适的媒体信息，并把它们作为要素分别安排在不同的信息单元中。

（2）多媒体素材的准备

根据设计要求，需要收集、采集、编辑和制作教学软件所需要的多媒体素材，并且利用多媒体软件开发工具包中的各种工具软件，处理各种媒体素材。

（3）集成制作

选择合适的多媒体制作工具集成制作、调试、测试多媒体教学软件。

8.4.2 CAI 课件开发的环境

在 CAI 课件开发时应首先考虑 CAI 课件所运行的系统软件要求与实际环境是否一致，其对软件、硬件系统有何要求，是否支持汉字系统等。其中，应重点考虑开发软件和硬件运行环境的普及性，是否即将过时等，将来 CAI 课件运行所需要的硬件要求不应过高。

1. CAI 课件开发的硬件配置

从 CAI 课件的开发系统组成情况看，存在单机开发环境和网络开发环境两大类，目前的网络开发环境已经普及。对 CAI 课件开发系统中的硬件要求，一般来说，配置越高的硬件能较快地处理各种数据或信息，提高 CAI 课件开发的效率，创作的课件可以广泛使用。

（1）多媒体计算机

目前多媒体计算机的一般配置如下。

CPU：Pentium 4 以上。

内存：512MB 以上。

显卡：1280×1024 分辨率，24 位真彩色。

显示器：17 英寸，彩色。

硬盘：120GB。

声卡：32 位，6 声道。

光盘驱动器：48 倍速。

音频输入：优质麦克风。

音频输出：高保真立体声音箱。

（2）专用多媒体板卡

主要有音频处理卡，文本、语音转换卡，视频采集、播放卡，VGA/TV 转换卡，视频压缩、解码卡，以及 USB、SCSI、FDDI 接口等。

（3）外部设备

图像输入设备：彩色扫描仪、摄像头、录像机或 VCD、数码照相机、数码摄像机等；

图像输出设备：彩色激光打印机、高分辨率彩色喷墨打印机。

数据记录设备：光盘刻录机。

（4）网络通信

一般使用 10M 或 100M 自适应网卡，能连接互联网。

2. CAI 课件开发的软件配置

计算机软件可分为系统软件和应用软件。

（1）系统软件

多媒体 CAI 课件要求在 Windows 系统环境下工作，开发 CAI 课件用的多媒体计算机一般安装 Windows 操作系统。

（2）应用软件

CAI 课件开发工具可以对文字、声音、图形、图像、视频、动画等多媒体信息进行控制管理，并按要求将它们创作成完整的 CAI 教学软件。

常用的多媒体 CAI 开发软件有 Authorware、Office 系统（包含 Word、PowerPoint 组件）、Photoshop、Flash、方正奥思等。

8.4.3 CAI 课件的测试与运行

在脚本编写完成之后，素材设计人员按脚本的要求设计组织所需要的文字、图形、图像、声音、动画、视频等多媒体素材，程序设计员则选择合适的开发工具后将这些多媒体素材组织成一个完整的，界面友好，交互灵活的，具有较高教育性、科学性、艺术性的 CAI 课件。

1. CAI 课件的测试

CAI 课件的编程调试指将教学设计所决定的课件结构和教学单元设计的具体内容用某种计算机语言或某种创作工具加以实现并调试通过，直至达到每个教学单元所确定的设计要求。这一过程主要是进行软件编程、调试、测试，必要时需要返回修改 CAI 课件开发的工作计划。尽管开发人员在开发过程中已经对软件进行过调试，但是仍有必要反复调试，运行 CAI 课件找错并修改，修改的范围包括脚本、集成中的链路等，及时发现并随时去除其中难以发现的错误，特别是多人分工开发的 CAI 课件，直到课件能顺利运行为止。

测试是 CAI 课件推广发行前的最后一个过程，一般将被测试软件交由部分使用者，在使用一段时间后提出修改意见。如果测试后需要修改教学课件所表现的内容或软件本身，就要由脚本设计人员修改脚本描述，素材制作人员修改多媒体数据，最后再由创作人员进行编辑、调试，再经过测试。这一测试过程有时要反复多次才能完成。

测试工作一般应包括节目内容正确性测试、系统功能测试、安装测试、执行效率测试、兼容性测试、内部人员测试、外部人员测试等。通过测试可以验证是否达到预期目标，发现隐藏的缺陷，进行必要的调整，直至做部分的修正。这个过程应反复进行，甚至一直持续到正式使用后的维护过程。往往一个好的应用软件产品必须经过长期的、许多人的使用之后才可以称得上是好的产品。

CAI 课件的最终目的是供教学使用，因此除进行常规测试外，还应组织课件使用者、教学人员、教育心理学工作者、美术工作者和软件出版单位等有关人员就软件目标的实现状况、教学内容的科学和完整性、教学策略、屏幕布局、美工设计、人机界面和实用效果等方面进行评审。按照课件脚本的要求,测试软件是否达到预期目标,测试软件的可靠性、稳定性等技术指标。程序开发人员根据测试报告修订程序。在本阶段需要提交的文档有测试报告、软件的修改记录、软件的使用说明。

2. CAI 课件的运行

CAI 课件是面向用户的最终产品,最后要正式发布推广。由于用户对课件的要求会随着时间的推移和环境的变化而不断改变,而且开发人员和最终用户之间在对 CAI 课件的理解上也存在一定的偏差。这就要求开发人员能根据反馈回来的意见经常进行修改调试,对课件进行升级维护,不断提高 CAI 课件的质量。修改工作可能涉及教学设计、软件系统设计、节目稿本编写、素材制作及课件合成各个阶段。

软件评价是 CAI 课件开发中不可缺少的一部分。对 CAI 课件的评价主要检查是否达到预期的教育、教学要求和技术要求。

本章小结

本章主要介绍了 CAI 课件的发展、类型及其开发工具,重点讲述 CAI 课件制作中的素材准备和课件结构,探讨利用 CAI 课件进行课堂教学、课外学习、网络教学以及训练和练习等教学活动。最后讨论了 CAI 课件的脚本编写及开发过程。

思考题

(1) 什么是多媒体 CAI 课件? 它与网络课程有哪些异同点?
(2) Authorware 与方正奥思是同一类型的软件吗? 为什么?
(3) 阐述几何画板的主要应用领域。
(4) Mathcad 有哪些主要运算功能?
(5) 方正奥思有哪些主要特色?

参考资料

[1] 郑世珏,刘建清,刘蓉. CAI 课件的制作与网络课程的设计. 武汉:华中师范大学出版社,2003.
[2] 李勇帆. 多媒体 CAI 课件设计与制作导论. 北京:中国铁道出版社,2008.
[3] 微软公司著,童欣等译. Microsoft Office FrontPage 2002 and 2003. 北京:高等教育出版社,2006.
[4] 张永宝,李刚. Dreamweaver 8 中文版入门与提高. 北京:清华大学出版社,2007.
[5] 冯建平,符紫群. 中文 AUTHORWARE 多媒体制作教程. 北京:人民邮电出版社,2010.
[6] Patti Schulze(美),杨常青,赵宏峰. Fireworks MX 2004 网页图形编辑标准教材(中文版). 北京:电子

工业出版社,2004.

[7]　龙马工作室.新编 Photoshop CS4 中文版从入门到精通.北京:人民邮电出版社,2009.

[8]　蒋静,刘红.Flash MX 网页动画制作教程.西安:西安电子科技大学出版社,2003.

[9]　周恕义.方正奥思 6.0 多媒体制作与教学应用.北京:人民邮电出版社,2002.

[10]　Mathcad15 介绍.http://www.5dcad.cn/bbs/thread-162142-1-1.html.

[11]　张晓丹,李祥林等.数学实验:MathCAD 在数学实验中的应用.北京:北京航空航天大学出版社,2002.

[12]　陈贞波,孙维君,赵文玲.多媒体 CAI 课件制作技术教程.北京:科学出版社,2007.

[13]　冯建平.多媒体 CAI 课件制作教程.北京:人民邮电出版社,2008.

[14]　李建珍.多媒体 CAI 课件设计与制作.北京:中国水利水电出版社,2007.

[15]　贾美清.CAI 课件在初中英语课堂教学中的应用.山西电教,2008(3).

[16]　李文飞,郭金玉.CAI 课件在英语课堂教学中的运用.电脑知识与技术,2005(29).

第9章 计算机技术课程教学设计技能

本章介绍的主要内容包括制订课程授课计划、撰写教案、熟练掌握和使用教学媒体以及了解学生的方法等。课程授课计划的制订必须严格遵照该门课程的教学大纲的要求，以确保达到培养学生的预定目标。撰写教案是教师整个教学工作计划中最重要的组成部分，它不仅是教师备课过程的反映，也是教师讲课的依据，更是保证教学活动有序、有效进行的工具。多媒体教学具有交互性强、模拟性好、刺激点多、信息量大、联想性好的特点，有利于调动学生的学习积极性，提高学习效率。本章学习主要掌握的内容：

- 课程授课计划的制订方法；
- 撰写教案的方法；
- 如何使用教学媒体；
- 了解学生的方法。

9.1 制订课程授课计划

每学期开学前，都要求任课教师对所要讲授的课程制订教学计划，并填写课程教学进度计划表。

课程授课计划的制订必须严格遵照该门课程的教学大纲的要求，以确保达到培养学生的预定目标。它不仅涉及教务处、教研室主任、课程负责人、各任课教师、实验员等多个层次的人员；还涉及了各实验室和多媒体教室资源的高效利用。

制订课程授课计划必须首先了解学生准备状态，优选、吃透、修订教材，总结教学反思，了解实验实习资源等。在此基础上，教师对课程的重点、难点、专业的发展动态，以及学生所要形成的知识、技能、素质等目标有清楚的认识和掌握[1]。教师应该对其教学过程中实施自我管理、自我控制，任课教师编制出符合教学规律的切实可行的授课计划及其实施的过程，也是良好师德的体现。

9.1.1 本课程教学计划的制订

1. 详细了解学生的学习情况，抓住新旧知识的连接点

制订教学计划需要考虑多方面的因素，其中重点之一就是了解学生的学习情况。然后

教师要查阅学校教务部门制订的专业教学计划,尤其是先修课程和后续课程的设置情况以及教学的目的和要求,合理地安排课时。对于同一门课程,对不同的授课班级,要制订不同的授课计划。

2. 优选教材,充分把握专业发展动态,修订教材

如何选择适当的教材,是制订教学计划的另一个重要前提,教学计划总是针对特定教材而言的。计算机技术课程要选择能突出技术应用、具有较强应用针对性的教材,而力求避免理论推导为主的教材。

教师在课程开始之前,就必须把教材的内容充分吸收,并编制教学计划。这有利于教师对教材的重点、难点,以及课程知识的内在联系等进行全面的把握和深度的领悟,从而能够编制出切实可行的教学计划。

由于教材往往相对技术的发展是明显滞后的,教师还必须面临一个重要而复杂任务,即修订教材,如在已有教材的基础上增补辅助性讲义,或重新编制新教材。这有利于教师能够充分把握专业技术的发展动态。

3. 总结教学反思,了解实验实习资源,完善授课计划的细节安排

教学计划首先是本课程要“讲什么”,如什么时间,讲什么章节内容等;其次是“怎样讲”的问题;然后是习题课、实验课、复习课、讨论课、测验课等课型如何穿插安排。一个切实可行的教学计划,不仅要符合校历和课程表等外部因素的约束,更应该体现其自身完善的教学细节安排。

即便是已经任教过的课程,教学计划也应该重新制订、不断完善。现代教学手段和专业技术在日新月异地发展,教师在制订教学计划之前,必须认真回顾与总结以往的教学反思,力求完善教学的所有细节安排。备课、上课、反思三个环节分别是计划、实施、反馈调节的过程,其反馈调节不仅要体现本学期教学过程里,更应该体现在新学期的教学计划中。

9.1.2 课程授课计划和教学进度计划

教学进度计划或课程授课计划是课程的实施计划,是学校和教师在课程管理中的重要工作,是贯彻落实课程计划、课程大纲的保证。

在教师上课前的准备工作中,通常要制订两种课程教学实施计划,分别是课程学期教学进度计划和课时计划。课程教学进度计划在有些学校又称为课程授课计划,是教师以课程计划、课程大纲、教材和校历等为依据对其所主讲的课程在授课内容、教学进度及教学方法等方面的具体安排,一般在学期或学年开始前制定出来,多数学校的课程授课计划用表格形式呈现,表格栏目由周次、授课顺序、授课章节摘要、授课学时安排、教材和参考书目等组成。课程授课计划一般是在每学期初由任课教师编写,并呈报教学管理部门供课堂教学检查使用。

授课计划既包括课程讲授内容,也包括了课程的讲授方法。授课计划有很多细节,如习题、实验、复习、测验等课型的穿插安排。一个切实可行的授课计划,不仅要符合校历和课程表等外部因素的约束,更应该体现其自身完善的教学细节安排。完善的教学细节安排,既得益于经验交流,更得益于自我教学反思的沉淀。教师在制订授课计划之前,必须认真回顾与总结以往的教学反思,力求完善教学的所有细节安排,编制授课计划还要了解实验实习资源和做好实验安排。

课程授课计划包括以下基本内容。

(1) 由教务员填报学期教学任务即课程代号、课程名称、班级、人数、总学时、任课教师姓名、教研室、实验室。

(2) 教研室主任、实验室主任根据其部门的课程情况来填报各门课程的所选用的教材及课程负责人。

(3) 课程负责人填报授课计划模板即授课内容、授课形式(普通、实验、操作、多媒体等)。

(4) 各任课教师再根据授课形式不同填报上课时间和地点,若为实践课,还需填报指导教师。

9.2　撰写教案

所谓教案,顾名思义,就是教学方案,旨在解决如何实施教学的程序及其相关内容的问题。教学方案既不同于教学大纲,又不同于教学讲义(或者叫讲稿)。教学大纲一般以教学要点的形式出现,提纲挈领地解决本门课程要讲授哪些基本内容的问题。教学讲义是进行课堂教学的详细讲稿,包括对基本原理的阐发,教学案例的分析,组织教学的程式,所要达到的目的要求等。

教案则有别于二者,它主要解决为什么讲、讲什么、如何讲的问题,这三个问题是解决好教学的前提、基础和关键。"为什么讲"主要解决教学的目的和要求,对本门课程及其各个章节的教学目的要求一定要非常明确,整个课程的教学都要围绕着这个问题来进行。"讲什么"就是要对讲授的内容进行科学的设计,包括所要阐述的基本原理以及联系的实际问题等。"如何讲"即要对教学过程的实施进行周密的设计,主要解决教学的环节和方法问题,这是解决好教学问题的关键。教学环节和方法体现在学时安排、教学步骤、教学组织、课后作业、教学方法的运用等方面。以上三个方面,是写好教案的基本要求和轮廓。

撰写教案不仅在传统的教学中起着至关重要的作用,即使在以计算机多媒体技术为核心的现代素质教育活动中同样重要。这主要表现在以下几个方面[2]。

(1) 撰写教案可以使教师明确课堂教学的目的与任务,明确教学内容、方法与步骤,它是顺利完成教学任务的先决条件。

(2) 撰写教案是教师经验的总结,多年积累的教案是教师长期教学实践的记录,将成为教学研究的重要资料,为后续的教学提供保障。

(3) 撰写教案是教师最经常的劳动,也是一项重要的教学技能和基本功。实施教案后,教师可对教案中不妥之处进行修订,有利于教学工作的不断改进。因此,即使在以计算机多媒体技术为支持的现代化课堂教学下也需要撰写教案,它是教师实施教学的基本依据,是保证课堂教学质量的基本前提。

撰写精彩教案总体应贯彻以学生为本的原则,充分考虑到学生的知识储备、思想实际及生活实际。具体而言,应遵循以下五个原则。

（1）科学性。教案在内容编写上既要遵循教材的内在逻辑体系，又要考虑到学生的认知过程，这就必须贯彻科学性原则。具体来说，教案编写既要有从个别到一般的归纳，也要有从一般到个别的演绎；既要有整体的综合分析，也要有不同角度的部分分析；尤其是在案例教学中，要通过不同的事例得出一般的结论，并注意用理论去解释个别现象。

（2）创新性。

① 在教学的内容安排上，应能反映当前学科领域内的最新课题，本学科专业的最新科学技术、新理论、新思想、新方法等。

② 在运用案例方面也要与时俱进，要不断推出新的案例。

（3）灵活性。

① 无论教师考虑多么周全，总难免有突发事件、意外事件发生。因此，教案应预留弹性空间，切忌安排过于细致具体，缺乏开放性。

② 教案的灵活性体现在教学方法上要有设疑和启发，将讨论、辩论、竞赛、演讲等丰富多样的形式有选择地运用到教学过程中，恰当地使用多媒体教学、网络教学与板书教学。

③ 要从学生的主体地位出发，给学生留出自主、自由思维的时间和空间。

（4）个体性。教案是教师的主观产品，不同教师因其教学风格、教学特长、教学习惯不同，即使同一门课，教学内容相同，教案也不会完全相同，应富有个性和创造性。

（5）可操作性。写教案要从实际需要出发，要充分考虑教案的可行性和操作性。

① 教案要体现出教师理解教材、挖掘教材的深度。

② 教学思路清晰，该详则详，当略则略。

③ 设计课堂教学活动及课后作业要充分考虑到是否具备实施条件。

9.2.1 撰写教案的基本程序和方法

撰写教案是教师整个教学工作计划中最重要的组成部分，它不仅是教师备课过程的反映，也是教师讲课的依据，更是保证教学活动有序、有效进行的工具。撰写教案的过程是对教学内容进行消化加工提炼的过程，通过撰写教案，教师以自己的主观认知能力来理解教材的客观知识，并按照学生的理解与接受规律重新进行组合、表达，在此基础上理清思路、去粗取精、去伪存真、由此及彼、由表及里，将内容加工升华成易于传递授予的信息。

在充分认识撰写教案在现代课堂教学中的作用的基础上，应掌握撰写教案的一般方法和步骤，把现代素质教育的理念渗透到教案撰写中，以便进一步提高撰写教案的能力，不断改进教学和总结积累经验，提高教学效果。

通常来说，撰写教案是一个复杂的过程，它起始于分析教材、分析学生、设计教学方法等一系列细致复杂的工作[3]，撰写教案的组成环节如图 9-1 所示。

1. 分析教材、收集资料、确定讲授内容

充分地分析教材是撰写教案的基础，现代课堂教学中，只有深入了解教材的组成、内在、外部联系，形成适宜的教学内容，才能挖掘教材中可能具有的培养学员创新能力和全面素质提高的因素，并确定教材的重点与难点，为设计教学方法、撰写教案提供依据。

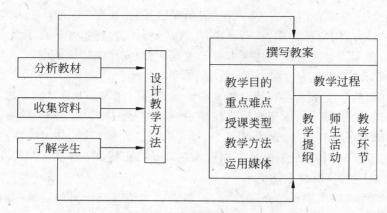

图 9-1　撰写教案的组成环节

充分收集与教学有关的资料。资料可以是教师直接从社会实践中收集来的第一手资料；也可以用图书馆、情报资料室、专业职能部门收集整理的各类资料来充实教学内容。资料可以是文字、图表、录音、录像、电影，也可以是实物，可以更新教案并能有效地提高教学质量，这阶段的工作是必不可少的。

2. 了解学生的特点，因材施教

现代素质教育中要把学生的发展放在首位，不但要注重学科知识的传授，注重学员各种能力的培养，还特别要注重学生人格与品质的培养、学生个性的发展，这是现代教育观的主导思想。教师必须认真分析学生学习本门教材的知识准备状况，一般智力和能力水平，以及学习该课程所需相关知识的掌握情况，以便从学生的实际出发，研究有效的教学方法，撰写教案，因材施教。只有全面掌握学生的状况和学员的接受能力，才能在教案撰写中确定哪些内容可深入、哪些内容可扩展，才能提高学生的学习兴趣和对知识的理解，才能有利于学生创新能力的培养。

3. 设计教学方法

教师要在分析教材和了解学生情况的基础上，精心设计教学方法。既要考虑一堂课以哪种教学方法为主，又要考虑各部分教学内容适合采用哪种方法。针对一段内容，既要考虑教学活动的方式，如讲授法、讨论法、自学法、练习法等；又要考虑学生的学习方法，如分析、归纳、演绎、比较等；同时还要考虑选择什么样的教学手段和辅助教具。这样才能协调各种教学要素之间的关系，顺利而高效地进行课堂教学活动，提高教学效果。

4. 优化整合、撰写教案

教师应将上述各项工作的成果，按照教案的基本内容和形式，用书面的方式总结概括表述出来，形成课堂的教学计划，为教师顺利进行课堂教学做准备。

教师在撰写教案时，应注意掌握一些基本原则[4]。

（1）突出教学重点、合理安排课堂结构

成功的一堂课虽然往往不局限于课本内容，但教学重点是一堂课的中心，必须集中优势加以解决。每一学科都有很强的科学性、系统性，课堂安排要讲究逻辑性，教学过程必须符合学生的认识规律，从课前复习、导入新课、揭示课题、进行新课、尝试练习、课堂练习到课堂小结，一环套一环，结构安排合理，重点突出，层次清楚，转折自然，才能真正做到课堂结构的最优化。因此，在撰写教案时应坚持突出教学重点、合理安排结构的原则。

（2）教学要求具体、新旧过渡自然

编写教案时，教学要求既要有针对性又应恰如其分。如果一堂课的教学要求不明确，教师是无法上好课的。另外，一堂课要教的新知识一般都是旧知识的引申、发展和综合，又是后继知识的基础，教师不能孤立地去教一个知识。因此，在编写教案时，要注意从旧知识向新知识的过渡，为新知识做好铺垫，在新旧知识的联结点上展开教学。

（3）提倡语言逻辑、讲究表达艺术

语言的逻辑性反映为讲课的条理性强，教学语言简洁流畅。另外，授课是信息的传递，学生需要准确地接受并掌握信息，所以讲课要讲究表达的艺术性。

（4）讲究方法多样、创造发散思维

计算机多媒体技术为在课堂教学中实施以素质教育为核心的现代化教育提供了技术支持，促使现代教学的最大特点是"互动"式手段广泛使用。除了传统的一些教学方法以外，撰写教案时，还应针对不同问题适当使用讨论法、案例分析法、情景模拟法、专题研讨法等现代教学方法。此外，教师要在吸收足够材料的基础上，努力挖掘各种材料之间的内在联系、进行跳跃联想的能力。

总之，撰写教案不是一项孤立的工作，教师应在掌握教案的一般编写方法和原则基础上，努力从上述各方面不断提高自身素质，以提高教案撰写水平，进一步提高现代化课堂教学的质量[5]。

9.2.2　教材的知识结构和体系分析

计算机技术课程的教材具有以下特点。

（1）不同教材设置的学习起点不同。除了"零起点"和"非零起点"两种明显的区别外，"非零起点"教材的学习起点也存在较大差异。如何根据教学背景、教学条件、学生基础、师资水平等实际需要选取适当的学习起点，是计算机技术课程不可回避的问题。

（2）各套教材的内容选择较灵活。主要体现在：①选取了不同知识模块的内容；②同一内容涉及的软件有所不同；③同一内容模块所涵盖的知识点不同，内容的深度和广度差异较大，因而所需要的课时也不同。由此可见，教材内容选择与编排的灵活性，一方面丰富了计算机技术课程的知识体系，另一方面也给课程教材建设带来新的问题，即如何根据实际需求安排不同层次的教学内容。

（3）普遍注重概念、原理和方法的学习。作为学习内容，计算机技术课程要向学生传授必要的基本概念、原理和方法，教材开发应尽量通过精心设计把这些内容与学生的实际生活以及操作实践结合起来。

（4）注重以综合实践活动展开教学内容。计算机技术课程主要是让学生了解计算机技术及其应用，充分感受计算机技术与人们工作、学习和生活的密切关系，逐步体验与认识计算机文化，增强信息意识。同时通过学习经验的积累，在掌握基本知识与技能的基础上，提高对计算机技术的综合应用能力，逐步适应计算机技术条件下的学习与生活环境，从而实现信息素养的进一步发展。

计算机技术课程基本知识体系包括以下的内容。

（1）计算机技术基本知识

① 了解操作系统的作用和发展历程；初步认识 Windows 等操作系统。

② 了解信息的特征、信息的传递过程；了解信息技术的发展历史和发展趋势；理解信息技术对社会的影响；了解计算机组成和基本工作原理。

③ 文字输入。熟悉键盘操作指法和姿势，能够输入英文和字母，能够输入中文。

④ 认识计算机的组成和常见外设；掌握鼠标操作；熟悉窗口操作；了解计算机的初步知识与操作。

⑤ 能使用数码相机、手写板、扫描仪等设备；掌握下载、安装、卸载软件的方法；能够压缩与解压缩文件。

⑥ 了解信息安全常识，能够查杀计算机病毒。

（2）文件管理

① 掌握查找文件的基本方法；能分类存储与管理文件。

② 能根据图标识别常用文件类型；了解文件和文件夹；能复制、移动和删除文件（夹）。

③ 掌握保存文件的方法。

（3）办公自动化软件的应用

① 文字处理软件 Word 的应用。了解编辑文稿的基本过程；能适当修饰文字；会在文稿中使用图片、文本框和艺术字等对象，能适当调整排版格式；会制作表格。

② 制作演示作品软件 PowerPoint 的应用。了解制作多媒体演示作品的过程，按需要设置演示效果；能编排图文并茂的文稿；熟悉常用的版式；学会设置放映效果。

③ 数据表处理软件 Excel 的应用。了解电子表格的作用；掌握制作、修改和修饰电子表格的操作方法；能够对表格中的数据进行数值运算和统计运算；能按需创建多种统计图表。

（4）多媒体信息处理

① 了解用计算机绘图的过程；能利用绘图工具画简单的图形；能够适当修改修饰绘制的图形；能够给图形上色。

② 了解图像的不同类型；能适当转换图像文件的格式；掌握调整图形大小、颜色、浓度等的方法，能够适当地修饰图像；善于综合使用多个软件拼接、组合图像。

③ 了解动画的基本类型，知道产生动画的原理；了解制作动画的基本过程；能制作简单的动画，了解帧与关键帧等概念。

④ 掌握获取多媒体素材的常用方法，能有效通过多种渠道获取各种素材；了解媒体素材数字化处理的基本过程；了解多媒体技术的发展和应用。

（5）网络技术应用

① 能够使用分类搜索引擎；掌握用关键词搜索文字、图片、地图路线等信息的方法；能够选择适当的渠道获取信息。

② 熟悉网络交流中的文明礼仪，知道计算机病毒、木马和危害；具备保护信息安全的能力；了解鉴别信息的方法。

③ 能够申请电子邮箱；学会收发电子邮件；掌握管理电子邮箱的简单操作。

④ 初步认识局域网，能够在局域网中共享文件。

⑤ 了解网络的功能和发展历程；了解网络的组成和分类；了解域名和 IP 地址的关系。

⑥ 熟悉应用多种互联网服务；会用常用的网络软件，能选择合适的渠道获取和发布信息。

⑦ 知道网站和网页的关系；体验制作网页的过程；能用表格设计网页布局；能制作含有多种媒体的网页；理解网页中超链接的作用，掌握设置超链接的操作方法；会添加简单的动态效果；能简单发布或共享网站内容。

9.2.3　制定教学策略

1. 综合运用教学内容的编排法进行教学内容结构设计

一门课程的知识体系总是相互关联、相互融合的，要有效地实现教育目标，必须系统地编排教学内容。

计算机技术课程的教学内容比较繁杂，既含有基础理论知识又含有专业理论知识，既注重理论知识的学习又注重理论知识的应用；既关注基本技术的学习又关注技术的创新性应用。因此，在教学内容的编排与结构设计上，如果只采用布鲁纳提出的螺旋式编排教学内容法或加涅的教学内容直线编排法以及奥苏贝尔提出的渐进分化和综合贯通法，都存在一定的缺陷，只有针对总体结构和部分内容结构采用三种方法的结合才能使教学质量更优化[6]。

2. 根据课程内容特点采用不同的教学方式方法来提高教学质量

计算机技术课程的教学内容包括计算机技术基本知识、文件管理、办公自动化软件应用、多媒体信息处理、网络技术应用等。由于各部分内容教学目标不同，有的是让学生形成计算机技术的基本概念，有的是让学生实际操作，有的是学会用教学设计理论做指导实现信息技术与课程整合，有的只是学会教学媒体的使用，有的教学内容属于知识的认知和应用并关注学生分析问题、解决问题及创造力的培养，因此，对不同的教学内容采用不同的教学方法，才能真正实现各部分内容的教学目标，提高教学质量。

（1）计算机技术基本知识、文件管理等教学内容，采用教师讲授和实际操作相结合教学方法。教师在讲授课程时，先介绍相关的理论知识，在此基础上，在课堂上演示实际的操作方法。进而，要求学生在实验课上自己熟练掌握。

（2）多媒体应用、网络应用等内容，可采用数字化教学环境下的案例教学法。要使学生掌握这部分教学内容，必须让学生先模仿后学会创造。例如学习多媒体课件制作这一部分课程内容，可以让学生通过案例教学学习课件的开发过程，理解课件的设计方法和设计思想。教学案例由选自不同专业、不同人员层次、用于不同教学目的的课件组成，通过播放由学生设计开发的多媒体课件，使学生从情感上产生学会课件制作的信心和积极性；播放不同学科、不同专业的优秀课件，使学生除了从感性上知道什么是课件、在教学中有什么作用外，重要的是他们知道所学专业的某个知识或某个专业知识的某个教学环节可用课件进行教学，因此提高教学效果。另外，优秀课件的精美设计，可激发学生学习、设计课件的欲望，同时为他们的课件设计开发提供灵感，如界面的设计，知识结构的设计和表达等。

（3）对于现代教育媒体使用，采用在实验室开放的条件下，根据自己学习需要进行自学与教师个别指导相结合，参加统一考试的教学策略，提高学习质量。通过调查可以发现，由于各方面因素的影响,学生对计算机技术的了解差异较大。如果采用传统授课方式,即由教师在课堂上统一讲授,就会造成学习者有的感觉时间浪费,有的还没掌握。采用在实验室开放为学生提供宽松学习环境的条件下,利用计算机多媒体课件自学与教师个别指导相结合,参加统一考试的教学策略,使学生根据自己学习需要选择学习内容,因而学习积极性高。由于统一的考试,学生学习过程中也极其认真,所以,提高教学质量。

(4) 采用笔试和上机考试相结合的考试形式,促进学习质量的提高。一方面,要求学生掌握的基本知识必须通过笔试来考查学生的掌握程度,另一方面,计算机技术是一门实践性、应用性很强的学科,考试的另一个组成部分可以用上机考试的形式,开发专门的考试系统,要求学生真正掌握实际操作方法。

3. 利用多种教学形式来延伸课堂以解决教学计划学时的不足

(1) 对于计算机技术使用教学内容,采用在实验室开放的条件下,学生利用"计算机技术"多媒体课件,根据自己学习需要课余时间进行自学与教师个别指导相结合,参加统一考试的教学策略。学生往往基础差异较大。况且教育媒体的使用属于技能性教学内容,不需要很深的理论知识做基础,另外计算机多媒体课件的多样性、集成性和交互性,使学生自主学习成为可能。

(2) 利用数字化教学的多媒体性、集成性和交互性,将幻灯片、投影片的制作技术以多媒体课件的形式提供给学生,为学生在未来工作中确实需要时自学,以此节省计划学时面向数字化教学,幻灯片、投影片的制作技术不作为高师现代教育技术公共课教学内容,但考虑到一旦学生在未来工作中确实需要,将幻灯片与投影片制作技术以多媒体课件的形式提供给学生备用。

(3) 通过合理设计课程内容间的衔接点,来提高教学效率,节省计划学时。数字化教学环境下,要求教师必须具备信息技术与课程整合的能力,这也是教学设计理论在数字化教学环境下的实际应用。如在多媒体课件和网络课件设计、开发的教学时,教师可以加入一些教学设计理论,引导学生根据多媒体课件和网络课件的教学特点来解决学科教学中的一些问题,而设计、开发一个课件,为后期的教学设计的学习提供实践经验,反过来教学设计的理论学习又为课件设计、开发的条理化,提供理论指导,提高课件设计、开发的质量和效率。这样合理设计课程内容的衔接点,来提高教学效率,节省计划学时。

4. 科学设计考试形式和内容,保证考试效度,实现创新能力的培养

作为教学设计其中一部分的学习测试设计,如何根据课程内容特点设计科学的考试形式及考试内容是保证考试效度关键所在,如何发挥考试的"指挥棒"作用,促进学生创新能力的培养,不仅是时代对教育提出的要求,也是保证考试效度的另一体现。

9.2.4　编制电子教案和课件

1. 编制电子教案

(1) 什么是电子教案

所谓电子教案就是在教师备课过程中,充分利用网络媒体等各种资源,与教学内容整合,通过媒体等现代化教学手段来展示出教师的教学思想、教学过程、教学内容,不仅为教师备课用,学生也可用的教案。电子教案的内容应包括教材分析、教学目标、教学方法、教学过程设计(复习引入、师生交流互动、练习巩固等)、板书、教学反思等传统环节,还包括课件、资料库、友情链接等能够充分发挥信息技术优势的新环节[7]。即在一个教案中,充分整合图、文、声、像等各种媒体的作用,为教学服务。

(2) 电子教案的优点

① 便于大规模地修改。电子教案允许教师根据实际情况大规模且便捷地修改教学思路、增删教学内容。电子教案最大的优点就是可以随时修改、保存而不影响美观,可以使教学资源更加优化,最终成为一种样本资源。这样,对于学科教学就可以整体规划,宏观把握,步步扎实推进,教学效果比手写的要好。

② 易存取、便于随身携带。电子教案具有存储量大、存储密度高的特点。例如一个10GB 的硬盘,就可以储存约 20 000 册 30 万字的纸质图书。另外,电子教案以数字形式存储,检索起来相当便捷,大大节省了教师的宝贵时间,提高了知识利用和传输的效率。电子教案能方便经验丰富的教师进行大容量的资料梳理和汇编,有利于"全程式"的教学研究且永久保存。

③ 传播快。由于网络和数字化技术的快速发展,电子教案的传输和发布变得十分方便和快捷。应用计算机,只要鼠标轻轻一点,电子教案就会瞬间呈现在教师和学生眼前。

④ 内容丰富,表现灵活。电子教案不仅能展现纸质教案的文字、图片内容,同时还可以展现音频、视频等多媒体内容,其表现形式比传统的纸质教案丰富得多。此外,电子教案的多媒体化对加强师生间课堂教学的交流和互动也起到了显著的推动作用。

⑤ 易制作。电子教案制作常用的软件为 PowerPoint,简单易学,与文字处理软件Word 的相容性也很好。专业一点可以用多媒体课件制作软件 Authorware。

(3) 编制电子教案

制作电子教案的工具有很多,可以把它划分为集成工具和素材制作工具。集成工具包括 FrontPage、Dreamweaver、PPT、Authorware、Flash 等。素材制作工具包括 Photoshop、ACDSee 等图像处理软件,Flash、Gif movie 等二维动画制作软件,超级解霸、录音机等视频音频处理软件。无论用什么样的制作工具,制作电子教案的基本方法和步骤大致相同。

① 精心设计,有效运用电子教案。电子教案的制作并不是简单地将传统教案的内容输入到计算机,将其以 Word、PowerPoint 等形式呈现出来,而是要充分利用多媒体技术,提高教师的备课效率,满足学生多方面的需求,激发学生的学习兴趣,从而提高课堂的效率和质量。从电子教案的内容上看,电子教案的制作应该包括具体教学方案的编写,学习资源的搜集、整理,学习资料库的建设,多媒体课件的加工、制作。教师在设计教学过程时,切忌蜻蜓点水,只笼统地说采用怎样的教学方法,而要有具体详尽的过程和方法。对于诸如情境是如何创设的,知识如何呈现的、如何操练的、怎样真实运用的,这样的细节也要在电子教案中展现出来。

② 保证规范的电子教案格式。一个完整的电子教案应该包括以下几方面的内容模块。

• 教案题目和基本信息,基本信息包括授课教师、学科、年级、对应教材、课时。

• 学习者与教学内容分析,教学内容分析包括知识结构、重点、难点。

• 教学目标,包括学科教学目标和信息素养目标两部分内容,学科教学目标又包括知识目标、能力目标、情感目标等。

- 学习环境与资源描述,学习环境即教室环境,资源描述包括硬软件资源、实验(演示)教具、教材与参考读物、多媒体课件、网上资源以及其他资源。
- 教学策略,包括教学活动顺序、教学组织形式和教学方法三部分内容。
- 教学过程,即所有的教学活动。
- 教学评价,包括评价内容、评价手段、评价数据分析和评价结果。
- 教学反思,包括教学中的成功与不足、改进措施以及教学感悟。

③ 合理使用各种多媒体资源。教案反映和传递着教师的教学思想、对学科的理解、对教材的把握等,因此好的教案需要教师花费心血,对内容不断进行凝练。这就要求教师在制作电子教案时,一定要精心挑选与教学内容相关的各种媒体资源,包括图片、视音频资料、课件、网页、Flash动画及一些拓展延伸的资料。利用各种媒体资料很好地解决教学重难点的问题,即将课程内容中最精华最重要的部分通过多种方式呈献给学生,帮助学生从多个维度、多个层面上对所学知识进行建构,以促进其更好地学习。

(4) 电子教案是现代教师教学的必备条件

① 电子教案是教育信息化的要求。信息化社会是学习型社会,对于教师来说,探索和继续学习的精神将成为教师职业的内在要求。所以,教师必须将信息技术与教学科研相结合,善于将常用工具软件(如文字处理和排版软件、统计和电子表格软件、数据库管理系统、幻灯演示软件等)和多种网络的信息服务(如电子邮件、万维网、网络新闻组、文件传输等)用到所进行的各项创造性的教学科研活动中。

② 电子教案是素质教育和新课程的需要。教师素质的提高是实施素质教育的关键。教师不仅仅是知识的传递者,更应该成为发掘资源的向导,寻求机会的组织者,思想和技术咨询的指导者。在课堂教学中,应该把以教师为中心转向以学生为中心,把学生自身的发展置于教育的中心位置,为学生创设宽松的课堂气氛,为学生提供各种便利条件,为学生服务;帮助学生确定适当的学习目标和达到目标的最佳途径;指导学生形成良好的学习习惯、掌握学习策略和发展认知能力;创设丰富的教学情境,激发学生的学习动机,培养学习兴趣,充分调动学生的学习积极性。

③ 电子教案是现代教师发展的需要。教师是学生的促进者,是信息化和学习化社会对教师角色提出的新要求,新课程将促使教师成为学生个性发展的催化剂。

④ 运用丰富素材和灵活多样的教学方法,提高课堂教学效果。充分利用网络媒体及各种教学资源中有利于教学的内容和素材,充实到教师的电子教案中,增加信息量,拓展丰富教学活动。电子教案设计过程要尽量做到呈现方式多样化,恰当运用如图片、动画和视频等,激发学生积极思维,提高课堂教学效果。

⑤ 有利于教师合作交流,资源共享。教师要以一种开放的态度来对待交流合作,可以把自己的优质电子教案挂到网上,与同行交流,共同促进,共同提高,实现资源共享。同时可充分利用教科书后面推荐的有关学习网站来丰富自己的资源。

⑥ 加强反思,不断完善。教学反思是教学过程的重要环节,有利于教师教学能力和水平的不断提高,使教学不断趋于完善。电子教案在一定情况下可以重复使用,但并不能一劳永逸。要根据教学实际,把更好的想法、更好的教学建议、更丰富的资源充实到电子教案中。这样电子教案才会有生命力。

2．编制网络课件

网络课件是基于 Browser/Server(浏览器/服务器)模式开发,能在 Internet(互联网)或 Intranet(局域网)上发布的 CAI 课件。区别于一般课件,网络课件更符合教育信息化的要求,既有适学生自学的网络教学版,也有适于教师大课教学的课堂演示版,还有可供网络下载或在线浏览的、浓缩全部课程内容的电子手册。它们既各自独立,又互为补充,不但方便教师的课堂教学,还可让学生自由地选择学习时间、地点、内容、进度,以进行复习和自习,更有利于培养学生的创新能力和信息化能力。

典型的网络课件开发的基本过程是确定教学大纲、确定教学内容、总体设计素材准备、课件开发、教学环境设计、教学活动设计等。

（1）教学对象

在网络课件的需求分析设计时,首先要对学校学生的社会背景、心理特征、学习风格、认知水平以及知识结构进行抽样调查。以便掌握不同学生的学习需求和个性化需求,使其在网络课件设计开发时得以体现,从而使个性化教学成为可能。

（2）教学目标

在网络课件的设计中,教学目标的编写十分重要,要以很明显的方式告诉学生学习任务和目标。据研究表明,完成同样的学习任务,学习目标明确比没有目标的学习可以节省60％的时间。教学目标的设计应该包括课程目标、单元目标以及各知识节点的学习目标。

（3）框架构建

一般的网络课件的框架可以从以下几个方面进行设计：首先,课件要结构清晰,操作灵活方便。其次,要创设教学情境,激发学生的学习兴趣。再次,创设良好的交互性,引导学生积极参与。

网络课件包括首页、课程知识、习题实验、相关资源、网上交流、在线帮助等模块,如图 9-2 所示。

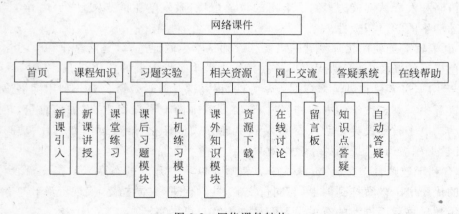

图 9-2　网络课件结构

① 首页。包括公告、教学大纲、教学目标、课程背景等。

② 课程知识。包括复习、新课引入、新课讲授、课堂练习、小结等环节,一目了然,且内容丰富、重点突出。

③ 习题实验。课后练习模块主要为了加强学生对理论知识部分理解,巩固课堂所学的理论知识,内容紧扣书上知识,分必做和选做两部分,教师可以随时布置作业。上机练习模块分课程实验课内容和模拟考试题库,以及历年考试题,学生可根据自己实际情况,有选择地进行练习。

④ 相关资源。由于教学课时的限制,许多知识点无法在课堂上展开,这对整个学科的学习来说是很大的缺失。这部分内容很好地解决了这个问题,是课程知识的补充和深入,充分利用网络资源的庞大信息量,为学生创设一个丰富的资源情境、案例情境。主要针对基础知识已掌握、有兴趣的学生自学的需求,促使学生积极参与、积极探索,使分层次教学成为可能。

⑤ 网上交流。通过在线讨论和留言板,师生或学生交流提供了互动空间,最大限度地实现了师生交互、学生交互和人机交互,引导学生讨论问题,启发学生提出一些具有发散性思维的问题,通过自己解决问题,提高学生的学习和创新能力。同时教师可随时掌握学习者的学习进展,必要时还可以进行个性化的教学与辅导。没机会参与课堂互动的学生亦可在课后上网开展讨论。

⑥ 答疑系统。包括知识点答疑和自动答疑。知识点答疑是以评论的形式紧跟每一课件乃至课件的每一页面,教师也可以在这里设置一些针对这个知识点的问题,学生可以就这些问题提问,教师可利用该项功能回答学生的提问。自动答疑是一个适应性的知识库系统,教师将本课程最常见的疑难问题按一定的组织方式,存放到相关库中,当学生在遇到疑难问题时,通过数据库查询提交问题的描述,系统将根据学生提交的问题描述,进行智能搜索(如中文词语的切分、全文检索、语义网络匹配、关键词索引等),按照检索内容相关程度的高低,将对该问题的解答呈现给学生。当在知识库中没有检索到对该问题的解答时,系统可以将问题通过电子邮件的方式发送给主持这门课程的学科教师,当教师对该问题进行回答后,系统将自动将解答发送到学生的电子信箱;或者将问题公布在答疑综合论坛上,征求解答,有人对其解答后,系统将通过电子邮件通知该学生。

⑦ 在线帮助。课件的使用向导,帮助学生快速掌握课件的使用方法。

9.2.5　电子教案和课件上网方式

可以向学校网络中心申请教学空间,然后将制作完成的电子教案和网络课件通过 FTP 直接上传到学校的 Web 服务器,学生可以通过浏览器访问电子教案或网络课件,教师则可随时对课件教案进行动态更新,以不断适应教材和学科知识的变化[8]。

9.3　使用教学媒体

多媒体教学具有交互性强、模拟性好、刺激点多、信息量大、联想性好的特点,有利于调动学生的学习积极性,提高学习效率。要享受多媒体教学环境所带来的好处,成功地实施教学,就必须不断改善教学方法,精心组织教学,教师的角色要从以"教"为主转变到以"导"为主。同时,要善于处理好多媒体教学与常规媒体教学、以计算机为中心与教师主导作用、教学中心内容与多媒体效果、师生情感交流与人机交流、学生信息素养与抽象思维能力培养的关系[9]。

9.3.1 常规教学媒体及其教学特征

在教育技术应用历史上,常规媒体曾一度作为教育技术的代名词,作为最新科技成果在教学中兴盛一时。时过境迁,在课堂内外,常规媒体已部分或全部被更加便捷、高效的媒体和方法所替代;同时,常规媒体的范围不断扩大,原来许多作为代表最新科技成果的媒体,如视听媒体不再"新",成为常规教学的必备用具而被归入常规媒体;运用常规媒体教学的基本理论、方法成为教师的必备知识和技能。

常规媒体是一个定义较宽泛的概念,随着科学技术的发展及各类媒体在教学中的应用,常规媒体不再限于课本、图表、模型等传统媒体,幻灯、投影、广播及录音等视觉和听觉媒体也被纳入其中。因此,常规媒体包含众多媒体,其教育应用的理论基础也涉及多个领域。根据媒体作用的感官和信息的流向,将常规媒体分为视觉媒体、听觉媒体及视听媒体。

1. 视觉媒体的教学应用

据统计,人类接受的信息大约有 83% 来自于视觉,视觉媒体在传递信息方面占有重要的地位。所谓视觉媒体是指发出的信息主要作用于人的视觉器官的媒体,主要包括印刷材料(课本)、黑板、图形(概念图)、实物与模型、幻灯与投影、实物展示台与视频投影机。

(1) 印刷材料是教育信息的重要载体,其中以课本最为人们所熟悉。课本亦称为教科书,有其显著的优点,也存在一些不足之处。无论在教学还是学习过程中,都应充分了解课本的特性及功能,从而使其有效地为教学所用。

(2) 黑板是课堂教学常用的信息呈现工具,目前黑板的功能和形式得到了扩展,出现了白板、磁性板和集成了多种功能的多用途板。

(3) 在课堂教学中,图形的使用得当可以增强教学效果。实物和模型则都是直观具体的教学媒体,两者各具特点,相比较而言,实物比模型更真实,但在课堂教学环境中一般模型更适合需要。

(4) 幻灯与投影都是利用光学原理的教学媒体,两者不同之处在于幻灯只能通过照相或其他方法预先制成幻灯片(负片)后才能放映,而投影器不但可以放映事先准备好的投影片(正片),也可以当堂直接在透明薄膜书写而同时放映出来。实物展示台也称作视频展示台,一般与视频投影机共同使用,其并非光学投影类媒体,与幻灯投影类媒体有着本质不同。

视觉媒体在教学中的应用能提供鲜明、清晰的视觉画面,而在人的学习过程中,能帮助学生理解抽象概念,可以帮助学生理解事物发展规律和本质特性以及帮助学生理解操作方法与操作要领;在教学使用过程中着重要引导学习者观察投射画面中传递的教学信息,最大限度地理解画面内容并引导学习者思考画面蕴涵的内涵,控制好教学的速度和画面呈现的节奏,以取得好的教学效果[10]。

2. 听觉媒体的教学应用

在人们获取信息的感觉通道中,听觉仅次于视觉,可见听觉在教育中的重要性。但是光凭人体器官,这条途径传递声音信息的效率是有限的。听觉媒体是指发出的信息主要作用于人的听觉器官的媒体,主要包括广播、录音及语音实验室。

(1) 广播是大家所熟悉的一种常规媒体。随着广播的不断普及及各类教育节目的开通,广播教育事业得到了迅速发展,特别在拓展普通教育、发展成人教育、职业教育及外语教学中发挥了重要作用。

(2) 录音媒体具有记录、存储、复制和再现声音的功能,在与声音有关的教学或在语言技能训练中有着文字载体所无法代替的作用。随着科学技术的发展,现代录音不仅声音逼真、操作方便,而且对声音可以进行扩大、改造和编辑,塑造出合乎人们要求的种种声音形象。

(3) 语音实验室有多种类型,并且还在发展之中,先进的语音实验室往往包括光学投影设备、计算机及学习反应分析装置等设施在内,构成了一个多媒体学习系统,为语音学习创造了良好的学习环境。

3. 视听媒体的教学应用

视听媒体是指发出的信息同时作用于人的视觉器官和听觉器官的媒体,主要包括电影、电视媒体、卫星广播电视系统、校园双向闭路电视系统及微格教学系统等。

(1) 在视听教育范畴中,电影是最早出现的视听媒体。在认识和鉴别有关活动变化的教学内容和模仿运动技能方面,电影具有特殊效果,被认为是形成和传播概念及转变态度和感情的最好的一种媒体。

(2) 电视媒体除了具有电影、录音等媒体那种影像直观和声音直观的功能外,还具有灵活性、可控性、时效性等优点。电视媒体能有效地用来实现认知、情感和动作技能三方面的教学目标,在教育教学中发挥着重要作用。

(3) 卫星广播电视在扩大教育规模、提高教学质量方面,具有不容置疑的优势,曾一度成为远距离教育的主要媒体。

(4) 微格教学系统是将重放录像法用于教师培训的一个范例,除了被应用在教学实践领域外,在很多技能训练方面也被采用。

9.3.2 掌握现代教学媒体及其教学特征

罗布耶在他的《教育技术整合与教学》一书中指出:我们生活在一个多种媒体并存的世界里,正因如此,人类开始将一切形式的信息都通过一种方式表现出来,那就是多媒体。多媒体已经运用到社会的各个领域,尤其是在教育领域。

多媒体技术是一种知识载体,它既是教学中教的辅助工具,也是学的认知工具。它能够呈现大量的语言、图形、活动画面,使多种信息在课堂中短时间内传输给学生,给学生充分创造出一个图文并茂、有声有色、生动逼真的教学环境。信息技术运用在课堂上,确实起到了呈现事实、创设情景、设疑思辨、动作示范的作用。它突破了时间和空间的限制,丰富了感知材料,缩短了学生的认知过程。

1. 多媒体教学环境的特征

（1）交互性强，有利于激发学生的学习兴趣

爱因斯坦说过："兴趣是最好的老师。"传统教学过程中，教学内容、教学策略、教学方法、教学步骤甚至学生做的练习都是教师事先安排好的，学生一般是被动地参与这个过程，处于被灌输的状态。而多媒体环境下的人机交互方式，使学生可以按照自己的学习基础、能力、兴趣、需求，选择自己所要学习的内容，从而使学生有了主动参与的可能，个性特长可得到自由的发展，真正成为学习的主人。

（2）充分发挥学生的主动性

多媒体的视频功能和模拟功能，能把现实问题虚拟地搬进课堂，构建起真实的问题情境，这比教师用语言表达或用文字图片来呈现问题的效果要好得多。

（3）有利于学生知识的获取与保持

人类的学习过程是通过自身的眼、耳、鼻、舌、身，把外界的信息传递到大脑，经过分析、加工而获得知识的过程。多媒体技术提供的外部刺激不是单一的刺激，而是多种感官的综合刺激，既能看得到，又能听得见，还能用手操作，这样通过多种感官的刺激获取的信息量，比单一地听老师讲课效果好得多。多媒体技术应用于教学过程不仅非常有利于知识的获取，而且非常有利于知识的保持。

（4）信息量大，有利于开阔学生的思路与视野

除文字外，多媒体中的动画、图像、色彩、声音等刺激综合感官的信息是传统媒体所少有的。同时，使用多媒体技术，减少了教师的板书书写，可以把相关教学内容的预备知识、开阔视野的补充知识与学生要学的基础知识结合起来，使学生根据自己的能力与情况有更多的时间进行人机对话。这样，既增加了课堂教学的容量，又开阔了学生的思路和眼界，扩大了知识面。

（5）联想性好，有利于教学信息的组织与管理

多媒体教学中，通过超文本方式组织教学的信息与内容，基本结构由节点和链组成，不同类型的节点和链形成各种不同的多媒体系统。按照教学内容的要求，把包含不同教学要求的各种教学资料组成一个有机的整体，这时的概念、主题、观点都按相互间的联系被组织起来，选择阅读的内容取决于学生的意愿，选择的依据可以不是顺序、索引，而是教学内容之间的语义联系。按超文本的非线性、网状方式组织管理信息，更符合人类的思维特点，有利于学生知识的发散。

2. 多媒体教学环境下的教学方法与组织

多媒体教学对教师提出了更高的要求，教师的角色从以"教"为主转变到以"导"为主。因此，在教学组织中，需要注意以下几个问题。

（1）选择合适的教学课件。教学课件必须根据教学目的、教学需要去设计、编制与使用，开发合适的教学课件是多媒体教学能否有利、成功开展的前提。

（2）搜集充足的相关材料。教师要把主要精力从组织教案和安排讲解转移到为学生提供学习所需要的各种资源和方便学生阅读、使用这些资源上。对于一些综合性的问题，教师可以不拘泥于课本的结构，可从主题出发，搜集多层次、多方位、多角度地反映中心内容的

材料。

（3）创设吸引学生的情境。要根据教学内容，设置既贴近学生生活又富有吸引力的情境，并提出若干有思考价值的问题，要求学生进行思考、解决。这就要求教师对所传授的内容有全面、深刻的了解，在某些方面还应有独到的见解，还要能了解学生的知识基础和能力水平。

（4）创造良好的课堂气氛。要创设民主协商的课堂气氛，允许学生间、师生间进行相互对话，启发学生提出问题和建议，引导学生独立自主地探究问题，鼓励学生更多地参与探索、发现、研讨，教师适时调控学习的广度及深度，这样有利于教学目的的充分实现。

（5）消除教学噪音。多媒体教学环境中，各种设施的影响，如设备故障、产品质量等问题，很容易带来影响教学的噪音，导致学生注意力的转移，影响教学效果。因此，要防止教学噪音，教师既需要在课前做好精心准备，也需要在课堂上能熟练运用各种教学设备，还需要充分考虑学生的心理因素。

3. 多媒体教学环境中应处理好的关系

（1）多媒体教学与常规媒体教学的关系

常规媒体与现代教学媒体拥有各自的媒体特性，在教育教学活动中，它们是相辅相成、互为补充的关系。不同的学科内容，适合用不同的媒体传递信息。教材、板书是历史悠久的传统媒体，是师生交流沟通的基本方式；挂图、模型等直观教具，能够给学生以较强的直观感性认识；而视听媒体则以其丰富动感的图像和声音传送教学信息，给学生以多种感官的综合刺激；计算机多媒体则集文字、图形、图像、声音、动画等各种信息于一身，并且以人与机交互为特色，实现了多渠道、交互性传播教学信息。因此，不论是常规媒体还是现代教学媒体，它们都是传递教学信息的工具，在教学过程中有各自的功能特性。

（2）以计算机为中心与教师主导作用的关系

运用多媒体教学时，要充分发挥教师的主导作用。实质上，课堂教学过程是由教和学两方面构成的，是有机的、互动的过程。在这一过程中，教师需要根据各种不同的情况甚至是一些事前难以预料的情况适时调整教学方案。同时，教师恰当的、精要的讲解，有条理的、必要的板书，及时的操作示范等，是计算机所不能完全替代的。

（3）教学中心内容与多媒体效果的关系

多媒体丰富多彩的视听与动画效果，可以增强教学的直观性和生动性，在课堂设计和使用时，一些教师在追求丰富多彩的视听和动画效果时，容易忽略心理学中的有意注意与无意注意规律。在设计课件时，要根据教学内容和学生的认知规律适当选用多媒体效果。

（4）师生情感交流与人机交流的关系

教学中，教师以其特有的人格魅力和富有情趣的讲解来感染学生、调动学生积极参与教学，这种对学生心理所产生的正面影响。优秀的课件应该是教师的教学经验、教学思想与多媒体技术之间有机结合，能达到教学目标的产物，不能仅考虑知识的表现和媒体的运行，还要考虑学生的感受。

（5）学生信息素养与抽象思维能力培养的关系

多媒体技术在课堂的使用，使学生学用合一、手脑并用，可以促进学生信息素养的提高。信息素养是个体高效获取信息，创造性使用信息的综合能力，它能引发、保持和延伸终生学习,在知识经济时代,对于促进自主学习、终生学习具有重要意义。

9.3.3 教学软件、课件的编制及使用

基于多媒体与网络的教学手段是将计算机技术、网络技术与多媒体技术有机结合的一种现代化教学手段,能够为学生提供一个丰富多彩、生动友好、突破时间和空间限制的教学环境,从而可以达到良好的教学效果,是现代教学的必然发展方向和重要组成。它以建构主义的学习理论为基础,充分利用现代信息技术,为学生创设一种崭新的教学情境,在教师的组织、帮助和促进下,学生通过与教师和同学进行协作、对话与交流,自主地进行有意义的知识建构,从而获取新的知识,形成自己新的知识结构体系。因此研究如何建立多媒体、网络或者多媒体和网络相结合的环境,利用多媒体和网络进行教学已经成为高校教育教学改革的重要课题。

1. 编制教学软件、课件应遵循的原则

(1) 教学性原则

① 教学目标。明确课件要解决什么问题,达到什么目的。

② 课件内容。内容的选取要考虑两个因素,其一,选取那些在课堂上用常规手段不能很好解决的问题,也就是解决教学难点问题;其二,选取那些没有演示实验或不容易做演示实验,传统上一直采用讲述教学,也即教学结构单一的教学内容。其目的是优化教学结构,使学生能够主动地学习。

③ 组织表现。在内容的组织上要发挥计算机的特有优势,符合学生的认知规律。CAI在课堂上的优势是动态模拟,以创设物理情景,激发学生的兴趣,扩大学生的感知量,帮助学生掌握概念和规律。对于模拟,既要有连续的演示,又要有分步骤的演示。

(2) 控制性原则

课堂的教学时间是有限的,因此课件的操作要简便、灵活、可靠,便于教师和学生控制,使师生经过简单的训练就可以灵活使用,具体说应具备以下几个特点。

① 课件安装方便。

② 友好的操作界面。在课件的操作界面上设置寓意明确的按钮和图标,支持鼠标,尽量避免复杂的键盘操作,避免层次太多的交互菜单。为便于教学,要设置好各部分内容之间的转移控制,可以方便地前翻、后翻、跳跃链接。

③ 良好的交互性。对于以学生课堂自学为主的课件,要对学生的输入做即时应答,并允许学生自由选择训练次数,训练难度;对于演示型课件,可以现场输入数据改变演示进程。

(3) 简约性原则

课件的展示是通过计算机屏幕或大屏幕投影实现的,学生接受信息的主要渠道是视觉刺激,因此投影的画面应符合学生的视觉心理。

(4) 科学性原则

科学性无疑是课件评价的重要指标之一,科学性的基本要求是不出现知识性的错误,模拟符合电路原理。显示的文字、符号、公式、图表及概念、规律的表述力求准确无误。语言配

音也要准确。

（5）艺术性原则

如果一个课件的展示不仅能取得良好的教学效果，而且能使人赏心悦目，使人获得美的享受，则该课件就具有较高的艺术性。这样的课件是好的内容与美的形式的统一，美的形式能激发学生的兴趣，更好地表现内容。

2. 编制教学软件、课件

（1）内容设计。多媒体网络学习资源是网络课程的特色与基础。设计者必须提供丰富的材料和完善的服务，其内容应涵盖三个部分。

① 认知学习部分。通过建造多媒体和网络环境，融知识于情境，用于支持学习者有效完成学习任务，包括主干内容、辅助内容和扩展内容。主干内容指所授课程的核心内容，包括授课的内容、方式，以及要达到的目标；辅助内容包括与主干内容相关的历史背景、原理来源、相关评析等；扩展内容包括相关前沿、应用指导、案例阐述、问题讨论、学科综述等。

② 教学相关部分。可提供教育政策、学科领域及专业技能等方面的信息，便于教师从中了解与学科相关的政策、法规，接触新的学术观点和科研成果，共享期刊、书籍、论文库、电子图书馆及相关网站资源，交流教学经验，收集优秀教案，引进实用技术等。

③ 课程管理部分。利用网络和数据库实现教学管理，例如可以通过用户注册来分别对待不同学生，使教学真正实现按需分配、个性化教学和及时沟通。

（2）软件结构设计是指对课件的整体结构，呈现的先后顺序、导航机制、界面与知识点关系等的设计，以形成课件结构图。

（3）多媒体课件教学工作设计完成后。应编辑相应脚本作为开发多媒体课件的直接依据。常用的脚本分为两种：文字脚本（注意对教学内容的描述）和制作脚本（注意对系统软件设计的描述）。

（4）软件开发是利用计算机程序设计语言或多媒体开发工具编辑软件及其特点，结合流程图及其使用规则编辑或设计，以实现教学设计和软件结构设计中描述的功能。

（5）素材准备占整个多媒体课件制作中的大量工作。是指利用多媒体工具软件设计制作完成大量文本、声音，图形、图像、动画、视频等信息，以文件形成存放于指定的位置以供使用的活动。

（6）系统合成，是指将准备的与课件开发相关的素材安放到课件中，并完善优化最后的课件，做到全面控制课件中每一个界面、每一个功能等。

（7）编辑好的教学课件应该放在实际教学环境中去试用，以发现课件的不足和缺陷，再通过不断修改完善，以达到优化课件的目的。着重评估分析教学课件本身对教学效果的影响，以及对教学设计的效果评价，最终完成课件设计。

3. 教学软件、课件的使用

制作好的教学软件、课件固然重要，但课件的合理使用更为重要[11]。在使用教学软件和课件时，要注意以下的问题。

（1）合理使用黑板。使用多媒体课件教学也有它的不足之处，随着场景的切换，前面的内容则消失，它没有用黑板时板书停留的时间长。教师应该将重要的内容书写在黑板上，方便学生记忆和理解,也便于教师后面内容的使用和讲解。在讲课时,会出现一些随机问题,也可以直接在黑板上演示。另外,有些内容更适合用黑板来讲解,这时没有必要使用课件。尤其是上习题课,还是应该让同学们上黑板练习,这样能及时发现同学们存在的问题。所以,使用多媒体课件教学进行课堂教学时,应该合理地使用黑板,多种媒体并用,能起到很好的效果。

(2)良好的教态是联系教师和学生的纽带,讲台是教师展示自己的一个很好的舞台。教师和学生应该同时关注同一个媒体,在用多媒体课件教学时,教师和学生应该同看投影屏幕,手上可以拿一根教棒,即教师站在投影屏幕前面对学生讲课。

讲课时教师要注意肢体语言的运用。教师应该看着对学生,形成一种对视,用动作和手势帮助他们理解,并留意他们的反应,以便确定他们是否听懂。这样讲课会更贴近学生,让他们觉得更亲切。这里要注意:教师要不断变换所关注的对象,观察不同人的反应,这有助于对教学内容的调整。

(3)场景切换时应有适当的停顿。多媒体引入课堂后,学生的主体性变得更为突出,但不可由此而淡化了教师的主导作用。由于多媒体课件呈现信息的速度快,教师容易不自觉地加快课堂教学的速度,忽视与学生思维节奏合拍。因此,课堂教学过程中教师要发挥自身的主导作用,善于控制教学节奏。何时使用多媒体,使用多长时间,何处该精讲细练,教师都应该准确把握,避免课堂教学节奏过快,变成了"走马观花"式的教学。

9.4　了解学生的方法

教学是教师以教材包含的系统科学文化知识和基本技能、技巧为内容,有目的有计划地引导学生学习的一种双边教育活动。教师的工作对象是学生,要有效地做好教学工作,必须对学生的基本特性和学生在教学中的地位有明确的认识[12]。

9.4.1　了解学生的一般方法

1. 学生的基本特性

(1)学生作为社会关系中的角色,教师首先要面对大多数,解决大多数人的问题。

(2)学生在教学过程中具有主观能动性。他们有一定的独立思考能力,因而不是消极被动地接受教育影响,而是可以积极地参加到教育活动中。

(3)学生具有可塑性,有较大的发展潜能。教师有可能控制各种转化条件,促使学生向好的方向转化。

(4)学生有很强的上进心。上进心是一种强有力的学习动力,可促进学生健康成长。

2. 了解学生的一般方法

(1)了解学生的起点

只有找准了学生"学"的现实起点,才能正确判断出教师"教"的实际起点。在教学研究时一般采用调研的方法,如访谈、问卷和上准备课等形式。在平时教学中通常采用经验分析的方法,因为教师虽然对自己所教学生的基础比较了解,但并没有太多的时间与精力来开展调研活动,所以只能靠平时观察、积累。随着学生学习内容的增加和学习经验的丰富,学习的起点也发生着变化,因而教师的教学处理要由扶到放,探究的问题要由浅到深,始终给学生以新鲜感和挑战性。

（2）了解学生的差异

差异是指学生性格特点、学习基础、爱好特长等方面的差别。了解学生的差异最重要的是要知道班里大多数学生都处于哪种认知发展水平,学生在学科学习上有多大的发展潜力,也就是要知道学生具备的一般思维水平与学习发展阶段,并据此为学生提供相应的学习内容与学习方案。教师还要针对学生的差异与特点采取有针对性的教学,让所实施的教学方法符合学生的实际情况。

（3）了解学生的困惑

困惑就是学习的障碍,对于学生的困惑,教师要"知其因,晓其果",要能迅速地指出学生困惑的原因所在,并给予恰当的指导,读懂学生的困惑,并使学生和教师都能在反思与实践中实现了突破与创新。

（4）了解学生的心理

在教师的眼中,学生是不成熟、无知、不谙世事的个体,教师习惯用成人的目光去看待他们。其实学生的心理是个变化而精密的体系,他们有自己的价值、观念和生活。只有了解了学生的心理,教师才能真正地认识学生,理解学生的表现和反应,才能真正教好学生。

3. 教师应遵循的教学原则

在教学中,教师应该遵循以下几个原则。

（1）理论联系实际原则。因为理论知识来源于实践并服务于实践,所以理论教学一定要结合实际进行。

（2）直观性原则。直观性原则要求教师在教学中利用学生已有的感性经验,从直观、简捷、具体的事例或现象入手,认识和理解教材中抽象的理论知识。

（3）启发性原则。所谓启发性是指教师在教学过程中对学生思路的开启和引导。

（4）循序渐进原则。学生的认知规律是由浅入深,由表及里,由初级到高级。所以教学必须按照一定的程序有步骤地进行。

（5）因材施教原则。"因材施教"是根据学生心理的个别差异及其他具体情况,有的放矢,因势利导地组织和进行教育和教学工作,使教育和教学尽可能地符合学生实际,从而避免盲目性。另外,教师对学生既要有基本的共同的要求,又要善于发现和注意培养学生的某些特长,适应个别差异去进行教育,各尽其才,发挥开发人才的作用。

9.4.2　分析教学对象的知识基础

实施任何学科的教学,都会涉及该学科的教学对象、教学特点、教学目的三个方面的内容,而这三方面正是教学的主要方面,这也决定了教学模式的设定与实施。因此,立足于这三个方面,全面分析、制订严密正确的教学计划,采用针对性强的教学方法,才能使教与学达到最佳的结合[13]。

(1) 教学对象对计算机知识的认识差异较大。由于学生的文化背景以及人文素质的差异，一部分学生很熟悉计算机，有的甚至会用很简单的编程语言来编写程序，他们的学习目的是想了解更多的从前没有接触过的计算机方面的知识和前沿科学；还有一部分学生从来没有接触过计算机，他们学习计算机的目的是掌握计算机的基本操作。这种差异是目前计算机教学工作中面临的最大的困难。

(2) 教学内容的差异。由于计算机是一门新兴学科，并且在不断发展，也与其他学科交叉渗透，这就要求计算机教学的内容也要随着它的发展而不断发展、更新。

(3) 教学方法的差异。计算机技术的教学大部分是介绍性的，很可能因为某位同学的一个问题，使整个教学时间拖延。当然这可以由教师的教学经验的不断积累而避免，但从整体上这仍是新老教师一个不可避免的值得引起注意的问题。

(4) 学生学习方法的差异。其他基础课看教材、做练习就能达到复习、掌握知识的目的，而计算机这门学科则不同，它需要学员看教材与上机紧密结合到一定的程度，才能在真正意义上达到复习的目的。此外，上机会从某种程度上培养一个学员对计算机这门学科的学习兴趣。

9.4.3 了解教学对象的个别差异

德国教育家第斯多惠指出："学生的发展水平是教学的出发点。"意思是教学只有符合学生的个别差异，针对每名学生的具体情况采取相应的措施，才能使每名学生的个性得到全面而充分的发展[14]。

1. 了解教学对象的差异

在计算机应用基础课的学习中，学生除了具有其他课程所表现出来的差异外，还存在一些特殊的差异，如计算机应用基础知识、基本技能、学习兴趣、学习态度等方面的差异。上述差异需要教师深入到学生中，通过问卷、测验、座谈等方式获得学生各方面的信息，并科学分析、全面把握他们的知识基础、品质特征和素质结构，再进行有针对性的教学，方能取得满意的教学效果。

2. 确定学生对教育服务的需求

每名学生学习任务的完成都是在达成一个个的目标中实现的，学生不应浪费时间去重复学习已经掌握的学业，也不应要求学习快的学生等着学习慢的赶上来。所以在教学目标的设计上要根据学生的实际，确定符合教学要求的差异教学目标体系，包括集体目标（或基本目标）和具有层次的个人目标。

集体目标是根据教学大纲，要求每名学生都要达到的普遍性目标；个人目标则是在集体目标的基础上，根据学生的个体特点设计的目标，目的是促使学生充分发挥各自的潜力，达到各自最佳的学习效果。这样的目标体系设计体现了学生共性与个性的结合，既保证了教学目标的统一性，又给基础好的学生留下了进一步提高自己、充分发挥个人才干的机会。

3. 满足不同层次的需求,设计教学内容

教学内容的设计要考虑基本目标和个人目标,切实考虑学生间的个体差异,努力解决"吃不饱"和"吃不了"的问题。教师可以采取同教材、同进度、要求不同的措施进行教学;也可针对某一具体内容,在确定问题的深度、广度时要考虑学生的个别差异,适当设置弹性教学内容。

4. 多种教学组织形式的综合运用

根据现有教学条件和学生的实际需要,完全抛开班集体教学形式是不现实的。基础知识、语言算法、作品的编辑设计思路和方法等内容的教学仍然适合选用集体授课的形式。但由于计算机课程具有基础性的特点,如果在教学中完全采用班级授课的形式,一名教师是不能兼顾全体学生需要的,所以在教学组织形式上就不能完全等同于其他学科,需要探索出适合其特点的教学组织形式。如可采取班级教学、个别教学、小组合作学习、伙伴教学等多种组织形式相结合的形式,以满足不同学生的需要,促进全体学生的发展。

5. 设计具有层次性的课堂练习

一般情况下,课堂练习和课后作业是每一节课都有的,或师生共同练习,或相对独立的练习。就统一要求来讲,学生应该完整、正确地解决基本问题和一些变式问题,达到大纲规定的学习要求。在此基础上,对于学有余力的学生,教师要设计一些综合性问题让他们解决,培养他们运用已有知识解决问题的能力,树立严谨求实的科学态度和独立思考、勇于探索的精神。

6. 构建科学的评价体系

保持教与学之间的信息对称是提高教育质量的重要条件之一,及时、全面的信息反馈有助于教师了解学生的学习情况,并对学生的学习情况做出正确的评价,从而改进教学方式和教学内容。教师积极评价的结果可以促使学生进一步提高其学习动力,促进教学的顺利进行。教师应根据学生的具体情况,综合、客观、真实地评价学生的实际情况,多鼓励,少批评,使他们产生自我超越意识,充分发挥他们的学习潜能。

7. 开展丰富多彩的课外活动

教师通过课外活动可以培养学生应用信息技术的素养,使不同特点的学生都能通过各类活动得到提高,促进学生的个性发展,提高他们的实际运用能力。教师可以让学生组织一些课外活动小组,如动画制作兴趣活动小组、网页制作小组、程序设计小组等。这些课外活动小组作为课堂教学活动的拓展和延伸,能使学生在自己感兴趣的领域里得到发展,得到学习的快乐。

本章小结

本章主要介绍了教师讲授计算机技术课程必须掌握的技能,包括制订课程授课计划、撰

写教案、熟练掌握和使用电子媒体以及了解学生等方法。这些技能都是成为优秀的教师所必须具备的。

思考题

（1）试述如何制订课程授课计划。在制订课程授课计划时，必须注意哪些问题？

（2）教案和教学大纲、讲义、课件有什么区别和联系，试举例说明。

（3）撰写教案分哪几个步骤？试以计算机技术的某个课时为例，撰写一份教案。

（4）常规媒体和现代教学媒体的关系如何？要想上好一门课，如何使用常规媒体和现代教学媒体？

（5）如何编写电子教案和教学课件，试以一个小节内容为例，编写一个教学课件。

（6）试述了解学生的重要性以及了解学生的方法。

参考资料

[1]　徐桂明.浅析高职课程授课计划的制定要领.职业教育研究,2005(11).

[2]　姚四伟,王岳,基霍岩.论现代化课堂教学中的教案撰写.新课程研究,2007.

[3]　金鑫.电子教案：问题及对策.吉林教育,2010(4).

[4]　沈军.个性化网络教学模型及实现策略研究.东南大学学报(自然科学版),2003,33(3).

[5]　郭芳,慈黎利.初中信息技术教材知识体系的构建.课程.教材.教法.2008,28(8).

[6]　朱曙光.分析计算机基础教学改进计算机教学方法.吉林省经济管理干部学院学报,2005,19(2).

[7]　杨建宁.电子技术课程 CAI 的开发和应用实践.电器电子教学学报,2004,26(4).

[8]　潘璐璐.Visual Basic 教学改革的探讨.电器电子教学学报,2007(6).

[9]　宁军明.多媒体教学环境下课堂教学的组织与实施.广州市经济管理干部学院学报,2001,5(1).

[10]　马媛.多媒体技术在教学中的应用.牡丹江大学学报,2007,16(10).

[11]　岳冰.计算机科学与技术专业相关课程教学改革与实践研究黑龙江教育.高教研究与评估,2008(4).

[12]　许刚,丁丹平.高等教育基础课程课堂教学中教师的角色研究.科教文汇,2010(9).

[13]　高为民,贺卫红.建构主义在计算机基础系列课程教学的运用.职业教育研究,2006(9).

第10章 计算机技术课程课堂教学技能

学习提要

本章主要介绍了如何组织教学和导入新课、教学语言的运用；描述了设问的特点、措辞和时机以及学生回答问题的引导和总结方法；同时还介绍了板书的作用、设计以及书写技法，对讲授法在教学中的应用也做了重点阐述，并且对实验教学以及总结结束课程进行了论述。计算机技术课程课堂教学技能是教师能胜任所从事计算机技术教学工作的必备技能，是教师组织课堂教学的有效手段，对提高课堂教学效果、培养学生计算机能力有着重要意义。本章学习主要掌握的内容：

- 计算机技术课程课堂教学的基础概念；
- 计算机技术课程课堂教学的组织和导入；
- 计算机技术课程课堂教学的方法；
- 计算机技术课程课堂教学技能的应用。

10.1　组织教学和导入新课

在教学过程，建立和维持正常的课堂教学秩序和导入新课是基础的也是极其重要的两个环节。课堂秩序是教学过程中师生互动、生生互动所遵循的一种习惯性、制度化、合法化的规则。课堂秩序制约着教学活动的成效[3]。而新课的导入形式多种多样，有的引人入胜，有的味同嚼蜡，因此教学时要依据教材内容，结合学生生活实际中的具体实例，运用生动有趣的语言进行诱导，激发学生的学习兴趣。

10.1.1　建立和维持正常课堂教学秩序

良好的课堂秩序可以维持课堂的稳定，激发学生的学习潜能，提高教学工作的效率，是完成教育教学任务的保障。教学如果忽视了教学秩序这个基础，效率恐怕要成为一句空话。所以，有必要重新厘清有关课堂秩序的认识，明确课堂秩序的维持需要运用一些管理手段，而从操作上讲，方法简便、有效的就是纪律约束，以保证教学在一个良好的课堂秩序下实施。但是，在计算机技术课堂教学中，井然有序的课堂局面却不容易形成，一些老师总会埋怨自己的课堂纪律太差、问题太多、秩序太乱，那么教师该如何建立和维持良好教学秩序呢？

1. 计算机技术课堂教学秩序回望

一般认为,课堂教学中教师应通过各种言语和非言语技巧对学生进行控制,使学生正襟危坐,专心听讲,认真笔记,在教师提一个问题,学生举手征得同意后才能回答问题。凡是影响、干扰、破坏这"井然有序"的课堂纪律的学生,则常常遭到批评、警告、呵斥和惩罚。这也许是教师所追求的课堂教学秩序,但其背后隐藏极不合理的"教师主体"思想,在新课程理念下,这种教学因无视学生主体受到批斗。而在计算机技术课堂教学中,又出现了与此截然不同的场景:学生不喜欢听课,爱玩游戏,常常在合作学习与交流时,会乱成一团,辩论演变成了"吵"论,在无序的课堂中,部分学生无所事事、趁机做小动作甚至吃零食,部分学生浏览无关网站……那为什么会出现这种天壤之别的课堂秩序呢?归纳起来,有以下几个原因[4]:

(1)学科课程特点。计算机技术课程具有实践性、层次性、应用性特点,这决定了计算机技术教学必须让学生在实践操作中、在应用探索中、在自学交流中学习,通过上机操作、任务驱动、小组交流途径实施教学,而这些均会导致学生学习中产生诸多疑问,有些需要经历不断尝试,有些需要教师个别辅导,有些需要学生相互讨论,这必然导致课堂中不确定因素的增加,从而易于引发一系列课堂纪律问题。

(2)机房教学环境。计算机技术学科的部分课时是在计算机房完成的,这和传统教室环境相比,多了一些分散学生注意力的因素,加之教学中教师更多地通过控制台操作、干预学生学习进程,这种全新的控制方式有别于基于传统课堂人与人关系维系的课堂秩序,从而引发一系列新型或显性或隐性突发事件。

(3)学生基础差异。在所有的学科课程中,可能计算机技术课程学生基础水平差异最大,这与计算机应用的普及程度有关,有的学生会因过早掌握教学任务而在课堂上无事可做,从而选择了游戏、聊天,甚至搞一些恶作剧引发老师和同学的关注,破坏良好的课堂教学氛围。而一些水平较低的学生又难以跟上教学节奏,甚至会完全放弃学习,学生基础差异性对于基于班级授课制下的计算机技术教学是一大挑战,同样对教学组织、课堂纪律带来新的挑战。

2. 建立和维持正常课堂教学秩序

从计算机技术课堂纪律归因分析中不难看出,致使所谓的课堂无序、纪律不佳主要是缘于客观因素,这就要求教师对计算机技术课堂教学的秩序有一种新的认识,套用一般学科课堂纪律的标准是不科学的。建立和维持计算机技术课堂秩序应做到以下几点:

(1)追求师生共享教学规程。基于严明纪律的课堂,也许是安静的课堂,但安静的课堂除方便了教师的讲,并不代表一定有效地促进了学生的学。在当下的教学改革中,教师不再是教学的控制者,而是教学的引导者、合作者,纪律不再是教师用于管制学生的武器,而是为了构成良好的师生、生生关系,促进学生有效学习的一种基本规范。教师应构建有别于传统教学内容、教学方式的信息技术课堂秩序,由师生共同设计、共同制订、共同执行和共同检查,指向于师生的共同发展。为了构建人文化课堂管理的规范,在实践中,坚持以正确引导入手,在让学生明确学习信息技术重要性、必要性的基础上,制定计算机技术课堂教学规程,使师生都明白在计算机技术课堂中,哪些可以做,哪些不可以做,哪些先做,哪些后做,具体怎么做等,并制定相应的违反制度自愿处罚措施,由全班同学共同监督执行。这一过程,突出学生主体地位,保证了学生参与规范制订,增强对规范的认同感,以学习规程代替课堂纪律条例,使课堂管理与教学融为一体,制度约束与学法指导融为一体,并借助班级舆论促进规范的有效实施。

(2)全面优化课堂教学环境。教学环境是师生共同营造的课堂生活的组成部分,教师应以信息技术教学环境全面优化代替过多纪律对学生约束。一要致力于相互理解、相互信任的心理氛围的创设,在课堂中努力使师生、生生间形成彼此宽容、欣赏、支持的态度,努力使学生形成学习的浓厚兴趣和自信等;二是要致力于良好的物态环境创设,机房布置、桌椅排摆、硬件配置要满足教学要求,以减少因教学资源缺失而引发教学事故;三是致力于计算机网络及软件环境创设,比如针对学生的网上冲浪、网络游戏等必须采取措施进行管理,加强学生思想教育,正确引导学生健康上网,并通过屏蔽、监控等技术手段加强对网络管理,减少学生下载、安装、运行游戏的机会,引导学生把"玩"的兴趣转移到"研究"的兴趣上,使学生成为自律的主人。

(3)立足学情科学预设教学。立足学情是课堂教学设计的基础,也是维持良好课堂秩序的基础,任何脱离学生认知水平的教学,学生总会想方设法逃避教学活动,引发课堂冲突。为此,教师应深入了解学生的学习期望、学习需要、学习动机及已有知识能力基础,以此为基点,科学设置教学目标、处理教学内容、设计教学过程、选择教学策略等。要坚持面向全体,分层要求,对不同层次的学生,合理设置教学任务,针对学生学习基础差异性较大的现状,要改变单一的班级授课制教学模式,采用集中授课、小组学习、个别辅导相结合方式,让每一个学生有尊严地学习,以保证所有学生都能得到应有的发展。

(4)着力提升教师教学艺术。好的秩序来自好的教学,改进教学是构建良好课堂秩序与纪律的关键。就教师个人素养而言,必须不断加强学习,提升教育教学技艺,提高驾驭课堂、管理课堂能力,并以自身的人格魅力影响着课堂纪律。就教学过程而言,要坚持以每一个学生的发展为指导思想,关爱学生,尊重学生,正确处理好教学预设与生成的关系,善从一些偶发事件中,因势利导、随机应变、抓住契机、激发活力,不断创新教学方法,以教学魅力吸引学生积极投入教学之中,促进教学质量的全面提升。

10.1.2　导入新课的技巧和方法

如何导入新课,是指教师通过自己的方法引出所要讲述的新的课题。如何讲好计算机课的开场白,是课堂教学中一个值得重视的问题,能端正学生对计算机课的认识,如果每天都重复着那句单调而乏味的语言如"今天我们讲……"来引入新课,很难唤起学生的学习情绪,让学生对计算机课产生就是玩玩的错误认识。精心设计导入语,采取有趣、形式多样的引入方法,使学生上课一开始就有兴趣地带着一定的学习任务去学习,大大调动学生的学习积极性,把学生的注意力迅速集中起来,饶有兴趣地投入到新的学习情境中,提高学习效率。因此,引入新课的短短的几句话,是一节课的成败的关键。

1. 导入新课的主要作用

(1)能激发学生的学习兴趣,吸引学生的注意力。新课引入得好就能够更好地激发学生的学习兴趣,吸引学生全部的注意力,这样就可以保证学生能够认真地听好课。

（2）能起到承上启下的作用并为新课的展开创设学习情境。较好地引入新课能使学生有任务有目的地进入新课的学习，较好地调动学生的学习积极性，并可以起到创设生动活泼的学习情境的作用，使学生的情绪愉快地进入学习过程，为新课的展开创设良好的条件。

2. 导入新课的基本原则

新课引入应遵循如下原则：

（1）直观性原则。新课的引入，要符合学生的认识规律，直观形象，浅显易懂，从具体事物到抽象理论，通过学生的直接感知去理解知识。

（2）接受性原则。新课的引入，要符合学生的实际水平心理特征，不同年级的学生，引入新课的方法也不同，即使同年级不同程度的学生，不同特点的教材内容，在引入新知识的方式上也应有所区别。

（3）趣味性原则。新课的引入，要寓趣味于其中，能激发学生的兴趣，唤起他们的好奇心和求知欲。

（4）和谐性原则。新课的引入，要和谐自然，成为联系新旧知识的纽带，体现知识内部结构的和谐美。

3. 导入新课常用的方法

（1）情境导入法

学生情感的触发，往往与一定的情境相关，导入的艺术在于激发学生的兴奋点和兴趣点，扣住学生的心弦。比如在上 Flash 新课时，第一节课的内容为鼠绘与形状动画，在上课前大屏幕上播放小小动画系列，卡通而可爱的小小人物形象很快引起了学生的兴趣，接下来的绘制小小人物的内容也顺势而出。又比如在上 Photoshop 第一节新课时，可以事先展示一张网络上广为流传的各年代著名人物组合图，在这张合成图上有毛泽东、李小龙、邓小平、刘翔等很多人物，让学生辨认出他熟悉的人物，学生一下子就安静下来仔细地观察，然后就热闹起来，相互比拼谁认识的人物多，激起他们浓厚的兴趣。接下来教师建议将自己的照片也放到这个名人集中，让自己能与喜欢的偶像合影留念，试想哪个学生不会跃跃欲试？这样的导入水到渠成，还将学生探究新知的欲望提升到了新的高度，使学习内容潜入课堂，成为学生学习的内在需要。

（2）游戏导入法

学生喜欢游戏，教师不妨投其所好，将课堂中的相关知识隐含在游戏中，让学生从玩乐中开始讲课。如在上"算法及其实现"这一节时，借助中央台李咏主持的"幸运52"栏目进行猜价格游戏。先展示一张商品图片，该商品的价格由软件随机产生，但告诉学生价格范围是0～100 元。让学生在学习系统中输入猜正确价格的过程，当学生每猜一个价格，系统会提示高了、低了还是猜对了。这样学生不断调整价格，直到猜中价格游戏结束。一开始有的学生猜的过程不是很明确，导致猜价格的次数比较多，而有的学生就利用了折中的方法比较快速地猜中了物品的价格，等到猜对价格，也是引出算法概念的时候了，而学生在游戏中也明白算法的含义，真可谓一举两得。

（3）巧设悬念法

悬念设置要突然。如在讲解 Excel 一章"宏"的内容时，由于这一节内容跟前面的知识跨度比较大,如果一开始就开门见山地告诉学生什么是宏,可能学生没有兴趣,所以一开始在一个 Excel 文件中隐藏了个"宏",当打开这个 Excel 文件时,弹出一个对话框,对话框里的信息就是关于宏的提示,然后教师解释这个宏是老师事先藏在文件里,是安全的,由此来引出新课的内容。对于比较棘手的概念可以利用计算机现有的资源巧设悬念,设置问题引起学生注意。

(4) 任务驱动法

任务驱动法在教学过程中也是经常采用的,任务完成了也就是教学目标达到了。而设置任务也不是随心所欲的,需要将本堂课的教学内容和目标设置在其中,让学生带着疑问去探索新知识,并寻找解决问题的方法,学生每完成一个任务,就会有一些成就感,从而激励他们去学习新知识。采用任务驱动时,任务的设置要有效、有趣味、操作性强。教师在上课一开始要把任务讲明白,让学生明白任务的具体内容,比如在上 Flash 动作补间动画时,要求学生掌握对时间线的控制。在上课一开始就提出了今天的任务是完成一个水滴的动画,然后就展示动画效果,随着"滴答、滴答"的水落声,学生的心里也被这声音弄得痒痒了,然后就简单地分析这个动画的组成,而往往还没等教师分析完,学生已经迫不及待地打开 Flash 了。

(5) 将错就错法

在讲授新课内容时,对一些学生容易犯错误的知识点,教师故意当场做错并表现得不思其解,这时学生有种超越教师的想法,很想露一手帮助老师解除困境,这个时候放手把问题抛给他们,可以激发学生的积极性,比如在讲解 Excel 一章的"数据排序"时,很多学生往往会直接选择要排序的字段列内容,选择"工具栏"中"升序"或"降序",这样操作的结果是将表格中数据记录内容打乱了,那么在学生犯错误前教师先以身试教,比直接提醒学生注意效果要好得多。

(6) 承上启下法

这个在评书中用得比较多,比如"欲知后事如何,请听下回分解",这种方法也可以应用在课堂上,可以给学生意犹未尽的感觉。在讲解 Flash 按钮控制动画播放时,在第一节课中主要是讲了按钮如何制作,以及用按钮来简单控制动画的播放与停止,这时用的是两个不同的按钮,对于学生来说,首先要制作两个不同按钮,然后分别在按钮上添加简单的命令,工作量大而且界面不简洁。这时很多学生心里就有疑问了,能不能用一个按钮来实现动画的播放与停止,答案是肯定的,但是由于时间关系,这部分内容要放到下节课去讲了,给学生留下想象的空间,也为下一节的导入指明了方向。

(7) 德育教育导入法

德育是比较重要的教育环节,特别是因特网比较普及的今天,很多人通过网络交友或参与各种活动,但因特网只是一个平台,在这个虚拟世界里要通过自己来约束自己,而往往学生不注意这点,网络行为比较随意。如在上"信息的管理数据库的应用"一节时,教师可以首先设计一张网页,让学生在网页的相应位置输入自己的姓名、年龄、家庭住址后提交相关信息,然后通过查看其关联的数据表(这张数据表除了学生填写的信息还记录了每台学生机的IP 地址)来了解学生的相关信息,但往往有的学生填一些与要求不相关的信息,这时就把这张数据表广播给学生看,让学生根据 IP 地址明白应该注意自己的言行。这让学生明白网络中的每一个成员其实都有自己的身份标志,所以在网络中也应文明用语,实事求是,同时这也大大激发了学生探究数据库奥秘的兴趣。

10.2 运用教学语言

教师不但要有渊博的知识和良好的政治素养,而且要练就深厚的教学语言功底。语言是教师"传道"、"授业"、"解惑"的重要工具。教学语言运用得是否得当,直接影响授课的效果。语言表达能力强的教师在课堂上语言生动、引人入胜,而有些教师则语言混乱、词不达意。究其原因,主要是这些教师的语言功底欠佳。因此,作为一名教师必须在提高自身的语言素养方面下一番功夫[5]。

10.2.1 普通话讲课

国家教委、语委文件指出"说好普通话、用好规范字、提高语言文字应用能力,是素质教育的重要内容",并规定要使普通话成为"校园语言"、"教学语言"。

普通话是教师的职业语言,掌握并熟练使用标准的普通话是教师必备的业务基本功和职业素质。以普通话为基础的口语表达技能则是教师传道授业的主要工具,也是教师职业技能训练的主要内容。已公布实施的《教师资格条例》中明确把普通话口语表述水平达到普通话水平测试(简称 PSC)等级标准二级乙等以上作为教师资格的必备条件之一。

普通话讲课主要注意以下几个方面。[6]首先是吐音准确,能按照普通话的标准读准字音,形似字不误读,不"秀才识字读半边",不为方言土语所混淆,多音字据义定音,且声调准确。其次是流利,不添字、不漏字、不重复、不颠倒,句读分明,节奏鲜明,没有两字一顿和"拉拉调"的不良习惯,没有"这个"、"那个"之类的口头禅,没有地方的腔调。再次是表情达意,针对不同的体裁和思想内涵,通过不同的表情、语气、语调恰如其分地加以表达,有真情实感,无矫揉造作。如读《最后一次讲演》,激昂慷慨的言辞,表达出闻一多怒斥反动派的浩然正气和动人心魄的气势;读《琵琶行》,低沉、缓慢的旋律,表现出琵琶女冷落的生活,感慨、哀怨的情绪。

10.2.2 口头表述与体态语言相结合

课堂教学中口头表述和体态语言,在教学活动占重要地位。课堂教学中二者相结合,是教师向学生传授知识的具体、准确和系统的一种方式。准确精练的词汇及适度而不失正规的体态语言,可增添讲授中语言风采的魅力。作为一名教师,必须有良好的语言艺术修养、深厚的文化功底,使这二者相互沟通,成为课堂教学的"总枢纽",为教学语言艺术增添无限魅力,也是现代教学的必然要求。

口头表述是通过口头语言表达的。口头语言是人类进行生产、生活和教育等多方面的交流工具,不同人,不同的形式,效果迥异。教师在课堂教学中的语言运用应力求做到准确精练、条理清晰、生动形象、富有感染性,力戒啰嗦、题外话、方言语。简练而精确的语言,既能吸引学生的注意力,又能引导学生把形象比喻和抽象概念联系起来。

口头语言主要注意以下几点:

　　（1）老师课堂教学的口头语言应当注重科学性，就是要求用简洁明了的语言，把规定的教学内容准确地传授给学生，这是对讲课最起码的要求。例如表述一个概念或一个观点，必须准确无误，讲课时不要作"大概"、"可能"一类的推测，不能有含混不清、模棱两可、自相矛盾的地方，也不应照本宣科，死背教案或笔记，更不能把错误的观点或概念教给学生。

　　（2）老师课堂教学的口头语言要强调教育性。教学语言是教育性很强的语言，它必须具有积极的思想内容，体现教书育人的准则。同时，教学语言还必须符合教育教学的规律、原则和方法的要求，注重健康、文明、鼓励、督促和指导。老师的教学语言不仅应当富有深邃的哲理性，更应该是语言美的典范，应该崇尚文雅、谦虚、礼貌，而不允许使用对学生自尊心、自信心有伤害的语言。

　　（3）老师课堂教学的口头语言要讲究启发性，要引导、鼓励、激发学生学习的主动性和自觉性，使他们积极思维、融会贯通地掌握知识。老师课堂教学口头语言的启发性还表现在通俗易懂、深入浅出、举一反三、触类旁通，要避免生涩的语言。讲课艺术的吸引力不在于辞藻华丽，概念时髦，而在于"言无不可晓，指无不可睹"，贴近生活，贴近学生，与学生达成感情、思想的交流。老师如果能够揣摩学生的心理，与学生坦然共处，使学生感到亲切自然，就能使学生受到感染从而发生共鸣。

　　（4）老师课堂教学的口头语言要重视审美性。老师课堂教学的口头语言要做到语音纯正，口齿清楚，抑扬顿挫，表意鲜明，宣有幽默感，对学生有吸引力。只有音色悦耳，咬文吐字清楚流畅，才能让学生听得懂，听得乐意。说话刺耳，声音过大或过小，都会破坏声音的和谐，从而分散学生的注意力。语言的节奏感和韵律感有赖于发音、重读语速等因素，这些因素被恰如其分地体现在教学语言之中，是实现语言技巧的重要一环。

　　提高口头语言表达能力有三条基本途径：①必须加强逻辑思维的训练，因为语言既是思维凭借的外壳，又是思维成果的载体，只有思维准确、灵敏，富有逻辑性，才能做到说话准确，反应迅速，条理清晰。②必须博学多识。一个老师语文修养高，文化知识丰富，对古今中外、天南海北、历史典故、风土人情等各种各样的事情都有所了解和掌握，再加上语汇丰富，语言表达方式灵活多样，这样他平时讲起话来方能才思敏捷，对答如流，生动活泼，幽默风趣。③必须培养自己美好的心灵和高尚的情操。古人云："心之所感有邪正，故言之所形有是非。"从一个人的语言中，可以窥出他的思想品德、道德情操、知识修养的高低深浅。语言文雅、明朗、乐观、幽默风趣、朴实无华，是美好思想和丰富学识的结晶。

　　老师在使用口头语言表述教学内容时，往往伴随手势、身势、面部表情及眼色等体态语言，这是书面语言所不能比拟的。体态语言是人类语言的一种伴随动作。人类祖先称在语言表达以前早就开始使用非语言手段进行生产、生活、教育等方面的交流，至今人类语言亦不可能取代非语言。语言在加入活动系统体态语言后更加丰富、生动，具有说服力和感染力。老师的体态语言对于课堂教学极为重要，老师在课堂上的一举一动、一招一式、一颦一笑，都是在向学生传递信息。因此，老师必须讲究课堂体态语言的艺术。

　　体态语言主要有以下几个特点：

　　（1）动作性。体态语言不同于口头语言，口头语言凭借语音、词汇、语法构成的语言体系传递信息，而体态语言则依靠举止神态传情达意。

　　（2）微妙性。体态语言的传情达意，多凭面部表情，特别是用眼睛说话，仗眼波传情。因为这样的活动是在无声的情态中进行的，就带着含蓄性与隐蔽性。而且，眼睛还具有很大的灵活性，由眼睛可以带出其他的种种表情，形成复杂的感情世界。在一颦一笑之间，往往可以传递各种信息，其作用是微妙的。

（3）感染性。体态语言的传情达意，时而含而不露，时而极富鼓动，这就从两个极端叩动感情的心弦，引发人们积极地去思考问题。语言的感染力，也就油然而生。

（4）辅助性。体态语言与口头语言往往结合使用，体态语言在人们传情达意的过程中，主要起辅助的作用。它的辅助功能：一是可以提高口头表达的生动性，二是可以提高信息传递的准确性，三是可以提高传情达意的明确性。

体态语言的使用主要通过以下几种方式：

（1）仪态。仪态是指教师的衣着打扮、仪表风度，是教师内在修养和素质的外观表现。穿着过于随便、不修边幅，给人一种迂腐、粗俗的印象；过于追求新奇、时髦，又会被人认为轻佻、浅薄而无内涵。教师应衣着整洁，华丽而不致庸俗，随和而不致寒碜，入时而不过于新潮；着装时尚，活泼而不失端庄，严肃而不过于拘谨，潇洒而不失稳重；仪表自然而有风度，仪态大方而有神采，如此，才能为人师表，增强学生对教师的信赖感和期待感。

（2）眼神。"眼睛是心灵的窗户"，眼神具有传递信息、情感、意向的作用。柔和、热忱的目光，流露出教师对学生的鼓励、赞扬；直视、凝视的目光，警告学生做不应该做的事情；游移不定的目光，流露出教师对学生学习状态不佳的焦虑。教师应以明亮有神、充满智慧和自信的目光，使学生感到强烈的推动力量。切忌轻视、冷漠、鄙视或咄咄逼人的目光，使学生产生反感。教师还应善于读懂学生的眼神变化。学生不看教师，反映思想"开小差"；微皱眉头，反映对教师讲授的内容疑惑不解或有异议；目光闪烁不定，反映学生情绪不稳定或在干其他事情；瞪大眼睛看老师，眼光特别亮，则反映对所讲的内容极感兴趣等等。教师要通过眼神，了解学生的学习状况，从而调整自己的教学方法，以收到最佳教学效果。

（3）手势。手势和眼神是体态语言中表现力最强的部分，学生的视线总是停留在教师的眼和手的部位，并随着教师手势的指挥节奏，来调整自己的思路。教师在教学中运用富于艺术修养的手势，能够强化话语的情感色彩，增加话语的形象性，提高自己的表现力，从而加深学生对知识的理解。教师在运用手势时，应注意手势不能过多，不能太复杂，不能手舞足蹈，分散学生的注意力。切忌指指点点，指点带有指责的意味。

口头表述和体态语言相辅相成，二者缺一不可，都是课堂教学语言不可缺少的组成部分。教学语言应合于伦理、出于至诚、精于思想、富于情感、工于表达，在课堂上运用生动的比喻、形象的比拟、适度的夸张、风趣的事例、得体的手势、丰富的表情、幽默的语言，抓住课堂教学稍纵即逝的时机，激发起学生的好奇心和想象力，通过教师的言传身教，使学生耳濡目染，寓教育于乐趣之中，使学生很快进入一种"情景"中，消除学生疲劳，启发思考，提高课堂教学效率。

10.3 设疑和提问

课堂提问是指在课堂教学中，教师根据特定的教学目的和要求，针对相关的教学材料，设置问题情境，让学生思考、回答。通过问答，学生获取完整的篇章信息和准确的信息分布，领略作者的写作意图。恰到好处的提问能指示学生的实际与所学知识之间的差距，引起学生探究知识的欲望,使学生的情绪处于最佳状态,有利于激发学生积极思维,开发学生的智力,挖掘学生的潜能。教师科学的提问不仅能完成教学任务,更重要的是给学生质疑做出了示范,培养学生的问题意识、怀疑精神和创新精神。因此,它是教师必须首要掌握的关键性策略。

10.3.1　设问的针对性和启发性

结合学生实际,切准"最近发展区",深挖教材内容、把准目标、找准问点,方能设计出"一石激起千层浪"、"牵一发而动全身"的高质量问题,让问题具有针对性和启发性,为课堂提问的有效实施提供保证。

1. 设问的针对性

对如何设问才能更好地增强课堂教学效益的问题,最关键的在于要加强对"问"的针对性的研究,课堂提问要紧扣教学目标和教材内容,突出章节知识的重点,反映知识的发生发展过程,同时必须针对学生的已有知识水平,使学生找得到问题的切入点,从学生的思维发展水平出发。课堂提问不宜过多地停留在已知区和未知区,应在已知区和最近发展区的结合点即知识的增长点上设问。这样有助于原有认知结构对新知识的同化,使认知结构得到补充完善,并最终使学生认知结构中的最近发展区上升为已知区。

课堂提问要考虑提问内容的难易,事先要根据提问对象的认知特征、爱好兴趣、年龄特征来设计问题。比如:小学一二年级的学生应多从讲故事、讲寓言、做游戏入手,因为此时学生的思维特点带有很大的直观性。同一年级的学生,鉴于彼此间知识基础和能力水平的差异,所提问的内容和方式也应有所不同。使学生处于兴奋的状态,这样就容易激发学生的思维兴趣。问题的设计要有利于建立学生的思维模型,有利于培养学生的发散性思维和创造性思维。

2. 设计的问题要富有启发性

学生的思维活动总是由"问题"开始,又在解决问题中得到发展,学生的学习是一个不断发现问题和解决问题的过程。提出一些富有启发性的问题去激发学生的思维,最大限度地调动学生学习的积极性和主动性,启发学生通过自己的积极思维,主动地找到答案。学生在结合书上一步步的提示,不断运用已有的知识主动去领悟新知识,学生在讨论解答的过程中自己学会了方法,也使学生感到新知识并不新,提高了他们的学习兴趣。

设疑贵有启发性,但设问时的启发如果不恰当,往往会使学生对自己或教师产生困惑、懊丧、失落等不良心理。正确设问的启发性应是"不愤不启,不悱不发",也就是说当学生对教师的问题积极地进行了思考的时候,教师应为不能回答或不能解决问题的学生提供线索,打开思路,帮助他们正确的理解和回答问题,同时也适用于没有完全正确解决问题的学生。设问时,教师不要急于把正确答案直接告诉学生,而是点拨、引导学生去思考,去发现;绝不要急于将注意力轻易地转向另外的学生,以使先前的学生对自己产生放弃,失去获得成就感的机会。

10.3.2 设问的措辞和设问时机

设问的措辞要精当,同时设问也应选择适当的时机。

1. 设问措辞

有以下的常见的方式方法:

(1) 悬念设问法。制造悬念。为什么秋天的黄瓜容易长出"大肚子"?

(2) 导谬设问法。学生容易误解的内容有意设问。鲸是鱼吗?

(3) 排谬设问法。堵死迷路,一开始就注意容易误解的地方。为什么蝙蝠像鸟而不是鸟?

(4) 递进设问法层层剥笋法。如要掌握基因的概念就必须让学生明白什么是染色体、DNA、表现型、基因型、等位基因、性状等概念。

(5) 比较设问法。容易混淆的地方。光合作用与呼吸作用的比较;导管和筛管的比较。

(6) 转化设问法。具有转化联系的概念、原理。长颈鹿的脖子很长,它的颈椎有几节呢?

(7) 极端设问法。故意推向极端,真理多跨越一步。鲸是鱼类;所有双子叶植物都有两片子叶。

(8) 反问设问法。不可倒置,不可替换的内容。促生长激素就是促进生长发育的激素?它和生长激素一样吗?

(9) 串联设问法。复习时把个别概念、原理串联起来。

2. 设问的时机性

教育需要把握时机,课堂设问更是如此。刚上课时学生的精神状态较佳,注意力比较集中。教学过程处在导入新课阶段,所以除了导入新课时的设问外,一般不必设问。当课程进行到重点和难点阶段时或发现学生略有倦意、注意力有所分散易开小差时,设问可给学生注入一剂兴奋剂,重新刺激大脑皮层促使他们进行积极的思维。

当教师设计出一个问题时,一定要给学生适当的思考时间,因为从学生接受到问题到调动自己已有的知识经验来筛选信息,重组、编码,形成答案并组织语言回答,是一个复杂的接受与反馈的过程,需要一定的时间。因此,教师提出一个问题之后,不要急于渴望能够很快地得到学生的正确答案。而要细心地关注学生的眼神、表情,甚至姿态等诸种反应,以此来判断和了解学生对问题的接受程度和思考进度,来决定给予学生的时间长度。这样学生的思路会得到更充分的拓展,思维得到更深刻的锻炼,回答问题的质量会更高。

10.3.3 学生回答问题的引导和总结

学生在独立思考中也常常需要教师给予引导。怎样引导才能有利于学生数学思考能力的培养呢?教师不应该直接给出解决问题的具体方法,而要经常提问一些经过精心设计能促进学生积极开动脑筋进行观察、想象、类比、猜想、推理等一系列思维活动,同时也有利于培养他们的学习意志和学习兴趣,如在讲"截一个几何体"一节中,提出问题:用一个平面去截一个正方体,所得截面可能是什么形状? 从正方体上削去四个角后剩余的部分又是什么几何体呢? 问题一出来,学生立刻会通过观察、想象、推理等思维活动积极参与,学习的胃口大增! 又如在讲"等体积的情况下,球的表面积最小"时,可用下面的例子引入:冬天狗熊在树洞里冬眠,为什么不把四肢伸展开而是缩成球状? 通过这一自然界的现象立刻把学生的注意力吸引过来,极大地调动了学生思考问题,解决问题的积极性和主动性。

教师的引导要遵循学生思维的规律,因势利导,循序渐进,不要强制学生按照教师提出的方法和途径去思考问题,喧宾夺主。

对学生回答问题的引导和总结具体表现在以下几个方面:

(1) 面对学生的困难,教师不可直接奉送答案,要采取办法,诱导时机,进行启发。

(2) 面对学生暴露的错误,教师尽可能不要直接指出错误,要设法激起学生对自己回答的疑问,进而使学生醒悟。

(3) 对于学生的正确回答,教师不可一句"请坐"了之,要善于抓住时机,将问题推向深入。

(4) 归纳完善。零散的要予以综合,肤浅的要予以深化,不完整的要予以补充。教师要归纳学生解题的思路、方法、规律和技巧,渗透一些思想和方法,揭示知识间的属种关系、知识结构,使学生在各种思路的展开中实现思维系统化。

10.4　板书

板书是教师在教学过程中,配合语言、媒体等,运用文字、符号、图表向学生传播信息的教学行为方式。板书是教师必备的基本教学技能。板书有利于知识传授,有利于学生智力开发、能力培养,有利于学生情操陶冶,有利于活跃课堂气氛,有利于学生记忆知识。板书应反映教学的主要内容;板书设计层次要分明、简练,逻辑性强;板书布局合理,字迹大小适宜,疏密得当;板书文字书写规范,并保持适宜的书写速度[8]。

10.4.1　板书在教学中的重要作用

随着科学技术的发展,许多现代化的教学手段已经走入课堂,但是板书在教学中仍起着不可替代的作用。那么板书在教学中起着哪些重要作用呢?

1. 板书有长时间地向学生传递信息的作用

板书首先是文字,它和文字的作用一样。当初,先民制造文字就是为了记录语言,传达信息。将语言和知识用文字记录下来才能进行长时间的传递,如果没有文字,在教育学生时只能采用口传身授的办法。这样,教师的知识会越传越少,古圣先贤的知识也不可能传到现在,科学也就难以发展,社会也就难以进步!

2. 板书具有与实物不同的直观作用

作为教师,应该知道在上课时用实物进行讲解,对学生来讲是非常直观的。如在讲英语单词"Pig"时,老师牵一头小猪,然后指着它,大喊一声"Pig"这非常直观,学生也容易记住。但有人嫌它不雅观,可在黑板上画一个小猪图案,或用多媒体放映都可以。实物和多媒体虽然直观,但它少了学生的思维。如果在讲"Pig"时,在黑板上写一个"猪"字,学生看到这个字,大脑会通过间接的思维与"猪"的实物联系起来,即明白了单词的意思。在化学课上,用实验的方法讲解两种液体混合后的变化时,学生可以很直观地看到,用板书把它们的原理讲解出来时,学生也会通过思维,抽象而直观地感受到两种液体的变化。大家常说,作为教师应培养学生的思维能力,而板书也担当了这种责任。

3. 板书具有较大的灵活性

使用多媒体辅助教学,如"飞机投弹"、"波的干涉",易于突破难点。"磁感线"展示了磁感线的空间分布,弥补了相当一部分同学的空间想象能力的不足,所以这是很值得的。但在使用过程中,人们也有很深的体会,准备一节课需要很长时间,即使使用现成的教学软件与自己的教学设计相结合也很费时,所以使用多媒体辅助教学要恰到好处,不然可能会造成事倍功半的结果。另外,这些教学媒体有一个共同的缺陷:要按照别人预先设计的环节进行,无法根据学生的特点灵活处理教材,即使自己制作的软件,也有类似的不便,因为教学过程中会有突发事件发生,会出现教师预先意想不到的问题。

4. 板书有示范和审美作用

课堂教学的艺术离不开具体生动、富有表达力的语言,离不开基于扎实的专业知识又经不断锤炼出来的教学组织能力,也离不开直观、形象的优秀板书。教师的板书直接影响到学生的书写能力,因为学生的模仿能力很强,如果示范的不到位,学生们学的也可能不到位。特别是小学生,他们正处于识字、认字的阶段,教师板书更应具有示范和引导作用,同时给学生以美的享受。精心设计的板书,能使学生赏心悦目,兴趣盎然,活化知识,对知识加深理解,加深记忆,是提高学生非智力因素的重要手段。

10.4.2 板书设计

板书内容构成直接影响板书质量和教学效果。因此,教师应对板书内容进行精心设计,使其达到科学、精练、好懂、易记的要求。对每堂课的板书内容设计,应根据教材的内容、教师的设计技巧和学生的适应程度而定,难以作统一的规定。因为即使同一个教学内容,不同的教师、不同的对象,可以设计出不同的板书内容来。[9]

1. 板书设计的原则

(1)计划性原则。板书设计应针对学生的实际水平,并根据教学内容的要求、黑板的大小等,对板书内容做到心中有数,作出统筹安排,要明确哪些内容应作为主要板书出现,哪些内容应以辅助板书出现,以引导学生把握教学重点,全面系统地理解教学内容。

（2）科学性原则。板书设计应从课堂教学实际出发，依照讲课的先后，将教学的重点和难点适时地写在黑板上，尽量使板书的速度、讲课的速度与学生的思维基本同步，使板书的内容与学生的思维活动结果尽量达到一致，以有助于学生理解和掌握教材的重点与难点。

（3）系统性原则。板书设计应注意板书内容间的逻辑联系，并随着课堂教学的进行与发展，将各知识系统地连珠串线，使教学内容作为一个完整的知识体系呈现在学生面前，以体现课堂教学的脉络，帮助学生把握所教内容的层次，全面而系统地理解掌握所学知识。

（4）启发性原则。板书设计作为课堂教学的一个重要组成部分，其内容设计应突出教学的重点和难点，并具有一定的启发性，以引导学生主动参与教学过程，积极思维，顺利完成教学任务。

（5）直观性原则。板书直观一般分为文字直观和图形直观两种形式，文字直观是指板书的文字要简练明确，便于学生接受；图形直观是指板书图形要规范正确，真正起到示范作用，如果是其他辅助图形，则应与板书文字有机结合起来，以便从直观感知建立教学表象，继而理解抽象的知识和概念。

（6）艺术性原则。板书设计应注意从特点入手，勾勒其形式美；从形式结构入手，显示其匀称美；从详略对比入手，突出其主体美；从渐进层次入手，创造其意境美；从强化入手，描绘其色彩美。充分发挥板书在课堂教学中的重要作用，能给学生以启迪、陶冶和教育。

2. 板书内容构成形式

板书一般可分为系统性板书和辅助性板书两种类型。系统性板书是对教学内容的高度概括，如讲课提纲、基本内容、重要结论等；辅助性板书是根据教学需要，将一些重要概念、名词术语或重要的时间、地点及其他需强调的内容，简要地写在黑板一侧。系统性板书一般写在黑板重要位置上，相对保持时间长些，辅助性板书往往边写边擦。系统性板书内容的构成形式，有内容式板书、强调式板书、设问式板书、序列式板书四种：

（1）内容式板书。内容式板书是以全面概括课文内容为主的板书。它便于学生全面理解课文的内容，是板书内容构成的基本形式。

（2）强调式板书。强调式板书是以发挥某种强调作用的板书。这种形式的板书可根据需要，灵活机动地突出课文的某一部分或某种思想，增强针对性，以使学生把握学习的重点。也是教师在有丰富经验的基础上，充分发挥聪明才智的主要板书手段。

（3）设问式板书。设问式板书是用问号启发学生思考问题的板书。这种板书，可根据教学目的、要求，在课题的难点或重点下边引而不发地画上一个或几个问号，并配上必要的文字提示，以指导学生预习时注意阅读和思考。

（4）序列式板书。序列式板书是按文章情节发展的序列构设板书内容。这种板书，能比较清晰地显示故事的轮廓，使学生对文章有完整的印象，并领会其脉络。

3. 板书内容设计方法

板书内容设计，应根据教学大纲和教学目的以及学生的接受能力，采取不同的设计方法。常用的有以下四种：

（1）内容再现法。内容再现法是浓缩、再现原文内容的设计方法。它是一种常用的方法。

（2）逻辑追踪法。根据课文本身的内在逻辑性和系统性设计板书内容的方法。用这种方法设计板书，有利于培养学生分析问题的能力。

（3）推论法。是层层推理设计板书内容的方法。这种方法可以经过推理，得出结论，可以比较清晰地反映论证过程。

（4）思路展开法。是根据课文内容，通过联想、假设进一步扩展课文思路的设计板书内容的方法。

10.4.3　板书文字书写技法

板书时书写文字的技巧方法如下：

1. 身法

板书的书写姿势与钢笔、毛笔字书写姿势不同。其书写姿势多是面壁立势，即面对直立的板面站着书写。书写时，身体要与离黑板面约 30cm～40cm 为宜。上身要挺直，两脚要自然分开，一般与肩同宽，要做到一脚略靠前半小步，让身体略斜，可以用眼睛余光看到学生，一是为与学生交流，做到不背台，二是可以监督学生听课的情况，左臂自然垂下或轻按黑板，右手臂悬起，在高处书写时，拉直手臂，头微后仰，甚至可以踮起一点脚尖；在书写视平面范围时，右臂的大臂与小臂为垂直状态；在书写低处时，双腿微弯曲，上身仍要直立。

2. 执笔法

粉笔的执笔法是"三指执笔"法，即用大拇指和食指的指肚以及中指的第一关节左侧捏住粉笔小头约一公分处，形成三角形，无名指及小拇指自然弯曲于掌心。粉笔除一公分书写外，其余均在掌心之中。要领是"指实掌虚"，指实，写出的字有力；掌虚，写出的字生动灵活。粉笔与黑板保持 30°～45°为宜。书写时，整个手掌均不接触板面。

3. 用笔法

由于粉笔是靠不断的磨损自身来书写的，其特殊性造成了用笔的特点。笔画的粗细全靠粉笔与黑板的接触面积大小而定，而接触面积又与粉笔和黑板的角度、笔端的形状及用力大小有关，故书写粉笔字时应当注意转腕，以调整笔端的棱角，用棱角写出的笔画圆润有力，具有立体感，即书法上的中锋用笔。如书写"大"字，先写一横后，粉笔左右端各出现一个棱角，手腕略转向右就会使用右边的棱角书写撇画，然后手腕转向左边用左边的棱角书写捺画。这样，棱角就会很多，随意转动手腕就能调整粉笔，使每笔都是中锋用笔。但是，这样转腕只能使用粉笔的一小面，而当书写了几个字后笔端就会出现斜面，就需要大拇指与食指快速转动粉笔，转动角度一般小于 90°，以保持粉笔的圆锥体。

4. 书写技法

教师板书要书写得清晰、美观、流畅，就要注重书写的技法，即每一笔画的起笔、行笔、收笔的运行过程中包含的技法，有藏与露、提与按、转与折、曲与直等。

（1）藏露。用在起收笔处，藏就是不外露，起笔时欲右先左，欲下先上，收笔时向来的方向回锋。露就是露出锋芒的部分,起笔要临空入笔,收笔要渐行渐提,露出锋尖,不回锋。"藏"能使笔致含蓄而静,"露"会使笔致纵逸而动。

(2) 提按。运笔过程中,或提或按,或轻或重,或快或慢,变化迅捷,运用灵活。提与按是相辅相成的,也就是提中有按,按中有提,这样轻笔快笔不飘,重笔慢笔不滞,一画之内,有提有按,就会有粗细的变化,富有节奏,生动活泼。

(3) 转折。转以成圆,即转笔线条圆劲,给人潇洒飘逸的情致,多用于行草书;折以成方,折笔线条方整,给人粗犷险峻的感觉,多用于楷书。

(4) 曲直。笔画的形状有曲有直,即笔势,书写用笔平直,字就显得呆板,缺乏生气。如用笔似平又不平的状态,就显得活泼,有韧性,收敛的笔画应用曲笔,放纵的笔画应用直笔,一字中有曲有直,柔中带刚,有骨有肉,会产生更多的笔趣。

5. 结构法

汉字是由八种基本笔画组合而成的,把这些笔画依据一定的规律,巧妙安排的方式就是结构法。虽只有八种基本笔画,但组合成的字却是千变万化的,只有按照结构法则,运用美学原理巧妙安排,才能写出美观的字。

(1) 重心平稳。这是结构最基本的最重要的法则。首先要做到横平竖直,这里的横平竖直,是指视觉上的平直,而非物理上的水平状态,即应有一定的笔势。然后要找准中心,平分中心两边的分量,这是求得平正的一种方法。有些字,如"先"字,以欹取姿,结构中的横画都是向上斜的,使重心向左倒,但有一重要的笔画起支撑作用,使倒向左边的重心又平稳了。

(2) 疏密匀称。匀称不仅指横画之间,竖画之间要匀,而且指所有笔画间的空白要匀称,包括笔画的长短要合度,给人一个统一的整体。

(3) 因字立形。汉字是表意文字,它的形态取法于自然界形象,或大或小,或肥或瘦,或斜或正,千姿百态,各具面目。书写时,应顺其自然,因字立形。

(4) 参差变化。汉字讲究生动活泼,最忌雷同,要做到同中有异,参差变化。所以,数画并施,其形各异,可以通过笔画的长短、方向、角度、势态等寻求变化。

(5) 点画呼应。是指笔画与笔画之间的气势连接,有"有形"和"无形"的呼应,有形呼应用于行草书,要顺字的自然趋向,牵丝引带,这样笔画之间气息具有流动感。无形的呼应主要用于楷书,它是以笔意的顾盼和呼应来连接的,如书写笔画之间无连贯,就使笔画支离破碎。

(6) 左紧右松。这原则主要指左右结构,左旁要紧凑、收缩,以让右旁,与右旁相融合在一起。左旁的横画斜上,竖画起笔靠右,撇画略伸,捺画变点,让重心右倾,右旁书写与独体字写法类似,只是重心略左移。

(7) 上紧下松。这原则主要指上下结构,上部收紧,下部舒展,特别是字底部分有竖画的字,更要拉长下部,如人的腿一样,比例修长,腿长才显得挺拔、精神。

6. 字体

板书字体的大小直接关系到效果问题。字体太大,写不了几个字,影响版面的利用率;字体太小,学生看不清,失去板书的作用。一般认为,字体的大小,以后排学生能看清为标准,同时字体的使用要注意适应学生的特点,分别主要采取楷书、行楷、行书等字。教师板书的字迹，一要正确，二要清晰，三要认真。

7. 布局法

板位布局就像规划报纸的板面一样，应精心设计，严谨布局，决不可满板乱画，使板书杂乱无章。充分利用黑板的有效面积，主要应做到三点：一是四周空间适当；二是分片书写；三是字距适当。要把版面分主板和副板，教学的重点，需要学生注意和记录，能使学生明确重点，便于理解和记忆的，通常位于主板，字写得比较庄重、醒目。而副板书是随课堂需要随机出现的板书，字写得较随意，可以随时擦去。

常见的教学板书安排有：①中心板，以黑板中心为主板，是教学的重要部分，不能随意擦。黑板两侧少许部分为副板书，可以随意擦。②二分板，把黑板平分两份，以左侧为主板，右侧为副板。③三分板，把黑板分三份，左侧与中间都是主板，右侧为副板。

根据教学内容的需要，设计教学板书，要有效地、艺术地利用板面，让学生可以凭借老师的板书去学习、思考、联想、记忆。所以，合理的布局有着重要的意义。

10.5　讲授

讲授法是教师通过口头语言向学生描绘情境、叙述事实、解释概念、论证原理和阐明规律的方法，是使用最广泛的教学法，同时又是最古老的教学方法，尽管它是一种传统的教学方法，而在今天，仍有很广泛的使用价值，在运用演示法、练习法、实验法等种种教学方法时也不能完全脱离教师的口头语言讲授。可用于传授新知识，也可用于巩固旧知识。

10.5.1　讲授的特性

讲授技能是教师在已有知识的基础上经多次练习反复实践而形成的智力技能和动作技能的结合体，教师的讲授技能虽然是口语行为，但与其他职业劳动者的说话技能有着明显的不同，它是一种特殊"口才"。教师通过语言表达来传授知识、开发学生智力，他的每一句话都对学生有着至关重要的影响。为了取得较好的讲授效果，要注重以下几点：

1. 讲授要有科学性

讲授的科学性，首先要有科学的内容。教师每堂课讲授的内容应该是完全正确的，经得起实践检验的真理，是吸收现代科研成果的比较先进而不陈旧落后的知识，是学术界已有共识或已成定论的观点。其次要有科学的认识论和方法论为指导，实事求是，即从客观存在的实际事物出发，从中引出概念、规律和原理、法则。不信口雌黄，不主观片面，不搞绝对化，树立尊重科学，严谨治学，去伪存真，求实创新的教风和学风。再次要采用科学的语言。任何一门科学都是一个学科群，每一个学科在其发展过程中形成了自身的理论体系和特有的概念范畴。从语言的角度说，就是专业术语。教师讲授任何一门学科的知识，都要运用该学科的专业术语，即教学的"行话"。因为专业术语是一定学科范围的共同语，有其确切的内涵和外延，用它讲授才能准确地传递信息，否则语言不严密，甚至产生异议，出现错误。

2. 讲授要有适应性

讲授的适应性,是学生认知规律的反映,要从具体到抽象,从感性到理性,用已知求未知,由浅入深,由表及里。这样,思路清晰,语意连贯,条理分明,逻辑严密,就便于学生掌握概念并组成概念体系。不论教什么学科,务必使学生理解该学科的基本结构。学科的基本结构指该学科基本概念、基本原理、基本方法及其联系。讲授只有突出重点,攻破难点,澄清疑点,指明知识的分界点和联系点,才能使学生理解和掌握学科基本结构并用来自求新知。同时,要通过转化求适应,即把教材语言、教案语言转化成讲授的口头语言。讲授的适应性不是消极地迎合学生,而应积极地促进学生的智能发展,逐步提高难度,把"最近发展区"转化为现有水平,引导学生运用概念进行判断、推理,理解深层次的教材内容。

3. 讲授要有教育性

讲授的教育性是在课堂传授科学知识的同时,有机地结合进行思想教育、政治教育和道德教育。讲授的教育性要针对教学工作研究学生的心态,形成良好的心理环境,即不能搞片面强调灌输理论知识的"说教式",又不能搞片面强调训练行为规范的"管教式"。讲授的教育性应突出三个字:新、实、活。"新"是教育的内容具有时代特色,传授新的知识,使学生耳目一新,常学常新,克服厌倦心理;"实"是讲授学生耳闻目睹的事实,就事说理,就实务虚,使学生感到真实可信,克服怀疑心理;"活"是把思想教育、政治教育、道德教育建立在课堂活动的基础上,在一定的时空范围内,引导学生各种感官一齐活动,使其受到生动活泼的自我教育,克服逆反心理。讲授的教育性具有熏陶感染、潜移默化的特点,要求教师在讲授过程中以身示范,身教与言教结合,在各方面为人师表,在净化课堂口语、清除胡言乱语的同时,美化课堂口语,杜绝污言秽语。做到有教养而不粗鄙,有学识而不浅薄,有礼貌而不野蛮,有分寸而不越轨。

4. 讲授要有启发性

讲授的启发性包含以下三层意思,即启发学生对学习目的意义的认识,激发他们的学习兴趣、学习热情和求知欲,使学生有明确的学习目的和学习的主动性;启发学生联想、想象、分析、对比、归纳、演绎,激发学生积极思考,引导学生分析问题,解决问题;启发学生的审美情趣,丰富学生的思想感情。这样才能防止和纠正学生的高分低能现象,提高讲授的有效知识率,从而提高课堂教学效率。现代的教学活动的重点转移不是"教转移到学"(从"教师为中心"转移到"学生为中心")而是从传统的以讲授知识为重点转移到以培养能力为重点,从传统的把学生视为被动容纳知识的客体转移到发挥学生在学习过程的主体作用。因此,讲授是否具有启发性的衡量标准在于是否充分发挥教学双方的积极性。它体现在教学的全过程中,体现在各种讲授方法中,不但有讲授方法的更新,而且有讲授程序的变换。如尝试教学法不是教师先讲,而是让学生在已有知识的基础上尝试练习,教师指导学生自学和讨论,再进行针对性的讲授,这就改变了"教师讲、学生听"的僵化的模式,变"先讲后练"为"先练后讲",从而引导学生参与教师的讲授过程,追求师生协同的效应。

5. 讲授要有艺术性

教学之所以被教育家称为艺术，是因为教学与艺术有四点相似：对象以人为中心，特征有形象性和情感性，手段离不开有声语言或无声语言，功能包括认识功能、教育功能和审美功能。但是，教学是一门特殊的艺术，比一般艺术更复杂。就讲授的语言来说，既要科学发声，字正腔圆，又要根据课程、课型的特色和学生的生理特征、心理特点，确定语音的量度。还要根据课时和学生情绪变换语速，音随意转，气随情变，抑扬顿挫和谐变化，形成音乐的节奏感和旋律美。总之，要在适应教学任务需要的前提下求悦耳动听。但是，讲授艺术中的审美不要搞流于形式的花架子，要致力于提高课堂教学质量。即使是诙谐幽默、生动风趣的讲授也应服从并服务于教书育人。

10.5.2　不同教学内容的讲授方法

讲授法，是以某种主题为中心有组织有系统的口头讲授，讲授法中包括讲解、讲述、讲演等不同的讲授形式，实际教学中，三者很难截然分开，常常交织在一起，混合使用。

讲授法有多种具体方法：

（1）讲述法。侧重在生动形象地描绘某些事物现象，叙述事件发生、发展的过程，使学生形成鲜明的表象和概念，并从情绪上得到感染。凡是叙述某一问题的历史情况，以及某一发明、发现的过程或人物传记材料时，常采用这种方法。讲述法可包括一般性的科学叙述和艺术性的形象描述，二者常常结合起来运用。叙述要思路清楚、结构严谨、有吸引力，描述要生动形象、启发想象、有感染力。使用讲述法要紧密结合教材需要，恰到好处。在低年级，由于儿童思维的形象性、注意力不易持久集中，在各门学科的教学中，也多采用讲述的方法。

（2）讲解法。主要是对一些较复杂的问题、概念、定理和原则等，进行较系统而严密的解释和论证。讲解在文、理科教学中都广泛应用，在理科教学中应用尤多。当演示和讲述，不足以说明事物内部结构或联系时，就需要进行讲解。在教学中，讲解和讲述经常是结合运用的。讲解法是教师用富于理性的语言向学生说明、解释、分析、论证概念、原理、成因、规律和特征等的方法。讲解法是传授理性知识的方法，常常结合直观方法、逻辑方法及谈话法等，对阐明原理、分析成因、揭示规律、推导结论等的教学有重要作用。讲解法的运用过程中要逻辑清楚，防止空洞无物，要在理解教材的基础上设计教学语言，深入浅出，言之有物，论之以理，要用科学语言进行讲解，并注意符合学生的认识规律，从具体到抽象，从感性到理性。讲解应注意突出重点，将最基本的关键问题讲清楚即可，不要追求面面俱到，天衣无缝，要留有余地，给学生思考、消化、融会贯通的时间。

（3）讲读法。教师指定学生以朗读方式表述教材或其他读物的方法。常常在印证、加深、补充所讲内容时引用，可弥补教学语言的不足，增强讲授内容的生动性和可信性。教师在平时应注意搜集有关材料，把朗读内容安排在恰当时机，并注意与讲解的结合。

（4）讲演法。课堂教学中以翔实的材料、严密的逻辑、精湛的语言较系统地阐述原理、论证问题、归纳总结的方法。教师就教材中的某一专题进行有理有据首尾连贯的论说，中间不插入或很少插入其他的活动。这种方法主要用于中学的高年级和高等学校。

以上各种形式可针对教学内容结合运用，不可能一堂课只单纯使用某一种方法。讲述

法与讲解法应用较广,就更应注意防止千篇一律、毫无特色的现象。

10.5.3　讲授的基本条件

在讲授活动中教师应掌握下列基本条件:

(1) 认真备课熟练掌握教材内容,对讲授的知识要点、系统、结构、联系等做到胸有成竹、出口成章、熟能生巧,讲起来才精神饱满、充满信心,同时要注意学生反馈,调控教学活动的进行。

(2) 教学语言要准确,有严密的科学性、逻辑性;精练,没有非教学语言,用词简要,用科学语言教学;清晰,吐字清楚,音调适中,速度及轻重音适宜;生动,形象,有感染力,注意感情投入。教师的语言表达能力直接影响着讲授法的效果,应在平时加强基本功训练,使之规范化。

(3) 充分贯彻启发式教学原则,讲授的内容须是教材中的重点、难点和关键,使学生随着教师的讲解或讲述开动脑筋思考问题,讲中有导,讲中有练。学生主体作用表现突出,表现为愿学、愿想,才能使讲授法进行得生动活泼,而不是注入式。

(4) 讲授的内容宜具体形象,联系旧知对抽象的概念原理,要尽量结合其他方法,使之形象化,易于理解。对内容要进行精心组织,使之条理清楚,主次分明,重点突出。合理使用电化教育手段。

(5) 讲授过程中要结合板书与直观教具板书可提示教学要点,显示教学进程,使讲授内容形象化、具体化。直观教具如图片、图表、模型等,可边讲边演示,以加深对讲授内容的理解。

10.6　实验教学

计算机实验教学是计算机技术教学的重要组成部分,计算机课程是实践性很强的课程,计算机知识的掌握与能力的培养在很大程度上有赖于学生上机实验。加强实验教学环节的目的是培养学生上机动手能力、解决实际问题能力以及知识综合运用能力等,实验教学在计算机基础教学中起着不可替代作用。在计算机基础教学中,理论教学与实验教学互为依存条件。目前计算机基础实验教学中,学生动手实践能力培养是弱项,但却是提高实验教学质量的重中之重,因此实验教学决定了计算机基础教学的成败。激发学生发挥创新能力,为培养一批创新人才,使之尽快脱颖而出,计算机基础实验教学可以起到相当重要的作用。

计算机实验教学的目的是激发学生学习积极性;掌握科研的规律、思维、方法;提高综合素质,培养创新能力。不同专业对学生计算机的应用能力有不同要求,计算机基础实验教学应与之适应。根据分类分层次思想,需要编写大量不同类别、层次的实验项目,开发相应的网络多媒体课件,真正实现了一个多层次、立体化的培养模式。根据学生自身水平以及今后发展目标等不同情况,合理规划分层次培养的方案。

10.6.1　实验环境的讲解

针对不同人才的不同培养方案,计算机技术的教学实验室分为不同类型的实验室。可分别分为计算机基础实验室和计算机专业实验室，其中，专业实验室又可分为计算机软件教学实验室、硬件教学实验室、多媒体实验室、计算机网络实验室等。计算机基础实验室开设的实验课程分为计算机基础、多媒体课件制作、Office 软件应用、基本数据库应用、基本网页制作、C 语言等，计算机基础实验室的开设，方便非计算机专业的学生学习基本的计算机技术，从而具备一定的计算机操作技能。而计算机专业实验室的开设，则可以让学生的计算机实践应用能力提高到一个新的水平。在计算机专业实验室中可开设高级程序设计、数据结构、计算机操作系统、数据库原理、计算机网络、多媒体技术、计算机辅助设计、Java 程序设计、VC++面向对象程序设计、网页制作、计算机网络安全、图形图像处理和信息管理等课程实验等，专业实验室培养学生的专业软件开发能力，解决计算机技术在各专业的应用问题，成为学生提高计算机应用技术水平的良好载体。

实验环境总地说来包括硬件环境和软件环境。根据各个实验室所要完成的教学任务和需要达到的教学目标，硬件和软件环境的配置又不尽相同。

公共计算机课实验室由于面向不同专业的众多学生的公共基础课程的教学，计算机的数量上要求相对要多一些，这样计算机实验室的数量相对也就多一些。单个实验室的计算机通过集线器相连在一起，这些计算机都被划分在同一个网段中，实现数据的共享和互访。每个实验室还配置了一台教师用计算机，用于教师讲授实验内容、布置作业、收集学生的作业等等。教师机的配置与学生机的配置基本相同。配合教师的讲课需要，单个实验室还配置了一台投影仪，将教师的实验要求和实验内容投影在屏幕上供学生浏览。如果实验室的空间比较长，比较大，还需配置两台投影仪配合使用，从而达到比较好的教学效果。除此之外，实验室还需配置服务器，用于一般的上机管理以及教师和学生的互动，有时也作为考试的需要。整个实验室的计算机都是通过内网连接在一起的，当学生机要访问外网时，可以连接一台路由器或者光纤交换机，通过路由器和交换机连接到外部网络，有时也可以通过服务器，用服务器代理的方法，实现对外部数据的访问。

公共计算机实验室面向全校上公共计算机基础课的学生，配合完成计算机的基础教学任务，软件的配置相对简单一些，实验室计算机一般安装 Windows XP 操作系统，Authorware，中文 Word，Access，打字软件，Photoshop 绘图软件，VB，VC，VF 等相关软件，供学生上机使用。由于上机学生人数众多，人员流动性大，实验内容各不相同，为了方便实验室管理，一般在每台学生机上都配置了硬盘保护卡，并为每一台学生机安装了保护卡软件，来实现对数据的恢复与保护，并很好地防止了病毒的入侵。

计算机专业软件实验室面向具有一定计算机操作能力的学生，用于培养高层次的计算机人才，对计算机硬件和软件的配置要求相对就要高一些。一般实验室除了配置高性能的计算机供学生上机外，还配置了专业网络服务器和文件服务器、网络交换机、双速集线器、投影仪、多媒体等设施，方便学生上机使用。软件配置比公共实验室相对复杂，软件种类一般相对多一些，一般配置了 VB 6.0、VC 6.0、VF 6.0、VJ 6.0、3Dmax、Java、Photoshop 7.0、Acad、东方快车、Matlab 5.3、Protel 99、Flash 5、Dreamweaver、Fireworks、WinRAR、WinZip、LeapFTD、Auto、开目 CAD、Borland、C++、PowerBuild 7.0、MS SQL 2000、Delphi 5、Visual Fortran 5.0、Foxmail 3.1、金山快译、Microsoft、Web Pubishing 等常用软件。学生在专业软件实验室进行上机实验，达到一定的计算机编程能力和具备一定的软件开发能力。

计算机网络专业实验室主要承担计算机网络实验,计算机网络仿真实验,计算机网络程序设计,网络安全等实验课程,对计算机网络设备的要求相对要高一些,一般配置了多台交换机、多台路由器、光纤速率测试仪、网络速率测试仪、数据交换线、网线、无线网卡、无线访问点、无线路由器、高性能服务器等网络设备。网络实验室注重于工程性和实践性,学生在网络实验室既可以学习到网络理论知识,又可以认识、了解和掌握网络设备的结构、功能和使用方法。通过实验室提供的网络设备,学生可以动手搭建配置网络,动手调试,现场直观了解网络的体系结构,全方位了解网络设备和应用环境,对网络原理和协议有更深层次的认识。网络实验室的结构一般是将核心多层交换机、多功能路由器、网络管理服务器及安全管理服务器统一放在主机柜中,将学生上机调试的路由器、交换机等放在学生计算机旁边的桌面机柜中,方便调试,方便查看实验结果。

　　计算机综合硬件实验室承担电路基础、数字逻辑电路、计算机组成与结构、微机原理和单片机与嵌入式系统多门课程。同时也是数字逻辑课程设计、第二课堂和开放实验的重要实践场所。

10.6.2　实验演示方法

　　演示实验是实验指导教师为配合教学,将实验内容一步步演示给学生看的实验形式,是教学内容的一个重要的环节,好的演示实验能帮助学生尽快了解本次课所要学习的内容,能引导学生比较好地完成自己的实验任务,起到很好辅助教学的作用。

　　计算机实验教学,一般在计算机实验室中进行,计算机实验教师先将教学的 ppt 复制到教师机中,然后利用投影仪投影到屏幕上,采用多媒体教学形式,将教学内容生动形象地展示在学生面前,使学生一边理解实验教学内容,一边思考并动手完成自己的实验任务,达到事半功倍的效果。

　　计算机实验演示的内容选择、构思设计、演示过程等对学生掌握知识、培养能力和学习计算机操作技巧有重要意义。要使演示实验达到预期的效果,必须做到以下几点:

　　(1)要目的明确,实验内容富有针对性。演示实验的最终目的是为教学内容服务的,所以演示实验要将本次上机的内容,上机的目标明确呈现出来。不能让学生只看见某几个操作过程,而不知道本次课程内容的全部以及所包含的知识点。没有目的性和针对性,学生只会在计算机面前无所适从,不知道自己要做什么,或者只会本次实验课程所要完成的几个操作过程和操作步骤,不能真正将教师教学的计算机知识变成自己拥有的知识。

　　(2)演示实验要做到明显直观,不能含混不清。对于实验的过程和实验的结果,实验演示过程中都要明显表现出来,便于给上机学生留下深刻的印象。演示过程中,可以采用颜色的对比,将实验内容直观呈现出来。学生在自己做实验时,心中会有明显的印象,做实验就会有信心,实验结果也就很快做出来了,从而达到了实验教学的目的。

　　(3)实验演示过程要有趣味性,生动活泼。演示过程中加入令人难忘的音效,以及活泼的动画的形式,使实验课堂气氛轻松有趣,学生也就喜欢上实验课,实验教学也就达到了令人意想不到的效果。

　　(4)实验演示过程中,教师不能单纯地进行演示过程,而不让学生参与进来。学生不参与到演示过程中,学生就成了被动学习的模式,没有学习的主动性和自主性,从而不能发挥演示实验的作用,使演示和讲解脱节。教师在演示讲解的同时,要引导学生思考,不断提问,让学生回忆起课堂学习的知识点,充分调动起学生学习的积极性,让学生自主参加演示实验,从而留下深刻的印象。

(5)演示实验要做到引导和启发相结合。演示实验不仅让学生了解本次实验课程的知识点,还要布置思考题,供学生思考,启发学生的思维。将单纯的实验课堂教学,变成自主学习的实验教学模式。学生在掌握本次上机知识点的同时,可以自主学习本次知识点的相关内容,从而使所学知识得到拓展,使知识面更加宽阔,也就更好启发了学生的思维。

建立良好的计算机演示实验教学方法,有助于提高学生的计算机实验操作技能和操作水平,有助于计算机的实验教学达到良好的教学效果,从而更好地完成实验教学任务,达到实验教学的目标,对实验教学的顺利进行具有重要的意义。

10.7　总结结束课程

结束课程时一般进行归纳总结,归纳总结要简练、概括、突出重点;总结要使教学内容前后呼应,形成系统;总结要有启发性,有利于学生拓展、延伸和自学。

10.7.1　总结的教学意义

课堂教学总结艺术是在完成某项教学任务的终了阶段,教师富有艺术性地对所学知识和技能进行归纳总结和转化升华的行为方式,课堂总结广泛运用于某一章或新课授完,某一新概念、新原理的讲授完毕以及某一堂课的收尾。近些年来,在课堂教学改革的过程中,"导入"已被越来越多的教师所重视,但"总结"却为不少人所忽视。其实,"总结"与"导入"一样,对于教学也是至关重要的。完善、精美的"总结",可以使课堂教学锦上添花、余味无穷。课堂总结的教学意义具体表现如下[11]。

1. 梳理概括,形成网络

计算机技术课教材是分课、节编写的有着密切联系的有机整体。在课终之时,对教学目标中的思想内容、能力要求、知识要点进行简明扼要的梳理概括,既可使整堂课的教学内容系统化,增强学生的整体印象,形成知识网络,又可理清线索,提炼出精要,使之纲举目张,执简驭繁,增强记忆,还可培养和提高学生的抽象概括能力。

2. 画龙点睛,强化主题

俗话说:"编筐编篓,重在收口;描龙画凤,难在点睛。"课堂教学也是同样的道理,良好的导入并不等于成功的全部,总结的失当将导致功亏一篑。计算机技术课教学是有目的的教学活动,每一节课都有其教学主题。在课终之时,如果教师不重视总结,学生所获得的知识往往只能是零散的、停留在浅表层次之上的感性知识,与此相反,教师富有艺术性的"点睛"之笔,则可强化主题,升华知识,让学生获得系统的理性知识。

3．承前启后，浑然一体

计算机技术课教学是一个有序的教学过程。教材知识的内在逻辑顺序和学生认知结构发展的顺序决定了教学过程必须是一个循序渐进、环环相扣的过程。富有艺术性的总结，若在课中进行，则既要概括前一个问题的主要内容，又要巧妙地引出后一个问题的讲解；若在课终之时进行，则既要对全课进行总结，又要为讲授以后的新课题创设教学情境，埋下伏笔。这样，承前启后，既可以使知识有机衔接起来，形成一个有序的整体，又可以促使学生的思维不断深化，诱发继续学习的积极性。

4．拓展深化，发展智能

教学不可能面面俱到，把涉及的问题都讲清楚，有些问题需要学生课后去思考、去探究。因此，有些课讲完之时，可把"总结"作为联系课内外的纽带，把一些与教材内容紧密相联而课堂又不能解决的问题提出来，引导学生向课外延伸，从而开阔视野，活跃思维，发展智能，深化对知识的理解。即使不向课外延伸，在总结之时，教师若能引导学生总结自己的思维过程和解决问题的方法，也有利于促使学生智能的发展。

5．及时反馈，查漏补缺

教学过程中充满着众多不确定因素，教师的"教"与学生的"学"都不可能完全按照事前的设计进行，其中难免出现失误与不足。富有艺术性的总结，既可对所学知识及时复习、巩固和运用，又可检查教学过程中的疏漏之处，及时弥补其缺陷与失误，使教学更趋完美。

6．情理统一，转化升华

心理学的研究表明：人的情感与认识过程是紧密相联的，任何认识活动都是在情感的影响下进行的。富有艺术性的总结，可以使学生领悟所学内容主题的情感基调，做到情与理的统一，并使这些认识、体验转化为指导学生思想、行为的准则，从而实现传授知识、发展能力、提高觉悟"三位一体"的教学目标。

10.7.2　总结的形式

结束课程时进行总结，主要采取以下几种形式：

（1）归纳式总结。这是最常见也是最常用的课堂总结方法。所谓"归纳"，就是在观察的基础上，发现不同对象之间的联系和区别，然后归纳出它们所共有的特征，进而得出一般的结论。归纳是一种由个别到一般的推理方法，从很多事物中找出其共同的部分，归为一类，概括出它们的要点。一堂课结束时，教师用准确精练的语言对教学内容和重点知识作提纲挈领的总结和归纳使知识结构化、网络化，让学生易于掌握，起到纲举目张的作用。

归纳总结是课堂教学的"点睛"之笔，也是学习过程中非常重要的一个环节。归纳总结的过程是探寻知识内部规律和与外部联系的过程，也就是"悟"的过程。在学习时，若能养成随时随地归纳总结的习惯，则可大大提高学习效率和学习成绩。许多学生之所以进步到一定程度，无论怎样努力，成绩却再也上不去了，其根本原因就是不会归纳总结，或遗漏了这一重要的学习环节。因此,教学活动经常性的归纳总结,必然对学生养成良好的学习习惯大有裨益。

(2)延伸式总结。教学内容讲完后,不是马上结束教学,而是根据教学内容,引导学生由课内向课外延伸、扩展。这样,既能使学生对本课所学的内容有更深层的理解,又能使学生阅读的课外读物与本课内容相关联,从而使学生拓宽知识面、扩大视野。

(3)悬念式总结。有些知识需要分几个课时的教学来完成,而且各堂课的教学内容联系非常紧密。这时,教师就可以利用教学内容的承继性和学生的好奇心理,在一堂课结束时针对下一堂课的教学内容提出一些富有启发性的问题,造成悬念,激起学生的求知欲望,起到"欲知后事如何,且听下回分解"的效果。

(4)对比式总结。有比较才有鉴别,对比式总结就是在一堂课教学的结束阶段,从内容架构、形式与学生的认知水平等方面,有侧重地把本堂课的内容与以前学过的知识进行对照比较,分析概括它们的不同点和相同点,从而把握住特点,总结规律,加深对所学知识的理解。

(5)讨论式总结。在进行课堂总结时,教师也可以让学生对本课堂的内容进行分析、讨论,充分锻炼学生归纳总结的能力及学科语言表达能力,使知识得到升华。

(6)探讨式总结。探讨式总结就是教师在设计教学步骤、安排教学内容时,把学生感到模糊的或容易引起意见分歧的问题有意留到最后,组织学生进行探讨、分析,在充分讨论的基础上得出结论,统一认识。这种总结形式能促使学生的学习由被动吸收变为主动探索,还能提高学生明辨是非的能力。

(7)提问式总结。教师教完新知识后,也可以将知识转化为问题的形式提出。通过提问,既可充分调动学生的积极性,又可考查学生掌握知识的程度,同时避免了讲授的重复,问题一定要注意与所教知识和技能有关,要把知识掌握与生活实际恰当联系起来,寓有意识的教育于无意识的教学之中,做到在知识教学中自然、适时、适量地渗透应用。

(8)练习式总结。一堂课结束前5分钟左右,发放本节课的练习题,当堂检测,当堂发现问题,当堂解决。先学后教,当堂巩固,把一节课的重点知识以练习题的形式发给学生。学生通过练习,巩固本节课所学的知识,当然能起到事半功倍的效果。

(9)顺口溜、快板或歌曲式总结。一堂生动有趣的课就要结束了,把这一堂课的主要内容以小品、快板、歌曲或顺口溜的形式展示给学生,学生一定会兴趣盎然,不知不觉中加深记忆。

10.7.3　总结的特点

课堂总结的设计,必须符合学科教学的特点和学生认知规律的心理、生理特点。课堂总结要根据教师本身的特点和教学对象、教学内容及课型的不同,而采取不同的形式。只有这样,才能使课堂教学锦上添花,余味无穷。

好的课堂结应该具备以下主要特点:

(1)科学准确。课堂总结,最起码的要求是保证科学性、思想性,同整堂课的前几个环节一样,向学生传授科学的文化知识,并结合学科的特点进行思想教育。

(2)目的明确。课堂总结,必须从教材的本身出发,结合教学目的和学生的实际情况,具有明确的目的性,或从重点、难点进行提示,或从智力开发、思想教育方面予以引导。

(3) 言简意赅。总结教学要做到重点突出、切中要害、画龙点睛、恰到好处,要在教学时做到干净利索,语言精练。

(4) 富有启发。总结要给学生以启发,以激起学生努力探索的积极性,做到"点而不透、含而不露、意味无穷",如果把一节课比做"凤头、猪肚、豹尾",那么总结教学就应像豹子的尾巴那样强劲有力。

(5) 承前启后。教学知识具有一定的系统性和条理性,往往前一个结论是后一个规律的基础,只有通过适当的方式引导学生将所学内容与前后的知识相联系,学生才能学得活,学得好,才能真正掌握所学的内容。因此,课堂总结时教师应抓住知识之间的内在联系,激发学生的求知欲,让学生课下自愿地去探索、探究,起到课断而思不断,言尽而意不尽,同时,也能为下一节课做好铺垫。

(6) 有教育性。总结教学要富有思想性和感染力,使学生在准确掌握知识的同时,受到思想和情感上的陶冶。

本章小结

本章主要介绍了计算机技术课程课堂的一些必备的教学技能。通过本章的学习,应主要掌握如何建立和维护良好的教学秩序,导入新课应采取的技巧和方法;应掌握在教学过程中教师应使用普通话授课,口头表述和体态语言要结合;在学习本章时,还要熟练掌握设问的特点,如何把握设问的措辞和时机以及回答问题的引导和总结;更应加深理解板书、讲授法、实验教学和总结结束课程的重要知识。通过结合教学实际,有计划地进行系统的教师教学技能训练,将计算机技术专业知识和教育学、心理学的理论与方法转化为从师任教的能力,以胜任所从事的教学工作。

思考题

(1) 如何建立正常的课堂教学秩序?

(2) 导入新课有哪些方法?

(3) 使用普通讲课要注意哪几点?

(4) 如何把握设问的时机?

(5) 总结结束课程有什么教学意义?

参考资料

[1]　王晓光,谈瑞.重建良好课堂教学秩序的思考.内蒙古教育,2007(11).

[2]　周芳勤.信息技术课堂教学秩序回望及重构.中小学电教,2008(7).

［3］　王亚珍.如何导入新课浅谈.高教经纬,2009(8).

［4］　章建英.如何在信息技术课堂教学中有效导入新课.教学实践,2010(3).

［5］　田瑞新.课堂教学的一点体会——浅析老师的教学语言.科技信息,2007(11).

［6］　潘长军,田永民.巧妙运用"语言",提高课堂教学效果.中国校外教育,2009(2).

［7］　吴秀玲.课堂教学中设问策略的探讨.济宁师范专科学校学报,2006(6).

［8］　薛宇刚.浅谈教学的板书设计.中学教学参考,2010(15).

［9］　赵海芳.浅谈教学板书.太原大学教育学院学报,2010(28).

［10］　刘玉琨.浅谈教师的讲授技能.吉化党校学报,2003.

［11］　张存山.浅谈课堂总结的几种形式.基础教育参考,2009(12).

第11章 计算机技术课程实验教学技能

　　本章主要介绍计算机技术课程实验教学技能的相关基本概念和含义，提出了计算机实验教学的目的和具体要求，引入了培养计算机技术实验教学技能的多种方法和模式，详细给出了实验教学设计的过程，论述了怎样组织和管理计算机技术相关实验教学和竞赛。随着计算机技术和网络技术的普及，信息社会提供了丰富多彩的网络信息资源，这就要求广大青少年学生熟练掌握计算机信息技术的相关实验技能，以适应新世纪高度信息化的需求。本章学习主要掌握的内容：

- 计算机技术课程实验教学的目的和要求；
- 计算机技术实验教学设计的基本要求和过程；
- 如何组织计算机技术实验教学；
- 中小学计算机技术相关竞赛的组织和管理。

11.1　计算机技术课程实验教学的目的和要求

　　计算机技术课程实验教学主要强调对学生计算机技能动手能力的培养，通过教学增强学生动手操作计算机的能力，在实验教学中教师要注意达到一定的实验教学目的和要求。

11.1.1　培养学生实事求是的科学精神

　　当今，科学技术在推动我国经济发展和社会进步方面发挥着越来越重要的作用，也引起人们对科学教育特别是承担着科学大众化、提高全民族科学素质任务的中小学科学教育的愈加重视。然而我国中小学的科学教育在实践环节却存在一些问题，科学精神的培养仍是其薄弱环节。

　　科学精神是人类在长期的科学探索和获取科学成就的过程中积淀而成的精神气质的集中表征，包括科学情感、态度、价值观等。中小学生的科学精神应包括以下几个方面：刨根问底的好奇心；喜欢新事物、新思想、新信息，大胆、求异的创造意识；怀疑精神，实证态度；不达目的誓不罢休的毅力。科学精神首要的和基本的内容是实事求是。

　　课堂是科学教育的主要阵地，课堂教学是科学精神形成的主要途径。但是，科学精神又不同于科学知识。对于精神这种无形的东西，书本无法生动地加以呈现，它需要浓厚精神氛围的浸染。因此，培养科学精神的课堂教学应该是让学生在既动脑又动手的氛围中养成科学精神的一种教学模式。

　　动手操作、探寻结果,是培养学生科学精神的重要环节。在该环节中,学生根据自己设计的研究方案进行操作和实验论证,并不断加以调整,直至最终完成研究计划;教师作为助手,在适当的时候给予帮助,如果学生偏离研究方向则及时加以引导,辅助学生完成探究。这样的训练不仅有助于学生动手能力的提高,而且有利于学生在试误、更正、成功的探究过程中磨炼其探求的意志,养成求实的态度。

　　计算机技术是一门以实验为基础的学科,新课程改革中更加突出了实验的重要性。计算机基本技能的熟练与掌握都是通过实验实现的。同时,计算机技术理论的应用、评价也有赖于实验的探索和检验。因此,对计算机技术的学习而言,实验课是十分重要的教学内容。它不仅能使学生掌握计算机技术的基本知识和操作技能,发展智力,培养他们分析问题、解决问题的能力和灵活地把理论应用于实践的能力,而且在育人方面也有着独特的重要作用,是实施素质教育的重要手段之一。它对于激发学生的学习兴趣,培养学生的观察能力和科学思维能力,培养实事求是、严肃认真的学习态度和思想道德素质具有重要作用。[1]

11.1.2　掌握科学的实验方法

1. 通过动手、动脑,注重培养学生的科学能力

　　以往的实验教学强调讲清原理,演示好实验,尽管也注意学生能力的训练和培养,但训练的重点只是放在学生能否看清实验现象,能否弄懂实验原理,实验的难点在何处等等上。近年来,虽然教学中加大了学生动手实验的机会,注重了学生动手能力的培养,但由于实验内容起点过低,单纯验证理论内容实验过多,实验课程完全依附于理论课程,学生在实验操作过程中对实验原理的理解变成了按教师设计好的方案或课本上的内容"照方抓药",所以,学生对实验缺乏理性思考和创新,重复内容只看不动手,重结果轻过程,致使学生实验操作技能训练单调、零散、重复、不系统,无须思考即可达到实验要求,做实验后收效甚微。

　　计算机技术实验教学要从根本上取得突破,关键是要站在适应21世纪全面培养学生科学素质的高度对实验教学的功能进行重新研究,既要强调实验在训练学生观察和动手能力方面的功能和作用,又要强调实验在培养学生动脑、启迪思维、开发潜能等方面的功能和作用,这也是实验教学需要达到的更高目标。

　　为此,在实验教学中要给学生充分的思考时间和空间,每个教学环节都要留有余地。能由学生动手解决的问题教师不要轻易包办代替,让学生自己演示并解答;能由学生自己分析思考后得出实验结论的问题教师不要急于下结论。同时,要尽可能多地留给学生动眼、动口、动手、动脑的机会和时间。比如,让学生独立地进行实验准备,包括自拟实验步骤,弄清实验原理;独立操作实验仪器,完成实验观察任务;独立处理实验数据;独立分析推证实验结果;独立想办法解决实验过程中遇到的各种意想不到的问题等等。这一过程,就是要让学生不停地动脑想:为什么要这样操作? 操作的先后顺序是什么? 怎样操作最简便? 实验成败的关键在哪里? 在操作中要注意什么问题? 万一出了问题应如何处理等等问题,特别是在具体操作时发现了问题,更要要求学生做出正确的判断和快速的反应,以此激活他们的思想,使他们的所有潜能和创造性充分调动出来,实现科学素质的全面培养和提高。[2]

2. 利用实验教学,培养学生勇于探索、科学创新的精神

全面推进素质教育,对实验教学提出了更高的要求。新奇有趣的科学实验,能激发学生强烈的好奇心和求知欲望,更能培养学生严谨细致的科学作风和实事求是的科学态度,培养学生敢于超越现实的科学精神。

当前,计算机技术实验教学之所以强调突出创新精神的培养,其原因有三:①21 世纪各国之间综合国力的竞争日趋激烈,综合国力的竞争归根到底就是科技实力和人才素质的竞争,尤其是创新型人才素质的竞争,培养具有创新精神和创新能力的创新人才已迫在眉睫;②传统教学过分严谨,模仿性强,不鼓励脱离教材的"越轨"操作,不鼓励对实验想象产生疑义,不鼓励提出与众不同的见解,更不提倡强烈的批判精神,只要求学生按照教师或教材的要求按部就班地观察实验或做实验,从而使学生的创新精神长期处于被束缚的困境之中;③是计算机技术实验本身的特点对学生创新精神的培养具有独特的优势。无论是演示实验还是学生实验,无论是验证实验还是探索性实验,其实都是先想后做,想好了再做,总是先提出问题质疑,然后再通过实验想象的观察或推理,对这些问题做出回答。学生在这一过程中其思想、情感、意志、精神等各方面都会受到不同的教育,对其科学素质的养成起着非常重要的作用。如果对此不知不觉,或视而不见,则是对教育资源的极大浪费。

为了充分发挥学生实验的自身优势,在实验教学中,教师既要教育学生吸收人类的一切优秀文化成果,又要教育学生坚持实事求是的科学态度,尽可能创设一些有利条件促进学生创新精神的培养。如计算机技术实验设计是指根据计算机技术实验的目的、要求,运用有关的计算机基础知识和基本的实验操作技能,对实验的装置、步骤等进行的一种设想和规划。它要求设计者具有灵活地应用计算机基础知识和基本技能的能力,具有严肃认真、敢于创新的科学精神,因而培养了学生的创造能力。通过实验教学,使学生既掌握了知识,又学会了运用全面的运动观点去观察、分析、认识问题,使学生在实验教学中形成正确的世界观和方法论。同时,还可以通过实验来验证自己在学习中的一些疑问,以此开发学生的实验兴趣和个性特长,使他们养成用实验探求未知、大胆质疑的科学精神。所以,计算机技术实验教学在完善学生学科素质、培养学生的创新意识和训练学生创造性思维能力方面所蕴涵的功效是值得努力发掘和深入探索的。[3~5]

11.1.3 学生观察和实验能力的培养

实验教学中学生观察能力是指学生观察实验过程及现象,获得生动的感性知识,然后进行积极思维,把观察到的感性材料进行分析、综合、概括、归纳,上升成理性认识,形成正确概念的能力。观察越丰富,越准确,认识就越深刻,思维也就更加活跃广阔;观察力能促进记忆力的发展,观察得越系统,越深刻,就越容易理解,记忆也就越牢固;观察力能提高学生的判断能力,凡是具有良好的观察习惯,具有敏锐的观察力的人,他必然具有大量的感性材料,并且善于把大量复杂的材料进行对比、分析,提高自己判断是非、区分本质和非本质的能力,提高分析问题和解决问题的能力。可见,培养学生的观察能力是培养实验能力的前提,也是培养学生探究性实验能力的前提,只有学生学会了观察,并明白了观察的重要性和观察的重点,养成观察的习惯,才会使学生的探究实验的能力得到提高。

教师用一支粉笔、一本书或在课堂上进行一些简单的演示实验的这种机械的、单一的传授知识的方式，显然已不适应时代发展的需要，更不符合素质教育的要求了。实验是科学研究的重要方法。通过实验既能使学生深刻理解自然界中各种现象的规律和定律，又能培养学生掌握一定的实验操作技能。这些实验技能，既是他们进一步学习现代科学技术进行科学实验和技术革新的重要基础，也是提高素质教育的一个重要手段。在教学中培养学生的实验能力，有利于提高学生自我意识，发挥学生在实验中的主体作用，不仅能培养学生观察能力、实验能力、动手能力和创造能力，也有利于培养学生科学思想、科学方法、科学态度和创新意识。

11.1.4 学生创新精神和团队精神的培养

教育的使命是开发人的创造潜能。中学教育是培养创新人才，建立创新思维，培养创新能力的关键。在计算机技术课程实验教学中应以培养学生的创新能力、创新精神为重点，培养独立获取知识、创造性运用知识的能力，勇于实践与探索并在创新中发展个性特长。在各种教育活动中，指导学生自己去设计、去操作，形成一种创新的自由，表达和选择创意的自由，培养开拓创新的精神，"天天是创造之时，人人是创造之人"。因此，如何培养学生的创造能力和创新精神显得尤为重要。

随着科学技术的迅猛发展，未来社会已越来越注重能否与他人协作共事，能否有效地表达自己的看法和见解，能否认真倾听他人的意见，能否概括和吸收他人意见等。因此，在中小学阶段培养学生之间团结、协调、合作共事的群体协作精神，日益显示出其重要的地位。在实验教学过程中，采取分组合作操作学具，可以培养学生的合作意识和团队精神。

11.2 计算机技术课程实验教学设计

由于计算机技术实验课程重点强调学生的具体动手操作能力培养，而完整的计算机系统是由硬件系统和软件系统构成的，再加上如今计算机网络技术的普及需要，因此，实验教学中对计算机软件、硬件实验和网络信息检索的设计方法和过程都提出一定的要求。

11.2.1 计算机技术课程实验教学的基本要求

计算机技术课程实验教学是课堂教学的继续，是对学生进行基本技能训练的主要环节。实验教学的基本任务是加深和巩固理论知识，使学生掌握实验的基本原理、基本方法、基本操作和基本技能，获得独立测量、观察、处理实验数据，分析实验结果，书写实验报告等能力，培养学生分析解决问题、独立进行科学实验研究的能力和严谨的科学态度。为了更好地组织实验教学，不断提高实验教学质量，结合计算机技术特点以及中学生的实际情况，实验教学应达到以下基本要求[6~8]。

1. 实验准备

（1）实验室（或教研室）应根据教学大纲的要求编写实验大纲，开出规定的实验项目，选定或编写合适的实验教材。

（2）实验课指导教师接受授课任务后，要认真备课，必须亲自对开出的实验项目进行实际操作，分析和处理实验结果。

（3）实验室应按教学要求组织集体备课，教师应认真编写教案，规范实验教学内容。对每一个实验项目，要写明实验的目的与要求、实验原理、操作方法，学生在实验中容易出现的困难及错误，可能出现的异常现象及处理方法，实验的结果分析。

（4）做好实验用仪器设备、材料的准备与检查，检查安全设施，消除事故隐患。

（5）主讲理论课的教师必须经常了解实验教学情况，主动与实验课教师配合，防止理论与实际脱节。

（6）实验室应积极探讨改进实验教学方法，不断完善实验教学手段，不断充实更新实验内容，开展实验教学方法、试验技术、实验装置改进等方面的研究，及时研究解决实验教学中的问题。积极开设新实验、设计性实验和综合性实验，实验室进行开放式管理，切实加强对学生的创新精神和实践能力的培养。

2. 上课

（1）实验课教师应向学生清楚阐述实验原理、操作规程以及实验教学要求。实验示范操作熟练、规范，正确掌握时机，确保实验教学的效果和实验安全。

（2）实验过程中应加强巡查指导，观察、记录和评定学生操作情况。严格要求学生遵守实验规则，精心使用机器，培养学生严肃的科学态度和严谨的工作作风。

（3）教师应结合教学内容启发诱导，激发学生主动参与教学活动的热情，认真指导学生基本技能操作，培养学生的动手能力和独立观察、分析、处理问题的能力。

11.2.2 计算机硬件实验的设计

1. 计算机硬件实验的教学分析

这节课是对整个计算机硬件系统的介绍，它是针对中学生的知识接受能力，对计算机的本质进行介绍，使学生充分了解计算机的组成和简单的工作原理，以便在学习后续知识时对知识的理解更为深刻。

（1）在观察实物及动手实践的基础上使学生对计算机硬件系统有直观的认识，了解计算机的硬件组成，并简单地了解其功能。

（2）培养学生自主学习、自主探索、合作学习、观察，以及总结归纳的能力。

（3）培养学生的动手实践能力，实现概念和实物的对接。

过程与方法：通过课件演示、学生交流、师生交流、人机交流等形式，培养学生利用计算机技术和概括表达的能力。

情感与价值观：①让学生在自主解决问题的过程中培养成就感，为今后学会自主学习打下良好的基础。②通过小组协作活动，培养学生合作学习的意识、竞争参与意识和研究探索的精神，从而调动学生的积极性，激发学生对计算机硬件的兴趣。

计算机硬件实验教学重点：计算机的硬件系统由几大部分组成，分别包括哪些硬件，基本功能包括哪几种。

根据中学生现有的接受能力以及应考要求,当给出硬件实物或图片时学生能说出名称和它们的基本作用。

计算机硬件实验教学难点:存储设备和运算设备都包括哪些硬件以及它们的功能。

这两大部件包括的硬件较多,又是计算机的核心部件,但由于这些部件大多集中于主机箱内部,学生平时很难见到学生主机箱内部部件,所以不太容易掌握,故为本节的难点。

2. 计算机硬件实验的教学策略分析

(1)学生情况分析

本节课授课对象是中学生,在这之前学生已经对计算机了有一定的了解,他们认识鼠标、键盘等硬件设备,还掌握了常用的应用软件操作。但学生对计算机的系统组成、计算机内部结构认识不是很清晰,经过本课学习之后,对学生进一步了解计算机主机的外观及内部组成,及了解存储设备和输入、输出设备有很大帮助。这个年龄段的学生对计算机有着很强的好奇心,并且对学习计算机有很大的兴趣。学生的计算机水平有差距,水平高的学生和一般学生的认知能力、思维能力的不同会对教学效果有影响,所以学生通过交流互相学习。

(2)教学方法

① 任务驱动法。让学生在具体任务的驱动下进行学习,在完成任务的过程中掌握应掌握的知识点。本节课的教学中,让学生拆机、装机并通过交流、讨论来识别各个部件的名称与简单功能。

② 协作学习法。把学生分成 5 个小组,每组的成员互相协作来完成任务。

③ 讨论交流学习法。在学生完成任务后,每个小组选出代表总结组成,在此过程中,各个小组间得到交流。

(3)教学手段

多媒体网络教室、相关教学课件、可供拆装的计算机。

(4)学法

"授之以鱼"不如"授之以渔",本课教给学生的学法是"接受任务——思考讨论——合作操练——总结巩固"。

① 自主学习法,学生是学习的主体。

② 小组协作学习法,培养学生团结合作的精神。一个人的力量是有限的,而大家集思广益则事半功倍,由于这部分要认识的硬件多而杂,各小组的每个成员仔细研究一两个部件,然后大家综合到一起,就可以组成完整的硬件系统。

③ 互帮互助法。由于学生计算机水平有差异,基础好的学生可以给基础差的学生讲解,学生之间传递的知识往往比老师传授的更容易接受,这样基础差的学生有了初步的认识,基础好的学生得到知识的巩固。

3. 计算机硬件实验的教学过程设计

下面通过一个具体例子来描述计算机硬件实验教学过程的设计[9],设计步骤如下。

(1)创设情境、导入新课

教师(本章统一简称为 T):拿出主机实物,问学生"这是什么?"

学生(本章统一简称为 S)：异口同声地回答"主机"。

T：有没有同学打开过主机箱,看看里面是什么呢?

S：回答"有"的同学很少。

T：那么今天我们就把主机箱打开,来看看计算机内部都是由哪些组件组成的,这就是我们今天要学习的内容——计算机的硬件系统。

(设计意图：利用学生感兴趣的话题,使学生整堂课都能保持积极的心态去探索新知。)

(2) 任务一：拆计算机

T：根据学生人数将学生分成 5 组,让计算机水平较高的同学任组长,安排学生完成拆机任务。深入到学生之中,了解学生的操作情况,指导点拨并帮助学生处理不好解决的问题。

S：学生带着好奇的心理,在组长的带领下完成任务。组长带领小组成员拆机,通过课本仔细观察讨论,小组的每个成员分别说出机箱里的一两个部件名称,并简要说明其功能。

T：各个小组把各个部件拆掉后,要求每组学生拿出各自的 CPU,并找学生回答下列问题：①CPU 的特征,然后让学生思考,CPU 的缺口意味着什么? ② 文字信息的含义。③CPU 的性能指标是什么? 要求学生把其他部件依次拿出来,每个部件的特征都找学生回答,从而引导学生通过各个部件的特征识别名称和功能,突破这节课的重点。

S：学生按要求依次拿出各个部件,并且回答它们的特征。

(设计意图：学生是学习的主体,这节课的内容很容易激发起学生学习的积极性,因为学生很少甚至从来没看见主机箱内部都有什么部件,所以对这些部件很感兴趣。另外他们经常通过报纸杂志等媒介接触到 CPU、内存、等硬件术语,他们很想知道这是一些什么部件,所以要发挥学生的主体作用,让他们通过实践自主学习这部分知识,突破重点难点。)

(3) 任务二：组装计算机,讨论问题

T：给学生 10 分钟的时间,让各个小组把各个部件重新安装。在此过程中要求学生注意观察刚才给大家留的问题,如 CPU 的缺口、内存条的缺口、各种板卡的缺口,并且结合课本讨论文字信息的含义。

S：学生带着问题按要求组装计算机,组装完毕后,回答刚才留的问题。

(设计意图：再次强调重点难点。)

(4) 归纳总结、课件演示

T：通过课件演示,系统地向学生介绍计算机硬件由哪几大部分组成,尤其对运算器和存储器进行详细的介绍,并向其展示其他型号的各个部件,如 CPU、网卡、声卡、主板等。

S：根据特征识别各个部件。

(设计意图：总结巩固本节课知识要点。)

(5) 布置作业

T：如果你自己动手组装一台计算机,都需要哪些相应的硬件? 这些硬件的性能有哪些可以参考的指标?

S：按要求完成作业,从而巩固本节的学习内容。

(设计意图：通过拆机、装机操作,学生已经迫不及待地写出自己的所得,更加激发他们的学习热情。)

4. 计算机硬件实验的教学反思

本节课教学设计主要有 3 个特点：

（1）教学流程设计上符合认知规律。采用先介绍主机然后引出主机内部结构这一顺序，使学生尽快进入学习状态。

（2）鼓励学生动手操作。通过参与，学生对计算机的硬件特别是主机部分的设备有一个更直观的认识。

（3）利用课件讲解。这样做的好处是使枯燥的知识易于理解、掌握而且直观，通过实物与教学课件的有机结合，使学生对计算机有了更为系统的认识。

11.2.3 计算机软件实验的设计

1. 计算机软件实验的教学指导思想与理论依据

依据新课标中提出"强调问题解决，倡导运用信息技术进行创新实践活动"的理念。以学生为主体，结合中学生的生活和学习实际设计问题，让学生在感受与体验的过程中构建知识结构，掌握程序设计中的概念，并将所学的知识积极地应用到解决学习、生活等实际问题中。

2. 计算机软件实验的教学背景分析

（1）教材内容分析

本节主要内容是对可视化编程中的对象、属性、方法事件等概念的讲解。本节课为一节起始课，在学习了这些概念后学生不仅在上课时知道了这些专业术语，同时也能够知道代码的书写位置和书写格式。为后面的教学奠定坚实的基础。

本节课将通过身边熟悉的事物——手机，把枯燥难懂的概念进行简单的诠释，并通过 VB 本身的"所见即所得"的编程环境，让学生在模仿教师完成任务的过程中获得小小成功的喜悦，激发他们进一步学习的兴趣。

（2）学生情况分析

本课教学对象为中学生。在学习本课之前，学生已经对程序代码的编写有一定体验，并熟悉 Visual Basic 6.0 的环境界面。

中学生的思维活跃，想象力丰富，求知欲强，所以在教学中应抓住学生这一生理特点，采用问题解决的教学策略。由学生自主发现问题、解决问题，在问题的解决过程中熟悉并掌握 VB 的可视化编程的概念与方法。

（3）教学方法

任务驱动、演示法、讲解法。

（4）教学资源

教学演示文稿（PPT），记事本小程序（EXE）和源代码。

3. 计算机软件实验的教学目标框架设计

（1）教学目标

知识与技能目标：①能够结合日常生活中的具体事例分析说出它的属性、方法、事件，从而加深对属性、方法、事件概念的理解；②能够利用控件工具在窗体上创建按钮、文本框等对象，并学会通过属性窗口修改对象的 caption、text 属性值；③通过分析简单笔记本小程序，能够判断出鼠标单击事件是作用在哪个对象上，并且事件过程是什么；④通过编写程序代码，加深对对象的属性、事件、方法的语法格式的记忆。

过程与方法：①以生活中的手机为例，理解对象的属性、方法、事件概念的含义；②通过制作简单记事本小程序，加深对对象的属性、方法、事件概念的理解，进一步体会三者之间的关系。

情感态度与价值观：①由生活中的事例讲解，提高学生知识迁移的能力；②通过制作简单记事本实例，体验 VB 语言带来的成就感，激发学生学习 VB 编程的兴趣。

（2）教学重点

① 对象、属性、方法、事件等概念。

② 代码的语法格式和书写方法。

（3）教学难点

代码的语法格式和书写方法。

4. 计算机软件实验的教学流程图

计算机软件实验的教学流程如图 11-1 所示。

5. 计算机软件实验的教学过程设计

下面通过一个具体例子来描述计算机软件实验教学过程的设计，设计步骤如下。

（1）导入新课

T：大家都用过 Word 进行编辑，它具有很强大的功能。我们可以利用 VB 平台也可以编写出类似 Word 这样的文字编辑器。

S：认真听讲。

T：展示课下已经编写好的小的文本编辑器。

S：观看小文本编辑器所具有的功能。

T：自然过渡到新课内容，为完成这个任务我们需要了解对象、属性、事件、方法等概念。

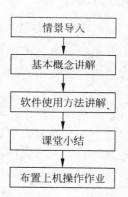

图 11-1　教学流程图

（设计意图：用一个学生看似很神奇的软件引入，并告诉他们，我们自己也可以编写出来，激发学生学习的兴趣，并能够满足学生的自豪感，并引出了本节课的任务。）

（2）讲解对象、属性、方法、事件概念

T：以提问的方式引出对象、属性、方法和事件的概念。

S：思考教师提出的问题，回答问题并认真听讲，理解相关概念。

（设计意图：考查和强化学生对基本概念的理解掌握。）

（3）结合小程序理解概念

T：理解了对象、属性、方法、事件这些概念以后，如何运用 VB 来实现我们的任务呢？我们将在任务的完成过程中，进一步加深对这几个概念的理解。

S：和老师一起创建四个对象。

T：我们都知道对象是有属性的,有两种方法来修改对象的属性值。

S：在老师的带领下修改相关属性值。

T：带领学生分析程序,并完成任务。

S：和老师一起分析程序并逐步完善自己的程序。

(设计意图：提高学生的动手操作能力和模仿能力。)

(4) 结合 VB 程序总结本节课所学的概念

T：本节课我们学习了四个概念：①对象。在 VB 中除了窗体对象外,我们还可以通过控件工具箱创建新的对象。②属性。我们可以在属性窗口中修改对象的属性,也可以在编写代码后程序运行后修改属性值格式。③事件。一般就是指鼠标或键盘等事件,我们可在过程的下拉按钮中找到。格式为对象名__事件名。④方法。指对象所具有的功能。语法格式为对象名.方法名[参数]。

S：认真听讲并巩固重点。

(设计意图：总结巩固本节课的知识点。)

(5) 布置上机操作作业

T：要求学生用 VB 来创建四个对象并修改属性值。

S：按要求完成作业,从而学会使用该软件。

(设计意图：通过操作练习使学生学会使用相关软件,并掌握所学习的概念,激发他们的学习热情。)

6. 计算机软件实验的课后反思

本节课紧紧围绕记事本小程序展开,以手机为例使学生对对象、属性、方式、事件等概念有了感性的认识,然后再进入 VB 的世界,进一步加深对这些概念的理解。

本节课一开始就给学生展示了一个记事本小程序,在展示完程序所具有的"神奇"后告诉学生也能自己制作一个文本编辑器,使学生产生浓厚的学习兴趣,通过教学实践来看,本节课上学生表现出了很强的求知欲。写完一个事件过程的代码后,不用教师多说学生就开始思考写下个过程代码,尤其是更改文本框字体颜色这部分代码,动作快的学生主动尝试代码的编写,并在课堂上就要求老师快点讲。本节课上体现了学生的自主学习,由被动变为主动。

另外一点就是对对象的 caption 属性和名称属性的讲解有了小小的尝试。由于它们默认的属性值是相同的,为了将它们加以区别,在以往上课时总是对比着讲这两个属性,结果事与愿违,学生反而将这两个属性混淆起来了。而这次做了小小的改进,首先在界面设计时,强调一般按钮上会显示一些提示性文字,可以通过修改它的 caption 属性来修改这些提示性文字。然后,在写代码前的分析时问道："鼠标单击哪个按钮……"学生一般会用按钮上显示的文字来称呼这个按钮,这时就紧紧地抓住他们的回答反问道："这个按钮上显示的文字是'B',那它就叫 B 吗? 每个对象都有自己的名字,……"通过这样的改进不仅将名称属性和 caption 属性的含义表述清楚了,而且使学生很容易将两者区分出来了。

11.2.4 网络信息检索实验的设计

因特网是一个丰富的资源宝库,要使学生充分利用因特网为自己服务,需要教师积极的引导,更需要掌握信息搜索的基本方法,才能享用到自己终身受益的信息。为此,在计算机技术教学中应当精心安排"搜索引擎的使用"这节课,希望学生真正学到搜索信息的方法和技巧。

1. 网络信息检索实验的教学内容分析

本节课采用的教材是普通中学生课程标准实验教科书《信息技术基础》,讲授的内容为因特网信息查找中的"搜索引擎的使用"。这一内容在全书中地位很重要,获取准确、有效的信息是处理、加工信息的基础。对学生而言,涉足因特网是其学习知识的另一个重要途径。

2. 网络信息检索实验的学生分析

通过平时的调查分析,发现中学生中能够熟练上网浏览、查找、下载信息的也就有几个人,有一小部分同学经常打游戏,大部分同学只会简单的打字、文字处理、画图等。鉴于此,上课的过程中教师一定要积极地引导,由简单到复杂,逐步深入。

3. 网络信息检索实验的教学目标

(1) 使学生了解搜索引擎的含义及其分类。
(2) 使学生学会用搜索引擎查找到符合需要的信息。
(3) 使学生能够调动自己的主动性、发挥集体精神共同进步。

4. 网络信息检索实验教学重、难点

重点:会用全文、目录搜索引擎查找信息。
难点:关键词的选择和搜索技巧。

5. 网络信息检索实验教学策略的选择

由于中学生客观条件受经济因素的制约,学生的整体水平比较低,刚进入中学的新生实际水平也就停留在打打字、玩纸牌的水平上。所以,在设计教学时,要求教师内容涉及得尽量少,以简单的任务为引子,使学生切实能够学会通过因特网找到所需要的信息。再者,由于上网机会少,而因特网上的信息又是丰富多彩、复杂多变的,学生很难通过一两节课就会熟练应用。教学基本方法还是先讲,精讲;安排任务上,要有层次,防止出现有的同学找不到,有的却转移视线,只关注娱乐、新闻或游戏。

6. 网络信息检索实验的教学过程

(1) 引入新课

T:同学们好,"神舟六号"升空这一爆炸性新闻我们大家都肯定听说过了吧,或者看到了相关的图片、文字、视频信息吧,下面我找同学说一下自己是通过什么媒体了解的这方面的信息?
S:有的同学说,有电视、报纸、广播等。有的同学还说通过手机短信、因特网。
T:凡是通过因特网了解到这方面信息的同学请举手。
S:一个班 70 个人,只有两三个同学举手。

T：那么我们这节课就来看一下怎么样通过因特网来查看有关的信息。首先，大家要知道在因特网上查找信息也有它自己的工具，那就是搜索引擎。

考虑到学生上网的机会比较少，可能会查找信息，技术上勉强过关。但对搜索引擎这一知识点不一定了解，搜索引擎的分类及常见的网站这些信息学生有必要掌握。

① 全文搜索引擎 Baidu、Google。

② 目录索引类搜索引擎 Sina、Sohu、Yahoo。

③ 元搜索引擎 InfoSpace、Dogpile、Vivisimo、搜网。

④ 大家这节课重点学习的是全文搜索引擎，以 Baidu 为例。

（2）全文搜索引擎的使用

T：启动 IE，输入 http://www.baidu.com，百度网就是大家要学习的一种搜索引擎，下面以神舟六号为搜寻目标来看看怎么查找到相关的信息。首先，大家注意观察百度网的主要界面，非常简洁，把你要查询的信息的主题用一个词组来表示，也就是关键词，输入到相应的搜索框里面，然后单击"百度搜索"按钮。来看看查询结果，搜索到相关的网页多少篇，用时零点多少秒，可见速度之快呀。在结果网页中选择一个看上去比较合适的，单击打开，浏览信息。通过几个简单网页的浏览，引导学生注意观察找到的信息，有相关的新闻报道、图片、专题信息。如果只需要相关的发射时间、图片或资料，怎么办？

通过一个有代表性信息的查找，让学生从直观上了解怎么快速查找到需求的信息。从而产生查找东西的浓厚兴趣，更进一步地提问，让学生明白查找到准确有效的信息还要动动脑筋，还要有耐心。

S：大部分同学摇头。

T：告诉大家一个秘密，如要查找神舟六号的发射时间，要在神舟六号和发射时间这两个关键词之间加上一个空格再搜索，一定要注意关键词要简短精悍。给学生简单演示即可。

布置今天的任务：十运会今天的金牌榜、少数民族的服饰文化（以一个民族为例，如藏族）。

让学生查找金牌榜的问题，主要目的是让学生注意审视信息的真伪和信息的时效性，不要简单地以为找到了就万事大吉，同时，也好关注一下国家大事，激发爱国热情。设置第二个任务，一是为了了解丰富的民族文化；其次是完成作业中的一部分，因为学生一般没有课余时间来上网。

S：学生练习。

T：教师通过巡视，分析常见的问题。

① 地址栏不见了。部分同学在打开 IE 后，不知道在什么地方输入网络地址。可能的原因一种是地址栏和其他工具栏重叠在一栏中，这种情况用鼠标拖动下来即可。另一种是地址栏隐藏了，可以从查看菜单下工具栏项下启动。

② "转到"按钮不见了。有的同学想不到用 Enter 键来实现网络链接。

③ 关键词输入烦琐。关键词的选择应该能够代表要查找信息的主题，尽量用词组，不要用一句话来代表，如果表达的意思复杂要使用空格将各个关键词分开。

④ 找到的信息不够准确。和预想的差不多，有的学生找到的信息可能是几天前的，不是今天的金牌榜。还有的没找到比较详细的描述服饰文化的页面，只是一张图片或一段文字，就不继续找了。

S：部分学生展示自己搜索到的比较符合要求的网页，教师给予适当的评价。

教师及时地分析问题，是帮助学生发现并改正错误的最好时机，也是提高学生搜索能力的最好催化剂。学生演示找到的比较好的网页信息，对其他学生是个督促，别人能做到的，我也行。同时，对得到表扬的同学也是鼓励，最起码自己的学习状况还有老师关注，还有好多同学关心，所以会更加努力的。

（3）目录索引类搜索引擎的使用

T：通过学习全文搜索引擎，大家可以看出，它是通过从因特网上提取的各个网站的信息而建立的索引数据库，当用户查询时，它在库中检索出符合条件的记录，以网页文字为主。目录索引类的搜索引擎，它的工作原理是将因特网上的信息按照目录分类，建立索引数据库供人们分类查找，常见的有新浪、搜狐、雅虎、网易的搜索引擎，下面以搜狐为例给大家介绍怎么查找十运会的相关信息。

教师演示：

在 IE 地址栏里输入 http://www.sohu.com，打开搜狐主页，找到搜索引擎，让学生注意观察新的网页界面。从分类目录中，找到总目录体育健身（由学生来选择），再找子目录，一步步向下找，直到打开有关十运会的网页。

给学生布置任务：

① 查找社会文化中关于民俗/神话方面的优秀网站。

② 请描述"信息高速公路"的含义。

③ 清华同方台式机的最新报价。

④ 查找一款爱国者品牌的价格在 900 元左右的电子词典。

⑤ 国务院于哪年发布了《计算机信息网络国际联网安全保护管理办法》。

⑥ 请解说成语故事"刮目相看"、"约法三章"。

参考网站：http://www.sowang.com

S：学生自由练习，将搜索到的页面添加到收藏夹。

对于目录类的搜索引擎，没有给学生固定的任务，因为这种方法容易，但查找麻烦；提供多个任务让学生自由选择，目的就是不局限于一种搜索引擎，让学生自主探究任务，发现问题自己想办法尽量解决，锻炼自学能力；同时，拥有更多的自由时间，学生可以查找自己感兴趣的一些信息，满足其好奇心，也可以相互讨论交流经验；提供搜网的目的，让学生了解有关搜索引擎的知识，扩大认知范围。

T：教师巡视课堂，积极引导。

提问学生本节课学到的一些知识点。

教师总结：

这节课主要学习了两类搜索引擎的使用方法，在学习过程中大家要善于总结两类搜索引擎的区别，总结搜索信息的技巧，以便更好地查找信息。

① 全文搜索引擎找到的相关信息量大，很难一次找到恰好符合需求的信息，需要你不断更换关键词，反复搜索。目录索引相当来说，查找的信息一般比较准确，但要求大家要不厌其烦地一步步地找。

② 两类搜索方法大家不要割裂开来，要综合起来看，它们的功能也越来越向综合性方向发展，比如 Google、Sina、Yahoo 既有目录查找，也有关键词查找。遇到搜索不到的情况，

除了更换关键词外,还要多尝试其他的搜索引擎网站,要善于总结搜索技巧,下节课重点学习。

③ 另外,在学习过程中,同学们都能发挥集体的力量,相互协作,非常好。如果你收藏了比较好的网页文件,也尽量传到教师机上指定的文件夹内,分享给大家。

7. 教学反思

(1) 本节课教学目标比较明确,教学任务的安排基本合理,各个层次水平的学生都学有所获。

(2) 在教学设计的过程中遇到搜索不到情况,应该积极鼓励学生,使他有信心继续搜索下去,找到自己需要的东西,才能体现因特网的优势和自己的能力,找到自信。

(3) 在教学任务的安排上,要体现一定的层次,使学生各尽其能,多劳多得。

(4) 有关搜索引擎的一些常用网址应该提前传输到学生桌面上或者板书在黑板上,方便学生使用。

(5) 信息的搜索是学生应该掌握的基本功。本节课的教学效果是否达到?如何评价学生的学习情况?除了课堂上教师的观察指导和部分学生任务的展示外,还应该由小组长进行监督执行,因为学生之间相对容易交流,这样才能确保绝大多数同学熟练应用。

11.3   计算机技术课程实验教学的组织

在计算机技术课程实验教学的实施过程中,如何有效组织实验教学,进而达到良好的教学效果,这是教学的难点和重点,需要任课教师在实施教学时做好充分的准备组织工作。

11.3.1   实验设备的准备

计算机技术课程最重要的就是进行上机实验。通过实验让学生比较形象地掌握计算机的各种操作以及使用。计算机技术课程的实验用到的主要设备是计算机。在实验前,不仅应具备充足的硬件设备,还要安装好系统,准备好软件环境。

11.3.2   实验的分组

在实验教学中,不能只有老师讲课,学生听。应该鼓励学生自己动手,互相交流。采取分组的方式是一种比较好的教学模式。各个小组内部合作学习,共同完成一个任务,有利于小组内进行讨论和交流。促进学生信息的分享,锻炼了学生团队精神。

1. 优化合作学习小组

(1) 建立合作小组。建立合作学习小组是合作学习的前提和基础。合作学习的分组原则是达到小组间水平相似,在组建合作学习小组时,首先应尊重学生自己的意愿,以 4~6 人为一组,按性别,学习成绩好、中、差搭配,让学生先进行自由组合。再结合学生的兴趣、爱好、性格、能力等因素进行适当的调配,从而将一个班级组建成若干个最优化的"同组异质、异组同质"的合作学习小组。由于尊重学生的组合意愿,使他们在合作学习中感到宽松、自由、和谐。同学间的情感才能交融,人际资源的优势得到充分利用。

(2) 实行小组命名法。由于组别多,不便称呼和区别,于是我实行小组命名法。让每个小组成员都来给自己小组取了一个有意义的名字。由于每个名字都是小组奋斗的目标,对他们的学习产生了强大的激励作用。同时每个小组名字对他们而言也是一种荣誉和自豪,他们每个人都会为捍卫这一荣誉和自豪而团结、进取、努力。

2. 培养合作学习小组长

我国著名教育家陶行知曾指出:"孩子最好的先生,不是我,也不是你,是孩子队伍中最进步的孩子!",只有最进步的孩子,才能在学生中产生威信,才能带领和帮助其他同学共同进步。因此,在指导合作学习的实验中,应重视小组长的选拔和培养。

3. 指导合作学习

在课堂教学中让学生进行合作学习,使学生在真正意义上的参与,是实现学生主体地位的重要保证和有效途径。一堂课的时间是有限的,如果让学生杂乱无章闹哄哄地"合作",或只停留于表面形式的说说,那都是无意义的。为了提高合作学习的效率,可以进行以下的指导。

(1) 指导自觉预习。首先,教给预习的方法。即在课前让学生根据导学提纲进行预习,并完成相应的练习作业。在作业中遇到问题要学会及时对照例题或查寻资料尝试解决,同时要学会及时记录存在的问题等。其次,培养良好的预习习惯。要求学生每周至少提前预习二至四课时的内容,多者不限。久而久之,促进了预习习惯的养成。

(2) 指导合作讨论。通过合作讨论,能使光靠自己的努力获得的或片面或肤浅的理解深化,并有效地解决学生个体差异问题,把新课学会转化为会学。天长日久,这种"自学"就会成为"自觉"。使他们的内在潜能得到发挥,从而提高整体教学质量。

在指导合作讨论中,教师充分发挥参与的作用,既是一个组织者,又是一个参与者。学生讨论中遇到障碍时及时给予点拨、引导;遇到困难时及时给予帮助;遇到精彩时及时给予表扬。同时引导学生学会归纳、总结。

11.3.3　实验报告的撰写

实验操作是教学过程中理论联系实际的重要环节,而实验报告的撰写又是知识系统化的吸收和升华过程。同时,写实验报告可以培养学生严谨的科学态度。因此,实验报告应该体现完整性、规范性、正确性、有效性。

在实验前,应该要写实验预习报告。实验报告是在预习报告的基础上继续补充相关内容就可以完成的,因此需要把预习报告做得规范、全面。

在实验时,根据要求一边做实验,一边记录。为了使实验报告准确、美观,做实验室可将记录内容暂时记录在草稿纸上。等到整理报告时再抄到实验报告上。

11.3.4　实验结果的评判

对实验结果的评价主要采取作品测试。作品测试没有统一的命题,统一的命题往往会束缚学生的思维。但也要给出范围与评分标准,不然学生会感到无所适从。只要告诉学生以哪个软件为主,做什么东西就行了。至于学生结合了什么知识,使用什么其他的软件以及他们的文章的体裁等任其发挥;评分标准则应尽量制定得更详细些,一来让学生有据可依,二来教师评分时容易做到公平、公正。分数由三部分组成,即基本操作、提高操作和特色操作。其中特色分数是根据作品中创意的新颖性、版面设计的美感和制作技巧难度来综合评判,占到总分的 10%～20%。

(1) 开展自评和互评。苏霍姆林斯基的成功经验告诉教师,经常感受到学习成功的快乐,可以使学生深信自己的力量,指引他们力争上游,去完成日益复杂的学习和认识任务。在指导合作学习中,应经常组织开展对学习过程、效果的自评和互评活动。让学生正确地认识自己和他人,体验成功的快乐。如下课前几分钟是开展评价活动的好时机,这时可以引导学生对自己的合作伙伴、本小组、其他小组等的学习过程和效果进行分析评价。提出自己在合作中的优点和需要改进的地方。说说你认为哪个学习小组表现得更好?哪位同学的学习方法好?谁有什么优点值得自己学习?等等。然后老师再加以肯定、鼓励。通过多角度、多层面的自评和互评,让学生在评价中认识自己,了解自己,并在反思、总结和激励中不断进行自我调控、自我完善,从而提高参与合作学习的信心。

(2) 引入"基础分"和"提高分"。所谓基础分是指学生以往学习成绩的平均分;而提高分则是指学生测验分数超过基础分的程度。引入基础分与提高分的目的,就是尽可能地使所有的学生都有机会为所在的小组赢得最大的分值,指导学生的着力点定位在争取不断的进步与提高上,自己与自己的过去比,只要比自己过去有进步就算达到了目标。另外,为了体现评价的公平性,合作学习还注意根据学生以往的学业成绩表现和测验成绩,安排优等生与优等生一起分组测验,学困生与学困生一起分组测验,中等生与中等生一起分组测验,有时测验的难度可以有所不同。各测验组的每个成员的成绩都与原属小组的总分挂钩,优等生小组的第一名与学困生或中等生小组的第一名所得的分值完全相同,这种使学生在原有的基础上进行合作竞争、公平比较其贡献的做法,最终会导致全班学生无一例外地受到奖励,取得进步,并由此走向成功。

11.4　中小学计算机技术相关竞赛的组织和管理

由于目前的中小学教学改革和素质教育的要求,在中小学生中开展计算机技术相关竞赛已成为刻不容缓的教学趋势,如何有效组织和管理相关竞赛,既要能切实培养学生计算机技术实验能力,又不流于形式,这已成为广大计算机技术课程教师面临的一个困难。

具体解决方法主要有两种。

(1) 开展形式多样的计算机技术课程实验竞赛活动。通过开展形式多样的实验竞赛活动,可以激起学生的学习动力,扩展学生的视野。通过开展各种实验竞赛,鼓励学生组队参加,可以加强学生合作的团队意识和竞争意识。

(2)组织课外兴趣小组开展算机技术课程实验活动。"兴趣是最好的老师"。通过组织课外兴趣小组,可以丰富学生的课余文化生活,促进学生的特长与能力协调发展,还可以培养学生自主学习的好习惯。参加课外兴趣小组的实验活动,学生的视野可以得到扩展,动手能力得到进一步提高,巩固了课堂上所学的知识,因此,组织课外兴趣小组开展实验活动应成为计算机技术实验教学的一个重要组成部分。

本章小结

本章主要从如何培养学生实事求是的科学精神、掌握科学实验方法、培养学生观察和实验能力、培养学生创新精神和团队精神等几个方面进行了较详细的阐述。然后通过一些具体的实验内容向学生进一步贯彻这些科学思想方法。最后通过开展形式多样的实验竞赛活动,激发学生的学习兴趣,扩展学生的视野,鼓励学生组队参加,加强学生合作的团队意识,为学生掌握科学的实验精神和实验能力奠定良好的基础。

本章内容的教学设计充分体现了《计算机技术课程标准》中的基本理念,注重教学过程中三维目标的渗透。采用了以学生的学习和发展为中心,基于建构主义理论的任务驱动、情境教学等教学方法,突出自主、合作、探究等学习方式;强调计算机技术与生活实际的联系,培养学生的逻辑思维能力、解决问题的能力以及创新意识等;设置多元化的评价方式,让学生掌握学习内容的同时,形成交流与评价的能力。

思考题

(1)什么是实事求是的科学精神,并论述实事求是的科学精神对学习计算机技术这门课程的重要性。

(2)根据本章所学习的思想方法,结合计算机技术的相关基础知识,自组织几个同学,自拟实验题目,分工合作完成实验任务,并写好实验总结和报告。

参考资料

[1] 杨平等.计算机信息技术基础教程.北京:清华大学出版社,2003.
[2] 徐士良.计算机与信息技术基础教程.北京:清华大学出版社,2004.
[3] 鄂大伟,庄鸿棉.信息技术基础.北京:高等教育出版社,2003.
[4] 谢忠新.信息技术基础.3 版.上海:复旦大学出版社,2010.
[5] 杨局义.计算机文化基础上机实验与等级考试指导.北京:清华大学出版社,2010.
[6] 周为民,张军安.电脑基础操作实训教程.西安:西北工业大学出版社,2008.
[7] 刘春燕,吴黎兵,黄华.计算机基础应用教程.北京:机械工业出版社,2010.
[8] 徐士良.计算机公共基础实验指导.北京:清华大学出版社,2003.

第12章

计算机技术课程作业批改和课后辅导技能

本章主要介绍布置作业过程中应处理好的关系，以及作业的批改方式和课后辅导的特征。由于计算机技术课程具有较强的实际操作性，对该课程的作业批改和课后辅导要结合其特点有针对性地进行，这样才能起到巩固课堂教学效果、提高学生计算机技术相关技能的作用。本章较为详细地分析了作业布置中存在的各种问题，提出了具体的解决方法，探讨了如何进行课后辅导以及怎样指导学生掌握科学的学习方法。本章学习主要掌握的内容：

- 作业布置应处理好的关系；
- 多样化作业形式的选择；
- 选择适当的作业批改方式；
- 课后辅导的特征和学生学习方法的指导。

12.1 作业布置

作业是教学的基本方法之一，是反馈、调控教学过程的实践活动，也是在老师的指导下，由学生独立运用和亲自体验知识、技能的教育过程。作业在教学中有着重要的地位，适当的作业不仅可以加深学生对理论知识的理解，而且有助于形成熟练的操作技能，发展学生的思维能力、创新能力和解决问题的能力。在计算机技术教学技能训练中，作业的布置、批改和课后辅导要以学生的基本教学理论和教学技能实训发展水平为根本，正确处理实际技能发展和因材施教的关系，让学生在作业训练中获得成功的喜悦，对后续的理论学习和技能训练更有信心。

因此，计算机技术课程的作业和课后辅导要注意如下事项：

（1）作业形式要多样化。内容充实、形式多样的作业是提高学生理论水平和操作技能的基本条件，形式单一的作业只会让学生感觉枯燥，产生厌倦，作业应是充满立体感、多类型化的复合体，这样才能调动学生的多感官参与，引导学生积极主动参与学习，而不是被动接受。

（2）适当控制作业的数量和难度。从所教授学生的实际水平出发，布置数量得当、难度适当的作业，这是激发学生兴趣、调动学生积极性、提高教学效率的重要保证，真正体现教学改革下"以学生为中心"的教学基本理念。

（3）作业的批改方式要批与评适度结合。对学生作业的正确与否，老师要及时反馈评价,对正确的或有创新的方法要表扬鼓励,对错误的或片面的方法要合理引导,不能一棒子打死,要尊重学生的劳动成果,激起学生的上进心和荣誉感,这是学生保质保量完成作业的坚实基础。

(4) 课后辅导要因材施教。每个学生都有自己的独特性和差异性,这就决定了不同的学生对同样的教学内容所需要的帮助不同,如果不顾学生的差异性,在课后辅导中采取"一刀切"的方法,必然会造成有的学生"吃不饱",有的学生"吃不了",因此,教师进行课后辅导时要因材施教,因生而异,这是取得理想教学效果、提高学生整体水平的根本途径。

学生作业质量的好坏,关键在于教师。只有教师使用科学的作业布置方法,做到布置有方、难易适度、讲解有策,学生才会轻松愉快地掌握、理解和巩固新知识。教师在布置作业时要根据学生的实际情况及课时的安排,形式上要多样化,在数量和难易程度上要掌握好尺度,还要对学生作业做出正确的评价,使自己从讲台上的传授者转变为学生学习的促进者,这样才能使学生作业令人满意。

因此,作业的布置要处理好如下四个关系:

(1) 质量与数量的关系。作业的数量要合适,不可太多,也不可太少。太多会增加学生负担,使其产生厌恶感,打消学习积极性;太少不利于知识的理解和巩固,达不到学习目标。

(2) 一般与特殊的关系。学生学习过程中接触的知识是不同的,要求也有所不同。一般性的要求下,教师可以按照传统方式布置作业,但在特殊要求下,教师需要布置特殊的作业来达到教学目标。

(3) 理论与实际操作的关系。作业从形式上要进行区分,不能一概而论。学科知识点要求不同,作业的形式要随之变化,如理论性较强的知识采取书面作业形式,操作性较强的知识点采取实验形式的作业等等。

(4) 个别与全局的关系。教师所教授的知识是有一定体系的,不是零散的,因此,在布置作业时要充分考虑到和前面所学知识点的联系,以及对今后将学习知识点的影响,不能孤立地布置眼前的作业。

12.1.1　选择作业形式

首先作业形式不能全都是单一的,而应该是分层分级、多样化的;计算机学科是一门操作技能要求较强的学科,学生往往对掌握实际计算机操作技能更感兴趣,因此其教学中作业的布置形式与传统的作业形式有所不同,应采取理论教学结合实际计算机技能操作的新方法,使学生对计算机技能"会用能懂"。因此对计算机技能教师来说,怎样布置作业,如何给学生们布置任务是教学的重要一环。应拒绝以往的"纸上谈兵",着重训练学生的动手操作能力。具体要求如下:利用学生的学习兴趣,给学生布置一个具体计算机技能操作任务,使其通过实际操作完成任务,达到"会用"的效果,激发学生的成功感,提高其学习兴趣和积极性,同时使其在做的过程中逐渐理解为什么这样做的理论性原理及技巧,达到"能懂"的良好效果。

计算机技术的作业大致上分为两类:一类是课堂作业,另一类是课后作业。从作业表现形式分,主要有平常书面作业、实验操作作业和报告、课堂测验等。教师在布置作业时要根据不同的教学内容和要求,选择不同形式的作业。如理论性较强的内容,需要布置书面作业;实践性较强的知识点,则需布置实验操作作业来锻炼学生动手能力;一个阶段的教学任务完成后,需要进行课堂测验来检查学习效果。对不同形式的作业有不同要求,学生平常书面作业应工整、认真,解题方法、解题步骤表述要合理规范。学生的实验操作要合乎实验要求,一定要亲自动手,认真完成具体实验操作任务,并撰写实验操作报告,报告要含有实验目的、实验要求、实验内容、实验步骤、心得体会等要素,封面用统一的实验报告封面装订。课堂测验要按照教学规律进行,既要有一定频率,又要及时巩固。

由于当前教育的多元化和复杂化,除了以上形式的作业外,还有许多特殊形式的作业,如趣味性实践作业、调查性实践作业、探究性实践作业等。教师还应针对特殊的教学要求设计多样化的作业。如设计趣味性作业,使学生在愉快中获得知识,进一步激发学生的学习兴趣;设计调查性作业,让学生学以致用,在实际调查中将理论与实践结合起来,提高实际动手能力;设计探索性作业,挖掘学生的潜能,让学生在探索的情境中升华所学知识,培养学生创新能力。

12.1.2　作业数量和难易的程度控制

作业是课堂教学的一个延续,既是对以往知识的复习,也是对当堂内容的巩固及加深理解。教师在布置作业时,要把握控制好作业的数量和难易程度。对于布置给学生的作业,其难易程度不能以教师的主观判断为依据,也不能以相关参考教材的提议为依据,而要依据所教授学生的实际水平为根本出发点,不同学生应有区别地布置不同数量和难度的作业,体现"以生为本,因生而异"的教育理念。

许多教师认为,只有让学生多做作业才能提高成绩,而实际上往往事与愿违。如果教师在教学中盲目地追求"量"而忽略了"质",往往起不到应有的作用。因此,教师在布置作业时,应认真地进行筛选,把具有代表性、典型性和高质量的内容挑选出来,把那些重复性、机械性和低劣的作业和内容砍掉,力求质高量精,教师最好把布置给学生完成的作业自己先做一遍,体会每道题目的类型和解题关键,杜绝随意性和盲目性,准确把握作业的数量,控制作业难易程度及完成时间,这样才能在保证学习效果的前提下,真正减轻学生负担,提高学生兴趣和学习积极性。

教师在布置作业时还要考虑学生个体的差异性,作业的完成情况要因"生"而异,不同的学生可以完成不同的作业,对同一作业完成的时间也可有差异,具体做法是:布置作业时给出一个作业范围,让学生量力而行,自己选择适合个人的作业,交作业的时间应分为某些时间段,而不是统一在一个时间交作业。应该允许由于学生个体之间的差异性,不应该对所有的学生只采用同一个衡量标准,因此,教师在布置作业时要有梯度和区分度,要分开层次,不要拿同样的作业去对待所有的学生。

综上所述,教师在对作业数量和难易程度进行控制时,要注意如下几点。

(1) 作业数量要适量。适量是指大多数学生在规定时间内可以完成,作业量过大,学生做不完,就会产生抵触情绪,教学内容得不到及时巩固。作业量太少,就达不到练习的目的,学生的能力得不到提高。

(2) 作业难易程度要有一定针对性。布置的作业要针对教学目标和学生的实际情况,控制好难易程度,真正培养学生的学习能力,达到教学目标的要求。

(3) 作业难易水平要有一定梯度。布置的作业要由易到难,由浅及深,由基础到综合,有一定层次,逐步加大难度,使学生能力逐步提高,形成合理的认知结构。

12.1.3　作业的讲解

作业的讲解是教师教学的一个重要环节,其目的在于及时纠正错误,巩固教学内容,开阔学生思路,提高学生能力等。然而,作业讲解中普遍存在以下现象:机械对照答案生搬硬套,重点不突出,目标不明确,老师一味喋喋不休很累,学生不能真正领会很烦,作业讲解后无法取得应有的效果。这个问题如果解决不好,就会成为影响教学质量的"拦路虎"。

目前,作业讲解中主要存在以下三个问题:

(1) 备课时忽视了备作业,对学生作业中出现的问题缺乏预计。这样就导致对作业的讲解只停留在讲答案表面,治标不治本,学生的错误没有得到根本解决,以后很可能再发生同样的错误。

(2) 对作业没有及时归纳分类。在讲解作业时,无论是学生做对的题,还是出错较多的题,都应给予关注。对学生都做对的题,应针对其所用的不同方法进行点评和对比,开拓学生思路,对好的作业及时褒奖,增强学生学习信心;对学生错误较多的问题,应设身处地地从学生角度出发,找出问题的根源,及时补漏,而不是一味发学生的脾气,这样会引起学生反感,起不到应有的作用;另外,将学生作业中的好方法和常见典型错误进行归纳分类,这样可以优化学生知识结构,避免再出现类似错误。

(3) 完成作业讲解后未能及时练习巩固。有些教师在讲解完作业后就万事大吉,有的只是单纯地让学生订正错误,没有对问题多的地方再布置类似作业来巩固强化,这样就起不到开拓学生思路和发挥学生学习主动性的作用。

如果在讲解作业时没有处理好以上问题,就会使得学生再次遇到作业中订正过的错误时,仍然屡做屡错,浪费了教师与学生的大量时间与精力,造成学习效率低下,老师上火,学生伤神,不利于以后教学工作的开展。

因此,教师在作业讲解中要避免上述问题,需处理好下列三个关系:

(1) 共性和特性的关系。针对学生作业中通病和典型问题,要合理设计讲解方式,不能一概而论。

(2) 知识点掌握和能力扩展的关系。在作业讲解中既要重视基础性知识点的掌握,又要进行拔高,拓展学生能力。

(3) 教师主讲和学生自评的关系。教师是作业讲解中的主角,但不是教师唱"独角戏",应该让学生参与到作业讲解中,通过学生对自己作业的讲评,促进学生反思,使学生在自我认识中调整提高自我的学习水平和能力,进一步拓宽学习思路,提升自主学习和自主创新的能力。

12.2　作业批改

作业批改是教学的重要环节。对教师而言,批改作业是教学工作中一项繁重而必要的任务,是对课堂教学的重要补充,通过该教学环节可以帮助教师指导学生学习,检查课堂教学效果,了解学生对教学内容的掌握程度。

作业批改是教师和学生相互沟通的重要渠道。教师只有通过对作业的认真批改,才能及时发现学生在学习中所存在的问题和教学缺陷,加快教学信息反馈的速度,为辅导学生提供准确有力的依据,调整教师的教学方向。

作业批改是教师和学生进行配合的双向教学活动。有人认为作业批改是教师的事情,它是教师的单向活动,这是非常错误的观点,作业批改是一个必须有学生积极配合的师生双向活动,就学生而言,应该认真完成作业,按时上交作业,这样才能使教师的作业批改得以实施。

有些教师在作业批改中得不到好的效果,这主要是由于对作业批改没有正确的认识,存在一些这样或那样的问题。有的教师批改作业只图自己方便,而没有从学生的要求和作业的功能出发,把作业内容制作得过于简单,起不到巩固课堂知识的作用。有的教师常年采用单一的作业批改方式,改作业成了单纯完成任务,走马观花,不能满足不同学生的需要,这和教育改革要求的"因材施教"背道而驰。还有的教师在批改作业时忽略了与学生交流,不能及时与学生沟通,作业的评语形式单一,对作业挑剔得多,鼓励得少,长此以往,打击了学生的学习积极性,不能有效激发学生的学习兴趣,让学生失去了学习的劲头和动力。

为解决作业批改中存在的问题,达到良好的教学效果,教师在批改作业时要做到以下几点:

(1) 作业的设计要有针对性。教师在选择作业时,要真正做到从学生实际出发,以生为本,让作业起到巩固学生知识点的作用,能从作业批改中反馈出学生的疑点、难点和教师的教学盲点,真正找出学生知识点掌握不理想的地方,以便在教学中及时补充讲解。

(2) 作业批改方式要具有多样性。对作业的批改可采用面批、互批、集中批改、自批等方式,教师在批改作业时应根据不同的作业选择适当的批改方式,做好准备组织工作,不要让自批成了走过场,互批乱成一锅粥,这样才能达到好的效果,因此,作业批改方法要行之有效,不可拘泥于单一传统方式。

(3) 作业批改评语要有鼓励性和启发性。教师在作业批改时可以用评语的形式与学生进行沟通,对学生应多些鼓励和表扬,少些不必要的挑剔和批评,这对建立和谐、健康和积极的师生关系有着至关重要的促进作用,能有效激发学生积极向上的学习热情和潜能,更好地培养学生的思维能力,发挥学生主观能动性,提高教学质量。

12.2.1 作业批改方式

当前,随着教育改革的深入进行,作业的批改方式也变得灵活多样。

全批全改和集中批改是传统的作业批改方式,即教师把全体学生的作业统一收上来,进行全部批改后,发现学生错误后集中讲解。这种传统批改方式在当今教育发展形势下,有着许多弊端,教师成了作业批改的绝对主体,尤其在作业较多的情况下,教师花在作业批改上的时间过多,容易忽视对学生的评价,而学生完全处于被动地位,无法发挥学生学习的自主性。为了提高教学效果,真正达到作业批改的目标,作业的批改方式必须要多元化,以下几种作业批改方式是在师生共同配合下,把学生引入到作业批改中来,这样才能发挥学生的主观能动性。

师生共批是指教师和学生共同合作来完成作业批改。常见做法是师生共同讨论得出作业标准答案,然后师生共同批改。在师生共批过程中,教师要鼓励学生大胆思考,各抒己见,教师主要起到引导的作用,让学生在批改和讨论中提高自己。

面批是教师与学生面对面地一对一进行作业批改。这样可以在发现作业中问题时及时给学生订正讲解,保证了作业批改的良好效果,使教师与学生沟通更直接快捷,缺点是在学生人数多时难以实施,花费时间过多。

互批就是学生之间互相批改和订正,一般用于课后思考作业和课堂练习等,采用方式常是分组或同桌之间。学生在互批中由于可以尝试教师的角色,成为作业批改的主体,通常都有很高的积极性,但这并不意味着教师就没事可干了,在互批中,教师要做好协助工作,规范作业答案范围,在互批结束后要进行检查和复批,确保互批顺利完成。实践证明,这样做既培养了学生发现问题和解决问题的能力,又达到了优化学生知识结构和巩固知识点的目的,在角色转换中,学生也体会到了老师批改作业的辛劳,如作业潦草、不规范、思路混乱等给老师批改作业带来的额外麻烦,很多学生都积极主动地及时纠正了自己作业中出现的错误。

随堂批改是对一些可当堂完成的作业,采用当堂给出答案、当堂批改的方式。学生在做作业的过程中时,教师巡回辅导,现场发现问题,随即批阅。这种方式对教师和学生来说,都具有一定的积极作用。对学生来说,可以让他们立即了解作业中错误,及时订正,提高教学效果;对教师来说,可以及时了解学生作业情况,提高了作业批改效率,缩短了反馈时间,增进了教师和学生的沟通,对培养良好的师生关系有着促进作用,也方便教师了解每个学生具体掌握知识点的情况。

重点批改法是在时间允许的前提下,对一部分学生,特别是学习积极性不高的学生,采用重点批改,当面进行批和评,注重学生的思想动态,及时督促这部分学生的学习,提高他们的学习积极性。

二次批改法,许多教师在批改学生作业时,经过一番批改和评分后,给予一次性的成绩,便完成了作业批改,长此以往,学生就对评分满不在乎,对错误也不认真修改和订正,这就使作业批改失去了应有的作用,改变这种情况的有效方法是使用二次批改法,具体做法是:先对学生作业给予一个基本批改,再将作业发还给学生,让他们认真修改订正后再将作业收上来,进行二次批改后,追加评分,没认真修改的就不给评分,这样就可以督促学生及时订正作业中的错误,养成良好的做作业的习惯。再一次批改已经改过的作业,检查学生是否更正错误,这对督促学生改正错误也是很有帮助的。学生曾经不会做或者做错了的题目,虽然经过老师评讲、同学帮助之后,当时已经弄懂了,但是过一段时间再次出现这样的题目,学生还是很大程度上会用以前的思考方式延续以前的错误。所以认真改错,加深印象是非常重要的。

12.2.2　作业批与评相结合的方式

在教学工作中,有些教师认为把作业批改订正完后,关于作业的问题就解决完毕了,在实际教学中仅此是远远不够的,还需要对作业进行讲评,即作业的“批”和“评”要有效结合起来,才能真正从根本上解决作业中存在的问题。因此关于作业的讲评课也是课堂教学的一种重要课型,其目的在于纠正解题错误,巩固基础知识体系,规范作业解答格式,提高学生解题熟练程度和技巧,挖掘学生学科潜力,拓宽学生解题思路,开发学生创新能力等。然而,当前作业讲评普遍存在以下不良现象:机械照搬答案、就题论题不扩展;面面俱到、眉毛胡子一把抓、无重点;完成作业讲评后不检查巩固无效果等。这些作业讲评中的问题给学生带来很多困惑:简单已掌握的内容老师还反复讲解浪费学生宝贵时间;有问题没领会的知识点老师又讲不清评不透;讲的东西无重点、没体系,学生不知要掌握哪些等。

出现以上问题的主要原因归纳如下:

(1)教师对所布置作业没有优化设计,缺乏重点和完整体系。没有精心设计的作业本身就是杂乱无章的,对这样的作业进行讲评怎么能全局把握?

(2)教师进行作业讲评时缺乏与学生的互动,唱"独角戏"的居多。这种满堂灌的作业讲评使学生完全处于被动状态,长此以往,学生就失去了学习的积极主动性,容易产生厌烦心理,收效甚微。

(3)作业讲评面面俱到,缺乏重点。作业讲评必须遵循一定的比例,大多数学生都做对的内容可以不讲评,所有的作业都评只会浪费大多数学生的时间,造成学生学习能力的退化,限制了学生对重点知识的强化。

(4)讲评作业时就题论题,不能把握整体。每个学科都具有一个完整的知识体系,知识点之间是相互联系的,就题论题使得学生对知识点的理解掌握是零散的、不完整的,只会解一道题,不能通一类题,无法从根本上改变学生知识结构中存在的问题,学生的知识体系是支离破碎的。

(5)讲评作业时缺乏语言艺术和情感交流。有些教师出于对学生学习状态的焦虑,在学生作业出现问题较多时,控制不住自己的情绪,讲评过程中发脾气、用过激语言损学生,有时甚至体罚学生,往往忽略了与学生的情感交流,没有从根本上找到问题所在,这样只会引起学生反感,使学生对待作业和学习产生消极抵触情绪,事与愿违,得不偿失。

(6)作业讲评后缺乏二次评阅环节,削弱了巩固强化的目的。作业讲评结束后,不少教师没有及时布置相关作业进行强化巩固,使得学生没有及时得到相关训练,降低了作业讲评的效果;还有些教师要求学生将错的地方订正一下,没有及时将该薄弱知识点与其他知识点联系起来,举一反三,学生难以达到拓宽思路、培养创新思维的目的。

为了解决作业讲评中的问题,教师必须从根本上意识到作业讲评的重要性,要认识到"批"是找到作业中的漏洞,"评"是为了"亡羊补牢",及时解决好问题,因此教师在处理作业时应将作业的"批"和"评"有效结合起来,精心设计作业的"批"和"评"环节,耐心对待学生作业中的错误,热心帮助学生解决作业中问题,全身心对学生投入情感,真心尊重学生,讲求教学的艺术。教师在讲评作业时要遵循四个注意和四个目的。作业讲评中的四个注意是:注意重点突出,善于归类讲解;注意脉络分明,善于上下联系;注意开拓思路,善于挖掘潜能;注意把握整体,善于思考创新。通过作业讲评要达到的四个目的是:答疑纠错;分析对错;找准症结;对症下药。答疑纠错环节是帮助学生找到作业中错误并解决疑问,分析对错环节是告知学生对错的原因,找准症结环节是通过与学生的交流找出错误的根源所在,对症下药环节是协助学生巩固强化、举一反三、改正错误。

作业的"批"和"评"成功结合的方式应具有以下几个主要环节:

(1)认真完成作业的"批",它是整个工作的基础。对即将批改的作业,教师应准备全面准确的标准答案,制定科学合理的等级标准,认真完成作业的批改工作。

（2）仔细分析批改后的作业，它是"评"的必要前提。对作业中错误情况进行统计、汇总，确定讲评重点。找出错误原因，对症下药，采取有效补救措施，堵住错误漏洞，把握全局，注意知识体系的完整性和统一性。

（3）客观进行作业的"评"，它是解决作业问题的关键。对作业中存在的问题要冷静分析，耐心讲解，教师对待学生作业中错误要有正确的态度，讲评时注意语言的艺术性，要多鼓励，少打击，这会对培养学生的学习信心和积极性起到至关重要的作用。

（4）严格督促学生对作业中的错误进行订正，增加二次评阅环节，它是对作业"批"和"评"的有效补充。教师要在讲评结束后设计相关作业，巩固强化学生对相关知识、方法的掌握，及时解决作业中暴露的问题。

作业的"批"和"评"相结合方式除了注意以上主要环节外，教师也不要忽视了对学生作业格式的规范，一般说来，作业的规范性要求主要集中在如下几个方面：按时完成不拖沓，书写整洁不乱涂乱画，格式规范保质保量，独立完成不抄袭，及时订正不漏过错误。

总之，只有把作业的"批"和"评"成功结合，教师才能上好讲评课，要注意处理好教师的主导作用与学生主体作用间的关系，使讲评课真正起到纠错补漏、巩固强化、开拓创新的作用，提高学生学习能力的目的，为提高教学质量提供优良平台。

12.3　课后辅导

随着教学改革的推进和教学对象（学生）思想的日趋活跃，在计算机技能技术相关课程的教学过程中，学生向教师提出的问题呈现出多样性、复杂性和灵活性的趋势，对学生提出的这些问题，教师如何给出令他们满意的正确解答成为教学过程的一个重要组成部分。

另外，要想取得良好的教学效果，提高教学质量，教师必须探索如何辅导学生，指导他们掌握正确有效的学习方法，学会思考，勇于质疑和创新，教师在帮助学生解决问题的过程中，还要培养学生提出问题、分析问题和解决问题的能力，这个过程对教师而言是个复杂的综合型研究课题，教师决不能认为给出问题答案就万事大吉，应在教学过程中不断摸索和总结辅导学生的科学方法，只有这样才能将学生培养成新世纪的合格接班人。

12.3.1　及时解答学生提出的问题

学生的学习过程不仅是一个接受知识的过程，而且也是一个发现问题、提出问题、分析问题、解决问题的过程[1]。就教与学而言，教师教育观念、教学方式的转变最终都要落实到学生学习方式的转变上。学生学习方式的转变具有极其重要的意义，这是因为学习方式的转变将会牵引出思维方式、生活方式甚至生存方式的转变。学生的自主性、独立性、能动性和创造性将因此得到真正的张扬和提升。教学关系不再是我讲你听、我问你答、我写你记，而是教与学的交往和互动。从某种角度说，提出问题比解决问题更重要[2]。而在当前教学实践中，经常遇到这样一些情况：有些教师上课时满堂灌，不愿让学生提问题，怕学生提问对讲课有干扰或怕浪费时间影响教学进度；有些教师以自己提问让学生回答的形式进行课堂教学，认为这样才不至于使课堂教学偏离既定内容和轨道；还有的教师生怕学生提出过于生僻和高难度的问题,如果一时答不出来,自己会没面子,下不了台。其实,这些顾虑都是不必要的,只有让学生主动提出问题,积极动脑,大胆思维创新,才能真正活跃课堂气氛,营造出良好的课堂讨论问题氛围,教师不要担心自己有不会的问题,教师是人,不是神,要放下架子,大胆诱导学生提问,和学生共同讨论,这样才能取得好的教学效果,让学生提高学习能力,学生才会从心底感激和尊重教师。

美国教育专家布鲁巴克认为:"最精湛的教学艺术,遵循的最高准则,就是学生自己提问题。"在当今信息社会,如何引导学生学会学习是每一个教育者所面临的重要课题,而引导学生学会提出问题正是激励他们创造性学习的一个关键。

教师任何时候都应鼓励学生主动提出问题,这样做将对教学工作大有益处。首先,学生主动提出问题有利于发挥学习主观能动性。素质教育改革中提出让学生主动发展,充分发挥学生在教学中的主体作用,而现今的课堂教学并没有完全体现该要求,许多情况下是教师提问,学生应教师要求在指定范围内提问,是被动地问,要改变学生的这种被动学习状态,教师在教学过程中要使学生认识到自身在学习中的主体作用,积极参与学习过程,充分发挥自主学习的主体作用,变被动为主动,自发地提出问题。其次,鼓励学生提出问题是教育改革新形势下"因生而异,以生为本"的要求。学生是有差异的,教学过程应针对不同类型的学生来组织实施,因材施教。然而,目前在各级教学中普遍存在教学无差异性问题,教师在施教中只考虑大部分学生的需求,忽视两级(特别好和特别差)学生的特殊需要,这种教学模式是片面单一的,不能让所有学生在各自的基础层面上都有所进步、提高,导致这种现象的主要原因就在于教师没有及时掌握学生的差异性教学需求,而了解学生的最直接手段就是鼓励学生提出问题,从问题中折射出学生的差异性,从而针对学生的差异性来组织和实施教学,形成立体多极的教学模式,让不同的学生都能发挥自己的优势,达到满意的教学效果。最后,学生提出问题和教师及时解答营造了良好的课堂互动氛围。课堂上,教师循循善诱,引导启发学生提出有一定水平和质量的问题,对别的同学也是一种启发,可以活跃课堂气氛,开阔教师和其他同学的思路,教师也可以通过问题的解答来进一步巩固课堂教学效果,营造积极讨论的课堂环境,在全班范围内或小组范围内进行讨论、争辩,使整个班级的同学都从中受益。

在实际教学中,往往发现许多学生提出问题的能力较差,不知怎样提出有水平的问题,或没有动力和兴趣提出问题,这种能力需要教师加以训练和培养,加强以下方面的工作。

1. 教师要耐心对待学生提出的问题

教师所带班级有众多学生,学生之间又有着这样或那样的差别,提出的问题可谓五花八门,良莠不齐,有些问题提得好,水平高,有些问题提得没有太大教学价值,甚至幼稚可笑,但无论是哪种情况,都是学生积极思考、勇于提问的结果,应得到尊重,教师切不可由于问题质量不高就轻视挖苦学生,也不可对简单问题置若罔闻,敷衍搪塞,这样会挫伤学生提问的积极性,进而可能影响学生学习效果,要耐心对待学生提出的每一个问题,善意地加以解答和引导,保护学生提问的热情和求知的欲望。

2. 教师要精心设计教学环节引导启发学生提出问题

学生由于对知识掌握不透,缺乏学习经验,有时提出问题不得要领或不知怎样表达问题,这种情况下,教师要在教学中精心设计启发环节,既要考虑教学内容,又要考虑学生的差异,注意向学生提示设问的角度和方法,一步步地引导学生进行思索,对所学习知识点有一个较透彻的了解,这样才能提出有价值的问题,真正掌握学习的窍门,领会教师提问教学环节的精妙之处,从而达到良好的课堂教学效果。

3. 教师要细心及时解答学生提出的问题

在教学中,教师既要积极鼓励学生大胆发问,又要及时解答学生提问。有些教师认为把答案给学生就完成了问题的解答,其实不然,教师解答学生问题大有学问可言,切不可粗心草率地处理这个问题。教学中解答学生问题的方式有很多,归纳起来,大致分为三种:

(1) 引导学生自己解答。教师不直接把答案给学生,而是循循善诱,指给学生解决问题的角度、路径和方法,逐步引导学生自己解决,这样既锻炼了学生分析问题、解决问题的能力,又让学生从自己解决问题的过程中体会到成功的喜悦,激发了学生的求知欲和学生的积极性。

(2) 采用学生互助的方法解答。这种情况适用于比较简单的问题,学生中有部分同学具有解决该问题的实力,让学生帮助学生解决问题,既能发扬同学之间的互助精神,又能让有能力的学生当一回"小老师",提高其学习兴趣,还可以通过讨论和共同解答问题的过程进一步巩固教学效果。

(3) 教师亲自解答。这主要针对难度较大的问题,班级里大部分同学都存在问题,这时由教师本人解答,可以更全面深入地对问题进行探讨、分析和解决,在该过程中教师要注意引导学生积极思考,开拓创新,防止学生解决问题时产生对教师过度依赖的心理。

12.3.2　课程的辅导与学习方法的指导

课程的辅导是指在一定教育环境下对学生学习相关课程所进行的教学辅导,它是以一定教学理论为指导的、科学的教学辅助形式,是教学工作的必要环节和有效补充手段[3]。教师对课程的辅导应具备以下几个方面的特征:

(1) 教师辅导学生充分发挥其主观能动性。在课程的辅导过程中,教师的定位是"辅助引导",它含有两层含义,第一层是指教师要完成在课内的辅导课,第二层是指教师对学生课堂外的学习要起到重要的引导作用。无论是课内还是课外,教师都要进行辅助引导,在这个过程中教师应注意突出学生的主体地位,明确教师只是起到次要的辅助作用,帮助学生在学习过程中处于主动参与、主动学习的状况,指导他们建立正确的学习目标,形成良好的学习习惯,掌握学习策略和认知能力。整个辅导过程中学生始终起主体作用,辅导学习的主要承受者是学生,因此,教师应为学生创造各种有利学习环境和学习条件,激发学生的学习兴趣,调动学生学习的积极性,充分发挥学生主观能动性,利用各种方法获取知识,有效地完成学习任务。

(2) 教师的辅导要有的放矢。教师在对学生进行辅导时,应抓住重点内容来实施辅导活动。有些教师对辅导课缺乏正确认识,在辅导课上谈些其他话题,使得辅导课成了解决班级事务的训话课,这会给学生的学习带来不利影响,干扰学生的正常学习活动。因此,教师在辅导时要从学生的实际需要出发,针对学生学习上出现的问题展开辅导活动,紧紧围绕教学重点和难点,做到有的放矢。真正做到这一点对教师来说并不容易,首先教师要以学生为根本,深入了解学生学习活动中出现的障碍和问题,分析产生该现象的原因,针对不同的问题进行辅导课准备工作,紧紧围绕主题组织实施课内外辅导活动。只有这样才能帮助学生进行有效的学习活动,及时解决学习过程中遇到的问题和困难,提高学生学习兴趣,激发学生的求知欲,顺利完成学习任务。

(3)教师的辅导模式要多元化。多元化是指教师在辅导过程中采取多种辅导方式和手段对不同层次学生进行辅导。这种多元化辅导方式主要来自三个方面的需求:第一是辅导对象的差异性需求。一个班级的学生不可能都处于同一水平,不同学生学习上出现的问题也是不一样的,教师应针对不同的学生进行有差别的辅导,切不可一概而论。第二是激发学生学习兴趣的需求。如果教师进行辅导时总是采取单一的方法,就会让学生感觉枯燥,从而产生对学习的厌烦情绪,教师应使用多种辅导方法开展丰富多彩的辅导活动,激发学生的学习兴趣。第三是现代技术手段多样化的需求。在当今这个科技和信息技术异常发达的时代,教师应熟练掌握和应用现代教育技术手段,充分利用多媒体教学辅助技术和网络教育资源进行辅导,制作适合学生的多媒体课件,设计高质量的学习辅助材料,对学生的学习进行指导,及时反馈学生提出的问题,通过网络对学生课外学习和作业进行在线辅导,从而提高学生的学习能力。

(4)教师的辅导要有长期规划。教师在课程学习时进行的辅导应有一个长期目标,不可头疼医头、脚疼医脚,只求短期利益,忽视了课程的总体目标。有的教师在辅导时缺乏对课程的整体把握,课内外的辅导活动完全是随机的,没有真正把学生实际需要和课程的长期目标结合起来,这就形成了课程辅导中教师学生角色定位主次不分的局面,使得教师的辅导是支离破碎的,缺乏系统性,学生的学习能力得不到有效提高,关于该课程的知识体系出现缺失,学习效果难以令人满意。因此,教师要设计完整的课程辅导计划,短期目标和长期目标要有机结合起来,循序渐进,稳扎稳打,实现本课程的辅导目的。

综上所述,课程的辅导是课堂教学的必要补充,是具体贯彻因材施教的重要途径,是实行分类指导、促进全体学生共同发展和提高的重要环节。教师是课程辅导的实施者,对课程辅导的效果起到重要的作用,教师辅导方法和模式的选择对课程辅导有着举足轻重的意义[5],因此,在课程辅导中对教师有以下具体要求[6]:

(1)教师要注意自身专业素质培养,认真钻研教材,在课程辅导中把握关键。课程辅导的效果很大一部分取决于教师对教材的把握,因此,要想取得好的辅导效果,教师在备课时要针对学生的特点,认真钻研教材,既要备课本,又要备学生,根据学生的不同需要因材施教,只有教师吃透了教材,领会了教材的要旨,把握住教材的精髓,再结合施教对象学生的具体特点,才能全面把握课程辅导的关键点,在辅导中应用自如,统领全局。这就对教师的专业素养提出较高要求,只有在教学中一直注重自身专业素质培养提高的教师,才能达到这样的境界。

(2)教师要积极主动地到班级去辅导,为学生排忧解难,认真引导学生提高自学能力。有的教师在上辅导课时改作业,让学生有问题上来问;有的教师辅导课总在办公室里干自己的事,听任学生自习;还有的教师辅导课跟上课一样满堂灌,不给学生自己学习的时间;这些现象都是由于对课程辅导认识有误造成的;为了改变这种错误现状,教师在辅导时要主动在班级里巡视,认真观察学生作业情况,及时发现学生学习中遇到困惑并解答,细心了解学生学习方面的思想动态,归纳学生的错误和疑惑,围绕重点内容展开辅导,在该过程中,以学生自学为主,教师引导为辅,切不可喧宾夺主,主次不分,教师在辅导中应起到画龙点睛的作用,只有这样,才能提高学生自学能力,激发学生学习兴趣,拓展学生的创新能力,达到良好的教学效果。

(3)教师要组织丰富多彩的学科课外活动,开阔学生学科视野,促进学生的全面发展。很多教师认为把课堂上的任务完成就可以了,忽视了学生的课外学习,然而,课外活动是对课程学习的有效补充,学生每天面对的都是单调的课堂学习,时间长了,就会产生厌烦情绪,对学习失去兴趣和新鲜感。教师开展丰富多彩的学科课外活动,有目的、有计划地将课程学习融入到课外活动中,结合学生的兴趣特长,课外活动就会成为激发学生学科兴趣的重要场合,进一步促进学生对课堂教学的兴趣,带动相关学科的学习热情,还可以扩大学生的学科视野,激发学生积极向上的学习劲头,促使学生的学习沿着健康积极的方向发展。

(4)教师在课程辅导时要贯彻因材施教的教育理念,以生为本,因生而异。许多教师在课程辅导时只看重成绩优异的学生,给他们开小灶,关心他们的点点滴滴,而对成绩不好的学生有偏见,或不理不睬,放任自流,或冷言冷语,讥笑挖苦,这样就造成好生更好、差生更差的现象,与当今教育形势下"因材施教,以生为本"的教育理念背道而驰。教师在进行课程辅导时,对成绩优异的学生,应充分发挥其特长和优势,进行学科竞赛辅导,指导他们进行课外学习,拓展加深学科思路,培养创新能力,提升学科水平。对成绩较差的学生,要进行重点辅导,深入了解他们学习中出现的问题和思想动态,及时帮助他们解决疑难,充分调动他们的积极性,对他们多关心,上课多提问,多关注,辅导时利用面谈来提高他们的自信心,挖掘他们的特长,关注他们的优势,进而激发他们的学习兴趣,循序渐进地辅导他们提高学习能力。

(5)教师要经常开展师生座谈,及时对课程辅导效果进行反馈,查缺补漏。教师要想得知课程辅导效果的好坏,唯一的渠道就是通过学生的课下反映,只有学生才最有发言权来衡量教师课程辅导的效果。因此,在课程辅导进行了一个阶段后,教师就要组织一次师生座谈,根据学生对课程辅导方法和模式的评价,结合学生的作业情况,查缺补漏,对薄弱环节要进一步加强,对漏过的知识点要及时补充,尽可能完善学生的知识体系。教师也可以通过座谈及时了解课程辅导的效果,保持师生沟通渠道的畅通,一方面能使教师水平得到提高,另一方面对建立良好健康的师生关系起到促进作用。

在课程辅导中,对厌学学生的辅导成为教师教学工作的一大难点,用通常的辅导方法往往使得教师感到束手无策,究其原因,厌学学生有这样几个独特特征:学习基础差,自制力弱,对学习失去兴趣,对老师的教育辅导置之不理。对该类学生的课程辅导要使用特殊的方法。首先,教师要查明学生厌学的根本原因,对症下药。学生厌学的原因是复杂的,不能单纯地归结为学生懒惰和愚蠢,可能还有着学校、家庭和社会原因,教师要不厌其烦地与该类学生沟通,先找出学生厌学的情感因素,然后再有的放矢地设计辅导方案,循序渐进地改善他们的现状。其次,教师在辅导时要给予厌学生更多的关爱、鼓励和尊重。厌学学生往往比较自卑,没有学习自信心,所以选择了放弃,他们的意志和情感比较脆弱,对外界环境比较敏感,尤其与教师保持一定的心理距离,教师在辅导他们时要付出比平常学生更多的关爱和耐心,从人格上尊重他们,从生活上关心他们,从情感上亲近他们,让厌学生真正感受到老师对他们的爱心和重视,缩短与老师的心理距离,关系变得亲近,他们才可能愿意接受老师的辅导和教育,在厌学学生取得一些成绩时,教师一定要及时鼓励,激发他们的信心,使他们保持良好的状态。最后,教师在辅导厌学学生时,要给他们创造更多的机会去体验成功,增强学习兴趣。学生厌学的很大一部分原因是学习中遇到太多困难,情感上有很强烈的受挫感,教师要在辅导中要注意观察学生的特点和优势,给他们创造机会,让他们体验成功,感受到成功的喜悦,逐步削弱其挫折感,激发他们的学习兴趣,这样才能最终取得良好的课程辅导效果。

总之,教师在课程辅导中对学生的学习行为起到控制引导作用,这就要求教师在辅导活动中要有意识地运用教育心理学原理和方法,处理好与学生的关系,真诚对待学生,设身处地为学生着想,让学生感觉到尊重、关爱、真诚和温暖,只有这样,才能建立良好健康的师生关系,学生的学习能力才会沿着正确的方向健康积极的发展。

然而,在学生学习过程中仅靠教师的教学是不够的,掌握科学的学习方法对学好各种知识和技能、提高学习水平有极大的促进作用。教师在教学中还要注意对学生科学学习方法的指导,一般来说,科学的学习方法应包括以下五个重要环节:制订科学的学习计划、进行课前预习、课堂上认真专心听讲、独立自主地完成作业和课后及时复习巩固。学习方法还具有如下几个特征:

(1)学习方法是因人而异的。每个学生的基础、特点和个性都是不同的,因此,每个人的学习方法也有所不同。教师在对学生的学习方法进行指导时,既要考虑学生的共性,又要结合学生的个性和实际情况,制定出最适合每个学生的学习方法,不可一刀切,一个方法强加于所有人,这只能导致部分学生达不到应有的学习效果,学习停滞不前。

(2)学习方法的效果是循序渐进的。学生学习知识的过程是一个由浅入深、由易到难、由简到繁的长期过程,有的学生在学习时追求速战速决,希望短期之内取得很大的成功,希望从老师那里得到学习的捷径,殊不知,世界上没有学习的速成法,它是一个逐步的、长期的过程,必须要付出辛勤的汗水和劳动,才能循序渐进地取得好成绩。教师在指导学生学习方法时,一定要让学生认清这一点,切不可提供给学生所谓"速成法",有些可能取得一些短期效应,但往往造成学生基础不牢,知识体系不完整,到最后往往使学生的成绩一落千丈。因此,学生要按照学科知识体系有计划、有步骤地进行学习,立足于基础知识,踏踏实实,注重积累,循序渐进,厚积薄发,不能好高骛远和贪多求快。

(3)学习方法是理论与实践相结合的。在学习中,学生既要认识到掌握理论知识的重要性,又要明白理论是对实践的指导、为实践服务的道理,教师在指导学生的学习方法时,要对学生强调学习中理论与实践相结合、相辅相成的原则,让学生学习时既要勤奋学习理论知识,又要练习动手操作能力,动手能力和动脑能力一样重要,要使学生学习与练习相结合,学中有练,练中有学,多方位、多感官地让大脑各个感觉中枢建立联系,提高学习质量,重视实际动手实验能力的培养,应用所学知识做指导来解决实际问题。

(4)学习方法是需要持之以恒坚持的。学习是一个长期艰苦的过程,学习方法的持之以恒是指学生要明确自己的学习目的,做一个长期规划,要有战胜困难、百折不挠的精神,以不懈的努力和坚忍不拔的毅力来完成学习过程。教师在指导学生的学习方法时,一定要让学生清楚地领会持之以恒的要旨,并在学习中真正贯彻落实,不可知难而退,打退堂鼓,半途而废,要做好长期作战的思想准备,坚持不懈地努力学习。

(5)学习方法是讲究劳逸结合的。有的教师、家长错误地认为学生总是埋头苦干就是最好的,这是一个错误的、不科学的认识,学习方法讲究劳逸结合,有张有弛,这样才能提高学习效率,有益于身心健康发展。教师在指导学生使用正确的学习方法时,不可让学生一味蛮干、傻干,要讲究策略,依据科学学习方法,指导学生合理安排学习时间,科学地使用大脑,让知识的记忆和理解达到最高的效率,收到最好的效果。

(6) 学习方法是发展变化的。随着学习阶段和学生认知水平的变化,学习方法也要随之调整,不能一成不变,教师在指导学生的学习方法过程中,要注意观察学生学习情况的变化,并随之调整学生的学习方法,以达到最佳的学习效果。要避免学生使用单一、呆板的学习方法,不变通,使得学习效果不尽如人意,这对教师提出了更高的要求,教师要做到关心每一个学生,关注他们的成长变化,帮助他们选择正确的、适合自己的学习方法,培养他们的创新能力,开阔他们的学习视野,激发他们的学习潜能,用科学的方法提高学习能力。

学生在教师的指导下选择合适的学习方法,这对提高学习效果和效率有重要推动作用。学习方法的指导包括两个方面:一是列举科学的学习方法,二是指导学生如何使用科学合理的学习方法。指导方法主要有归纳指导法、对比指导法、启发指导法、讨论指导法和自学辅导指导法。教师对学生学习方法的指导要讲究科学性,体现在学习的方方面面,具体表现在如下几个方面:

(1) 教师要指导学生制订科学合理的学习计划。学习计划的合理与否直接关系到学习的成败,教师要使每一个学生都明白学习计划的重要性,在开展学习活动之前制订出适合自己的学习计划。学习计划的内容包括学习目标与任务的预定、具体措施、时间的合理安排与科学统筹等。在制订学习计划时要注意既要有长期规划,又要有近期安排。长期规划是从整体上根据主客观情况确定阶段学习的目标和重点,一般以一个学期为宜。近期安排要具体到每周每日的学习,这一周要完成什么任务,学习多少小时,以什么为重点,都要有详细明确的安排,每天或每个阶段要对学习目标的完成情况做一个回顾检查,看是否如期完成学习任务,这对贯彻实施学习计划有很大好处,长期坚持下去,定会对提高学习效果有很多帮助。有的学生在制订计划时思考得很周到,任务也制订得很多很具体,但总是执行不了,主要原因是由于对自身没有清楚的认识,或自身意志力不坚定,不能贯彻执行计划,导致计划制订不合理,脱离实际,或无法完成计划等。怎样才能制订出合理的计划呢? 教师在指导学生制订学习计划时应该让学生明确以下几点:一是计划要明确具体;二是计划要切合实际;三是计划要留有余地,游刃有余;四是计划要有弹性,可以及时调整。

(2) 教师要指导学生合理利用时间,科学用脑。时间有限,而学海无涯。如何把有限的时间投入到无限的学习中呢? 这就要求学生要科学合理地利用时间,同样的时间,善于运用的人,会取得更大的成绩,有些同学只知道一天到晚死读书,抓紧每一分钟,而学习效果却很不理想,因此,教师指导学生科学运筹时间对提高学习效果有重要意义。在指导时教师应注意提示学生注意以下几点:一是时间的运用要符合人的生理规律,掌握自己的生物钟;二是学习时间安排要注意劳逸结合,张弛有度,提高学习效率,防止大脑疲劳过度;三是不同特点的知识学习时间安排要交替,保持大脑的兴奋度和学习新鲜感。

(3) 教师要指导学生学会科学理解记忆。记忆是学生学习知识的主要手段,知识只有靠记忆才能在头脑中得到巩固、保持。然而,很多学生不懂得如何进行科学的记忆,一味死记硬背,造成知识在大脑中是呆板生硬的,支离破碎,不成体系,使得应用起来很费劲生涩,因此,教师要注重对学生科学理解性记忆方法的指导,指导他们要注意以下几点:一是要明确识记忆的目的和任务,进行积极有意识的理解记忆;二是使用科学的记忆方法,增强记忆效率,达到事半功倍的效果;三是掌握记忆遗忘的规律,科学地进行周期性的复习巩固。

(4)教师要指导学生注意知识系统化和条理化,及时归纳总结。学生学习的知识是一个完整的体系结构,对各个学科知识的掌握是有规律可循的,切不可剥离开来,单独记忆,这样只能导致知识的掌握是分崩离析的,记忆效果不好,达不到既定的学习目标。因此,教师要指导学生注意学科知识的系统化和内在联系,一个阶段的学习结束后,要抽出时间对所学的知识按学科、按单元进行整理、归纳和总结,找出它们的内在联系,上下串联起来理解记忆,使之系统化、条理化,形成知识的网络结构,避免知识的重复记忆和机械记忆,经过这样一个归纳总结过程后形成的知识体系结构是精练的,具有少而精的特点,且重点突出、脉络清楚,掌握理解起来很容易,记忆起来也很方便,使用起来更是如在眼前,得心应手毫不费力。

学生在教师指导下运用科学的学习方法进行学习活动,对他们学习能力的提高会有很大的促进作用,会取得一定的学习效果,但是,学生在具体实施学习方法时,往往还存在这样或那样的问题,导致学习效果打折,达不到预期的目标,因此,教师要指导学生在落实学习方法时,不能只停留在理论上,要具体落实到自己的学习行动中。教师要通过宣传教育统一学生的思想,加强监督和管理工作,采用定期和不定期的检查保证具体环节的落实,营造良好的学习氛围,努力推动学生学习方法的具体落实。在落实过程中教师要注意以下几个原则:

(1)要坚持集中指导与个别指导相结合的原则。教师要将学习方法指导放在教学中的重要位置,耐心细致地做学生的思想工作,帮助学生解决学习中遇到的具体问题,既要结合本学科特点,加强对学习方法的宏观指导,又要结合学生实际,针对学生在学习过程中暴露出来的问题,进行个别指导,不能一概而论。

(2)要以作业检查和课堂表现等具体环节为依托,坚持思想教育与督促检查并举。通过学生在课堂上的具体表现,结合作业的检查情况,掌握学生学习方法的落实情况,检查学习效果,发现学生存在的问题,逐步培养学生良好的学习习惯,带动学生不断完善学习方法,促进学生良好学习习惯的养成。

(3)要通过定期开展师生交流活动,促进学生落实科学的学习方法。开展师生座谈是一种比较重要的交流方式,它不像课堂上那么严肃,使得师生可以在一种比较轻松的氛围中谈论学习生活中存在的问题或体会,让教师能够在第一时间及时掌握学生思想动态,调整学习方法,以达到最佳的学习效果,还可以使学生在教师指导下了解其他同学的学习经验,通过主题交流会的形式,促使学生既能用科学规律武装头脑,又能根据自己的实际,不断调整学习方式、方法,使之更加适合自己的实际。

本章小结

本章主要介绍了如何培养计算机技术课程教师批改作业和课后辅导的技能。主要包括教师在布置作业的过程中如何选择作业的形式,怎样控制作业的数量和难易程度,对作业讲解中存在的问题和处理方法进行了阐述;教师在批改作业时使用哪些批改方式,怎样将批与评有机结合;如何对学生进行课后辅导,怎样指导学生掌握科学的学习方法。

思考题

（1）作业的布置要处理好哪些关系？教师在控制作业数量和难易程度时的注意事项有哪些？

（2）作业的"批"和"评"成功结合的方式应具有哪些主要环节？

（3）教师怎样训练和培养学生提出问题的能力？

（4）好的学习方法具有什么特征？教师应如何指导学生掌握科学的学习方法？

参考资料

［1］　刘丽梅,徐桐,孙雪昭.引导学生学会提出问题.辽宁教育研究,2004(7).

［2］　王坤.鼓励学生自己提问题.学科教育,1998(7).

［3］　贺桂英.远程教育中课程辅导教师的职责和作用.中国远程教育,2001(4).

［4］　韦润芳.自主学习和面授辅导.开放教育研究,2000(2).

［5］　韩素莹.现代远程教育中如何发挥教师的导学作用.电大教学,2002(2).

［6］　刘建安,汤春来.现代远程教育中电大教师的定位.中国远程教育,2002(2).

［7］　廖旭,张国斌.完善学习支持服务体系的探索.中国远程教育,2004(8).

［8］　黄伟星,刘宣文.论学校发展性辅导.大众心理学,1999(1).

［9］　徐捷.论学校心理辅导活动体系的构建.南宁师范高等专科学校学报,2001(2).

［10］　华建新.自主性学习的特征与学习方法.中国远程教育,2001(4).

第13章

计算机技术课程教学评价技能

　　本章主要介绍教学测试的目标和评卷的程序方法,明确了考试的目的、题型和难易程度,分析了命题的一般程序和方法,介绍了如何按照一定的原则进行试题编制。由于计算机网络和信息技术在考试、命题和评卷过程中的应用,结合计算机技术的特点描述了相关考试和评卷方法以及考试结果可靠性和有效性分析,探讨了如何按照规范的格式撰写考试质量分析报告,介绍了考试质量分析报告的几个关键环节。本章学习主要掌握的内容:

- 考试的目的、题型和难易程度;
- 命题的一般程序、原则和方法;
- 评卷的一般程序和方法;
- 考试结果的可靠性和有效性分析;
- 如何撰写考试质量分析报告。

13.1　命题

　　命题是学校教学工作的一个重要环节,它是检验教学效果、促进教学改进发展的主要手段,也是衡量教学质量的有力工具。命题的发展方向直接约束教学的发展方向,影响相关学科教学的侧重点,对教师和学生的教学学习工作起到至关重要的指导作用。

　　命题是一项严肃而又复杂细微的工作,需要依据相关原则,科学设计,周密安排。在教学实践中,有些教师命题时只凭经验编制试卷,或随意从一堆参考书中挑选试题进行组合,东拼西凑,敷衍了事,这样的命题方法无教学规则可依,严重影响试题质量和教学效果。因此,教师命题时要正确把握命题原则,认真分析,做到心中有数,成竹在胸。

　　命题是一项针对性很强的活动,有着一定的测试目标,对教学起到指引和路标的作用。命题的目的是为了检查教学计划的完成情况,考查学生在预期的学业水平上所达到的程度,通过测试来找出问题,制订相关措施改进教学,改善学生的学习。测试目标不同,对命题的要求也不同,相对应的试卷特点和难易程度也有区别,题型也随之变化。因此,教师命题时要充分了解测试目标,分析、确定教学内容测试的目标要求,在命题目的的引导之下,做到有的放矢。

　　命题是一项高度综合的技术,涉及教学的很多方面。教师在命题时要考虑诸多因素,如考试类型,题目的选择,题目类型的确定,各类题目权重分配等,教师只有按照一定的命题原则,科学、规范地分析测试目标,深入了解教学内容,综合多种技术因素,才能编制出高质量的题目,完成命题任务。

综上所述,命题是一个对教师水平要求较高的、综合性的技术活动,在命题过程中,教师只有正确把握命题原则,深入分析教学侧重点和测试目的,熟悉各种题型的特点,合理分配教学内容比例权重,才能编制出科学合理的试题。

13.1.1　试题编制的一般原则

试题的编制是基于不同类型考试的特点之上的,考试类型不同,对试题的要求也不同,相应的试题编制依据原则也不同。我国的考试类型分类较为复杂,划分的标准不同,类型也有很多种。按考试的形式可划分为口试、笔试和操作考试,其中笔试中又有闭卷笔试和开卷笔试两种。按命题范围可划分为学科考试和综合考试。按考试规模可划分为全国性统考、地区性统考、校内班级考试等。试题的类型按应答的方式及判分手段的性质可划分为主观性试题和客观性试题两大类。主观性试题是指应试者在解答问题时,可以自由组织答案,评分者对给分标准难以做到完全客观一致,需要借助主观判断确定,易受主观因素影响。客观性试题格式固定,给分标准易于掌握,评分者对给分标准可以做到客观一致。

考试和试题虽然种类较多,特点各异,编制的具体要求和技巧也不尽相同,著名教育家布卢姆提出了有关试题编写与挑选的七条一般性建议:试题应该清楚地提出一个单独而明确的问题;试题的阅读难度和语言难度应当适合考生的水平;所有试题均应避免重复现象,并在无碍清晰度的条件下,尽可能地简洁;无论何时都要尽可能使用简明的单词——意义准确且清晰的单词;试题在语法和标点符号方面应该完美无缺;避免提供正确答案的线索——试题与试题之间不能具有互相提示性;每一道试题都应予以编辑[1]。对以上建议进行归纳,总结出编制试题时应遵循的一般原则。

1. 整体全面性原则

试题的形式和内容要以测试目的为出发点,全面反映测试的要求,所覆盖的知识面既要整体全面,又要重点突出,保证编制的试题能代表整体测试内容,还要注意各个知识点的比例分配,要根据测试要求从整体上恰当确定试题的分量,不能凭借个人的主观意识编制试题。另外,所编制的试题应能从不同层次来全面测试学生的整体知识体系掌握情况,这就要求在试题的布局方面有一个好的结构,应由浅入深,循序渐进,有一定的层次梯度,既要检查学生掌握知识的程度,又要考核学生运用知识分析问题和解决问题的能力。这就要求教师在编制试题时要依据教材的教学计划和大纲,认真分析要考查的知识点,既突出重点,保证质量,又覆盖全面,防止过偏。

2. 合理有效性原则

在编制试题时,应当合理地制定评分标准,评分力求简便、准确和有效,在分数的分配和给分的标准方面务求科学合理,能有效排除无关因素的干扰,对主观性试题要分步定分,尽量列举出所有正确答案,对客观性试题应慎重确定给分标准,力争一个有效答案,不能出现所编制试题给分标准不清楚、笼统模糊、评分随心所欲的现象。这就要求教师在编制试题时,要保证试题考核的知识点清晰明确,有合理有效的标准答案,不至于引起争议,不能出一些模棱两可,既偏又怪,不知所云的试题,要注意试题评分的合理性和有效性。

3. 规范独立性原则

编制试题时,要求在不泄漏解题依据和思路的前提下,尽量使题目语意表达清楚,文句简明扼要,措辞严谨,试题无论是内容还是格式都要满足规范性要求,避免使用艰涩难懂的字词句,使试题出现歧义,学生读不懂,摸不清,影响学生应试。另外,各个试题必须彼此独立,不可相互牵连,题目之间不可相互暗示,比如从一个题目中能得出另一个题目的答案或线索,这样就会影响考试效果。这就要求教师在编制试题时,要对试题语义进行反复推敲,保证通俗易懂,题目的格式要符合教学规范,试题编好后,要完整做一遍,防止违背试题独立性原则。

4. 科学创新性原则

试题必须保证内容的科学性和正确性,不能出现知识性的错误,更不能与所学的概念、原理、法则相矛盾,否则将有碍于考生正确概念的形成,不利于对有关原理和规律的掌握和理解。试题的编制要严格从培养目标和考试目的出发,具有一定的科学性,各类题型要比例适当,题目难易适中,分布合理,必须保证学生的考试成绩呈正态分布,这才能保证考试的目的,并不是说题目越难,学生都被难倒了,试题就编得好,或者题目简单,学生都考得很好,教师的水平就高,编制试题时要防止这两个极端情况的出现。另外,命题时题目要新颖,紧跟时代的教育发展水平,要能够充分体现课程的特点,注意结合课程的最新发展,符合新形势下教育改革的要求,考查目标中要有对学生创新能力的考核,不能一套题目考几代学生,试题内容和形式要推陈出新,不断创新进步,避免陈旧老套。

另外,针对不同的题目类型,编制试题又有不同的原则,下面针对几种常见典型的题型,简要论述相应的编写原则。选择题既可考查知识的掌握情况,也可考查判断和鉴别能力。选择题评分客观、省时、省力,编制选择题的选择答案较难,不可排除学生的猜测成分,要对供选择答案随机排列,使靠猜测的学生难以猜对,对多选题的答案要注意其标准性和客观性。判断题一般提出一个题干,要求回答正确与否,这种试题是考查答题者对有明确是非界限的事实的认识。编制判断题时问题界限要分明,避免有争议,应采用简单判断,不用复合判断。填空题是通过提供一个不完整的陈述,要求考生把缺少的部分填上,可填一个部分,也可填多个部分。编制填空题时,所空缺字句应是重要字词句,和上下文有密切联系,答案应是唯一的,注意一句话内填空不可太多,空白长度应一致,以免暗示题目答案。简答题要求答题者对直接提出的问题用简单明了的形式进行回答,这类题型可降低答题者的猜测成功率。编制简答题时,应注意所提问题应是具体的知识,试题答案应是清楚明了的。计算推导题常见于理科考试中,一般用于考查考生的逻辑推理及实际解决问题的能力。编制这类题时,应注意所编制试题应有很强的逻辑性,中间步骤的评分尽量客观规范。论述题是以叙述、说明、评述、论证、分析、反驳等方式进行答题,不仅考查应试者所做答案的正确性,还要考查其得出结论的思想方法和思维过程,同时也要看考生组织材料、行文表达等能力。这类题评分比较主观。编制论述题应防止跑题,编题之前最给出答案,由答案再拟试题,题目意思要清楚,内容要反映考核知识的重点,还要注意侧重综合能力的考查。

对计算机技术相关课程考试的命题[2]，除了遵循以上原则外，还要结合计算机技术的特点，要注意如下几个方面：第一要优化提炼知识点，形成知识网。计算机技术考试大纲所列出的知识点是以树状结构组织的[4]，这便于学生对知识点的掌握及梳理。在试题编制时，要能对考纲中的各知识点进行提炼与扩充，以网状结构的形式呈现知识结构图，要注意实践应用题的命题形式和比例。第二要注意题目的信息化和创新性。经过几年的实践操作，题库中所保存的试题知识点已相当陈旧，教师要结合计算机技术的最新发展，对试题库不断更新改良，注重知识点的创新性。第三要与学生学习生活实践相结合，激发学生兴趣，培养解决问题的能力。计算机技术已深入到社会生活的方方面面，编制试题时，应从学生日常生活学习中发现或归纳需要利用计算机技术解决的问题，在教学实践中寻找到新试题，进一步激发学生学习兴趣，培养他们的动手操作能力。

13.1.2　分析、确定教学内容测试的目标要求

分析、确定教学内容测试的目标要求是整个考试过程的第一步，它用来解决考试考什么怎样考的问题，针对不同的考试对象和目的，测试的目标要求也是不同的，具有多样性和层次性，需要深入细致地对教学内容进行分析研究，从而确定测试的目标和要求。

教学内容测试的目标要求的确定分析主要依据以下几个方面。

（1）以教学大纲为主要参照。在我国，教学目标是否达到都是以教学大纲为准，测试就是用来检查学生达到大纲要求的程度，因此，教学内容测试的范围和目标要求应基本上与教学大纲一致，紧紧围绕教学大纲展开，任何脱离教学大纲的教学行为都是不可取的，在分析和确定教学内容测试的目标要求时，应主要参照教学大纲的内容和要求。

（2）以学生的实际情况和具体要求为外部依据。教务部门在分析和确定教学内容测试的目标要求时，应该充分考虑测试学生的具体教学情况和对考试的实际期望，在实施时根据实际情况加以调整，它不是一成不变的，而应该是动态的，这样制定出的目标要求才会有效，真正满足学生的实际需要，达到良好的测试效果。

（3）以测试的主要功能为依托。不同的测试，其实现的功能也是有区别的，为了尽可能地实现测试的功效，就要制定相应的目标要求，这样才能最大化实现测试的目的，达到预定的要求，不能脱离测试的功能规定一些不切实际的目标要求，这样只会导致测试的失败。

另外，确定的测试目标要求应尽可能明确、具体，切忌空泛、抽象、艰涩和难易理解，这样的目标要求是空中楼阁，难于实现，要仔细分析研究要测试的教学内容，做到有的放矢。因此，如何确定要测试的教学内容是测试目标要求制定的重要环节之一，它应该能够充分体现目前学生学习的具体知识和能力的内容，反映学生的特点，既能如实地体现学生的真实水平，又能突出教学改革的要求。

教学内容测试的目标要求具有多样性和层次性，要体现以下几个层面的内容。第一是体现对学生基础知识的掌握情况，这是学生应当熟练掌握基础知识层次；第二是体现学生的知识扩展情况，这是在教师帮助下学生对学科基础性知识的拔高和扩展，对学生的发展和提高起重要作用的内容层次；第三是体现学生对学科知识的应用能力，这是学生在充分理解教学内容的前提下，对知识的综合应用和创造性使用的能力体现层次。

13.1.3　确定考试目的以及题目的难度和题型

　　确定考试目的、题型和题目难度是考试设计的几个重要环节,是做好考试准备的重要途径,要想做好这几个方面的工作,首先要做好考试设计。在考试设计中要注意以下几个方面的事项[5]:

　　(1) 考试设计必须依据相关课程标准。课程标准规定了各个学科不同学段知识、能力和素质发展的目标和要求,教材则具体地贯彻落实这些基本目标和要求,教师的教学工作是否对实现这些课程标准起到了真正的作用,学生在学习过程中是否达到了这些要求,所有这些,都要通过考试进行考核反映。因此,考试设计要以相关学科的课程标准作主要依据。

　　(2) 考试设计必须重点突出,难度适中。在考试设计过程中,要抓住学科知识重点,不能泛泛地出题,试卷的试题要难易适中,并非把学生都难住了就是成功的考试,考试的目的是考查学生的知识能力掌握水平,记录评价学生的思考过程和思维方法,了解学生是否完成了学习任务,是否具有良好健康的价值取向。

　　(3) 考试设计要注重学生动手应用能力和创新能力的考核。培养学生的创新精神和实践能力是素质教育的核心,这需要考试评价进行积极的导向。在判定考试结果时,可以采用多方位的定性和定量相结合的方法进行科学评价,不能只沿用传统的教学评价体系来狭义地评价学生,应适应新形势和新时代下教育改革的需要,提高学生综合素质,激励他们大胆创新,勇于实践。

　　考试设计的第一步是制订命题计划,它是为考试制订的关于试题如何编制、如何组织的计划。命题计划供教师命题使用,是编制试题和试卷的依据。命题大纲是命题计划的重要组成部分之一,它以文件的形式说明考试的目的、内容范围、试题类型和难易程度要求等内容,反映了命题工作的指导思想,给出命题工作应依据的原则,包括考试标准、命题范围、试题覆盖面控制及试题分配比例控制、难度控制等内容。

　　考试目的是指考试所要测量的学生学习行为的结果。通过考试目的能确定考试的具体内容是什么,要达到的目标,考核的等级等。随着考试对象的变化、考核程度的不同,考试目的也是随之变化的,具有动态发展的特点。考试目的的制定过程是十分复杂的,它需要深入地了解教学内容,大量周密地分析研究教学大纲,并要结合教学改革的新内容。制定考试目的可采取教研组讨论与认真学习教学资料相结合形式,不可片面单一。

　　考试的内容要重点突出,难易适中,要避免两种极端情况:第一是题目太简单,学生拉不开档次;第二是题目太难,大多数学生都不会。这两种情况下,考试成绩都不是正态分布,不符合教学规律。合适的考试难易程度要反映两个方面的内容:第一是通过考试能够充分体现教学大纲所要求掌握的具体知识和能力的内容;第二是考试可以如实地反映考生真实水平和教育改革目标要求的具体内容。试题的难度分为"容易"、"中等"、"难"三个层次,不同难度的试题在试卷中的分值比例一般为:"容易"占 20% 左右,"中等"占 60% 左右(中等偏易占 30%,中等偏难占 30%),"难"占 20% 左右。

　　考试题目类型的选择是命题的重要步骤,试题类型总体上可划分为主观性试题和客观性试题两大类。主观性试题是指应试者在解答问题时,可以自由组织答案,评分者对给分标准难以做到完全客观一致,需要借助主观判断确定,易受主观因素影响。客观性试题格式固定,给分标准易于掌握,评分者对给分标准可以做到客观一致。题目类型具体细分有很多种,不同的考试对应不同的题目类型,在实际的命题过程中,人们常需要综合多种不同的题型,常见的题型有选择题、判断改错题、填空题、名词解释、简答题、论述题、计算题、证明题、分析题、设计题、排列题、联想题、图解题、作文题、翻译、写作等。其中选择题又有多种形式,比较常用的有单项选择、多项选择、组合选择题、最佳选择题、配伍选择题、比较选择题、改错选择题、数列选择题、序列选择题等;填空题分为单空和多空填充;计算题分为单纯计算题、计算推导题和分析计算题;作文题分为命题作文和条件作文。在编制试卷时,要综合考虑考试对象和目标,选择合理的题型,达到考试的目的。

教学改革新形势下出现了许多新类型的考试方式,改变了以往唯一的闭卷考试评价方式,对考试评价也相应提出了新的要求,采用了更多更先进的考试评价方式,如口试和听力考试评价、开放型考试评价、操作型考试评价、合作型考试评价等。口试和听力考试评价形式多应用于英语和语文学科的考试评价中,它重视考查学生参与意识和情感态度,是在具体交际情境中进行,让学生承担有实践意义的交际任务,以反映学生真正的口语交际水平和听力水平。凡是不是唯一答案和标准答案的考试都称作开放式考试,开放型考试评价是让学生走出考场,在一定时间内围绕所给的选题,在一定环境中查找资料、思考问题、经历研究、解决问题,教师通过整个过程中学生的综合表现或与学生的交流情况,对学生进行考核评价。开放型考试评价适用于各个学科,它能有效弥补封闭式考试评价的缺憾,对学生探究问题的水平、能力和创造力进行有效评价,更全面地考查学生,激发学生的潜能和兴趣,培养学生的综合素质,符合教育改革的主要精神。操作型考试评价是针对学科实验操作来进行的考试评价,这种评价方式重点是考核学生动手实践应用理论的能力。合作型考试评价是目前比较新颖的一种考试评价方式,它要求多个学生合作完成一个考试项目,教师对具体的作品或完成的项目结果进行量分或等级评价,这种量化是合作的学生共同分享的。这样的考试评价更注重考核的是学生分工与合作的责任心和是否具有团队精神。

13.2　评卷及分析试卷

评卷是考试工作的一个重要环节,对它的组织情况直接关系到考试考评的质量,尤其是对于较大规模大范围的考试。评卷组织工作影响到考试结果的可靠性和有效性,关系到考生的直接利益,是个非常敏感的问题,处理不好会导致一系列的社会问题,引起剧烈的社会反响,严重时可能会引起家长和考生情绪的动荡不安。因此,相关考务部门应高度重视评卷的组织工作,保证考试的公平、公正和有效性,必须按照科学的管理方法和规定的步骤,扎扎实实、有序地组织评卷。一般来说,评卷的组织工作要包含如下几个基本环节[5]。

(1) 严格选拔合格的评分工作人员。考试是评定学生学习行为完成情况或选拔人才的重要手段,而考试分数是量化的标志和衡量考生知识水准的基本依据,这就意味着评卷是一项十分严肃认真的工作,不能有半点差错或徇私舞弊。这就要求所选拔的评分工作人员应具有良好的思想品德,工作认真负责,能坚持原则,遵守评卷的规章制度,大公无私。另外,评卷是一项专业性较强的工作,必须是该学科专业教师才能进行评卷,要想保证评卷的质量,在选拔评卷人员时,要挑选能胜任该学科教学工作的优秀教师,否则,会对评卷工作带来问题,尤其是对评阅试卷中的主观性试题,可能导致较大的误差,造成误判或错判。评卷是一个单调、重复的大工作量活动,要求评分人员有良好的心理因素和生理因素,身心健康,评分者身体状况不佳或情绪不好,就难以集中注意力,可能会影响评分结果,导致错评、漏评。这就要求评分组织方要严格选拔评分工作人员,从学科专业知识、思想品德、身心健康等方面进行综合考虑,选出业务、身体和思想都过硬的评分员,他们应该具备必要的学科知识、优秀的思想道德和很强的责任心。

(2) 建立专门的评分小组和统分小组。为保证评分工作的专业高效,评卷组织方可以成立专门的评分小组和统分小组,评分小组的任务是专门对试卷进行评阅,统分小组的任务是专门对每份试卷试题进行统分登记,这样既能提高工作效率,最大化减少失误,又能保证评卷的保密工作顺利进行。

(3) 安排合适的阅卷场所。为了评卷结果的公平有效,减少阻碍,评卷组织方应安排专门的阅卷场所,隔绝与外部的联系,注意保密工作,阅卷场所还要安静、舒适,这样才能保证评卷工作人员在良好的环境下高效有序地评卷。

(4) 统一核定评分标准,系统培训评分人员。即使在有标准答案的情况下,不同的评卷教师评阅同一份试卷也可能出现误差,这是由认知的差异性引起,为避免或尽可能减少误差,在评卷前组织方应核定评分标准,让评卷人员有统一的看法,科学系统地对评卷工作人员进行专门培训,使他们对各自的分工有清楚的认识和熟练的操作,这样才能最大化减少试题有误或评分不当的现象。

评卷组织工作是一个复杂而又琐碎的事务,需要投入大量的精力进行策划,并不是把一群评卷工作人员聚在一起就可以顺利完成,它是一个科学系统的组织活动。

13.2.1　评卷的一般程序和方法

评阅试卷的工作是一个复杂的过程,涉及诸多方面的影响因素,经过若干个步骤才能完成,而试卷评阅的结果对考生的考评起决定性的作用,公平的评卷是考试的基本要求,因此,试卷的评阅过程要按照一定的程序严格执行,这样才能保证评卷过程的科学性、严密性、准确性和公平公正。评卷工作应该遵循的基本原则是:严格执行评分标准,做到"给分有理,扣分有据,宽严适度,始终如一"。一般来说,考试评卷工作程序主要分为[6]试评、评卷、统分和复查验收四个主要步骤阶段。

1. 试评阶段

在优秀专业教师和命题教师联合组成的评卷指导小组组织下,全体评卷教师首先应认真讨论标准答案和评分条例,在统一认识的基础上,随机抽取部分考卷,按评分标准进行试评。根据试评过程中所出现的有代表性的典型问题,全体评卷老师和评卷指导小组共同研究后,修订评卷细则条例,作为正式评卷的评分依据。

2. 正式评卷阶段

评卷时一定要依据试评阶段制定的评卷条例和标准答案进行阅卷,一般采用流水作业法进行评卷,专人评阅专题,不许一人评阅全卷,评卷时要使用评阅小组规定的专用笔,要做到评阅字迹清楚、工整,格式正确,严禁在考生试卷上做标记或涂抹,所评阅的试卷必须按照要求封装,发现有倒装、密封不严等情况,要及时送交评卷负责人处理,不准擅自拆装,若发现卷面有问题时,应及时报告评卷负责人,以便查实,不得自行处理。阅卷给分的原则上是"客观公正,给分准确,宽严适当,前后一致",严把质量关,阅卷的过程中遇到有争议的答卷,要谨慎从事,必要时可与阅卷组长讨论研究,或请评卷指导小组一同定夺。

3. 统分阶段

评卷组织方要专门成立统分小组,负责卷面总分合计工作,统分关键在于准确无误,因此,统分人员必须具有认真、细心、负责、公正的基本素质,要能准确、熟练地使用计算工具。统分后,试卷相应栏内写出的总分必须字迹工整、规范、清楚,卷面总分合计工作必须由两人以上统一记分,凡漏评错判的答卷一律退回评卷小组处理,统分人员无权进行统分之外的任何事务。

4. 复查验收阶段

对试卷评阅和统分工作完成后,应成立由专业素质较高的领导专家组成的复查验收小组专门进行全面复查,复查的内容包括检查有无错评、漏评,有无统分错误,鉴定是否达到标准线水平,对于容易引发争议的卷面总分在标准线上下的试卷,还要检查给分宽严是否适当。复查过程中,凡是分数有变动的,复查人员都要在变动处签字或盖章,每本试卷复查完毕后,都要在指定位置栏目内签字或盖章。复查是评卷过程中比较重要的一个环节,它对答卷评分标准的掌握情况和统分工作起监督作用,复查人员要对已评的所有答卷认真、细致地检查。监督评分是否公正、客观,对评分标准的把握是否适当,这样才能从根本上保证考试的公正性和考生的利益。

评卷是考试过程中十分关键的环节,评卷是否公平、科学、准确是关系到考试成败的决定因素。考试的最终考评结果完全体现在考生的考试分数上,这就要求评卷工作要公平可靠,保证误差的最小化或杜绝误差,这样就要求要使用科学正确的评卷方法来保证评卷质量。不同的考试,评卷方法不尽相同,下面分别就客观题和主观题的评阅方法进行讨论。

客观性试题评阅分为人工评阅和机器评阅两种,因为试题答案是客观的,对错是唯一标准,所以阅卷工作简单易行。人工阅卷时应选用责任心强的阅卷人员,对照标准答案逐题评阅,要避免错判、漏判的情况发生。机器评阅时,应事先发给考生机器答题卡,要求考生在答题卡按照要求进行答题,将答题卡输入机器后,即可评出考生考试分数。

主观题的评阅与客观题评阅相比要复杂一些,因为主观题的评分带有很大的主观性,评阅试题的人员不同,给分宽严的掌握很容易形成一定的差异,这就要求评阅的组织工作要细致、合理,对评卷人员的专业素质要求较高,要聘请有丰富教学经验的任课教师担任。为了最小化评卷误差,主观题评卷时要成立由优秀专业教师和命题教师联合组成的评卷指导小组,对阅卷的评分细则和标准进行共同讨论,统一认识。阅卷时应请几位阅卷人员同时评分,最后得分取平均值,这样可以减低单独阅卷的主观性。

对大规模的重要考试,在当今科技发达的信息时代,更常用的是采用网上阅卷系统进行阅卷。所谓网上阅卷系统,是指以计算机网络技术和电子扫描技术为依托,实现客观题自动阅卷,主观题网上评卷的一种现代计算机系统。网上阅卷系统与传统阅卷方法相比有很多好处。首先,网上阅卷系统可以保证评卷的公正性。考试是教育测量的重要手段,为使测量结果真实反映教学情况,客观公正的测量手段是重要的先决条件,在考试仍然是选拔人才重要手段的今天,对考试结果的评判是否客观、公正将影响到人才选拔的质量,甚至关系到每一位参与选拔人员的前途与命运。网上阅卷能从技术上自动屏蔽考生信息,确保阅卷过程客观公正。其次,网上阅卷系统能保障评卷的准确性。传统人工阅卷方法中,有诸多因素影响评卷结果的准确性,如阅卷教师的专业技能水平、身体健康状态、情绪等因素,而网上阅卷系统中客观题是机器完成,较之人工,机器阅卷有着更高的准确度,还可以重复多次地进行复查,主要方式有多次评阅评和一致性检查等,这是网上阅卷系统特有的功能。最后,网上阅卷系统可以满足评卷的高效率要求。在社会竞争激烈、科技发展日新月异的当今信息化时代,做任何事情都讲究高效率、快节奏,阅卷工作也是如此,单靠人工无法满足新时代考务工作的要求,人工阅卷牵扯到大量的人力、物力和财力,劳民伤财,效率太低,误差也较多,而当今科技的发展为满足高效率提供了技术手段,将教学人员从繁重的阅卷工作中解放出来,并能有效确保阅卷质量,不失为现有条件下减轻教师负担的有效手段,网上阅卷以可提高3～5倍的工作效率。

13.2.2 考试结果的可靠性与有效性比较

考试的目的是检查平时教师教学目标和学生学习目标的完成情况,并依据考试的结果调整、完善下一阶段的教学计划和学习目标。因此,考试结果是否可靠和有效对教师和学生下一步的教学学习计划有着重要的作用,考试结束后,应对考试结果的可靠性和有效性进行量化处理,为如何改进教学、进一步提高教学质量提供重要的信息反馈,并据此对教学工作进行相应的改进和调整。

考试试卷含有丰富的教与学两方面的信息量,卷面表达是学生思维方式的有效见证,是学生学习成果和特点的集中表现,也是课任教师教学效果的真实反映。通过考试试卷结果的分析来衡量考试的可靠性和有效性是每一位教师必须具备的基本能力和应该完成的任务,教师通过该过程对学生的学习情况和试卷的命题情况做出科学的评价和准确的分析。

对考试结果可靠性的分析应主要从以下几个方面来考虑。首先,对试卷内容的优良性进行分析。分析试卷的考核目标是否妥当,题型的设置是否合理,所考知识点是否重点突出,题目情境是否有创意。其次,对考核点的权重分配比例进行分析。通过对教学内容的深入了解,分析试卷的覆盖面是否全面,重难点分值比例是否合理,试卷分为哪些版块或版块内容覆盖比重,对学生知识性和能力型的考评幅度是否到位。最后,对学生的考试结果进行分析。通过考试分数的分析,量化性地分析试卷的考核目标达到的情况,各个版块的知识点的得分情况,重点考核内容的完成情况,难点考核内容的失分情况,对比分析后得出考试结果的可靠度。

一般说来,考试的可靠性从两个方面进行量化处理,第一是难度系数。试卷难度比例一般是 3∶6∶1 或 3∶5∶2,难度系数就是试题的难易程度,假如说一道题目的难度系数是 0.52,即该题得分率是 52%。容易题难度系数为 0.95～0.75,中档题为 0.74～0.6,难题为 0.59～0.20。事先可以对试题的难度系数进行估计,考试结束后根据学生的考试结果计算出试题难度系数,与估计值进行对比,差别不大即可认为考试的可靠度高,具有良好的可靠性。第二是试题相关度,即试题涉及的内容与教学内容的相关程度。通过考试结果分析试卷中每道题存在的必要性和与所学习知识点的相关度,相关度越大,考试的可靠性越高,凡是与扩大学生知识视野、提高学生能力层次、促进学生全面发展无关或关系不大的,坚决不考,否则,只会降低考试的可靠性。

考试结果所反映出的考试的有效性一般是通过区分度来量化,区分度是试题分析的一个指标,它是指测试题目对所测试的属性的鉴别力,也就是测试的有效度,反映了试题对考生素质的区分情况。其数值在 $-1 \sim 1$ 之间,数值越高,说明试题设计得越好,考试的有效性越高。正常情况下考试的结果应服从正态分布,即"两头低,中间高",学习优秀学生得高分,学习困难学生得低分,这时两头应占较少比例,学习能力一般的学生得中等分数,这时中间应占较大比例,如果一道题 100% 的考生都对或都错,那么该试题应视为无效,同样,如果一份试卷全体学生都考得很好或很差,考试就应是无效的。区分度能反映出三方面的信息:题目能否能有效地测量或预测所要了解的被试者某些特性;题目能否与其他题目一致地分辩被试;以及被试在该题的得分和测验总分数间的一致性如何。

13.2.3　撰写考试质量分析报告

考试的目的是检查平时教师和学生教与学目标达成的情况,并以此为依据,调整、完善下一阶段的教学计划和学习目标,而考试质量分析报告则为实现这个目的提供重要的考试反馈信息。考试试卷含有丰富的教与学两方面的信息量,教师在撰写考试质量分析报告时,对试卷的命题质量做出科学的评价,对学生的答题情况进行准确而有效的分析,在此基础上总结反思自己的教学行动,找出教学中的症结所在,针对问题制定新的教学调整方案,改进完善教学活动。因此,考试质量分析报告是总结教学、命题、阅卷等工作的重要环节,每位教师在考试结束后都要认真、按时完成试卷质量分析,这是每一位教师必须具备的基本能力和应该完成的任务。

考试质量分析报告分为整体考试质量分析报告和学科考试质量分析报告两种,一般来说分为以下三个方面的内容。

1. 试卷命题质量分析

主要从四个方面来分析试卷的命题情况:①试卷的考核思想分析。通过该试卷的考核引导学生重视哪些重要知识点的掌握和注重哪些方面的能力培养,让学生通过该过程暴露自己的薄弱环节,在今后的学习中会有所侧重和弥补。②试卷的考查内容分析。教师可以从知识与能力、过程与方法、情感态度与价值观等方面进行分析,最好以图表的形式列出,让人一目了然。要具体写明试卷主要考查的知识点和能力点有哪些,是如何覆盖这些内容的,与上一阶段的衔接关系如何,巩固性内容有哪些试题,命题者意在用考试引导教师、学生重视什么知识和能力,告诉教师、学生哪些是重点的教学版块,哪些问题是容易出差错的。教师应将试卷所覆盖教学内容的比例情况详细列出,分析它们之间的衔接关系。③试卷中各题的分数比重。要写明试卷中各题所对应的知识点和分数的比例分配,各个不同的教学内容版块在整个试卷中的安排比例情况都要逐条分析。④试卷的难易程度、可靠性和有效性分析。要量化性给出试卷的难度比例分配情况,分析难度是否合理适中,对考试结果的难度系数和试题区分度量化分析后,给出试卷的可靠性和有效性分析结论。

2. 试卷答题情况分析

关于试卷答题情况主要分析如下三个方面的内容:①得失分情况分析。一般是分段统计和描述各个等级分数段的考试情况,对全体考试对象平均分、及格率、优秀率、最高分和最低分的量化统计,并列出相关的得失分情况表格,对得失分做进一步的技术统计,得出每题的得分率和失分率,并分析具体原因,找出各个知识点考查的问题所在,确定或调整下一步的教学策略和目标。②学情和教情状况分析。根据考前所预测的教学内容掌握情况,对比考后的相关结果,分析它们之间哪些是相符合的,哪些是有差距的,产生差距的问题在哪里,找出考前和考后的相关度,分析教师教学与学生学习之间的相关性,考得好与不好都要找出原因。学情状况分析主要是针对学生的成绩与表现,包括基础知识、基本技能、兴趣态度、学习习惯、品德修养、审美情趣等,可着重从知识和能力、过程和方法、情感态度和价值观等方面进行考虑。教情状况分析是针对教师教学和学校管理,学生的学习成绩如何,总能从教师和学校方面找到原因,对教师可以着重从备课、上课、批改、辅导等教学环节去考查,对学校主要从教学常规管理、课外校外活动、教科研工作、教师队伍培养等方面去考虑。③教学成败的诊断性分析。通过对学生考试答卷卷面情况的具体分析,可以发现学生目前存在的学习误区和教学薄弱环节,从而对教学存在的问题作出诊断分析,提出改进教学或教学补救的方案,通过这个环节能有效提高教师的教学能力和专业素质,是促进教师有益成长的一项有效措施。在做教学成败诊断分析时,不仅要从学生考试整体情况进行分析,还要结合学生的个体化情况进行判断,既不能一概而论,也不能一叶障目,教学实践经验表明学生同样的分数和等级并不意味着同样的发展,要分析比较各个学生具体的答题情况,了解学生答题时的个性特点和思维过程,分析学生的优势和劣势,对学习有困难的学生更要了解其思维过程的缺陷,从而找到学生学习困难所在和知识缺陷,进而采取必要的补救措施,结合平时观察和测验情况,对学生因材施教,更好地进行具有针对性的评价和指导。

3. 今后的教学改进措施总结

在对试卷的命题和评阅情况进行了量化分析的基础上,教师要针对考试出现的问题进行总结,成功的地方要继续发扬,薄弱的地方要进行矫正,要及时总结考试成败的经验教训,对试卷的命题工作提出完善和改进建议,对下个阶段的教学工作制订有效的弥补措施,结合上一阶段的考试情况,参考具体试卷分析情况,提出下一步的教学目标和任务。

在撰写考试质量分析报告时,题目要简练,突出报告主题,语言要朴实、准确,基本表达方式应以论述、分析为主,报告中要少描写、抒情,不能使用夸张手法,要实事求是地反映考试的情况。

本章小结

本章主要介绍了如何培养计算机技术课程教师考试命题、评卷和分析试卷的技能。主要包括教师在考试命题的过程中如何分析和确定教学测试的目标,怎样把握考试目的、题型和难易程度,按照哪些原则编制试题;教师评卷过程中应遵循哪些方法和程序,评卷完毕后如何分析考试结果的可靠性和有效性,怎样撰写考试质量分析报告。

思考题

(1) 试题编制时应遵循哪些原则?计算机技术课程的考试命题还要注意哪些方面?

(2) 确定教学内容测试目标的主要依据是什么?考试设计要注意哪些问题?

(3) 评卷的组织工作包含哪些基本环节?如何分析比较考试结果的可靠性与有效性?

(4) 考试质量分析报告的种类有哪些?怎样撰写考试质量分析报告?试结合实践论述撰写考试质量分析报告的步骤。

参考资料

[1]　崔允漷,邵朝友.教师如何基于标准命题:从双向细目表走向测验设计框架.上海教育科研,2007(8).

[2]　技术课程标准.北京:人民教育出版社,中华人民共和国教育部制订,2003.

[3]　2008 年江苏省普通高中学业水平测试(必修科目)说明.南京:东南大学出版社,2007.

[4]　肖焕之.信息技术学科终结性评价构想.北京:中小学信息技术教育,2008(6).

[5]　刘炳贵.江苏省中小学信息技术等级考试(高级)考试指导.苏州:苏州大学出版社,2006.

[6]　雷新勇.大规模教育考试:命题与评价.上海:华东师范大学出版社,2006.

[7]　网络技术应用.北京:教育科学出版社,2004.

[8]　苏学祖.谈谈标准化考试.中学数学教学,1986(3).

[9]　陈华乐.试论命题的科学化.化学教育,1987(2).

[10]　李煜祥.应用"命题双向细目表"的体会.华南师范大学学报(社会科学版),1999(5).

第14章

计算机技术课程教学研究技能

本章主要介绍计算机技术课程教学研究的一般程序和方法,如何对教学研究资料进行统计以及在此基础上撰写课题总结报告和研究论文的方法。随着社会的发展,教育问题日趋复杂,如何解决现实的教育问题,提高教育教学的质量,这有赖于对教学的研究和探索。教学研究是一种有目的、有计划、有意图的系统探究活动。本章学习主要掌握的内容:

- 计算机技术课程教学研究的一般程序和方法;
- 计算机技术课程教学研究课题选择、教学研究计划制订的原则和方法;
- 对计算机技术课程教学研究资料进行统计、撰写课题总结和研究论文的方法;
- 计算机技术课程教学研究的主要文献种类;
- 图书馆书目的检索方法和在网上收集资料的技能。

14.1 教育教学研究的概念与分类

研究是一种有目的、有计划、有意图的活动。教学研究以发现教学中的规律性、解决新问题或改进某种实际情景为目的。

14.1.1 教学研究的概念

《说文解字》释"研":"磨也。从石,开声。"段玉裁注:"以石磨物,曰研也。"《说文解字》释"究":"穷也。从穴,九声。"段玉裁注:"究,深也。"从"研"、"究"两字的含义来看就是精心打磨某物,深入了解某事的意思。

在英语中,"研究"即 research,由前缀 re 和动词 search 组成。search 意为"搜索,搜寻;探查,查究";而 re 作为前缀,表示"又、再"之意。所谓 research 就是细心地、反复地搜索某种事实,钻研、探讨某个问题,并进而加以合理的说明的行为。

"科学研究"是现代意义上的"研究",是运用科学的理论和方法进行的"研究"。美国梅雷迪斯·D.高尔等人所著的《教育研究方法导论》上说:研究就是一个确认未知,并通过资料收集、整理、统计和分析等步骤,使未知变成已知的过程。

许多教育研究方法类教材或著作把"寻求教育知识"作为教育研究的第一要义。如孟庆茂说："作为教育研究的目的,同其他学科一样,一是为了知识,为寻求科学知识。二是为实用,为提高工作效率,为了改造客观世界,完善人类自身。"研究给教育带来了四种类型的知识:描述、预测、改进和解释。

1. 描述

对事物进行探求,着手一项研究,首先要了解现状,知道所探讨的对象是什么,并对此进行描述。例如,对学生计算机应用能力的测验可以了解学生掌握知识的程度和中学信息教育中的差异。描述性研究通常运用测量和观察的工具来收集资料,可以提供丰富多彩的有关教育教学的实际案例,还可以为教育决策提供有关的教育统计资料。

2. 预测

研究不一定局限于对现状的了解,往往还从描述的结果中归纳出普遍的规则和理论,作为预见未来的基础。根据普遍的规则可以预测未来在相似条件下可能发生的情况,从而控制条件和环境,及时采取预防措施和对策,发挥教育的积极功能。例如,教师可以根据学生现有的学习成绩预测其学业的发展;根据学生的行为表现预测其事业成败。

3. 改进

改进就是介入某种因素,通过变革提高教育的有效性。不同行业介入因素自然不同,如医学中的药物疗法,工程中的建筑材料,学校教育中的教学计划等。计算机技术课程教育实验课题中的自变量就是介入因素,通过介入因素以改进学生的计算机技术学习,观察实验效果。

4. 解释

研究中解释的功能最为重要。它涵盖了描述、预测和改进三种功能。当教师能解释某教育现象,这就意味着能描述它,能预测其后果,并懂得如何使用介入因素来改变结局。

解释最重要的方法和手段就是建立某种"理论",对"某一系列的教育现象"进行归纳和阐述。

解释一般可以分为三个层次:一是了解现状,探讨是什么的问题;二是了解关联,探讨对象是如何与其他事物发生关联的,解决如何的问题;三是了解因果关系,探讨导致现状的原因,解决为什么的问题。

例如:进行一项有关学生计算机技术学业成绩的研究,研究结果可能会告诉大家,学生学业成绩的分布情况,哪些学生成绩优良,哪些学生成绩较差等,这些内容属于第一层次的解释。研究结果也可能告诉大家,学业成绩好坏与学生智力有关,与学生家庭社会经济地位有关,与学生自身的学习习惯有关等,这些内容属于第二个层次的解释。可以进一步造成学业成绩差异的原因,以及可以采取什么措施减少这种差异等,这是第三个层次的解释。

作为一种认识活动,研究有别于日常生活中偶发的认识活动,不能用谁在做,在什么地方做来简单地界定。它以发现事物的规律性、解决新问题或改进某种实际情景为目的。从侧重目的的角度来定义,教学研究是旨在对教育工作者所关心的事情形成一种有机的科学体系的活动;从侧重过程特征来描述,教学研究是为了解答某种特定的问题,由非常精通某种思维方式的人,所进行的系统而持续的探究。教学研究是采用系统的方法来研究教育问题的活动。教学研究通过一系列规划好的活动步骤的实施及方法、技术的运用,来认识教育现象,为教育领域提供有价值、可信赖的知识。它有助于解决教育的实际问题,提高教育活动的质量。

教学研究活动的特点:以研究课题为中心,有计划、有组织地开展实践和认识活动;了解现有认识水平,并以此为出发点经过科学研究进行发现和创造;科学研究要认识的是人类未掌握的客观规律,具有较强的探索性,失败和挫折也是难免的。

14.1.2 教学研究的分类

按照研究目的进行分类可将教学研究分为基础研究、应用研究和发展研究三种。三者比较如表 14-1 所示。

表 14-1 教学研究分类

名称	基 础 研 究	应 用 研 究	发 展 研 究
目的	发现规律,建立理论	以应用为目的创新技术	运用科学技术知识发展新教学模式
成果	研究成果对学科具有深远的影响,但转化的周期较长	论文或专利	规范流程

按照研究性质进行分类可将教学研究分为探索性研究、描述性研究和解释性研究三种。探索性研究的目的是:为了满足研究者了解某事物的好奇心和欲望,探讨发展可用于更为周密的研究的方法。描述性研究的目的是:对教育中出现的某一情况或事件进行描述。研究者把研究过程中观察到的情形记录下来。解释性研究是对教育中的某一现象做出解释。

按照教学研究的性质或使用的手段进行分类可将教学研究分为定性研究和定量研究两种。定性研究的目的是描述现实提高认识。定性研究一般采用观察、漫谈的方式,运用归纳分析的研究思路。定量研究的目的是检验理论,证实事实。定量研究一般采用实验、访谈的方式,运用演绎分析的研究思路。定量研究和定性研究是教学研究的两种不同"范式",两者在研究中互补。

按照教学研究的内容进行分类可将教学研究分为宏观研究与中观研究、微观研究三种。宏观研究是把教学活动看成是一种具有自身特性的社会现象。作为一个独立的体系,教育与政治、经济、文化等方面有着紧密的联系,对这些联系的研究属于宏观研究。中观研究是把教育看成是某种机构(如学校)进行的活动,在这些机构中进行的所有有关的教育、教学和管理方面的活动是中观研究的对象。微观研究是把教育活动看成是人与人交往的一种特殊形式。

按照研究开展的地点、资料收集的方式进行分类可将教学研究分为书斋式研究与现场研究两种。书斋式研究又称为文献研究,不接触教育实践的现场,主要进行教育哲学思考,对现存统计教育信息资料做综合性的再分析和对教育的过去,尤其是教育思想、教育理论等作历史分析等。现场研究要求查阅文献并亲临教育活动现场：在对第二手资料分析的基础上，研究者必须亲临教育活动现场，通过直接的观察，对现实存在的，与教育实践有关的人、物、事件、活动进行如实的记录、分析、推论。

按照进行研究的方向进行分类可将教学研究分为纵向研究、横向研究和近似纵向研究。纵向研究是在某一时间点上探索性、描述性研究教育的横断面。横向研究是对一段时间内发生的情况进行趋势研究、各年龄组的特征研究和定组研究。趋势研究是对一般总体随着时间的推移而发生变化的研究，例如，在不同的时间点上对某实验学校的教学质量进行调查和比较，从而透视其发展趋势。按照各年龄组的特征研究是对不同年龄的学生随着时间的推移发生的变化的研究。定组研究与趋势研究及各年龄组的特征研究类似，区别在于每次研究都用同一个样本。以调查家长对某项教学改革的态度为例，在教学改革期间，每隔一段时间，即对同一样本的人进行访问，了解他们的态度和认识，这一研究能精确地反映出人们意向变化的模式。

14.2 教学研究的过程

教学研究的过程如图 14-1 所示。

1. 定题

在研究过程中，提出问题往往是研究的出发点，解决问题则是研究的终点。选择课题就是选择要研究的对象，选择要研究的问题。

教学研究的过程是问题层出不穷的过程，有时，解决了一个问题往往会冒出来十个问题。研究者要了解研究问题可能的来源，然后依据选题的标准，运用适当的选题策略，在众多的问题中发现研究问题，确定研究课题。

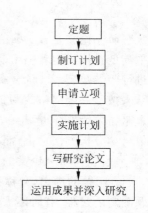

图 14-1 教学研究的过程图

2. 制订计划

良好的研究计划是教学研究顺利进行并取得成功的重要保证，是教育研究科学性的必然要求。在制订研究计划时有以下几点要特别注意。

（1）要遵循相应的研究方法的要求。做教育实验就要按照教育实验的要求去计划，做教育调查就要按调查法的要求去安排。

（2）操作性一定要强。要说清楚究竟用什么方法、在什么时间、由谁、怎样进行研究，要让人一看就知道怎样去做。

（3）要有系统性。各项研究措施要互相配合、互相支持。研究措施与研究目的一定要一致，研究中涉及的人、设备、事件等内容都要计划到安排好。

（4）要按格式的要求写计划。教学研究计划因课题研究的目的和采用的方法不一样，其内容也不一样。一般来说，在教学研究计划中，要写清以下内容：课题名称、课题负责人及课题组成员的简况及分工、课题研究的目的及意义、国内外该项目的研究现状、课题研究的具体内容、研究方法及具体措施、实施阶段、经费使用预算、已有条件和将采取的保障措施等。其中,"课题研究的具体内容"、"研究方法及具体措施"和"实施阶段"是核心内容。

3. 申请立项

教学研究在制订计划后,最好到有关科研管理机构申请立项,以便接受指导检查和评价。这样做有利于提高研究工作的科学化水平,也有利于学校教学研究工作的开展。

4. 实施计划

实施计划即按着计划的规定和安排开展教学研究活动。在实施计划过程中,要做好以下几个方面的工作。

(1) 按计划进行操作。

(2) 如果发现当初的计划有问题或不实际,应对计划进行调整和修改。

(3) 管理者一定要对课题进行检查指导,而课题的实施者则必须及时小结,以免实施过程与计划脱节。

(4) 要建立研究档案。

5. 写研究论文

写研究论文是教学研究承前启后的一个重要环节,也是对该项目研究的总结阶段,它的水平高低直接决定着整个研究的成败。写研究论文主要有两项工作:一是对研究材料和数据进行归纳整理和统计分析,由此概括出规律性的认识,获得科学的结论;二是将研究过程和结果按照一定的格式写成书面材料,即研究报告。在材料分析中要特别注意以下两点:一是坚持定性和定量相结合的原则,并尽量数据化;二是把结论建立在科学的推断统计或其他科学分析方法之上,而不要想当然和凭直觉下判断。

一般而言,研究论文的内容主要由以下四个部分组成。

(1) 问题的提出,又称为"引言"。主要介绍"为什么",阐述做这项课题研究的原因以及课题确定的过程,有时还需论述一下研究的目的和意义等内容。

(2) 研究方法。主要是说清楚"怎样研究的",这部分内容一般在研究计划中已经确定,有时在实施过程中会有些变化和补充。

(3) 研究结果或结果与分析、结果与讨论。主要是对研究过程中获得的数据、材料进行分析加工和科学的整理。一般是一些表格、图像和数据分析,有时还需要加上一些研究者的分析。

(4) 研究结论。主要是对结果部分的分析与讨论的总结和概括,是该项研究的最终结论。也可写成"分析与结论"、"讨论与结论"或"结论与建议"。这主要取决于研究报告的目的和个人的习惯。

6. 运用成果并深入研究

教学研究在写出研究报告后,并没有结束,还要在实践中运用其研究成果,为提高教育教学质量与效益服务,并在实践中进一步验证结论。如果经过反复验证,证明结论是科学的有效的,那么就要在更大的范围内推广;如果在反复的实践中,发现结论还有待于进一步研究,那么就应在原有研究的基础上重新确定课题开展更深入的研究。教学研究其实是一种循环反复、螺旋上升的过程。

14.3　研究课题的选择方法

教育是人类社会的一项重要活动,其结果是通过教育活动影响个体的成长和社会发展。研究是对原有事物或现象的变革,是向未知的挑战。研究的进步来源于观念理论的创建和方法与技术的革新。

14.3.1　课题的来源

提出问题是选择课题的第一步。爱因斯坦说:"提出一个问题往往比解决一个问题更重要,因为解决一个问题,也许仅仅是一个数学上或实验上的技能而已。而提出新的问题、新的可能性,从新的角度去看旧的问题,却需要有创造性、有想象力,而且标志着科学的真正进步。"形成研究问题可以从教学实践和教育理论两个方面展开。

教学研究问题存在于教学实践活动中。在实践过程中问题是层出不穷、永无止境的。教师可以把这些问题中重要的、迫切需要解决的直接转化为研究问题。在无法准确判断事物的合理性时,疑问便自然产生,就会在原来以为没有问题的地方发现可研究的问题。从教学实践的矛盾、困惑中寻找研究问题。研究问题并非都是经过深思熟虑后产生的,有时一个好的研究问题来自灵感,来自突发的联想,可以抓住思想中的火花来形成研究问题。个人经验是寻找研究问题的最重要的资源,当教育现象与个人经验不相吻合,产生冲突,就可以从冲突、不满意、需要改进的地方入手,去发现可以研究的问题。焦点和热点问题是社会大众关注的论题,反映了社会的关心和需求,常常是研究问题之所在。

教育理论是形成教学研究问题的另一个来源。通常从阅读有关理论、文献出发,从相关理论中推演出某种假设、理念、原则,然后再作为问题进行研究。原有的问题解决了,新的问题又会冒出来,研究就是在不断地解决旧问题和不断地涌现新问题中发展前进,要解决的问题不会是越来越少,只能是越来越多。在理论空白处挖掘问题:教育教学研究领域内尚有许多未被开垦的处女地,在这些领域中进行挖掘,可以产生很多可以研究的问题。在理论观点的争议中寻找问题:不同的理论观点,有争议的问题本身就提供了互相冲突的对立面,为提出研究问题提供了参照。教育教学研究问题可以从学术理论推演或验证中得来,通过阅读相关文献可以启发研究者构思研究问题的灵感,了解或提示研究问题的方向,为形成研究问题提供参照。

从事教育教学研究,选择研究课题,研究者可能处于以下几种情况:一是奉命行事,研究问题有些来自上级部门直接下达的研究任务,要求必须完成;二是来自教学实践和教育理论的现实需要,试图通过研究改善实际情况,变革现状;三是来自研究者个人的兴趣和爱好。

14.3.2　选择研究课题的思维策略

　　研究者的研究能力往往体现在能否发现研究的问题上。要发现问题,要求研究者一是对所研究的问题领域有基本的了解。二是要关注研究动态的发展,了解热点,把握时代脉搏,站在研究的前沿。三是应具有不安于现状,求变革的心态。四要有主见,不能盲目服从。选择课题的思维策略有怀疑和变换角度两种。

　　怀疑是研究人员应具备的思维策略。富有怀疑精神的人往往更具有批判性思维的品质,而缺乏怀疑精神的人则更相信权威或书本。在教育教学实践中,当自己的亲身经历或观测到的事实与现有的理论、权威的观点或大纲的规定相矛盾时,不能自责,否认自己的经验,不相信自己的感受;而应该反问现有的理论、权威的观点、大纲的规定是否正确,是否合理。怀疑是产生研究问题的最简便、最常用的思维策略,怀疑是每个人的权力。

　　通过怀疑提出新问题时应考虑怀疑的依据,怀疑的依据可从实践和理论两个方面考虑。从实践着眼,怀疑的依据可以来自经验和事实,当结论与经验不符或结论与事实不一致时,怀疑就会产生;从理论着眼,逻辑则是检验理论合理性的工具,当发觉某种理论、观点不符合逻辑,那完全有理由对此提出怀疑。

　　通过怀疑提出问题,最终研究结果可能是证实了怀疑是对的,得出了新的结论;也可能证明怀疑是错的,维持了原来的结论。第一种结果当然是理想的、令人满意的。第二种结果虽然怀疑被否决,但否认本身就是科学认识的一种形式,也是研究结果的组成部分。

　　变换角度的思维策略则是改变原来的思维路线,从不同角度、不同层次去看,会有不同的感受,会产生不同的看法,形成不同的问题。它不以否定原有结论为前提,它需要摆脱以往的思维定式和已有知识的影响,另辟蹊径,向研究较少的、较薄弱的方面转化,向研究的空白点上转化。

14.3.3　研究课题的选择标准

　　研究问题处于一种意义或内涵不明确、信息不充分、需要进一步探究的状态,等待研究者通过收集和分析资料来解释的待答问题。既然是问题,那么在表述上必定是疑问句形式。从解决问题的性质、对事物了解程度和探求的深度来看,研究问题可以分为三种类型:描述性问题、相关性问题和因果性问题。

　　描述性问题主要是对事物或现象进行叙述,了解现状,探讨"是什么"的问题。通常只涉及一个变量。例如:学生对学校计算机实验环境的满意程度如何?

　　相关性问题主要了解事物之间的相互关系、密切程度,探讨"如何"的问题。通常涉及两个变量。例如:学生的计算机操作能力与年龄的关系如何?

　　因果性问题主要了解事物之间的因果关系或规律性,探讨"为什么"的问题。通常也涉及两个变量。例如:兴趣能提高学生计算机技术课程的成绩吗?

　　各类研究问题,有的比较概括,有的比较具体,但所有问题都包含了可以操作或测量的变量,这是研究问题的基本条件。

　　在教学研究过程中,要解决的问题多如牛毛,但并非所有的问题都可以作为研究课题,问题有大小、主次、轻重、缓急之分,因此研究什么问题是一个选择的问题。选择问题就是按一定的标准和条件,在可供选择的问题中确定所要研究的问题。选择问题就是确定研究课题。

选择研究课题应该考虑两点:一是课题值不值得去研究;二是课题能不能做下来。选择研究课题的标准有价值、新意、可行性三个。

1. 价值

研究课题的价值表现在理论和应用两个方面。理论价值在于有关知识的拓展,能为教育理论增添新内容,如理论的构建、发展、完善,对原有理论的检验或突破等。应用价值在于解决现实问题,用于直接指导教学实践,提高教学质量和效益,或将教育理论和教学实践结合起来。选择研究课题应根据教育理论和教学实践的需要,选择实践中迫切需要解决的,理论上有较大意义的问题进行研究。

2. 新意

教育教学研究是探索未知的过程,是创新的过程。创新是科学研究的基本特征,重复别人的研究通常不能算作科学研究。选择的研究课题应是前人未曾解决或尚未完全解决的问题。研究选题最忌讳的是无意义地重复别人的研究。选择研究课题要有新意是指要从新问题、新事物、新理论、新思想、新经验、新方法、新设计中选题;要把握时代的脉搏,从热点上选题;要从独特的角度来选研究课题,在未开垦的处女地上进行挖掘。所选研究课题要具有原创性和唯一性。

但是同时也要认识到,任何研究都是在前人研究的基础上进行的,总是有所继承,有所借鉴。创新并非要求所研究的一切都是独创的,全新的。选择一个别人未曾研究过的问题是创新;用与别人的研究方法不同的方法去研究同一个问题也是创新;将某个理论、某种方法应用到新的研究领域中,这也是创新。

3. 可行性

所选的研究课题本身应该是可以研究的,存在被解决的可能性。研究的可行性包括三个方面的条件:①研究人员主观条件,涉及研究人员自身的素质,包括研究者的知识基础、科研能力、实践经验、专业特长、研究兴趣等。从事研究必须具备相关的知识背景,需要具备一定的科研能力与技术,以及研究的动力——兴趣。凡研究者的知识与能力所不及者,即使与兴趣相符,也必须慎重考虑。②研究的客观物资条件,包括研究规模和范围,占有资料的完备程度,研究必需的时间、经费、人力、物力,以及课题实施的可行程度。③问题本身是否可行;研究方法是否可行;伦理道德上是否可行;资源的使用是否可行;资料收集是否可行等。可行性条件是课题研究的硬指标,无论哪个条件不具备或可行性很低,都有可能导致研究工作只限于纸上谈兵。

14.3.4 研究题目的表述

研究课题的表述要明确、具体、简洁,要与研究目的和研究主旨吻合,要涉及研究的主要变量,要显示研究的特征,要避免价值判断。常言道:题好一半文。

　　研究课题的表述最好包括研究范围、对象、内容、方法。题目不要用疑问句形式或结论形式。研究课题作为一个问题,当然要有疑问,但作为一个研究课题题目必须要用陈述句加以描述。另外在课题尚未正式研究之前,就将结论性的话语作为课题题目也是不合适的。好的研究课题题目要小,但要有深度和厚度。研究课题的名称要单刀直入,切中问题,不要贪多求全,四面开花。有些题目一看就不像是作研究的,如"计算机技术课堂教学的艺术"不是好的课题题目,因为题目中没有"问题",只有"范围"。教育教学研究是一种具有价值取向的活动,教学研究有时也具有实用价值,但研究题目的文字描述则要求避免价值判断,采取价值中立。如"学生对计算机信息课程学习积极性低落原因的调查"这个研究题目暗示着学生学习积极性否定性的判断。可以将这样的研究题目改为中性的、不具价值判断的题目:"学生对计算机信息课程学习积极性及其影响因素的调查"。实际上,这两个研究题目实施过程,要做的事可能都一样,但后一个题目表述更恰当,更像一个研究课题。

　　好研究课题具有以下特征。

　　(1) 问题能被清晰、准确地陈述。

　　(2) 问题能概括与研究有关的一系列具体问题。

　　(3) 问题具有理论背景或基础。

　　(4) 问题与一个或多个研究学术领域相关。

　　(5) 问题具有一定的研究文献供参考。

　　(6) 问题具有潜在的意义和重要性。

　　(7) 能在一定的时间和经费范围内完成。

　　(8) 能够获得或收集到足够的资料。

　　(9) 研究者采用的方法适用于这个问题。

　　(10) 问题是新的,还没有充分满意的答案。

　　力求做到小题大做,课题的切入口要小,但课题解释面要大。目标集中的课题研究容易加以控制。力求在一个富有潜力的小题目里做出大文章。

14.4　研究计划拟定

　　教育教学研究课题确定后,就要全面规划整个研究过程,合理安排研究中的各项工作,制订切实可行的研究计划。研究计划是教育教学研究工作进行之初所做的书面规划,是对如何进行研究的具体设想,是研究实施的蓝图,是保证研究质量的重要环节。凡事预则立,不预则废。

1. 研究计划的作用

　　(1) 研究内容的细化

　　课题研究涉及很多因素,研究既要把握重点,也要顾及细节。我们可以通过制订研究计划,使研究的目标、内容、范围、方法、程序等更加明晰,使课题内容具体化、具有可操作性。

（2）课题申报的形式

研究计划是教育教学研究课题申报的主要形式。课题申报时必须提交研究计划,管理部门主要通过对研究计划的评审来确定课题研究是否有价值,是否具有可行性,是否需要立项给予资助。

（3）研究行动的指南

在研究过程中,研究计划是研究实施的指南。有了计划,可以避免忘记一些重要的细节。教育教学研究计划中必须制定详细的研究程序与步骤,要合理安排研究的资源,还要设想可能遇到的困难和解决的方案。三思而后行,可以避免不必要的失误。

（4）评价检查的依据

在教育教学研究的进行过程中以及研究结束后,管理部门通常依照研究计划检查课题研究的进展情况或完成情况,并对课题研究进行评估鉴定。

2. 研究计划的基本要求

研究计划书用来说明研究的原因和实施的程序,是一种有用的工具和文本。一般来说,如果是定量研究课题,研究计划要写得比较详细,要清楚地勾勒课题研究的具体细节;如果是定性研究课题,只需陈述研究设想,因为定性研究中的设计和程序往往是根据实际情况随机应变的。一份详细而有理有据的研究计划,对理清课题研究内容,申请科研立项,指导课题实施有重要作用。

（1）课题名称

课题名称要简洁明了,一个好的课题名称要能准确地反映研究的范围、对象、内容、方法,能显示研究变量以及变量之间的关系,使人一看就能大致了解课题研究的内容。

（2）研究的目的与意义

首先,要说明教育教学研究的动机;其次,要提示教育教学研究的重要性和必要性,揭示教育教学研究的意义和价值;最后,要列举教育教学研究的具体目标。在表述上要提示研究的理由,可以从问题的现状提出,指出问题的重要性,从而表明进行研究的必要性;也可以从前人研究的不足入手,阐述进行研究的价值。总之,研究者要把握这部分写作的基本逻辑:由于问题的重要性或严重性,所以有必要进行研究;由于以往的研究不足或有错误,所以必须加以解决或纠正。

（3）研究内容

研究内容也就是研究问题,它是研究计划的主体。通常是把课题提出的研究问题进一步细化为若干个小问题,加以列举。要明确提出教育教学研究问题,让别人了解研究问题的性质;要有文献综述,介绍研究领域的基本状况;要列举教育教学研究的待答问题或研究假设,提出研究的重点;要界定研究的变量及重要的名词、概念,划分研究的范围。

（4）待答问题与研究假设

任何研究都以待答问题或研究假设为具体行动的指引,因此无论采用什么格式撰写研究计划,必须具体明确地列举待答问题或研究假设。

（5）研究对象和研究变量

教育教学研究总是指向一定的研究对象。由于研究对象的多样性和复杂性,研究者在制订研究计划时必须对研究对象和研究的主要变量加以界定,避免不同的人从不同的角度理解而带来的混乱。对研究对象的描述,涉及研究的总体范围、样本数量、抽样的方法,必要时还需提示研究对象的来源和特征。

（6）文献综述

研究工作必须以有关文献为基础,在撰写研究计划时,应对相关文献作系统的陈述,以展示研究者对该领域研究现状的了解程度。

（7）研究方法与设计

这一部分说明研究采用的途径、手段以及准备如何开展研究的步骤。首先,要说明教育教学研究的方法和实施程序,包括研究对象及其取样、研究的方法与步骤、研究工具的选择与编制、收集资料的程序、资料分析的方法等;其次,要说明对教育教学研究资源的合理配置,包括研究人员的组织、研究经费的预算等。

（8）研究进度

规划研究进度,可以从两个方面考虑：一是时间进度,二是工作项目进度。若研究有时间的限制,则以最终完成时间为依据,倒过来分配每一工作项目的时间;若无明确的时间限制,则以工作项目为依据,安排每一项工作的时间。拟订研究进度时,要留有余地,通常要给出时间进度表或工作项目进度表,从而保证研究工作能有条不紊地开展,能按预定要求如期完成。

（9）成果形式

研究的价值体现在研究结果对现实世界和精神世界的贡献上。研究者必须在研究计划中具体说明研究的预期成效和成果达到的水平和表现形式。预计的研究成果可以从两个方面来说明,一是提示研究的预期成果和成果的表现形式,如研究论文和研究报告、专著和教材、教具和教学仪器、教学软件等。研究周期较长的课题,还应该说明阶段性成果和最终成果。二是说明研究成果可能产生的效益,包括经济效益和社会效益。

（10）课题组成员及其分工

如果研究工作由一个人独立完成,那么在研究计划中只需填写研究者个人的学历、职务、专业等情况。如果研究是由一个课题组承担,则需列出课题组每个成员的基本情况和具体分工情况。

（11）经费预算

经费与设备是进行研究的物质条件。经费预算要本着节约的原则,实事求是地估算。研究计划中要把开支的项目、用途、金额一一列出,最好采用经费预算一览表。一般经费预算的主要项目有图书资料费、研究人员研究费、小型会议费、交通差旅费、测验问卷编制费、上机费、印刷费、研究实施的劳务费、设备材料费、邮电费、行政管理费、研究评审费、杂费等。

（12）参考书目与附录

研究计划本身具有相当程度的学术性,正规的研究计划要求列出参考文献或参考书目,必要时也可将相关的资料作为附录。

14.5　文献资料检索

教育教学研究具有继承性,需要积累。在文献资料缺乏、情报信息不灵的情况下进行研究,往往不是盲目瞎碰,就是流于低水平的重复,是对人才与资源的浪费。文献资料浩如烟海,如何检索文献资料,如何利用文献资料成了教育科研的重要组成部分,成了教育教学研究者从事研究的必修课。

14.5.1　文献检索的意义和作用

"文献"是指具有历史价值和资料价值的媒体材料,通常这种材料是用文字记载形式保存下来的。"检索"是寻求、查找并索取、获得的意思。文献检索就是从众多的文献中查找并获取所需文献的过程。

人类的知识是逐渐积累的,前人的经验可供后人借鉴。任何研究都是在前人的理论或研究成果的基础上,有所发明,有所创造,有所进步。无论什么研究,它的具体实施和研究成果总是同占有什么样的文献资料联系在一起的,研究成果的价值往往与研究人员占有资料的数量和质量相关。很难想象在没有文献资料情况下进行的研究会是怎样。

通常,研究者在确定教育教学研究问题之前,需要概览文献资料,以此发现值得研究的问题;在选定研究问题之后,则需要广泛收集与问题有关的文献资料,仔细阅读,作一番整理归纳,进而设计研究的方法和程序。总之,在教育教学研究过程中文献检索是必不可少的步骤,它不仅在确定课题和研究设计时被运用,而且贯穿于研究的全过程。当课题尚未确定时,研究者常常从泛泛地浏览文献开始;当研究课题初步确定后,研究者必须按照课题的目的、要求搜集和查阅有关文献;甚至在研究实施过程中,在分析研究结果、撰写研究报告时,仍需反复核查文献,分析评论文献,关注文献资料的进展情况。文献检索有以下几点作用。

1. 了解研究的趋向与成果

在一个学术领域,会有许多研究成果;对一个教育教学研究问题,前人可能已有相关探讨。只有通过对相关文献的充分阅览,才能了解研究问题的发展动态,把握需要研究的内容,吸取前人研究的经验教训,避免重复前人已经做过的研究,避免重蹈前人失败的覆辙。

2. 澄清研究问题并界定变量

一个教育教学研究课题可能会涉及许多可供探讨的变量,但不是所有的变量都值得研究。如果研究者广泛阅览有关文献,就能从理论或实践的角度,审视各个变量的价值,从而作出取舍。文献检索可以了解问题的分歧所在,进一步确定教育教学研究课题的性质和研究范围。检索阅览文献除了可以借鉴他人的研究成果,获得研究问题的背景,还可以在有关文献中找到研究变量的参考定义,发现变量之间的联系,澄清研究问题。

3. 提供研究思路和方法

研究设计的安排,研究方法的运用,关系到教育教学研究课题研究的质量和成败。通过对研究文献的阅览,可以从别人的研究设计和方法中得到启发和提示,可以在模仿或改造中培养自己的创意。可以为自己的研究提供构思框架和参考内容,避免重蹈别人的覆辙。

4. 综合前人的研究信息获得初步结论

阅览文献可以为教育教学研究课题提供理论和实践的依据,最大限度地利用已有的知识经验和科研成果。可以通过综合分析,理出头绪,寻求新的理论支持,构建初步的结论,作为进一步研究的基础。

14.5.2　文献资料的分类与检索

文献资料包括书籍、报刊、手稿、音像、光盘和网络资料等。为了正确、迅速找到所需要的文献资料,有必要了解图书系统的分类与编目,了解文献检索的工具。按照不同的标准,文献可以划分成不同的类型。

从文献资料的性质、内容、加工方式和可靠性程度上看可将文献分为一次文献、二次文献、三次文献三个等级。

一次文献指未经加工的原始文献,是直接反映事件经过和研究成果,产生新知识、新技术的文献。一次文献是研究者在教学实践中直接产生的原创文献,是离事实最近的文献。一次文献的形式主要有调查报告、实验报告、科学论文、学位论文、专著、会议文献、专利、档案等,也包括个人的日记、信函、手稿和单位团体的会议记录、备忘录、卷宗等。由于这类文献是以事件或成果的直接目击者身份或以第一见证人身份出现的,因此具有较高的参考价值。

二次文献又称检索性文献是指对一次文献加工、整理、提炼、压缩后得到的文献,是关于文献的文献。二次文献的形式主要有词典、年鉴、参考书、目录、索引、文摘、题录等。二次文献是一种派生的文献,它本身不直接产生新知识、新技术,它的目的是使原始文献简明、浓缩,并系统化、条理化,为方便查找一次文献提供线索。

三次文献又称参考性文献是指在对一次文献、二次文献的加工、整理、分析、概括后撰写的文献,是研究者对原始资料综合加工后产生的文献。三次文献的形式主要有研究动态、研究综述、专题评述、进展报告、数据手册等。三次文献也是一种派生的文献,它覆盖面广,浓缩度高,信息量大,便于研究人员在较短的时间里了解某一教育教学研究领域最重要的原始文献和研究概况。

虽然一次文献最有价值,离事实最近,最真实可靠,但对文献资料的检索往往是通过二次文献、三次文献进行。一般根据二次文献、三次文献所提供的线索再去查找所需要的一次文献。

从文献载体形式,可将文献分为文字型、音像型和机读型三类。以纸为媒介,用文字(包括各种专用的符号和代码)表达内容,通过铅印、油印、胶印等方式记录、保存信息的文献。

这类文献数量巨大,是信息的主要载体。以声频、视频等为媒介,来记录、保存、传递信息的文献。主要有图片、胶片、唱片、电影、电视、幻灯、录音、录像等,这类文献形象直观,易于传播。以磁盘、光盘为媒介,来记录、保存、传递信息的文献,由于阅读这类文献需要通过计算机,故名机读型文献。机读型文献存储密度高,易于复制,并且检索速度快。

14.5.3　文献检索的基本要求与一般过程

文献检索就是根据教育教学研究目的查找所需文献的过程。任何人在检索过程中都希望尽快地检索出自己所需文献,以满足研究需求。

1. 基本要求

文献检索的基本要求可以概括为准、全、高、快四个字。准是指文献检索要有较高的查准率,能准确查到所需要的有关资料;全是指文献检索要有较高的查全率,能将需要的文献全部检索出来;高是指检索到的文献专业化程度要高,并能占有资料的制高点;快是指检索文献要快捷、迅速,有效率。

2. 一般过程

文献检索主要有常规检索法和跟踪检索法。常规检索法指利用题录、索引、文摘等检索工具查找所需文献的方法。它可以采用按时间顺序由远及近地进行检索,也可以逆着时间顺序由近及远地进行检索。顺查法适用于主题复杂、范围较大、时间较长的课题研究。逆查法适用于检索最新的课题。跟踪检索法是以著作和论文最后的参考文献或参考书目为线索,跟踪查找有关主题文献的方法。这种方法不需要检索工具,针对性较强,能以滚雪球的方式扩大检索范围,获取文献方便迅速。这种方法不需要检索工具,更多地为在教学实践第一线的老师所采用。

在文献检索过程中,研究者需要注意以下几个方面的问题。

(1) 明确检索方向和要求需要检索什么信息

研究者要明确研究的方向和要求,确定所需文献的主题范围、时间跨度、地域界限、载体类型等。研究方向越明确,要求越具体,检索的针对性越强,效率也越高。

(2) 确定检索工具和信息源到哪里去检索信息

通常要求研究者根据现有条件,在自己所熟悉的检索工具(书目、期刊指南、索引、文摘等)和自己能把握的信息源(图书杂志、大众媒体、磁盘、光盘、计算机网络等)中查找文献。这时所要确定的是检索工具和信息源。

收集资料时要考虑文献资料的普遍性和代表性,要从较广的学术领域及较多的资料类型去探查,避免资料收集不全造成的偏差。收集文献资料往往开始时范围大些,然后向核心内容或关键问题聚焦。所收集的资料要能反映相关的研究现状,对收集的资料要有所取舍。

(3) 确定检索途径和方法

用什么途径和方法去检索信息?研究者可根据既定的文献标识,如作者名、文献名、文献代码、图书分类体系、主题词等进行检索。文献阅览的结果有赖于系统的记录,以便整理与分析,避免遗忘。可以采用记录卡片、写笔记、写文献综述等形式来记录文献阅览的结果。

（4）对检索到文献的加工处理

检索到文献后如何加工处理这些信息？一般来说根据检索线索，获得了所需文献，文献检索便告一段落，但一个完整的检索过程还应包括对检索到的文献的加工处理，涉及内容有：对文献的分类整理，筛选鉴定，剔除重复和价值不大的文献，核对重要文献的出处来源；对研究可能要用到的文献做好摘要、笔记或卡片，以备后用；有些重大的研究课题还要求写出文献综述或评论；最后还需列出参考书目。

文献资料非常庞杂，在阅读摘记的基础上，需加以整理和归纳，综合出一个结论，显示普遍结果，对不同研究结果归类，分析各类研究的特征，探讨方法与结果之间的关系，或对相关资料作"元分析"等。

在文献资料归纳分析之后，还要进一步加以解释，说明得到此结果的可能原因，以及对未来研究的启示：辨识先前研究的焦点，说明文献中较少探讨的部分，以提示未来研究的题材与重点；分析各个研究的优劣所在，作为未来研究的借鉴；发现各个研究结果不一致之所在，并推论研究结果不一致的可能原因，提示未来研究的问题与假设。

文献检索的基本过程如图 14-2 所示。

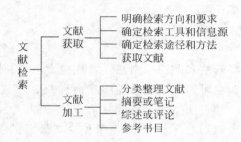

图 14-2　文献检索基本过程图

文献检索是研究的基础工作，研究者在浏览相关文献时，以下内容要特别关注。

（1）将文献查阅的结果与自己的研究课题联系起来，确定检索工具和途径。

（2）利用第二手资料作为寻找主题信息的起点，尽量收集第一手资料、原始资料。

（3）确定关键的概念、术语，注意文献资料中的研究方法与设计。

（4）充分利用多种资源收集文献资料，尽可能利用计算机检索文献资料。

（5）对收集的文献要及时加工整理，记录、分析、综合文献查阅的结果。

（6）阅览过程中理清文献的理论内容和框架，注重相反结果和不同诠释资料的收集。

（7）平时留意收集、积累有关主题的文献资料。

（8）关注研究问题的发展与趋向。

阅读一份研究报告，不仅要判断这份资料与要研究探讨的问题是否相关，还要评估这份资料中所叙述内容的质量问题。

14.5.4　常用的文献检索工具

文献检索可分为两大类，手工检索和计算机检索。

1. 手工检索

手工检索主要是根据文献的信息特征,利用目录、索引、文摘等检索工具来查找和获取所需文献的方法。文献的特征由外表特征和内容特征两个方面构成,外表特征有作者名、书名、代码,内容特征有分类体系和主题词,如图 14-3 所示。

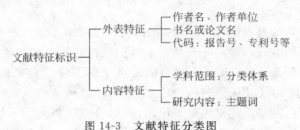

图 14-3 文献特征分类图

检索工具本身也有存储文献的功能,但其存储的目的是为了供检索。

(1) 目录

目录是检索工具中历史最悠久,使用最广泛的检索工具。目录有多种形式,按出版物的类型划分,有图书目录、期刊目录和文献资料目录;按出版物的语种划分,有中文目录、西文目录、俄文目录、日文目录等;按检索途径划分,有书名目录、著者目录、分类目录和主题目录等。

(2) 索引

索引是将图书、报刊资料中具有检索意义的特征,如词语、人名、书名、刊名、篇名、主题等分别摘录或加以注释,记明出处页码,按字顺或分类排列,附在书后或单独编辑成册,是检索文献内容或文献资料的一种工具。索引按文献类型可分为期刊索引、报纸索引、书籍索引、论文索引等;按取材范围和编制方法可分为书刊篇目索引、专著主题索引、人名索引、字句索引等;按文献排检方式可分为字顺索引、分类索引、主题索引。

(3) 文摘

文摘指文献摘要,是以简洁的形式对文献内容作扼要的介绍、摘录或评述。文摘比书目、索引提供更多的信息,在有限的时间内读者可以获得更多的文献信息。有了文摘,研究者可通过阅读文摘了解该文献的概况和精华,了解该文献的价值,并决定是否需要阅读全文。

根据编写的目的和用途,文摘可分为指示性文摘和报道性文摘。指示性文摘仅把原文主题内容简略地介绍给读者,主要是提供线索,使读者了解该文献信息与所需信息的相关程度,从而决定是否要去读全文。报道性文摘比指示性文摘要详细些,一般要概述原文的主要内容,包括原文的主题范围,阐述观点、思想、方法、各种重要数据、推理过程、论证结果等。

(4) 参考工具书

参考工具书是以特定的编排方式,从众多的书籍中搜集编辑有关内容并写成条目,专门供读者查找各种语词、事实、数据、人物等而用的文献。参考工具书大致可分为字典、词典、百科全书、统计资料、年鉴、手册、大事记、传记等。

(5) 国内外期刊杂志

专业期刊杂志更受研究人员的青睐,这是因为期刊杂志出版周期短,信息量大,反映研究成果较新、较快。

2. 计算机检索

随着科学技术的飞速发展,计算机检索已成为一种新的文献检索方式。由于计算机检索具有速度快、信息量大、准确性高、代价低廉等特点,因此正在逐步取代书本式检索工具、卡片目录等传统的手工检索方式。

电子资源文献检索的基本途径和方法:①因特网上有成千上万各网站,内容包罗万象。通过计算机人们可以随时进入国内外著名大学、研究机构、图书馆的信息系统获取资料,并且所得的资料几乎都是最新的。②电子邮件的特点是提供信息交换的通信方式,加速信息的交流和数据的传递。不仅用于信件的传送,而且可用来传递文件、图像、声像等信息。③电子公告板是计算机网络上建立的电子论坛,人们可以在布告板上张贴寻求帮助或提供帮助的便条,可以自由地发表自己的见解,也可以和远在异国他乡的朋友互相交流文献资料,交流信息。

一般综合性图书馆都建立了计算机文献检索系统,提供信息服务。研究者只要在计算机上输入检索要求,计算机就会列出有关的书目、篇名及其出处。计算机检索的输入要求可以是作者、书名或篇名、关键词等,其中用关键词检索是最方便、最常用的检索方式。计算机检索的途径有以下几种。

(1) 联机检索。联机检索就是将计算机互相联系起来进行文献检索。将用户检索终端与计算机数据库系统相连,运用一定的指令和检索策略进行"人机对话",从而检索出所需文献。美国的 DIALOG 系统是最常用的规模最大的综合性国际联机检索系统,该系统存储约 500 个数据库,收录的文献类型有书报、期刊论文、学位论文、研究报告、专利文献、统计数据等。教育类的数据库是教育资源信息中心 ERIC。

联机检索的特点是查全率高,检索速度快,几分钟内可查遍几年、几十年的有关文献,并且可以根据用户的要求打印检索到的文献目录、摘要和全文。

(2) 光盘检索。光盘的特点是存储量大,存储密度高;使用方便灵活,可随意存取和快速检索;制作价格便宜,可作为电子出版物大量复制发行;不受病毒感染,经久耐用。由于光盘数据库的更新速度比较慢,所以光盘检索系统常常作为联机检索系统的补充。

光盘检索更多地用于地图、百科全书、词典、年鉴、名录等电子出版物,也用于各种形式的专业数据库,如专业文献索引数据库、全文数据库、专利文献数据库等。在具备理想数据库的前提下使用光盘检索不失为一种方便有效的途径。

(3) 网上检索。随着网络的飞速发展,上网检索已成为最简便的检索方式,因为研究者可以打开计算机共享各处的文献资源。互联网将整个世界联系在一起,网上有海量的信息。但如何迅速准确地找到所需要的信息则需要检索的方法与技巧。

网上检索资料的途径主要有两种:①分类目录链接,分类目录链接是按树型结构组织,从点击主页的根目录链开始,一级一级深入,一直到达所需要的网页。这种分层搜索易于控制,适合浏览性的查找,但会因层次太多而感到检索速度太慢。②关键词查询,即在搜索框中输入选定的关键词进行快速查找。

据报道,在网上能真正找到所需资料的不到 30%。为了准确快速地找到所需资料,有必要了解使用搜索引擎的技巧。

（1）了解所使用的搜索引擎的类型限制，不同的搜索引擎所寻找的资料类型是有差别的。

（2）当查找资料的关键词不止一个时，应该按关键词的重要性顺序输入搜索引擎，最重要的关键词应最先输入。

（3）为使搜索更准确，可以利用布尔逻辑进行搜索。常用的布尔逻辑运算有三个连接词："and"、"or"、"not"，这三个词分别构成了三种含义不同的组合方式。

中国期刊网（CNKI）是我国最大的全文现刊数据库，是目前世界上最大的连续动态更新的中国期刊全文数据库。中国期刊网的主管单位是中华人民共和国教育部，主办单位是清华大学。收录 1994 年至今约 7486 种综合期刊与专业特色期刊的全文，部分刊物回溯至 1979 年，部分刊物回溯至创刊。产品形式有 WEB 版（http://ckrd. cnki. net）、镜像站版、光盘版、流量计费。CNKI 中心网站及数据库交换服务中心每日更新，各镜像站点通过互联网或卫星传送数据可实现每日更新，专辑光盘每月更新，专题光盘年度更新。

（1）Web 版检索功能。

① 检索范围。

层次范围：在题录、题录摘要、专题全文三个层次中选择检索。

时间范围：检索某时间范围发表的文章。

内容范围：同时检索若干个专题数据库。

② 专项检索。在专项检索与全文检索中，浏览器支持词、非词和逻辑表达式三种形式的检索词。

刊名检索：检索某期刊发表的文章。

标题检索：检索在文章标题中出现检索词的文章。

作者检索：检索某作者发表的文章。

作者单位检索：输入单位名称，检索该单位的作者发表的文章。

关键词检索：检索在文章关键词中出现检索词的文章。

摘要检索：检索在文章摘要中出现检索词的文章。

分类检索：检索属于某类文章。

引文检索：检索在文章引文中出现检索词的文章。

基金检索：检索在文章基金项目中出现检索词的文章。

③ 全文检索。检索在文章全文中出现检索词的文章。

④ 逐次检索。对上述任何方式的检索结果，可以在此结果范围内用新的检索词进行逐次逼近检索。

⑤ 位置检索。按检索词的位置，检索在文章给定位置出现检索词的文章，以提高检索结果的准确度。

（2）Web 版的输出功能。检索结果的题录和摘要提供。包括中文、英文、中英文对照三种显示方式。

① 输出题录，即以文本方式显示检索结果的题录。在同一界面显示多篇文章的题录，包括文章的标题、作者、关键词、文献出处等内容。

② 输出题录摘要，即以文本方式显示打印文章的题录摘要。在一个界面中只显示一篇文章的题录摘要，除题录外还包括文章摘要、分类号、基金等详细信息，无摘要的文章显示文

章首页前 500 个字。

③ 网上浏览全文，检索到结果后，直接在网上浏览文章的全文原版内容。

④ 下载全文。将检索到的文章的全文原版文件下载到本地计算机中，然后，脱机浏览文章的原版内容。

⑤ 打印全文。不论是网上浏览全文还是下载全文后脱机浏览，均可打印原版全文内容。

⑥ 机上摘录。浏览文章原版时，可用鼠标直接从屏幕上抓取文章的内容，以文本方式自动临时存入剪贴板中，然后使用各种文字处理软件如 Word、方正、WPS 等，进行编辑后保存到磁盘中。

⑦ 更新数据入库。将从网上下载的更新数据，自动追加镜像站点的网络数据库。

（3）Web 版的网上定题服务功能。

① 设置定题服务登记表。检索站建立定题服务登记表，包括用户姓名、E-mail 地址、检索表达式等内容。

② 网上定题服务。定期上网，调出定题服务登记表，启动该功能后自动进行网上检索，并将检索结果发送各个用户的 E-mail 信箱中。

定题服务包括文献传送服务、查新服务、科研成果评价、项目背景分析等。

ACM（Association for Computing Machinery）美国计算机协会创立于 1947 年，是全球历史最悠久和最大的计算机教育和科研机构。目前提供的服务遍及 100 余国家，会员数超过 9 万名，涵盖工商业，学术界及政府单位。它致力于发展信息技术教育、科研和应用，出版最具权威和前瞻性的出版物，如专业期刊、会议录和新闻快报；于 1999 年起开始提供电子数据库服务——ACM Digital Library（美国计算机协会数字图书馆）国外主站点：http://www. acm. org/dl。ACM 数据库收录了该学会出版的 29 种电子期刊以及近 170 种会议录，文献类型包括书目信息、文摘、评论和全文，通过因特网提供检索服务。在过去的几年里，ACM 全文数据库增加了 1950 年至今的所有出版物的全文内容，以及 Special Interest Group 的出版文献，包括快报和会议录。同时 ACM 还整合了第三方出版社的内容，全面集成"在线计算机文献指南（The Guide to Computing Literature）"，这是一个书目资料和文摘数据库，集合了 ACM 和其他 3000 多家出版社的出版物，旨在为专业和非专业人士提供了解计算机和信息技术领域资源的窗口。

ACM Digital Library 全文数据库包括以下几方面内容。

（1）书目数据，包括从 1985 年至今的所有 ACM 期刊和杂志，约 700 卷有关计算机信息科技会议文献资料。

（2）期刊和杂志，包括 27 种从 1991 年至最近一期的 ACM 全文期刊，至今约超过 600 000 页数据，同时每日在增加中。

（3）会议文献资料，包括 ACM 有从 1991 年至 2001 年的全文会议文献资料，每年约有超过 40 次如 SIGGRAPH 和 SIGCHI 等重要性会议，文献更是随时更新。会议文献数据依主题分类，从计算机工程到计算机与人类互动关系，全部约有超过 120 000 页资料。

（4）SIG 定期简讯完全建置于 ACM Digital Library 中。

（5）功能超强的搜索引擎，ACM 读者可以用关键词、标题、作者、年代和主题来检索全部数据库，同时也可以浏览特别期刊和会议文献的目次资料。ACM 读者可以无限次地查询、下载和打印数据。ACM 大部分的文件是 PDF 格式。

14.6　撰写研究论文

　　研究者通过科学研究活动取得具有一定理论价值或应用价值的结果,通过研究论文,用社会所接受的表达方式和文字形式准确地描述出来,以发挥其应用的效益。教学研究论文可分为实证性的研究报告和理论性的学术论文两大类。

　　实证性的研究报告是对研究过程和研究结果的概括和总结,是以具体的事实、数据来说明和解释问题的论文。这类论文有比较固定的写作结构,要求清楚、具体地描述研究方法和材料,客观地呈现研究过程,以数量化的形式解释研究结果。研究报告通常与实证性论文相联系,其主要形式有实验报告、调查报告、观察报告等。

　　理论性的学术论文是以议论文的形式,通过理性的分析,用概念、判断、推理等逻辑方法来证明和解释问题的研究论文。学术论文侧重于理论论述,将感性的认识上升到理性的认识,从而探索规律性的东西。这类论文在写作表现方式上比较灵活、自由。它要求所写论文内容上有所发现、有所发明、有所创造、有所前进,逻辑上论点明确、论据确凿、论证严密,能清楚地展现理论、观点形成的过程。学术论文通常与思辨性的研究方法相联系,常见的形式有经验总结、综述、述评、理论性的论文等。

14.6.1　研究论文的基本结构

　　研究论文的基本结构如图 14-4 所示。

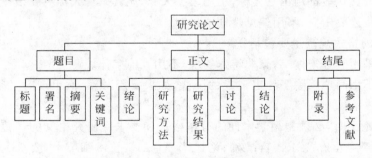

图 14-4　研究论文的基本结构

　　(1) 标题。要求简练、概括、明确,不宜超过 20 个字。如语意未尽,可用副标题补充说明。

　　(2) 署名。署真名和单位。如属集体成果,可署集体名或课题组名称。

　　(3) 摘要。论文的浓缩、梗概,一般涉及问题、方法、结果、结论,可独立使用,200 字左右。

　　(4) 关键词。选取能表示全文主题内容的重要词语,一般 3～8 个词。

　　(5) 绪论主要包括:提出要研究解决的问题;明确论文的中心论点;概述研究的目的意义;界定主要概念和术语;评述前人的研究成果等。绪论是引子,目的是要引起读者的兴趣,把读者引入研究问题领域。

(6) 研究方法包括取样方法、材料与工具、主要方法与设计、研究程序、数据处理方法。

(7) 研究结果,包括概括性描述、列出图表、假设检验的结果。

(8) 讨论,是学术论文的主体、核心,是作者证明论点、分析现象、表达研究成果的部分。其内容由论点、论据、论证组成。论点是作者以判断的形式对所论述的问题提出自己的主张、看法和态度;论据是用来证明论点的依据,是说明论点的理由和材料;论证是用论据来证明论点的过程和方法,论证在于揭示论点和论据之间的必然联系,证实由论据得出论点的必然性。

(9) 参考文献说明文章内容、注明资料来源和引文出处,为读者提供查阅的线索。

(10) 结论是学术论文最终解决问题的部分,是作者在对全部研究内容进行分析、综合、抽象、概括后的全面总结,是论题被充分证明后得出的结果,是针对研究问题作出的答案,是整个研究的结晶。

(11) 附录是本文后所附的资料。研究者认为有参阅价值或必要,但不便于正文中描述者,皆可作为附录。

14.6.2 研究论文的文体与格式

研究论文的文体规范主要包括以下几个方面。

(1) 要求词汇:严谨、准确,以科学术语为准,不用俗语、口头语。

(2) 语气要严肃,不能讽刺,一般也不用幽默。

(3) 研究论文一般都用第三人称,不用第一人称,尤其第二人称更要慎用。

(4) 语言叙述要中立,不用偏见性词语。

研究论文的格式规范主要包括:

(1) 一般采用五号宋体字,除非特殊要求,不用其他字体。

(2) 一般不用简称。除了约定俗成的一些,如果要用,第一次出现时必须注明其全称,以下可省。

撰写研究论文时,必须遵循学术性的写作格式和要求。研究论文的规范性表现在两个方面:一是文字表达上,要求语言准确、论述严谨;二是技术细节上,要求名词术语、数字、符号、计量单位、图表设计等,符合标准。

1. 引文

引文是指在研究论文写作中引用他人的材料或成果。任何研究都是在前人研究的基础上进行的,写作中常常要引用别人的观点、材料、数据、方法作为自己论证的依据。对于论文中的引文,必须注明出处。注明出处即反映作者严肃的科学态度,对他人劳动成果的尊重,也为读者进一步研究提供可以参照的文献来源。

论文写作对引文的基本要求是:忠于原文的本意,不可断章取义;少而精当,避免引文的堆砌;必须仔细核对,避免以讹传讹。

2．参考书目

参考书目，又称参考文献，是作者写作论文时所参考的文献书目，一般集中列表于文末。这是一个非常重要的环节，它是对论文引文进行统计和分析的重要信息源之一。

（1）"参考文献"一般有两种写法，以"参考文献："左顶格，或"［参考文献］"居中为标识。

（2）多本参考文献要编号，其序号要左顶格，用数字表示。

（3）参考文献一般包括四大要素：责任者、书名、出版社、版本。视文献来源不同，另有具体格式。

专著：著者．书名．出版地：出版者，出版年

期刊：作者．题名．刊名，年，卷（期）：页码

报纸：作者．题名．报纸名，年-月-日（版次）

电子文献：作者．题名［电子文献及载体类型标识］．电子文献出处或可获得地址，发表或更新日期/引用日期（任选）

3．注释

注释也称注解，是对文章中的词语、内容或引文的出处所作的解释。注释有两类：一是说明资料来源出处的参考型注释，这类注释主要是对论文中的引文，包括引用插图、插表等资料的解释，为了便于读者对引文的查找、核实。二是对论文内容作补充说明的内容型注释，这类注释主要是为了便于读者理解论文中的某些难点、新的名词术语、概念等作出的解释。

注释方式主要有以下几种。

（1）脚注又称页注，即在有引文的那一页的最下面画一横线，对当页的引文进行注释。

（2）尾注又称文末注，即将整篇论文的注释按先后顺序排列起来，放在全文的末尾一起注释。一般以参考文献标示。

（3）夹注又称文内注、括号注，即在行文过程中，夹在文句中用括号括起来的注释。

（4）题注是对题目或课题的注释，通常在题目右上角用"﹡"号表示，再用脚注形式注释。

（5）作者注通常是作者为帮助读者理解而对文中术语、人物的介绍，或作者在行文过程中产生的联想评论性文字。这样的注释后要写明是作者注。

（6）原作者注引用原作者所作的注时，要写明此注为原作者注。

4．名词术语

名词术语的使用应按国家公布和审定的标准为准。

（1）目前尚无通用译名的名词术语应根据本学科习惯确定，并在论文中首次出现时加以注释或附原文。

（2）作者独创的名词术语，在论文中首次出现时必须加以说明，给予意义的界定。

（3）名词术语在同一篇论文中必须前后一致。

（4）国内机关、团体、学校、研究机构和企业等名称，在论文中首次出现时应写全称，以下可用简称，简称也必须符合习惯。

（5）外国的研究机构、团体、学校、公司等名称，应按全称译成中文，首次出现时，要用括号附注原文。

（6）外国人名可使用原文，需要汉译时，应按外文译音表翻译。已有通用译名的，按习惯写出。首次出现时，应在中文译名后用括号附注原名。

（7）国内地名应以地图出版社出版的《中国地名录》为准。如遇到古地名，应加注现代地名。外国地名应以外文地名译名手册为准。

5．数字的使用规则

撰写研究论文时使用数字一般以 1996 年 6 月 1 日起实施的国家标准《出版物上数字用法的规定》为标准。它规定了出版物涉及数字（表示时间、长度、质量、面积、容积等量值和数字代码）时使用汉字和阿拉伯数字的体例。

数字的使用总的原则是：可以使用阿拉伯数字且又得体的地方，都应该使用阿拉伯数字。

使用阿拉伯数字主要有两种情况。

（1）公元世纪、年代、年、月、日和时刻。例如：20 世纪 90 年代、公元前 221 年、2000 年 1 月 1 日、6 时 30 分、上午 9 点、鲁迅（1881.9.25～1936.10.19）、民国 38 年（1949 年）等。要注意的是，年份不能简写，如 2010 年不能写成"10 年"，1949～1999 年不能写成"1949～99"年；星期几一律用汉字，如星期六不能写成"星期 6"；夏历和中国清代以前历史纪年用汉字，如正月初一、清咸丰十年（公元 1860 年）。

（2）计数与计量。包括正负数、分数、小数、百分比等。例如：51、－25、1/5、2.5 倍、20％、1∶5、2.36 元、40 岁、13/14 次列车等。

以下两种情况下要用汉字。

（1）数字作为词素构成定型的词、词组、成语、惯用语、缩略语或具有修辞色彩的词语要用汉语，如"十二五"规划、一元二次方程、六省一市、二氧化碳、十万八千里等。

（2）相邻的两个数字并列连用表示概数，连用的两个数字之间不应用顿号隔开，或者不是出现在一组表示科学计量和具有统一意义数字的一位数，如二三尺、三五天、六七十岁、十之八九、一千七八百元、三种产品、二本书等。

6．表格与插图

研究论文写作中，有时为了进一步论证观点，需要辅助性的材料，如表格、插图。它们能把纯文字难以叙述清楚的内容直观、简洁地表达出来。使用表格和插图时，要注意以下几点。

（1）表格和插图要紧随相关文字出现，不能在相关文字之前出现，也不能距离相关文字太远。图表要有利于说明问题，要突出重点，具有典型性。

（2）每个表格、插图都要冠以专门的文字标题，篇中几次出现的表格、插图，还要编出相应序号。

（3）每一图表的大小一般不超过一页，如超过，必须在后表表号之后注明"（续）"，但无须重现标题，如表 1（续）。

（4）表格内的数据，同一栏对应位置上下要对齐，不得用"同上"、"同左"、"同右"等字样；表中如有必须说明的事项、注释或缩略词等，要紧随表下附注。

（5）图表要能准确、简洁、生动地表达研究内容，正文中的文字描述与图表描述要相辅相成，在图和表都能用的情况下，应优先考虑用图来表示。图表不可滥用，文字描述能清楚解释的内容，就没有必要加上图或表。

（6）图表要符合规范，图表不要远离正文内容，要有编号和标题，图表的文面、符号、文字、计量单位等，都需符合图表制作的规定和习惯。

论文中表示资料数量变化关系的统计图一般有三种：柱状图，表示各变量间相对数量的关系；饼图，表示百分比关系；曲线图，表示两变量间变化发展过程或趋势。程序图是描述事物发展的过程和步骤或工作原理的插图，通常是一种框架图或流程图，它能清楚地表达事物的发展方向和程序。

常用的插表类型有数据表和文字表。数据表是以数据形式描述实验或调查内容的统计表。数据表的形式多种多样，主要有封闭式表、开放式表、三线表。文字表是以文字形式描述事实内容，并进行对比分析的表。

7. 标点符号的使用

论文中使用标点符号要遵循国家标准 GB-15834—1995《标点符号用法》。现行标点符号共 16 种，分点号和标号两种。点号有句号、问号、叹号、逗号、顿号、分号七种；标号有引号、括号、破折号、省略号、着重号、连接号、间隔号、书名号、专名号九种。

（1）句号

其一般形式为"。"，但一般在科技文献中常使用小圆点"．"表示。句号表示陈述句末尾的停顿，表达了一个完整的意思。少用句号，就等于把许多句子拼凑成一个庞大的句子，层次混乱，意思不明。切忌"一逗到底"，或"一点到底"，文章中句号的使用一定要准确而适当。注意，夹注和表格内的文字末尾不用句号。

（2）括号

其常用形式是圆括号"（）"，此外还有方括号"［］"、六角括号"〔〕"和方头括号"【】"。行文中注释性的文字，要用括号括起来。如果注释句子里某些词语，括注紧贴在被注释词语之后；如果注释整个句子，括注放在句末标点之后。

（3）间隔号

其形式为"·"。主要用在外国人和某些少数民族人名内各部分的分界，如爱新觉罗·玄烨和书名与篇（章、卷）名之间的分界，如《中国大百科全书·电子学与计算机》。

另外，省略号用 2 个三连点，如"……"，其后不必写"等"字，在数学式中只用 1 个三连点；波浪号"～"用于表示数值范围；一字线"—"用于表示起止或范围等；半字线"-"用于表示复合名词等；外文中的标点符号应遵循外文的习惯用法。

本章小结

　　本章主要介绍教学研究的基本程序和方法,分析了选择课题、制订教学研究计划的原则和方法,描述了如何撰写课题总结报告和研究论文。在计算机技术和相近学科新的科技成果应用中,本章还探讨了图书馆书目的检索方法和网上收集资料的技能。

思考题

　　(1) 每人选择一个教学研究课题,完成项目研究计划初稿。4～6 人一组讨论,提出意见,完善课题。每组选出 2 个研究课题全班交流。
　　(2) 选择一篇教学研究论文,查询它的参考文献。
　　(3) 为你设计的教学研究课题,收集 5～8 篇参考文献。

参考资料

[1]　(美)杨雷迪斯・D.高尔著.教育研究方法导论.许庆豫,等译.南京：江苏教育出版社,2002.

[2]　(美)威廉・维尔斯曼著.教育研究方法导论.袁振国译.北京：教育科学出版社,1997.

[3]　陆有铨,马和民.走向研究型教师之路——教育研究方法与应用.杭州：浙江电子音像出版社,2002.

[4]　郑金洲,陶保平,孔企平.学校教育研究方法.北京：教育科学出版社,2000.

[5]　华国栋.教育科研方法.南京：南京大学出版社,2000.

[6]　应国瑞.张梦中译.案例学习研究——设计与方法.广州：中山大学出版社,2003.

[7]　袁振国.教育研究方法.北京：高等教育出版社,2000.

[8]　杨小微.教育研究的原理和方法.上海：华东师范大学出版社,2002.

[9]　叶澜.教育研究及其方法.北京：中国科学技术出版社,1990.

[10]　施铁如.学校教育科学研究.广州：广东高等教育出版社,1998.

[11]　王守恒.教育科学研究方法基础.合肥：安徽大学出版社,2002.

[12]　叶澜.教育研究方法论初探.上海：上海教育出版社,1999.

[13]　裴娣娜.教育研究方法导论.合肥：安徽教育出版社,1995.

[14]　杨小微.小学教育科学研究.北京：北京师范大学出版社,2001.

[15]　袁振国.教育研究方法.2 版.北京：高等教育出版社,2000.

[16]　浙江省教育厅师范教育处.小学教师教育科研基础.杭州：浙江科学技术出版社,2002.

[17]　林焕章,林惠生.教育科研操作指南.北京：国际文化出版公司,2000.

[18]　张民生,金宝成.现代教师：走近教育科研.北京：教育科学出版社,2002.

[19]　郑慧琦,胡兴宏.学校教育科研指导.上海：上海教育出版社,2001.

[20]　王铁军.中小学教育科学研究.武汉：武汉大学出版社,1997.

[21]　顾春.中小学教育科学研究.北京：知识出版社,1998.

[22]　蒋成,王禹.教学研究论文写作指导.杭州：浙江教育出版社,2001.

[23]　吴靖,陈金赞.实用教育科研指南——方法与案例.北京：文化艺术出版社,1992.

［24］　刘问岫.教育科学研究方法与应用.北京：北京大学出版社,1993.

［25］　栾传大,赵刚.教育科研手册.大连：大连出版社,1991.

［26］　杨丽珠.教育科学研究方法.大连：辽宁师范大学出版社,1995.

［27］　马云鹏.教育科学研究方法导论.长春：东北师范大学出版社,2002.

［28］　钟以俊,龙文祥.教育科学研究方法.合肥：安徽大学出版社,1997.

［29］　张景焕,陈月茹,郭玉峰.教育科学方法论.济南：山东人民出版社,2000.

［30］　钟海青.教育科学研究方法.桂林：广西师范大学出版社,2002.

［31］　何量仆,谌业锋,等.学校科研指南——教师如何参与教育科研.成都：电子科技大学出版社 2001.

第 15 章

计算机技术课程网络环境管理和使用技能

本章首先介绍了校园网系统的主要功能、校园网管理与维护以及基于校园网的办公自动化管理,在该理论基础上重点介绍了校园网接入因特网的几种模式,并简要介绍了中国教育和科研计算机网 Cernet。重点讲述了中小学校园网结构、中小学校园网的版块设计以及中小学"绿色校园网"解决方案。同时本章还探讨了如何营造良好课堂网络教学环境以及如何合理使用课堂网络教学环境。本章学习主要掌握的内容:

- 校园网的功能、管理及维护;
- 校园网与因特网的接入方法;
- 中小学校园网络建设的方案和版块设计;
- 课堂网络教学环境的营造与使用方法。

15.1 校园网络的建设、管理及维护

随着网络技术在校园环境中的普及推广,如何建设、管理和维护校园网已成为当今广大计算机技术课程教师面临的一个难题,对它的解决情况直接关系到校园网络文化建设,有着重大的意义。

15.1.1 校园网系统建设概述

校园网是教育信息化建设的重要组成部分,是教育现代化的重要标志之一,其建设具有十分重要的意义。

1. 校园网建设的重要意义

校园网指校园内计算机及附属设备互联运行的网络,是由计算机、网络技术设备和软件等构成的为学校教育教学和管理服务的集成应用系统,并可通过与广域网的互联实现远距离信息交流和资源共享。校园网应为学校的教学、管理、日常办公、内外交流等各方面提供全面、切实的支持。它应具备教师备课教学功能、学生学习功能、教务管理功能、行政管理功能、教育装备(含图书)管理功能、资源信息功能、内外交流功能等。

校园网是实施"校校通"工程,满足学校信息化教学环境的一项重要的基础设施,是教育信息化建设的重要组成部分,是广大师生顺利接收现代远程教育的依托网络,是全面实现素

质教育的重要手段,是教育技术装备现代化的主要体现,也是教育现代化的重要标志之一。

校园网在教学过程中合理有效地应用,不仅可以改变传统的教学模式、教学方法、教学手段,而且将会促进教育观念、教学思想的转变。校园网的应用,不仅可以大大拓展教师和学生的视野,而且有利于培养学生的创造性思维,提高学生获取信息、分析信息、处理信息的能力和适应现代社会的能力。教师在使用校园网等现代教育技术的过程中,也将增强终身学习的能力,不断提高业务水平。

2. 校园网建设的基本原则

(1) 校园网建设应贯彻"统一规划、分级负责、分步实施"的原则。校园网建设要适应中小学教育信息化的发展需要,从实际出发,积极稳妥发展。各地教育行政部门要结合当地中小学普及信息技术教育的实施规划,统一规划好校园网建设工作,由各级分步实施,以保证标准的统一性和软件的兼容性。

校园网建设要适应学校的长远发展规划,要因地制宜,考虑学校的实际需要和经济条件,以满足教育教学的需要为根本出发点,总体规划,分阶段实施,逐步完善。校园网建设切忌盲目攀比,一哄而上,避免投入后不能充分发挥校园网使用价值而造成巨大浪费。

鼓励有条件的地区或城市学校互联成局域网或城域网,以条件较好的学校为中心站(或单建中心网站),辐射周边学校达到资源共享,节省投资。

(2) 校园网建设应坚持"培训在先、建网建库同行、重在应用"的原则。首先,要实现学校教师、技术与管理及行政人员的不同层次的全员培训,伴随着校园网建设形成一支能使校园网充分发挥使用效益的队伍。其次,在建网的同时,还要开发储备一批内容丰富的教育教学软件和信息资源库,保证做到校园网建成后,就能投入使用。

(3) 校园网还应贯彻"成熟优先"的原则。建设校园网的学校应该是已经完善基础技术装备,并已全面实施了实验教学和电化教学的学校。配备校园网的学校应具有人才实力、管理水平和一定经济支持能力,以保证校园网正常的使用,充分发挥作用。

有条件的学校校园网建设要考虑三网(计算机网、闭路电视网、广播网)合一方案,以满足学校的实际需要和规范校园信息网络的整体建设。

3. 校园网设计和建设的基本要求

校园网络系统的设计应采用国际通行的 TCP/IP 协议,同时满足以下要求。

(1) 先进性。先进的设计思想、网络结构、开发工具,采用市场覆盖率高、标准化和技术成熟的软硬件产品。

(2) 实用性。建网时应充分考虑利用和保护现有资源,充分发挥设备效益。要保证系统和应用软件全中文界面,且功能完善,界面友好,兼容性强,能使用户最方便地实现各种功能。

(3) 开放性。系统设计应采用开放技术、开放结构、开放系统组件和开放用户接口,以利用网络的维护、扩展升级及外界信息的沟通。

(4) 灵活性。采用积木式模块组合和结构化设计,使系统配置灵活,满足学校逐步完善的建网原则,使网络具有强大的可增长性,管理、维护方便。

(5) 发展性。网络规划设计要满足用户发展在配置上的预留,还要满足因技术发展需要而实现低成本扩展和升级的要求。

（6）可靠性。具有容错功能，能满足当地的环境、气候条件，抗干扰能力强。对网络的设计、选型、安装、调试等各环节进行统一规划和分析，确保系统运行可靠。

（7）安全性。提供多层次安全控制手段，建立完善的安全管理体系，防止数据受侵击和破坏，有可靠的防病毒措施。

（8）经济性。投资合理，有良好的性能价格比。

4. 校园网建设的主要内容

（1）校园网络硬件系统主要设施及配套设施

校园网络系统主要包括网络布线、交换设备（交换机、路由器、集线器等）、服务器、工作站和管理服务软件系统等。

网络系统硬件设备的选型、施工、安装应符合国家及有关标准。大、中型网的主干网应采用光纤通信和中心交换设备。网络服务器是网络的核心部分，要选用高可靠性、高稳定性、兼容性好并具有良好性能价格比的优质服务器。网络综合布线系统要兼顾校园网的需求和网络技术的发展，采用结构化布线系统设计。操作系统建议主要采用 Windows XP。

校园网硬件设施及集成的水平是校园网好用与否的关键。为了保证校园网建设的质量，教育部对中小学校园网建设承建商实施了资质认证制度。

网络软件包括系统软件和部分应用管理软件。系统软件由操作系统、数据库系统和各类工具软件构成，是网络硬件的支撑服务系统，保证校园网正常工作所需要的最基本的系统软件必须随硬件同时配置到位。特别要重点配备能提供 Web 模式操作的软件。实现网络综合性服务、应用、管理功能的网络平台应按教育部指导进行配置。

校园网的配套设施包括机房、配线间及电源系统。主机房应保证通风、干燥。电源必须安全、可靠，要特别注意电源容量是否满足要求，电源不稳定地区应设置不间断电源（UPS）。电源改造设计、布线要与网络设计、布线同时考虑。电源安装、布线要符合国家标准。

（2）教学软件建设

教学软件建设是校园网应用的核心内容。学校要不断完善教学资源库和信息资源库，以满足教学、学习、软件开发、管理、信息查询等需要。鼓励学校教师针对本校的教学特点，自行开发课程软件。积极引进国内外先进经验，重视校际交流和购买高水平的教学软件。

（3）人员培训

人员培训是校园网能否正常运行和发挥使用效益的关键。学校应组织面向全体教师和管理人员培训。由于学校各级领导和广大师生从事的工作不同，在安排培训对象和培训内容上均应有针对性和实用性。

（4）校园网施工管理

应制定严格制度，加强对校园网的施工、监理及验收等重要环节的管理，以保证校园网建设质量[1]。

15.1.2　校园网管理与维护

校园网管理的主要目的是保障网络运行的品质，如维持网络传送速率、降低传送错误率、确保网络安全等。所以校园网系统管理的技术人员可借网络管理工具或本身的技术经验实施网络管理,内容可包括下列几个方面。

(1)系统管理。随时掌握网络内任何设备的增减与变动,管理所有网络设备的设置参数。当故障发生时,管理人员得以重设或改变网络设备的参数,维持网络的正常运作。

(2)故障管理。为确保网络系统的高稳定性,在网络出现问题时,必须及时察觉问题的所在。它包含所有节点运作状态、故障记录的追踪与检查及平常对各种通信协议的测试。

(3)效率管理。在于评估网络系统的运作,统计网络资源的运用及各种通信协议的传输量等,更可提供未来网络提升或更新规划的依据。

(4)安全管理。为防范不被授权的用户擅自使用网络资源,以及用户蓄意破坏网络系统的安全,要随时做好安全措施,如合法的设备存取控制与加密等。

(5)信息管理。网络上的信息分成两部分,一部分是由管理员放置的信息,它们的品质一般较高;另一部分是由用户放置的,可能会有一些问题,要对这部分信息进行管理。

校园网管理与维护的具体措施如下。

1. 技术保障

校园网的售前、售后的技术支持与维护,人员的培训,各个应用功能的实现系统的更新、扩展、升级等各个环节缺一不可。所以还要有相当规模并具有综合实力的专业网络公司、高等院校及网络方面的专家建立长期的合作伙伴关系,以获得长期的技术支持。

2. 建立相应的规章制度和网络文档日志

规章制度的建立是保证校园网网络正常管理、维护的基本前提。一个现代的校园网需要完整的制度来约束和规范,只有制定好相应的规章制度才能做到有规可依、有规可循,使网络的规划和设备维护管理做到有条不紊,只有这样才能保证整个网络的一体性、连续性。作为网络管理的一个重要措施,规章制度的建立要具体、全面、切合实际,要严格遵守制定的各项制度,否则网络管理也不会规范有序。规章制度的规范建立和严格执行已经就是网络管理成功的一半。

网络管理员最基本的一项工作就是建立网络文档,很多情况要求网络管理员必须全面一贯地记录网络的情况,当网络突然出现问题必须马上排除,或因为网管员的请假或者离职,有了一份详尽、及时的文档,查找问题和维护系统的时间都会大大缩短,许多错误和混乱也可以避免。

网络文档中应记录网络的物理基础结构,应该记录所有网络设备的配置信息和更改信息。在用户进行网络设备升级或解决网络故障时,这些信息可以帮助技术人员尽快熟悉情况找到合适的方法。网络文档还可以包括网络的恢复方案、备份步骤和日程、存储和解决方法的记录、用户请求、维护记录和长期或短期的网络扩充计划。网络管理员还可以将更新操作系统、硬件或安全措施和培训新用户的计划包含在网络文档中。

3. 校园网的资源管理

校园网建成不久,由于资金或其他原因,网络中的各种资源还远远不能适应学校的教育教学需要,还需要在使用中不断充实、完善。采取的措施有:①购买,在学校资金许可的情况下,可购买已成型的、适合学校使用的资源库及素材库;②收集,通过上网(或链接)进入国家教育部的教育资源库或其他网站下载所需资源。学校的主页是一所学校向外展示自我的一个窗口、一面镜子,也是校园网管理的一项重要内容,网页上的所有栏目都要及时更新,要有专人负责。

4. 用户管理

用户注册过程完成后,管理员还应按照系统的安全策略、管理策略的命名规则等将用户放入不同的用户组之中。用户删除后,记住把其名字放入本地的已注销用户组中,以防该用户继续使用其用户标识符文件访问本系统中的信息。系统管理人员行使管理职能时必须使用其个人用户标识符文件,除非极特殊情况下,才可操作服务器进行管理。

5. IP 地址管理

正确的 IP 地址管理手段能够很大程度上保障校园网的高效运行,保证合法的校园网用户正常享用网络资源。管理者应该根据自身网络情况制定相应的 IP 分配策略,并且确保其可扩展性,合理地利用 IP 资源。

6. 网络安全管理

自 Internet 问世以来,资源共享和信息安全一直作为一对矛盾体而存在着,随之而来的信息安全问题也日益突出,各种计算机病毒和网上黑客对 Internet 的攻击越来越激烈,网站遭受破坏的事例不胜枚举。为了加强 Internet 信息安全保护,有必要对网络攻击手段制定相应有效的防范措施。解决安全性问题,需制定统一的网络安全策略的过滤机制,充分使用各种不同的网络技术,如虚拟局域网络(VLAN)、服务代理、防火墙等。从数据安全的角度讲,还应将重要的数据服务器集中放置,构成服务器群,以方便采取措施集中保护,并对重要数据进行备份。良好的安全对于校园网的数据、软件和硬件是绝对重要的。网络安全行业80%的安全威胁来自网络内部。内部危害分为三类:操作失误、存心捣乱及用户无知。要想保证网络的安全,在做好网络边界防护的同时,也要做好内部网络的管理,加强网络的安全性。如果许多无关的人也可以登录服务器,非授权的人也可以窃取或破坏信息,则最好的硬件、软件和培训都变得毫无价值。保证只有授权的用户才可以使用相应受限的网络资源,预防给予过高的权限,定时检查用户授权和用户组账户有无变更,防止网络中非授权的外部访问。在现代校园网络中采用的主要网络安全技术有以下几种。

(1)局域网安全措施。在实际的网络中进行局域网网络分段,将非法用户与网络资源相互隔离,从而达到限制用户非法访问的目的。将整个网络分成若干个虚拟网段(IP 子网),各子网之间无法直接通信,必须通过路由器、路由交换机、网关等设备进行连接,可利用这些中间设备的安全机制来控制各子网间的访问。

(2)Internet 互连安全措施。防火墙是网络之间一种特殊的访问控制设施,在 Internet 网络和内部网之间设置一道屏障,防止黑客进入内部网,由用户制定安全访问策略,抵御黑客的侵袭。主要方法有 IP 地址过滤、服务代理等。

(3)数据安全措施。数据加密技术可以提高信息系统及数据的安全性和保密性,使数据以密文的方式进行传输和存储,防止数据在传输过程中被别人窃听、篡改。数据加密是所有数据安全技术的核心。

（4）制定允许访问控制。通过只允许合法用户访问网络资源来达到目的，最大扩展通信功能的同时最小化黑客访问的可能性，使黑客访问到资源时尽可能地减小破坏性。

（5）做好病毒防范工作。在校园网中，重要的数据往往保存在整个中心结点的服务器上，这也是病毒攻击的首要目标。为了保护这些数据，网络管理员必须在网络服务器上设置全面的保护措施。因此，网络防病毒软件应安装在服务器工作站和邮件系统上。这样病毒扫描的任务是网络上所有的工作站共同承担的，这样可以在工作站的日常工作中加入病毒扫描任务，网络版杀毒软件一般都支持定时的升级、全网杀毒等功能，很好地帮助了网络人员。

15.1.3　办公自动化管理

基于校园网的办公自动化管理包括很多功能，例如教务管理功能、行政管理功能、教育装备（含图书）管理功能、资源信息功能、内外交流功能等。这里仅就教务管理系统作简要的介绍。

一般来说，"中小学教务管理系统"功能很多，包括系统管理、学生管理、成绩管理、排课管理和报表管理等功能模块。它能快速而又切合实际地解决诸多繁杂的教务事务，是班主任、学科教师成绩管理的好助手。其各种管理功能如下。

（1）系统管理。系统管理提供了数据备份、数据导入、数据清理、系统设置、科目编号、班级录入等功能。可以在这里根据学校实际情况定制教务管理内容，系统还支持外部数据的导入、自行录入和重要数据备份等功能。

（2）学生管理。包括学生信息编辑、学号分配、考试座位号分配、信息查询统计、入学成绩表打印等项功能。

（3）教师管理。提供教师信息编辑、信息查询统计、通信录打印功能，为建立教师档案提供了功能模块。

（4）成绩管理。成绩管理的各项内容成绩录入、会考成绩录入、成绩排序、分数段统计、平均分统计、成绩分析、成绩总评表打印、学期成绩统计表、毕业成绩统计表、名次曲线表等应有尽有。

（5）报表管理。教务管理的各种报表，如班级花名册、录取通知书、成绩登记表、学生注册表，可以利用此项功能轻松得到。

15.2　校园网与因特网的接入方法

校园网与因特网的接入技术较为复杂，采用的模式也不尽相同，这取决于校园网的拓扑结构和功能。

15.2.1　接入因特网的几种模式

要想通过计算机访问 Internet，必须先将计算机接入 Internet。常见接入 Internet 的方法主要有以下几种[2]。

1．拨号接入

拨号接入是个人用户接入 Internet 最早使用的方式之一，也是目前为止我国个人用户接入 Internet 使用最广泛的方式之一。拨号接入 Internet 是利用电话网建立本地计算机和 ISP（Internet 服务供应商）之间的连接。这种情况一般出现在不能直接接入 Internet 某个子网的情况，例如在家中使用计算机访问 Internet。拨号接入主要分为电话拨号、ISDN 和 ADSL 三种方式。

（1）电话拨号接入

电话拨号接入方式在 Internet 早期非常流行，因为这种接入方式非常简单，只要具备一条能拨通 ISP 特服电话（如 163、169、663 等）的电话线，一台计算机，一台外置调制解调器（Modem）或 Modem 卡，并且在 ISP 处办理了必要的申请手续后，就可以上网了，如图 15-1 所示。

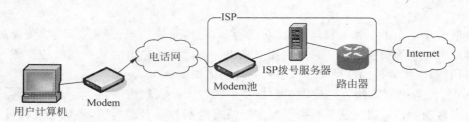

图 15-1　电话拨号接入

电话拨号方式致命的缺点在于它的接入速度很慢，由于线路的限制，它的最高接入速度只能达到 56Kbps。另外，当电话线路被用来上网时，就不能使用电话进行通话，用户常常感觉很不方便。因此，现在已经很少有人再选用这种方式接入 Internet，在此也不作过多介绍。

（2）ISDN 接入

综合业务数字网（Integrated Service Digital Network，ISDN）是一种能够同时提供多种服务的综合性的公用电信网络。

ISDN 由公用电话网发展起来，为解决电话网速度慢，提供服务单一的缺点，其基础结构是为提供综合的语音、数据、视频、图像及其他应用和服务而设计的。与普通电话网相比，ISDN 在交换机用户接口板和用户终端一侧都有相应的改进，而对网络的用户线来说，两者是完全兼容的，无须修改，从而使普通电话升级接入 ISDN 网所要付出的代价较低。ISDN 所提供的拨号上网的速度可高达 128Kbps，能快速下载一些需要的文件和 Web 网页，使 Internet 的互动性能得到更好的发挥。另外，ISDN 可以同时提供上网和电话通话的功能，解决了电话拨号所带来的不便。

使用标准 ISDN 终端的用户需要电话线、网络终端（如 NT1）、各类业务的专用终端（如数字话机）三种设备。使用非标准 ISDN 终端的用户需要电话线、终端适配器（TA）或 ISDN 适配卡、网络终端、通用终端（如普通话机）四种设备。一般的家庭用户使用的都是非标准 ISDN 终端，即在原有的设备上再添加网络终端和适配器或 ISDN 适配卡就可以实现上网功能，如图 15-2 所示。

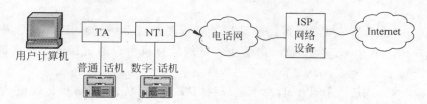

图 15-2　ISDN 接入

（3）ADSL 接入

非对称数字用户线（Asymmetrical Digital Subscriber Line，ADSL）是数字用户线（Digital Subscribe Line，DSL）技术中最常用、最成熟的技术。它可以在普通电话线上传输高速数字信号，通过采用新的技术在普通电话线上利用原来没有使用的传输特性，在不影响原有语音信号的基础上，扩展了电话线路的功能。所谓非对称主要体现在上行速率（最高 1Mbps）和下行速率（最高 8Mbps）的非对称性上。

ADSL 与 ISDN 都是目前应用非常广泛的接入手段。与 ISDN 相比，ADSL 的速率要高得多。ISDN 提供的是 2B＋D 的数据通道，其速率最高可达到 $2×64\text{Kbps}+16\text{Kbps}=144\text{Kbps}$，接入网络是窄带的 ISDN 交换网络。而 ADSL 的下行速率可达 8Mbps，它的语音部分占用的是传统的 PSTN 网，而数据部分则接入宽带 ATM 平台。由于上网与打电话是分离的，所以用户上网时不占用电话信号，只需交纳网费而不需付电话费。

通过 ADSL 接入 Internet，只需在原有的计算机上加载一个以太网卡以及一个 ADSL 调制解调器即可（如果是 USB 接口的 ADSL Modem，不需要网卡）。将网卡安装并设置好，然后用双绞线连接网卡和 ADSL 调制解调器的 RJ-45 端口，ADSL 调制解调器的 RJ-11 端口（即电话线插口）连接电话线。为了将网络信号和电话语音信号分成不同的频率在同一线路上传输，需要在电话线上连接一个分频器，如图 15-3 所示。

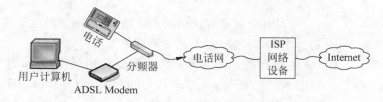

图 15-3　ADSL 接入

在配置好 ADSL 硬件连接后，还需要进行一些软件设置。如果所用的 ADSL 调制解调器具有自动拨号功能，则接通 ADSL 调制解调器电源后会进行自动拨号，一旦拨号成功，就可以直接上网。如果 ADSL 不具备自动拨号功能，则还需要安装 PPPoE（Point-to-Point Protocol over Ethernet，以太网上的点对点协议）虚拟拨号软件，如 EnterNet、RasPPPoE 等。

另外，如果有多台机器要共享一个 ADSL 连接上网，可先将多台机器通过集线器或交换机连接成一个局域网，再通过将 ADSL 调制解调器设置为路由模式或在局域网内设置代理服务器的方法实现多机共享上网的功能。

2. 局域网接入

如果用户所在的单位或者社区已经架构了局域网并与 Internet 相连接，则用户可以通过该局域网接入 Internet。例如校园内学生寝室的计算机可以通过接入学校校园网，而达到上网的目的。

使用局域网方式接入 Internet，由于全部利用数字线路传输，不再受传统电话网带宽的限制，可以提供高达 10 兆甚至上千兆的桌面接入速度，比拨号接入速度要快得多，因此也更受用户青睐。

但是局域网不像电话网那样普及到人们生活的各个角落，局域网接入 Internet 受到用户所在单位或社区规划的制约。如果用户所在的地方没有架构局域网，或者架构的局域网没有和 Internet 相联而仅仅是一个内部网络，那么用户就无法采用这种方式接入 Internet。

采用局域网接入 Internet 非常简单，在硬件配置上只需要一台计算机、一块以太网卡和一根双绞线，然后通过 ISP 的网络设备就可以连接到 Internet。局域网接入方式如图 15-4 所示。

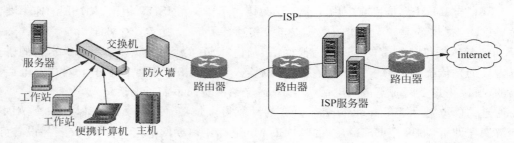

图 15-4　局域网接入

3. 无线接入

通过无线接入 Internet 可以省去铺设有线网络的麻烦，而且用户可以随时随地上网，不再受到有线的束缚，特别适合出差在外使用，因此受到商务人员的青睐。

目前个人无线接入方案主要有两大类。第一类方案是使用无线局域网（WLAN）的方式，网络协议为 IEEE 802.11a、802.11b、802.11g 等，用户端使用计算机和无线网卡，服务端则使用无线信号发射装置（AP）提供连接信号，如图 15-5 所示。这种方式连接方便且传输速度快，最高可达到 54Mbps。每个 AP 覆盖范围可达数百米，适用于构建家庭和小企业的无线局域网。

第二类方案是直接使用手机卡，通过移动通信来上网。这种上网方式，用户端需要购买额外的一种卡式设备（PC 卡），将其直接插在笔记本或者台式电脑的 PCMCIA 槽或 USB 接口，实现无线上网。目前，无线上网卡有几种类型：第一种是机卡一体，上网卡的号码已经固化在 PC 卡上，直接插入笔记本电脑的 PCMCIA 插槽内，就可以使用；第二种是机卡分离，记录上网卡

图 15-5　WLAN 接入

号码的"手机卡"可以和卡体分离,把两者插在一起,再插入 PCMCIA 插槽内就可以上网;第三种是 USB 无线猫(Modem),将手机卡插入到无线猫中,然后通过 USB 接口连接台式或笔记本电脑就可以上网。服务端则是由中国移动(GPRS)或中国联通(CDMA)等服务商提供接入服务,如图 15-6 所示。这种方法的优点是没有地点限制,只要有手机信号并开通数字服务的地区都可以使用,其缺点是速度不是非常理想。

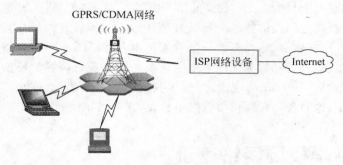

图 15-6　GPRS/CDMA 接入

15.2.2　中国教育与科研网 Cernet

中国教育和科研计算机网 Cernet 是由国家投资建设,教育部负责管理,清华大学等高等学校承担建设和管理运行的全国性学术计算机互联网络。它主要面向教育和科研单位,是全国最大的公益性互联网络。

Cernet 分四级管理,分别是全国网络中心、地区网络中心和地区主结点、省教育科研网、校园网。Cernet 全国网络中心设在清华大学,负责全国主干网的运行管理。地区网络中心和地区主结点分别设在清华大学、北京大学、北京邮电大学、上海交通大学、西安交通大学、华中科技大学、华南理工大学、电子科技大学、东南大学、东北大学 10 所高校,负责地区网的运行管理和规划建设。

Cernet 是我国开展现代远程教育的重要平台。为了适应国家《面向 21 世纪教育振兴行动计划》中远程教育工程的要求,1999 年,Cernet 开始建设自己的高速主干网。2000 年,采用先进 DWDM/SDH 技术,建成覆盖全国 20 000 多千米的高速光纤传输网,传输容量达到 80G。Cernet 高速主干网的传输速率达到 2.5Gbps,地区网传输速率则达到 155Mbps 以上。2003 年开始实施的国家"十五"、"211 工程",更使 Cernet 高速传输网的容量到达 800GB,Cernet 主干网的传输速率达到 2.5～10Gbps,地区网传输速率则达到 155Mbps～2.5Gbps。截至 2009 年 12 月,Cernet 主干网连接 38 个主节点,传输速率达到 2.5Gbps～20Gbps,覆盖全国 31 个省市近 200 多座城市,与国内外其他互联网互联总带宽超过 50GB。

Cernet 是我国互联网研究的排头兵,具有雄厚的技术实力。Cernet 完全是由我国技术人员独立自主设计、建设和管理的计算机互联网络。1998 年以来,Cernet 在我国率先开展了下一代互联网的研究。2001 年,在国家自然基金委的支持下,Cernet 率先在我国建成了第一个 IPv6 地区试验网。2002 年,Cernet 开展了"下一代互联网中日 IPv6 合作项目",进行下一代互联网的国际合作研究。2003 年,在国家发展改革委的主持下,由中国工程院牵头的"中国下一代互联网示范工程 CNGI"启动,第二代中国教育和科研计算机网 CNGI-

Cernet2 成为其中最大的核心网。CNGI-Cernet2 因为其在两代网过渡技术,基于真实的 IPv6 原地址认证等方面的成就,先后两次被两院院士评为 2004 年、2006 年我国十大科技进展之一,获 2006 年高校科技进步一等奖、2007 年国家科技进步二等奖。2008 年,Cernet 组织实施的上百所高校参加的 CNGI 试商用项目"教育科研基础设施 IPv6 技术升级和示范应用",进一步推动了我国的下一代互联网发展从技术试验向试商用转型。

Cernet 也是我国信息网络人才重要的培养基地。仅在"九五"国家重点科技公关项目"计算机信息网络及其应用关键技术研究"建设期间,Cernet 研究人员与其他合作单位在国内外发表相关学术论文数百篇,培养了一批专业技术人才。Cernet 还支持和保障了一批国家重要的网络应用项目。例如,全国网上招生录取系统在普通高等学校招生和录取工作中发挥了相当好的作用。Cernet 的建设,加强了我国信息基础建设,缩小了与国外先进国家在信息领域的差距,也为我国计算机信息网络建设,起到了积极的示范作用。

15.3 中小学校园网络建设

在中小学校园中建设校园网络是我国教育改革现代化和信息化的需要。因此,校园网的建设应结合学校长远发展规划和互联网技术的未来发展,将基础设施建设、教学软件建设和人员培训统筹规划。

15.3.1 中小学校园网结构

校园网就是在校园内通过综合布线系统(有线或无线)把服务器、网络设备、软件和用户终端合理地连接起来的局域网系统,并可通过广域网的互联实现远距离交流和资源共享,是为学校师生提供教学、科研、管理和综合信息服务的多媒体网络。如前所述,校园网的建设宜遵循"统筹规划、整体设计、统一标准、分步实施、逐步完善"的原则。另外,建设校园网时要作出一个整体的设计方案,综合布线要一次到位,重点抓好实际应用技术的建设。图 15-7 就是一个校园网的整体设计示例。

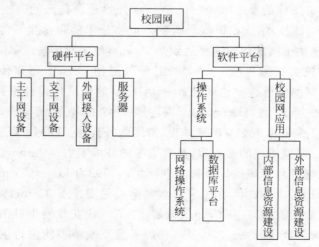

图 15-7　校园网的整体设计示意图

1. 校园网的整体设计

校园网的建设必须根据学校自身的实际需求以及资金、师资力量等因素来决定建设的标准,标准做到"整体设计,按需分步实施",采用叠加的装备建设方案,减少不必要的浪费。具体建设方案可参考如下。

(1)前期。建设校园网基础平台。综合布线一次到位,信息点布置到每一个需用的房间。服务器、交换机、终端设备等根据当前实际需要的数量配备,实现校园网内资源的共享以及校园网内所有信息点与 Internet 的连接。计算机室实现局域网以及计算机室与校园网相连,且能提供教师制作简单教学课件。校园网与多功能观摩室相连,能为各科进行多媒体教学提供简捷方便的条件。

(2)中期。与电子阅览室相通,能使教师及学生利用 Internet 搜索和整理各种信息资源,培养自学能力,改变传统学习模式。能实现数字化电视台,传送音视频信号,提供更多的互动式的音视频教学内容,为学生课外复习和自学提供资源平台。校园综合信息管理系统的建设:在教师计算机和网络应用能力得到提高后,充分利用现有网络软硬件资源,实现校务管理、教学管理等的网络化。

(3)后期。实现网上备课、网上考试和网上自测,最终实现家庭网络办公,家庭网上学习。

2. 网络中心的建设

网络中心机房是整个网络的核心,其要求如下。

(1)设计要求

使用面积不小于 $30m^2$,可分隔为两间:一间为中心机房,$15m^2$ 左右,放置计算机、网络设备等,如不间断电源、交换机、网络服务器、路由器等设备;另一间是教师工作室,放置工作站、管理终端等,使教师可以随时观察主机运行情况。

(2)环境要求

电源:交流电压 220V($\pm10\%$),电源频率 50Hz。

环境温度:18℃~28℃。

相对湿度:不大于 90%。

照明设计:照明光线均匀,距地面 0.3m 处的照度不低于 300LX。

遮光:窗户装遮光窗帘。

机房空调设计:采用专用机房空调。

地面设计:采用抗静电的金属活动地板,其阻值在 105Ω~1010Ω 之间。

墙面设计:选择不易吸附灰尘的防火材料。

消防系统设计:安装火警报警器,有消防装置。

(3)设备要求

① 供电系统。电源要有很好的接地,对地电阻最好在 6Ω 以下。线槽安装时,应注意与强电线槽的隔离。布线系统应避免与强电线路在无屏蔽、距离小于 20cm 情况下平行走 3m 以上。如果无法避免,该段线槽需采取屏蔽隔离措施。用 UPS 设备,以保护服务器和网络设备。

② 网络布线设计。光纤和 UTP(非屏蔽双绞线)混合使用,遵循 EIA/TIA.568 商业建筑布线标准,满足语音、数据、图像、多媒体信息大容量、高速传输的要求。使用标准机柜。

3. 校园网的分步实施

(1) 前期实施方案(约 100 信息点)

采用快速以太网技术的可堆叠 100MB 交换机,即 100MB 主干,10/100MB 交换到桌面。其特点是:支持多媒体应用,多媒体教学、电子阅览室、高价比,全交换,满足用户基本需求;管理简单,无须培训;Modem 或 ADSL 连接方式,按需建立连接降低链路费用;投资成本低;扩展性高,通过交换机的堆叠减少级连产生的瓶颈问题,增加网络带宽。前期实施方案网络拓扑图如图 15-8 所示。

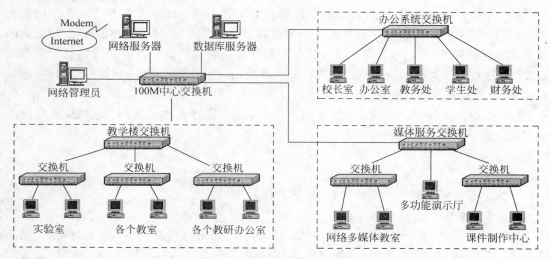

图 15-8　前期实施方案网络拓扑图

(2) 中期实施方案(约 300 信息点)

网络主干设备采用千兆以太网技术的可管理的千兆交换机,即 1000MB 主干,10/100MB 交换到桌面,支持 VLAN(虚拟局域网)的功能。其特点是:高性能全交换,千兆主干连接,满足大负荷网络运行需求;支持多媒体应用,包括多媒体教室、电子阅览室、多媒体教学和办公自动化;利用虚拟网络(VLAN)方便地管理、提高网络的安全与性能;卓越的多媒体应用系统,满足用户的点播、广播等需求,实现多媒体教学、管理;管理简单,无须进行专门培训;系统安全,保密性高;带宽优化技术,降低链路费用;ADSL 连接方式,按需建立连接 Internet,降低链路费用,实现多媒体校园网络内所有用户按需访问广域网。中期实施方案网络拓扑图如图 15-9 所示。

(3) 后期实施方案(约 500 信息点)

网络主干设备采用千兆以太网技术的支持第三层交换的千兆交换机,即 1000MB 主干,10/100MB 交换到桌面,支持网络第三层交换,实现高带宽、大容量网络层路由交换功能的交换,支持 VLAN(虚拟局域网)的功能。其特点是:高性能全交换,千兆主干且作冗余备份连接,满足大负荷网络运行需求;支持多媒体应用,包括多媒体教室、电子阅览室、多媒体教学和办公自动化;利用虚拟网络(VLAN)方便地管理、提高网络的安全与性能;卓越的多

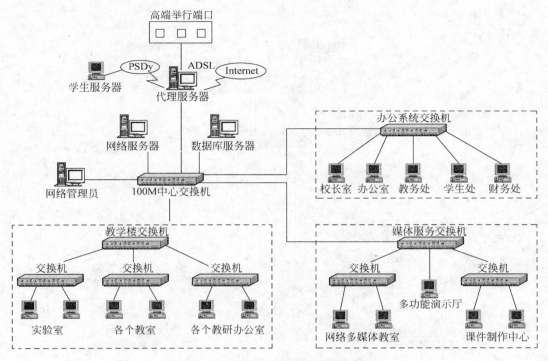

图 15-9 中期实施方案网络拓扑图

媒体应用系统,满足用户的点播、广播等需求,实现多媒体教学、管理;管理简单,浏览器方式无须进行专门培训;系统安全,保密性高;带宽优化技术,降低链路费用;高带宽专线DDN、ADSL 或卫星接入 Internet,实现多媒体校园网络内所有用户高速访问广域网。前期实施方案网络拓扑图如图 15-10 所示。

15.3.2 中小学校园网的版块设计

校园网应为学校教学过程、管理、日常办公、内外交流各方面提供全面、切实的支持。校园网应有下列一些应用软件模块和系统。

1. 行政管理系统

主要由下列模块组成。

校长查询模块。能创建、修改、删除校园网上用户的账号,更改用户权限;对学生管理、课程管理、思想教育管理、教工管理、党务管理、工资管理、仪器设备管理、一般财产管理、档案管理、文件管理、图书馆图书管理等内容能够进行浏览、查询、统计和网上发布命令。

教工管理模块。管理教工档案,包含教工基本信息、社会关系、职称、工作履历、奖惩、发表论文、参加培训、参加校务活动记载等内容。

党务管理模块。包含党员的基本信息、党员参加党内活动出勤情况、党内会议记载、奖惩、缴纳党费情况等。还应包含工会、共青团(少先队)、妇女工作小组、学生会等组织方面的管理信息。

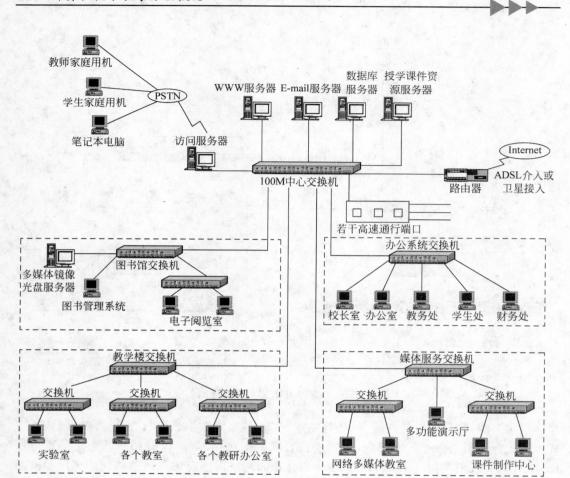

图 15-10 后期实施方案网络拓扑图

文档管理系统。按文件名称模糊分卷和卷内文件有序管理,进行文件的收发、阅办情况记载、扫描或录入、按保密等级在校园网上调阅等。

2. 教务管理系统

主要由下列模块组成。

学生管理模块。包含新生入学、升班操作、毕业操作、学生学籍档案维护等内容。能进行学生基本信息、成绩、评语、奖惩、考勤等记录的增、删、改等。

班级管理模块。包含班级划分、班干人员、班级活动、文明班级、卫生检查、各项竞赛等方面的情况及记载。班级和年级学生成绩分析和统计。

课程管理模块。自动编排课表;调课校验冲突;进行教师授课质量分等级记载;按照学校设定的教师基本工作量或学科折算系数进行教师学期工作量自动计算,评定教师的优课率。

教研组管理模块。包含教研组划分、教研组活动计划及记载,教研和科研课题的项目管理,教师业务档案建立及更新等。

3. 总务管理系统

主要包含以下模块。

工资管理模块。工资表的结构按照学校的实际情况自定义。实行自动计算工资总额、打印工资表和个人工资单。

财务管理模块。学校各项经费收支总账、明细账、单据报销审批等。可以按照学校的情况实行财务公开、网络查询。

财产管理模块。包含办公用品、教室用品、教育教学用品、校办企业、食堂用具、交通工具等一切学校通用财产的计划采购、单据审批、出入库管理等内容。

4. 教学应用系统

主要包含以下模块。

网络教学模块。发布教育教学图片、文字、授课录像等方面的各种信息,学生和家长可以在校内或通过 Cernet 和 Internet,实时浏览或下载学校的教育教学信息,补听课堂教学,网上批作业。是学生在校园网上交互学习、协作学习和个别化学习所需要的软件系统。网络教学模块可称为"虚拟学校"模块。

试卷生成和考试模块。通过大量的题库,按照难度、区分度要求自动组合试卷。通过网络打印机和软盘下载后打印试卷;或在教室让学生在计算机上进行客观性试题考试,快速评卷。通过输入学生的考试题分,自动分析试卷和针对学生考试情况进行分析评价。

教学资源管理模块。包含对教学用图片、音频、视频、课件和其他资源的管理,并通过适宜的载体,进行有序的组合、检索和更新。

多媒体播放模块。能够在网络上、多媒体计算机教室、普通教室等场所进行多媒体演示、视频点播、音频广播、课件点播。

课件制作模块。教师可以采集教学资源库内的图片、音频、视频,利用课件制作平台和多媒体编著系统,制作多媒体课件,合成多媒体电子教案。

5. 教育技术装备管理系统

对学校的实验室、图书馆(室)、劳技教室、活动课教室、文科教室、音体美卫室等基础教育技术装备和计算机教室、语言实验室、多媒体教室、视听阅览室、软件制作室以及校园广播系统、通信系统、闭路电视系统、计算机网络系统等现代化教育技术装备的仪器设备进行的科学的管理。涉及出入库、计划采购、使用记载、维修保养等内容。能够分析实验室和各专用功能教室的用房达标率、仪器设备配备率、实验开出和设备使用率、专任教师合格率、学生实验和计算机考核通过率等。

6. 图书管理系统

对图书进行条形码管理,师生凭 IC 卡入库门禁识别和借阅。查阅图书、借阅图书、归还图书全部实现计算机化或网络化。

7. 通信服务系统

包括学校主页、师生主页、电子函件、电子公告等。

8. 网络管理系统

包含系统维护、数据维护、数据备份、系统监控、网络安全等。

9. 远程服务系统

包含视频会议、远程教育等。

10. 其他应用软件

主要包含计算机和网络维护用工具软件(如杀毒软件等)、网络应用软件(如 WWW、BBS、FTP、E-mail 等)、文字表格处理软件(如 WPS、Office)、数据库管理系统软件(如 FoxPro、MS SQL Server)和专用功能教室用软件(如计算机教室用软件、多媒体教室用控制软件等)。一般都需要购买正品,以保证全校师生能够在网络上安全、顺畅使用。

上述校园网管理和应用软件系统只是根据当前的情况提出的,随着形势的发展,校园网应用软件将更加丰富和适用。上述软件有些是随设备同时提供的,有些在市场上有成品可售。

15.4　课堂网络教学环境与使用

建立在计算机多媒体技术、网络技术和通信技术之上的现代远程教育网络为随时、随地的自主学习创造优越的条件,网络课程的开发与设计为课堂网络教学的蓬勃开展提供了丰富的信息资源。

15.4.1　营造良好课堂网络教学环境

1. 网络教学的特点

网络教学有许多优点,归纳起来有以下几方面:时效性、全球性、共享性、交互性和个别化。

(1) 时效性。学生通过网络远程接受教学信息既可是实时的,也可以是非实时的。所谓实时的就是教学信息一旦上网,就能被所有的学生及时接收。而非实时性是指学生对教学信息的访问不局限于某一"点"时间,在某一相当长的时间内(只要该教学信息不被删除),对它的访问都是有效的。这有利于重复学习、保证学生的学习效果。

(2) 全球性。任何信息一旦上网,就能被全球的用户接收。它克服了时间和空间的限制,任何学生无论身处何地,只要有网络就能获得所需要的信息。

(3) 共享性。是指人类对教学信息资源的共享。这些信息资源来自不同的国家和地区,不同的学科和领域,不同的行业和部门。网络中的所有用户共享这些信息资源,他们可以对网络中的信息资源进行合法的访问,获得有用的信息。这种服务是其他媒体做不到的。

(4) 交互性。网络的信息是双向的,网络中的任何用户既可能是信息的发布者,也可能是信息的接受者。通过网络,教师和学生可以及时的交换信息。这样一方面有利于学生的学习,另一方面有利于教师教学,使教和学互相促进,达到良好的效果。

(5) 个别化。学生在网上可根据自己的实际情况,自主决定学习内容和学习进度,会更好地发挥学生的学习积极性和主动性。同时由于网络资源的共享,它的个别化学习有很大的灵活性。

2. 网络教学环境的设计

良好的学习环境应该能提供给学习者学习和交流的机会,它包括与教师进行交互;能控制所学习的知识及其学习进度;能及时给出和收到所学知识的信息反馈。网络远程教学必须要随着不同的人、不同的知识水平以及不同的通信环境、学习环境而改变。

(1) 对于教学内容和学习资源的设计

网络远程学习的主要资源是网络课程,网络课程内容的取舍应当注意如下几个方面:①复杂的问题简单化。对于复杂的问题,可以运用图形、图像、声音、视频、动画等多种表现形式,简单、直观、明了地细化问题,降低学习难度。②抽象的问题具体化,理论问题事例化。③创造事例化和情景化的学习环境。④充分采用计算机模拟技术。计算机模拟是对学习环境的抽象化和模拟化。计算机模拟不仅可以模拟现实世界,而且还可避免较危险或破坏性事情发生造成损失,或缩短持续时间较长的事物变化所需时间。图形、动画等的应用使学习者有很好的临场实感。

网络远程教学辅助材料主要有教学资源,教学资源的设置应遵循下列的原则:教学资源要与课程内容密切相关,防止分散学生学习的注意力;教学资源应具有丰富的表现形态,它通过媒体素材、案例素材、文献资料、课件素材等多种形式将学习内容表现出来,满足学习多样性的需求;教学资源内容形式应具有多样性,不同资源应有不同的思维形式和不同的阐述观点,在内容的深度上也应有不同的层次,满足不同认知层次的学习者需求;教学资源之间有相对的独立性,可重用性强;教学资源应有一定的涵盖面,对课程的知识点都应有一定数量的教学资源与之相关。

(2) 人机界面设计

交互界面设计直接影响着学习者学习的效果。基于网络学习的交互效果首先取决于网络传输速度和各媒体信息表现形式及其设计方法等以及画面结构版式处理。其主要体现在如下几个方面:①图像处理最好采用 JPG 格式,且图形大小不可太大,以免影响文件浏览时下载的速度。②动画和影视可以表现微观、过程较慢的物理化学变化以及避免危险性的实验等,通过演示和解析过程,降低学习的难度,是软件设计的主要表现形式。③声音的处理上,应要求解说准确无误,通俗生动,流畅清晰;配乐紧扣主题,有利于激发学习者学习兴趣。④画面的结构布局要均衡,画面要新颖简洁,教学内容能突出而形象地展示在学习者面前。

(3) 导航的设计

网络的信息量巨大,内部信息之间的关系可能异常复杂。因此除了要求在信息结构上要合理设计外,对信息的导航策略要求也十分重要,否则,学生容易迷失方向。这就要求课程资源的组织结构良好,以便学生能快速的定位自己所需的课程资源;导航方法通常包括检索表单、目录索引表、帮助、线索、导航条、演示控制、书签、框架结构等。

（4）辅助学习环境的设计

网络远程教学的主要活动在于学习的交互，交互活动的顺利开展在于网络学习的工具是否设置合理和交互是否通畅。网络远程教学主要交互方式有电子邮件、网上答疑室、虚拟社区、网上自动答疑系统等，其中电子邮件系统是最常见也是非常有效的学习和交流工具，它为教师和学生、学生间建立了交互的桥梁，教师通过它了解学生学习问题和学习特性，学生依赖它获取知识，建立与教师的感情纽带。网上答疑室提供了实时的交流学习环境。

15.4.2 课堂网络教学环境的合理使用

网络远程教学与传统的课堂教学不同，它以学生控制学习为主，网络学习的主要活动有信息浏览的控制、视频及动画播放控制、声音播放控制、查询控制、搜索控制、讨论交流控制、作业练习控制、测试控制等。

学习内容浏览控制在于浏览速度，依据不同学习能力，学生浏览学习信息的速度不同，因此课程内容学习浏览时间一般控制在 30 分钟内，当然学习的控制是一种消极控制方法，但教师可以给出建议，直接的控制取决于软件的复杂度。声音、视频和动画的演播控制权一般提供给学生，对于它们的控制一般有前进、倒退、重播以及暂停等功能。查询和检索功能一般在于对学习内容知识点和页面的查询，通常作为辅助的学习工具，对于加深知识理解和掌握以及促进知识间的相关联系大有裨益。讨论交流是协作学习和指导辅助学习的重要方式，这种交流形式既能调动学习者学习的积极性和参与意识，又能培养学生的学习能力和创新能力。讨论交流学习的过程控制重点在于参与讨论学生的身份识别，学生发表的讨论意见的动态管理，此外教师可以查阅学生讨论的意见，了解学生学习的进度、状态等便于个别指导，并发表和总结意见供学生参考和阅读。作业和练习是学生掌握教学目标，巩固学习内容，提高分析问题和解决问题能力的重要环节。在网络远程教学中，教师监控功能的减弱，作业和练习的控制就非常重要。作业和练习一般要提供正确的解答方法，并最好与答疑系统有机结合，分析学习者存在的问题以及给出解决问题方法的建议。

本章小结

本章首先介绍了校园网系统的主要功能、校园网管理和维护的方法、校园网中的办公自动化管理，其次介绍了校园网接入因特网的几种模式及中国教育与科研网 Cernet，接着介绍了中小学校园网的结构和版块的设计，最后介绍了课堂网络教学环境的营造和合理使用的方法。

思考题

（1）校园网的概念是什么？

（2）校园网建设有什么重要意义？

（3）校园网建设的基本原则有哪些？

（4）校园网设计和建设的基本要求有哪些？

（5）校园网系统管理内容包括哪几个方面？

（6）常见接入 Internet 的方法主要有哪几种？

（7）对网络课程内容的取舍应当注意哪几个方面？

（8）网络教学资源的设置应遵循哪些原则？

参考资料

［1］　教育部办公厅关于中小学校园网建设的指导意见. 教基厅［2001］16 号.

［2］　杨青,崔建群,郑世珏. 计算机网络技术及应用教程. 北京：清华大学出版社,2006.

［3］　锐捷网络中小学"绿色校园网"解决方案. http://www. yesky. com/solution/217299790122188800/20050131/1907263. shtml.

［4］　中小学校园网的建设实施方案. http://wenku. baidu. com/view/707b8f18964bcf84b9d57b33. html.

［5］　江苏省中小学"校校通"工程建设指南. http://www. cocresoft. com/INFODATA/5314. doc.

［6］　张民生. 上海市中小学校园网建设指南. 上海：上海科技教育出版社,2002.

［7］　黄荣怀. 中小学校园网建设及应用策略分析. http://www. donews. com/Content/200602/ff78cf72f33f4f7bb86f312893d83297. shtm.

［8］　苏艳. 中小学校园网建设实践. 陕西教育·教学,2008(8).

微机基本维护技能

本章主要介绍了微机的运行环境,列出了微机常见的故障分类,给出一般故障诊断方法及常见硬件故障以及相关的维修方法,并通过具体实例来学习如何进行故障检查、分析和处理。随着计算机硬件技术的飞速发展,软件的种类也越来越丰富,软件技术近年来在计算机技术中的应用也得到了空前的发展,这反过来也对计算机硬件的基本维护技能提出新的要求。同时,伴随着微机的大量使用,微机档次的不断升高,微机的故障也越来越多,越来越复杂。本章学习主要掌握的内容:

- 微机工作环境;
- 微机故障分类;
- 微机故障的常用检测方法;
- 微机各种硬件故障。

16.1　微机故障的基本判断与基本维护

微机故障在日常生活中很常见,随着计算机硬件软件技术的飞速发展,微机故障越来越多,也越来越复杂。如何判断微机故障的种类和维护计算机的安全稳定成了当前的关键问题。

16.1.1　CPU 常见故障及维护

CPU 是由专业生产厂家生产的大规模集成电路,其故障率比较低,但是,由于有些与之配套的主板、风扇甚至是电源质量较差,还是会造成 CPU 的损坏。当然,还有一些人为因素如过分的超额、野蛮拆装造成电路板断裂或管脚脱落,都有可能使 CPU 严重损坏甚至无法修复。常见的 CPU 故障大致有以下几种:散热故障、重启故障、黑屏故障及超频故障。

1. CPU 温度及其引起死机

随着工作频率的提高,CPU 所产生的热量也越来越高,功率消耗已近百瓦特。CPU 是微机中发热最大的配件,如果散热器散热能力不强,产生的热量不能及时散发掉,CPU 就会长期工作在高温状态下,由半导体材料制成的 CPU 如果其核心工作温度过高就会产生电子迁移现象,同时也会造成计算机的运行不稳定、运算出错、死机等现象甚至烧毁 CPU,严重危害资料安全,如果长期在过高的温度下工作就会造成 CPU 的永久性损坏。CPU 的工作温度多通过主板监控功能获得,而且一般情况下 CPU 的工作温度比环境温度高 40 度以内都属于正常范畴,但要注意的是主板测温的准确度并不高,在 BIOS 中所查看到的 CPU 温度,只能供参考。其实 CPU 核心的准确温度并无法测量,不过只要微机能够正常工作,没有频繁死机等问题,也就不必多虑。CPU 温度除了用主板自带的测温装置测定之外,还可以由 CPU 的输出功率和风扇功率来估算。

随着 CPU 主频的提高,散热问题也越来越突出,散热情况不好已经成为导致 CPU 出现故障的头号杀手,这种故障多表现在开机运行一段时间后系统就会频繁死机或者重新启动[1]。要解决好 CPU 散热问题,不仅要根据 CPU 的发热情况购买符合规定的散热风扇,比如纯铜涡轮风扇、高速滚珠风扇(一般的滚珠风扇用嘴轻轻一吹就会转动起来,而且无噪音)等,还要注意散热风扇的正确安装使用。现在的 CPU 发热量越来越大,而核心面积越来越小,从技术角度上讲,由于风冷散热系统的热容量及散热效率有限,导热介质的作用越来越被重视。因为制作再精良的散热片直接和 CPU 接触都难免有空隙出现,而导热介质就能够填充 CPU 与散热片之间的空隙并传导热量,擦与不擦合格的导热硅脂,据测散热效果相差一倍以上。当前的 CPU 尤其是 AMD 系列,如果不注意导热硅脂的问题就很容易发生烧毁 CPU 危险。所以 CPU 风扇的运行情况应经常注意检查,最好定期清洁并添加润滑油。除了 CPU 本身的散热外,整个机箱的散热也不可忽视,应采用体积宽大,设计合理的机箱。

以一台联想天麟 4540 为例,配置是 P4 1.7GHz、256MB DDR、40GB 硬盘、56Kbps 猫,开机后会不定时死机。故障分析过程为:第一次是早晨赶到用户处进行检测,烤机半个小时左右,没有发现故障;次日该用户再次报修同一故障,第二次是中午到用户家,发现了用户所描述的故障。根据用户的描述和两次维修环境的差异,判断问题可能是由于温度引起的,第一次之所以没有发现故障,是由于当日早晨的温度较低。为了证实这个判断,首先从网上下载了一款名为"SpeedFan"主板测温软件,发现死机时 CPU 的温度已经高达 62℃。打开机箱,先清理了主板上的尘土,然后将 CPU 风扇拆下来,发现上面的尘土也很多,用改锥将扇叶片和散热片分离后将它们分别用清水洗干净,然后用纸拭干,并用热吹风烘烤,最后将散热片与 CPU 核心接触的地方涂抹一点儿硅胶,安装完毕后重新开机进行测温,发现 CPU 温度降低了整整 8℃。

当 CPU 的占用率提高时,温度自然会随之提高,因此,可以通过以大量计算任务提高 CPU 占用率的方法来测试 CPU 温度是否过高,如果能顺利完成测试,那么同样可以排除 CPU 温度过高引起的计算机死机假设。

为了确保用户主机稳定运行,下载"Superπ"软件,运行 419 万位计算对 CPU 进行测试,直到计算完成,没有发现异常现象。这起故障,显然是由于灰尘引起 CPU 风扇的散热效能下降,从而导致 CPU 温度过高,最终引起了不定时死机的现象。

2. CPU 针脚折断故障

故障现象:前一段时间在拆 CPU 风扇时,因为 CPU 与风扇粘住了,就用手去掰开。结果将 CPU 的一排针脚弄歪了,在扳直 CPU 针脚时,将与缺口成对角的针脚弄断了,但插进 CPU 插座微机也能点亮。

故障分析：CPU 的针脚被弄断后，一般用户自己很难处理，最好送到专业的维修店，通过特殊的焊接处理，还是有可能修复的。不过 CPU 上的针脚并非都有重要用途，有些是保留针脚，有些是作防干扰的地线用，有些是冗余的供电线路。

3. CPU 针脚接触不良，导致微机无法启动

故障现象：某用户一台 Athlon CPU 的微机，平日使用一直正常，有一天突然无法开机，屏幕无显示信号输出，开始认定显卡出现故障。用替换法检查后，发现显卡无问题，后来又推测是显示器故障，检查后，显示器也一切正常。纳闷之余，拔下插在主板上的 CPU，仔细观察并无烧毁痕迹，但就是无法点亮微机。后来发现 CPU 的针脚均发黑、发绿，有氧化的痕迹和锈迹（CPU 的针脚为铜材料制造，外层镀金），便用牙刷对 CPU 针脚做了清洁工作，微机又可以加电工作了。

故障分析：CPU 除锈后解决了问题，但锈究竟怎么来的。最后把疑点落在了那块制冷片上，以前有文章讲过制冷片有结露现象，可能是因为制冷片将芯片的表面温度降得太低，低过了结露点，导致 CPU 长期工作在潮湿环境中。而裸露的铜针脚在此环境中与空气中的氧气发生反应生成了铜锈。日积月累锈斑太多造成接触不良，从而引发这次奇特故障。此外还有一些劣质主板，由于 CPU 插槽质量不好，也会造成接触不良，需要自行固定 CPU 和插槽的接触，方可解决问题。

4. CPU 散热风扇问题

有许多故障就是因为对散热风扇认识不够或者错误认识造成的。为了减少无谓的故障出现，需要对散热风扇容易混淆的问题进行说明。

（1）使用降温软件肯定能降低 CPU 温度

从降温软件的工作原理上分析，降温软件能利用 HLT 指令让 CPU 进入"睡眠"状态，使用它们应该能降低 CPU 温度，有人曾经也特意在 Win 95 操作系统下试用降温软件，检测到这种软件的确可以让 CPU 温度下降 3℃ 左右，但此时千万不能以点带面地认为，降温软件能在任何工作环境下都能有效降低 CPU 温度。因为后来在 Win 98 操作系统下，使用了同样的降温软件，发现 CPU 在空闲时的温度并没有明显降低，有时反而温度会略微偏高一点，这是怎么回事呢？原来，类似 Win 98、Win XP 以及 Win 2000 之类的操作系统，它本身已经具有了降温软件的功能，在对 CPU 降温环节方面已经进行了改进，让 CPU 空闲时能自动降温，如果此时再在这些操作系统中运行其他降温程序，这些过多的自动降温程序反而会相互干扰，造成系统无法调用 HLT 指令来控制 CPU 进入睡眠状态，从而破坏操作系统本身的降温功效，甚至会导致系统在使用了降温软件后 CPU 温度直线上升。因此，那种认为使用降温软件肯定能降低 CPU 温度的说法是不正确的。

（2）风扇功率越大散热效果肯定更好

从理论上分析，风扇功率越大散热效果应该就越好，但这样的理论成立是在一定的前提之下的，也就是说在风扇的运行功率不超过额定运行功率的条件下，功率越大的风扇通常它的风力也越强劲，散热的效果也越好。而风扇的功率与风扇的转速又是直接联系在一起的，也就是说风扇的转速越高，风扇也就越强劲有力。目前一般微机市场上出售的都是直流 12V 的，功率不等，这其中的功率大小需要根据 CPU 发热量来选择，理论上是选择功率略大的更好一些,因为这种风扇的转速要高一些。但是,不能片面地强调高功率,这需要同计算机本身的功率要相匹配,如果功率过大,不但不能起到很好的冷却效果,反而会加重计算机的工作负荷,从而会产生恶循环,最终缩短了 CPU 风扇的寿命。因此,在选择 CPU 风扇时,不能错误认为风扇功率大其散热效果肯定会好,而应该根据够用原则来选择与自己微机相匹配的风扇。

（3）散热风扇的运行效果与环境温度无关

由于 CPU 散热风扇常常工作在室内环境中,而室内温度恰好可以保证散热风扇能高速顺畅地运转,于是许多人就想当然地认为散热风扇的运行效果与环境温度无关,其实产生这种错误认识的人是没有在条件恶劣、温度低下的环境中运行过微机,一旦到了温度极低的冰天雪地中使用微机时,哪怕是刚刚新买的 CPU 散热风扇,用不了多长时间,您就能感觉到散热风扇的运行效果很差。表现出来的外在现象是运行过程中噪音很大,在刚刚启动计算机的那一刹那转动不畅,为什么会出现这种现象呢？原来在温度极低的环境中,涂抹在散热风扇的转轴上的润滑油失效,致使散热风扇在初期启动时转动很艰难,严重的话就会发出噪音且有很大的震动,因此为了能保证散热风扇有良好的运行效果,除了要注意使用环境的温度外,还要特别给风扇加注防冻润滑油,以确保 CPU 散热风扇也能在低温条件下正常运行。

（4）散热风扇装反的话风扇就不能转动

从实际的操作来看,散热风扇的卡子即使安装反了,风扇也能运转,不过这种运转并不能达到降温的效果,而且转动的时间也没有多长时间,就会导致系统 CPU 温度提升,这样主板上的 CPU 温度监控部件就发挥作用,CPU 降频后就容易出现频频死机和自动关机现象,严重的话可能使散热风扇或者 CPU 损坏,因此建议大家在安装 CPU 时,千万不要将风扇的卡子位置安装反了,也不要尝试将风扇反安装,以避免不必要的损失。

（5）高价风扇肯定散热效果好

风扇之间的价格差异很大,最便宜的仅仅十几元,最贵的可能达到数百元,考虑到直接影响着 CPU 寿命的问题,这里多花一点钱也是值得的,但是,并不是价格越贵就一定越好。在普通用户的消费观念看来,一等价钱一等货,散热风扇的价格越高,它的质量和性能也应该比其他类型的产品要好,其实并不如此。散热风扇的价格越昂贵,并不代表接风扇的功率就大,转速就快。其昂贵的价值可能会体现在风扇制作材料比较好、风扇的品牌知名度高以及风扇需求量大或者拥有其他辅助功能等方面上,如果风扇的高价是由这些原因引起的,那么购买回来的高价风扇不见得所有功能都适用于所有消费者的微机。另外散热效果的好坏,不仅仅只与散热风扇有关,还与散热风扇是否能与 CPU 协调配合有关,从这个意义上来看,如果高价风扇不能与自己微机中的 CPU 有效进行配合,不但不会达到理想的散热效果,严重的话还有可能损坏 CPU。所以在购买前应该详细了解与多加比较,市场上仍有许多"便宜又好使"的散热风扇。因此,单独以价格的高低来衡量散热风扇的散热效果是片面的,也是错误的,最好选择 CPU 厂商推荐的散热风扇。

（6）风扇必须安装牢靠才能减少噪音

风扇的噪音一部分是由共振引起的,为了能降低由这种原因引起的噪音,许多风扇都通过一个具有弹性的塑料框架进行固定,以便能起到防止共振的作用。这种风扇在直接固定到塑料框架上之后,再把塑料框架通过卡扣固定到散热片上,轻压风扇四个角落时,就会发现风扇有一定余地的运动空间,这样做并不是固定得不牢,而是为了降低风扇运转时的噪音采取的特殊设计。所以,那种认为风扇必须安装牢靠才能减少噪音的说法有失偏颇。

（7）散热片面积越大散热效果就越好

由于 CPU 工作时产生的热量是通过传导到散热片,再经风扇带来的冷空气吹拂而把散热片的热量带走的,而风扇所能传导的热量多少与散热片的面积大小有关,一般来说,散热片与空气的接触面积越大,风扇的散热效果就越好,但这种说法是有一定前提的,那就是在机箱内有足够的剩余空间的情况下。如果计算机的机箱本来散热空间就不大,再没有足够的剩余空间,面积很大的散热片就很难安装到机箱中,即使勉强能安装到机箱中,太大的接触面积也会阻挡散热片周围的热空气很快散去,从而导致机箱内部的整体温度过高,以致影响整个微机的运行性能,因此散热片面积的大小选择应和机箱相匹配,不能一味地追求面积大的散热片。

（8）扇叶大的风扇排风量就大

扇叶大的风扇排风量就大这种说法是错误的,因为风扇排风量是一个综合的指标,它是衡量一个风扇性能的最直接因素,它的大小不仅仅与风扇叶子的尺寸大小有关,还与叶片的设计形式、风扇厚度以及扇叶的偏角有关系。如果一个风扇的扇叶尺寸很大,但其扇叶是扁平的,那就不会形成任何气流,风扇的排风量就为零,所以关系散热风扇的排风量,扇叶的角度是决定性因素。在购买风扇时,如果要检查风扇的排风量,只要将手放在散热片附近感受一下吹出的风强度就可以了,通常排风量大的风扇,即使在离风扇很远的位置,也可以感觉到风吹来的气流。

（9）风扇转速越高冷却效果越好

不少人认为风扇转速越高,那么在同一时间内,从 CPU 上带走的热量就越多,这样CPU 就越容易冷却,事实并不是如此。如果风扇的转速超过其标准值,那么风扇在长时间超负荷情况下运行时,从 CPU 上带走的热量就比它在高速转动过程中产生的热量小,时间运行得越长,热量差也就越大,这样高速运转的风扇不但不能起到很好的冷却效果,反而使CPU 温度大幅提升;况且,散热风扇的转速越高,可能在运转过程中产生的噪音就越大,严重的话可能让风扇或者 CPU 报废;另外,要想让风扇高速运转,还必须有较大的功率来提供动力源,而高动力源又是从主板和电源的高功率中获得的,主板和电源在超负荷功率下就会经常引起系统的不稳定。所以,风扇转速越高冷却效果越好的说法是不成立的。

5. 挂起模式造成 CPU 烧毁

故障现象:一般的系统挂起并不会造成 CPU 烧毁,系统会自动降低 CPU 工作频率和风扇转速来节省能耗。而这里所说的挂起模式造成 CPU 被烧毁,均是超频后的 CPU。超频后的 CPU 为什么会被烧毁? 这全都因为风扇停止运转造成的。原来,主板上的监控芯片除可以监控风扇转速外,有的还能在系统进入 Suspend（挂起）省电模式下,自动降低风扇转速甚至完全停止运转,这本是好意,可以省电,也可以延长风扇的寿命与使用时间。过去的 CPU 处于闲置状态下,热量不高,所以风扇不转,只靠散热片还能应付散热,但现在的CPU 频率实在太高,即使进入挂起模式,当风扇不转时,CPU 也会热得发烫。因此就会遇到,当从挂起转入正常模式时,Windows 98 会死机并出现蓝屏,这就是 CPU 过热产生的错误。

故障分析：这种情况并不是在每块主板都会发生，发生时必须要符合三个条件。第一，CPU 风扇必须是 3pin 风扇，这样才会被主板所控制；第二，主板的监控功能必须具备 Fan Off When Suspend（进入挂起模式即关闭风扇电源），且此功能预设为 On。有的主板预设 On，甚至有的在 Power Management 的设定就有 Fan Off When Suspend 这一项选项；第三，进入挂起模式。

6. CPU 烧毁预防

首先选用质量上乘的散热风扇。如果是 AMD 处理器，最好选择通过 AMD 认证的专用风扇；如果是 Intel 处理器，则可以考虑买一个原装风扇。有些经过特殊设计的风扇也不错，比如有两个风扇的"两极风"，大大增加了保险系数，可以把风扇停转导致 CPU 烧毁的危险性大幅度降低。

另外要注意对 CPU 温度的监控。新装机第一次启动微机时，马上应进入 BIOS 查看 CPU 的温度和风扇转速等参数。同时开启 CPU 温度过高报警功能、过高自动关机功能或风扇停转自动关机等功能。现在很多主板也提供了软件支持在 Windows 下即时监控 CPU 温度，如 QDI 主板附带的 StepEasy 在提供超频功能的同时也提供了温度监控功能，华硕主板的 ASUS PROBE 在进行硬件监控的同时也能显示 CPU 温度等等。

注意搞好散热降温工作也是必需的。最好整理一下机箱内杂乱的连线，既能防止 CPU 风扇扇叶被意外卡住，也能更好保持空气的顺畅流通。建议加装机箱风扇，实践证明，在电源下方加装的风扇（立式机箱）由于在 CPU 的旁边，散热效果会比没有安装风扇提升很多。当然，再安装一个面板风扇进风效果会更好。不少降温软件号称对降低 CPU 温度有很大帮助，不过从实际应用来看，效果并不是很理想，不建议当作主要降温手段。

不要对高频率 CPU 超频了，原本发热量已经很大的高频率 CPU 一旦超频无异于火上浇油，不仅难以保证系统稳定运行，CPU 被烧毁的可能性也将大大增加。此外，使用休眠时应设定 CPU 风扇不停转并把休眠时的 CPU 功耗设置为 0%，让 CPU 在休眠时尽量减少发热，也是防止烧毁的必要方法。

16.1.2 内存常见故障及维护

在计算机故障维修过程中，遇到的最多的问题恐怕要属内存报警了[2]。刚买两天的新微机会出现内存报警，使用一年的微机也会出现内存报警，天气突然降温时会出现内存报警，夏天长时间阴雨时也会出现内存报警，总之一句话，内存报警问题在计算机故障现象中出现频率最多，同时最容易解决：拆开机箱，把内存拔出来，再插一下就好了。严重一点的需要把机箱内的灰尘清除干净，或者换个内存插槽试一试。相对于其他计算机硬件故障，内存报警可以说是最简单的硬件故障了。

内存报警的根本原因有内存损坏，主板的内存插槽损坏，主板的内存供电或相关电路有问题，内存与内存插槽接触不良。前 3 种故障都属于实实在在的硬件故障，可以通过替换排除法，查出故障元件，再对坏件进行维修或更换就能解决。对于第 4 种情况，遇到得最多，什么元件也没有损坏，就是二者接触不良造成的。

1. 内存与主板接触不良的原因

（1）内存插槽变形

这种故障不是很常见，一般见于主板有形变、内存插槽有损坏、裂缝等现象，当把内存插入内存插槽时就会出现部分接触不良的情况，当主机加电开机自检时就不能通过，就会出现连续的短"嘀"声，也就是常说的"内存报警"。对于主板形变时内存插槽变形的现象可以在内存插好后通过使用尼龙扎带紧固，再辅以打胶的方法来解决此类问题。

不过，在拔插内存的过程中一定要注意内存的方向，虽然内存条和内存插槽有防呆设计，但是内存插反会造成内存条和内存插槽个别引脚烧熔的情况，这时只能放弃使用损坏的内存插槽。对于引脚烧熔的内存条，可以仔细检查一下，如果只是 77 和 85 接地端烧熔，或是其他内存条的接地端烧熔，即使把金手指烧得脱落了，这样的内存条因是接地端在反插时把电源正极与地短路了，才造成打火烧毁内存条的金手指和内存插槽的引脚，而内存芯片却没有受到任何损伤，所以只要把它插在正常的内存插槽上就可以正常使用。

有时还要注意内存插槽中是否有其他异物，如果有其他异物在内存插槽里，当插入内存时内存就不能插到底，内存无法安装到位，当然就会出现开机报警现象。当多次拔插内存仍不能解决问题时，最好仔细检查一下内存插槽是否变形，是否有引脚变形、损坏或脱落，插槽里是否有异物等情况，这样做对排除故障很有帮助。

（2）内存金手指氧化

这种情况最容易出现，一般见于使用半年或一年以上的微机。当天气潮湿或天气温度变化较大时，就会出现昨天微机工作还好好的，可第二天早晨开机时即发现无法正常开机，显示器黑屏，只听得机内"嘀嘀"直响。

这种情况如果只是偶尔一次也不值得大惊小怪，只要拆开机箱把内存条重插一下就可以了。不过如果这种故障每个月都发生一次或者一个星期或半个月就要出现一次，那就要考虑是不是属于内存条与主板兼容性不好的问题了。预防的方法是采用紧固方法，再就是安装和检修时，一定不能用手直接接触内存插槽的金手指，因为手上的汗液会黏附在内存条的金手指上，如果内存的金手指做工不良或根本没有进行镀金工艺处理，那么内存条在使用过程中就很容易出现金手指氧化的情况，时间长了就会导致内存条与内存插槽接触不良，最后开机时内存报警。对于内存条氧化造成的开机报警，不能简单地重新拔插一下内存了事，必须小心地使用橡皮把内存条的金手指认真擦一遍，擦得发亮为止，再插回去就可以了。还有就是即使不经常使用微机，也要做到每隔一个星期开机一次，让微机运行一两个小时，利用微机自身产生的热量把微机内部的潮气驱走，保持微机良好的运行状态。

（3）内存与主板兼容性不好

这种问题最难处理，也很难确定，故障出现的周期比较频繁，但是分别测试内存条和主板时往往又发现不了问题，处理起来非常麻烦。

2. 常见内存问题

使用微机时，总会遇到这样或那样的各种问题。如启动微机却无法正常启动、无法进入操作系统或运行应用软件，无故经常死机等故障时，这些问题的产生常会因为内存出现异常故障而导致操作失败。这是因为内存作为微机中三大件配件之一，主要担负着数据的临时存取任务。而市场上内存条的质量又参差不齐，所以它发生故障的几率比较大。具体出现的内存问题及维修方法如下。

（1）无法正常开机

遇到这类现象主要有两个解决的途径：第一，更换内存的位置，这是最为简单也是最为常用的一种方法，一般是把低速的老内存插在靠前的位置上。第二，在基本能开机的前提下，进入 BIOS 设置，将与内存有关的设置项依照低速内存的规格设置。比如使用其中的一根内存（如果是 DDR 333 和 DDR 400 的内存混合使用，最好使用 DDR 333 的内存），将计算机启动，进入 BIOS 设置，将内存的工作频率及反应时间调慢，以老内存可以稳定运行为准，方可关机插入第二根内存。

（2）计算机运行不稳定

遇到这类问题主要是内存兼容性造成的，解决的基本思路是与上面大体相同。第一，更换内存的位置。第二，在 BIOS 中关闭内存由 SPD 自动配置的选项，改为手动配置。第三，如果主板带有 I/O 电压调节功能，可将电压适当调高，加强内存的稳定性。

（3）混插后内存容量识别不正确

造成这种现象，第一种可能是主板芯片组自身的原因，一些老主板只支持 256MB 内存的容量（i815 系列只支持 512MB），超出的部分，均不能识别和使用。当然还有一些情况是由于主板无法支持高位内存颗粒造成的，解决这类问题的唯一方法就是更换主板或者内存。另外在一些情况下通过调整内存的插入顺序也可以解决此问题。

内存混插不稳定的问题是一个老问题了。面对这种情况，在选购内存条时，要选择像金士顿、金泰克这些高品质内存，因为它们的电气兼容性及稳定性都比较出色，出现问题的几率要低一些，并且售后也都有保障。另一部分是因为内存在使用过程中，金手指与主板的插槽接触不良引起或者中了病毒等原因引起的问题。如果出现微机无法正常启动，打开微机主机电源后机箱报警喇叭出现长时间的短声鸣叫，或打开主机电源后微机可以启动但无法正常进入操作系统，屏幕出现"Error：Unable to Control A20 Line"的错误信息后并死机。出现上面故障多数是由于内存于主板的插槽接触不良引起的。处理方法是打开机箱后拔出内存，用酒精和干净的纸巾对擦拭内存的金手指和内存插槽，并检查内存插槽是否有损坏的迹象，擦拭检查结束后将内存重新插入，一般情况下问题都可以解决，如果还是无法开机则将内存拔出插入另外一条内存插槽中测试，如果此时问题仍存在，则说明内存已经损坏，此时只能更换新的内存条。

（4）开机后显示如下信息："ON BOARD PARLTY ERROR"

出现这类现象可能的原因有三种，第一，CMOS 中奇偶校验被设为有效，而内存条上无奇偶校验位。第二，主板上的奇偶校验电路有故障。第三，内存条有损坏，或接触不良。处理方法，首先检查 CMOS 中的有关项，然后重新插内存条试一试，如故障仍不能消失，则是主板上的奇偶校验电路有故障，需要换主板。

（5）Windows 系统中运行 DOS 状态下的应用软件时出现黑屏、花屏、死机现象

出现这种故障一般情况是由于软件之间分配、占用内存冲突所造成的，一般表现为黑屏、花屏、死机，解决的最好方法是退出 Windows 操作系统，在纯 DOS 状态下运行这些程序。

（6）Windows 运行速度明显变慢，系统出现许多有关内存出错的提示

由于在 Windows 下运行的应用程序非法访问内存，内存中驻留了太多不必要的插件、

应用程序,活动窗口打开太多,应用程序相关配置文件不合理等原因均可以使系统的速度变慢,更严重的甚至出现死机。这种故障的解决必须采用清除一些非法插件(如3721)、内存驻留程序,减少活动窗口和调整配置文件(INI)等方法,如果在运行某一程序时出现速度明显变慢,那么可以通过重装应用程序的方法来解决,如果在运行任何应用软件或程序时都出现系统变慢的情况,那么最好的方法便是重新安装操作系统。

(7) 内存被病毒程序感染后驻留内存中,CMOS参数中内存值的大小被病毒修改,导致内存值与内存条实际内存大小不符,在使用时出现速度变慢、系统死机等现象。

先采用最新的杀毒软件对系统进行全面的杀毒处理,彻底清理系统中的所有病毒。由于CMOS中已经被病毒感染,因此可以通过对CMOS进行放电处理后恢复其默认值。方法是先将CMOS短接放电,重新启动微机,进入CMOS后仔细检查各项硬件参数,正确设置有关内存的参数值。

(8) 微机升级进行内存扩充,选择了与主板不兼容的内存条

在升级微机的内存条之前一定要认真查看主板的使用说明,如果主板不支持512MB以上大容量内存,即使升级后也无法正常使用。如果主板支持,但由于主板的兼容性不好而导致的问题,那么可以升级主板的BIOS,看看是否能解决兼容问题。

3. 内存故障实例

(1) 内存条质量欠佳导致 Windows 安装出错

故障现象:一台新配的兼容机,配置是 P4 1.8AGHz、i845G 主板、Hynix 256MB DDR 266 内存条、希捷酷鱼 5 代 60GB 硬盘。硬盘分好区后安装 Windows 98,在安装过程中复制系统文件时报错,按"取消"后可以跳过错误继续安装,但稍后再度报错,Windows 系统安装不能完成。

故障分析:由于故障发生在系统文件复制阶段,初步怀疑是安装光盘的问题,格式化硬盘并更换 Windows 98 安装光盘进行重装,故障依旧。故障疑点转移到硬盘和内存条身上,更换硬盘后故障仍然存在,排除硬盘发生故障的可能性,更换内存条后故障消失,最终确认导致 Windows 安装出错的罪魁祸首为劣质内存条。Windows 98 安装时需要从光盘复制文件到硬盘,而内存作为系统数据交换的中转站,在这个过程中起了极其重要的作用。此例就是内存条质量不佳、不能稳定工作而导致系统文件复制出错。

(2) 注册表频频出错祸起内存条

故障现象:一台微机配置是 P Ⅲ 550MHz(超频到 731MHz)、SiS630 主板、Hynix 192MB(128MB+64MB)SDRAM 内存。使用一年多后系统变得不稳定,经常在开机进入 Windows 后出现注册表错误,提示需要恢复注册表。

故障分析:刚开始时以为是操作系统不稳定,于是格式化硬盘。重装后问题也没有得到彻底解决,甚至变得更严重,有时甚至出现"Windows Protection Error"错误提示。由于 CPU 一直在超频状态下运行,初步怀疑故障源于 CPU,把 CPU 降频后注册表出错的频率明显降低,更换了 CPU 后,故障现象并没有消失,依然不时出现。为彻底排除故障,使用替换法进行测试,最终发现罪魁祸首是那条 64MB 的内存条。该微机长期在超频状态下运行,CPU 和内存的时钟频率均为133MHz。那条 64MB 的内存条采用的是 HY−7K 的芯片,做工也较差,长期在 133MHz 外频下运行不堪重负,导致注册表频频出错。一些做工较差、参

数较低的内存条也许可以在一段时间内超频工作,但长此下去往往会出现问题,引发系统故障。

（3）打磨过的内存条导致微机无法开机

故障现象：一台微机配置是 PⅢ 800EB、VIA 694X 主板、Hynix 128MB PC133 内存条。添加了一条 128MB 的 Hynix PC133 内存条后,显示器黑屏,微机无法正常开机,拔下该内存条后故障消失。

故障分析：经过检查,发现新内存条并无问题,在别的微机上可以正常使用,但只能工作在 100MHz 的外频下,根本无法在 133MHz 下使用。为使用该内存条,不得不在 BIOS 的内存设置项中设置异步工作模式。该内存条的芯片上的编号标志为"−75",应该为 PC133 的内存条,但芯片上的字迹较为模糊,极有可能是从−7K 或−7J 的内存 Remark（打磨）而来的,自然无法在 133MHz 外频下工作。因此消费者在选购内存条时要注意别买到 Remark 的内存条。

（4）内存条不兼容导致容量不能正确识别

故障现象：一台品牌机配置是 PⅢ 800、i815E 主板、Hynix 128MB 内存条,后来添加了一条日立 128MB 内存条,但主板认出的内存总容量只有 128MB。

故障分析：经过测试,在该微机上,两条内存可分别独立使用,但一起用时只能认出 128MB,可知这两条内存条间存在兼容性问题,后来把新添加的内存条更换为采用 Hynix 芯片的内存条后故障得到解决。由于电气性能的差别,内存条之间有可能会有兼容性问题,该问题在不同品牌的内存条混插的环境下出现的几率较大。因此,使用两条或两条以上内存条时应该尽量选择相同品牌和型号的产品,这样可以最大限度地避免内存条不兼容的现象。如果无法购买到与原内存条相同的产品时,应尽量采用市场上口碑较好的品牌内存条,它们一般都经过严格的特殊匹配及兼容性测试,在元件、设计和质量上也能达到或超过行业标准。当然并不是所有的品牌内存条都具有良好的兼容性。

16.1.3 机箱与电源常见故障及维护

如果说 CPU 是微机的心脏,那么电源就是微机的能量源泉了[3]。它为 CPU、内存、光驱等所有微机设备提供稳定、连续的电流。如果电源出了问题,就会影响微机的正常工作,甚至损坏硬件。微机故障,很大一部分就是由电源引起的。

1. 电源故障判断

硬盘出现坏磁道。不好的电源易导致硬盘出现假坏道,这种故障一般可通过软件修复。碰到此类情况,首先确认电源是否有问题,如果电源确实有问题,则应当更换质量可靠、稳定的新电源。

微机运行伴有"轰轰"的噪声。这是电源风扇的噪音增大所致,如果微机长时间没有开启过,电风扇上面灰尘积攒过多,则可能出现这种现象,解决办法是拆开微机,卸下电源,将风扇从上面拆下,除尘。然后再重新装好,开机后一般噪声会消除。

光驱读盘性能不好。这种情况一般发生在新购买的计算机或新买的 CD-ROM 上,读盘时伴有巨大的"嗡嗡"声,排除光驱的故障之后,很可能是电源有问题。有必要拆开检查一下。

超频不稳定。CPU超频工作对于电源的稳定性要求很高,如果电源质量比较差,微机在超频后,经常会出现突然死机或重新启动的现象。一般只要更换一个新的稳定的电源就可以了。

显示屏上有水波纹。有可能是电源的电磁辐射外泄,受电源磁场的影响,干扰了显示器的正常显示,如果长期不注意,显示器有可能被磁化。

主机经常莫名其妙地重新启动。这有可能是电源的功率不够,电源提供的功率不足以带动微机所有设备正常工作,导致系统软件运行错误,硬盘、光驱不能读写,内存丢失等,使得微机重新启动。

2. 电源的故障原因

保险丝熔断。一般情况下,保险丝熔断的主要原因有:直流滤波和变换振荡电路在高压状态工作时间太长,电压变化相对较大。具体表现为:回路中二极管被击穿,高压滤波电解电容损坏,逆变功率开关管损坏。如果确实是保险丝熔断,应该首先查看电路板上的各个元件,看这些元件的外表有没有被烧糊,有没有电解液溢出。如果没有发现上述情况,则用万用表进行测量,如果测量出来两个大功率开关管e、c极间的阻值小于$100k\Omega$,说明开关管损坏。其次测量输入端的电阻值,若小于$200k\Omega$,说明后端有局部短路现象。

无直流电压输出或电压输出不稳定。保险丝是完好的,可是在有负载情况下,各级直流电压无输出。这种情况主要是以下原因造成的:电源中出现开路、短路现象,过压、过流保护电路出现故障,振荡电路没有工作,电源负载过重,高频整流滤波电路中整流二极管被击穿,滤波电容漏电等。这时,首先用万用表测量系统板+5V电源的对地电阻,若大于0.8Ω,则说明电路板无短路现象;然后将微机中不必要的硬件暂时拆除,如硬盘、光盘驱动器等,只留下主板、电源、蜂鸣器,最后再测量各输出端的直流电压,如果这时输出为零,则可以肯定是电源的控制电路出了故障。

电源负载能力差。如果是电源负载能力差,开机后,电源只能向主板、软驱正常供电,当接上硬盘、光驱后,因为负载能力不足,可能导致屏幕变白而不能正常工作。打开电源检查,可能有这些原因:稳压二极管发热漏电,整流二极管损坏,高压滤波电容损坏,晶体管工作点未选择好等。如果晶体管工作点为选择好状态,则可以调换振荡回路中各晶体管,使其增益提高,或调大晶体管的工作点。

无直流输出。如果电源内的保险管烧断,则故障部位可能在变压器初级绕组前。这时,可更换保险管进行加电实验。若接通交流电源后,保险管又烧黑,则证明交流输入电路有短路情况,可在整流桥交流输入端的两头加保险管,并直接接到交流电源上,然后接通电源,如果稳压电源风机旋转正常,而且测试各直流输出电压正常,则说明故障部位在交流滤波电路中。

3. 电源故障实例

(1) 电源故障导致图像抖动

故障分析:微机配置是微星K7T Pro主板,AMD雷鸟850 CPU,现代128MB内存,ACER 77C显示器,标称300W的杂牌电源。开机后显示器屏幕上有小波纹上下抖动,开始以为是电源有干扰,把显示器接到其他的计算机上试验,却没有这一现象。把另一台正常的显示器连接到计算机上,也出现上下抖动的小波纹。

故障分析与处理:出现这类问题的主要原因是微机内的电源有故障,主要是电源内整流电路中的主滤波电容性能变差,使得电源输出电压上有寄生波纹,需要更换电源。当然还可以打开电源盒,用两个质量较好的电解电容替换原来那两个大电解电容。不过要注意电解电容的耐压一定要足够高,焊接到电路上时极性千万不能搞错,否则通电后电解电容可能会爆炸。

（2）坏电源造成自动关机

故障现象:新配微机的配置为艾崴 KT133A 主板,毒龙 750 CPU,七彩虹 Geforce2 MX 32M 显卡,爱国者 700A 显示器,长城 300W 电源。在烤机过程中玩 3D 游戏,开始一切正常,大约 10min 后游戏的声音和画面开始出现停顿现象,不久游戏终止运行,微机自动关机。

故障分析与处理:开始以为是显卡过热造成的,于是用风扇对显卡进行降温,可故障依旧,仔细检查硬件是否有接触不良,却意外发现电源不是长城的,已被经销商更换了。找经销商把电源换回来后,故障解除。

（3）电源引起光驱不读盘

故障现象:买了一个二手光驱,装在自己的微机上不能读盘,但在经销商处检查时光驱的读盘能力很强。把这台光驱拿到其他微机上使用,读盘非常顺畅,没有什么问题。

故障分析与处理:造成这种现象的原因可能是主板有问题,某些配件接触不良或数据线有问题。先采用替换法,将除 CPU、电源和机箱外的所有配件更换后,故障仍然存在。这下唯一可疑的目标就是电源了。继续使用替换法,换一个新电源检查,故障排除。看来是加了一个光驱后电源功率不足,所以只有更换电源或不装光驱。

（4）电源引起的微机不能自举故障

故障现象:计算机不能自举,在 BIOS 中查看,发现 CPU 风扇转数只有 9 转,正常应该是 4000 转左右。

故障分析与处理:查看系统电压,本来为 +5V 的电压只有 4.4V 左右,-12V 电压只有 -10V 左右,+12V 电压也偏低,问题一定出在电源上。换一个好的电源,开机自检,观察 CPU 风扇转数恢复为 4000 多转,系统电压恢复正常,上下浮动只有 0.1V 左右,故障排除。

（5）开关损坏引起死机故障

故障现象:新配微机,开始使用了几个月均正常,某天启动时自检到键盘就死机,重试几次也是如此。

故障分析与处理:根据故障现象判断可能是键盘或主板有问题,换了一个键盘检查,故障依旧。再看主板,仔细观察主板表面没有什么明显的问题,只有使用替换法检查。把其他板卡、硬盘等配件接到新主板上装好,开机检查故障依旧,把原主板换到别的微机上使用,正常,主板也没问题。对其他配件采用替换法检查无结果。将这台机子的配件装到别的机子上都没问题,可是一装到这台机子上就不行。因为将这台机子的配件逐个检查了一遍,唯独机箱没换过,于是便换了个机箱试了一下,问题消失了。问题果然就在机箱上,不过到底是机箱电源功率不足呢？还是电源质量差电压有问题？后来经测量,电源各负载接口电压都没问题。单独把电源交换使用后,发现电源功率也没问题。将主板上的开关连线拔下,用螺丝刀短接试了一次后,启动正常了,终于确认是开关损坏(估计是内部接触不良)导致启动失败。更换开关问题解决。

(6)电源引起黑屏

故障现象:微机配置是精英 P6SSM 主板,集成的 SiS300 显示芯片,赛扬 Ⅱ 800 CPU,金和田机箱,电源为杂牌的 250W。开机自检时,BIOS 发出一声长鸣后,微机黑屏。

故障分析与处理:计算机自检未获通过,属于严重出错。综合 BIOS 自检发出一声长鸣的症状,怀疑问题出在显示部分。由于主板集成了 SiS300 显示芯片,显存共用系统主内存,最初认为问题出在内存条上。检查内存条是否插紧,又更换内存条,仍无法启动。注意到主板、CPU 和内存条这个最小系统采用的部件均为质量可靠的品牌产品,而电源是杂牌的,出问题的可能性较大。于是更换电源,问题迎刃而解。

(7)电源负载能力差的故障处理

故障现象:开机时,电源风扇转一下即停,各输出端的输出电压均为 0V。

故障分析与处理:开机瞬间,风扇转动几转,说明电源开关已起振,并有电压输出,后由于某种原因,保护电路动作,使开关管停振,所以无电压输出。

① 检查 +5V 端、-5V 端、+12V 端、-12V 端的对地电阻,无短路。

② 检查 +5V 反馈电路中的元件,未见异常。

③ 该电源的脉宽调制组件用的集成电路是 UC3842,7 脚是供电电源端,5 脚是地,6 脚是输出端,用万用表检查 UC3842 外围阻容元件,也未见异常。

④ 关机测量 UC3842 各引脚的对地电阻,与另一台型号不同的电源上的 UC3842 的对地电阻比较,发现故障电源上的 UC3842 局部损坏,更换 UC3842。再用软驱作负载,接上电源风扇(风扇的正极接 +12V,负极不是直接接地),开机,风扇转几下就停了。关机,风扇转几下又停了,大约 3s 后又转几下,如此重复四五次。

⑤ 又对该电源板上的各元件进行检查,也没发现异常元件。查看有关资料,把电源风扇的负极改为直接接地,用一只 4Ω/5W 的水泥电阻接在 +5V 端作假负载,加电,风扇转动,测量各组输出电压,电压正常。

(8)电源导致显示器烧毁

故障现象:把硬件连接好,设置完 CMOS 后,微机启动的一瞬间,显示器画面一闪后就没反应了,随后一阵焦味传出,显示器被烧坏了。以为是显示器的质量问题,未加以重视,换了一台显示器,结果又烧毁了。这说明故障并不在显示器上,把显卡换到其他微机上,一切正常。

故障分析与处理:看来问题在主板上,使用替换法检测,却什么问题也没有。拔下所有电源的输出插头,通电后各电压基本正常。又找了一支测电笔测试了一下,输出端居然带电,显然是由于开关电源的隔离不良造成的。当时由于主机和显示器是分别接入电源的,而且插头标准不同,这样就造成了主机和显示器零点电位的差异,于是显卡初始化端口失败,从而烧坏了显示器。同时更换了显示器和电源,并将显示器电源适配线换装到电源的交流电源输出插座,这样处理完后,打开计算机的电源,重新设置 COMS,保存退出,问题解决。

(9)启动时微机表现不稳定的处理

故障现象:微机开机时有下列不稳定的现象。当先打开微机的总电源开关后,微机的

Power 指示灯及 HDD 灯微亮,接着按一下 Power,微机自检完光驱和硬盘之后就没有动静了,用 Reset 键重启也无济于事。但这种现象也不是一定的,偶尔也能够正常启动,而且一旦正常启动之后就没有任何问题,所以不知道到底毛病出在什么地方。

故障分析与处理:这是由于电源与其他部件的不匹配而引起的问题。其主要原因可能有:电源提供的启动脉冲的宽度不足以满足主板的要求;主板提供的启动 ATX 开关电源的脉冲宽度不满足电源的要求;启动各种设备(如主板、硬盘等)时所需瞬时电流非常大,引起电源过流保护。对于前两种故障,可以更换功率大一点的电源来解决。对于第三种故障,如果更换功率大的电源还不能解决,就需要对主板进行更换了。

(10) 改造微机电源

故障现象:一台兼容机,在增加了一个 SONY 光驱后,开机时,标称 250W 的电源发生了爆炸。

故障分析与处理:拆开电源发现一只小功率三极管已经爆裂,用万用表测量另外一只,管脚之间全部击穿,看来非换不可了,保险丝居然没"烧"。原三极管印有 C3039 字样,是日本产的型号为 2SC3039,属于高频开关 PNP 三极管。先不着急换,仔细观察电路板,发现三极管管脚经过弯曲后安装到电路板上,安装孔的孔距要比三极管管脚间距大许多,可能还有更好的代替品适合这位置。从市场上购回一对 BUS08A(功率管是成对使用的)进行比较,比 2SC3039 的体积要大得多,但管脚位置与 2SC3039 相同又是 PNP 三极管,可直接替换。BU508A 常用于彩电中作行输出管,功率上没有问题。用电烙铁将两只 2SC3039 焊下,换上新购的 BU508A(注意方向,有金属散热片的一面朝向原有铝散热片,中间需加绝缘垫片),三只脚不用折弯就能直插下去。将多出的管脚剪掉,用电烙铁焊牢。焊好后仔细检查一遍,无异常,发现电路板上印有型号 CPI-230D,可能电路板原来设计是 230W,被经销商当作 250W 出售。检查无误后试机,不加负载,按下电源开关,风扇转了一下便停了,一检查发现保险管被烧了。风扇能转说明电路基本正常,可能是换了大功率三极管后,开机时冲击电流比较大,测试新换的三极管没问题,整流二极管烧坏了几个,再检查防冲击电流的水泥电阻,却没有找到,只有一根导线而已,于是又买了 4 只 IN5406 整流二极管,工作电流大、耐压高,不易击穿,1 只 2~3Ω、5W 的水泥电阻,再买 1 只 5~6A 保险管(中间透明的那种,可多买几个备用,电路板上标称 4A 的太小)。换上新购的零件,刷干净电源里的灰尘,接通电源,风扇转动正常。装回机箱接上负载,顺利启动。

(11) 升级要注意电源

故障现象:最近将微机升级,把原来的赛扬换成了毒龙 750,主板也换成了微星 K7T Pro,显卡换为七彩虹的 Geforce2 MX 200,还换了光驱,加了个内存和 Modem,机箱和电源用的是风云世纪版。升级后重新安装系统,初步运行基本正常,但有时看 VCD 或玩游戏时会死机,只能按 Reset 键重启。有一次死机后启动时突然在找到光驱后系统报告内存测试失败,以后启动到此就停止自检,按 F1 键跳过,不能进入 Windows,热启动时不出现这一提示(热启动不检查内存)。

故障分析与处理:①怀疑内存条不好,换了一根内存条,开机后偶尔能进入蓝天白云画面,然后还是死机。后来再启动时不能检测到硬盘,在 CMOS 中使用检测硬盘项也无法检测到硬盘。②换主板,换了一块主板后依然是同样的毛病。③怀疑是电源容量不够。把电源拆下来检查,标称功率是 250W 的,但估计没有达到这个标准。因为手头暂时找不到其他的电源,于是采用先最小系统法,然后再把其他的配件一个一个加上去,当加到光驱时(此时还剩软驱未加)故障出现,看来是电源的毛病,更换一个电源即可。

(12) 微机电源引起显示器故障的处理

故障现象:在进行文字处理时计算机突然黑屏,显示器指示灯发出黄色闪烁信号(正常应为绿色),按 Reset 键无变化。因为主机置于地面,使用中脚曾碰到主机,然后发生故障。

故障分析与处理:据此判断可能机箱因受碰撞而引起显卡或信号传输线接触不良,导致显示器无输出。于是,打开机箱拔下显卡后,再仔细插回插槽内,然后重新连接信号输出线并拧紧两侧的螺钉,开机检测,故障依旧,但从硬盘的工作状态(信号灯的闪烁情况)看,似乎已经正常启动。怀疑显卡的金手指可能与插槽因碰撞引起接触不良,于是再将其拔出,用酒精把金手指擦了一遍再插上,开机检测,故障依旧。最后怀疑是显示器的电源插头接触不良所致。在显示器电源插头端塞上纸片,保证其良好接触。开机测试,一切正常,问题解决。显示器电源可能因接触不良导致接触电阻增大,电流过低,无法正常显示,但其电源指示灯因消耗功率小仍可闪亮,从而造成显示部分损坏的假象。

16.1.4　存储设备常见故障及维护

先介绍硬盘故障。

1. 硬盘故障的分类

硬盘故障分为物理故障和软故障两类,其诊断的依据主要是根据系统上电后的现象及屏幕上出现的提示信息来判断。当硬盘出现故障后,应仔细分析故障现象,判断是属软故障还是物理器件损坏。千万不要盲目拆盖、拔插控制卡或轻易将硬盘进行低级格式化,使问题变得更加复杂化。有时还会由于维护操作不当,不仅没有把故障修复好,反而引起新的故障[4]。

(1) 硬盘的物理故障

硬盘常见的物理故障现象有如下几种:

① 硬盘电路故障。主轴电机失速,引起啸叫,伴随有硬盘指示灯不断闪烁,自检时显示出错信息:"1701"或者"Hard Disk Error",这说明硬盘控制电路部分有故障。硬盘电路故障在硬盘故障统计中占的比例不大,一般都是暴露在自检过程中,且故障现象较为单一。读和写控制电路的故障会同时发生,几乎没有只能读(不能写)或只能写(不能读)的现象。

② 硬盘腔体故障。微机加电后,硬盘腔体异常响声,自检过程中有明显的"哒哒哒"的长时间磁头"撞车"声,说明硬盘腔体内有机械故障。这大多是磁头步进钢带松动或断裂,故障起因于盘体受到严重撞击或振动。

③ 硬盘适配器或接插件故障。系统加电自检到硬盘子系统时,自检不能通过,且硬盘指示灯不亮同时屏幕显示如下一些信息:"1701"、"Hard Disk Error"或者"HDD Controller Error",该故障现象如果不是硬盘的主引导记录损坏就是硬盘子系统的硬件故障。例如,硬盘适配卡、硬盘驱动器损坏,或者硬盘适配卡与主板 I/O 插槽和与硬盘驱动器之间连接的接插件和电缆损坏或接触不良。

④ 硬盘 0 柱面损坏。硬盘经较长时间自检后,在引导时显示:"Disk Boot Failure

TRACK 0 BAD"如果在此后立即死机致使引导失败,可能是磁盘 0 柱面损坏。其结果是导致硬盘主引导扇区或者 DOS 引导扇区被破坏以致硬盘不能使用。该故障虽然属于物理故障的范畴,但是可用软件来进行修复。

(2) 硬盘的软故障

软故障是指硬盘上一些重要的和有着特殊意义的数据丢失、损坏或被修改而引起的自举引导失败或读写故障。这是硬盘软故障的主要内容,因其绝大多数发生于磁盘的系统信息区内,且硬盘中的大量文件或数据并没有丢失,故排除这类软故障显得尤为重要。引起硬盘不能自举的原因大多是由于系统区信息损坏、CMOS 参数丢失或病毒入侵造成的。一般说来,用户都可以根据屏幕上出现的提示信息来判断引起故障的原因。这些原因概括起来可分为 CMOS 数据参数丢失、硬盘主引导区损坏、硬盘 DOS 引导区出错(含 DOS 三个系统文件损坏或丢失)三种。下面分别叙述这三类故障的现象、原因及处理方法。

① 若开机后屏幕上显示无法启动,该出错是由于系统板上用于维持 CMOS 信息的电池损坏,使得 CMOS 内容丢失造成的。对于这种故障,只需更换好电池,重新设置 CMOS 参数(特别是硬盘类型参数及三个基本逻辑格式化参数),即可从硬盘正常启动了。

② 在系统启动时,屏幕上出现如下一些提示信息:"Invalid drive specification Invalid partition table","DeviceError"这些提示信息一般是由于硬盘主引导区记录出错引起的。引起这类错误的原因可能是:没有指定主引导分区为活动分区(无自举标志),几个分区均无可自举标志或有多个自举标志,主引导记录结束标志(55AA)丢失,主引导记录因用户意外操作或病毒入侵被破坏。

③ 在系统启动时,屏幕上出现如下提示信息:"Error load operation system","Missing operation system","Non-system disk or disk error","Disk book failure"。这类错误信息一般是由于 DOS 引导扇区的错误引起的。在系统的启动过程中,当硬盘的主引导分区检查正确后,根据可自举分区中指出的分区起始地址读 DOS 系统引导扇区,若读操作失败,则给出"Error load operation system"的出错信息;若能正确读出 DOS 引导扇区,则系统将检查引导扇区的最后两个字节是否为有效标志"55AA";若不是,则给出"Missing operation system"的出错信息,如果 DOS 引导扇区中隐含文件名信息被破坏,或者说引导程序从磁盘根目录的开始扇区读取的前两个文件名不是当前 DOS 版本的两个系统隐含文件,则给出"Non-system disk or disk error"的出错信息;如果 DOS 引导扇区记录格式或系统文件因某种原因被破坏,被引导程序读内存时发生读操作错误,则给出"Disk book failure"的出错信息。对于这类故障的排除,可使用 DOS 命令"SYS C:"或者 PCTools、Norton 等工具软件进行修复。

(3) 硬盘物理故障的一般处理方法

如果硬盘盘体物理损坏,一般而言,除更换硬盘以外没有更好的方法。硬盘驱动器除具有较复杂的电路外,还具有大量的极其精密的机械部分。当硬盘密封头、盘组件等部分发生故障时,要在 100 级净化环境中才能打开机盖进行检查与处理。因而,硬盘物理故障的维修难度较大,一般非专业维修人员也很难对硬盘的器件故障进行检测和维修。但是,硬盘系统的物理故障并非仅仅是由于盘体的运动部件或集成电路损坏引起的,也可能是由于硬盘外部接插件的接触不良或其他的一些原因引起的。

2. 硬盘故障分析与处理步骤

（1）物理故障的分析与一般的处理步骤

①首先检查 CMOS SETUP 是否丢失了硬盘配置信息。测量主板上 COMS RAM 电路是否因为电池有故障或元器件（如二极管、三极管、电阻、电容等）损坏等原因导致 CMOS 中的硬盘配置参数出错。

②通过加电自测，若屏幕显示错误信息"1701"或"Hard Disk Error"，说明硬盘确实有故障。但也可能是硬盘适配卡未插好，硬盘与硬盘适配器的插接处未插好，硬盘适配器有故障等。

③关机，拆开机盖，测＋5V、＋12V 电源是否正常，电源盒风机是否转动。以此来判断外电路是否缺电。

④检查信号电缆线，插头与硬盘适配卡是否插好，有无插反或接触不良。可交换一些电缆插头试一下。

⑤采用"替代法"来确定故障部件。找一块好硬盘适配卡（或多功能卡）与该硬盘适配卡比较，判断是硬盘适配卡还是硬盘驱动器本身有问题。

⑥观察步进电动机端止挡销是否卡死，如卡死，用手拨回起始位置。

以上几个步骤，用户需要仔细检查、测试、分析，找出坏的元器件进行修理或者更换硬盘适配卡。经以上的处理后，只要不是硬盘盘体本身损坏，仅仅是一般性的接插件的接触不良或外电路故障则多数能够迅速排除。

（2）硬盘子系统硬件故障的处理方法

如果经过以上的处理仍然不能解决问题，则有可能是硬盘子系统有器件损坏。此时，可运用以下的方法继续检测。

①替换法。替换法是用备份的好插件板、好器件替换有故障的插件板或器件，或者把相同的插件或器件互相交换，然后观察故障变化的情况，依此来帮助用户寻找故障原因。当 POST 自检后屏幕显示错误信息"1701"或"Hard Disk Error"，或使用高级诊断确定故障在硬盘适配器卡或某几块集成片时，可采用替换法来逐步缩小故障的查找范围。例如，用正常的插卡代替怀疑有故障的插卡，将被怀疑的集成电路芯片从管座上拔下，插上新的芯片试一试。如果某个器件插换后正常即说明换下的插卡或芯片面性故障。

②测电阻法。该测量方法一般是用万用表的电阻挡测量部件或元件的内阻，根据其阻值的大小或通断情况，分析电路中的故障原因。一般元器件或部件的输入引脚和输出引脚对地或对电源都有一定的内阻，用普通万用表测量，有很多情况都会出现正向电阻小，反向电阻大的情况。一般正向阻值在几十欧姆至 100Ω，而反向电阻多在数百欧姆以上。但正向电阻决不会等于 0 或接近 0，反向电阻也不会无穷大，否则就应怀疑管脚是否有短路或开路的情况。当断定硬盘子系统的故障是在某一板卡或几块芯片时，则可用电阻法进行查找。关机停电，然后测量器件或板卡的通断、开路短路、阻值大小等，以此来判断故障点。若测量硬盘的步进电动机绕阻的直流电阻为 24Ω，则符合标称值为正常；10Ω 左右为局部短路；0Ω 或几欧姆为绕阻短路烧毁。硬盘驱动器的扁平电缆信号线常用通断法进行测量。硬盘的电源线既可拔下单测也可在线并测其对地阻：如果无穷大，则为断路；如果阻值小于 10Ω，则应怀疑局部短路，需做进一步的检查。

③ 测电压法。该测量方法是在系统加电情况下,用万用表测量部件或元件的各管脚之间对地的电压大小,并将其与逻辑图或其他参考点的正常电压值进行比较。若电压值与正常参考值之间相差较大,则判断该部件或元件有故障;若电压正常,说明该部分完好,可转入对其他部件或元件的测试。一般硬盘电源与软盘插线一样,四个线头分别为+12V、+5V、-5V 和地线。硬盘步进电动机额定电压为+12V。硬盘启动时电流大,当电源稳压不良时(电压从 12V 下降到 10.5V),会造成转速不稳或启动困难。I/O 通道系统板扩展槽上的电源电压为+12V、-12V、+5V 和-5V。板上信号电压的高电平应大于 2.5V,低电平应小于 0.5V。硬盘驱动器插头、插座按照引脚的排列都有一份电压表,高电平在 2.5~3.0V 之间。若高电平输出小于 3V,低电平输出大于 0.6V 即故障电平。逻辑电平可用示波器测量或者用逻辑笔估算。

④ 测电流法。如果有局部短路现象,则短路元件会升温发热并可能引起保险丝熔断。将万用表串入故障线路,核对电流是否超过正常值。硬盘驱动器适配卡上的芯片短路会导致系统负载电流加大,驱动电动机短路或驱动器短路会导致主机电源故障。硬盘电源+12V 的工作电流应为 1.1A 左右。当硬盘驱动器负载电流加大时,会使硬盘启动时好时坏。电动机短路或负载过流轻则保险熔断,重则导致电源块、开关调整管损坏。在加大电流回路中可串入流假负载进行测量。如有保险的线路,则可断开保险管一头将表串入进行测量。在印刷板上的某芯片的电源线,可用刻刀或钢锯条割断铜泊引线串入万用表测量。电动机插头、电源插头可从卡口里将电源线取出来串入表测量。

⑤ 信号寻迹法。如果条件许可,可送入测试信号源至故障部位进行测试。用逻辑笔或示波器按逻辑图进行检测,如果被检测部分出现波形延迟过大、相位不对、波形畸变等现象,则说明故障点就在此部分,应对此进行进一步的仔细检查。当输入端送入测试信号,可用逻辑笔寻迹器或示波器查找信号输出的踪迹,按逻辑图查电平变化。例如,如果连接硬盘驱动器的接口线输入端有信号,输出端信号输出级无信号输出,则可断定故障出在第三级上。用逻辑笔寻踪粗糙一些,准确测量脉冲波形和幅值还得用示波器。对主要测试点的控制信号、选通脉冲、接口信号进行分析比较,以确定故障点。

3. 硬盘软故障的处理方法

随着电子技术的进步和制造技术的提高,硬盘的物理故障率大为降低。然而,随着在硬盘上存储的软件系统和数据信息的复杂化和大型化,硬盘的软故障率却呈上升的趋势。这些软故障虽然不会造成硬盘的元器件的损坏,却会使硬盘上的信息系统遭到破坏,而使用户蒙受巨大损失。所以硬盘的软故障处理和日常数据的维护工作日愈显得重要[5]。一般说来,硬盘的软故障大多是由于用户使用不当或维护不当造成的,大多数能够根据用户的用机经验和屏幕上的提示信息准确地判断故障的性质和类别,运用软件的手段加以修复,使系统恢复正常,挽回损失。

即使是诸如硬盘 0 磁道物理介质被划伤而损坏的"硬"故障,也仍然可以用软件的方法进行修复,使系统恢复正常。如果硬盘出现故障,用户首先要判断硬盘故障类型,分清楚是"硬"故障或"软"故障以及故障的原因,然后才能设计维修方案。而且,在一般情况下,确诊硬盘故障的工作总是伴随着修复工作同时进行的。修复工作切不可盲目进行,对用户盘中数据尽可能保护是修复工作的前提。具体实施可按以下的步骤和方法进行:

（1）若加电自检到硬盘子系统时，立即显示出"1701"或"HDD Controller Error"提示信息且硬盘指示灯闪烁及软硬盘适配卡无接触问题，用 DM(Disk Manager)软件执行 DM/M，看是否能指示出该硬盘的磁道数、磁头数和每道扇区数。若有，则招待低级格式化并做 FDISK 和 FORMAT 处理。在做 FDISK 的过程中，可以试着检查分区情况，看有无挽救盘中数据的希望，若系统根本不承认硬盘的存在，则挽救盘中的数据可能性很小。可以基本得出结论：硬盘适配卡坏或硬盘损坏，不属软故障范畴，无软件修复的可能。

（2）286 以上档次机，若提示"c：driver error"或明确指出"CMOS Configuration Check Error"，这时故障原因多是 CMOS 中 SETUP 的硬盘参数设置错误，这时可按硬盘的正确参数，重新设置 CMOS 相关参数。在兼容机中使用的 40MB 以上容量的硬盘的类型有很多是 TYPE 47(USER TYPE)，磁道数、磁头数、写预补偿、启停区、扇区数是不能有错的，用户应事先记录下来以便出现故障时恢复原参数。

（3）系统自检后显示 BASIC(ROM BASIC)或"死机"，用软盘启动 DOS 后再转 C 盘，此时若提示"Invalid driver specification"，执行 FDISK，若显示"Disk error reading"，则意味着硬盘 INT 19H 引导模块执行出错，这时盘中数据已无法挽救了。只能进行低级格式化、分区和高级格式化。

（4）系统自检后进行系统自举时，若提示"Invalid partition table"或"Missing operation system"，软盘启动后使用 FDISK 查看分区表，此时有两种可能。

① 指示"No partition table exit"。

② 所列出的分区表混乱，主分区属性为"Non DOS"。这说明 DOS 分区表和主引导程序坏，但不必盲目对硬盘进行低级格式化。如果用户已经使用 PCTools、Norton 等工具软件对硬盘引导区、分区表、FAT 表等系统信息区数据在软盘上进行了备份，则可方便地恢复硬盘上的系统信息，迅速排除故障，保护硬盘中原有数据资料；如果没有进行备份，可找一台与故障机硬盘相同（最好是盘、卡均相同）且 DOS 版本也相同的正常微机，用 DEBUG 恢复分区三及 DOS 引导程序。

（5）在恢复了分区后，如果硬盘仍然不能自举和读写，可再按以下步骤检查。

① 首先用 FDISK 查看第一分区是否是活动分区。若不是，则可用 FDISK 的"Change active partition"功能激活。

② 若仍不能引导则仍然可用 Norton6.0-8.0 的工具软件 NDD（磁盘医生）或 PCTools6.0-9.0 中的 DiskFix 进行修复。NDD 或 DiskFix 可对用户硬盘进行测试，然后确定分区表、引导记录、文件分配表、目录区文件结构的完整性，并进行纠错。纠错前对错误情况进行描述并征求确认，它能最大限度地保证磁盘数据的完整性。

（6）若屏幕显示"Disk boot failure"或"Non system disk"后死机，此时用 FDSIK 查看分区情况应正常，可用 PCTools 之类的工具软件查看 DOS 的三个主引导文件（IBMBIO.COM、IBMDOS.COM 及 COMMAND.COM 文件）是否存在，是否正常，是否有这三个文件的版本不一致的情况。经处理好硬盘分区和三个 DOS 系统文件后，系统应该恢复正常，若故障仍未消除（不能自举），则只能从低级格式化重新做起。当然，用户应先将盘中的文件备份（此时硬盘是可以读写的）。

（7）若上述方法仍不能从硬盘上引导系统，则说明硬盘存在着磁介质损坏。对于 0 磁道上的硬盘主引导扇区(MBR)物理性操作的处理方法，有人提出将 0 道 1 扇区的主引导信息改放在 1 道 1 扇区或 2 道 1 扇区以避开损伤的 0 磁道,但这种方法的结果仍然是要用一张软盘启动,且需修改 FDISK 和 IBMBIO 文件或重写硬盘卡上的 ROM(EPROM),这样做后硬盘仍是一个数据盘而不能是引导盘。而且这种方法较为麻烦,若业余维修者限于水平或设备环境,要重写硬盘卡上的 EPROM 也很困难。如果不是硬盘的主引导扇区(MBR)损坏,而仅仅是 DOS 引导扇区(DBR)损坏,较为简单的做法是:执行 FDISK 建立 DOS 分区时,不是将整个磁盘划归 DOS 使用,而是硬盘的总柱面数减 1,相应的起始柱面号设置为 1(或 5),激活活动分区后再进行格式化即可。此法简单而有效,其代价仅是牺牲一个柱面的磁盘空间而已。

4. 硬盘故障实例

(1) 接触不良导致无法识别硬盘故障

故障现象:学校网络教室的一台学生用机,近期经常出现不能开机或开机后提示找不到硬盘的情况,通过仔细检查,在开机后能够听到硬盘盘片的转动声音,系统检测启动设备时提示无法找到硬盘。微机的型号是英特尔 810 主板,英特尔赛扬 1.1GHz 处理器,256MB DDR 266 内存,硬盘为希捷酷鱼 7200.7 40GB。重新启动微机时或者进入 CMOS 重新设置一下就一切正常,但在使用过程中还是经常会重新启动,重新启动后则又无法找到硬盘。刚开始故障并不算严重,还能够将就使用,但随着使用次数的增多,故障越来越频繁,于是决定彻底解决。

故障分析与解决:按照正常的检修顺序,先对硬盘进行彻底杀毒,用最新版的江民和瑞星查杀后却一无所获,基本上排除了病毒破坏引导区和分区表的可能。于是又开始怀疑是CMOS 电池老化导致硬盘有时无法识别,更换了一个新电池以后故障还是依旧。根据故障现象来看,如果软件没有问题,那么看到故障出自硬盘本身,是不是硬盘的质量出了问题,由于是在机房里,每一台微机的配置基本上都是相同的,这就给替换法带来方便,把硬盘和另一台微机互换以后,结果两台微机竟然都没有出现问题!这就奇怪了,难道硬盘和主板之间还有兼容性的问题不成?绝对不可能,这两台微机的主板可都是一个型号的,均为英特尔的原装 810 芯片组的主板。排除硬盘自身的故障以后,因为网络教室里每一台计算机都有自己的名字,而且 IP 地址也不同,为了便于管理,把硬盘换回来,结果故障又来找了。怎么又出现故障了呢?想来想去,除了互换硬盘时插拔了数据线,其他地方都没有动,难道是数据线存在接触不良的现象?于是赶紧把一根新的 80 芯数据线换上,结果一切正常。经过一个星期的测试,证实故障彻底排除。

故障总结:这起故障的主要原因是 80 芯数据线在多次的插拔以后,由于线径较细,存在接触不良的现象,而在检修时两台微机互换硬盘,把接触不良的地方接上了,等到再换回来时又断开了,导致了故障的重演。如果使用 IDE 的硬盘,那么在拔数据线时动作一定要轻,要小心,不能很随意地一下子就把数据线拔下来,遇到硬盘的 IDE 口和数据线插头很紧的情况,很容易造成数据线的插头和芯线之间的接触不良现象。

(2) 硬盘散热不良引起微机反复重启或蓝屏故障

故障现象:一台购买了两年多的 HP 笔记本,最近总是莫名其妙地反复重启或出现蓝屏死机现象。故障的具体表现是开启微机后,大约正常使用三四个小时后,微机便会莫名其妙地重新启动,启动后再次连续使用一个小时的时间,微机便会再次自动重启。重启现象还算不错,有时在使用中直接出现蓝屏死机的现象。

故障分析与排除:这台笔记本保养得不错,使用相当仔细,故障出现是在两周前,根据故障现象,基本判断是由于散热不良所引起的。打开微机,让其工作一个小时后(运行简单的应用软件),用手触摸机身表面,当手接触到安放硬盘的部位时,发现此处特别得热。笔记本硬盘安装的部位应该比其他的部位要明显得热,但像这样热的还是头次见到,何况这才工作了一个小时。于是将笔记本打开,仔细观察用于硬盘的散热风扇,发现这个风扇居然没有转动。如此之高的温度风扇都没有反应,难怪经常重启和死机呢。找到问题的根源后,去市场购买了一个新的同型号的散热器换上,打开笔记本检测七八个小时,均没有出现问题,至此故障解决。

故障总结:笔记本对散热的要求相当得高,特别是硬盘,发热量明显比其他的部件要大,由于体积受限,因此在散热方面做得一般都不太好。如果遇到经常重启和蓝屏死机的现象,不妨从散热处多思考一下。

下面介绍光驱与光盘故障。

1. 光驱常见故障

(1) 光驱工作时硬盘灯始终闪烁

故障原因:这是一种假象,实际上并非如此。硬盘灯闪烁是因为光驱与硬盘同接在一个 IDE 接口上,光盘工作时也控制了硬盘灯的结果。可将光驱单元独接在一个 IDE 接口上。在利用 DVD 看片时会发现硬盘的工作指示灯会一直不停地闪烁,在这期间也并未进行过其他的工作。其实这并不是什么问题,是因为目前的 DVD 碟片容量相当大,为保证流畅地播放,计算机便将碟片中的数据会预存在硬盘的缓存中,因此导致了硬盘的指示灯一直在不停闪烁。

(2) 光驱无法正常读盘

屏幕上显示:"驱动器 X 上没有磁盘,插入磁盘再试",或"CDR101:NOT READY READING DRIVE X ABORT. RETRY. FALL?"偶尔进出盒几次也都读盘,但不久又不读盘。

在此情况下,应先检测病毒,用杀毒软件进行对整机进行查杀毒,如果没有发现病毒,可用文件编辑软件打开 C 盘根目录下的"CONFIG. SYS"文件,查看其中是否有挂上光驱动程序及驱动程序是否被破坏,并进行处理,还可用文本编辑软件查看"AUIOEXEC. BAT"文件中是否有"MSCDEX. EXE/D:MSCDOOO /M:20/V"。若以上两步未发现问题,可拆卸光驱维修。

(3) 在 Windows 环境下对 DVD-ROM 进行操作时出现了"32 磁盘访问失败",接着死机

故障原因:很显然,Windows 的 32 位磁盘存取对 CD-ROM 有一定的影响。CD-ROM 大部分接在硬盘的 IDE 接口上,不支持 Windows 的 32 位磁盘存取功能,使 Windows 产生了内部错误而死机,这是一个经常遇到的故障,很多朋友在遇到时便会束手无策,其实解决方法很简单。

故障排除:进入 Windows 后,在"主群组"中双击"控制面板",进入"386 增强模式"设置,单击"虚拟内存"按钮后再单击"更改"按钮,把左下角的"32 位磁盘访问"核实框关闭,在确认后,再重启动 Windows,在 Windows 中再访问 CD-ROM 就不会出错误。

（4）光驱使用时出现读写错误或无盘提示

这种现象大部分是在换盘时还没有就位就对光驱进行操作所引起的故障。对光驱的所有的操作都必须等光盘指示灯显示为就好位时才可进行操作。在播放影碟时也应将时间调到零时再换盘，这样就可以避免出现上述错误。

（5）在播放电影 VCD 时出现画面停顿或破碎现象

检查一下 AUTOEXEC. BAT 文件中的"SMARTDRV"是否放在 MSCDEX. EXE 之后。若是，则应将 SMARTDRV 语句放到 MSCDEX. EXE 之前；不使用光驱的高速缓存，改为 SMARTDRV. EXE/U，故障即可排除。

（6）光驱在读数据时，有时读不出，并且读盘的时间变长

光驱读盘不出的硬件故障主要集中在激光头组件上，且可分为两种情况：一种是使用太久造成激光管老化；另一种是光电管表面太脏或激光管透镜太脏及位移变形。所以在对激光管功率进行调整时，还需对光电管和激光管透镜进行清洗。

光电管及聚焦透镜的清洗方法是：拔掉连接激光头组件的一组扁平电缆，记住方向，拆开激光头组件。这时能看到护套罩着激光头聚焦透镜，去掉护套后会发现聚焦透镜由四根细铜丝连接到聚焦、寻迹线圈上，光电管组件安装在透镜正下方的小孔中。用细铁丝包上棉花沾少量蒸馏水擦拭（不可用酒精擦拭光电管和聚焦透镜表面），并看看透镜是否水平悬空正对激光管，否则须适当调整。至此，清洗工作完毕。

调整激光头功率：在激光头组件的侧面有 1 个像十字螺钉的小电位器。用色笔记下其初始位置，一般先顺时针旋转 5°～10°，装机试机不行再逆时针旋转 5°～10°，直到能顺利读盘。注意切不可旋转太多，以免功率太大而烧毁光电管。

（7）开机检测不到光驱或者检测失败

这有可能是由于光驱数据线接头松动，硬盘数据线损毁或光驱跳线设置错误引起的。遇到这种问题时，首先应该检查光驱的数据线接头是否松动，如果发现没有插好，就将其重新插好、插紧；如果这样仍然不能解决故障，那么可以找来一根新的数据线换上试试。这时如果故障依然存在，就需要检查一下光盘的跳线设置了，如果有错误，将其更改即可。

（8）虚拟光驱发生冲突

在安装光驱的同时，一般会装个虚拟光驱使用。但安装虚拟光驱后，有时会发现原来的物理光驱"丢失"了，这是由于硬件配置文件设置的可用盘符太少了。解决方法：用 Windows 自带的记事本程序打开 C 盘根目录下的"Config. sys"文件，加入"LASTDRIVE＝Z"，保存退出，重启后即可解决问题。在安装双光驱的情况下安装低版本的"虚拟光碟"后，个别情况会表现为有一个或两个物理光驱"丢失"！建议换个高版本的或其他虚拟光驱程序。

（9）驱动故障

在 Windows 系统中，当主板驱动因病毒或误操作而引起丢失时，会使 IDE 控制器不能被系统正确识别，从而引起光驱故障，这时只要重新安装主板驱动就可以了。

另外，当一个光驱出现驱动重复或多次安装等误操作时会使 Windows 识别出多个光驱，这会在 Windows 启动时发生蓝屏现象。只要进入 Windows 安全模式（我的电脑|属性|CD-ROM）删除多出的光驱就解决了。

（10）光驱托盘进出不畅

如果出现光驱卡住无法弹出的情况，可能就是光驱内部配件之间的接触出现问题，尝试如下的方法：将光驱从机箱卸下并使用十字螺丝刀拆开，通过紧急弹出孔弹出光驱托盘，这样你就可以卸掉光驱的上盖和前盖。卸下上盖后会看见光驱的机芯，在托盘的左边或者右边会有一条末端连着托盘马达的皮带。你可以检查此皮带是否干净，是否有错位，同时也可以给此皮带和连接马达的末端上油。另外光驱的托盘两边会有一排锯齿，这个锯齿是控制托盘弹出和缩回的。请你给此锯齿上油，并看看它有没有错位之类的故障。如果上了油请将多余的油擦去，然后将光驱重新安装好，最后再开机试试看。不过由于这种维修比较专业，建议最好找专业人士修理。

（11）光驱连接不当

光驱安装后，开机自检，如不能检测到光驱，则要认真检查光驱排线的连接是否正确、牢靠，光驱的供电线是否插好。如果自检到光驱这一项时出现画面停止，则要看看光驱（主、从）跳线是否无误。建议光驱尽量不要和硬盘连在同一条数据线上。

（12）光驱内部的灰尘

光驱经常不能识别光盘上的内容，有时需要反复读很长时间才能看到光盘上的数据，清理一下光驱内部的灰尘可以提高光驱的性能。要清理光驱内部的灰尘和污物，首先需要拆开光驱。在通电时，将光驱的光盘托盘弹出（或者断电后用铁丝、拉直的曲别针捅光驱面板上的小孔，将托盘弹出）。关机断电，拔下数据线、音频信号线和电源线，并将光驱从主机中卸下。拧下光驱底面的固定螺丝，将光驱的外壳和前面板都卸下。用棉签、毛刷之类的清理工具将灰尘清除，并小心擦拭激光头（建议使用专用清洁液，不可使用过多的酒精和水）。注意拆卸和清理过程要小心，注意不要损坏任何电器元件和机械零件。

（13）光驱托盘总是卡住

光驱托盘的弹出和收回是由一个电动机通过皮带带动齿轮来完成的。拆开并检查故障光驱，发现由于皮带老化，总是在传动时打滑，引起了托盘进出不畅。比照原皮带，从自行车胎上剪下同样大小的一段橡胶圈，替换下原皮带。原样安装好光驱，开机试用，故障解决。

（14）使用光驱播放音乐无声音

使用光驱播放 CD 和 VCD 光盘时，从微机音箱中听不到声音。打开机箱检查，可能发现光驱与声卡没有使用音频线进行连接，这样，光驱读取的音频信号并不会传入系统进行处理，微机音箱也就不会放出任何声音。应使用专用音频线将光驱与声卡正确连接。

（15）电源功率不足导致光驱不能正常使用

微机一直工作正常，新装上一个光驱后出现故障：使用新光驱播放 CD 和 VCD 光盘时正常，但使用它安装软件时微机自动重启，有时两个光驱同时使用时也会出现重启现象。先使用替换法检查两个光驱，若单独使用任何一个都能正常工作。则考虑新光驱可以播放 CD 和 VCD 光盘，但不能安装软件，可能是电源功率不足所致。因为，光驱在读取 CD 和 VCD 数据时，基本都是以 4 倍速工作的，耗电量不是很大，当用于安装软件、复制大量数据时，光驱转速很高，所需电流比播放 CD 时要大。将微机上的杂牌电源更换为高品质大功率电源后，故障可消失。建议无特殊需要的情况下，将旧光驱卸下不使用，以减小电源的负荷。

（16）光盘放反导致无法读取数据

光驱使用一直正常，突然出现不能读取光盘数据的现象。将光盘放入光驱后，能够听见光盘的旋转声音,光驱指示灯也在闪烁,但长时间读取后无法看到光盘上的内容,系统提示将磁盘插入驱动器。分析光驱的机械部分工作正常,不能识别光盘上的内容,可能是激光头、数据传输等方面的问题。所以检查光盘,发现由于光盘上没有印刷任何文字和图像,两面没什么区别,导致光盘数据面向上被放入光驱。翻转光盘重新插入驱动器,故障消失。

(17) 电源插头生锈引起光驱不读盘

若突然出现光驱不读盘的现象,在将光盘放入光驱后,查看光盘内容时系统报错,提示将磁盘插入驱动器时,可仔细查看是否光盘放入光驱后,无光盘高速旋转的声音。然后判断以下三处之一是否存在问题:带动光盘旋转的电动机,光驱上的控制电路和电动机的供电。若拆下光驱检查,能发现电源插头 12V 供电针脚上有很多锈迹,清除后重新安装,故障消失。

2. 刻录机常见故障

(1) 刻录机最常见的故障就是读盘困难

之所以说是读盘困难就是能够读盘,但存在挑盘现象。通常是读到某处就出现蓝屏错误或某些只有轻微擦花的盘根本就读不出来,对于这样的故障通常只要用干脱脂棉棒轻轻将激光头的物镜擦拭干净也就能将故障排除了,有些污染严重的激光头可用嘴哈几下气将物镜弄潮后再擦,注意擦的方向为中心向外半径方向轻轻擦拭!

如果将物镜已擦得非常清亮了但仍然存在故障,那就可能是光头内部的光路通道也已经被灰尘污染了,这时您可对激光头进行泡洗处理,具体方法是:先将激光头拆下,然后在一个非常干净的容器(容器大小以能将光头全部浸入为宜)内倒入纯净水(勿用矿泉水或自来水)并滴一滴洗涤灵(也可不滴),之后将激光头浸入水中并静置 4 个小时以上(物镜要朝上面),然后将光头拿出(手不要接触物镜)并用新注射器注入纯净水对光头进行几次冲洗,最后放到阴凉处背干(此处灰尘要尽量少),时间要在 12 个小时以上(千万不要用电吹风吹干),等晾干后装到刻录机上试机,十之八九的故障都会因此而被排除。

(2) 激光头组件的排线损坏

排线通常都是折断性损坏,因它损坏而造成的故障在普通品牌的刻录机中是比较常见的,这个故障通常都是由于设计不是非常合理或人为因素而造成的,其损坏后的故障现象通常有三种:①放入光盘后没有任何反应(报告无盘);②偶尔能读盘,但偶尔却不能读盘;③无论什么盘只要读到某一位置就会失去反应并报告无盘。

通常排线损坏只要用放大镜仔细一查看就能发现,有的甚至直接就能看出来,所以如果遇到了上面的现象,不妨检查一下排线,如果真是排线损坏,可采用三种方法进行修复:①如果焊功非常好就可用软导线进行搭焊修复(要先刮去绝缘层),当然,这种排线不是十分好焊,所以要用一些松香辅助焊接;②如果能找到新的或旧的同型号的无故障排线只要做换新处理就行了;③有时排线并没有折断而只是插头处氧化造成的接触不良,只要用橡皮擦将氧化层擦掉。

无论使用什么方法进行维修,都有一些注意事项要注意:排线都是用固定夹来连接的,所以要先松开固定夹后后再拉出排线,千万不要在不松开固定夹的情况下强行硬拉排线。在安装修复的排线时要先轻轻把排线的金属部分全部插入固定夹中以后再合紧固定夹,而且方向不要弄反。通常激光二极管是非常不易老化的,而且一旦老化后也用不了多长时间了,所以最好不要去调激光二极管的功率电位器(APC)。

（3）聚焦、循迹线圈故障

由此造成的故障现象通常是有激光射出但就是读不出盘,该故障点通常有三种:①线圈变形;②引线折断;③线圈烧坏。这三种故障只有前两种有办法在业余条件下进行维修,而且第①种要求动手能力非常强且不同型号的维修方法也各有不同,对于第②种故障只要把折断的线焊上就行了,当然,有很多是无法修复的,第③种就只能更换光头了。另外,有时驱动电路损坏也会造成聚焦、循迹线圈故障,但是极为少见。

（4）刻录机进/出仓异常

有时光盘托盘入仓后自动弹出或没有反应且无法再出仓或出仓后马上又缩回,这些现象都属于异常现象,通常情况下是托盘的进/出仓限位开关氧化损坏所致,可做相应的换新处理,当然,有的是可以拆开进行修复的,但有很多却只能换新。有时皮带老化也会造成该类故障。另外,有时托盘传动机构出现阻塞故障也会造成这些故障现象,通常由此原因造成的故障已经无法进行修复了,需送专业部门维修,当然,有时加一些润滑油就能将其摆平。

（5）接插件接触不良造成的故障

这个故障不是在什么环境下都会发生的,通常都是在比较潮湿的地区或季节中才会发生,如果当地的环境污染又比较严重,那发生此类故障的几率就更大了。其实刻录机中的接插件并不很多,除了上面提到的光头组件用的排线外,主要就是机械机心和电路板之间连有一些导线的接插件(有的使用排线)了,这些导线主要是用来控制各个电动机的,所以如果电动机的控制部分出现电路性接触不良就会导致类似激光头读盘困难和激光头组件的排线损坏故障的现象。另外刻录机的电源 D 型插头也会被氧化而造成接触不良,通常这样的情况只是发生在质量较差的 D 型电源插头上。所以在检修一些无规律的故障时一定不要忘记检查接插件是否存在接触不良的问题。有时光头组件上的 APC 电位器也会发生接触不良的故障,所以在检修无规律读盘困难故障时可给该电位器加一滴液体润滑油试试。有些偶尔不认刻录机的故障,可检查一下 IDE 数据线和相应的接插部分。

（6）安装刻录机后无法启动微机

为刻录机的接口种类有很多,这里针对最常见的 IDE 与 SCSI 接口的刻录机进行说明:

① IDE 接口的刻录机。如果刻录机与其他设备共用一个 IDE 接口,则必须设置驱动器的主从位置(Master/Slave)。这个调整相对较为简单,只要简单地进行跳线即可,保证设置后共用一个 IDE 接口的两个 IDE 设备为一主一从即可。如果单独使用一个 IDE 接口,则无须进行跳线设置,使用原来默认的 Master 设置即可。

② SCSI 接口的刻录机。这种接口的设置相对于 IDE 接口的刻录机来说要复杂一点,因为 SCSI 接口的刻录机需要选择一个 SCSI ID 号。如果设置与其他设备冲突,系统将无法识别这一设置。在通常情况下,ID 号"0"被分配给支持系统启动的 SCSI 硬盘了,而 ID 号"7"为 SCSI 控制卡保留。其实刻录机的 ID 号选择范围为"1～6",只要不与其他设备冲突就行。还有一点要注意,SCSI 接口的刻录机如果连接在 SCSI 卡的末端,就必须通过跳线设定终端电阻,这个跳线标识为"TR"或"Terminator",短接跳线后,终端电阻将起作用。

排除故障方法:①关闭计算机电源,打开外壳检查 IDE(或 SCSI)数据线,查看数据线接头有无完全插入,且确认数据线是否正确联结,不能颠倒。②检查在插数据线的时候,是否将计算机内部其他部件弄松了,如显卡、内存等,如果弄松了,应重新安装好。③若刻录机与另一台 IDE 装置共同接在同一条 IDE 线上,请确认两台装置是否同时为"MA"(Master)或

"SL"(Slave)设定,如果这样将它们改成一台为"MA",一台为"SL"。

(7) 使用模拟刻录成功,实际刻录却失败

刻录机提供的"模拟刻录"和"刻录"命令的差别在于是否打出激光光束,而其他的操作都是完全相同的,也就是说,"模拟刻录"可以测试源光盘是否正常,硬盘转速是否够快,剩余磁盘空间是否足够等刻录环境的状况,但无法测试待刻录的盘片是否存在问题和刻录机的激光读写头功率与盘片是否匹配等等。有鉴于此,说明"模拟刻录"成功,而真正刻录失败,说明刻录机与空白盘片之间的兼容性不是很好,可以采用如下两种方法来重新试验一下。

① 降低刻录机的写入速度,建议 2X 以下。

② 请更换另外一个品牌的空白光盘进行刻录操作。出现此种现象的另外一个原因就是激光读写头功率衰减,如果使用相同品牌的盘片刻录,在前一段时间内均正常,则很可能与读写头功率衰减有关,可以送有关厂商维修。

(8) 无法复制游戏 CD

一些大型的商业软件或者游戏软件,在制作过程中,对光盘的盘片做了保护,所以在进行光盘复制的过程中,会出现无法复制,导致刻录过程发生错误,或者复制以后无法正常使用的情况发生。

(9) 刻录的 CD 音乐不能正常播放

并不是所有的音响设备都能正常读取 CD-R 盘片的,大多数 CD 机都不能正常读取 CD-RW 盘片的内容,所以最好不要用刻录机来刻录 CD 音乐。另外,还需要注意的是,刻录的 CD 音乐,必须要符合 CD-DA 文件格式。

(10) 刻录软件刻录光盘过程中,有时会出现"BufferUnderrun"的错误提示信息

"BufferUnderrun"错误提示信息的意思为缓冲区欠载。一般在刻录过程中,待刻录数据需要由硬盘经过 IDE 界面传送给主机,再经由 IDE 界面传送到刻录机的高速缓存中(BufferMemory),最后刻录机把储存在 BufferMemory 里的数据信息刻录到 CD-R 或 CD-RW 盘片上,这些动作都必须是连续的,绝对不能中断,如果其中任何一个环节出现了问题,都会造成刻录机无法正常写入数据,并出现缓冲区欠载的错误提示,进而是盘片报废。解决的办法就是,在刻录之前需要关闭一些常驻内存的程序,比如关闭光盘自动插入通告,关闭防毒软件、Windows 任务管理和计划任务程序、屏幕保护程序等等。

(11) 光盘刻录过程中,经常会出现刻录失败

提高刻录成功率需要保持系统环境单纯,即关闭后台常驻程序,最好为刻录系统准备一个专用的硬盘,专门安装与刻录相关的软件。在刻录过程中,最好把数据资料先保存在硬盘中,制作成"ISO 镜像文件",然后再刻入光盘。为了保证刻录过程数据传送的流畅,需要经常对硬盘碎片进行整理,避免发生因文件无法正常传送,造成的刻录中断错误,可以通过执行"磁盘扫描程序"和"磁盘碎片整理程序"来进行硬盘整理。此外,在刻录过程中,不要运行其他程序,甚至连鼠标和键盘也不要轻易去碰。刻录使用的微机最好不要与其他微机联网,在刻录过程中,如果系统管理员向本机发送信息,会影响刻录效果,另外,在局域网中,不要使用资源共享,如果在刻录过程中,其他用户读取本地硬盘,会造成刻录工作中断或者失败。除此以外,还要注意刻录机的散热问题,良好的散热条件会给刻录机一个稳定的工作环境,如果因为连续刻录,刻录机发热量过高,可以先关闭微机,等温度降低以后再继续刻录。针对内置式刻录机最好在机箱内加上额外的散热风扇。外置式刻录机要注意防尘,防潮,以免

造成激光头读写不正常。

（12）使用 EasyCDPro 刻录无法识别中文目录名

在使用 EasyCDPro 刻录中文文件名时，可以在文件名选项中选取 Romeo，就可以支持长达 128 位文件名，即 64 个汉字的文件名了。另外，WinonCD、Nero、DirectCD 2. x 等都能很好地支持长中文文件名，EasyCDCreator 在这方面要稍微麻烦一些。

（13）缓冲区数据不足故障

在刻录过程中出现"Buffer Under Run"（缓冲区数据不足）的错误，无法完成刻录，会造成盘片报废。这是刻录机使用过程中最常见，也是最为复杂的故障，可能是操作系统、刻录软件、刻录机硬件等多种因素所致。其根本的原因是：刻录机缓存数据被用完，被迫中断当前刻录操作。由于传统刻录方式，中断后不能继续进行刻录，由此导致盘片报废。

光盘刻录机在刻录光盘时要求数据流是连续地写入，刻录时数据必须先写入缓存，光盘刻录机再从缓存调用要刻录的数据，在刻录的同时，后续的数据必须继续写入缓存中，以保持数据连续传输。如果数据进入缓存的速度低于离开缓存的速度，后续数据没有及时写入缓冲区，而缓冲区的数据已经被全部写入光盘并被清空，传输就会发生中断，出现"Buffer Under Run"（缓冲区数据不足）的错误，导致"飞盘"。这种故障发生的原因有两个：一是 CPU 资源被其他程序大量占用，即在刻盘时运行了其他较大的应用程序；二是被其他应用程序中断了数据传输，如屏幕保护等程序的启动等。

排除故障方法是为了避免"Buffer Under Run"（缓冲区数据不足）的错误，用户在刻录光盘前应保持环境的单纯，如果你这台微机需要进行刻录工作，建议你除了必要的刻录程序，最好不要再运行其他的应用程序。在进行刻录工作时，除了刻录程序本身，建议不要进行其他的额外工作，尤其是那些占用系统资源大的程序。只要你执行的应用程序稍微影响到刻录工作，就会使刻录工作中断，甚至有时你不小心按一下鼠标键，也会导致刻录失败。所以，鼠标、键盘最好也别碰。屏幕保护程序一定要关闭，BIOS 的显示器、硬盘节电功能最好也关闭。关闭所有常驻内存程序，包括各种防毒程序、E-mail 自动监测程序等。尽量不要与其他微机联网，断开网络连接等。加大刻录机的缓存容量，可以使刻录机允许更长的传输中断时间，但对于现在越来越快的刻录速度来说，缓存容量还是显得太小，另外，大缓存刻录机的价格也会贵很多。

真正比较完善地解决"Buffer Under Run"错误的方法还是使用刻录保护技术。目前市场刻录机市场上比较普遍使用的刻录保护技术有 Burn-Proof、Just Link、Seamless Link 三种。这三种刻录保护技术的基本原理类似。监视刻录机缓存数据，当缓存数据低于一定标准时暂停刻录过程，保存中断点，当缓存重新被新的数据填充后，刻录机找到刚才刻录的中断点，继续刻录。使用刻录保护技术有效克服了"Buffer Under Run"错误造成刻录失败的问题，用户在记录数据时可以不用因为担心刻录失败而中断其他任务，它可以突破高速刻录的瓶颈，降低生产成本，能大幅提高刻录成功率，是最为完善的解决"Buffer Under Run"的故障的方法。

3. 故障实例

（1）光驱"假"死故障分析与排除

故障现象：一台正常使用中的光驱，近期出现了"假死"现象，故障表现光驱可以正常地开关仓门,放入一张光盘后读盘时间半分钟左右面板工作指示灯关闭,光驱的主电动机停止转动,无法正常读取光盘中的资料。在"我的电脑"中双击光驱盘符指示"请将磁盘插入到驱动器"的提示。

故障分析及排除:这台光驱是一直都能够正常使用的,品牌为先锋的 DVD 刻录机,使用时间为八个月左右,平时使用的频率并不很高,而且光驱的读盘能力特别地强。按照正常使用情况来看,光驱磁头基本不可能存在老化的问题。刚开始时还认为是盘片的质量不好,于是更换了许多盘片后,依然无法读取盘片中数据。于是将光驱从计算机中拆下来,用酒精对光头进行了常规的清洗。清洗完毕后重新安装到微机中,开机后放入一张质量较好的光盘,故障依旧,依然没能找到故障根源。

于是考虑到光驱的激光头可能在使用时因为不注意使其移位,导致激光束不能聚焦和正常反射,于是重新拆开光驱,利用干净的纸巾轻轻地触动激光头,让激光头在原来的位置上轻轻地左右移动一下,企图通过外力的作用使激光头复位。做完这些工作后将光驱重新安装到微机中,开机放入光盘,故障还是没有排除。难道这台 DVD 刻录机就真的是不能再继续使用了吗?

重新放入一张光盘,仔细观察光驱工作状态,以找到问题的根源。放入光盘后,突然发现光头部分只是做了轻轻的移动而且只是在光盘的最内圈,好像被什么卡住了一样,指示灯也就是在这时停止闪动,主马达电动机也停止运转,最后导致无法读取盘片中的数据。

这时想到驱动光驱激光头的是光驱的机械部分,光驱激光头只做了简单的移动,而并没有真正工作起来,充分说明应该是光驱的机械部分出现了问题。是不是由于光驱在工作中突然断电而导致光驱的机械部分没有归位引起的故障呢?抱着这种想法,取出光驱中的盘片,并重新对光驱加电(由于光驱盖是打开的,激光对眼睛的伤害非常大,因此这时千万不要用眼睛看激光头,否则非常容易出现事故),把光头的小车从最内圈的位置移动到最外圈的位置上。然后打开仓门放入光盘,这时奇迹发生了,光驱小车从最外圈慢慢移动到最内圈并回到原位,不到半分钟,光驱的主轴电动机开始高速运转,盘片中的数据被顺利地读了出来,光驱重新恢复了生机。

故障总结:光驱在工作过程中,由于突然断电或其他外力的影响使光盘的光头突然停止转动,光头的小车便一直停留在此位置,然后再开机时由于光头小车无法归回原位,从而导致无法读盘,造成了"假死"的现象。因此如果遇到使用正常的光驱突然间不能够读盘,可以从这个方面入手进行排查与解决。

(2) 光驱无法持续读盘

随着 DVD 刻录机价格的平民化,越来越多的用户购买了 DVD 刻录机,从此终于告别了硬盘不够用的悲惨历史,解决了硬盘的压力,使系统看起来更整洁、干净,大大地方便日常使用。

故障现象:微机中安装了两个光驱,一个是原有的 DVD-ROM,另外一个则是新买不久的 DVD 刻录机,在之前,一直用 DVD-ROM 看影碟,由于时间较长,所以光头老化,有些盘片不能正常地读取,于是改为 DVD 刻录机看片刻录,而 DVD-ROM 光驱依然装在微机中。

在用 DVD 刻录机看盘时,每次影片播放到 45% 左右时会出现死机的现象,画面定格后没有任何的反应,微机发出"咔咔"的声音。无论是在 Windows 2000 下还是在 Windows XP 下都是如此,并且按下 Ctrl＋Alt＋Del 键后都没有任何的反应,除非利用机箱上的重启键重新启动计算机,但是重新播放到 45% 左右时依然会出现这种现象。为此重装了系统,但问题仍然没有得到解决。不仅仅是在播放 DVD 时容易出现故障,在刻录 DVD 盘片时也经常出现"飞盘"的现象,为此也损失了不少的 DVD-R 刻录盘片,但是在刻录 CD-R 盘片时便没有什么问题。

故障检查及排除:播放软件是 WinDVD 播放器,微机配置是英特尔奔腾 4 2.4C 处理器,512MB DDR 400 内存(两条 256MB 组成的双通道模式),微星 865PE 芯片组主板,七彩虹 R9550 显卡(128MB 显存),机箱内还装有一个软驱、两块硬盘(一块西部数据 40GB 和一块希捷 80GB)和两个光驱。这样的配置无论是看碟还是刻盘都应该是不会有问题的。于是怀疑使用的播放软件有问题。接下来将微机中的 WinDVD 播放器卸载,并且利用优化大师清理了系统中的所有垃圾文件,重新安装了最新版的 WinDVD 播放器,再次测试,故障依旧,无任何好转,难道是这款播放器与刻录机有冲突?于是又重新卸载掉 WinDVD,安装了超级解霸 V8 播放器,再次进行测试,故障依旧。重复安装 Real ONE 等其他的播放器以后,故障还是没有解决,于是排除了软件上的故障。

难不成是硬件出了问题?将微机机箱打开后,真是大吃一惊。微机机箱内各种线乱七八糟地排列在机箱中,而且灰尘已经落满了机箱。再看硬盘和光驱的安放,两块硬盘和两个光驱紧紧地靠在一起,中间没有留下任何的散热空间。最糟的是在近 35°室内温度下机箱内居然没有一个散热风扇,于是开始将问题的重点放在了散热上。经过一番仔细的清理,将机箱内打扫得干干净净,并将机箱内的光驱和硬盘重新进行了安装,留足了散热的空隙。如此以后再次播放 DVD 影片,连续播放两张均没有出现问题,以上问题也就迎刃而解了。

故障总结:从故障产生的原因及解决过程可以看到,温度过高是导致问题的主要原因。对于 PC 微机而言,其中最大的杀手之一便是散热问题,为了很好地解决散热问题,不单在机箱内安装散热风扇,而且还为各种发热量较大的配件安装了独立的散热器。若机箱的线缆杂乱无章,两个光驱和两块硬盘又安装在了一起,冬天微机还勉强能够正常运行,但夏天温度一高,各种问题也就随之产生了。因此保持机箱的清洁是很有必要的,不但要经常打扫机箱内的卫生,有必要时还要加装散热器来辅助散热,更重要的是保持板卡与板卡、设备与设备之间有足够的散热空间,比如光驱和硬盘安装时不要放在一块,安装在 PCI 槽上的板卡也要留下足够的散热距离,这样微机才会正常散热,不会因散热问题而产生故障和烧毁各种设备。

16.1.5 多媒体设备常见故障及维护

1. 显示器故障

(1) 显示器电源故障

如今显示器中的电源绝大部分采用的是开关型稳压电源(简称开关电源)。所谓开关电源,是指开关电源中的调整管工作在截止区和饱和区。调整管截止时,相当于机械开关断开,调整管饱和时,相当于机械开关闭合。这种起开关作用的三极管,就叫开关管,而用开关管来稳定电压的电源,就称为开关型稳压电源。显示器中常见故障大多是开关电源的故障。

按开关电源和负载的联结方式划分,开关电源可分为串联型和并联型两类。串联型开关电源的输出端通过开关调整管及整流二极管直接与电网相连,故其底板带电,俗称"热底板",给维修带来很大的安全问题,大家在拆机时要注意;而并联型开关电源,其输出端与交流 220V 电网间由开关变压器一次侧、二次侧进行隔离,因此整机电路板上除了与开关变压器一次侧相连的部位外,其余地方均不带电,故称其为"冷底板"。并联型开关电源安全性好,但是其电路相对复杂,对开关管的要求较高,如其保护电路工作状态不稳定,产生的故障也较为严重。

维修开关电源是显示器维修中的重点(在日常维修中占显示器维修量的 70% 左右)和难点。在维修开关电源时最好加入一个隔离变压器,它可避免由于接地端带电造成人员触电的事故。对于 14 英寸到 17 英寸的显示器,用 70W～100W 的隔离变压器就够了。

在维修开关电源时可以采用降压检修法。其方法是:将显示器的电源插头接在一个交流调压器上,再把调压器的输出电压调到 100V 左右,然后通电检修,并逐次提高电源电压来检修。

开机便烧坏保险,输出电压为零。这种情况一般是由于开关管被击穿,发射极和集电极短路所造成的。此时可先将开关管拆下,测其发射极和集电极对地电阻,如为 0 或很小,则换掉。但也要检查一下其他元器件有无问题后方能开机。

光栅出现"S"形的扭曲。这种问题应重点检查滤波电路和稳压电路,一般是因为有一只二极管断路,由全波整流变成半波整流,这也可能是其滤波电容容量减少所致。

交流 220V 整流滤波电路出现短路性故障,且开机烧保险。先检查一下整流二极管有无短路、滤波电容是否严重漏电。还可拔去消磁线圈插头,检查一下消磁热敏电阻有无短路性故障,如有应换新。

开机无光栅、无显示、电源指示灯不亮,但未烧保险。这时应检查交流互感变压器是否开路、整流电路的限流电阻有无开路(烧断)失效或整流二极管是否断路。

无光栅、无显示,且机内发出异常声响。如发出"吱吱"声,说明振荡频率低,应检查与振荡有关的元件,如发出"嗒嗒"声,说明电源过流保护,应检查过流保护电路。

输出电压高于或低于正常值。输出电压高出或低于正常值十几伏到几十伏,但又不为零,保护电路也未动作。这时的故障现象将随电压变化而情况各异,可调整稳压电位器,如输出不变或变化很小,就说明取样差放电路有故障,其中提供基准的稳压二极管被击穿或短路的可能性很大。

(2) 显像管高压打火故障

显像管高压打火故障也是显示器维修中最常见的问题之一。主要表现为荧光屏光栅出现许多无规律的亮点,严重时成点状的线,有时还可听见机内"吱吱"作响,如果打火严重,将造成图像模糊,并可能在数秒或数分钟后出现光栅消失的现象。显管高压打火产生的原因和部位较多,主要有显像管座内高压打火,显像管高压嘴或高压帽打火,高压包高压引线端打火,聚焦电位器内部接触不良打火等等。

显像管座打火的维修:显像管座的打火一般在聚焦极。产生显像管座内部打火的原因主要是显示器使用的环境过于潮湿或长期不用造成的。由于聚焦极的电压很高在 4KV～9KV 之间,修理方法是:关掉电源,将管座从尾板上拆下,用小刀或细砂纸将管脚的锈迹刮去,再用纯酒精清洗干净,并把管座塑料内壁的锈迹用酒精清洗干净,然后用吹风机吹干,重新装好即可。

显像管高压嘴或高压帽周围打火：显像管高压嘴周围打火，除环境潮湿外，还有显管的高压嘴和锥体玻璃之间接触不紧密或有杂质有关。要修高压嘴打火，先得对其放电，方法是将大号木柄平口解刀，插入高压嘴中多次接触底板即可，有时还可听见"啪啪"的放电声。然后取下高压帽，检查高压嘴及高压卡簧有无锈迹，其周围有无打火迹象和积灰。如有，可按照前面的方法将其清除干净，然后用电吹风将其吹干，要注意温度和时间，以免显管局部过热而炸裂。然后在高压嘴周围均匀地涂上一些黄油，再扣好高压帽即可。

高压包及聚焦电位器打火：高压包打火可造成光栅模糊或无光栅。如果是高压包本身打火，就只能换新的。如果是高压包的引线端打火，可用纯酒精将其擦干净，滴一点绝缘清漆即可。如果是高压包上的聚焦电位器打火，可关机后调整聚焦电位器多次，看是否能使其内部触点接触变好。如不行，最好还是将其更换掉。

（3）如何对显示器进行消磁

显示屏被磁化出现色斑也是常遇到的问题。其产生的原因主要有：显示器靠近磁性物品被磁化；搬动显示器后，使机内偏转线圈发生移位，产生色纯不良；消磁电路损坏。虽然一些显示器自身带有一定的消磁功能，但对于较严重的磁化就有些无能为力了。

对于因受外磁场干扰而造成的色纯不良，可用外消磁器进行消磁。消磁器可购买，也可自制。在应急的情况下，可找一只废旧电度表（1A～5A 均可），取下电压线圈，将其"门"形线芯取掉，只剩穿入线圈的 T 形铁芯和线圈，然后在线圈的两接线柱上接上电源线及开关插头，再用塑料布将其缠牢即可。但无论哪种消磁法，都要注意安全。通电后手握消磁器不断晃动，逐渐靠近荧光屏，对带磁部位可反复进行，然后一边晃动消磁器一边后退到离荧光屏 2m 左右再关掉电源。每次通电时间不宜过长，如果一次消磁效果不好可反复进行几次。

由于搬动显示器后造成的色纯不良，可打开显现器后盖将偏转线圈恢复原来的位置，并将偏转线圈螺钉拧紧即可。对于因机内消磁电路损坏引起的色纯不良，可先检查一下热敏消磁电阻是否损坏，将其取下，用手摇如发出"哗哗"的声音，则为热敏电阻已坏。用万用表查其引脚电阻值，如阻值小于 8Ω 或大于 50Ω 则说明消磁电阻内 RTC 元件已坏，应换新的。如消磁电阻阻值正常，则应重点检查消磁线圈的引线、插头、插座之间有无松动和接触不良。另外如消磁电阻短路或漏电还将造成开机烧保险的故障，要注意。

（4）屏幕显示故障的维修

显示器使用日久后，就可能出现屏幕显示面积变大或变小的故障。这时调整其水平和垂直宽度电位器，调尽了也没效果了，就需打开后盖进行调整。例如一台 14 英寸显示器，使用三年后出现上述故障，在 640×480 显示模式下屏幕基本正常可调，而在 800×600 显示模式下，严重出现小屏，画面两边各有 2cm 左右的黑边，且调尽机外旋钮也是如此，更可气的是在 640×400 的 DOS 模式下又严重出现大屏，以至于在启动时连启动画面也只能看到 2/3，调整外旋钮同样不起作用。拆下显示器后盖，见其主电路板上共有四组微调电位器旋钮，分别是 H. WIDTH、PIN、V. HEIGHT、H. PHASE，另外还有 31kHz、35kHz、38kHz 三个同步电位器旋钮，它们分别负责 640×400/640×480/800×600 三种显示模式。连接好显示器，打开电源，分别在 Windows 和 DOS(640×400) 三种显示模式下，用小号螺丝刀，分别调节电位器旋钮至三种分辨率都满意为止。因为各个显示器这几个旋钮大同小异，大家可反复多试几次。调整完毕后，再进入相应的显示模式下，根据需要再调节一下聚焦和亮度至自己满意为止。这两个旋钮一般在高压包上,在调整时要注意安全,因为高压包上电压很高。显示器内有高压电源,最好在专业维修人员的指导下进行维修。

(5) 显像管故障

显像管的好坏对于显示器能否正常工作也产生着重要影响,常见故障有以下几种:

显像管玻璃壳破裂。该故障现象表现为无光栅、无图像、显像管内打火,伴有彩色辉光。

漏电或碰极。如果显像管的阴极与栅极发生碰极,会使相应电极的束电流增大,光栅会成为该电极对应的单色光栅,使得亮度失控,且有严重的回扫线。显像管出现碰极或漏电的原因是管内含有杂质,并且电子枪的工艺较差。应采用火花放电法加以排除。

显像管真空度不良。这样会造成管内打火,聚焦不准,甚至图像尺寸会随着亮度开大而变大。

显像管老化和失效。显示器运行过程中,若发现显像管在开机后的开始一阶段时间内亮度较暗,图像较弱,开大亮度则聚焦变坏。再经过一段时间或者把灯丝电压提高一些就能变为正常,这就是显像管老化或其中一个阴极衰老的症状。典型的特征有:①接通显示器电源后,要经过很长的时间显示器才会有光栅出现;②接通显示器电源后,再将亮度开到最大时,显示器的光栅和图像仍然很淡;③显示出的图像清晰度变差,严重散焦;④亮度低时图像可以分辨,而加大亮度就会有散焦现象;⑤显示器的显像管蓝枪阴极衰老,光栅偏黄色;绿枪阴极衰老,光栅偏紫色;红枪阴极衰老,光栅偏青色。

显示器是精密的电子设备,并且内部含有高压电路。如果确定显像管已经老化,应该找相应人员进行更换,以免不正常操作产生负面影响。

2. 集成声卡故障

随着主板集成度的逐步提高,集成声卡已经成为目前微机的发展潮流,而且随着集成声卡芯片的技术提高,大有取独立声卡而代之的趋势[6]。

根据通俗的分类,AC'97 声卡被分为硬声卡和软声卡两种,其中大部分独立声卡都是硬声卡,而集成在主板上的声卡也有硬声卡,这些声卡除了包含 Audio Codec 芯片之外,还在主板上集成了 Digital Control 芯片,即把芯片及辅助电路都集成到主板上,而且提供了独立的数字音频处理单元和 ADC 与 DAC 的转换系统,最终输出模拟的声音信号。这种硬声卡和普通独立声卡区别不大,更像是一种全部集成在主板上的独立声卡,而由于集成度的提高,CPU 的负荷减轻,音质也有所提高,不过相应的成本也有所增加,现在已很少被主板厂商采用。

AC'97 软声卡则仅在主板上集成 Audio Codec,而 Digital Control 这部分则由 CPU 完全取代,节约了不少成本。根据 AC'97 标准的规定,不同 Audio Codec 97 芯片之间的引脚兼容,原则上可以互相替换。也就是说,AC'97 软声卡只是一片基于 AC'97 标准的 CODEC 芯片,不含数字音频处理单元,因此微机在播放音频信息时,除了 D/A 和 A/D 转换以外所有的处理工作都要交给 CPU 来完成。可以这样说,AC'97 软声卡只是简化了硬件,而设计思路仍是贯彻 AC'97 的规格标准的声卡。也有部分消费者认为,软声卡就是没有 Digital Control 芯片,而是采用软件模拟,所以就存在两个问题:首先其 CPU 占用率肯定较高,容易产生爆音;其次音质也不可以和普通的独立声卡相提并论。

其实随着 CPU 主频的不断提高,音频数据处理量却并没有增加多少,所谓的 CPU 占用率的问题早已被忽略不计。而关于音质方面，虽然 AC'97 软声卡还难以和高档的独立声卡相比较，但是随着 SoundMAX 3.0 驱动的不断升级和改进，使 AC'97 软声卡拥有硬件级的数据处理转换能力和最高 94dB 信噪比的专业音质回放能力，增加的 Sensaura 为 3D 定位音效，与 XG 兼容的 Sondius-XG 的 MIDI 软波表，以及最新的音效演算法 SPX，将 AC'97 软声卡提升至一个前所未有的高度，彻底改变了其在消费者心目中音质不佳的形象。

声卡在使用过程中常常会遇到一些稀奇古怪的问题，其中包括硬件问题，也包括无数的软件故障，下面将选出一些具有代表性的问题，通过对这些问题和解决方法的了解，可以根据情况作出相应的处理，及时解决实际问题。

如果声卡安装过程一切正常，设备都能正常识别，一般来说出现硬件故障的可能性就很小。可查看以下几方面：与音箱或者耳机是否正确连接；音箱或者耳机是否性能完好；音频连接线有无损坏；Windows 音量控制中的各项声音通道是否被屏蔽。如果以上 4 条都很正常，依然没有声音，那么可以试着更换较新版本的驱动程序，并且记得安装主板或者声卡的最新补丁。

（1）播放 MIDI 无声

某些声卡在播放 MP3、玩游戏时非常正常，但就是无法播放 MIDI 文件。从原理来看，声卡本身并没有问题，应该属于设置问题。可以通过"控制面板|多媒体|音频|MIDI 音乐播放"，选择合适的播放设备即可。当然也可能是在 Windows 音量控制中的 MIDI 通道被设置成静音模式，将静音勾选去掉即可。

（2）播放 CD 无声

如果播放 MP3 有声音，应该可以排除声卡故障。最大的可能就是没有连接好 CD 音频线。

普通的 CD-ROM 上都可以直接对 CD 解码，通过 CD-ROM 附送的 4 芯线和声卡连接。线的一头与 CD-ROM 上的 ANALOG 音频输出相连，另一头和集成声卡的 CD-IN 相连，CD-IN 一般在集成声卡芯片的周围可以找到，需要注意的是音频线有大小头之分，必须用适当的音频线与之配合使用。

（3）无法播放 WAV 音频文件

不能播放 WAV 音频文件往往是因为"控制面板|多媒体|设备"下的音频设备不止一个，这时禁用一个即可。

信噪比一般是产生噪音的罪魁祸首，集成声卡尤其受到背景噪音的干扰，不过随着声卡芯片信噪比参数的加强，大部分集成声卡信噪比都在 75dB 以上，有些高档产品信噪比甚至达到 95dB，出现噪音的问题越来越小。而除了信噪比的问题，杂波电磁干扰就是噪音出现的唯一理由。由于某些集成声卡采用了廉价的功放单元，做工和用料上更是不堪入目，信噪比远远低于中高档主板的标准，自然噪音就无法控制了。

由于 Speaker Out 采用了声卡上的功放单元对信号进行放大处理，虽然输出的信号"大而猛"，但信噪比很低。而 Line Out 则绕过声卡上的功放单元，直接将信号以线路传输方式输出到音箱，如果在有背景噪音的情况下不妨试试这个方法，相信会改进许多。如果采用的是劣质的音箱，改善则不会很大。

3. 多媒体音箱故障

音箱是多媒体设备中的重要组成部分，可以说音箱是除显示器外和大家感观接触最为直接的计算机外设,其好坏直接影响多媒体计算机的效果。下面介绍媒体音箱的一些常见故障排除方法。

当音箱不出声或只有一只出声时,首先应检查电源、连接线是否接好,有时过多的灰尘往往会导致接触不良。如不确定是否是声卡的问题,则可更换音源(如接上随身听),以确定是否是音箱本身的毛病。当确定是音箱本身问题时应检查扬声器音圈是否烧断、扬声器音圈引线是否断路、馈线是否开路和放大器是否连接妥当。当听到音箱发出的声音比较空,声场涣散时,要注意音箱的左右声道是否接反,可考虑将两组音频线换位。如果音箱声音低,则应重点检查扬声器质量是否低劣,低音扬声器相位是否接反。当音箱有明显的失真时,可检查低音、3D 等调节程度是否过大。此外,扬声器音圈歪斜,扬声器铁芯偏离或磁隙中有杂物,扬声器纸盆变形,放大器馈给功率过大也会造成失真。

当音箱有杂音时,一般都应该首先确定杂音的来源。首先,在录音机或收音机上测试音箱是否自身有杂音,如果有,则是音箱本身的问题可更换或维修音箱。音箱本身的问题主要出在扬声器纸盆破裂、音箱接缝开裂、音箱后板松动、扬声器盆架未固定紧、音箱面网过松等方面。其次,将声卡换个插槽,尽量远离其他插卡,如显示卡、Modem 卡、网卡等,尤其是显示卡,其干扰性最强,可能会干扰包括声卡在内的所有插卡。最后,将声卡上的音频线拔掉测试,若不再有杂音,则说明杂音是该音频线导致的,可换一根音频线或更换声卡。

下面就介绍一些常见的音箱故障以及维修方法。

(1) 冲击波音箱维修。一对冲击波防磁音箱,额定功率为 30W,音箱在使用过程中忽然没声音。

故障分析处理:首先检查了一下音箱的外观,并没有发现有什么异常,接通电源,能听到"嗡嗡"的噪声,这说明音箱的喇叭没有烧坏。摸了一下音箱的后盖,发觉后盖正逐渐变烫。因为音箱的后盖同时作为功放集成块的散热片,所以初步确定是音箱的功放集成块损坏了。切断电源,打开音箱后盖,观察音箱的功率放大电路,没有发现电路及电容电阻等元器件有异常的迹象。再接通电源,发现除了功放集成块特别烫之外,电桥也特别烫,初步判断为功放集成块损坏的可能性较大。更换电桥,将电桥四个管脚上的焊锡用烙铁和吸锡器除去。更换完后通电,发现故障依旧;再将功放集成块换下来。TDA1521 功放集成块有九个管脚且排列较密,所以其拆卸比较繁杂。首先要将功放集成块上的螺钉卸下,然后慢慢地将集成块上各个管脚的焊锡去掉,安装时,要注意在每个管脚上搪的锡不要太多,否则容易造成相邻的管脚短路。在上集成块的螺钉时,要特别注意上紧,让集成块和音箱的后盖紧密结合,以达到良好散热的效果。更换完集成块后,故障排除。

(2) 麦克风带来的噪声消除。一台兼容机,接上麦克风时出现各种噪声,包括 CPU 风扇、硬盘、光驱读盘的噪声。

故障分析处理:首先分析一下导致多媒体计算机出现噪声的原因大致有以下几种。

① 如果的确听到的是硬盘、光驱和 CPU 风扇带来的噪声,则可能是主板、电源的滤波电路性能不良,无法滤除硬盘、光驱和 CPU 风扇所产生的干扰信号造成的影响。缩短 IDE 电缆线和 CPU 风扇电源线均可减少相应设备的影响,也可换个电源试试。

② 麦克风和声卡的连线未使用屏蔽线或屏蔽线接地不良,外界高频干扰信号由麦克风输入串入均会引起噪声。在这种情况下,拔掉麦克风后,噪声应当消失。如果是接上麦克风带来的影响,未使用屏蔽线的需换用屏蔽线,如使用了屏蔽线,则用万用表检查屏蔽线外层

的金属屏蔽层是否和机箱接通,排除接地不良的影响。此外,从声卡到有源音箱的信号线也应使用屏蔽线并接地。

③ 用"附件"中的"画图"命令打开一幅高彩图像,剪下一块,用鼠标快速拖动,如能听到拖动时的"刷刷"声,则是由于机内主板、显示卡产生的高频辐射的影响所致,将声卡插在远离显示卡的扩展槽中,用铝制屏蔽罩将声卡屏蔽并接地(拉寻箱),就能减少高频辐射的影响。

④ 检查一下音箱和声卡的连线,ALS007 声卡有两个音频输出插座,即 Line Out 和 SPK,Line Out 插座输出未经放大的音频信号(高阻),用于接有源音箱或放大器;SPK 插座输出经声卡内置放大器放大的音频信号(低阻),用于接无源音箱或喇叭。如果错误地将有源音箱的输入线插在 SPK 插座上,由于阻抗不匹配、音频信号(包括噪声信号)经两次放大带来的失真均会产生噪声。

如采取上述措施后仍不满意,可考虑换个声卡试试,如果确实是声卡带来的故障,应检查声卡上 ALS007 芯片旁边的电解电容 C4、C20,如果这两只电容容量下降,则无法滤除低频噪声,在其两端并联一只 30～300pF 的小电容,就能滤除高频噪声。

(3) USB 音箱不能播放音频 CD。一台新购的 USB 音箱,其他均正常,只是不能播放音频 CD。

故障分析处理:这是因为许多计算机中的 CD-ROM 播放器并不支持将 CD 盘中的数字音频直接用音箱播放。因此,在使用 USB 音箱前,一定要看清 CD-ROM 驱动器的兼容性。

按需求装好 USB 音箱后,即可进入到"控制面板"中,再进入"多媒体属性"窗口,并选择新安装的 USB 音箱作为最佳选择的音频回放设备。此外,应该选择"该 CD-ROM 设备可播放数字 CD 音频"选项。如果该选没有出现或变灰,那就说明 CD-ROM 驱动器不支持数字音频。

(4) 每次开机音箱均有噪声。一台计算机,在使用一段时间后,主机每次开机时音箱均有噪声。

故障分析处理:首先更换音箱,如故障依旧,则说明故障不在音箱本身,更换 SRS 后噪声消除,一切恢复正常。

16.2　数据的备份与恢复

现在操作系统越来越庞大,安装时间也越来越长,一旦系统崩溃或者被病毒破坏,重装系统是一件非常费事费力的事情。因此在安装好操作系统以及常用软件之后,应做好备份工作,以防意外损失。

16.2.1　数据的备份与恢复基本常识

1. 数据的备份与恢复概述

备份是容灾的基础,是指为防止系统出现操作失误或系统故障导致数据丢失,而将全部或部分数据集合从应用主机的硬盘或阵列复制到其他的存储介质的过程。在系统稳定运行的状态下,通过软件对系统盘(一般为 C 盘)中的所有数据压缩成一个文件(称为备份文件)。因病毒或系统错误操作而致使操作系统产生较大的问题难以解决时,用户对系统备份文件进行恢复,让系统恢复到备份时的状态,这称为备份恢复系统[9]。备份恢复安装系统的软件有多种,品牌机如联想、方正,用户在购机时都会赠送其各自的的系统备份恢复软件。而对于一般用户则建议使用 Ghost 工具进行备份恢复。

2. 数据备份与恢复的方法

(1) Windows 系统自带数据备份程序

WinZip(ZIP)、WinRAR(RAR) 压缩的备份,所有的数据备份软件应该都会有以下两项选择。

① 选择所有的文件。不管文件是否有异动都重新数据备份一次。

② 新增与变更的文件。只有新增或修改过的文件才会重新备份数据。

(2) Ghost 数据备份

很多用户都曾遇过计算机系统崩溃需要重新安装操作系统的情况,其实用户若能在计算机刚安装好操作系统及应用程序后,在尚未建立数据文件前,先用 Ghost 软件将整个硬盘 ghost 成一个镜像文件,再刻录至 CD,日后在计算机需要重新安装时,只需用镜像文件即可还原当初硬盘的内容。

(3) 异地数据备份

将数据透过 Internet 备份在另一个地方,优点是可避免因天灾导致同一个地区的计算机同时瘫痪。目前网络上也有提供 10MB 的免费空间给使用者放置个人数据,适用于数据量小的用户。用网络备份要考虑到网速及安全性,不管用户是采用何种备份方式,最好是将档案压缩成较小的容量后再传输,这样比较节省时间也省空间。

(4) 笔记本电脑数据备份

通过局域网络将数据存到其他局域网络计算机。通过因特网做异地备份。使用 USB 接头的移动 U 盘,具有体积小随插即用的方便性。

3. 常见的数据备份还原工具

目前的市场上,备份还原工具种类繁多。大多数都是在 Ghost 工具的基础上开发的(如一键还原精灵,雨林木风的 Onekey Ghost)。用户在选择此类工具时要注意其与备份还原系统兼容性,以免不能使用。

建议对备份还原系统安全性要求高的用户将备份文件保存在移动硬盘、U 盘或者磁盘等工具中,以防病毒修改或删除备份文件。对于初级用户建议使用 OneKey Ghost,其操作简单,兼容性较好。

而对于品牌机用户,使用其自带的备份恢复工具,也是一个很好的选择。

4. 数据还原备份策略

选择了存储备份软件、存储备份技术(包括存储备份硬件及存储备份介质)后,首先需要确定数据备份的策略。备份策略指确定需备份的内容、备份时间及备份方式。各个单位要根据自己的实际情况来制定不同的备份策略[10]。目前被采用最多的备份策略主要有以下三种。

(1) 完全备份(full backup)

每天对自己的系统进行完全备份。例如,星期一用一盘磁带对整个系统进行备份,星期二再用另一盘磁带对整个系统进行备份,依次类推。这种备份策略的好处是:当发生数据丢失的灾难时,只要用一盘磁带(即灾难发生前一天的备份磁带),就可以恢复丢失的数据。然而它也有不足之处,首先,由于每天都对整个系统进行完全备份,造成备份的数据大量重复,这些重复的数据占用了大量的磁带空间,这对用户来说就意味着增加成本;其次,由于需要备份的数据量较大,因此备份所需要的时间也就较长,对于那些业务繁忙、备份时间有限的单位来说,选择这种备份策略是不明智的。

(2) 增量备份(incremental backup)

星期天进行一次完全备份,然后在接下来的六天里只对当天新的或被修改过的数据进行备份。这种备份策略的优点是节省了磁带空间,缩短了备份时间。但它的缺点在于,当灾难发生时,数据的恢复比较麻烦。

(3) 差分备份

用户先在星期天进行一次系统完全备份,在接下来的几天里,用户再将当天所有与星期天不同的数据(新的或修改过的)备份到磁带上。差分备份策略在避免了以上两种策略的缺陷的同时,又具有了它们的所有优点。首先,它无须每天都对系统做完全备份,因此备份所需时间短,并节省了磁带空间;其次,它的灾难恢复也很方便。用户只需两盘磁带,即星期一磁带与灾难发生前一天的磁带,就可以将系统恢复。

在实际应用中,备份策略通常是以上三种的结合。例如每周一至周六进行一次增量备份或差分备份,每周日进行完全备份,每月底进行一次完全备份,每年底进行一次完全备份。

16.2.2 使用 Ghost 备份磁盘分区

也许在安装了某个软件之后会导致系统崩溃,或者在运行了很长一段时间之后发现速度下降了许多,这时最佳的方案就是重新安装系统。不过安装系统的确是一件让人头痛的事情,且不说安装个 Windows 需要很长的时间,在安装好系统之后还要添加各种硬件驱动,安装自己常用的工具,还有一些消遣的游戏之类,这样一来没有一天的工夫是不会结束的。想在 10 分钟之内快速将系统复原到原先的状态吗? 那就来看看这个有口皆碑的 Ghost 吧。

Ghost 是一款用于备份和恢复系统的软件,可以实现两个硬盘间的对拷、两个硬盘的分区对拷、制作映射文件等功能。但操作系统安装完成后,可使用该软件将分区进行备份,生成备份文件,这样当系统出现问题时,就可以对分区进行恢复。一般情况下,备份操作系统所在的分区即可。

1. 克隆前的准备工作

(1) 最好为 Ghost 克隆出的映像文件划分一个独立的分区。把 Ghost.exe 和克隆出来的映像文件存放在这一分区里,以后这一分区不要做磁盘整理等操作,也不要安装其他软件。因为映像文件在硬盘上占有很多簇,只要一个簇损坏,映像文件就会出错。有很多朋友克隆后的映像文件开始可以正常恢复系统,但过段时间后却发现恢复时出错,其主要原因也就在这里。

(2) 一般先安装一些常用软件后才作克隆,这样系统恢复后可以免去很多常用软件的安装工作。为节省克隆的时间和空间,最好把它们安装到系统分区外的其他分区,仅让系统分区记录它们的注册信息等,使 Ghost 真正快速、高效。

(3) 克隆前用 Windows 优化大师等软件对系统进行一次优化,对垃圾文件及注册表冗余信息作一次清理,另外再对系统分区进行一次磁盘整理,这样克隆出来的实际上已经是一个优化了的系统映像文件,将来如果要对系统进行恢复,便能一开始就拥有一个优化了的系统。

2. 预备知识

Ghost 中单词解释。

(1) Disk:磁盘。

(2) Partition:即分区,在操作系统里,每个硬盘盘符(C 盘以后)对应着一个分区。

(3) Image:镜像,镜像是 Ghost 的一种存放硬盘或分区内容的文件格式,扩展名为 GHO。

(4) To:到,简单理解 to 为"备份到"的意思。例如,To Image 表示将一个分区备份为一个镜像文件。

(5) From:从,简单理解 from 即"从某还原"的意思。例如,From Image 表示从镜像文件中恢复分区。

3. 创建备份文件

使用 Ghost 可以将整个分区备份生成一个备份文件,在系统出现问题或无法启动 Windows 时,可以将镜像文件进行还原。

对 C 盘进行备份的操作步骤如下。

(1) 运行后,用光标方向键将光标从 Local 菜单项经 Disk、Partition 菜单项移动到 To Image 菜单项上,如图 16-1 所示,然后按 Enter 键。

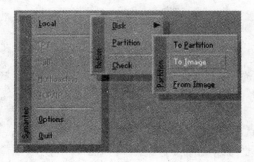

图 16-1 备份选项

(2) 出现选择本地硬盘窗口,如图 16-2 所示,再按 Enter 键。

(3) 出现选择源分区窗口,源分区就是制作成镜像文件的那个分区,如图 16-3 所示。

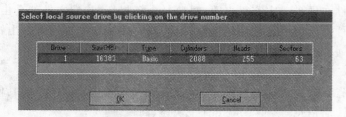

图 16-2 选择本地硬盘窗口

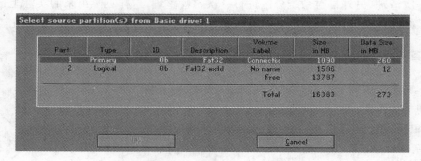

图 16-3 选择源分区窗口

（4）用上下光标键将蓝色光条定位到源分区上，按 Enter 键确认要选择的源分区，再按一下 Tab 键将光标定位到 OK 键上（此时 OK 键变为白色），如图 16-4 所示，再按 Enter 键。

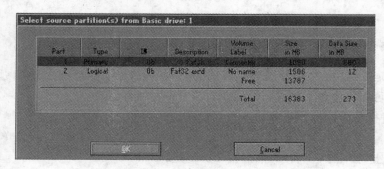

图 16-4 选择源分区

（5）进入镜像文件存储目录，默认存储目录是 ghost 文件所在的目录，在 File name 处输入镜像文件的文件名，也可带路径输入文件名（此时要保证输入的路径是存在的，否则会提示非法路径），如输入 D：\ sysbak \ cwin98，表示将镜像文件 cwin98. gho 保存到 D:\sysbak 目录下，如图 16-5 所示，输好文件名后，再回车。直接输入镜像文件的文件名，表示将镜像文件保存在当前目录下。

（6）接着出现"是否要压缩镜像文件"窗口，如图 16-6 所示，有"No（不压缩）、Fast（快速压缩）、High（高压缩比压缩）"，压缩比越低，保存速度越快。一般选择 Fast 即可，用向右光标方向键移动到 Fast 按钮上，回车确定。

（7）接着又出现一个提示窗口，如图 16-7 所示，用光标方向键移动到 Yes 按钮上，回车确定。

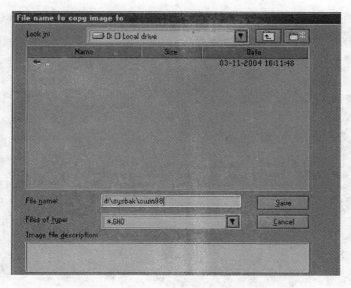

图 16-5　选择备份文件路径

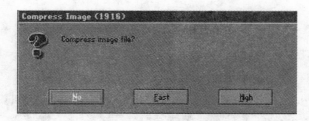

图 16-6　是否要压缩

图 16-7　确认对话框

　　(8) Ghost 开始制作镜像文件,如图 16-8 所示。

　　(9) 建立镜像文件成功后,会出现提示创建成功窗口,如图 16-9 所示。按 Enter 键即可回到 Ghost 界面。

　　(10) 再按 Q 键,回车后即可退出。

　　至此,分区镜像文件制作完毕。

4. 还原分区

在已经备份分区的情况下,如果操作出现了故障,就可以进行恢复分区的操作。

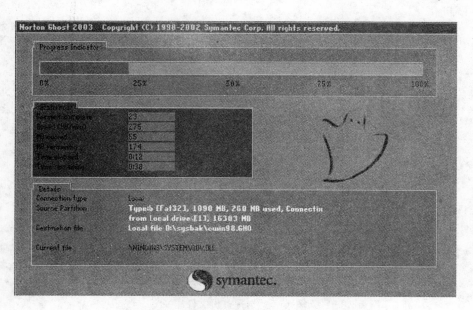

图 16-8　备份进度图

图 16-9　完成备份

以下是还原的操作步骤：

（1）通过 DOS 启动盘，进入纯 DOS 状态。在此状态下，进入 Ghost 所在的目录，输入 Ghost，回车，即可运行 Ghost。

（2）出现 Ghost 主菜单后，用光标方向键将光标从 Local 菜单项经 Disk、Partition 菜单项移动到 From Image 菜单项，如图 16-10 所示，然后回车。

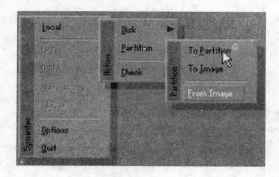

图 16-10　还原选项图

(3) 出现"镜像文件还原位置窗口",如图 16-11 所示,可以用光标方向键配合 Tab 键选择镜像文件所在路径并且输入文件名 cwin98.gho,或者直接在 File name 处输入镜像文件的完整路径及文件名,如 d:\sysbak\cwin98.gho,再回车。

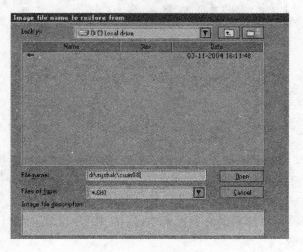

图 16-11　选择源文件

　　(4) 出现从镜像文件中选择源分区窗口,直接回车。

　　(5) 出现选择本地硬盘窗口,如图 16-12 所示,再回车。

图 16-12　选择本地硬盘

　　(6) 出现选择从硬盘选择目标分区窗口,用光标键选择要还原到的目标分区,按回车键。

　　(7) 出现提示窗口,如图 16-13 所示,选择 Yes 回车确定,Ghost 开始还原分区信息。

　　(8) 很快就还原完毕,出现还原完毕窗口,如图 16-14 所示,选 Reset Computer 按 Enter 键重启计算机。

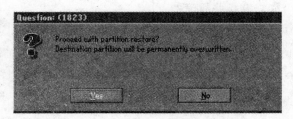

图 16-13　提示对话框

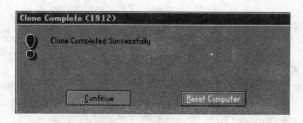

图 16-14 还原完毕提示

现在就完成了分区的恢复。

5. 硬盘的备份及还原

Ghost 的 Disk 菜单下的子菜单项可以实现硬盘到硬盘的直接对拷(Disk-To Disk),硬盘到镜像文件(Disk-To Image),从镜像文件还原硬盘内容(Disk-From Image)。

在多台计算机的配置完全相同的情况下,可以先在一台计算机上安装好操作系统及软件,然后用 Ghost 的硬盘对拷功能将系统完整地"复制"一份到其他计算机,这样装操作系统可比传统方法快很多。

Ghost 的 Disk 菜单各项使用与 Partition 大同小异,而且使用也不是很多,在此就不赘述了。

本章小结

本章首先介绍了微机的工作环境,微机的两大类故障包括软件故障和硬件故障,识别故障的原则、微机故障处理步骤、微机故障常见的检测方法等,并且对微机硬件故障的原因、分类、处理等作了详细介绍,并提供了大量的案例。其次,本章介绍了系统的备份与恢复的过程,并且详细介绍了一种备份工具的使用。

思考题

(1) 如何对显像器进行消磁?

(2) 如何创建备份文件?

(3) 遇到读盘困难的光驱,应该如何处理?

(4) 混插的内存可能会有哪些故障?

(5) 在使用 Ghost 工具备份和还原时,用到了哪些 DOS 命令和 BIOS 知识?

参考资料

[1] 崔建群,杨青,郑世珏.微机组成与组装技术及应用教程.北京:清华大学出版社,2005.

[2] 周绍安.微机的运行环境及其常规性维护.华北航天工业学院学报,2006,13(2).

［3］　梁和. 微机组装与维修. 北京：清华大学出版社,2002.

［4］　宁闽南. 微机硬件基础与维护维修. 武汉：武汉大学出版社,2006.

［5］　查志琴,朱晴婷,高波. 微机组装与维护. 北京：清华大学出版社,2005.

［6］　郭新房,李明刚. 计算机组装与维护标准教程/清华电脑学堂. 北京：清华大学出版社,2005.

［7］　童柳溪,马忻. 电脑组装与维护教程. 北京：清华大学出版社,2005.

［8］　电脑故障处理方法参考. http://www.poptool.net/docs/computer_error/.

［9］　系统备份与恢复实用知识集. http://www.yesky.com/SoftChannel/72348973209223168/20040701/ 1826206.shtml.

［10］　杨雪娇. 数据备份与恢复. http://article.pchome.net/content-515024.html.

第17章

软件安装基本技能

本章主要介绍了计算机的 Windows 操作系统和基本工具软件的安装方法和技巧。大家知道只有安装了软件的计算机才能充分发挥计算机的强大功能,用户要想用计算机完成某个特定的任务,必须先要安装为完成该任务所需要的应用软件以及支持该应用软件运行的操作系统软件。现在随着计算机技术的普及,在日常生活和工作中有很多任务都必须借助计算机才能完成,因此安装计算机软件是广大计算机用户必须掌握的基本技能之一。本章学习主要掌握的内容:

- 计算机应用软件的运行环境和要求;
- Windows 操作系统软件的安装过程;
- Office 办公自动化软件的安装方法;
- Authorware、Flash、Photoshop、Netmeeting、QQ 等常见软件的安装。

17.1　计算机应用软件的运行环境

计算机软件系统通常可分为系统软件和应用软件两大类。应用软件的运行离不开系统软件的支持。

系统软件是计算机必备的,用于实现计算机系统的管理、控制、运行、维护,并完成应用程序的装入、编译等任务的程序。系统软件与具体应用无关,是在系统一级上提供的服务。常用的系统软件有操作系统、编译程序、语言处理程序和数据库管理系统等。其中操作系统是现代计算机必不可少的最基本的最重要的系统软件,是为了对计算机系统的硬件资源和软件资源进行控制和有效管理,合理地组织计算机的工作流程,以充分发挥计算机系统的工作效率和方便用户使用计算机而配置的一种系统软件。目前微型计算机上,常用的操作系统有 DOS 操作系统、Windows 操作系统和 UNIX 操作系统。

除系统软件以外的所有的软件都是应用软件,应用软件是计算机生产厂商或者软件公司为了解决计算机应用中的实际问题而编制的应用程序。它包括商品化的通用软件和实用软件,也包括用户自己编制的各种应用程序。例如,Office 套件、图像处理软件、杀毒软件、股票分析软件、工资管理软件、学籍管理软件和企业经营管理软件等,用户通过这些应用软件完成自己的任务。例如,用户使用 Office 创建电子文档,使用杀毒软件查杀计算机病毒,使用图像处理软件进行照片处理等等。

计算机的运行包括计算机软件运行所需要的硬件环境和软件环境。硬件环境包括计算机(CPU、内存、显卡和硬盘)、外围设备、通信设备、计算机房等。软件环境指系统软件、工具软件、常用应用软件及其开发工具等。因此,在安装和使用任何计算机软件之前,必须搞清楚该软件对运行环境的要求,否则只能出现安装失败或者使用过程中出现无法预料的错误。例如,对于像操作系统这样的系统软件,在安装之前先要清楚运行该系统对硬件环境的最低要求,包括 CPU 的主频、硬盘大小、内存大小、显存大小等硬件方面的要求;而对于应用软件,除了搞清楚对硬件的要求之外还要清楚对软件环境的要求,比如该应用软件必须运行在什么操作系统平台之上等等。

合适的运行环境是计算机应用得以顺利运行的物质基础,很多大型的分布式软件对环境的要求更高,例如,跨国公司的财务管理软件,它不仅需要前面介绍的软硬件环境,还对计算机的体系结构和网络环境有一定的要求。不同的运行环境决定了不同的计算机工作方式和总体功能。

(1) 单机结构。单机结构适用于财务管理简单的中小企业。在单机结构中,整个系统中只配置一台计算机和相应的外部设备,所使用的计算机一般为微型计算机。所有的数据集中输入输出,同一时刻只能供给一个用户使用,属单用户工作方式。

(2) 多机松散结构。由于单用户系统不能满足多用户信息处理的需要,一些单位可同时配备多台微机,微机间不能发生数据联系,它们形成了松散的多机结构。在这种结构中,数据输入处理和输出是分别在不同计算机上完成的,因此缓解了输入输出瓶颈的问题,提高了系统的可靠性和处理效率。

(3) 多用户结构。该结构适用于数据业务量大、地理分布较集中、资金雄厚且具有一定系统维护力量的单位。整个系统配置一台计算机主机和多个终端。数据通过各终端输入,即分散输入。各个终端可同时输入数据,主机对数据集中处理。

(4) 网络结构。网络通信不仅是世界范围计算机应用的潮流,也是很多应用软件发展趋势。除局域网(LAN)将在大多数用户中普及外,广域网(WAN)也将成为具有异地信息交换需要的单位(如集团型企业)可选择的手段。在网络结构中,主机是一台微机,又称为服务器,终端也是微机,主机和微机进行合理分配,完成输入、处理、输出工作。网络结构包括文件服务器和客户服务器两种方式。

17.2　Windows 7 操作系统软件的安装

Windows 7 是微软继 Windows XP、Windows Vista 之后的下一代操作系统,它比 Vista 性能更高、启动更快、兼容性更强,具有很多新特性和优点,比如提高了屏幕触控支持和手写识别,支持虚拟硬盘,改善多内核处理器,改善开机速度和内核改进等。[1]

Windows 7 于 2009 年 10 月 22 日面向全球发布,共有 6 个版本,分别是 Windows 7 Starter(初级版)、Windows 7 Home Basic(家庭普通版)、Windows 7 Home Premium(家庭高级版)、Windows 7 Professional(专业版)、Windows 7 Enterprise(企业版)、Windows 7 Ultimate(旗舰版)。每个版本有 32 位和 64 位两种 Windows 7 操作系统,64 位操作系统只能安装在 64 位计算机上(CPU 必须是 64 位的)。同时需要安装 64 位常用软件以发挥 64 位(X64)的最佳性能。32 位操作系统则可以安装在 32 位(32 位 CPU)或 64 位(64 位 CPU)

计算机上。[9]

安装任何软件都要清楚该系统对运行环境的要求，Windows 7 操作系统也不例外。安装 Windows 7 对硬件配置的要求如表 17-1 所示。

表 17-1　Windows 7 对硬件配置的要求

硬 件 名 称	基 本 需 求	建议与基本描述
CPU	1GHz 及以上	安装 64 位 Windows 7 需要更高 CPU 支持
内存	1GB 及以上	推荐 2GB 及以上
硬盘	16GB 以上可用空间	安装 64 位 Windows 7 需至少 20GB 及以上硬盘可用空间
显卡	DirectX® 9 显卡支持 WDDM 1.0 或更高版本	如果低于此标准，Aero 主题特效可能无法实现
其他设备	DVD R/W 驱动器	选择光盘安装时
	网络支持	需要激活。未激活版本仅限于 30 天试用

如果你所使用的计算机达到以上配置或更高，下面就可以安装 Windows 7。Windows 7 安装方法可分为光盘安装法、模拟光驱安装法、硬盘安装法、U 盘安装法、软件引导安装法、VHD 安装法等。不同方法各有其优缺点。安装系统之前，准备必要的应急盘和旧系统的备份是很重要的，万一安装出现问题可以及时补救。

1. 光盘安装法

光盘安装法可以算是最经典、兼容性最好、最简单易学的安装方法了。可升级安装，也可全新安装（安装时可选择格式化旧系统分区），安装方式灵活。不受旧系统限制，可灵活安装 32/64 位系统。安装方法如下。

（1）下载相关系统安装盘的 ISO 文件，刻盘备用（有光盘可省略此步骤）。

（2）开机进 BIOS（一般硬件自检时按 Del 或 F2 或 F1 键进，不同计算机设定不同），设定为光驱优先启动。按 F10 保存退出。

（3）放进光盘，重启计算机，光盘引导进入安装界面。按相应选项进行安装。选择安装硬盘分区位置时，可选择空白分区或已有分区，并可以对分区进行格式化。

此安装方法的缺点：在 Win 7 测试版本满天飞的情况下，这种刻盘安装无疑是最奢侈、最浪费、最不环保的方法了。只有在不具备或不能胜任其他安装方法的情况下才建议使用。

2. 模拟光驱安装法

模拟光驱安装法安装最简单，安装速度快，兼容性好，但限制较多，推荐用于多系统的安装。安装方法如下。

在现有系统下用模拟光驱程序加载系统 ISO 文件，运行模拟光驱的安装程序，进入安装界面，升级安装时 C 盘要留有足够的空间。多系统安装最好把新系统安装到新的空白分区。此安装方法的缺点有以下几点。

（1）由于安装时无法对现有系统盘进行格式化，所以无法实现单系统干净安装。因旧系统文件占用空间，也比较浪费磁盘空间。

（2）因无法格式化旧系统分区，残留的病毒文件可能危害新系统的安全性。

（3）旧 32 位系统无法安装 64 位系统，旧 64 位系统无法安装 32 位系统。

3. 硬盘安装法

硬盘安装法可分最简单的硬盘安装法和经典硬盘安装法。

（1）最简单的硬盘安装法

把系统 ISO 文件解压到其他分区，运行解压目录下的 SETUP. EXE 文件，按相应步骤进行，不再详述。

此方法限制与缺点同模拟光驱安装法。同样不能格式化旧系统及 32/64 位不同系统不能混装。推荐用于多系统的安装。

（2）经典硬盘安装法（与 WINPE 引导原理相似）

安装相对较麻烦，安装速度较快，可以实现干净安装，与方法（1）的不同之处在于不会残留旧系统文件，但同样 32/64 位不同系统不能混装。

安装方法是把系统映像 ISO 文件解压到其他分区，按旧系统不同分为 XP 以下系统的安装和 Vista 以上系统的安装。

① XP 及以下系统的安装，复制安装目录以下文件到 C 盘根目录：BOOTMGR，BOOT、EFI 两文件夹，SOURCES 下的 BOOT. WIM（放在 C 盘 SOURCES 目录下），运行以下命令：c:\boot\bootsect /nt60 c:。

重启计算机引导进入 Win 7 计算机修复模式，选 DOS 提示符，删除 C 盘下所有文件，运行安装目录下的 SETUP 进行安装。

② VISTA 以上系统的安装，不必复制以上文件，直接重启进入计算机修复模式，选 DOS 提示符，删除 C 盘下所有文件，运行安装目录下的 SETUP 进行安装。

此安装方法的缺点有：① 32/64 位不同系统不能混装，因不同位宽的 SETUP 和 BOOTSECT 程序在异位环境下无法运行。②安装过程异常中断将导致系统无法引导。所以一定备用应急盘。

4. U 盘安装法

U 盘安装法与光盘安装的优点相似，但不用刻盘。与其他安装方法相比有很多好处。

（1）不受 32/64 位系统环境影响。如果在 32 位旧系统下安装 64 位 Win 7，或 64 位安装 32 位 Win 7，一定会发现 Setup 无法运行，因为 32 位系统无法运行 64 位程序。本方法可以解决不兼容的各种难题，且安装速度比光盘快。

（2）U 盘可以当急救盘。万一系统因各种原因崩溃造成启动不了系统，那么你的 U 盘就是你的急救盘了。

（3）随身携带方便，一次制备，多次安装。不用了随时可删除。有新版了，更新文件即可。

（4）这个方法同样适用于读卡器和移动硬盘，特别是移动硬盘可以大大提高安装速度。

（5）可以实现双系统，也可以单系统干净安装（安装时格式化 C 盘）。这个由安装时的选项决定。

安装步骤如下。

（1）在 Vista/Win 7/2008 下格式化 U 盘，并把 U 盘分区设为引导分区（这是成功引导安装的关键），方法："计算机"—>"管理"—>"磁盘管理"—>点 U 盘分区，右键—>"格式化"和"设为活动分区"。"磁盘管理"无法操作的用磁盘工具软件调整。传统的

DISKPART 方法不是必要的方法,因采用命令提示符操作,对大多数人不适用。

(2) 把 Win 7 的 ISO 镜像文件解压进 U 盘,最简单的就是用 WinRAR 直接解压入 U 盘。或用虚拟光驱加载后复制入 U 盘。U 盘安装盘至此制作完成。

(3) 计算机设为 U 盘开机(老式计算机 USB-HDD 设为第一引导,新式计算机从引导硬盘中选 U 盘优先,视 BIOS 不同),按 F10 保存退出,重启计算机按提示一步步正常安装就可以了。

(4) 只针对 U 盘容量不足的情况:可以只解压关键的开机文件(可参考硬盘安装方法,包括 BOOTMGR,BOOT、EFI 两文件夹,SOURCES 下的 BOOT. WIM,共 200MB 左右),并把所有映像内文件解压到硬盘其他分区上,用 U 盘引导开机成功后,选计算机修复模式,进 DOS,运行硬盘 Win 7 安装目录下的 Setup 来安装,但安装就会比较麻烦点。

此安装方法的缺点如下。

(1) 最大的缺点是需要一只 U 盘或移动硬盘(相信这个对大多数人已经不是问题)。

(2) 极少数的计算机无法由 USB 引导,这种情况只好老老实实用其他安装法了。

5. 软件引导安装法

需要外部软件进行引导,没有 32 位/64 位限制,可以单系统或多系统,可以纯系统干净安装,安装过程简单。

安装步骤如下。

(1) 用虚拟光驱加载系统 ISO 映像复制安装文件或直接用 WinRAR 解压至硬盘非系统分区的根目录(不是文件夹!)。

(2) 下载附件并运行,根据旧系统环境选择模式 1 或 2(提示:如最终装成多系统后需卸载 Nt6 hdd Installer 启动菜单最好在旧系统中进行卸载操作)。

(3) 重启选择 Nt6 hdd Installer 后自动进入安装界面,不再详述。装在其他分区上成双系统,格式化 C 盘为单系统。

此安装方法的缺点:一是需外部软件;二是特定的系统环境/引导环境可能导致引导失败。

6. VHD 安装法

VHD 即微软的一种虚拟硬盘文件格式,Win 7/2008 已经从系统底层支持 VHD 格式,因此可以开机选择引导 VHD 中的操作系统。从而产生了一种全新的系统安装方法,复制 VHD,导入 VHD,修改引导文件,即可进入 Win 7/2008 的系统。由于这种方法用的人少,也比较抽象,不再详述。

以上列举了 6 种 Windows 7 的安装方法,由于篇幅限制,下面用图文并茂的方式详细讲解光盘安装方法,其他安装方法请读者自行试验。

首先可以从网上下载 Windows 7 旗舰版(32 位)的光盘镜像,在把 ISO 下载完成后可以把它刻录成一个 Windows 7 启动安装光盘,或者直接购买 Windows 7 安装光盘。

然后,重启计算机进入 BIOS,设置启动顺序先从光驱启动,再把刻录的 Windows 7 启动安装光盘放入光驱。然后等待显示 Starting Windows 窗口,接着显示 Windows is loading files…窗口,开始进入安装界面,如图 17-1 所示。

图 17-1　Windows 7 光盘安装界面

等待一会儿，出现语言选择界面，如图 17-2 所示。

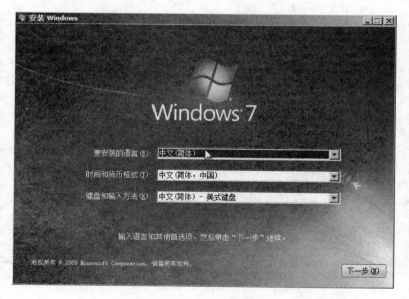

图 17-2　语言选择界面

选择语言和其他首选项，单击"下一步"按钮，出现安装 Windows 7 界面，如图 17-3 所示。单击"现在安装"按钮即可，图 17-3 是全新安装，所以没有看到升级界面上"兼容测试"等选项（如果从低版本 Windows 上安装就会有），这里还有个重要用途，图 17-3 中左下角有个"修复计算机选项"，这在 Windows 7 的后期维护中，作用极大。

出现如图 17-4 所示窗口后，选中"我接受许可条款"复选框。这里没有别的选择，只能接受许可协议，否则不能安装。

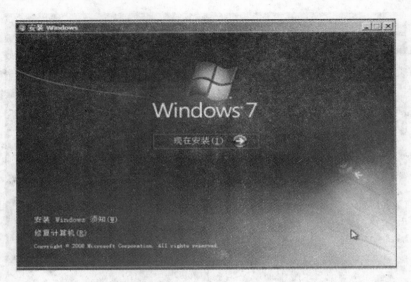

图 17-3　开始安装界面

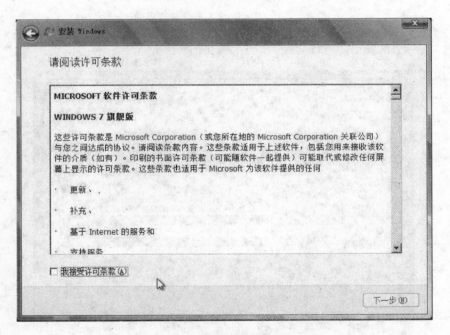

图 17-4　接受许可协议界面

　　接着,出现安装类型选择窗口,如图 17-5 所示。选择"升级安装"还是"自定义安装"模式,特别推荐大家选择"自定义"安装模式,因为 Windows 7 升级安装只支持打上 SP1 补丁的 Vista,其他操作系统都是不可以升级的。选择"自定义(高级)"并单击"下一步"按钮。

　　然后出现安装位置选择窗口及磁盘列表,如图 17-6 所示。如果需要对系统盘进行某些操作,比如格式化、删除驱动器等都可以在此操作,方法是选择驱动器盘符,然后选择下面的高级选项会出现图 17-7 所示窗口,这时候有一些常用的命令。包括删除后创建新系统盘等。设置完毕后开始安装,如图 17-8 所示。

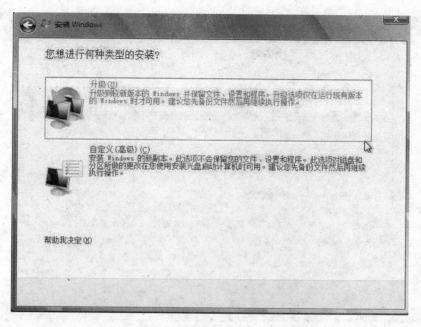

图 17-5　安装类型选择窗口

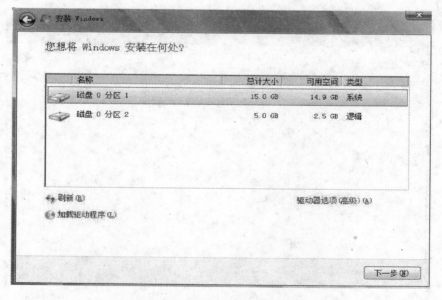

图 17-6　安装位置选择窗口及磁盘列表

　　注意：①如果您删除分区然后让 Windows 使用 Free 空间创建分区，那么旗舰版的 Windows 7 将在安装时自动保留一个 100MB 或 200MB 的保留盘供 Bitlocker 使用，而且删除起来也非常麻烦。②如果您只是在驱动器操作选项（Drive Options）里对现有分区进行 Format，Windows 7 则不会创建保留分区，仍然保留原分区状态。③这里安装一定要指定正确的盘符，并小心，不要因为选错而丢失数据。

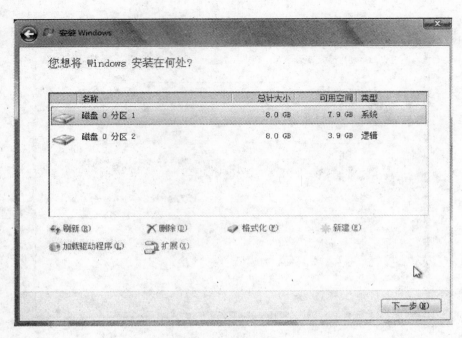

图 17-7　高级选项

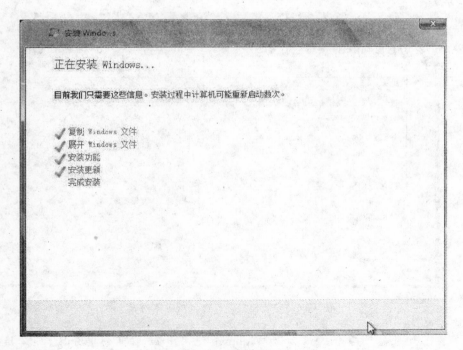

图 17-8　安装界面

　　这里选择格式化磁盘 0 分区 1,然后单击"下一步"按钮就可以开始安装 Windows 7 了。如图 17-8 所示,现在开始安装 Windows7 了,这个过程很慢,大约需要 10～30 分钟不等,看个人的计算机配置了。

　　Windows 7 系统安装分为五个步骤,分别是复制文件、展开文件、安装功能、安装更新和完成安装,这五个步骤是打包在一起的,并不需要单独进行操作,这五个步骤完成大概只需要 10~30 分钟,中间可能有多次重启计算机的要求。然后就是首次进入系统的一些设置,比如说用户名(见图 17-9)、密码设置(见图 17-10)、序列号(见图 17-11)以及设置 Windows(见图 17-12、图 17-13、图 17-14)等,这些步骤也需要 5~10 分钟。

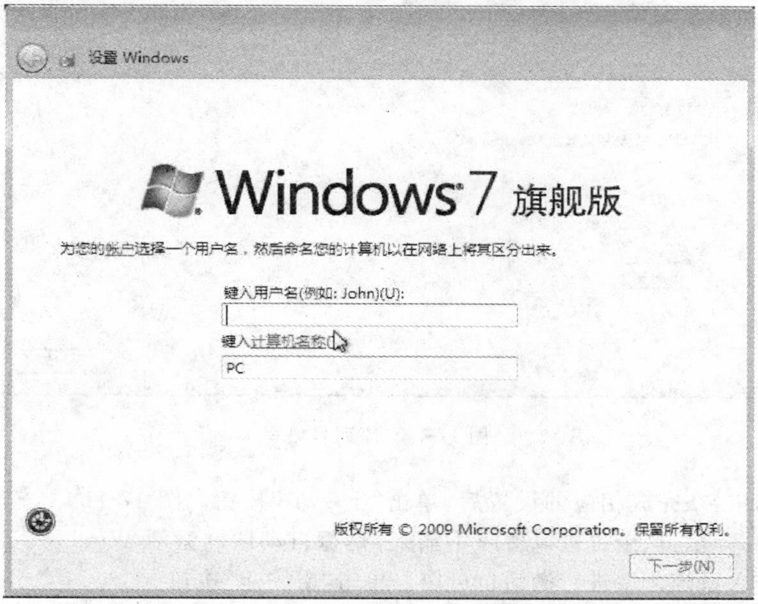

图 17-9　用户名设置

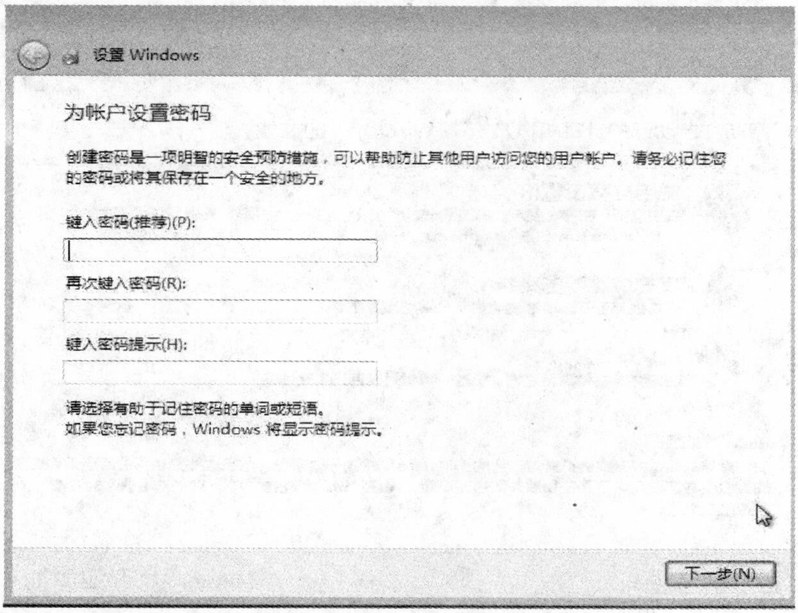

图 17-10　密码设置

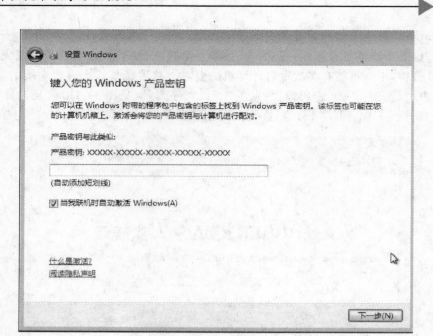

图 17-11　序列号填写

　　以上各图中,在完成相应的设置后,单击"下一步"按钮。图 17-11 中,输入 Windows 7 的产品序列号 25 位,这个也可以暂时不输入,是否自动联网激活 Windows 选项也没关系,可以在稍后进入系统之后进行激活也可以。单击"下一步"按钮。

　　关于 Windows 7 的更新配置,有三个选项:"使用推荐配置"、"仅安装重要的更新"和"以后询问我",选择第一个并单击"下一步"按钮分别如图 17-12、图 17-13、图 17-14 所示。

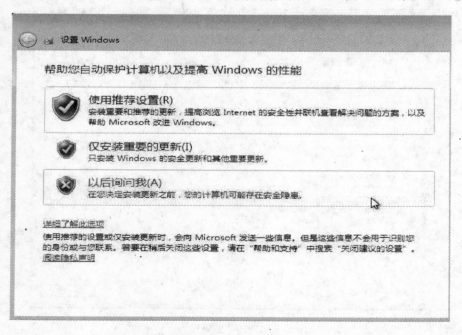

图 17-12　设置 Windows(一)

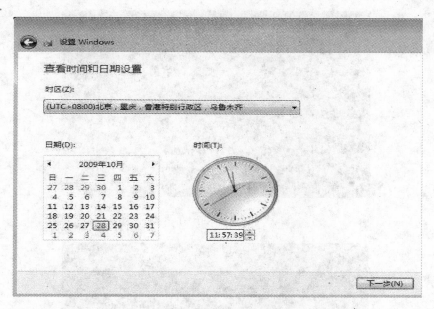

图 17-13 设置 Windows(二)

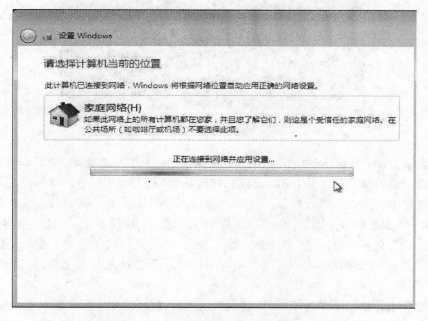

图 17-14 设置 Windows(三)

好了,稍等一会儿,安装完成了,期待已久的 Windows 7 即将出现了,如图 17-15 和图 17-16 所示。

安装完成以后还需要激活 Windows 7,激活有以下几个步骤。

开始,右键计算机图标,进入系统属性,点击下端的激活 Windows 激活链接,会弹出密钥输入窗口,输入 Windows 7 密钥。

图 17-15　安装完毕界面(一)

图 17-16　安装完毕界面(二)

电话激活方法：默认选择中国，单击"下一步"按钮弹出"现在激活 Windows"窗口，即可按照界面提示的给微软打电话，建议拨打免费电话(座机 800 手机 400，只收取基本市话费用)，通话过程中按照提示进行操作，语言选择普通话，产品选择 1，接着输入安装 ID(就是刚刚的 Windows 激活窗口中的第二条信息，共 54 位)，输完 54 位数字后，也许会问你，是不是在同一台机器上重新安装系统，请选是。即 1，是不是已经卸载了前一个安装，请选是。注意，若不按照上面提醒操作，就不会得到 48 位数字，并且会转接到人工线路，这样激活就会出现困难了！

联网激活很简单就不详述了，如果联网激活不行，就可以用电话激活。推荐使用电话激活，只要用户不更改硬件，以后安装 Win 7 时就不用再打电话激活了，电话激活的 54 位数字是一样的，所以输入的 48 位数字也一样，记住第一次安装时所用的密码。

17.3　常用工具软件的安装

在日常生活和工作中，需要用计算机来处理各种各样的任务，比如要用计算机来编辑电子文档,在教学和学习的过程中用计算机来制作电子课件,在生活中要用计算机来处理照片等,要完成这些任务必须要安装相应的应用软件,因此掌握常用的工具软件的安装是大家必须具备的基本技能之一。本节主要介绍 Office 2007、Authorware 7.0、Flash 8.0、Photoshop CS4、QQ 2010 和 Netmeeting 这几种软件的安装。

17.3.1 Office 2007 软件的安装

Office 2007 是微软 Office 产品史上最具创新与革命性的一个版本。具有全新设计的用户界面、稳定安全的文件格式、无缝高效的沟通协作。

Office 2007 几乎包括了 Word、Excel、PowerPoint、Outlook、Publisher、OneNote、Groove、Access、InfoPath 等 Office 组件。其中 FrontPage 被取消,用 Microsoft SharePoint Web Designer 取而代之作为网站的编辑系统。Office 2007 简体中文版更集成了 Outlook 手机短信/彩信服务、最新中文拼音输入法 MSPY 2007 以及特别为本地用户开发的 Office 功能。Office 2007 于 2006 年年底发布,采用包括 Ribbons 在内的全新用户界面元素,其他新功能还包括 To Do 工具条以及 RSS 阅读器等。[5]

Microsoft Office 2007 窗口界面比前面的版本界面(例如 Office 2003 界面)更美观大方,且该版本的设计比早期版本更完善,更能提高工作效率,界面也给人以赏心悦目的感觉。

运行 Office 2007 对软硬件有一定要求。要求 CPU 主频大于 500MHz 和内存大于 256MB;可以运行在几乎所有的 Windows 操作系统平台之上。下面在 Windows XP 下以 Office 2007 简体中文专业版的光盘安装为例详细讲解安装过程。

(1) 将 Office 2007 简体中文专业版安装光盘放入计算机光驱,当计算机读取部分光盘信息后,计算机就会显示如图 17-17 所示的界面。用户只需要等待。

图 17-17 安装初始化界面

(2) 几秒钟过后出现输入密钥窗口,如图 17-18 所示。输入密钥后单击"继续"按钮。

(3) 出现许可协议窗口,如图 17-19 所示,此时用户需要在阅读上面的"许可条款"后,

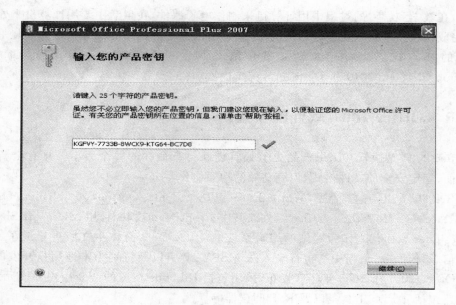

图 17-18　密匙输入窗口

选中"我接受此协议的条款"复选框,这样右下角的"继续"按钮就可以点击了。用户可以单击"继续"按钮继续下一步操作。

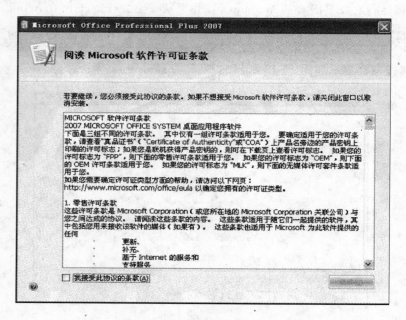

图 17-19　许可协议窗口

（4）如果计算机已经安装了 Office 2003,则选择"升级",也可以选择"自定义",如图 17-20所示。

（5）单击"自定义"按钮以后就会出现如图 17-21 所示的界面。

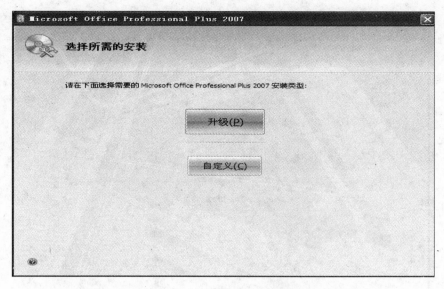

图 17-20 Office 升级界面

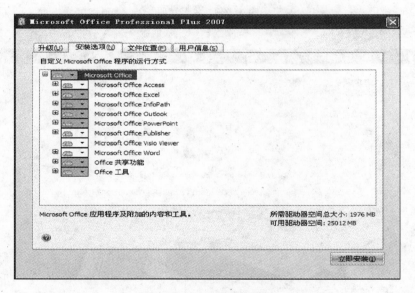

图 17-21 自定义界面

（6）单击"立即安装"按钮后，进入如图 7-22 所示的安装界面。此时计算机会显示下面的信息，用户不需干预操作。

（7）安装过程大约要 10 分钟的时间，完成以后出现如图 17-23 的界面，单击"关闭"按钮即可。

17.3.2 Authorware 7.0 软件的安装

在各种多媒体应用软件的开发工具中，Macromedia 公司推出的多媒体制作软件

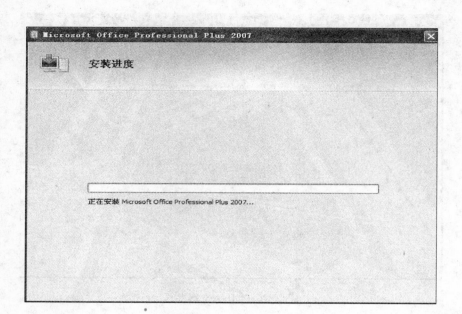

图 17-22　安装界面

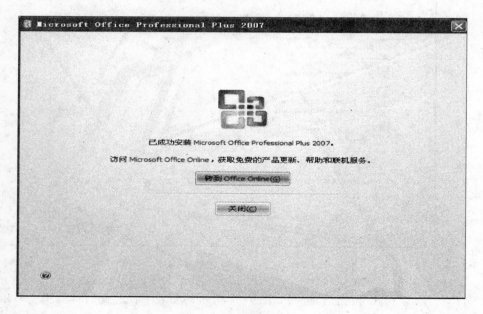

图 17-23　安装结束界面

Authorware 是不可多得的开发工具之一。它使得不具有编程能力的用户也能创作出一些高水平的多媒体作品。Authorware 采用面向对象的设计思想,是一种基于图标(Icon)和流线(Line)的多媒体开发工具。它把众多的多媒体素材交给其他软件处理,本身则主要承担多媒体素材的集成和组织工作。Authorware 操作简单,程序流程明了,开发效率高,并且能够结合其他多种开发工具，共同实现多媒体的功能。它易学易用，不需大量编程，使得不具有编程能力的用户也能创作出一些高水平的多媒体作品，对于非专业开发人员和专业开发人员都是一个很好的选择。

Authorware 7.0 是 Macromedia 公司于 2003 年 6 月推出的最新版本，采用了与 Macromedia 公司其他产品相似的用户界面，这意味着熟悉 Macromedia 公司其他产品（例如 Flash MX 或 Director MX）的用户很容易上手使用。Authorware 7.0 还增加了对 DVD 高清晰度电影、TTS（文本语音发声）技术、JavaScript、XML 和 PowerPoint 的支持，使得 Authorware 的功能达到了空前强大的地步。[4]

运行 Authorware 7.0 对软硬件环境有一定的要求。硬件环境：CPU 主频 400MHz 以上多媒计算机，64MB 以上内存，1GB 以上的硬盘，800×600 真彩显示模式，16 倍速以上光驱，兼容声卡。软件环境：中文 Windows 98、Windows ME，建议 Windows 2000、Windows XP 或以上版本。

下面详细介绍 Authorware 7.0.1 英文版在 Windows XP 上的安装步骤。

（1）将 Authorware 光盘放入光驱，双击 Authorware 的安装文件（setup.exe）。安装程序启动，这时正在解压缩包，如图 17-24 所示。

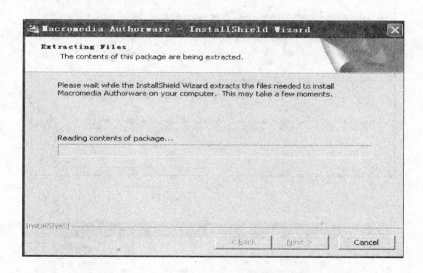

图 17-24　Authorware 安装初始化界面

（2）系统自动出现安装向导，单击 Next 按钮，如图 17-25 所示。

（3）阅读许可协议，单击 Yes 按钮继续安装，如图 17-26 所示。

（4）选择 Authorware 7.0 的安装文件夹，单击 Next 按钮继续安装，如图 17-27 所示。

（5）确认开始复制文件，单击 Next 按钮继续安装，如图 17-28 所示。

（6）正在安装复制文件，请等待，如图 17-29 所示。

（7）安装完成，单击 Finish 按钮完成安装，如图 17-30 所示。

图 17-25 自动安装向导

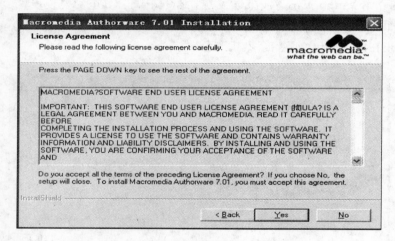

图 17-26 安装许可协议

图 17-27 继续安装界面

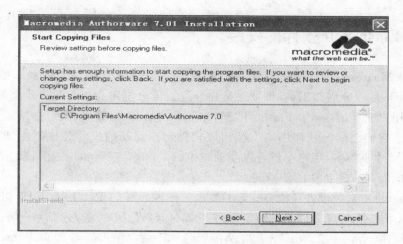

图 17-28 开始复制文件

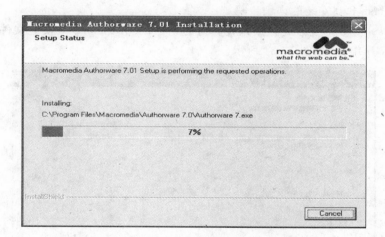

图 17-29 正在复制文件

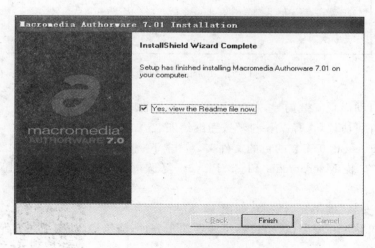

图 17-30 安装结束界面

17.3.3 Flash 8.0 软件的安装

Flash 是 Macromedia 公司推出的一款优秀的矢量动画编辑软件,Flash 8.0 是其最新的版本。Flash 是一种创作工具,设计人员和开发人员可使用它来创建演示文稿、应用程序和其他允许用户交互的内容。Flash 可以包含简单的动画、视频内容、复杂演示文稿和应用程序以及介于它们之间的任何内容。利用该软件制作的动画尺寸要比位图动画文件(如GLF 动画)尺寸小得多,用户不但可以在动画中加入声音、视频和位图图像,还可以制作交互式的影片或者具有完备功能的网站。

运行 Flash 8.0 对软硬件环境有一定的要求。硬件环境:CPU 主频 1GHz 以上多媒计算机,512MB 以上内存,2.5GB 以上的硬盘空间,1024×768 分辨率的显示器,16 倍速以上光驱,兼容声卡。软件环境:中文 Windows 98、Windows ME,建议 Windows 2000、Windows XP 或以上版本。[6]

下面是 Flash 8.0 安装的详细步骤。

(1)将 Flash 8.0 的安装光盘放入计算机的光驱,双击 Flash 8.0 安装文件,安装程序启动,这时正在解压缩包,如图 17-31 所示。

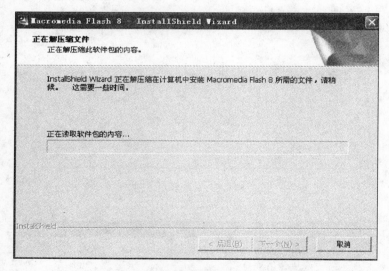

图 17-31 Flash 安装启动界面

(2)系统自动出现安装向导,单击"下一步"按钮,如图 17-32 所示。

(3)阅读许可协议,选择"下一步"按钮继续安装,如图 17-33 所示。

(4)选择 Flash 8.0 安装的目的文件夹,单击"下一步"按钮继续安装,如图 17-34 所示。

(5)选中"安装 Macromedia Flash Player"复选框,单击"下一步"按钮继续安装,如图 17-35 所示。

(6)单击"安装"按钮开始安装,如图 17-36 所示。

(7)安装向导正在安装,这个过程可能要花几分钟,请等待,如图 17-37 所示。

图 17-32 安装向导

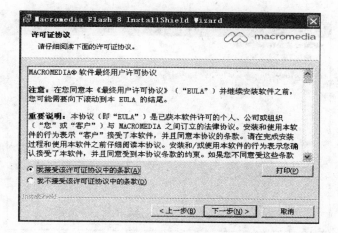

图 17-33 许可协议界面

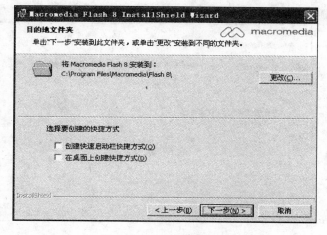

图 17-34 继续安装界面

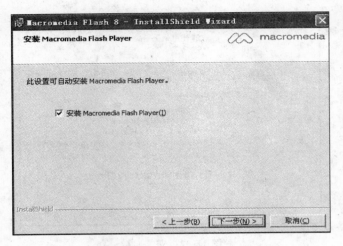

图 17-35　安装选项

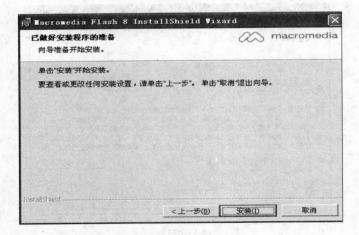

图 17-36　安装按钮选择

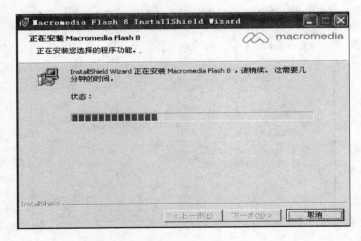

图 17-37　向导自动安装

（8）安装向导完成，请单击"完成"按钮完成安装，如图 17-38 所示。

　　（9）安装完成以后，在第一次启动 Flash 的时候要求激活。选中"我有一个序列号，我希望激活 Macromedia Flash"单选按钮。单击"继续"按钮，如图 17-39 所示。

　　（10）出现输入序列号窗口，输入序列号，单击"继续"按钮，如图 17-40 所示。

　　（11）出现注册 Flash 副本对话框，这里可以注册，也可以不注册而单击"以后提醒我"按钮，如图 17-41 所示。

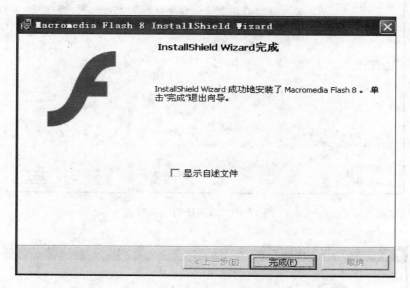

图 17-38　安装结束界面

图 17-39　首次启动激活

图 17-40 激活序列号填写

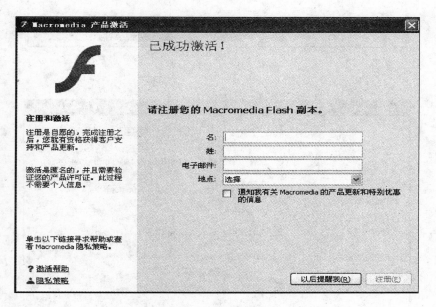

图 17-41 注册界面

17.3.4 Photoshop CS4 软件的安装

Photoshop 是 Adobe 公司旗下最流行的图像处理软件之一,是集图像扫描、编辑修改、图像制作、广告创意、图像输入与输出于一体的图形图像处理软件,一直以来深受广大平面设计人员和计算机美术爱好者的喜爱。

与旧版本相比,新版 Photoshop CS4 最大的变化,就是加入了 GPU 支持。原本相当耗费资源的大图片处理,在 GPU 的辅助下,已经变得十常迅速。而更加专业的 3D 图像处理,则是新版本的另一个亮点,为大家带来了绚丽缤纷的视觉冲击。

Adobe Photoshop CS4 软件通过更直观的用户体验、更大的编辑自由度以及高效的工作效率,使您能更轻松地使用其无与伦比的强大功能。使用全新、顺畅的缩放和遥摄功能,可以定位到图像的任何区域;借助全新的像素网格保持实现缩放到个别像素时的清晰度,并以最高的放大率实现轻松编辑;通过创新的旋转视图工具随意转动画布,按任意角度实现无扭曲查看。如果设计者希望创作出创意非凡、与众不同的平面作品,那么,该软件一定可以帮助您实现能想象到的艺术效果。[3] Adobe Photoshop CS4 对运行环境的要求也比以往的版本提高了很多。其需要的系统配置要求如表 17-2 所示。

表 17-2　Photoshop CS4 软件需要的系统配置要求

CPU	2.0GHz 或更快处理器
操作系统	Windows XP 或 Vista,Win 7
内存	1GB 以上,推荐 2GB
硬盘空间	80GB 或更大容量
显卡	支持 256 色或更高分辨率
显示器	1024×768 像素或更高分辨率

下面看看 Adobe Photoshop CS4 的详细的安装过程。

(1) 将 Photoshop CS4 的安装光盘放入计算机的光驱,双击 Photoshop CS4 安装文件,安装程序启动,这时安装程序初始化,如图 17-42 所示。

图 17-42　Photoshop CS4 安装程序初始化界面

(2) 等待一会儿后,出现欢迎窗口,要求输入序列号,输入正确的序列号后,单击"下一步"按钮,如图 17-43 所示。

(3) 阅读许可协议,单击"接受"按钮继续安装;如图 17-44 所示。

(4) 出现安装选项窗口,在这里可以改变安装路径。选择"轻松安装"单选按钮后,单击"安装"按钮继续安装,如图 17-45 所示。

(5) 开始正式安装 Photoshop CS4,这个过程可能要 15 分钟左右,请耐心等待,如图 17-46 所示。

(6) 安装完后,弹出注册软件窗口,你可以选择"立即注册"或者"以后注册"。这里单击"以后注册"按钮,如图 17-47 所示。

(7) 出现安装完成提示窗口,这里显示已经安装了的组件,单击"退出"按钮,完成安装,如图 17-48 所示。

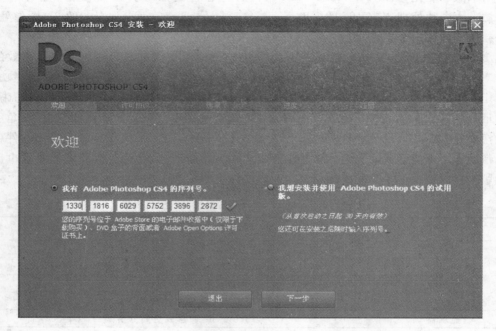

图 17-43　欢迎界面

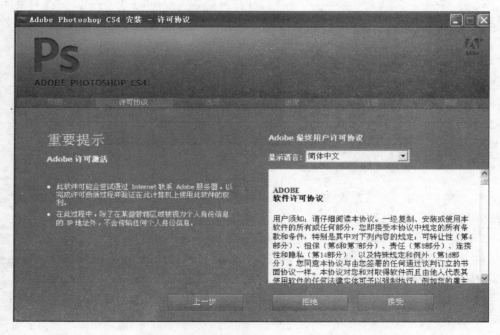

图 17-44　许可协议界面

图 17-45　安装类型选择界面

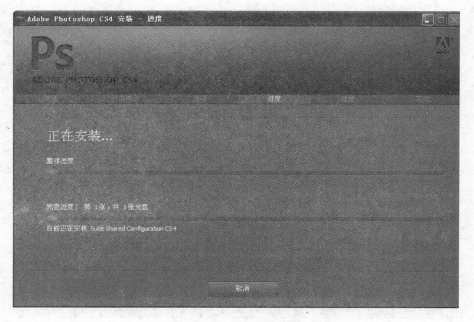

图 17-46　正在安装界面

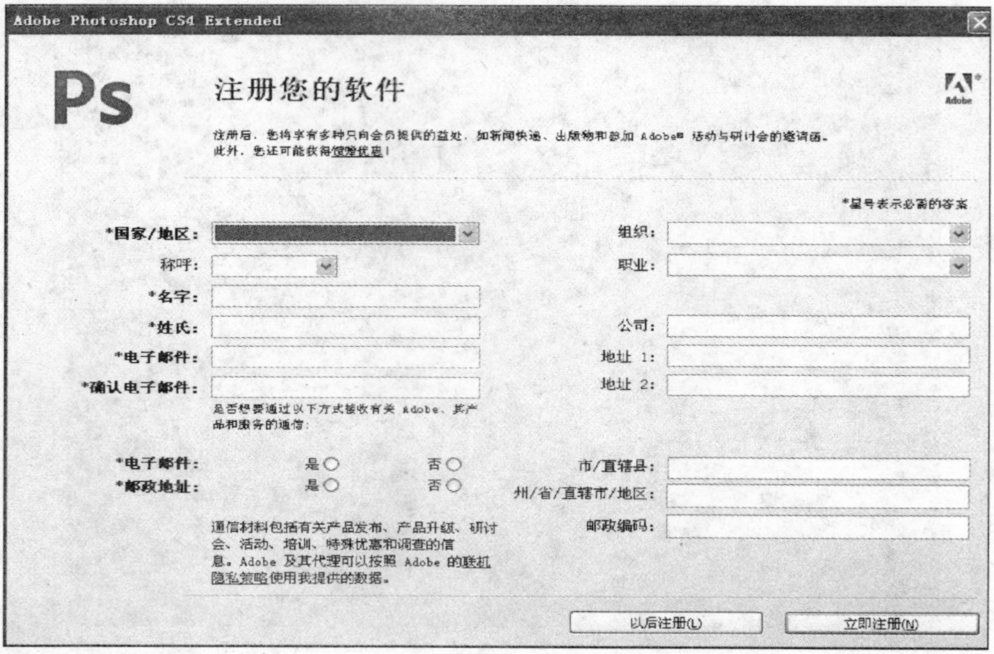

图 17-47　注册界面

图 17-48　安装完成界面

17.3.5 QQ 2010 软件的安装

QQ 是深圳腾讯公司推出的一款即时通信工具软件。随着网络的普及及信息技术的发展,现在 QQ 几乎成了每个网民生活和工作的一部分。QQ 不仅仅是 Internet 的虚拟寻呼机,也将和其他短讯通信网络互联,如无线寻呼网、GSM 无线移动电话短消息、传真甚至电话网。腾讯 QQ 支持显示朋友在线信息、即时传送信息、即时交谈、即时发送文件和网址等功能。运行腾讯 QQ 后,腾讯 QQ 会自动检查是否已联网,如果您的计算机已连入 Internet,就可以搜索网友、显示在线网友,可以根据腾讯 QQ 号、姓名、E-mail 地址等关键词来检索,找到后可加入到通信录中。当您的通信录中的网友在线时,腾讯 QQ 中朋友的头像就会显示 online,根据提示就可以发送信息,如果对方登记了寻呼机或开通了手机短消息,即使离线了,您的信息也可"贴身追踪",朋友们如同虚拟在线。腾讯 QQ 支持多用户设置,漫游功能。

QQ 有很多版本:手机通用版本的 QQ,安装在 Windows 操作系统下的 QQ,安装在 Linux 操作系统的下的 QQ。现在 QQ2010 是其最新版本,下面以 QQ2010 在 Windows XP 下的安装为例讲解其安装过程。

(1) 双击 QQ2010 的安装文件,安装向导出现如图 17-49 所示界面,阅读许可协议,并选中"我已阅读并同意软件许可协议和青少年上网安全指引"复选框,单击"下一步"按钮继续安装。

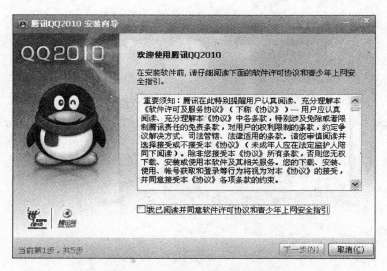

图 17-49 QQ 2010 安装初始界面

(2) 出现选择自定义安装选项与快捷方式选项窗口,直接单击"下一步"按钮继续安装,如图 17-50 所示。

(3) 在下面的窗口中设置 QQ 的安装路径,设置好后,单击"安装"按钮继续安装,如图 17-51 所示。

(4) 弹出复制文件窗口,这个过程大约需要几分钟,请等待,如图 17-52 所示。

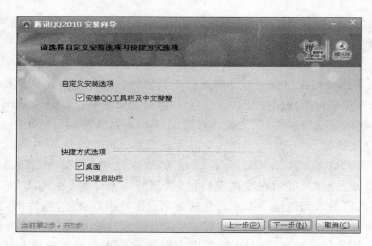

图 17-50　安装方式选择界面

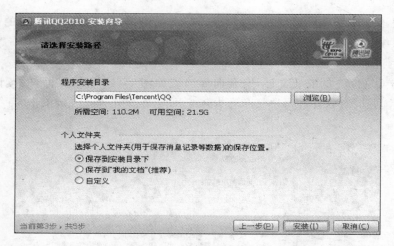

图 17-51　继续安装界面

图 17-52　复制文件界面

（5）安装完后出现如图 17-53 所示的窗口，请注意 4 个复选框，把你需要的功能选上，单击"完成"按钮即可。

图 17-53 安装完成界面

17.3.6 NetMeeting 软件的安装

Netmeeting 是 Windows 系统自带的网上聊天软件，意为"网上会面"。Netmeeting 除了能够发送文字信息聊天之外，还可以配置麦克风、摄像头等仪器，进行语音、视频聊天。虽然，国外的 ICQ 和国内的 QQ 等聊天软件已经风行起来，并且拥有 QQ 秀、形象、各种增值服务等功能，但是因为太花哨，所以 Netmeeting 依然占有一席之位。因为 Netmeeting 是通过计算机的 IP 账号来查找，所以，只需知道计算机的 IP 地址就能够与另外的计算机聊天。

使用 Netmeeting 非常简单，在 Windows XP 系统下，单击桌面的"开始"按钮，选择"运行"菜单项，在弹出的窗口中输入 conf 后运行，就能打开 Netmeeting。进行一些设置后，就能正式使用。当你想要呼叫某人时，在窗口的输入框中输入欲呼叫的计算机 IP 地址，再按旁边的电话图案，就能发出呼叫，当对方接受后就可以进行聊天。如果有摄像头等设备，还可以进行视频聊天。

由于全世界大多数计算机都使用 Windows 系统，所以 Netmeeting 特别适用于跨国聊天，不用担心对方的聊天工具与自己的不同。

Microsoft Netmeeting 拥有很强大的功能，它可以说是最早实现网络视频聊天、会议的即时通信软件之一，只要你配备麦克风、摄像头这样简单的道具，就可以真正实现足不出户，天涯海角任你聊，音容笑貌近在眼前，办公会议在家舒服地坐在沙发上一样参与。

另外它的一个功能就是可以和其他人共享操作彼此屏幕上的电子白板，和其他人一起协同完成演示文稿、表格统计等协同办公内容，这对于 SOHO 一族很重要。

Netmeeting 最大的特点就是功能实用，上手简单，这一点非常适合在家需要协同办公的用户，当然抗击 SARS 的特殊时期，Netmeeting 的功能就更显得强大而重要。[7]

Netmeeting 安装非常简单，下面简单介绍一下安装的过程。

（1）双击 Netmeeting 的安装文件，就弹出如图 17-54 所示窗口。单击"是"按钮。

（2）弹出许可协议窗口，阅读协议，单击"是"按钮，如图 17-55 所示。

图 17-54　NetMeeting 初始化界面　　　　　　图 17-55　许可协议界面

（3）在安装目录选择窗口，设置好安装路径后，单击"确定"按钮，如图 17-56 所示。

（4）弹出安装完成窗口，单击"确定"按钮即可，如图 17-57 所示。

图 17-56　安装目录选择窗口　　　　　　图 17-57　安装完成界面

本章小结

　　本章主要介绍了应用程序的运行环境，读者必须了解每种应用软件的运行都对计算机的软硬件有一定的要求，不同的应用软件对计算机的配置要求也不一样，比如运行 Photoshop CS4 对计算机的配置比运行 QQ2010 要高很多。了解应用软件的运行必须要有系统软件的支持，特别是操作系统。本章还详细介绍了 Windows 7 操作系统的安装方法，读者要掌握该操作系统的安装方法。接着介绍了常用工具软的安装方法，如 Office 2007、Authorware 7、Flash 8、Photoshop CS4、QQ2010 和 Netmeeting。这些软件都是平时生活和工作中经常用到的软件，掌握其安装方法是每个计算机用户必须掌握的基本技能之一，通过本章的学习读者要掌握各种应用软件的安装方法。

思考题

（1）应用软件和系统软件之间有什么联系？

（2）Windows 7 操作系统对计算机的配置有什么要求？

（3）如何实现在 Windows XP 下安装 Windows 7 操作系统呢？

（4）想一想用 Office 2007 编写的电子文档如何才能用 Office 2003 打开呢？

（5）回顾本章所讲的几种工具软件的安装方法，总结一下应用软件的安装方法。

参考资料

［1］神龙工作室.Windows 7 操作系统从入门到精通.北京：人民邮电出版社,2010.

［2］崔淼,曾赟,李斌.计算机工具软件使用教程.5 版.北京：机械工业出版社,2009.

［3］雷波.中文版 Photoshop CS4 完全自学教程.北京：机械工业出版社,2009.

［4］李富荣,刘晓悦编著.Authorware 7 实用教程.北京：清华大学出版社,2006.

［5］王诚君.中文 Office 2007 实用教程.北京：清华大学出版社,2010.

［6］张希玲编著.新概念 Flash 8 教程.5 版.北京：兵器工业出版社,2007.

［7］詹青龙主编.网络视频技术及应用.西安：西安电子科技大学出版社,2004.

第18章　计算机病毒的防治基本技能

学习提要

　　本章主要介绍常见计算机病毒的类型和表现、常用杀毒软件的类型和安装方法和使用方法。人类进入信息社会，创造了计算机，同时也创造了计算机病毒，福祸同降。由于计算机软件的脆弱性和互联网的开放性，人们将与病毒长期共存于同一世界。计算机病毒给大家的工作和生活带来了严重的威胁和许多的烦恼，因此人们有必要了解计算机病毒的种类和表现、熟悉杀毒软件的类型和安装、熟练掌握杀毒软件的使用方法。本章学习主要掌握的内容：

- 计算机病毒的发展历史；
- 常见计算机病毒的类型和现象；
- 杀毒软件的类型与安装；
- 杀毒软件的正确使用方法。

18.1　常见计算机病毒的类型和现象

　　随着信息技术的发展尤其是软件技术的发展，计算机病毒作为一种特殊的计算机软件自诞生之日起，就给我们的生活带来了巨大的影响。

18.1.1　计算机病毒的定义和发展历史

　　计算机病毒这个术语是由 L. M. Adleman 引入的，F. Cohen 博士第一次给出了关于计算机病毒的抽象定义[7]。计算机病毒的定义有多种，目前最流行的定义是：计算机病毒是一段附着在其他程序上的、可以自我繁殖的程序代码。复制后生成的新病毒同样具有感染其他程序的能力。

　　随着计算机应用的迅速发展和普及，计算机病毒也悄然出现，并随着计算机软、硬件技术和网络的飞速发展迅速传播、蔓延，以致像瘟疫一样在计算机系统中肆虐，从而带来了一次次灾难。

　　计算机病毒并非是最近才出现的事物。早在 1949 年，计算机技术的先驱冯·诺依曼在他的一篇论文《复杂自动装置的理论及组织的进行》中就勾勒出病毒程序的蓝图。他指出数据和程序并无本质区别，如果不运行它或不理解它，则根本无法分辨出一个数据段和一个程序段。当时许多计算机专家都无法想象这种会自我繁殖的程序是可能的[8]。

直到十年之后,在美国电话电报公司的贝尔实验室中,这些概念在一种很奇怪的电子游戏中实现了,这种电子游戏叫做"磁芯大战"(Core War)。磁芯大战的玩法如下:对局的两方各写一套程序输入同一部计算机中,这两套程序在计算机系统中互相追杀,当被围住时,也可以复制自己一次以逃离险境,因为它们存在于计算机的内存磁芯中,故得名"磁芯大战"。"磁芯大战"的编制者为贝尔实验室中 3 个年轻的程序员。

　　1983 年 11 月 3 日,F. Cohen 博士研制出一种在运行过程中可以复制自身的破坏性程序,L. M. Adleman 将它命名为计算机病毒,并在每周一次的计算机安全讨论会上正式提出。8 小时后计算机专家们在 VAXll/750 计算机系统上实验成功,验证了计算机病毒的存在,从此真正打开了计算机病毒的潘多拉魔盒。

　　世界上公认的第一个在个人计算机上广泛流行的病毒是 1986 年初诞生的大脑(C-Brain)病毒,编写该病毒的是一对巴基斯坦兄弟,两兄弟经营着一家计算机公司,以出售自己编制的计算机软件为生。当时,由于当地盗版软件猖獗,为了防止软件被任意非法复制,也为了追踪到底有多少人在非法使用他们的软件,于是在 1986 年年初,他们编写了"大脑"病毒,又被称为"巴基斯坦"病毒[2]。该病毒运行在 DOS 操作系统下,通过软盘传播,只在盗拷软件时才发作,发作时将盗拷者的硬盘剩余空间吃掉。

　　1988 年冬天,正在康奈尔大学就读的莫里斯,把一个被称为"蠕虫"的计算机病毒送进了美国最大的计算机网络——互联网[1]。1988 年 11 月 2 日下午 5 点,互联网的管理人员首次发现网络有不明入侵者。它们仿佛是网络中的超级间谍,狡猾地不断截取用户口令等网络中的"机密文件",利用这些口令欺骗网络中的"哨兵",长驱直入互联网中的用户计算机。入侵得手,立即反客为主,并闪电般地自我复制,抢占地盘。用户目瞪口呆地看着这些不请自来的神秘入侵者迅速扩大战果,充斥计算机内存,使计算机莫名其妙地"死掉",只好急如星火地向管理人员求援,哪知,他们此时四面楚歌,也只能眼睁睁地看着网络中计算机一批又一批地被病毒感染而"身亡"。当晚,从美国东海岸到西海岸,互联网用户陷入一片恐慌。到 11 月 3 日清晨 5 点,当加州伯克利分校的专家找出阻止病毒蔓延的办法时,短短 12 小时内,已有 6200 台采用 UNIX 操作系统的 SUN 工作站和 VAX 小型机瘫痪或半瘫痪,不计其数的数据和资料毁于这一夜之间。造成一场损失近亿美元的空前大劫难!

　　1989 年,全世界计算机病毒攻击十分猖獗,我国也未幸免。其中"米开朗基罗"病毒给许多计算机用户造成了极大损失。

　　1992 年,出现了有能力对抗杀毒软件的"幽灵"病毒,如 One_Half。还出现了工作机制与以往的文件型病毒有明显区别的 DIR2 病毒。

　　1994 年 5 月,南非第一次多种族全民大选的计票工作,因计算机病毒的破坏停止 30 余小时,被迫推迟公布选举结果。

　　在 1995 年,出现了一个更危险的现象,在对众多的病毒分析中,发现部分病毒好像出于一个家族,其"遗传基因"相同,但又绝不是其他好奇者简单地修改部分代码而产生的"改形"病毒。

　　经过研究,于 1996 年发现了"G2"、"IVP"、"VCL"等数种"病毒产生器",可以经过简单的操作就产生出成千上万种新病毒。后来全球发现了上百种"病毒产生器"软件。

　　1996 年,出现了针对字处理文档及电子表格文档的"宏病毒"。1997 年公认为计算机反病毒界的"宏病毒年"。

1999 年 3 月 26 日,出现一种通过因特网和 E-mail 进行传播的"美丽莎"病毒(属于宏病毒)。根据美国联邦调查局的统计数字,美丽莎病毒造成了 8000 万美元的损失,并且随后出现了大量的美丽莎病毒的变种。

1999 年 4 月 26 日,CIH 病毒大规模爆发,造成巨大损失。

2000 年后,是网络蠕虫开始大闹互联网的时期。"爱虫"、"尼姆达"、"红色代码"等网络蠕虫相继出现。特别是"爱虫"网络蠕虫病毒,使欧美最大的一些网站和企业及政府的服务器频频遭受到堵塞和破坏,造成了比"美丽莎"病毒更大的经济损失。

2003 年在我国出现了几次大规模的计算机病毒爆发情况。根据国家计算机病毒应急处理中心的调查显示:2003 年我国计算机病毒感染率高达 85.57%,其中以"冲击波"病毒最为猖獗。

2004 年出现的"震荡波"(Sasser)病毒,在短短一个星期时间之内就感染了全球 1800 万台计算机,成为该年度危害最大的病毒。[9]

18.1.2 计算机病毒的特点

计算机病毒种类繁多,特点各异,但概括起来都有以下特征[3,4]:

1. 传染性

计算机病毒的传染性是指病毒具有把自身复制到其他程序的能力。

正常的计算机程序一般不会将自身的代码强行链接到其他程序上,而病毒却能主动地将自身或其变体通过媒介传播到其他无毒对象上。这些对象可以是一个程序,也可以是系统中的某一部位,如 DOS 的引导记录等。例如微型计算机的病毒,可以在运行过程中根据病毒程序的中断请求随机读写,不断进行病毒体的扩散。病毒体一旦加到当前运行的程序体中,就开始搜索能进行感染的其他程序,从而使病毒很快扩散到磁盘存储器和整个计算机系统上面,此时计算机的运行效率明显降低。因此,有时能从计算机运行速度的变化上察觉系统是否感染上了计算机病毒。

计算机病毒可通过各种可能的渠道,如软盘、光盘、U 盘、计算机网络等去传染其他的计算机。随着 Internet 的飞速发展,计算机病毒的传染速度越来越快,传播速度可以指数级增长。传染性是计算机病毒的最大特征,也是判定计算机病毒的最重要的条件。

2. 隐蔽性

计算机病毒一般是设计很精巧的程序,需要很高的编程技巧。计算机病毒可以隐藏在可执行程序或数据文件中,也有个别的以隐藏文件形式出现。应该指出,计算机病毒的源病毒可以是一个独立的程序体。源病毒经过扩散生成的再生病毒往往采用附加或插入的方式隐藏在可执行程序或数据文件中间,采取分散或多处隐藏的方式安排,当潜伏有病毒程序的程序体被合法调用时,分散的病毒程序块就会在所运行的存储空间进行重新装配,从而构成一个完整的病毒体,病毒程序也就"合法"地投入运行。

一般在没有防护措施的情况下,计算机病毒程序取得系统控制权后,可以在很短的时间内传染大量程序,而受到传染后,计算机系统通常仍能够正常工作,使用户不会感到任何异常。试想,如果病毒在传染到计算机上后,该计算机马上无法正常运行,那么它本身就无法继续进行传染了。大部分病毒的代码之所以设计得非常短小也是为了隐藏。病毒一般只有几百 B 或 1KB,而 PC 对文件的存取速度可达到每秒几百 KB 以上,所以计算机病毒一瞬间便可以完成传染过程。

3. 潜伏性

大部分的计算机病毒感染计算机系统后一般不会马上发作,它可以长期隐藏在该系统中,只有在特定条件满足时才会启动其破坏模块。如著名的"黑色星期五"病毒在逢 13 号的星期五发作、CIH 病毒每月 26 号发作,这些病毒平时会隐藏得很好,只有在发作日才会露出本来面目。

计算机病毒具有可依附于其他媒体寄生的能力。一个编制巧妙的病毒程序,可以在几周或几个月内进行传播和再生而不被人发现。在此期间,系统的存储媒体(主要是磁盘)就有可能作为传播病毒程序的场所,当存储媒体用于其他计算机系统时,即将病毒传播过去。

4. 可触发性

病毒侵入后一般不会立即活动,待到某种条件满足后立即被激活,进行破坏。这些条件包括指定的某个日期或时间、特定用户标识的出现、特定文件的出现和使用、特定的安全保密等级,或某文件使用达到一定次数等。

计算机病毒的可激发性,本质上是一个逻辑炸弹。病毒程序只有在外界条件控制激发后才会活动,从而使潜在计算机系统内的病毒不易被人发现。

5. 破坏性

无论何种计算机病毒,一旦感染了计算机系统都会对操作系统的运行造成不同程度的影响。轻者会降低计算机的工作效率,如占用内存资源、占用磁盘存储空间等,导致系统变慢,重者可导致重要文件丢失、系统崩溃等。据此特性可将计算机病毒分为良性病毒和恶性病毒。良性病毒可能只显示一些无聊的画面和语句、发出音乐,或者根本没有任何破坏动作,例如,IBM 圣诞树病毒,可令计算机系统在圣诞节时显示问候的话语并在屏幕上出现圣诞树的画面,除占用一定的系统空间外,该病毒对系统其他方面不产生或产生较小的破坏性。恶性病毒则有明确的目的,如破坏关键数据、删除文件、盗取账号密码、格式化磁盘等。

18.1.3　计算机病毒的分类及现象

计算机病毒按照不同的分类标准,有以下几种分类[4]:

1. 按照病毒的攻击类型分类

(1) 攻击微型计算机的病毒。这是世界上传染最为广泛的一种病毒。

(2) 攻击小型机的计算机病毒。小型机的应用范围是极为广泛的,它既可以作为网络的一个节点机,也可以作为小的计算机网络的主机。起初,人们认为计算机病毒只有在微型计算机上才能发生而小型机则不会受到病毒的侵扰,但自 1988 年 11 月份 Internet 网络受到 worm 程序的攻击后,使得人们认识到小型机也同样不能免遭计算机病毒的攻击。

(3) 攻击工作站的计算机病毒。近几年,计算机工作站有了较大的进展,并且应用范围也有了较大的发展,所以不难想象,攻击计算机工作站的病毒的出现也是对信息系统的一大威胁。

(4) 攻击手机的计算机病毒。随着智能手机的不断普及,手机病毒成为病毒发展的下一个目标。手机病毒是一种破坏性程序,和计算机机病毒一样具有传染性、破坏性。手机病毒可利用发送短信、彩信,电子邮件,浏览网站,下载铃声,蓝牙等方式进行传播。手机病毒可能会导致用户手机死机、关机、资料被删、向外发送垃圾邮件、拨打电话等,甚至还会损毁SIM 卡、芯片等硬件。如今手机病毒,受到 PC 病毒的启发与影响,也有所谓混合式攻击的手法出现。据 IT 安全厂商 MAcfee 一个调查报告,在 2006 年全球手机用户遭受过手机病毒袭击的人数已达到 83% 左右,较 2003 年上升了 5 倍。

2. 按照计算机病毒的链接方式分类

由于计算机病毒本身必须有一个攻击对象以实现对计算机系统的攻击,计算机病毒所攻击的对象是计算机系统可执行的部分。

(1) 源码型病毒。该病毒攻击高级语言编写的程序,该病毒在高级语言所编写的程序编译前插入原程序中,经编译成为合法程序的一部分。

(2) 嵌入型病毒。这种病毒是将自身嵌入到现有程序中,把计算机病毒的主体程序与其攻击的对象以插入方式链接。这种计算机病毒较难编写的,一旦侵入程序后也较难消除。如果同时采用多态病毒技术、超级病毒技术和隐蔽性病毒技术,将给反病毒技术带来严峻的挑战。

(3) shell(外壳型)病毒。外壳型病毒是将其自身包围在主程序的四周,对原来的程序不作修改。这种病毒最为常见,易于编写,也易于发现,一般测试文件的大小即可知。

(4) 操作系统型病毒。这种病毒用它自己的程序意图加入或取代部分操作系统功能进行工作,具有很强的破坏力,可以导致整个系统的瘫痪。小球病毒和大麻病毒就是典型的操作系统型病毒。这种病毒在运行时,用自己的逻辑部分取代操作系统的合法程序模块,根据病毒自身的特点和被替代的操作系统中合法程序模块在操作系统中运行的地位与作用以及病毒取代操作系统的取代方式等,对操作系统进行破坏。

(5) 译码型病毒。这种病毒隐藏在微软 Office 文档中,如宏病毒、脚本病毒等。

3. 按照计算机病毒的破坏情况分类

按照计算机病毒的破坏情况可分两类。

1) 良性计算机病毒

良性病毒是指其不包含立即对计算机系统产生直接破坏作用的代码。这类病毒为了表现其存在,只是不停地进行扩散,从一台计算机传染到另一台,并不破坏计算机内的数据。有些人对这类计算机病毒的传染不以为然,认为这只是恶作剧,没什么关系。其实良性、恶性都是相对而言的。良性病毒取得系统控制权后,会导致整个系统运行效率降低,系统可用内存总数减少,使某些应用程序不能运行。它还与操作系统和应用程序争抢 CPU 的控制权,有时导致整个系统死锁,给正常操作带来麻烦。有时系统内还会出现几种病毒交叉感染的现象,一个文件不停地反复被几种病毒所感染。例如原来只有 10KB 的文件变成约 90KB,就是被几种病毒反复感染了数十次。这不仅消耗掉大量宝贵的磁盘存储空间,而且整个计算机系统也由于多种病毒寄生于其中而无法正常工作。因此也不能轻视所谓良性病毒对计算机系统造成的损害。

2) 恶性计算机病毒

恶性病毒就是指在其代码中包含损伤和破坏计算机系统的操作,在其传染或发作时会对系统产生直接的破坏作用。这类病毒是很多的,如"米开朗基罗"病毒。当米氏病毒发作时,硬盘的前 17 个扇区将被彻底破坏,使整个硬盘上的数据无法被恢复,造成的损失是无法挽回的。有的病毒还会对硬盘做格式化等破坏。这些操作代码都是刻意编写进病毒的,这是其本性之一。因此这类恶性病毒是很危险的,应当注意防范。所幸防病毒系统可以通过监控系统内的这类异常动作识别出计算机病毒的存在与否,或至少发出警报提醒用户注意。

4. 按照寄生方式和传染对象分类

传染性是计算机病毒的本质属性,根据寄生部位或传染对象分类,也即根据计算机病毒传染方式进行分类,有以下几种。

1) 磁盘引导区传染的计算机病毒

磁盘引导区传染的病毒主要是用病毒的全部或部分逻辑取代正常的引导记录,而将正常的引导记录隐藏在磁盘的其他地方。由于引导区是磁盘能正常使用的先决条件,因此,这种病毒在运行的一开始(如系统启动)就能获得控制权,其传染性较大。由于在磁盘的引导区内存储着需要使用的重要信息,如果对磁盘上被移走的正常引导记录不进行保护,则在运行过程中导致引导记录的破坏。引导区传染的计算机病毒较多,例如,"大麻"和"小球"病毒就是这类病毒。

2) 操作系统传染的计算机病毒

操作系统是一个计算机系统得以运行的支持环境,它包括.COM、.EXE 等许多可执行程序及程序模块。操作系统传染的计算机病毒就是利用操作系统中所提供的一些程序及程序模块寄生并传染的。通常,这类病毒作为操作系统的一部分,只要计算机开始工作,病毒就处在随时被触发的状态。而操作系统的开放性和不完善性给这类病毒提供了方便。操作系统传染的病毒目前已广泛存在,"黑色星期五"即此类病毒。

3) 可执行程序传染的计算机病毒

可执行程序传染的病毒通常寄生在可执行程序中,一旦程序被执行,病毒也就被激活,病毒程序首先被执行,并将自身驻留内存,然后设置触发条件,进行传染。

对于以上三种病毒的分类,实际上也可以归纳为两大类:一类是引导扇区型传染的计算机病毒;另一类是可执行文件型传染的计算机病毒。

5. 按照传播媒介分类

按照计算机病毒的传播媒介来分类,可分为单机病毒和网络病毒。

(1)单机病毒。单机病毒的载体是磁盘,常见的是病毒从软盘传入硬盘,感染系统,然后再传染其他软盘,软盘又传染其他系统。

（2）网络病毒。网络病毒的传播媒介不再是移动式载体,而是网络通道,这种病毒的传染能力更强,破坏力更大。

18.2　杀毒软件的类型与安装

杀毒软件是防范病毒侵害的重要手段,世界上公认的比较著名的杀毒软件有卡巴斯基、F-SECURE、MACFEE、诺顿、趋势科技、熊猫、NOD32、AVG 和 F-PORT 等等。其中卡巴、macfee、诺顿又被誉为世界三大杀毒软件。国内比较著名的杀毒软件有江民杀毒软件、瑞星和金山毒霸等。

根据杀毒软件的杀毒模式的不同,可以将杀毒软件分为单机版杀毒软件和网络版杀毒软件。

18.2.1　单机版杀毒软件

单机版杀毒软件,简称单机版,是指只能在一台计算机上安装的杀毒软件。单机版发展到今天,已衍生出多个细分产品。包括专业版、服务器版、USB 版等。病毒越来越猖獗,杀毒软件的技术水平也越来越高。1998 年,CIH 病毒泛滥时,江民杀毒软件在这次的病毒疫情中,大放异彩。从现在的角度来看,当时的江民与其说是一个杀毒软件,还不如说是一个专杀工具。在 2006 年之前,病毒仅处于萌芽期,病毒传染范围、传染速度及目的性皆不是很明确。杀毒厂商升级病毒库也比较慢,那个时候,瑞星大概一个星期升级 2、3 次,诺顿一个星期升级一次,卡巴斯基在中国市场还是一个无名小卒。普通网民对病毒的感觉还不是很强烈,甚至有些网民从不装杀毒软件,计算机处于"裸奔"状态。真正给中国网民以惨痛教训的是在 2006—2008 年间,这段时间爆发了一系列的重大病毒事件,迄今为止,人们记忆犹新,例如维金病毒、熊猫烧香病毒、Av 终结者病毒、机器狗病毒。这些病毒产生的背景带有鲜明的利益产业链色彩,通过病毒传播达到利益诉求。在这场病毒风暴中,各杀毒软件厂商轮番登场,大显身手。中国大陆的个人版杀毒软件市场也从以前的三足鼎立时代,变成了百花争艳的局面。经过病毒的洗礼,中国的网民也经历了一次计算机安全的全面教育。用户越来越重视系统是否稳定,数据是否安全,账号是否被盗。人们的安全意识越来越高,意识到杀毒软件的重要性,杀毒软件此时才真正地占领了用户桌面。中国的正版杀毒软件市场也得以大大提升,越来越多的用户倾向于购买正版杀毒软件。

18.2.2　网络版杀毒软件

网络版杀毒软件,也叫企业版杀毒软件,简称网络版,是主要针对政企客户开发出来的杀毒软件。它与单机版杀毒软件的显著区别是,它带有安全管理功能。企业安全,只有把管理与技术结合起来才能真正保证安全,单有管理或单有技术并不能保证安全。网络版杀毒软件满足了企业用户的需求。网络版杀毒软件有着鲜明特色,注重管理与报表功能。安全管理方面,网络版杀毒软件大部分具有统一安装、统一升级、统一杀毒等功能。在企业全网杀毒管理的基础上,有些网络版还具备了其他更为强大的功能,比如说远程消息、远程桌面、分组管理、漏洞补丁管理等。这样大大减轻了企业管理员的负担,同时对企业中的各个客户端的安全也有了提升,杜绝了"木桶理论"中短板的出现。在报表功能方面,网络版杀毒软件同样有着优异的表现。在管理控制台上,管理员可统计所有授权用户的病毒感染情况,可以按时间、按部门、按病毒种类统计企业全网中的病毒情况,并形成各种报表,包括柱状图,曲状图等等。这些数据非常详细,对企业在安全方面的投资提供了权威的参考。网络版杀毒软件同样也提供了本地化升级,即首先服务器端把病毒库全部下载到本地,再由本地的服务器分发到每个客户端上。这样可大大节省网络资源,并且对于外部网络攻击也起到了阻隔作用。网络版杀毒软件对企业确实有着重要作用,同时也是各个厂商角逐的重点。它的普及是我国企业网络安全的重要屏障。

18.2.3　单机版杀毒软件的安装

本节从用户角度出发,以单机版的瑞星 2005 版杀毒软件的安装为例介绍单机版杀毒软件的安装过程,其他的杀毒软件安装过程类似[6]。瑞星反病毒软件是国内最大的反病毒平台,其提供中文简体、繁体、英文、日文等多语言版本。

1. 产品组成

瑞星杀毒软件由以下产品组成:瑞星杀毒软件 DOS 版、瑞星杀毒软件 Windows 版、瑞星监控中心程序、病毒隔离系统程序、硬盘数据备份程序、制作升级安装软盘等。

瑞星公司产品的光盘中含表 18-1 所示的文件。

表 18-1　光盘文件

目　　录	说　　明	目　　录	说　　明
Rav	瑞星杀毒软件	Intro	瑞星公司及产品介绍
Rfw	瑞星个人防火墙	Tools	工具目录

2. 瑞星杀毒软件使用的软硬件环境

瑞星杀毒软件使用的软硬件环境包括:软件环境有 DOS 6.20 及以上版本的操作系统、Windows 95/Windows 98/Windows Me 或 Windows NT 4.0/Windows 2000/Windows XP 操作系统。硬件环境最低配置 CPU 为 80486 DX/66MHz,内存最少 32MB,显卡起码是标准 VGA,16 色显示模式。建议配置是 CPU 在奔腾 166 MMX 以上,内存在 64MB 以上,显卡用标准 VGA,24 位真彩色。

3. 瑞星 2005 版杀毒软件的安装

开始安装瑞星前,如果计算机中已安装了其他杀毒软件或者个人防火墙,建议卸载相关软件,以避免软件冲突。

启动计算机进入 Windows(2000/XP/2003/Vista 以及 Windows 7 和 Server 2008)系统,关闭正在运行的其他应用程序。

将瑞星全功能安全软件光盘放入光驱。

瑞星全功能安全软件光盘放入光驱后,系统会自动显示瑞星全功能安全软件的界面菜单。请在安装界面中单击"安装瑞星全功能安全软件"按钮。

如果没有自动显示瑞星全功能安全软件安装界面,您可以浏览光盘,运行光盘根目录下的 Autorun.exe 程序,手动打开瑞星全功能安全软件的界面菜单,如图 18-1 所示。

安装程序启动后,软件会自动解压,并准备安装过程,稍等即可。

(1) 语言选择。自动解压完后,提示选择安装语言。瑞星软件支持三种语言(中文简体、中文繁体和英文),如图 18-2 所示。

图 18-1　自动安装程序　　　　　　　　　　图 18-2　语言选择

选择语言后,单击"确定"按钮继续。

(2) 开始安装。查看"瑞星欢迎您"窗口中的信息,如图 18-3 所示。

查看信息后,单击"下一步"按钮继续。

(3) 确认用户最终许可协议。仔细阅读"最终用户许可协议",如图 18-4 所示。

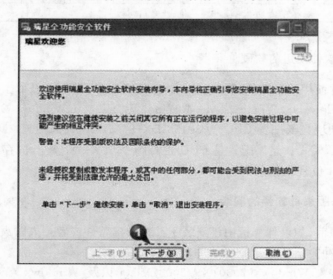

图 18-3　欢迎信息

图 18-4　用户许可

选择"我接受"单选按钮后，单击"下一步"按钮。

（4）输入产品序列号和用户 ID 号。请在"验证产品序列号和用户 ID 号"窗口中输入产品序列号和用户 ID 号。

如果对某些字符和数字分辨困难，请参照"用户身份卡"下方的"字符对照表"，如图 18-5 所示。

图 18-5　产品序列号

输入正确的"产品序列号"和"用户 ID 号"单击"下一步"按钮。产品系列号和用户 ID 在购买产品的用户手册的用户身份卡中可以找到。只有输入正确的产品序列号后，用户 ID 栏目才会显示。

注意： 由于数字 0（零）和字母 O（欧）非常相像，为避免混淆，产品序列号设计为没有字母 O，在产品序列号中看似字母"O"的字符都是数字"0"。同时请注意其他易混淆的字母和数字，如字母"S"和数字"5"。

（5）选择安装的组件。在"定制安装"窗口，您可以根据自己的需要，选择需要安装的组件，如图 18-6 所示。

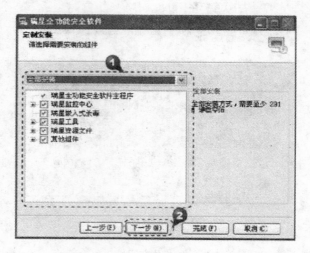

图 18-6　定制安装

　　选定组件后，单击"下一步"按钮。一般情况下按照默认的选择即可，如果计算机硬件条件有限可以选择不安装一些工具。

　　（6）选择目标文件夹。在"选择目标文件夹"窗口中，您可以指定瑞星软件的安装目录。如果使用默认安装目录，您可以直接单击"下一步"按钮继续，如图 18-7 所示。

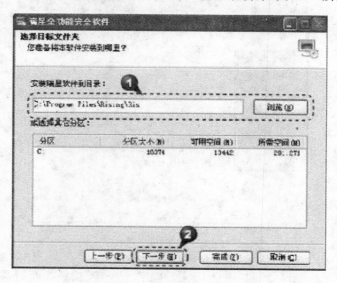

图 18-7　选择安装目录

　　确定安装目录后，单击"下一步"按钮。默认安装路径是系统盘的 program files 文件夹，可以单击"浏览"按钮更改。

　　（7）选择开始菜单文件夹。在"选择开始菜单文件夹"窗口中可以修改快捷方式在开始菜单中的位置以及名称。如果使用默认设置，可以直接单击"下一步"按钮，如图 18-8 所示。

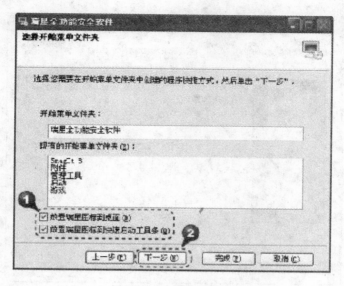

图 18-8　选择开始菜单

确定快捷方式放置位置，单击"下一步"按钮。

（8）确认安装信息。在"安装信息"窗口中，确认安装信息是否正确，如果正确单击"下一步"按钮，如果不正确单击"上一步"按钮返回到前面的步骤更改，如图 18-9 所示。

（9）程序安装过程。在"安装过程中…"窗口中，将显示软件安装的进度信息，请等待安装程序完成，如图 18-10 所示。

（10）重新启动。当瑞星全功能安全软件完成安装后，会自动显示"结束"窗口，并会提示您为了更新文件，建议您重启计算机，如图 18-11 所示。

单击"完成"按钮，结束安装并重新启动。

（11）安装完成。重启计算机后，会自动显示"结束"窗口，您可以在"结束"窗口中选择需要在安装完成后运行的程序。至此，单机版瑞星 2005 版杀毒软件的安装过程完成。

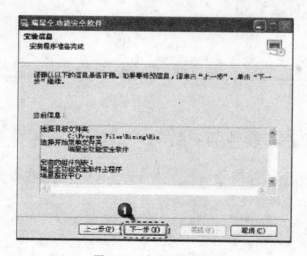

图 18-9　确认安装信息

图 18-10　程序安装过程

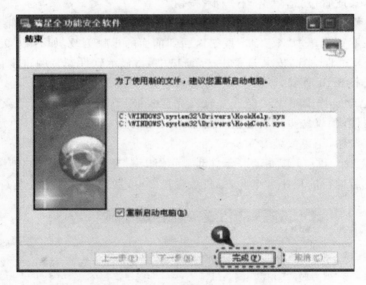

图 18-11　重新启动

18.2.4　网络版杀毒软件的安装

本节从用户角度出发,以网络版的瑞星 2005 版杀毒软件的安装为例介绍网络版杀毒软件的安装过程,其他的杀毒软件安装过程类似。

(1) 下载网络版客户端程序。用浏览器打开杀毒服务器发布的网址,此地址一般为 http://ip/rav,ip 为所发布服务器的 ip,如图 18-12 所示。

单击页面中的"立即下载"按钮,弹出如图 18-13 所示的对话框。

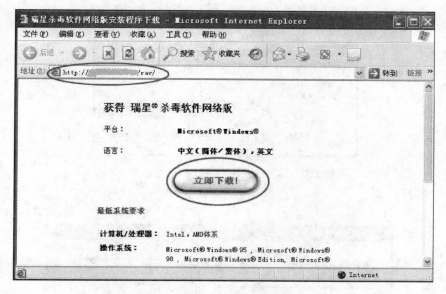

图 18-12　安装程序下载

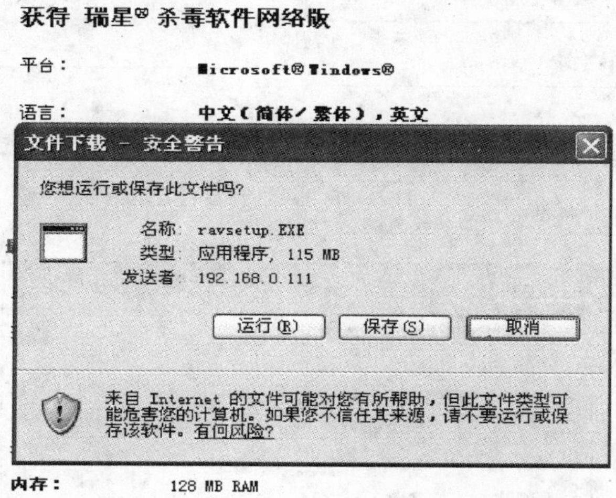

图 18-13　安装程序保存

此时单击"运行"按钮或者"保存"按钮均可,若选择"运行"按钮,则会弹出如图 18-14 所示的安全警告对话框,单击"运行"按钮即可。

若选择"保存"按钮,则会要求确定保存瑞星安装文件的位置,下载之后手动安装即可。

(2) 安装瑞星杀毒软件客户端。安装过程如图 18-15 所示,选择第二项"安装瑞星杀毒软件客户端"。

(3) 网络参数设置。步骤(2)接下来的几步按照默认设置,单击"下一步"按钮,直到弹出如图 18-16 所示的网络参数设置窗口。

在"系统中心"的"IP 地址"填入杀毒服务器的 ip,然后单击"测试"按钮,应出现如

平台：   Microsoft® Windows®

语言：   中文（简体／繁体），英文

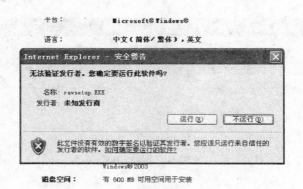

Windows® 2003

磁盘空间：   有 600 MB 可用空间用于安装

图 18-14   安装程序运行

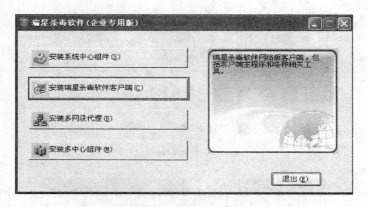

图 18-15   开始安装

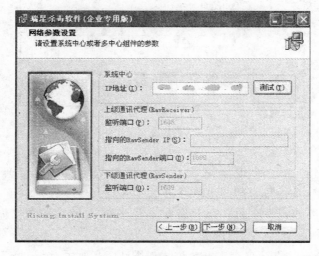

图 18-16   网络参数设置

图 18-17 所示的对话框，说明网络连接正常，并能够连接到瑞星服务器。

（4）选择目标文件夹。在如图 18-18 所示的界面中，选择安装瑞星软件的目标文件夹，单击"下一步"按钮继续安装。

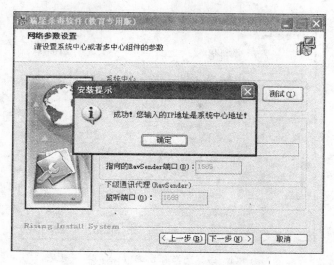

图 18-17　网络连接成功

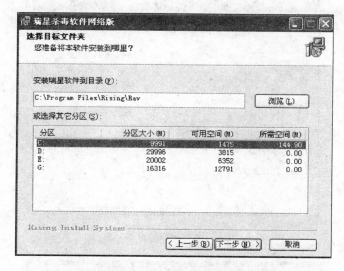

图 18-18　选择目标文件夹

（5）选择开始菜单文件夹。在如图 18-19 所示界面中，输入您需要在开始菜单文件夹中创建的程序快捷方式名称，单击"下一步"按钮继续安装。

（6）安装准备完成。在如图 18-20 所示界面中确认安装信息，单击"上一步"按钮可进行修改，单击"下一步"按钮继续安装；若不勾选"安装之前执行内存病毒扫描"复选框，直接进入（8）。

（7）系统内存查毒。如图 18-21 所示，安装程序将进行安装前的系统内存查毒，单击"跳过"按钮可直接开始复制文件，建议完成系统内存查毒操作后再开始复制文件，查毒完成后单击"下一步"按钮继续。

（8）安装完成。如图 18-22 所示，文件复制结束后，单击"完成"按钮结束安装。

至此，网络版瑞星的客户端安装完成。

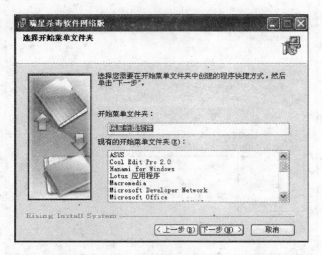

图 18-19　选择开始菜单文件夹

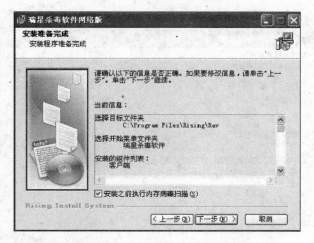

图 18-20　安装准备完成

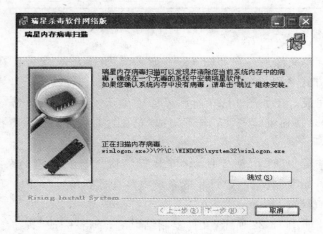

图 18-21　内存查毒

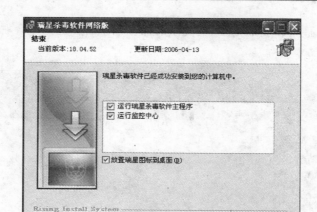

图 18-22　安装完成

18.3　杀毒软件的正确使用

本节以江民杀毒软件 KV2008(以下简称 KV2008)为例,介绍杀毒软件的正确使用方法[5]。

18.3.1　启动 KV2008

KV2008 提供了几种不同模式和功能的操作台供用户使用,用户可以根据自己的需要方便、灵活、自由选择使用。

1. 简洁操作台,启动 KV2008

简洁操作台包含 KV2008 最常用的四项功能。在此操作台中用户可以启动进行杀毒软件的查毒、杀毒、升级以及浏览帮助文件的操作,操作方式简单易学,方便初学用户使用。另外简洁操作台由两部分构成,操作区和信息提示区(如图 18-23 所示)。单击简洁操作台右上角的 图 按钮,可切换到普通操作台。

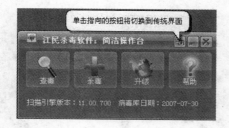

图 18-23　简洁操作台

2. 普通操作台,启动 KV2008

普通操作台(如图 18-24 所示)是比较适合中、高级用户使用的操作平台,用户在普通操作台中,启动杀毒软件可以完成更多、更复杂的操作。单击普通操作台右上角的 按钮,可切换到简洁操作台。

图 18-24　普通操作台

3. 托盘操作台,启动 KV2008

托盘操作台位于用户桌面右下角的 Windows 系统托盘区,运行后显示 图标(如图 18-25 所示),用户可以通过托盘图标的快捷菜单,启动杀毒软件以及进行各种监控选项的设置。

4. 桌面图标操作台,启动 KV2008

在杀毒软件安装后,双击桌面图标或者用鼠标右击桌面图标(如图 18-26 所示)。用户在此操作台上,可以运行江民杀毒软件,以及进行其他选项的操作。在此操作台上,还可以创建桌面快捷方式。

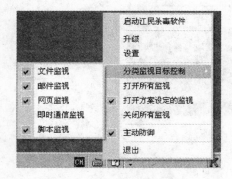

图 18-25　托盘操作台

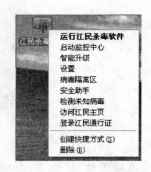

图 18-26　桌面图标操作台

5．桌面快捷方式操作台，启动 KV2008

通过桌面图标创建的快捷方式，同样可以运行江民杀毒软件，以及进行不同的操作。此操作可以双击运行或者用鼠标右键打开运行。

6．开始菜单主程序操作台，启动 KV2008

开始菜单主程序操作台，选择"开始"|"所有程序"|"江民杀毒软件 KV2008"菜单项。在此可以启动江民杀毒软件，江民杀毒软件智能升级，启动江民实时监控的简单便利的操作。

18.3.2 KV2008 主界面

KV2008 主界面如图 18-27 所示，用户可以在此界面上调出各种工具，体验各种功能。

图 18-27 KV2008 主界面

扫描目标中，用户可以进行"简洁目标"、"文件夹目标"、"磁盘目标"的操作，已经选择好要扫描的目标之后，单击右下角"开始"按钮即可扫描病毒。

对杀毒软件性能要求更高的用户，可以通过"查看"、"系统安全"和"工具"菜单选项来调出江民杀毒软件的辅助工具。

18.3.3 KV2008 设置

在 KV2008 主界面中，单击"工具"菜单项选择下拉菜单的"设置"选项进入设置界面。在此界面中，用户可以根据自己的需求，选择常用的功能进行统一设置管理。

1. 安全级别

用户可以根据自己的实际情况设定不同的安全级别（如图 18-28 所示）。用户选择设定好保护的级别后，在以后程序的运行过程中，KV2008 将根据此级别的相应参数对用户的计算机系统安全进行保护。

在 KV2008 程序主界面中，选择"工具"|"设置"|"安全级别"菜单项。

图 18-28　安全级别

在"安全级别"|"选择预设方案"的下拉菜单中选择"高"、"中"、"低"，用户选择后保存自定义的安全级别。

2. 常规

通过单击"常规"选项，出现如图 18-29 所示的窗口。

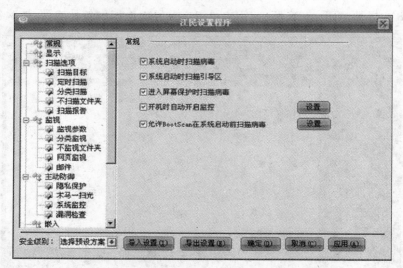

图 18-29　常规设置界面

界面上各选项和按钮说明如下。

- 系统启动时扫描引导区：在每次启动系统时扫描引导区。
- 进入屏幕保护时扫描病毒：在每次进入屏保时扫描病毒。
- 开机时自动开启监控：在每次开机时监控自动开启。设置详见监视功能。
- 允许 BootScan 在系统启动前扫描病毒：在每次开机系统未完全启动时运行 BootScan 进行扫描。
- 导出设置：将当前的设置保存到选定的位置。
- 导入设置：将以前保存的设置导入，即将设置恢复到以前的状态。
- 应用：在每次设置完成后，单击"应用"按钮确定，即设置被保存应用。
- 确定：在每次设置完成后，单击"确定"按钮即设置被保存。
- 取消：在每次设置完成后，如果不想保存此设置，可以手动取消复选框中的对勾或者直接单击"取消"按钮。

3. 显示

通过单击"显示"选项,出现如图 18-30 所示的窗口。

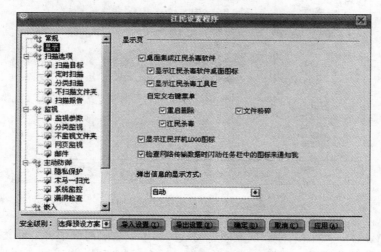

图 18-30 显示设置界面

界面上各选项和按钮说明如下。

- 桌面集成江民杀毒软件:选择此项功能后,会在桌面上创建江民杀毒软件 KV2008 的图标。
- 显示江民杀毒软件桌面图标:选择此项功能后,在安装完成江民杀毒软件 KV2008 后,会在桌面显示江民杀毒软件图标。通过双击该图标启动江民杀毒软件的普通操作台,程序主界面。
- 显示江民杀毒工具栏:选择此项功能后,会在 IE 浏览器、"我的电脑"的"查看"|"工具栏"菜单中,出现"江民杀毒工具栏"选项以及地址栏后的选项图标。
- 自定义右键菜单:包括"重启删除"|"文件粉碎"|"江民杀毒"三个选项,选择任意一项后,该选项会在鼠标右键的下拉菜单里出现。
- 显示江民开机 LOGO 图标:选择此项后,开机启动时,在显示屏的右上角,出现"江民科技"、"系统修复"两个 LOGO 图标。
- 检查网络传输数据时闪动任务栏中的图标通知我:选择此项后,访问网络链接时,会在屏幕右下角 图标上出现"正在检测网络传输安全"的提示。

以上的功能选项,用户都可以根据自己的需求进行选择。

4. 扫描选项

通过单击"扫描"选项,出现如图 18-31 所示的窗口。

界面上各选项和按钮说明如下:

- 扫描结束后显示提示信息:选择此项后,在每次扫描完成后,会弹出扫描提示信息窗口通知用户扫描完成情况。
- 杀毒前备份染毒文件:选择此项后,在对染毒文件进行杀毒前,先将染毒文件备份到隔

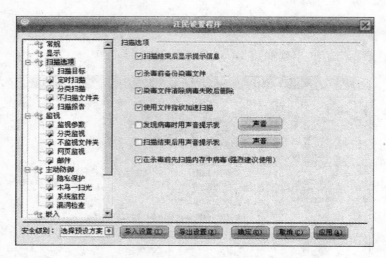

图 18-31　扫描选项设置界面

离区中,这样一旦因文件被损坏而影响系统还可以从隔离区中将染毒文件恢复。

- 染毒文件清除失败后删除:选择此项后,在杀毒处理时,若不能成功将病毒清除掉,则直接将染毒文件删除掉。
- 使用文件指纹加速扫描:此项是使用文件指纹加速扫描,这样的扫描方式会在很大的程度上提高扫描速度。
- 发现病毒时用声音提示我:选择此项后,扫描过程中发现病毒会用设定的声音来提示用户,用户可以自定义提示声音。
- 扫描结束后用声音提示我:选择此项后,在扫描完成时用之前设定的声音提示用户,用户同样也可以自定义提示声音。
- 在杀毒前先扫描内存中病毒(强烈建议使用):选项此项后,在进行扫描之前先扫描内存中的病毒。

以上的功能选项,用户都可以根据自己的需求进行选择。

5. 监视

通过单击"监视"选项,出现如图 18-32 所示的窗口。

界面上各选项和按钮说明如下。

- 设置开机自动启动的监视程序:可监视的选项组件是"文件监视"、"邮件监视"、"脚本监视"、"网页监视"、"即时通信监视",在这里用户都可以根据自己的实际情况进行选择,选择后开机自动开启监视项目进行保护。
- 选择/清除所有监视:此复选框是用来控制以上选择的按钮。用户可以通过单击此按钮,操作选择项。
- 处理方式:这里主要是发现病毒时的处理方式,江民杀毒软件 KV2008,在病毒处理方案里,为用户设定了"自动清除病毒"、"禁止使用染毒文件"、"删除染毒文件"、"不处理"四种处理方式,用户可以根据自己的需求设定不同的处理方式。用户选择其中任意一项处理方式后,在发现病毒时,会以用户之前设定选择的处理方式进行处理。

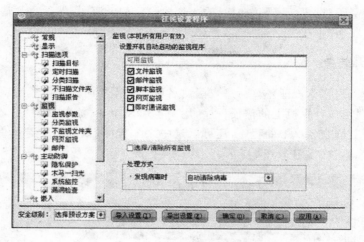

图 18-32　监视设置界面

6. 嵌入

通过单击"嵌入"选项进入嵌入设置界面，如图 18-33 所示，在此设置界面里，用户可以选择杀毒软件是否嵌入界面所列举的程序中（只有安装了列表中支持的程序才能选中）。若选择杀毒软件嵌入到程序中，当这些程序在运行时杀毒软件将对其进行实时的监控。

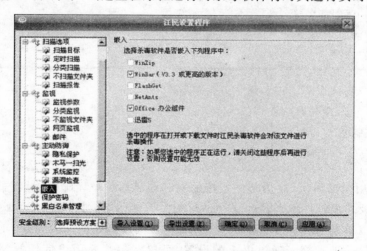

图 18-33　嵌入设置界面

7. 保护密码

通过单击"保护密码"选项，进入保护密码界面，在此界面里进行设置保护。

KV2008 提供密码保护功能，使用密码保护功能可以防止在非授权情况下修改受保护的操作。如"卸载江民杀毒软件"、"设置选项"、"退出监控程序"、"关闭监控状态"、"重装机备份"、"控制访问网站"、"移动设备存储"，非授权情况下不可随意修改。

设置密码的步骤如下：

单击"修改密码/设置新密码"按钮,输入您要设定的新密码,然后重复输入,单击"确定"按钮,密码设置成功。

8. 黑白名单管理

通过单击"黑白名单管理"选项,进入黑白名单管理器界面。此设置选项中,江民反病毒软件将自动识别用户计算机上的信任程序,用户也可以单击"添加文件"、"添加进程"和"删除"按钮进行手工修改名单中的程序,还可以选中某个程序,鼠标右键选择"移到黑名单"或"移到白名单"菜单项(如图 18-34 所示)。

图 18-34　黑白名单修改窗口

9. 反垃圾邮件

通过单击"反垃圾邮件"选项,进入反垃圾邮件设置窗口。此设置选项主要是为了减轻垃圾邮件带给用户的困扰,启用邮件监控的同时即启用了垃圾邮件识别的程序潜在功能。用户通过调整反垃圾邮件识别标准设置的高、中、低、停用级别,调整垃圾邮件识别的条件。另外用户也可以单击"添加"按钮进行手工添加信任的邮件地址,或者通过单击"导入"按钮,导入您本机邮件的地址簿。通过以上的设置,可以对一些非用户信任的邮件进行有效的标识。

10. 网址过滤

网址过滤主要是帮助用户屏蔽恶意网页,提高用户系统的安全性。网址过滤的条件分为"只允许访问白名单中的网址"、"不允许访问黑名单中的网址"、"停止过滤"。选项中的网址黑白名单包括杀毒软件默认的黑白名单和用户自定义的黑白名单。

- 只允许访问白名单中的网址:由于白名单中的网址是系统监控默认允许的网络地址,这些网址程序将不对其进行过滤。

- 不允许访问黑名单中的网址：当选择此项时，如果访问的网址存在于黑名单中，KV2008 将弹出提示信息提醒用户注意。
- 停止过滤：关闭网址过滤功能。

11. 升级

通过单击"升级"选项，进入升级设置窗口。用户可以在此窗口中，对自动升级的方式进行设置。界面上各选项和按钮说明如下。

- 检测到更新后立即升级：每当检测到更新版本、更新文件、更新病毒库后立刻升级。
- 定时到服务器上升级：在设置规定的时间到服务器上升级。
- 开机后自动到服务器上升级：每次开机后就到服务器上升级。
- 关闭自动升级：关闭该功能，不会在任何时间自动升级，除非用户手动点击升级选项。
- 升级时连接互联网是否要通过代理服务器：这里通过设置代理服务器地址以及端口等来使用代理服务器升级。

18.3.4　具体操作

1. 查毒/杀毒

在简洁操作台中直接单击"查毒"或"杀毒"按钮，即开始对计算机中的所有文件进行查毒或杀毒操作，查毒或杀毒开始后，原先的"查毒"或"杀毒"按钮将变成"停止"按钮，单击"停止"按钮可停止本次查毒或杀毒操作。

2. 查看扫描报告

每次扫描结束后，KV2008 都会生成一份扫描报告，告诉用户本次扫描的结果，用户在普通操作台中，单击"查看"|"扫描报告"菜单，打开"扫描报告"窗口查看扫描报告。报告的内容包括扫描引擎的版本号、病毒库日期、更新日期、扫描被用户中止（如果用户在扫描的过程中结束扫描，在扫描报告里会有此提示内容）、扫描目标、开始时间、发现病毒的记录以及扫描结果。

3. 查看历史记录

江民杀毒软件 KV2008，在历史记录信息中对发现的病毒都有详细的记录，在普通操作台中，单击"查看"|"历史记录"菜单，打开"历史记录"窗口，单击不同的内容即可查看相应的历史记录。在记录列表里记录历史文件路径——病毒名——发现时间——处理结果，可以查看的历史记录选项分别是文件监视、网络监视、邮件（收信）监视、邮件（发信）监视、木马一扫光。

4. 更改界面语言

KV2008 提供了 4 种界面语言供用户选择，它们分别是简体中文、繁体中文、英文、日文。

KV2008 的安装程序会自动识别当前计算机的操作系统语言,然后采用对应的界面语言。您也可以在安装完 KV2008 以后,把界面语言更换成您熟悉的界面语言(前提是您的操作系统必须能正常识别该语言)。

更改界面语言的方法:单击"查看"|"界面语言"菜单,在弹出的菜单中选择您需要的界面语言即可。

5. 更改界面风格

KV2008 提供了多种不同风格的界面供用户选择,在每种风格的界面中,按钮的位置可能有所改变,请用户注意。

改变界面风格的方法:单击"查看"|"界面风格"菜单,在弹出的菜单中选择您喜欢的界面风格即可。

6. 扫描磁盘目标

在普通操作台中依次单击"扫描目标"|"磁盘目标"按钮,单击不同的磁盘目标即可开始扫描,通过单击普通操作台右下角的"暂停"或"停止"按钮,可暂停或停止当前扫描。

7. 初始化扫描引擎

KV2008 的扫描引擎会针对本地计算机的文件分布情况做出智能优化,以此来加快扫描的速度,如果进行"初始化扫描引擎"操作,扫描引擎就会恢复到初始状态。建议用户在计算机的文件发生大量变化后,进行"初始化扫描引擎"操作,这样有利于以后提高扫描的速度。

通过普通操作台单击"扫描"|"初始化扫描引擎"菜单,会弹出一个"警告"对话框,单击"是"按钮,即可完成初始化扫描引擎操作。

8. 病毒隔离区

在默认的情况下,KV2008 在清除病毒前,会先将染毒文件改名为"染毒文件名.vir",然后将改名后的染毒文件备份到病毒隔离文件夹中(病毒隔离文件夹的位置默认在第一个非系统盘根目录下,一个名为"KV-Back.vir"的隐藏文件夹),这样,病毒就不会再发作了,而且,当清除病毒后的染毒文件不能正常使用时,它至少还可以被恢复到感染病毒时的状态。

恢复染毒文件有以下步骤。

(1)通过普通操作台单击"查看"|"病毒隔离区"菜单,弹出病毒隔离系统窗口。

(2)选中要恢复的文件,然后通过单击"操作"|"恢复"菜单或者单击"恢复"按钮,即可恢复文件到染毒时的状态。

在病毒隔离系统窗口中,您还可以进行以下的操作。

(1)删除染毒文件备份。选中要删除的染毒文件备份,然后通过单击"操作"|"删除"菜单或者单击"删除"按钮,即可删除染毒文件的备份。

(2)删除所有染毒文件备份。通过单击"操作"|"删除所有备份"菜单,可以一次性删除所有备份的染毒文件。

18.3.5　升级

升级是更新 KV2008 的程序和病毒库,使其可以查杀最新流行病毒的过程,现在反病毒公司的病毒库在每个工作日都会进行至少一次更新,所以应该每日至少更新一次病毒库,以保护计算机安全。

1. 智能升级

用户可以通过以下方式运行智能升级程序。

(1) 在简洁操作台中,单击"升级"按钮。

(2) 在普通操作台中,单击"智能升级"按钮。

(3) 在桌面的江民杀毒软件图标上单击鼠标右键,从弹出的快捷菜单中选择"智能升级"菜单。智能升级程序运行后,如果您看到"升级完成,现在已经是最新的版本"的提示信息,即表示您已经成功升级。

2. 定时升级

用户可以通过 KV2008 的定时升级功能来达到定时自动升级的目的,在普通操作台中,单击"工具"|"设置"菜单,打开设置界面,单击"升级"标签,可对与定时升级有关的参数进行设置。

本章小结

本章主要介绍了计算机病毒的定义、发展历史、分类和现象,以具体杀毒软件为例介绍了单机版和网络版杀毒软件的安装过程,最后介绍了杀毒软件的基本设置和基本使用方法。

思考题

(1) 计算机病毒的定义是什么?

(2) 计算机病毒的特点有哪些?

(3) 按照计算机病毒的破坏情况分类,计算机病毒可以分为哪两种?

(4) 结合自己的体会,阐述计算机病毒的发展历史。

(5) 结合自己的体会,阐述网络版杀毒软件的安装过程。

参考资料

[1]　莫里斯蠕虫. 百度百科. http://baike.baidu.com/view/497489.htm.

[2]　巴基斯坦病毒. 百度百科. http://baike.baidu.com/view/1693750.htm.

［3］ 傅建明,彭国军,张焕国.计算机病毒分析与对抗.武汉：武汉大学出版社,2004.

［4］ 陈立新.计算机病毒防治百事通.北京：清华大学出版社,2000.

［5］ 江民杀毒软件 KV2008 用户使用手册.

［6］ 瑞星 2005 用户使用手册.

［7］ 范希骏.计算机病毒及检测病毒的新技术.山东大学,硕士学位论文,2005.

［8］ 赵韶峰.计算机病毒若干常用技术的研究及应用.华中科技大学,硕士学位论文,2006.

［9］ 韩兰胜.计算机病毒的传播模型及其求源问题研究.华中科技大学,博士学位论文,2006.

［10］ 瑞星 2008 用户使用手册.